Standard Textbook

標準生化学

執筆
藤田　道也　浜松医科大学名誉教授

医学書院

標準生化学

発　行	2012年8月1日　第1版第1刷©
著　者	藤田道也 ふじたみちや
発行者	株式会社　医学書院 　　　代表取締役　金原　優 　　　〒113-8719　東京都文京区本郷 1-28-23 　　　電話　03-3817-5600（社内案内）
印刷・製本	横山印刷

本書の複製権・翻訳権・上映権・譲渡権・公衆送信権（送信可能化権を含む）
は㈱医学書院が保有します．

ISBN978-4-260-00801-3

本書を無断で複製する行為（複写，スキャン，デジタルデータ化など）は，「私
的使用のための複製」など著作権法上の限られた例外を除き禁じられています．
大学，病院，診療所，企業などにおいて，業務上使用する目的（診療，研究活
動を含む）で上記の行為を行うことは，その使用範囲が内部的であっても，私的
使用には該当せず，違法です．また私的使用に該当する場合であっても，代行
業者等の第三者に依頼して上記の行為を行うことは違法となります．

JCOPY 〈㈳出版者著作権管理機構　委託出版物〉

本書の無断複写は著作権法上での例外を除き禁じられています．
複写される場合は，そのつど事前に，㈳出版者著作権管理機構
（電話 03-3513-6969，FAX 03-3513-6979，info@jcopy.or.jp）の
許諾を得てください．

執筆協力者一覧(五十音順)

出原　賢治	佐賀大学教授・分子生命科学講座・分子医化学分野
和泉　孝志	群馬大学教授・生化学
井原　義人	和歌山県立医科大学教授・生化学
岩井　一宏	京都大学教授・細胞機能制御学
浦野　健	島根大学教授・病態生化学
遠藤　仁司	自治医科大学教授・生化学
大久保　岩男	天使大学教授・看護栄養学部／滋賀医科大学名誉教授
小澤　政之	鹿児島大学大学院教授・生化学・分子生物学
春日　雅人	国立国際医療研究センター理事長・総長
門松　健治	名古屋大学大学院教授・分子生物学
副島　英伸	佐賀大学教授・分子遺伝学エピジェネティクス分野
高沢　伸	奈良県立医科大学教授・生化学
瀧口　正樹	千葉大学教授・遺伝子生化学
武谷　浩之	崇城大学教授・生物生命学部応用生命科学科
豊田　実	元 札幌医科大学教授・分子生物学講座
中島　茂	岐阜大学大学院教授・細胞情報学
西野　武士	日本医科大学名誉教授／東京大学大学院特任教授・農学生命科学研究科・応用生命化学
畠山　鎮次	北海道大学大学院教授・生化学講座
藤井　順逸	山形大学大学院教授・生化学・分子生物学講座
堀池　喜八郎	滋賀医科大学教授・生化学・分子生物学講座
堀内　三郎	岩手医科大学名誉教授
本家　孝一	高知大学教授・生化学講座
槇島　誠	日本大学教授・生化学分野
三浦　直行	浜松医科大学教授・医化学講座
村尾　捷利	前 自治医科大学教授・生化学
村松　正道	金沢大学教授・分子遺伝学
森下　和広	宮崎大学教授・腫瘍生化学
横山　信治	中部大学教授・応用生物学部食品栄養科学科

序

なぜ生化学を学ぶことがだいじなのか

　われわれのからだは物質（原子・分子）を抜きに語ることはできない。これらの物質が互いに作用し合うことによってはじめて細胞・組織・器官が機能し，さらに個体としての生命活動を営むことが可能になる。人間としての生命活動を最も基本的なレベルで支えているのが**物質とそれらの間の反応**であることは議論の余地がない。

　この人間活動の最も基本的な機構を理解するためにあるのが「**生化学**」という教科である。生化学はその先端においてなお発達を続けつつも，その大方においてすでに単なる学問の段階を通り過ぎ「**生体を理解するための基本的な知識**」つまり「医学における常識」として定着している。

　この教科を学ぶことで栄養学，分子医学・分子生物学がよりよく理解されるとともに，健康とは何か，病気とは何かという医学の根本問題をその基礎において理解するための確かな道が拓かれるのである。したがって，医学生は生化学を疎ましく思うことなくこれを学び，生化学的思考を身につけてもらいたい。

本書について

　従来，生化学を理解しようとする学生にとって市販の教科書と現実の授業とのギャップが問題だった。教科書の中には主に期末試験の対策のために作られたものを少なしとしなかったからである。それはそれで役に立っていることは間違いがない。しかし，それで事足れりとしていては，せっかく長時間をかけて行われる授業が理解不全に終わってしまうおそれがある。現場の講義（それは現在世界の学界で新しく得られつつある知見の紹介が核になる）の理解を深め，足らざるところを補うことを主眼としてこの教科書が作成された。その点をご理解いただければそれに過ぎる幸いはない。

　かといって，本教科書は読者に有機化学や生物科学の知識があることを前提として書かれているのではないことは，始めの数ページをめくっていただければわかるであろう。生化学を理解するのに必要なきわめて初歩的な段階から始めて徐々に程度を上げる方法によっているので，最初から順序を踏んで学んでいただければ全体を理解するのに大きい困難はないはずである。もし読者が理解するのに困難を感じる箇所があるとすれば，それは関連分野の知識がまだ未解決の状態にあるか，または著者の説明の至らなさによるのであって，後者の場合は著者の菲才をお許しいただきたい。

　本書では，関連分野の教科書で詳述されている事項については原則的にそれらに委ねる方針を採った。つまり，**関連分野の教科書とのオーバーラップによるむだを避け**，生化学の教科書としての独自性を尊重した。そのような観点から，医学の生化学にとって特に重要なテーマについては十分なページ数を割いた。なかでも**代謝**についてはかなりのページ数を割き，臨床の基礎としての生化学がいかに大事なものであるかを強調した。また，が

んの基礎医学の理解に欠くことのできない細胞周期の制御とがん関連タンパク質(遺伝子)についても類書を抜く十分なスペースを当てた。

話の進め方に関してはやさしいものから始め序々にレベルを上げるという方針を採った。その際，全体としてできるだけ**本文を簡潔にし**，図を多用して理解を得やすくした。

本書は「**人体の生化学**」であり，とくに断わらない限り**物質や反応(代謝)はヒトのそれ**である。類書ではそこが明確になっていないものがある。植物や微生物に固有の代謝とヒトのそれを区別しないで構成した代謝経路を提示している場合もまれではない。

医学部の授業はただ単に年度末に単位を認定するためのものであってはならない。授業で**最先端の研究の息吹に接する**ことが学生を刺激し医学への情熱を掻き立たせるのだという信念に導かれて本書を執筆した。したがって，本書では同時代性を徹底的に追求した。そのため，将来変更される可能性のある仮説をもあえて取り入れた。「先走り過ぎる」あるいは「標準生化学でなく非標準生化学だ」というそしりを受ける覚悟である。しかし，教科書製作者は学生を愚弄してはならないと思う。本書が読者を刺激して更なる知識の探求に向かわせるきっかけとなればこれに過ぎる喜びはない。

執筆に当たっては，藤田がまず本書の第一稿(図表を含む)を作成し，それを執筆協力者に査読していただき，寄せられた意見を取り入れて改変したものを完成稿とした。執筆協力者のご支援に心から感謝するとともに読者のご愛顧とご批判をお願いしたい。最後に，糖鎖の記号表記法についてご教示いただいた大阪大学名誉教授 谷口直之氏に感謝する。

2012年6月

藤田　道也

目次

■ 第1章　生化学から見た人体の作り 1

構成マップ 2

Ⅰ　人体の単位—細胞 4
  1. 形質膜（細胞膜） 4
  2. 核 6
  3. 小胞体 7
  4. ゴルジ装置 8
  5. リソソーム 9
  6. ミトコンドリア 9
  7. ペルオキシソーム 10
  8. 細胞骨格 10
  9. サイトゾル 11
  10. 細胞の極性 11
  11. 細胞間マトリックス 12

Ⅱ　器官と組織 13
  1. 循環系 13
    A. 血管 13
      1. 毛細血管 13
        a. 基底層 13
      2. 動・静脈 13
        a. 平滑筋 13
        b. 弾性層・弾性線維 14
      3. 心臓 14
  2. 消化系 14
    A. 胃 15
    B. 小腸 15
    C. 大腸 15
    D. 肝臓 16
    E. 膵臓 16
  3. 呼吸系 16
    A. 肺 16
  4. 泌尿系 17
    A. 腎臓 17
  5. 内分泌系 18
    A. 視床下部 18
    B. 下垂体 18
    C. 膵島 19
    D. 副腎 19
    E. 甲状腺 19
    F. 上皮小体 20
    G. 性腺 20
      1. 精巣 20
      2. 卵巣 20
  6. 神経系 20
    A. ニューロンとシナプス 20
    B. 中枢神経系と末梢神経系 22
    C. 神経膠細胞（グリア細胞） 22

■ 第2章　生体の物質的基礎 23

構成マップ 24

Ⅰ　生体を構成する元素とそれらの作る結合 ... 26
  1. 生体に多い6元素と量比 26
  2. 生体元素の作る結合 26
    A. 水素，酸素，炭素 26
    B. 窒素，硫黄，リン 26
    C. 金属元素とハロゲン元素 26

Ⅱ　糖質（糖） 30
  1. 糖質の基本構造と性質 30
    A. 基本構造 30
    B. ケトースとアルドース 30
  2. 単糖の構造と性質 30
    A. 単糖の立体異性 30
    B. 単糖の環形成 33
  3. 単糖の誘導体 34
    A. デオキシ糖 34
    B. ウロン酸，アルドン酸 34
    C. 糖アルコール 34
    D. アミノ糖 35
    E. 糖リン酸 35
    F. グリコシド（配糖体） 36
  4. 多糖（グリカン） 36
    A. ホモ多糖（ホモグリカン） 36
    B. ヘテロ多糖（ヘテログリカン） 37

III 脂質 41
1. 脂質の性質と基本構造 41
2. 脂肪酸 41
   A. 脂肪酸の基本構造と性質 41
   B. 脂肪酸の種類と命名 41
      1. 飽和脂肪酸 41
      2. 不飽和脂肪酸 42
      3. 脂肪酸の命名法 43
   C. イコサノイド 44
      1. プロスタグランジン 44
      2. ロイコトリエン 44
      3. トロンボキサン 45
3. 単純脂質 46
   A. アシルグリセロール 46
   B. ステロイド 47
      1. コレステロール 47
      2. ステロイドホルモン 47
      3. 胆汁酸 47
4. 複合脂質 47
   A. リン脂質 48
      1. グリセロリン脂質（ホスホグリセリド） 48
      2. スフィンゴリン脂質 49
   B. 糖脂質 50
      1. グリセロ糖脂質 50
      2. スフィンゴ糖脂質 51
         a. 中性スフィンゴ糖脂質 51
         b. 酸性スフィンゴ糖脂質 52

IV アミノ酸，ペプチド，タンパク質 54
1. アミノ酸 54
   A. アミノ酸の基本構造 54
   B. アミノ酸の特徴と分類 55
2. ペプチドとポリペプチド 58
   A. ペプチド結合 58
   B. ペプチド・ポリペプチドの立体構造 59
   C. ポリペプチドの立体構造を安定化させている結合 60
   D. 天然ポリペプチド構造の解析 60
3. 複合タンパク質 61
   A. 糖タンパク質 62
      ⅰ．O結合型糖鎖をもつタンパク質 62
      ⅱ．N結合型糖鎖をもつタンパク質 63

V ヌクレオチドと核酸 66
1. ヌクレオチド 66
   A. 塩基 66
   B. ヌクレオシド，ヌクレオチド 66
2. 核酸 69
   A. 核酸の基本構造 69
   B. 核酸の立体構造 69

■ 第3章　人体の基本代謝 71

構成マップ 72

I 代謝総論 74
1. 異化と同化 74
2. 代謝の調節 74
3. 代謝系のバランス 74
4. 代謝の区画化 75
5. 酵素の本体 75
6. 酵素キネティックス（酵素反応速度論） 76
7. アロステリック効果 77
8. 誘導適合仮説 80
9. 酵素の分類 80
10. 酵素の命名 80

II 糖質の分解 82
1. 解糖系への基質の供給 82
2. 解糖 82

III 脂質の分解（脂肪酸酸化） 86
1. 脂肪酸酸化系への基質の供給 86
2. 脂肪酸の酸化 87
   A. 飽和脂肪酸の酸化 87
   B. 不飽和脂肪酸の酸化 90

IV アミノ酸の異化 93
1. アミノ基転移 93
2. 尿素回路 93
   A. 尿素回路への準備段階 93
   B. 尿素回路の反応 96
3. 炭素骨格の異化 97
   A. 活性1炭素単位を与えるもの 98
   B. アセチルCoAを経由するもの 99
      1. ピルビン酸を経由するもの 100
      2. 直接アセチルCoAに至るもの 100
      3. アセトアセチルCoAを経由するもの 105
   C. 2-オキソグルタル酸を経由するアミノ酸 110
   D. スクシニルCoAを経由するもの 112
4. 生理活性物質への転化 114
   A. 芳香族アミノ酸から誘導される生理活性物質 114
   B. 含硫アミノ酸から誘導される生理活性物質 116
   C. 塩基性アミノ酸から誘導される生理活性物質 118
   D. 酸性アミノ酸から誘導される生理活性物質 118
5. アミノ酸代謝の異常 118

V ヌクレオチドの異化 119
1. プリンヌクレオチドの異化 119
2. ピリミジンヌクレオチドの異化 119
3. ヌクレオチドのその他の代謝と塩基の回収 119

Ⅵ 共通の終末酸化系―クエン酸回路と呼吸鎖 …… 124
1. クエン酸回路（TCAサイクル） …………… 124
2. 呼吸鎖（電子伝達系） ……………………… 124
   A. 呼吸鎖複合体 …………………………… 124
   B. 酸化的リン酸化 ………………………… 127

Ⅶ グルコースの合成 ……………………… 130
1. 糖新生（グルコネオゲネシス） …………… 130
2. フルクトース，ガラクトースのグルコースへの転化 ……………………………………… 134

Ⅷ 脂質の合成 ……………………………… 136
1. 脂肪酸の合成 ………………………………… 136
   A. 飽和脂肪酸の合成 ……………………… 136
   B. 脂肪酸の不飽和化と伸長 ……………… 139
2. グリセロ脂質の合成 ………………………… 139
   A. アシルグリセロールの合成 …………… 139
   B. グリセロリン脂質の合成 ……………… 140
3. スフィンゴ脂質の合成 ……………………… 141

Ⅸ 塩基とヌクレオチドの合成 …………… 144
1. プリン塩基とプリンヌクレオチドの合成 … 144
2. ピリミジン塩基とピリミジンヌクレオチドの合成 ……………………………………… 144

■第4章 基本代謝系の相関と統合 …………………………………………………………… 149

構成マップ ………………………………………… 150

Ⅰ 代謝経路における調節 ………………… 152
1. グルコース代謝の調節 ……………………… 152
   A. グルコキナーゼ ………………………… 152
   B. ホスホフルクトキナーゼとフルクトース1,6-ビスホスファターゼ ……………… 153
   C. ピルビン酸キナーゼとホスホエノールピルビン酸カルボキシキナーゼ …………… 154
   D. ピルビン酸デヒドロゲナーゼ複合体 … 157
   E. まとめと2つのシャトル ……………… 157
2. グリコーゲン代謝の調節 …………………… 161
   A. グリコーゲン合成の調節 ……………… 161
   B. グリコーゲン分解の調節 ……………… 163
3. 脂肪酸とトリアシルグリセロール代謝の調節 … 165

Ⅱ 器官・組織における代謝の統合 ……… 169
1. ホルモンによる代謝の統合 ………………… 169
2. 受容体シグナリング
   A. インスリン受容体シグナリング ……… 173
      1. インスリン ………………………… 173
      2. インスリン受容体 ………………… 175
      3. インスリン受容体基質 …………… 176
      4. インスリンによるグリコーゲン合成の活性化 ……………………………… 179
      5. インスリンによるグルコース取り込みの活性化機構 …………………………… 179
         ⅰ．GLUT4 小胞 ………………… 179
         ⅱ．GLUT4 小胞の移行 ………… 181
         ⅲ．GLUT4 小胞の形質膜の融合 … 183
      6. インスリン受容体シグナリングの負の調節 ………………………………… 184
         ⅰ．ホスファターゼによる負の調節 … 184
         ⅱ．リン酸化とアセチル化による負の調節 ……………………………… 185
         ⅲ．インスリン受容体への抑制タンパク質の結合による負の調節 ……… 186
         ⅳ．遺伝子発現の抑制による負の調節 … 187
         ⅴ．タンパク質のS-ニトロシル化による負の調節 …………………… 187
   B. グルカゴン受容体とアドレナリン受容体によるシグナリング（GPCR） …………… 188
      1. Gタンパク質共役型受容体 ……… 188
      2. cAMP 依存性プロテインキナーゼ … 188
   C. エネルギー代謝系酵素の遺伝子発現による調節機構 …………………………………… 190
      1. インスリンによる刺激 …………… 190
      2. グルコースによる直接刺激 ……… 193
      3. 細胞内 AMP/ATP 比 ……………… 194
      4. グルカゴンまたはアドレナリンによる刺激 ……………………………… 194
   D. インスリンによるタンパク質合成の活性化機構 …………………………………… 195
      1. TSC1/2 経路 ……………………… 195
      2. AMPK ……………………………… 196
      3. mTOR 経路 ………………………… 196
   E. 筋タンパク質の分解の調節 …………… 196
      1. 空腹時血糖の供給 ………………… 196
      2. ユビキチン-プロテアソーム経路 … 198

Ⅲ エネルギー代謝の病態―肥満と2型糖尿病 … 201
1. 肥満 …………………………………………… 201
   A. 脂肪の形成機構 ………………………… 201
      1. 遺伝子発現による脂肪合成の調節 … 201
      2. 転写因子 SREBP …………………… 201
   B. 肥満の制御 ……………………………… 204
      1. 摂食行動の支配 …………………… 205
         a．中枢性 ………………………… 205
         b．末梢性 ………………………… 206
            ⅰ．脂肪組織由来 …………… 206
            ⅱ．肝臓由来 ………………… 207
            ⅲ．消化管由来 ……………… 207

2. インスリン抵抗性 ･････････････････ 208
　　A. 高脂血症 ･･･････････････････ 208
　　B. サイトカインの関与 ･･･････････ 208

3. 2型糖尿病 ･････････････････････ 209
　　A. 遺伝性因子の関与 ･････････････ 209
　　B. インスリンの合成と分泌の異常 ･･ 210
　　C. 臨床科学との接点 ･････････････ 211

■ 第5章　遺伝情報の発現と保存 ･････････････ 213

構成マップ ･････････････････････ 214

Ⅰ　遺伝情報の発現 ･････････････ 216

1. 転写 ･･･････････････････････････ 216
　A. 転写開始前複合体 ･･･････････････ 216
　B. 転写開始に関する塩基配列 ･･･････ 218
　　1. プロモーター ･･････････････ 218
　　2. エンハンサー ･･････････････ 219
　C. 転写の開始，進行，終了 ･････････ 219
　　1. クロマチンリモデリング ････ 219
　　2. ヒストンの化学修飾 ････････ 219
　　3. RNAポリメラーゼのリン酸化 ･ 219
　　4. 転写の進行 ････････････････ 220
　　5. 転写の休止 ････････････････ 220
　　6. 転写の終了 ････････････････ 221

2. スプライシング ･････････････････ 221
　A. 遺伝子の構造 ･･･････････････････ 221
　B. スプライシングの機構 ･･･････････ 221
　C. 選択的スプライシング ･･･････････ 222

3. 転写のその他の問題―エピジェネシス ･･ 222
　A. DNAのメチル化 ･････････････････ 222
　　1. CpG配列 ･･････････････････ 223
　　2. X染色体不活性化 ･･･････････ 224
　B. RNAエディティング ･････････････ 225
　　1. 2種類のRNAエディティング ･ 225
　　2. RNAエディティングの機構 ･･ 226
　C. RNA干渉 ･･･････････････････････ 226
　　1. 非コードRNA ･･････････････ 226
　　2. RNA干渉の機構 ････････････ 226

4. 翻訳 ･･･････････････････････････ 227
　A. 翻訳までの準備段階 ･････････････ 227
　　1. mRNAの移行 ･･････････････ 227
　　2. コドン ････････････････････ 227
　　3. トランスファーRNA ････････ 227
　B. 翻訳開始複合体 ･････････････････ 227
　　1. リボソーム ････････････････ 227
　　2. 翻訳開始複合体の形成 ･･････ 229
　C. 翻訳の伸長と終了 ･･･････････････ 230
　　1. AサイトーPサイト―ペプチド結合の形成･･ 230
　　2. ペプチドの伸長と終了 ･･････ 232
　D. 翻訳の細胞生物学的側面 ･････････ 232
　　1. 翻訳共役ターゲティング ････ 232
　　2. フォールディング ･･････････ 232
　　3. ゴルジ装置の関与 ･･････････ 235
　　4. 細胞内輸送 ････････････････ 235

　E. 翻訳のその他の問題 ･････････････ 236
　　1. セレノシステイン ･･････････ 236
　　2. ナンセンス介在mRNA崩壊 ･･ 236
　　3. キャップ非依存性翻訳 ･･････ 237

Ⅱ　遺伝情報の保存と変化 ･･････ 238

1. DNAの複製 ････････････････････ 238
　A. 複製前複合体の形成 ･････････････ 238
　B. 複製起点 ･･･････････････････････ 238
　C. リーディング鎖，ラギング鎖 ･････ 239
　D. プロセッシビティー ･････････････ 239
　E. 末端複製問題 ･･･････････････････ 241

2. DNAの損傷と修復 ･････････････ 241
　A. 塩基除去修復とヌクレオチド除去修復 ････ 242
　B. トランスリージョン合成 ･････････ 244

3. 組換え ････････････････････････ 244
　A. 相同組換え ･････････････････････ 244
　　1. V(D)J組換え ･･････････････ 246

Ⅲ　細胞増殖 ･････････････････････ 249

1. 細胞周期とその制御 ････････････ 249
　A. 細胞周期とは ･･･････････････････ 249
　B. G1期およびG1/S移行期における細胞周期の制御 ･･････ 249
　　1. サイクリン，サイクリン依存性キナーゼ ･･ 249
　　2. サイクリン依存性キナーゼインヒビター ･･ 250
　　3. サイクリン依存性キナーゼのアクチベーター ･････････ 251
　　4. タンパク質の発現量による細胞周期の調節 ･････････････ 252
　　5. タンパク質の分解による細胞周期の制御 ･･･ 254
　　6. アセチル化による調節 ･･････ 255
　　7. 細胞小器官間の移行による細胞周期の調節 ･････････････ 256
　　8. 非タンパク質因子による細胞周期の調節 ･ 256
　C. S期における細胞周期の制御 ･･････ 256
　　1. DNA複製の制御 ････････････ 256
　　2. DNA損傷チェックポイント ･･ 257
　　3. DNA損傷部位の検出と修復のための超複合体 ･･･････････ 258
　D. G2期およびG2/M移行期における細胞周期の制御 ･･････ 261
　　1. G2/Mチェックポイント ･････ 261
　E. M期における細胞周期の制御 ･････ 263
　　1. 核分裂 ････････････････････ 263
　　2. 紡錘体チェックポイント ････ 264

F. 細胞周期の終了と分裂後の細胞 268
2. 細胞周期制御の異常 270
　　A. 細胞の腫瘍化 270
　　　1. 細胞の腫瘍化とは何か 270
　　　2. 原がん遺伝子 271
　　　3. がん抑制遺伝子 277
　　　4. マイクロRNAと発がん 279
　　　5. ウイルス性がん遺伝子 280
　　　6. 発がんの多段階説 281
　　　7. 染色体不安定説 281
　　B. アポトーシス 281
　　　1. 細胞周期とアポトーシス 282
　　　2. 増殖因子の引き上げによるアポトーシス 282
　　　3. FASL-FASによるアポトーシス 284
　　　4. グランザイムBによるアポトーシス 287
　　　5. DNAの損傷によるアポトーシス 287
　　　6. 小胞体ストレスによるアポトーシス ... 287
　　　7. グルタミン酸によるアポトーシス 288
　　　8. 好中球のアポトーシス 288

■ 第6章　血液と細胞性ストレス 293

構成マップ 294

Ⅰ　血液 296

1. リポタンパク質 296
　　A. リポタンパク質受容体 297
2. 凝固と線溶 299
　　A. 凝固 299
　　B. 線溶 301
3. ヘムの合成と分解（ポルフィリン代謝） 302
　　A. ヘムの合成 302
　　B. ヘムの分解 304

Ⅱ　細胞性ストレス 307

1. 酸化ストレス 307
　　A. 活性酸素種の生成と作用 307
　　B. 活性酸素種の消去 307
2. 小胞体ストレス 308
　　A. アンフォールデッド・プロテイン・レスポンス
　　　　とERオーバーロード・レスポンス 308
　　B. 小胞体関連分解 314

索引 317

第 1 章

生化学から見た人体の作り

「第1章 生化学から見た人体の作り」の構成マップ

I 人体の単位 ― 細胞

1. 形質膜(細胞膜) ▶p4
2. 核 ▶p6
3. 小胞体 ▶p7
4. ゴルジ装置 ▶p8
5. リソソーム ▶p9
6. ミトコンドリア ▶p9
7. ペルオキシソーム ▶p10
8. 細胞骨格 ▶p10
9. サイトゾル ▶p11
10. 細胞の極性 ▶p11
11. 細胞間マトリックス ▶p12

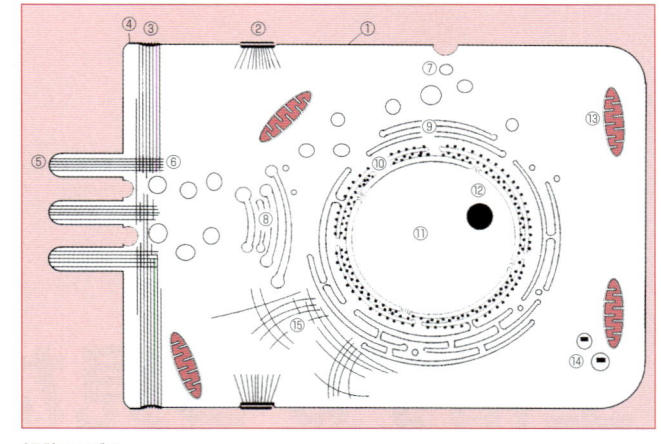

細胞モデル
①形質膜(細胞膜),②細胞間接合装置(デスモソーム)と付属線維,③細胞間接合装置(アドヘレンス結合)と付属線維,④タイト結合,⑤細胞突起(微絨毛),⑥エキソサイトーシスと関連する小胞,⑦エンドサイトーシスと関連する小胞,⑧ゴルジ装置,⑨滑面小胞体,⑩粗面小胞体,⑪核,⑫核小体,⑬ミトコンドリア,⑭ペルオキシソーム,⑮細胞骨格

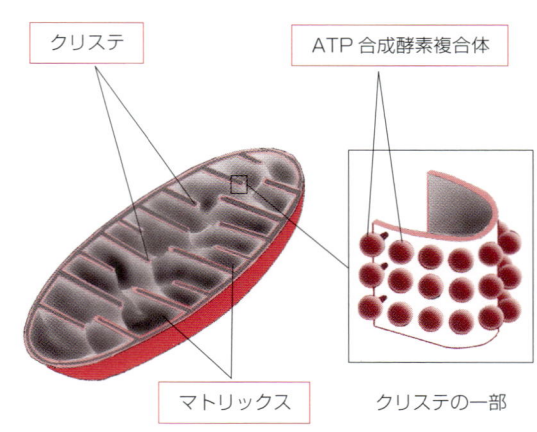

ミトコンドリアの微細構造

II 器官と組織

- **1. 循環系** ▶p13
  - A. 血管
    1. 毛細血管
    2. 動・静脈
    3. 心臓

- **2. 消化系** ▶p14
  - A. 胃
  - B. 小腸
  - C. 大腸
  - D. 肝臓
  - E. 膵臓

- **3. 呼吸系** ▶p16
  - A. 肺

- **4. 泌尿系** ▶p17
  - A. 腎臓

- **5. 内分泌系** ▶p18
  - A. 視床下部
  - B. 下垂体
  - C. 膵島
  - D. 副腎
  - E. 甲状腺
  - F. 上皮小体
  - G. 性腺

- **6. 神経系** ▶p20
  - A. ニューロンとシナプス
  - B. 中枢神経系と末梢神経系
  - C. 神経膠細胞(グリア細胞)

I 人体の単位—細胞

細胞のもつさまざまな構造や機能を説明するために，ここでは架空の細胞モデル（**図1-I-1**）を用いることにする．1個の細胞ですべての構造と機能を説明することは不可能であるから，ここに挙げたものは1つのモデルにすぎない．

細胞には人体でいえば器官にあたるいろいろな小器官（**細胞小器官** cell organelle）がある．人体に例えれば皮膚に相当する形質膜から始めて細胞内部の小器官を簡単に見ていこう．

本章は生化学への導入を目的とするから，細胞の微細構造についてさらに詳細を知りたい方は細胞生物学の教科書（例：本シリーズ『標準細胞生物学』）を参考にしていただきたい．

1 形質膜（細胞膜）

形質膜 plasma membrane は細胞表面を覆っている膜である．したがって，**細胞膜** cell membrane ともいう．この膜を細胞の内部の膜（例：小胞体膜）と比べてみると剛性が高いのが1つの特徴である．細胞膜は外界との境界であるから，ある程度の硬さをもたなければならないことは容易に理解できる．

この膜は細胞の表面にあるので，細胞と外界との間の物質のやりとりがこの膜の大事な役割である．それには大きく分けて2つの機構が関与している．1つはナトリウムイオンのような小さい粒子を輸送するための**チャネル輸送系**であり，他は大きい粒子やある程度まとまった量の液体をやりとりする**小胞輸送系**である．小胞輸送 vesicle transport には物を細胞内から外へ出す場合（**エキソサイトーシス** exocytosis）と外から内へ取り込む

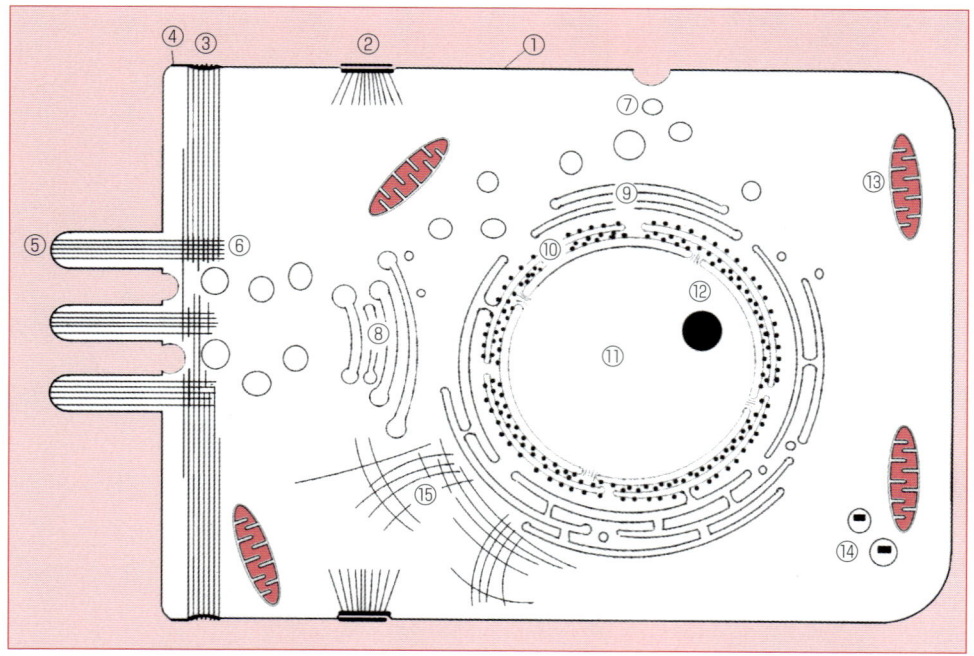

図1-I-1 細胞モデル
①形質膜（細胞膜），②細胞間接合装置（デスモソーム）と付属線維，③細胞間接合装置（アドヘレンス結合）と付属線維，④タイト結合，⑤細胞突起（微絨毛），⑥エキソサイトーシスと関連する小胞，⑦エンドサイトーシスと関連する小胞，⑧ゴルジ装置，⑨滑面小胞体，⑩粗面小胞体，⑪核，⑫核小体，⑬ミトコンドリア，⑭ペルオキシソーム，⑮細胞骨格

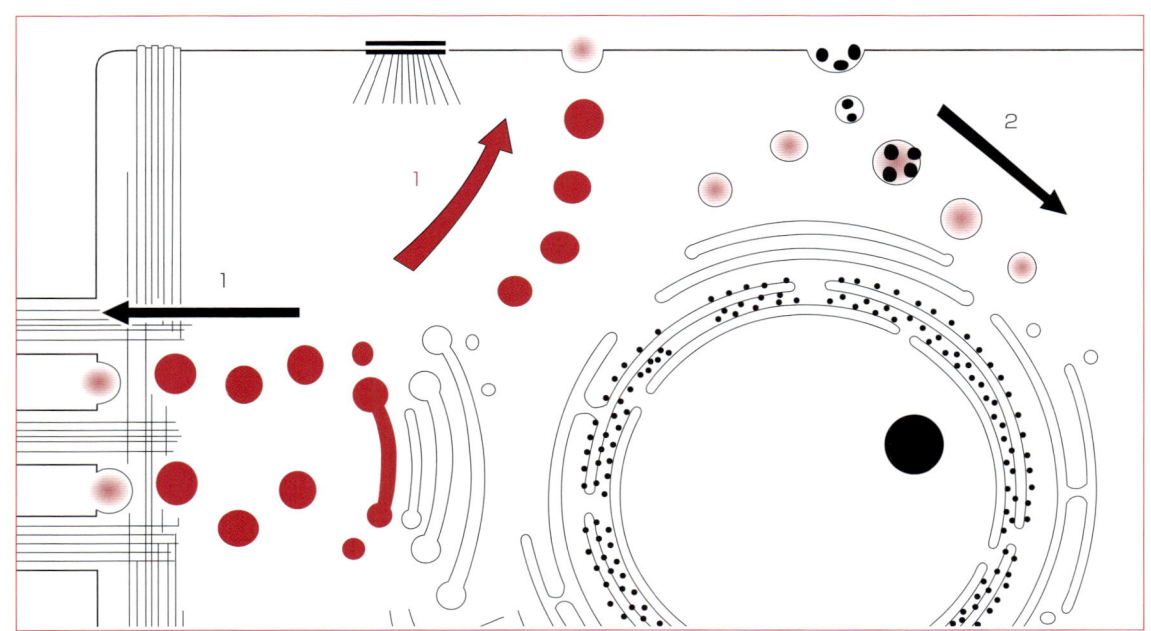

図 1-Ⅰ-2　エキソサイトーシス(1)とエンドサイトーシス(2)

場合（**エンドサイトーシス** endocytosis）がある（図 1-Ⅰ-2）。

　細胞膜の行う細胞内外のやりとり作業には上記の物質の輸送によるものの他に外界からの信号の受け取り（**信号の受容**）と，その細胞内部への伝達（**信号の伝達**）がある（図 1-Ⅰ-3）。信号を運んでくる信号物質はホルモンや細胞増殖因子などであるが，それらはふつう他の細胞からエキソサイトーシスによって放出されたものである。

　形質膜の局部的な形態特化の 1 つに細胞表面の突起がある（図 1-Ⅰ-4）。**微絨毛** microvillus（腸上皮細胞，近位尿細管細胞，脈絡叢上皮細胞など）や**神経突起**（ニューロン）や**偽足**（好中球，マクロファージなど）がその例である。これらの突起の内部にはアクチンの重合体である**アクチンフィラメント**（ミクロフィラメントともいう）の束がある。

　上皮の細胞のように細胞同士がくっ付き合っている場合に，互いの接着を支持する特別な構造が形質膜にできる。これを**細胞間結合装置**とか接着装置という。本章で用いているモデル細胞について見ると，細胞の最も頂部（突起のある側）近くに見られるのが**タイト結合**（密着結合）tight junction や**閉鎖帯** zonula occludens と呼ばれる細胞同士を密着させる装置である（図 1-Ⅰ-5）。それより少し細胞底部寄りに見られるのが**アドヘレンス結合**（接着結合）adherens junction や**接着帯** zonula adherens と呼ばれるもので，細胞質のアクチンフィラメントと結合している。さらに細胞底部寄りに見られるのが**デスモソーム** desmosome と呼ばれる構造である。デスモソームも細胞同士の機械的結合を支持する装置である。この他にも**ギャップ結合** gap junction と呼ばれる結合がある（図 1-Ⅰ-6）。

　それぞれの結合装置には固有のタンパク質成分がある。タイト結合には**オクルディン** occludin をはじめ数種の特別なタンパク質分子が含まれる。アドヘレンス結合には**カドヘリン** cadherin と総称される接着分子の 1 つの E-カドヘリン（上皮性カドヘリン epithelial cadherin）が，デスモソームにはカドヘリンの仲間の**デスモグレイン** desmoglein と**デスモコリン** desmocollin が，ギャップ結合には**コネキシン** connexin が含まれる。コネキシンは 6 個が 1 つの環状構造をつくり，それが 2 層に

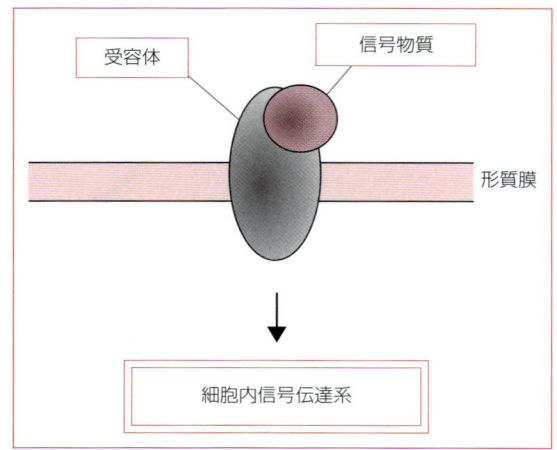

図1-I-3 受容体と信号伝達系

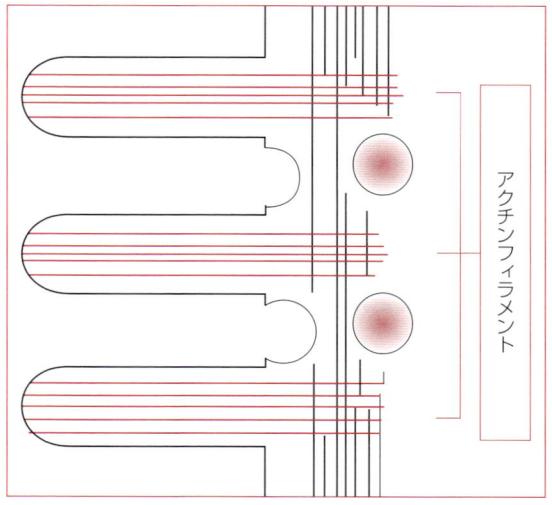

図1-I-4 細胞突起

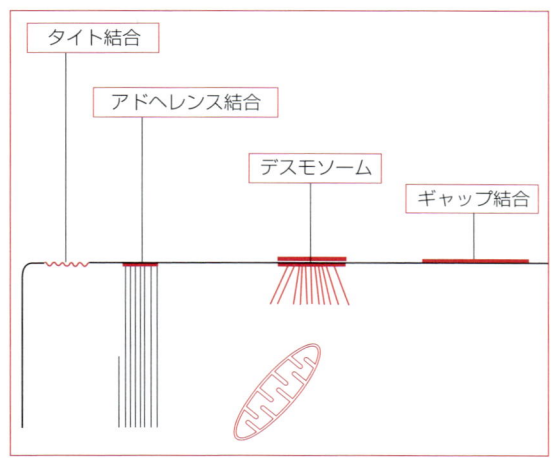

図1-I-5 細胞間結合装置

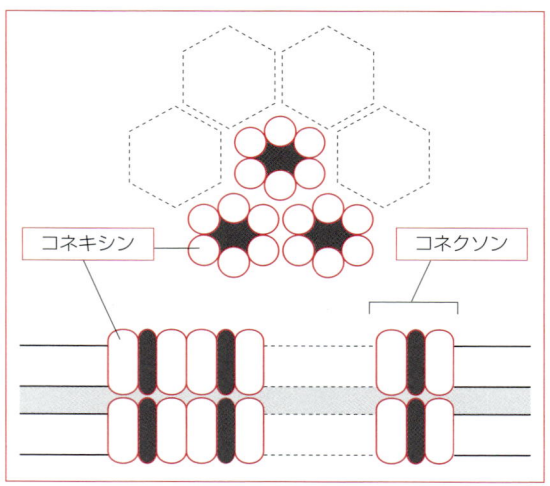

図1-I-6 細胞間結合装置（ギャップ結合）
上は平面図，下は断面図。

なったものが1つの通路（**コネクソン** connexon）を作っている（図1-I-6）。この装置は表皮の細胞，心筋・平滑筋の細胞，肝細胞などにあり，細胞間で分子量1,000以下の小分子やイオンの往来を可能にしている。その結果，低分子量の信号分子（例：イノシトール3-リン酸）やイオン（Na^+，Ca^{2+}）の細胞内濃度変化がギャップ結合を介して隣の細胞に伝えられることにより，片方の細胞に加えられた刺激に協調して隣の細胞も反応することができる。例えば，細胞内 Na^+ の上昇は細胞を興奮させ，イノシトール3-リン酸は小胞体内の Ca^{2+} を放出させて筋収縮を引き起こす。

ギャップ結合はこの3者，Na^+，イノシトール3-リン酸，Ca^{2+}，を1つ心筋細部から隣の心筋細部に送り込むことができる。このように，ギャップ結合は心筋が協調的に収縮・弛緩を繰り返すのに重要な寄与をしていると理解される。

2 核

核 nucleus は細胞内小器官の中で最大である。細胞の種類によっては細胞内空間の大部分を核が占めていることがある。核の表面には**核膜** nucle-

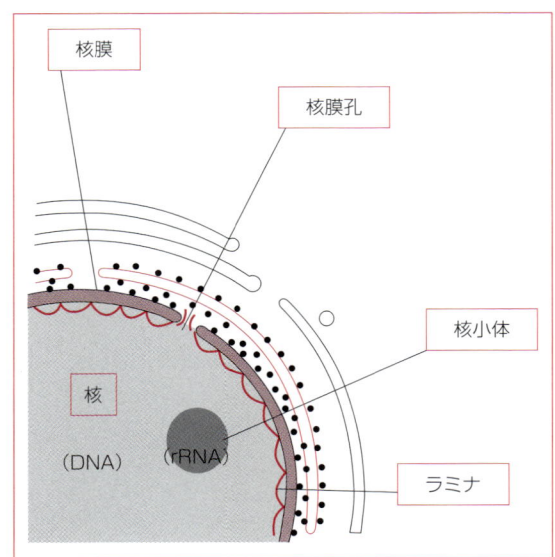

図 1-Ⅰ-7　核と核膜と核膜孔

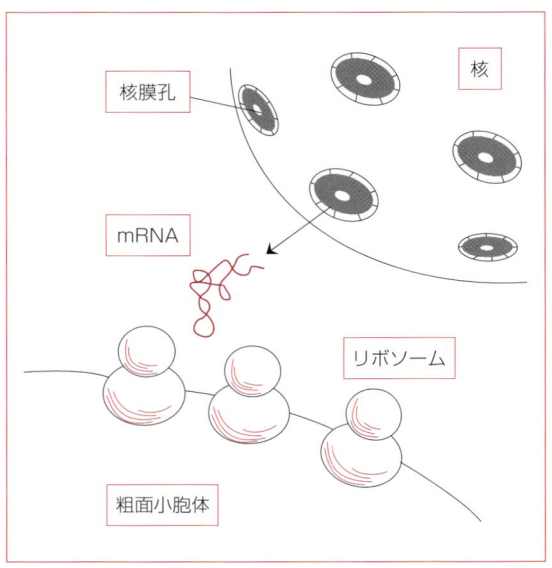

図 1-Ⅰ-8　mRNA（メッセンジャー RNA）の核からリボソームへの移行

ar envelope（文字どおりは核包）と呼ばれる二重膜がある（図 1-Ⅰ-7）。外側の膜は後で述べる小胞体（粗面小胞体）の膜と連続しているが，内側の膜は核固有の膜であり，核内容に接する面は**ラミナ** lamina と呼ばれる線維の層で裏打ちされている。また，RNA や一部のタンパク質分子が通過する部位である**核膜孔** nuclear pore（文字どおりは核孔）という孔が核膜のところどころにある（図 1-Ⅰ-8）。核膜孔は複数のタンパク質分子からなる複雑な構造をしていて，正確には**核膜孔複合体** nuclear pore complex（文字どおりは核孔複合体）と呼ばれている。

　核は**遺伝物質の格納庫**である。遺伝子を含む **DNA**（デオキシリボ核酸 deoxyribonucleic acid）は引き伸ばすと細胞 1 個あたり 2 m にもなる。しかし，核は単に DNA を入れる袋ではない。そこに存在する遺伝子は眠っているものもあるが起こされて **RNA**（リボ核酸 ribonucleic acid）に遺伝情報を与えているものもある（DNA の遺伝情報は RNA によって読みとられる）。遺伝情報をもらった RNA（メッセンジャー RNA messenger RNA；mRNA）は核を出てタンパク質合成の場（**リボソーム** ribosome）に移行する（図 1-Ⅰ-8）。このように遺伝子が自分の情報を RNA に伝えることを狭義

の**遺伝子発現** gene expression という。細胞分裂の静止期の核には，光学顕微鏡で見られる大きさの**核小体** nucleolus と呼ばれる構造体がある（図 1-Ⅰ-7）。これはリボソーム RNA（rRNA）が合成されている場所である。

　核はこのような遺伝情報の格納と発現にとどまらず，**DNA の複製**（倍化）をも行う。細胞分裂に先立って DNA が複製されると，それまで一様に見えていた核の中に**中期染色体**と呼ばれる棒状の構造物が出現する。中期染色体はコンパクトになった DNA とその付随タンパク質からなる。中期染色体については『標準細胞生物学』が詳しい。

3　小胞体

　小胞体 endoplasmic reticulum（ER）には**粗面小胞体** rough endoplasmic reticulum と**滑面小胞体** smooth endoplasmic reticulum がある（図 1-Ⅰ-9）。どちらも二次元的に広がった薄い膜の袋を基本構造としていて，その袋は部分的に細い筒状になっているところもある。粗面小胞体は電子顕微鏡で見るとその膜の表面に粒子が付着している。この粒子は上で述べた**リボソーム**である。つまり粗面

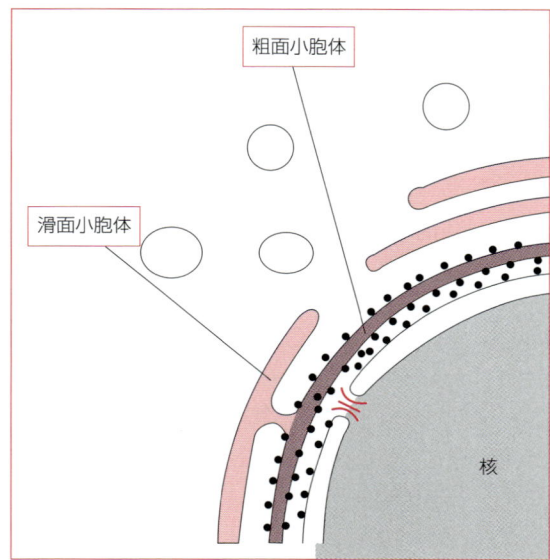

図1-I-9　粗面小胞体と滑面小胞体

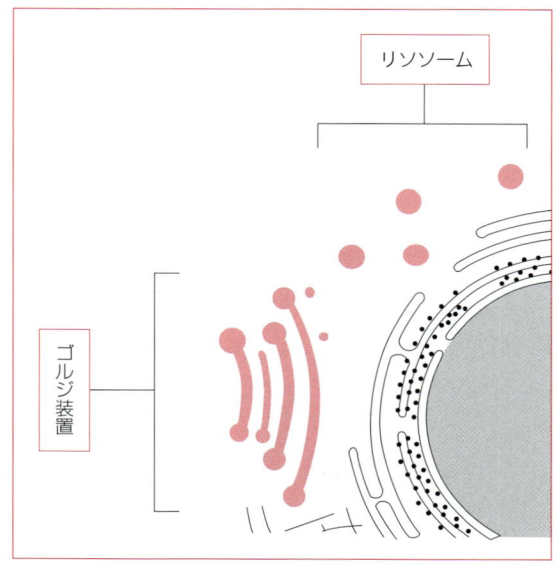

図1-I-10　ゴルジ装置

小胞体はタンパク質（この場合，正確には**ポリペプチド** polypeptide）の合成が行われている場所である。ポリペプチドの合成は核膜孔から出てきたmRNAの情報を必要とするから，ふつう粗面小胞体は核の近くにある。

滑面小胞体の役割はタンパク質分子の成熟の順序からいうと粗面小胞体よりは後の段階にくる。粗面小胞体で合成されたポリペプチドをスクリーニングにかけ，間違いのあるもの（ポリペプチドの長さやアミノ酸の配列，それらにもとづく分子形態などに異常があるもの）を留め置いたり，廃棄処分に回したりするのは，粗面小胞体からバトンタッチした滑面小胞体の基本的な役割だと考えられる。

しかし，完成した膜結合型の酵素タンパク質に働く場を与えるのも滑面小胞体なので，細胞の種類によっては滑面小胞体が非常に発達している。たとえば，ステロイドホルモン分泌細胞ではホルモンを合成するための酵素群をたくさん収容するために，この膜系が細胞の中で大きなスペースを占めているのが見られる。また，骨格筋細胞では滑面小胞体は**筋小胞体** sarcoplasmic reticulum と呼ばれるように筋の収縮・弛緩機能のために特化している。

4　ゴルジ装置

核→粗面小胞体→滑面小胞体と進行してきた遺伝情報発現の次の過程は**ゴルジ装置** Golgi apparatus（ゴルジ体）である。ゴルジ装置も膜状小器官であるが，前二者と少し違って円盤が重なったような構造（**ラメラ** lamella **構造**）を基本構造とし，一部はひも状になっている（図1-I-10）。これらの円盤は管状の構造を介して互いにつながり合っている。

ゴルジ装置がタンパク質に施す最後の仕上げの主なものは，ポリペプチドに糖を付加することである（糖の付加の一部は滑面小胞体でも行われる）。付加される糖は1個のこともあるが，ふつうは複数の糖からなる鎖状のもので**糖鎖**と呼ばれている。糖鎖の合成に必要な素材は，ゴルジ装置の外からその膜を通って取り込まれる。糖鎖を付けたタンパク質は細胞表面に定着するか，またはエキソサイトーシスによって細胞外に分泌される（**タンパク質の細胞内輸送**）。エキソサイトーシスのための小胞（分泌小胞）はゴルジ装置のトランスゴルジネットワークと呼ばれる部分で作られる。

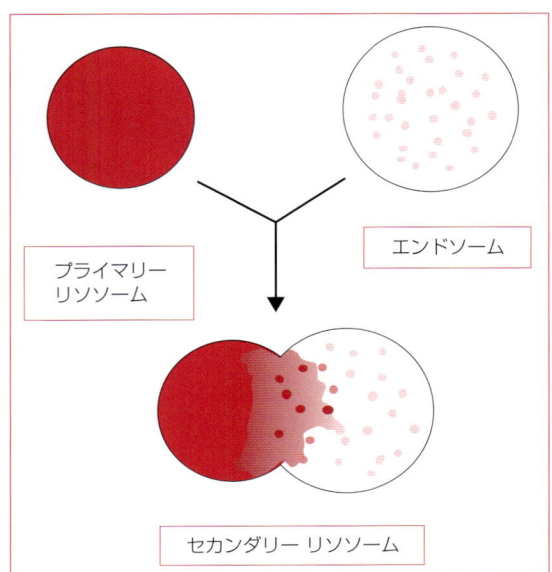

図1-Ⅰ-11　セカンダリーリソソームの生成

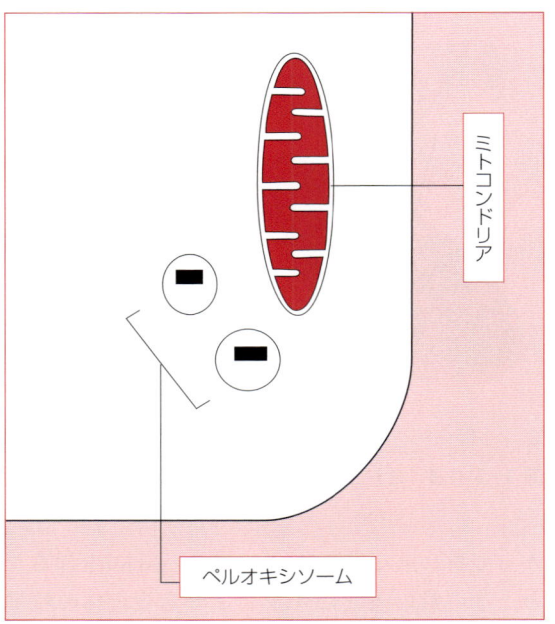

図1-Ⅰ-12　ミトコンドリアとペルオキシソーム

5　リソソーム

　リソ(lyso)は本来溶解を意味し，リソソーム（ライソソーム）lysosome は「溶解小体」といった意味である。リソソームはゴルジ装置で作られる(図1-Ⅰ-10)。小胞の中は弱い酸性で消化酵素を含んでいる。作られたばかりの状態にあるリソソームを，**プライマリーリソソーム** primary lysosome と呼んでいる。この小胞の中ではまだ消化作用は始まっていない。プライマリーリソソームがエンドサイトーシスで取り込まれた物質を含む小胞(**エンドソーム** endosome)と融合して**セカンダリーリソソーム** secondary lysosome になると，消化酵素は細胞外から取り込まれた物質に作用し始める(**図1-Ⅰ-11**)。これらの酵素が弱酸性で分解作用を及ぼす物質はタンパク質，脂質，核酸，多糖などいろいろである。

6　ミトコンドリア

　ミトコンドリア mitochondria は細胞のパワーハウス(発電所)に例えられる。細胞が必要とするエネルギーの大部分はこの小器官によって供給されており，したがって，細胞がエネルギーを最も必要とする部位に局在している(図1-Ⅰ-1，**図1-Ⅰ-12**)。われわれが摂取した糖質，タンパク質，脂質の最終酸化が行われるのはここである。酸化を受ける物質に含まれる炭素は二酸化炭素になり，水素は水になる。酸化に用いられるのはわれわれが肺呼吸で取り込んだ大気中の酸素である。

　ミトコンドリアの膜は電子顕微鏡で見ると二重になっていて，外側の膜(**外膜**)は滑らかであるが，内側の膜(**内膜**)はたくさんの粒子をもっている。この粒子こそミトコンドリアの発電機に相当するもので，**F1-ATPアーゼ**とか**ATP合成酵素複合体**と呼んでいるものである。最終酸化によって得られるエネルギーはATPとして保存される。ATPはさまざまな生化学反応を通じて利用しやすいエネルギー単位であって，その利用が広範であることからしばしば生体エネルギーの「通貨」にたとえられる。

　ミトコンドリアの構造をもう少し詳しく見よう(図1-Ⅰ-13)。ミトコンドリアの外形は細胞の種類によって球状から棒状までさまざまであるが，①二重膜をもつこと，②**内膜** inner membrane はミトコンドリアの内腔(**マトリックス** matrix)に向

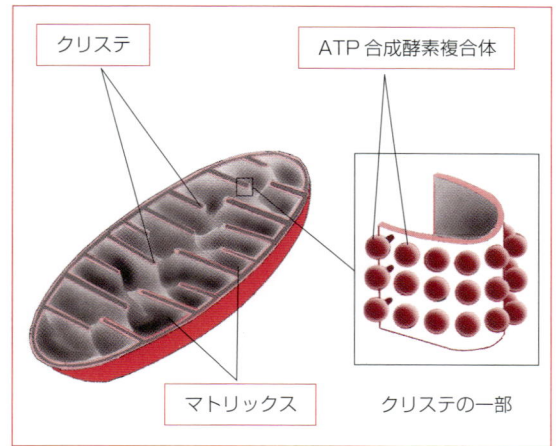

図 1-I-13　ミトコンドリアの微細構造

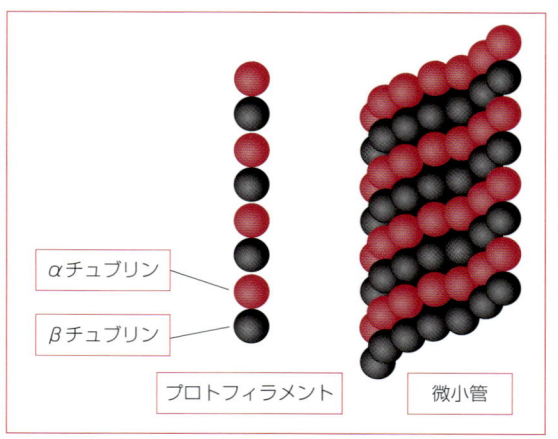

図 1-I-14　微小管
α-チュブリンとβ-チュブリンの二量体が線状に重合した形の 1 本の線維（プロトフィラメント）を 1 つの単位と考えることができる。

かって折れ込んだひだ（**クリステ** cristae）を作ること，③内膜の表面に ATP 合成酵素複合体の粒子をもつことは共通している。マトリックスには回路状の糖代謝系（**クエン酸回路** citric acid cycle）があり，ここから呼吸鎖はその基質を得ている。これ以外にもマトリックスでは脂肪酸の酸化（β-酸化）とアミノ酸の主要な中間代謝が行われている。

7　ペルオキシソーム

ペルオキシソーム peroxisome はミトコンドリアの近くに見られる細胞小器官である。ミトコンドリアと違って 1 層の膜で覆われている。ペルオキシソームは種々の有機化合物を酸化して過酸化水素 H_2O_2 を発生する**オキシダーゼ** oxidase や，その過酸化水素を分解する**カタラーゼ** catalase などの酵素を含んでいる。

8　細胞骨格

以前は静止期の細胞の中に線維状の構造があるなどということは知られていなかったが，現在では，細胞の中は細胞小器官がプカプカ浮かんでいるような環境ではないことがはっきりしてきた。細胞小器官は線維構造の中に埋め込まれているか，線維構造と結合していると考えられている。

細胞骨格 cytoskeleton を形成する線維には大きく分けて**微小管** microtubule，**アクチンフィラメント** actin filament（ミクロフィラメント microfilament），**中間径フィラメント** intermediate filament の 3 種がある。これらの線維はタンパク質分子の重合体である。

微小管は 3 種の中で一番太いが，これは**α-チュブリン** α-tubulin と**β-チュブリン** β-tubulin というタンパク質分子が筒状に重合したものである（図 1-I-14）。微小管は核周辺にある**微小管形成中心** microtubule organizing center (MTOC)（動物細胞では**中心体** centrosome とも呼ばれる）で作られる。微小管は細胞分裂で見られる紡錘体を作るが，静止期には核周辺から放射状に延びている（図 1-I-15）。起点をマイナス端，伸長端をプラス端とするが，これは微小管に**極性** polarity があることを表している。微小管は一般の細胞に存在するが，ニューロンの神経突起，精子の尾部，有毛細胞の繊毛などで特によく発達している。

アクチンフィラメントはその名のとおりアクチン分子の重合体である。アクチンフィラメントは骨格筋では収縮要素として多量に存在しているが，一般の細胞にも広く存在している。それらの細胞でアクチンフィラメントはアメーバ運動，エキソサイトーシス，エンドサイトーシス，細胞突起の短縮のような運動に関係する働きをしてい

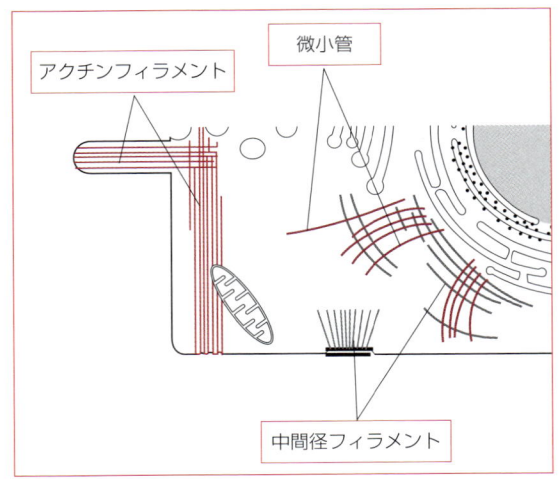

図1-I-15　細胞骨格

る。それだけでなく，アクチンフィラメントは上皮細胞のアドヘレンス結合と結合して，細胞をとりまく輪状束として細胞構造を維持する働きをしている（図1-I-15，図1-I-1も参照）。

中間径フィラメントは，その直径が微小管とアクチンフィラメントの中間である（といってもアクチンフィラメントに近い）ことから，そう名付けられた。中間径フィラメントは広く一般の細胞に存在している。その構成タンパク質は細胞の種類や発生・分化の過程で相違を示すが，共通性があることがわかった。中間径フィラメントは細胞内にクモの巣のような網を張っている。しかし他の細胞骨格成分とも密接な関係を保っている。その機能は未知の部分も多いが，**構造維持的働き**をもっていることは確かである。それも，収縮や細胞運動のような動的な働きではなく，もっと基本的な細胞の働きに対して構造的基盤を与えているようである。また，物質の運搬や情報の伝達に関与している可能性も高い。本章でこれまでに名の出た中間径フィラメントはデスモソームに付随している線維（タンパク質はデスモグレイン，デスモコリン），核膜の裏打ち線維である**ラミナ** lamina（タンパク質はラミン lamin）である。ここには名前が出なかったが，多くの細胞に広く見られる中間径フィラメントには，**ケラチンフィラメント** keratin filament（上皮細胞），**ビメンチンフィ**ラメント vimentin filament（間葉系細胞），**デスミンフィラメント** desmin filament（筋細胞），**グリアフィラメント** glial filament（グリア細胞），**ニューロフィラメント** neurofilament（ニューロン）などがある。

9　サイトゾル

細胞膜と細胞小器官の間にあって細胞骨格などを除く液性部分を**サイトゾル** cytosol（**細胞質ゾル**）と呼ぶ。ここには解糖系（グルコース→乳酸）や脂肪酸合成系をはじめとする**代謝系**とそれらを構成する酵素とその基質，さらに細胞小器官を出入りするさまざまな低分子有機物が含まれる。水やミネラルのような無機質に富むのはもちろんである。全体としてみれば，20〜30%のタンパク質を含む粘稠なコロイド溶液である。

10　細胞の極性

本章で用いているモデル細胞（図1-I-1）を見ると，細胞突起の出ている側とそうでない側がある。この例では基底膜に接している側を**底部**，その反対側（突起のある側）を**頂部**と呼んでいる。このような異方性を**細胞の極性** polarity of the cell と呼ぶ。血液細胞のような浮遊細胞と違って，組織を形成している細胞には極性のあるのがふつうである。極性は主として形質膜の局所的性質（形状や含まれるタンパク質分子）の違いとして表れるが，細胞内の小器官の局所的配置にも違いが見られる。

細胞がこのような極性を形成するのは，それが生理的機能を果たすのに適しているからである。小腸上皮細胞を例にとると，腸管内腔に面した部分は多数の突起（微絨毛）を形成することで表面積を増やし，糖やアミノ酸の取り込みに適した構造となっている。それらの輸送系のタンパク質もその部分の形質膜に局在している。他方，同じ細胞の毛細血管に近い側の形質膜は細胞内ナトリウムを汲み出す装置に富んでいて，その結果腸管から体内に向かうナトリウムイオンの流れができ，そ

の流れに共役して糖・アミノ酸が血中に取り込まれる。

11　細胞間マトリックス

細胞と細胞の間の空間を埋めている物質を**細胞間マトリックス** extracellular matrix（ECM）（**細胞間基質**）と呼ぶ。細胞間マトリックスは細胞を取り巻く環境として重要である。いわゆる支持組織は細胞間マトリックスに富む組織である。例えば，骨，軟骨，靱帯，皮下組織などがそうである。

細胞間マトリックスを構成する物質はタンパク質が主体であり，それらは線維状の構造をとる**コラーゲン** collagen と**エラスチン** elastin，1本のポリペプチドに陰電荷をもった長い糖鎖（ムコ多糖）が多数結合した**プロテオグリカン** proteoglycan，機能性構造タンパク質と呼ばれる**フィブロネクチン** fibronectin，基底膜（形質膜の外にある）の成分である**ラミニン** laminin（核のラミンとは別）などである。

II 器官と組織

1 循環系

循環系 circular system は大きく分けて**心・血管**と**リンパ管**になる。前者はさらに**毛細血管，動・静脈，動静脈吻合，心臓**に分けられる。血管系は閉じた回路である。それに対してリンパ管は，一端が組織内に開き，他端が静脈に吻合している開放系である。また，後で述べるように，小腸で吸収された糖・アミノ酸が毛細血管で運ばれるのに対し，同じ小腸で吸収された脂肪はリンパ管で運ばれる。開放系であるリンパ管には要所にリンパ節があって防御的役割を果たしている。リンパ系と免疫は深くかかわりあっている。

A 血管

1 毛細血管

a 基底層

毛細血管の内皮の外側にあるのが基底層である（図1-II-1）。一般に，単層の細胞の底部に接して存在し，細胞層を支持する役割を果たしている物質の層を**基底膜** basement membrane と呼ぶ。ふつう，基底膜は基底層とその外側の間質（網状層ともいう）からなるが，毛細血管のそれは基底層のみであって，間質をもたない。

基底層は本章のIで述べた**細胞間マトリックス**の一部である。基底層はタンパク質分子の密な網の目でできていて，水，尿素，アミノ酸，単糖などの低分子は通すが，タンパク質分子のような高分子は通さない。窓あき型やすき間型の毛細血管でも，その外側は基底層で覆われていて，そこではコラーゲンを含む複数のタンパク質分子が密な**網目構造**（図1-II-2）を作っているので，これらの毛細血管も単なるザルではないことがわかる。

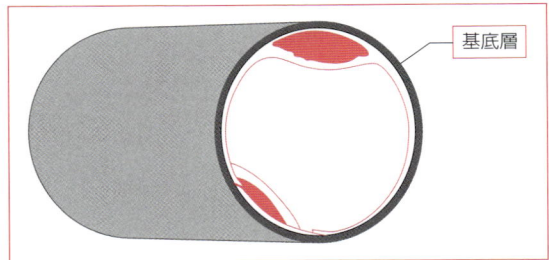

図1-II-1 毛細血管の基底層

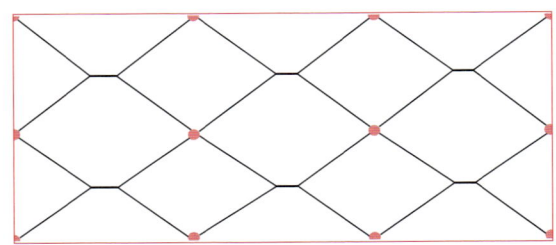

図1-II-2 基底層のタンパク質の1つであるコラーゲンが作る網目

2 動・静脈

一般に動・静脈は**内膜，中膜，外膜**という構成をもつ。内膜は内皮細胞と基底膜からなる。中膜は平滑筋層である。外膜はゆるやかな支持組織（**疎性結合組織** loose connective tissue）で，外方にははっきりとした境界はない。中膜は小動脈では平滑筋層だけであるが，太い動脈になると多量の弾性質（主体は**弾性線維** elastic fiber）を含み，輪走する平滑筋はその中に介在する形をとる。静脈の構造は器官や存在場所によって大きく変化するが，内膜と外膜に少量の縦走筋が含まれ，全体として薄いことを除くと，動脈と本質的な違いはない。

a 平滑筋

同じく収縮・弛緩を主な機能とする細胞ではあっても，**平滑筋細胞** smooth muscle cell は後で述べる心筋細胞や骨格筋細胞とはかなり異なっている。平滑筋細胞は紡錘形の単核細胞である。一般に，収縮細胞に特徴的な**筋原線維**（ミオフィブリル myofibril）は平滑筋細胞の場合，必ずしも細胞の長軸方向と平行せず，細胞表面と細胞内に分

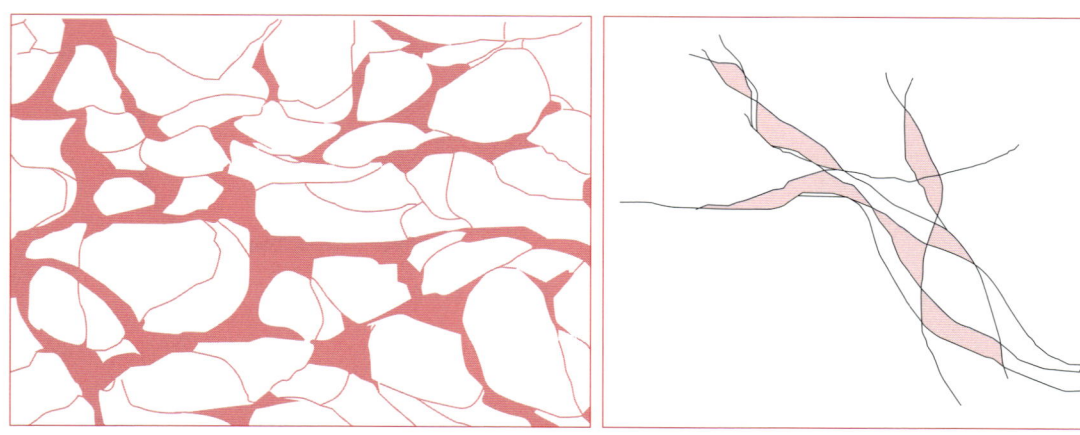

図 1-Ⅱ-3　網目構造をもち，ゴムのように伸び縮みする弾性線維（右は部分拡大）
線維状のものはマイクロフィブリル，コア（カラー）はエラスチン（右図）。

布する**暗調小体** dense body 同士を結んでいる。このため筋原線維が短縮すると暗調小体同士の距離が短くなるので細胞全体が短縮する。暗調小体自体は中間径線維の作る細胞骨格の網と結合しているから，細胞全体が収縮するのである。

b　弾性層・弾性線維

動脈壁の内膜と中膜の間，場合によってはさらに中膜の外側に見られる**弾性層** elastic lamina は主として弾性線維からできている。弾性層は血管だけでなく肺，皮膚，腎臓，靱帯などに広く存在する。

弾性線維は丈夫で，伸び縮みすることから，いわばゴムに似ているといえる。弾性線維の微細構造を見ると，**エラスチン** elastin というタンパク質からできた**無定形のコア**と**マイクロフィブリル** microfibril と呼ばれる線維が三次元の網目構造を作っている（図 1-Ⅱ-3）。エラスチンは**トロポエラスチン** tropoelastin という比較的小さいタンパク質が多数重合してできたものである。

トロポエラスチンはアミノ酸リシン lysin に富むタンパク質でありそのリシン同士が分子内，分子間で結合して**巨大な三次元重合体**を作る。それが弾性線維のコアとしてのエラスチンである。その重合過程の最初の反応は酵素リシルオキシダーゼ lysyl oxidase によるリシンの遊離アミノ基のアルデヒド基への酸化（生成物アリシン allysine）で

ある。エラスチンの量が遺伝的に少ない病気（例：ウィリアムズ症候群 Williams syndrome）では皮膚や血管の弾力性の低下，血管の代償的肥厚に基づく狭窄，高血圧症，肺では肺気腫が生じる。

ミクロフィブリルは複数のタンパク質からなる。そのいくつかを挙げると，**フィブリン** fibrin，**フィブリリン** fibrillin があり，それぞれ複数のメンバーからなる。さらに，**エミリン** emilin のように，エラスチンコアとマイクロフィブリルの間に介在するタンパク質もある。以上のタンパク分子以外にも弾性線維を細胞の表面に結びつけるタンパク質がある。これらのタンパク質のどれ 1 つが欠けても皮膚の弾力性が低下するなどの障害が出る。このように弾性線維というのはきわめて複雑かつ重要な存在であることがわかる。

3　心臓

心筋細胞の中では，筋線維の走行に沿って多数のミトコンドリアがある。心筋細胞では，収縮のエネルギーが主に脂肪酸の酸化的分解によって供給されていて，それを行うのがミトコンドリアである。

2　消化系

消化器 digestive organ は口から始まって肛門に

終わる1本の管が,要所でそこでの役割に適した形をとったものである。

A 胃

胃 stomach の役割は,胃で分泌する塩酸および消化酵素ペプシン pepsin と口で咀嚼された食物の機械的混合による部分消化と,十二指腸への送り出しである。そのため食道下部には食道への逆流防止用の括約筋がある。胃壁には胃内容の機械的混合用の筋層がある。送り先の十二指腸からの逆流防止には幽門括約筋が備わっている。

胃腺(固有胃腺,胃底腺ともいう)の**主細胞**からタンパク質消化酵素ペプシンの前駆体である**ペプシノーゲン** pepsinogen が,**壁細胞** parietal cell から**塩酸**(HCl)が分泌される(図1-Ⅱ-4)。塩酸の役割はタンパク質を変性させ,ペプシンの消化作用に必要な酸性(低 pH)を維持するためである。胃内における雑菌の繁殖を防ぐ意味もある。ペプシンによる消化はごくわずかなもので,食物中のタンパク質塊をほぐす程度だとされる。主細胞からは脂肪を分解する**リパーゼ** lipase(胃リパーゼという)も分泌されている。胃内で分解される脂肪は全体の2割以下である。

B 小腸

膵液 pancreatic juice を運ぶ膵管と**胆汁** bile を運ぶ総胆管は十二指腸下行部で合流し,十二指腸腔に開く。十二指腸内容は胃内容と違って**中性**から**弱アルカリ性**である。これは酸性の胃内容物が十二指腸内の炭酸水素イオン(HCO_3^-)によって中和されるからである。

十二指腸 duodenum と**空腸** jejunum(特に空腸)は食物中の糖質,タンパク質,脂質など主要栄養素の本格的消化を行う場所である。膵液に由来する**消化酵素** digestive enzyme がこの任にあたる(図1-Ⅱ-4)。**アミラーゼ** amylase は多糖に,**トリプシン** trypsin,**キモトリプシン** chymotrypsin,**エラスターゼ** elastase,**カルボキシペプチダーゼ** carboxypeptidase はタンパク質に作用する。これらの**タンパク質分解酵素** proteolytic enzyme は**不活性な前駆体**(それぞれトリプシノーゲン,キモト

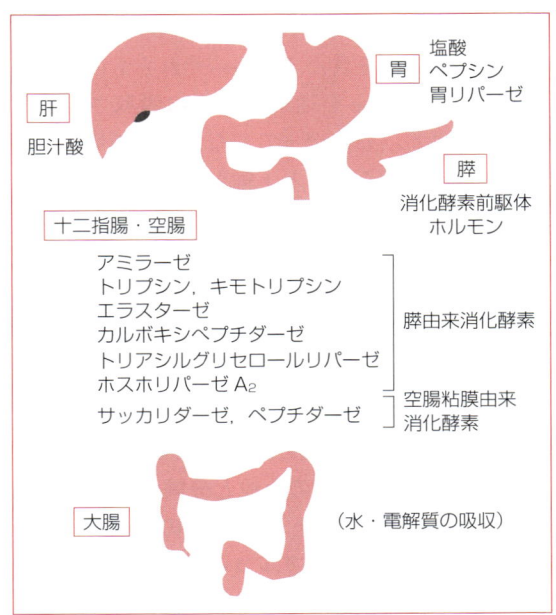

図1-Ⅱ-4 消化器とその機能

リプシノーゲン,プロエラスターゼ,プロカルボキシペプチダーゼ)として分泌され,十二指腸内で活性化される。

空腸の**吸収上皮細胞** absorptive epithelial cell の管腔側の細胞膜は多数の小突起(**微絨毛** microvillus)を作っていて,その膜には消化の最終段階を担当する酵素とそれらの産物を輸送する**トランスポーター** transporter が存在する。また,ナトリウムイオンが糖・アミノ酸と同時に取り込まれる**共輸送** cotransport がある。

膵液には食物中の脂肪から脂肪酸を遊離させる**トリアシルグリセロールリパーゼ** triacylglycerol lipase や**レシチン** lecithin などの**グリセロリン脂質** glycerophospholipid から脂肪酸を遊離させる**ホスホリパーゼ A_2** phospholipase A_2 なども含まれている。これらに代表される酵素群によって,中性脂肪(トリアシルグリセロール)やリン脂質は構成成分に分解されて吸収細胞に取り込まれる。栄養素の消化と吸収の大部分は空腸で終わり,回腸で行われるのは「残務整理」程度である。

C 大腸

小腸で栄養分がほとんど消化・吸収された後の

腸管内容物はいわばカスのようなものであるが，まだ**電解質**と**水**を含んでいる。それらも内容物が**大腸** large intestine を通過する間に吸収され，便が形成される。したがって，なんらかの原因で水分の吸収が妨げられると下痢が生じる。

D 肝臓

肝臓 liver ほど生化学的臓器の名にふさわしい臓器はないだろう。肝臓は栄養物の代謝にとって中核的役割を果たす臓器である。細胞一般としての肝細胞の基本的機能は別として肝細胞に後述する**グリコーゲンの合成と分解**，**糖新生**（グルコースの合成），**アミノ酸の合成と分解**，**尿素の合成**（余剰アンモニアの処理），**脂肪酸の合成**，**リポプロテインの合成と輸送**，**アルコール代謝**など全器官を統合する代謝機能をもっている。

また，**血漿タンパク質** plasma protein の合成と分解，ペプチドホルモンの合成と分解，コレステロールと胆汁酸の合成，**解毒** detoxification などの重要な機能を果たす。肝臓で合成される血漿タンパク質には血漿コロイド浸透圧の 3/4 を負担する**血清アルブミン**（血漿タンパク質全体の 50～60%），フィブリノーゲンをはじめとする**血液凝固関係のタンパク質**，リポプロテインのタンパク成分である**アポリポプロテイン**，鉄や銅などの**担体タンパク質**などが含まれる。

肝臓が消化に直接関与する機能といえば，**胆汁酸** bile acid の合成と分泌である。胆汁酸は強力な界面活性剤であって，腸管内容物のうちきわめて水に溶けにくい**カロテン** carotene やその他の脂溶性環状化合物誘導体（その中には**脂溶性ビタミン** fat-soluble vitamin やその前駆体が含まれる）と連携することにより吸収細胞への取り込みを助ける。

肝臓を出た胆汁酸はまず**胆嚢** gall bladder に蓄えられ，そこで濃縮される。腸管内容の刺激で胆嚢が収縮し，胆汁は腸管内に注入される。分泌された胆汁酸の 90% 以上が**腸肝循環** enterohepatic circulation と呼ばれる再循環経路で回収される。

E 膵臓

膵臓 pancreas は外分泌と内分泌の両方を行う。消化に直接関与するのは**外分泌**である。その腺房細胞からアミラーゼ，トリプシノーゲン，キモトリプシノーゲン，プロエラスターゼ，プロカルボキシペプチダーゼが分泌されるのは上で述べたとおりである。膵臓からの消化酵素の分泌は十二指腸の **I 細胞** I-cell から分泌される消化管ホルモンの**コレシストキニン** cholecystokinin（**パンクレオザイミン** pancreozymin とも呼ばれる）で刺激される。十二指腸の **S 細胞** S-cell から分泌される消化管ホルモンの**セクレチン** secretin は炭酸水素イオンの分泌を刺激する。膵島については別に記す（本章Ⅱ.5.C）。

3 呼吸系

A 肺

肺 lung はわれわれが外界から酸素を取り込み二酸化炭素を排出するための臓器である。左右の**気管支** bronchus は分岐を繰り返し，最後には**終末細気管支** terminal bronchiole と**肺胞** alveolus になる（図 1-Ⅱ-5）。肺胞は径 0.2～0.4 mm の小さな袋で，Ⅰ型とⅡ型の肺胞細胞で内面を覆われている。**Ⅰ型肺胞細胞** type Ⅰ pneumocyte の細胞質はきわめて薄く，厚さ 0.1～0.5 μm で，電子顕微鏡でなければ見えない。肺胞の数は左右合わせて 2 億～6 億個，その表面積（呼吸面積）は 40～120 m^2 だといわれる。**Ⅱ型肺胞細胞** type Ⅱ pneumocyte はⅠ型より大きく，その機能は**肺サーファクタント** pulmonary surfactant（生理的界面活性物質）の合成と分泌である。

Ⅰ型肺胞細胞の形質膜に接して基底膜があり，支持的役割を果たしている。さらに，その直下に毛細血管がある。したがって，われわれはⅠ型肺胞細胞の薄い細胞質と基底膜と毛細管壁を介して酸素と二酸化炭素の交換を行っているわけである（図 1-Ⅱ-5）。

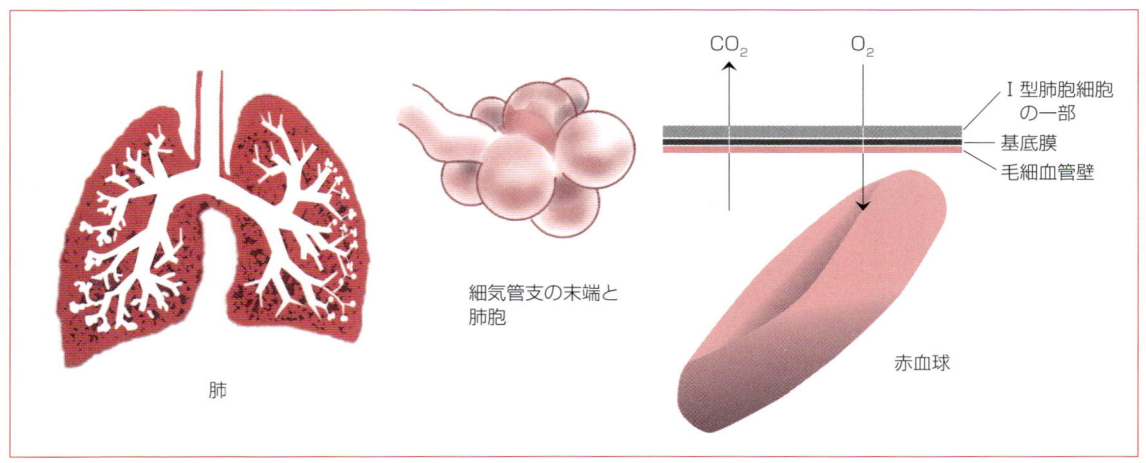

図1-Ⅱ-5　肺とその微細構造

4 泌尿系

A 腎臓

　腎臓 kidney の主な機能は老廃物，とりわけ**尿素** urea **の排泄**である。尿素は，後で述べるように，主にアミノ酸の代謝で生じた余分の窒素をわれわれが捨てる形である。われわれは尿素を排泄する必要があるが，糖やアミノ酸を失うことは避けなければならない。同様に，電解質も捨てることはできない。それらは一度**糸球体** glomerulus を通り抜けるのであるが，**糸球体濾液** glomerular filtrate（原尿という）が**尿細管** renal tubule を通過する間に再吸収される。腎臓の機能単位は**ネフロン** nephron である（図1-Ⅱ-6）。ネフロンは糸球体から始まり近位および遠位尿細管を経て集合管に達する。糸球体濾液に出たアミノ酸や糖の大部分は**近位尿細管** proximal tubule で再吸収される。これは腸管における糖・アミノ酸の吸収の大部分が上部腸管である空腸で行われるのと似ている。両臓器の吸収細胞の性質や形態も似たところが多い。

　糸球体の毛細血管は通常の末梢組織のように細動脈と細静脈の間にあるのではなく，細動脈と細動脈の間にある（図1-Ⅱ-7）。ちなみに，**輸入細動脈** afferent arteriole が糸球体に入る直前にその血管壁の一部の平滑筋細胞が盛り上がった形態をとっているところがある。これらの細胞は**糸球体**

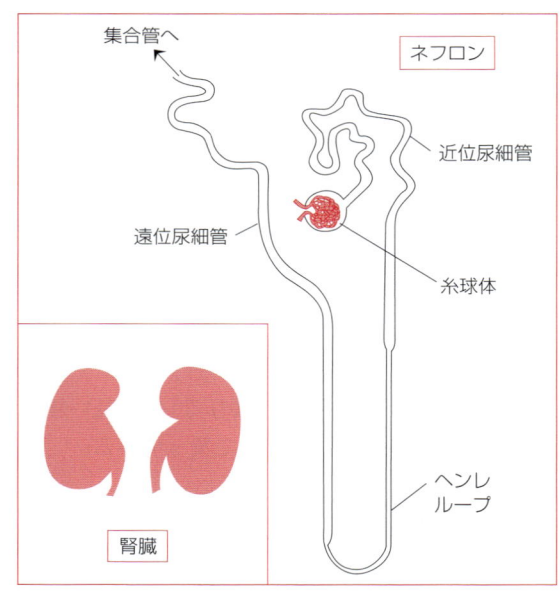

図1-Ⅱ-6　ネフロン（腎臓の機能単位）

傍細胞 juxtaglomerular cell と呼ばれ，昇圧物質**レニン** renin を分泌することがわかっている。

　糸球体の毛細血管は内皮細胞自体に窓のような孔のあいている窓あき型毛細血管である。このままだと，漏れてはならない血漿タンパク質までが失われると思われるが，細胞の外側には厚くて密な3層構造の**基底膜**があるので問題がない（図1-Ⅱ-7）。基底膜のさらに外側を，細い足を伸ばした形からその名のある**足細胞** podocyte（足が複数

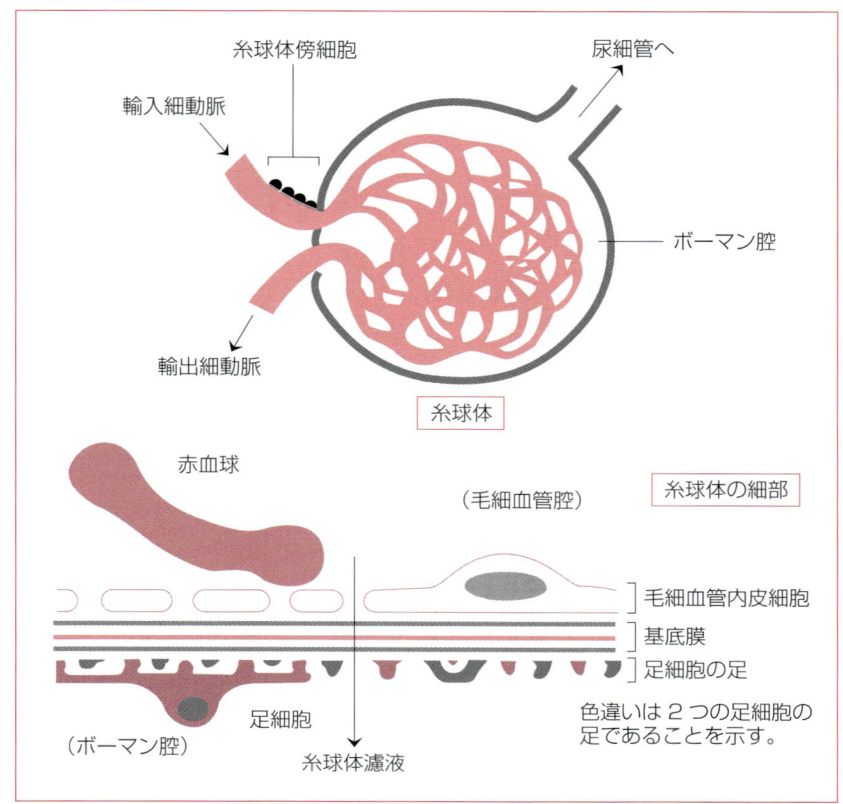

図 1-Ⅱ-7　糸球体とその微細構造

あるのでタコ足細胞とも呼ばれる)の細長い細胞質がシダの葉のように広がって覆っている。

5　内分泌系

内分泌腺 endocrine gland と呼ばれているのは分泌物を細胞の側部・底部から**エキソサイトーシス**(本章Ⅰ参照)によって細胞外に放出する細胞集団である。内分泌腺の活動は代謝をはじめ、生体調節で重要な役割を果たしている。

A　視床下部

視床下部 hypothalamus はその名のとおり脳の視床 thalamus の下部に位置する組織で(**図1-Ⅱ-8**)、いくつかの核(**神経細胞集団**)をもつ。核には**成長ホルモン放出因子**(GRF)、**副腎皮質刺激ホルモン放出因子**(CRF)、**甲状腺刺激ホルモン放出ホルモン**(TRH)、**黄体形成ホルモン放出ホルモン**(LHRH)など下垂体前葉に働いて対応する**下垂体前葉ホルモンを放出させるホルモンを産生するもの**と、下垂体後葉を経て分泌される**下垂体後葉ホルモンをその前駆体から合成し輸送するもの**がある。どちらのホルモンも軸索によって輸送されるが、前葉を刺激するホルモンは前葉に達する前に分泌される。しかし、そこには毛細血管のループがあって、血管に入ったホルモンは**下垂体門脈系** hypophyseal portal system を介して前葉細胞に達する。後葉を刺激するホルモンを運ぶ軸索は直接、下垂体後葉に達する。

B　下垂体

下垂体 hypophysis (pituitary gland)は脳底面のほぼ中央に、細い柄でぶら下がったように存在する小指の頭大の器官である(**図1-Ⅱ-8**)。腺細胞の

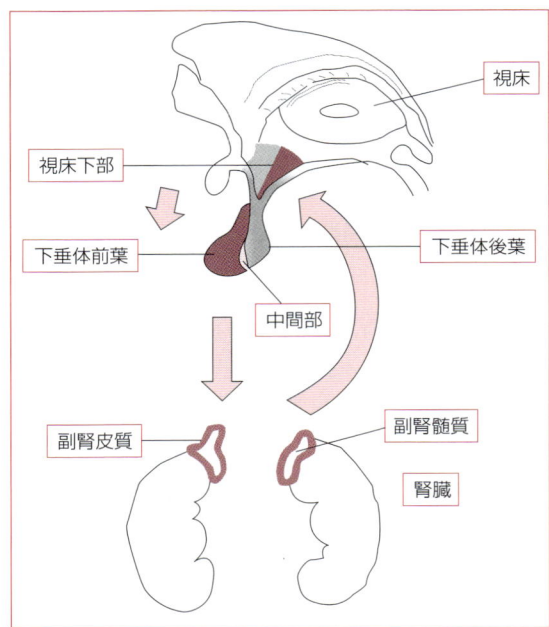

図 1-Ⅱ-8　視床下部，下垂体前葉，副腎皮質
三者で視床下部-下垂体前葉-副腎皮質軸を形成する。

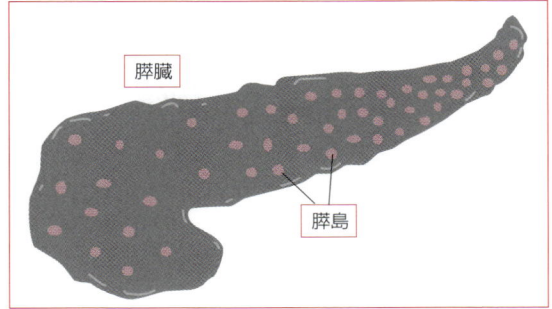

図 1-Ⅱ-9　膵臓と膵島（模式図）
1 個の膵島の直径は 0.1〜0.2 mm で総数は約 100 万。

集団である**前葉** anterior lobe（**腺下垂体** adenohypophysis）と神経細胞の集団である**後葉** posterior lobe（**神経下垂体** neurohypophysis）からなる。両者の間には中間部 pars intermedia がある。前葉から**成長ホルモン**（GH），**プロラクチン**（PRL），**甲状腺刺激ホルモン**（TSH），**黄体形成ホルモン**（LH），**卵胞刺激ホルモン**（FSH），**副腎皮質刺激ホルモン**（ACTH）など 6 種以上のホルモンが分泌される。後葉からは**バソプレッシン** vasopressin や**オキシトシン** oxytocin のようなホルモンが分泌される。

C　膵島

膵島 pancreatic islet（**ランゲルハンス島** islet of Langerhans）は膵臓の外分泌腺の間に存在する内分泌細胞の集団である（図 1-Ⅱ-9）。集団 1 つの直径は約 0.1〜0.2 mm で，微細な結合組織で取り巻かれ，外側には窓あき型毛細血管の網と自律神経の端末がある。島の細胞は主として 3 種からなる。島の全上皮細胞数の 20% を占める **A 細胞**（α 細胞または A2 細胞）は**グルカゴン** glucagon を，70% を占める **B 細胞**（β 細胞）は**インスリン** insulin を，5〜10% を占める **D 細胞**（δ 細胞または A1 細胞）は**ソマトスタチン** somatostatin を分泌する。

D　副腎

副腎 adrenal gland は腎臓の上に乗ったような形で存在する内分泌腺である（図 1-Ⅱ-8）。副腎は**皮質** cortex と**髄質** medulla に分かれる。皮質からは**副腎皮質ホルモン** adrenocortical hormone（**糖質コルチコイド** glucocorticoid と**鉱質コルチコイド** mineral corticoid）などのステロイドが，髄質からは**アドレナリン** adrenalin や**ノルアドレナリン** noradrenalin が分泌される。髄質ホルモンは身体の急激な活動を必要とするような刺激を受けた時に分泌される。

身体が内外で生じる何らかのストレスを受けた時，**視床下部→下垂体前葉→副腎皮質**という経路が活性化され，皮質から副腎皮質ホルモンが分泌される。しかし，過剰に分泌された副腎皮質ホルモンは逆行性に視床下部の活動を抑制する。このフィードバック機構によって三者の活動は緊密に調節されている。この経路は生命維持にとって中心的役割を果たしているので，この経路は特に**視床下部-下垂体前葉-副腎皮質軸** hypothalamic-pituitary-adrenal axis（HPA axis）と呼ばれている。

E　甲状腺

甲状腺 thyroid gland は喉頭下部正面から両側面にかけて存在する内分泌腺である（図 1-Ⅱ-10）。左右両葉と狭部からなる器官は多数の**甲状腺濾胞** thyroid follicle とその間を埋める結合組織からな

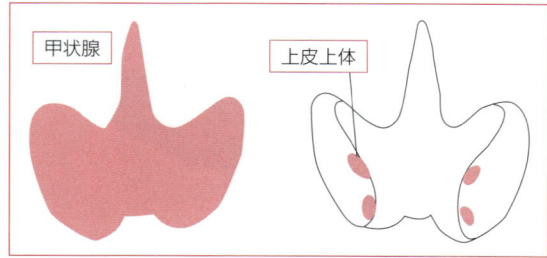

図1-Ⅱ-10　甲状腺
右は背面にある上皮小体。

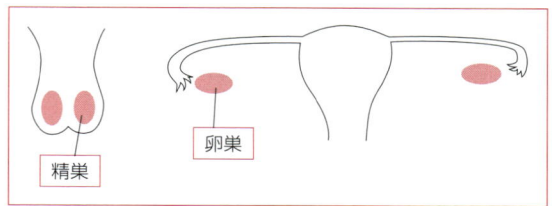

図1-Ⅱ-11　性腺（精巣と卵巣）

り，濾胞内にはホルモン前駆体（**チログロブリン** thyroglobulin）を含むコロイドが貯留されている。最終産物は**チロキシン** thyroxine と**トリヨードチロニン** triiodothyronine である。濾胞の外や濾胞間結合組織内には**傍濾胞細胞** parafollicular cell が存在し，血中カルシウム濃度を下げる働きのある**カルシトニン** calcitonin を分泌する。

F　上皮小体

上皮小体（副甲状腺 parathyroid gland とも呼ばれた）は甲状腺の背面にある内分泌腺で，大きさは米粒大，左右上下4個あるのがふつうである（図1-Ⅱ-10）。**主細胞**と**酸好性細胞** acidophilic cell があり，主細胞が**上皮小体ホルモン（パラトルモン** parathormone）を分泌する。パラトルモンは血中のカルシウム濃度を上げる働きをする。酸好性細胞の機能はよく知られていない。

G　性腺

性腺 sexual gland は生殖の主要要素である配偶子を産生する器官であるとともに，内分泌腺として性徴を促す**性ホルモン** sex hormone を産生する器官である。男性の性腺は**精巣** testis，女性のそれは**卵巣** ovary である（図1-Ⅱ-11）。

1　精巣

精巣 testicle（睾丸）は左右陰囊内にある（図1-Ⅱ-11）。精巣は多数の**精巣小葉**に分かれる。小葉内は**精細管** seminiferous tubule と間質組織で満たされている。精巣の機能は**精子発生** spermatogenesis と**テストステロン** testosterone の分泌である。

前者は精細管内で起こり，後者は間質の**ライディッヒ細胞** Leydig cell の役割である。

視床下部の性腺刺激ホルモン放出ホルモン（GnRH）が下垂体前葉から LH（B. 下垂体参照）を放出させ，LH がライディッヒ細胞からテストステロンを放出させる。

2　卵巣

卵巣 ovary は左右の卵管開口部（**采** fimbria という）の近くに存在する（図1-Ⅱ-11）。卵巣は**卵子** ovum を作り，**エストロゲン** estrogen を産生する。下垂体前葉は視床下部のホルモン（GnRH）に刺激されて FSH を分泌し，FSH は卵巣の**顆粒膜細胞** granulosa cell に働いてエストロゲンの産生と放出を刺激する。

6　神経系

A　ニューロンとシナプス

神経系 nervous system 固有の機能を担う単位は**ニューロン** neuron（**神経細胞**）である。ニューロンの特異な形態がその役割をよく表している（図1-Ⅱ-12）。すなわち，1個の細胞体を中心に細長い細胞突起が樹枝状に延びている。それらの突起は**樹状突起** dendrite と**軸索** axon に分類される。樹状突起は受けた刺激を細胞体に伝えるもので，軸索は細胞体が送り出す刺激を遠くへ運ぶものである。ニューロンは形態や役割によっていくつかに分類される。

樹状突起の表面からは複数の棘状の小突起が出ていて，これらは**樹状突起棘** dendritic spine と呼ばれる。小突起の先端は膨らんだ構造をもってい

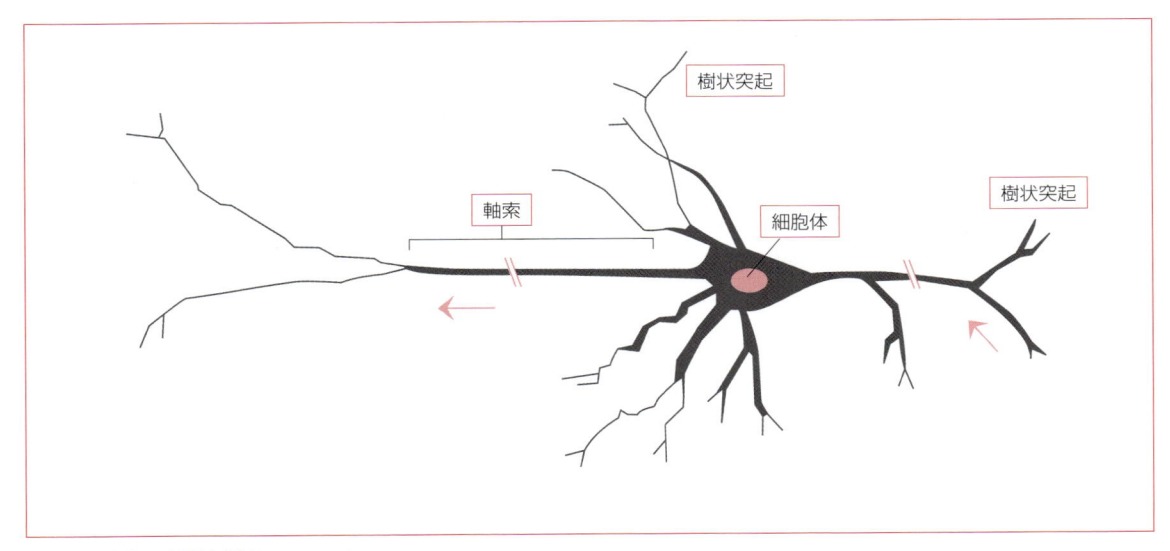

図1-Ⅱ-12　大脳皮質のニューロン
矢印は刺激の伝わる方向を表す。細胞体を去って行く刺激を運ぶ神経突起（図では細胞体の左側）は軸索と呼ばれている。他の突起は刺激を細胞体に伝えるもので，樹状突起と呼ばれる。

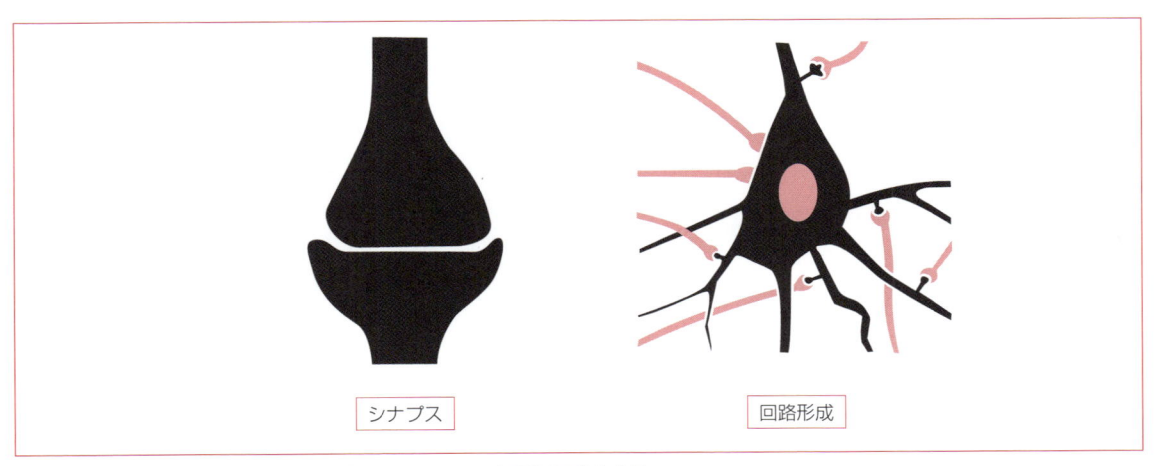

図1-Ⅱ-13　シナプスを介して複数のニューロンが回路を形成する
中枢神経系は膨大な数のそのような回路が統合されたものである。

て，この膨らみが他のニューロンの軸索と**シナプス** synapse を作る（**図1-Ⅱ-13**）。シナプスはニューロン間で情報伝達を行うために特化した接合部である。シナプスは軸索，樹状突起，細胞体のいずれかと軸索の間に，また，感覚器や筋肉と軸索の間に形成される。一般にシナプスは**電気的シナプス** electric synapse（ギャップ結合）と**化学的シナプス** chemical synapse に分けられる。化学的シナプスは化学伝達物質を含んだ小胞（**シナプス小胞** synaptic vesicle）がシナプスを作る軸索終末に含まれ，興奮が伝わると，シナプス間隙に**神経伝達物質**を放出する。

神経伝達物質には**グルタミン酸**や**グリシン**のようなアミノ酸，**アセチルコリン**，**ドーパミン**や**セロトニン**のようなアミン，種々の**ペプチド性神経伝達物質**がある。シナプス後膜にはそれぞれに特

異な受容体があり細胞体に刺激を伝える。シナプス前膜には伝達物質を回収するチャンネルが存在する。

B 中枢神経系と末梢神経系

ニューロンとニューロンがシナプスを介してつながりあうことにより，複雑な**神経回路**が形成される（図1-Ⅱ-13）。その特に高度化したものを**中枢神経系** central nervous system と呼ぶ。高等動物の脳，ことに霊長類の**大脳皮質** cerebral cortex は高度に統合化された中枢神経系の頂点である。中枢神経系の役割は多量の複雑な情報を効率よく処理することである。

一般に，中枢神経系と呼ばれているのは脳と**脊髄** spinal cord である。脊髄の主な機能は脳の命令を遠隔部位に伝えることと，遠隔部位の情報を脳に伝えることである。したがって，狭い意味の中枢は脳である。中枢神経系に属さない神経をまとめて**末梢神経系** peripheral nervous system として分類する。末梢神経系は**体性神経系** somatic nervous system と**自律神経系** autonomic nervous system に分けられる。体性神経系は**脳神経** cranial nerve と**脊髄神経** spinal nerve からなる。自律神経系は**交感神経系** sympathetic nervous system と**副交感神経系** parasympathetic nervous system に分けられる。これらについては，『標準生理学』が詳しい。

C 神経膠細胞（グリア細胞）

神経系の中で，ニューロンと血管壁を構成する細胞以外の細胞を**神経膠細胞** neuroglia（グリア細胞 glial cell）と呼ぶ。これには，**星状膠細胞**（アストロサイト astrocyte），**乏突起膠細胞**（オリゴデンドロサイト oligodendrocyte），**小膠細胞**（ミクログリア microglia）の3種類がある。乏突起膠細胞は中枢神経系で**髄鞘**（ミエリン鞘 myelin sheath）を作る。末梢神経系では**シュワン細胞** Schwann cell が髄鞘を作る。

第2章 生体の物質的基礎

「第2章　生体の物質的基礎」の構成マップ

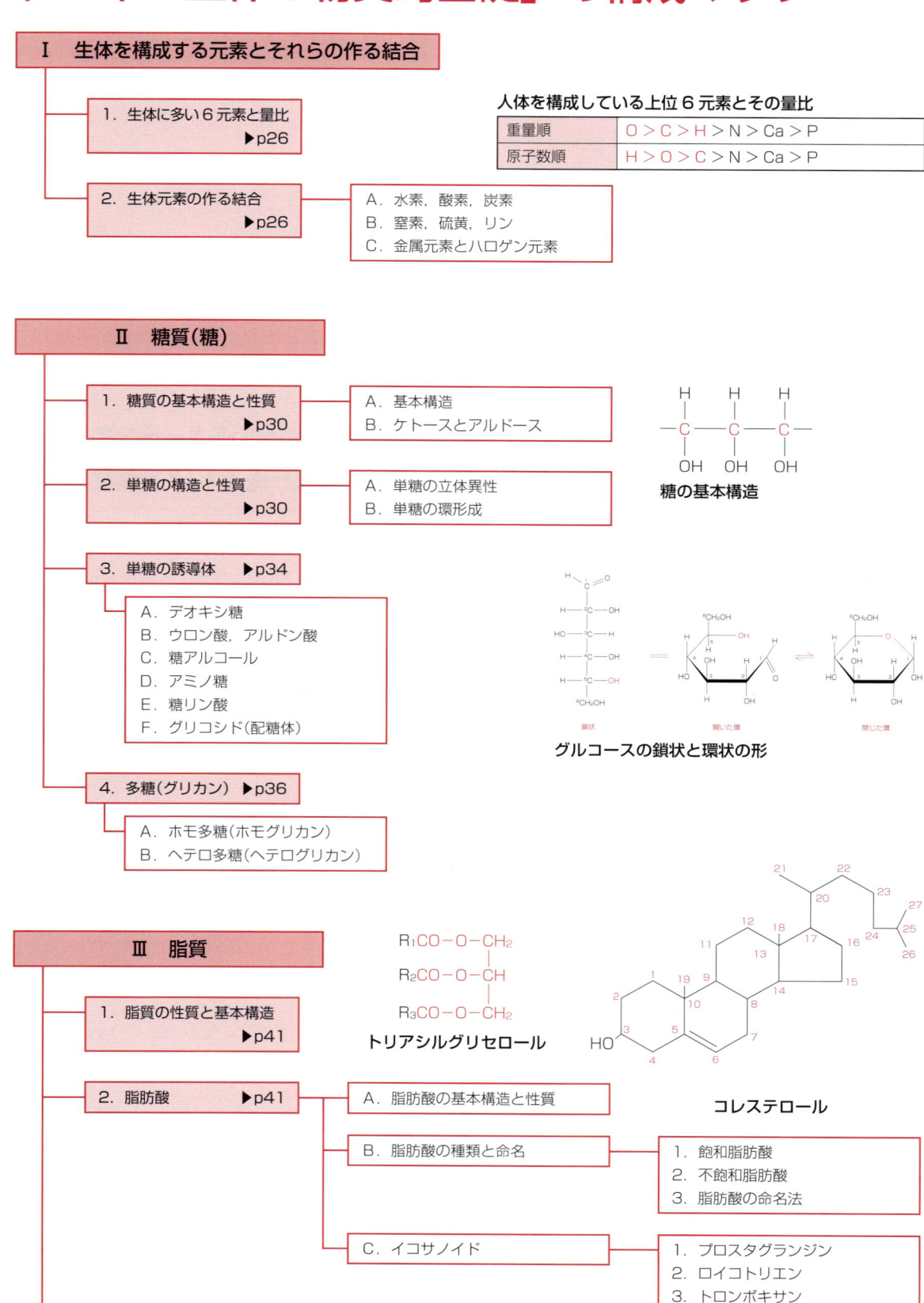

I　生体を構成する元素とそれらの作る結合

1. 生体に多い6元素と量比　▶p26
2. 生体元素の作る結合　▶p26
   - A. 水素，酸素，炭素
   - B. 窒素，硫黄，リン
   - C. 金属元素とハロゲン元素

人体を構成している上位6元素とその量比

重量順	O＞C＞H＞N＞Ca＞P
原子数順	H＞O＞C＞N＞Ca＞P

II　糖質（糖）

1. 糖質の基本構造と性質　▶p30
   - A. 基本構造
   - B. ケトースとアルドース
2. 単糖の構造と性質　▶p30
   - A. 単糖の立体異性
   - B. 単糖の環形成
3. 単糖の誘導体　▶p34
   - A. デオキシ糖
   - B. ウロン酸，アルドン酸
   - C. 糖アルコール
   - D. アミノ糖
   - E. 糖リン酸
   - F. グリコシド（配糖体）
4. 多糖（グリカン）　▶p36
   - A. ホモ多糖（ホモグリカン）
   - B. ヘテロ多糖（ヘテログリカン）

糖の基本構造

グルコースの鎖状と環状の形

III　脂質

1. 脂質の性質と基本構造　▶p41
2. 脂肪酸　▶p41
   - A. 脂肪酸の基本構造と性質
   - B. 脂肪酸の種類と命名
     1. 飽和脂肪酸
     2. 不飽和脂肪酸
     3. 脂肪酸の命名法
   - C. イコサノイド
     1. プロスタグランジン
     2. ロイコトリエン
     3. トロンボキサン

トリアシルグリセロール

コレステロール

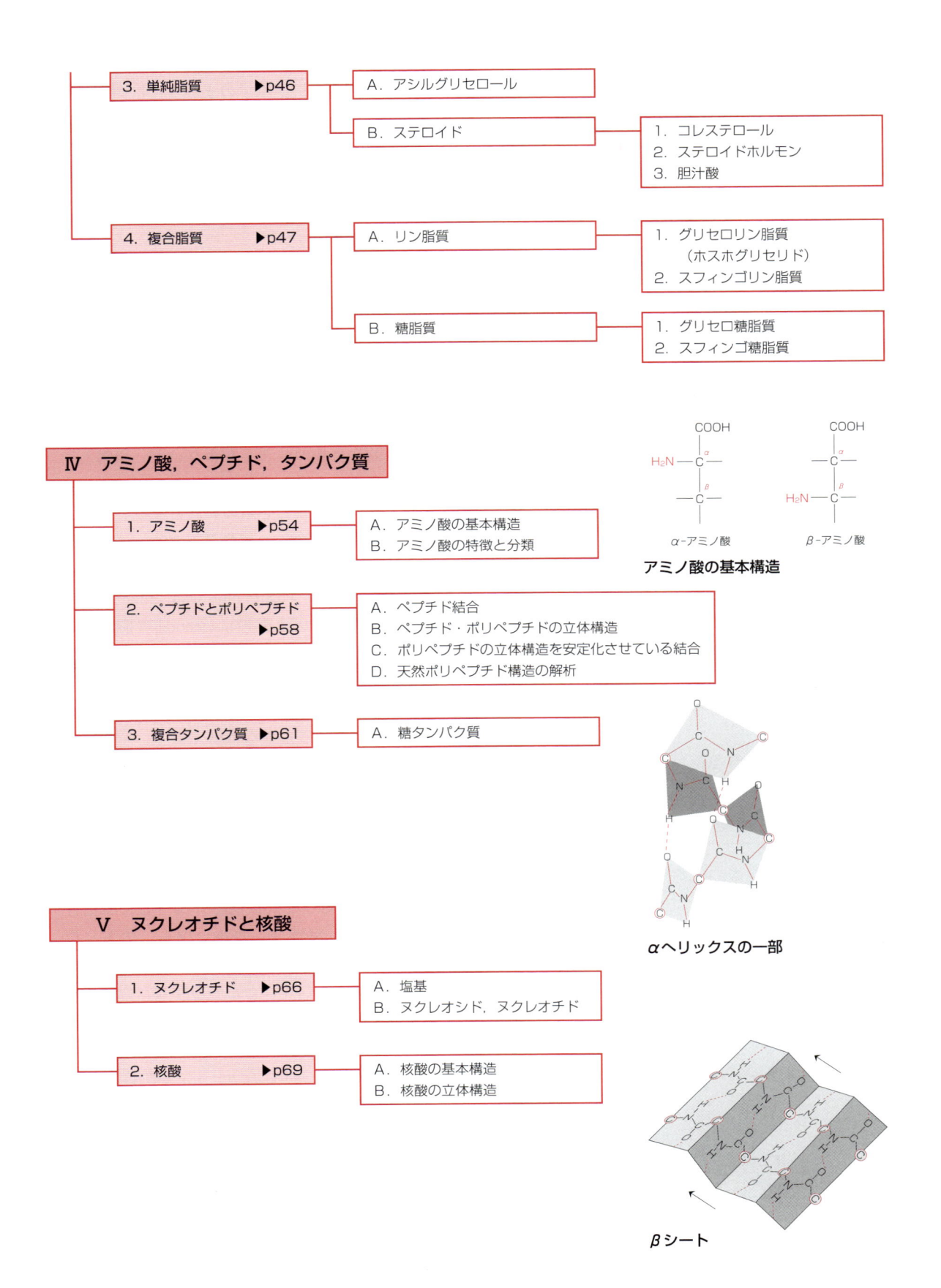

- 3. 単純脂質 ▶p46
  - A. アシルグリセロール
  - B. ステロイド
    1. コレステロール
    2. ステロイドホルモン
    3. 胆汁酸
- 4. 複合脂質 ▶p47
  - A. リン脂質
    1. グリセロリン脂質（ホスホグリセリド）
    2. スフィンゴリン脂質
  - B. 糖脂質
    1. グリセロ糖脂質
    2. スフィンゴ糖脂質

Ⅳ アミノ酸，ペプチド，タンパク質

- 1. アミノ酸 ▶p54
  - A. アミノ酸の基本構造
  - B. アミノ酸の特徴と分類
- 2. ペプチドとポリペプチド ▶p58
  - A. ペプチド結合
  - B. ペプチド・ポリペプチドの立体構造
  - C. ポリペプチドの立体構造を安定化させている結合
  - D. 天然ポリペプチド構造の解析
- 3. 複合タンパク質 ▶p61
  - A. 糖タンパク質

アミノ酸の基本構造
α-アミノ酸 / β-アミノ酸

αヘリックスの一部

Ⅴ ヌクレオチドと核酸

- 1. ヌクレオチド ▶p66
  - A. 塩基
  - B. ヌクレオシド，ヌクレオチド
- 2. 核酸 ▶p69
  - A. 核酸の基本構造
  - B. 核酸の立体構造

βシート

I 生体を構成する元素とそれらの作る結合

1 生体に多い6元素と量比

人体を構成している物質を元素にまで分析して、その重量組成をみると、その99%は**酸素** oxygen（O）65%、**炭素** carbon（C）18%、**水素** hydrogen（H）10%、**窒素** nitrogen（N）3%、**カルシウム** calcium（Ca）2%、**リン** phosphorus（P）1% の6種の元素からできている。つまり、人体の重量の半分以上は酸素のそれである。**ナトリウム** sodium（Na）、**カリウム** potassium（K）、**硫黄** sulfur（S）などは生化学でよく出てくる元素であるが、全部合わせても1%に満たない。これから見ても生命系が特異な系であることがわかる。生体における最多6元素の重量での順位はこのとおりであるが、重量比を原子量で割って原子数の比をとるとその順位はH＞O＞C＞N＞Ca＞Pである（表2-I-1）。H, C, Oの順位が逆転しているが、これは水素が一番小さく軽い原子だから当然である。

2 生体元素の作る結合

A 水素, 酸素, 炭素

水素，酸素，炭素の三者は人体を構成している元素の93%余を占める。この3元素から**水**（H_2O）、**二酸化炭素** carbon dioxide（CO_2）、**炭水化物** carbohydrate（$C_n[H_2O]_n$）、**脂肪酸** fatty acid ができている。また、これらの元素は他の元素との化学結合（表2-I-2）を介してさまざまな生体物質の形成に関与する。

炭素には4本の結合の手があり、それらが他の原子と結合すると炭素原子のまわりには四面体構造 tetrahedral structure が形成される（表2-I-2の中の図）。しかも、炭素はいろいろな元素と結合する性質をもっているため、組成・構造の複雑な有機化合物が生じる。

B 窒素, 硫黄, リン

窒素、硫黄、リンは生体物質を特徴づける元素グループである。三者のうち窒素とリンはカルシウムを除けば水素，酸素，炭素に次いで多い生元素である（表2-I-1）。窒素は**アミノ酸** amino acid、**プリン塩基** purine base、**ピリミジン塩基** pyrimidine base の成分となる重要な元素である。硫黄は量的には他の二者より少ないが、窒素と同じように炭素、水素と直接結合することによりアミノ酸・タンパク質の必須の要素となる。

硫黄が酸素と結合した**硫酸基** sulfate group は**ヘテロ多糖** heteropolysaccharide に見られる。リンが酸素と結合した**リン酸基** phosphate group は**核酸** nucleic acid、**ヌクレオチド** nucleotide の構成要素として必須である。また、糖代謝の途中には**糖リン酸** sugar phosphate が生じる。さらに、タンパク質のリン酸化は**細胞内シグナル伝達** intracellular signal transduction の重要な機構である。窒素、硫黄、リンが関与する結合を表2-I-3に示す。

C 金属元素とハロゲン元素

生体の金属元素は微量で効果を発揮するものが多く、**酵素** enzyme の**活性中心** active center（第3章I.5）などにあって直接反応に関与したり活性化したりする。例外は、**カルシウム，ナトリウム，カリウム**である（表2-I-4）。カルシウムは、細胞内のシグナル伝達にかかわるなど、微量で効果を発揮する場合と、大量で支持構造の基質になる場合がある。歯や骨の**ヒドロキシアパタイト** hydroxyapatite $[Ca_{10}(PO_4)_6(OH)_2]$ などが後者の場合である。ナトリウム、カリウムはその**対イオン** counter ion の**塩素イオン** chloride ion とともに体内に多量に存在する。体内に生理的に多量に存在するハロゲン元素は塩素に限られる。微量存在するハロゲン元素として甲状腺ホルモンの成分とし

表2-I-1 人体を構成している上位6元素とその量比

重量順	O＞C＞H＞N＞Ca＞P
原子数順	H＞O＞C＞N＞Ca＞P

表2-Ⅰ-2 H, O, Cの作る化学結合

元素	元素記号	特徴		結合の形式
水素	H	炭素と結合		⟩C−H
		酸素と結合		−O−H
		窒素と結合		⟩N−H
		硫黄と結合		−S−H
酸素	O	オキソ基(RはC, P, S)を形成		R=O
		ヒドロキシ基を形成		−O−H
		エーテル結合に関与 R, R'は炭素化合物		R−O−R'
		活性酸素を形成	スーパーオキシドアニオン	OO⁻
			ヒドロキシルラジカル	・OH
炭素	C	水素と結合		C−H
		酸素と結合		C−O, C=O
		炭素と結合		C−C, C=C, C≡C
		窒素と結合		C−N, C=N
		硫黄と結合		C−S
		炭素の4本の結合の手が作る四面体構造		

てのヨウ素 iodine (I) がある。**ナトリウムイオン** sodium ion は**細胞外液** extracellular fluid に，**カリウムイオン** potassium ion は**細胞内液** intracellular fluid に主として存在していて(表2-Ⅰ-4の中の図)，**浸透圧維持**の他に神経細胞では**興奮性の維持**，吸収細胞では**糖・アミノ酸の輸送**などに生理的役割を果たしている。

鉄 iron (Fe)，**銅** copper (Cu)，**亜鉛** zinc (Zn)，

表2-I-3 窒素，硫黄，リンの作る化学結合

元素	元素記号	特徴	結合の形式
窒素	N	アミノ基を形成	C—N(H)(H) 体内では $-NH_3^+$ の形で存在
		イミノ基を形成	C—N(H)—C ⇌ CH=N—C 2つの構造は共鳴していてこのような結合は核酸，ヌクレオチドの塩基部分に含まれる。
		三級アミンを形成	C—N(C)(C) 窒素が3個の炭素と結合するこのような形は核酸，ヌクレオチドの塩基と糖をつなぐ架橋構造として見られる。
		一酸化窒素（内皮由来弛緩因子）を形成	NO 不対電子をもつ。
硫黄	S	スルフヒドリル基（チオール基，SH基）を形成	—S—H
		ジスルフィド結合を形成	C—S—S—C
		スルフィド結合（チオエーテル結合）を形成	C—S—C
		硫酸基を形成	—O—S(=O)(=O)—O⁻
リン	P	リン酸基を形成	—O—P(=O)(O⁻)—O⁻

マンガン manganese（Mn），コバルト cobalt（Co）などの**微量重金属類**は酵素のようなタンパク質の活性部位にあって直接反応に関与したり，制御したりする。**ヘモグロビン** hemoglobin の**ヘム鉄** heme iron は**酸素分子** molecular oxygen を運ぶ。その酸素を利用して糖の**最終酸化** terminal oxidation を行うのはミトコンドリアの**呼吸酵素** respiratory enzyme であるが，その活性部位には銅がある。銅はまた，**血漿タンパク質** plasma protein の**セルロプラスミン** ceruloplasmin（フェロオキシダーゼ ferroxidase ともいう）に結合している。DNAに結合して遺伝子を活性化するタンパク質の三次元形

表2-Ⅰ-4 金属元素と塩素

元素	元素記号	特徴	
カルシウム	Ca	Ca^{2+} として体液に，ヒドロキシアパタイト $Ca_{10}(PO_4)_6(OH)_2$ として骨や歯に	
マグネシウム	Mg	ジリン酸（二リン酸）基との錯体を形成	
ナトリウム	Na	Na^+：細胞外に高濃度に存在	
カリウム	K	K^+：細胞内に高濃度に存在	
塩素	Cl	Cl^- の形で陽イオンの対イオンとして存在	
フッ素	F	F^- の形で骨や歯に存在	
ヨウ素	I	C−I の形で甲状腺ホルモンに存在	
セレン	Se	C−SeH の形でセレノシステインに存在	
鉄	Fe	Fe^{2+}/Fe^{3+} の形でヘムに存在	
銅	Cu	Cu^{2+} の形でフェロオキシダーゼ，シトクロム c オキシダーゼに存在	
亜鉛	Zn	Zn^{2+} の形で DNA 結合タンパク質，亜鉛酵素に存在	
マンガン	Mn	Mn^{2+} の形でマンガン酵素に存在	
コバルト	Co	Co^+ の形でビタミン B_{12}（シアノコバラミン）に存在	

態の保持には亜鉛が関係している。コバルトは**ビタミン B_{12}（シアノコバラミン cyanocobalamin）**の構造成分である。

Ⅱ　糖質(糖)

1　糖質の基本構造と性質

A　基本構造

糖 sugar（糖質 saccharide）の基本構造は原則的に－CH（OH）－が鎖の環のようにつながっている構造と考えることができる（表2-Ⅱ-1）。CH（OH）は C（H_2O）と書くことができるから，炭素 C と水 H_2O の 1：1 の化合物のように見える。C，H，O のみからなる糖の別名は**炭水化物** carbohydrate である。その化学式は $C_n(H_2O)_n$ のように表すことができる。単糖の重合体である多糖も同じ化学式で表すことができる。

B　ケトースとアルドース

－CH（OH）－の鎖の一方の端がヒドロキシメチル基（－CH_2OH）になっていて，もう一方の端がアルデヒド基（－CHO）になっているのが**アルドース** aldose と呼ばれる糖である（表2-Ⅱ-1）。aldose の ald はアルデヒドのことであり ose はグルコース glucose の ose と同じく糖のことである。アルデヒド基は還元性を示すので，このような糖は**還元糖** reducing sugar と呼ばれる。

また，糖の仲間にはアルデヒド基の代わりにケト(ン)基＞C＝O（有機化学で**カルボニル基**）を骨格の中にもっているものもある。これは**ケトース** ketose と呼ばれる（表2-Ⅱ-1）。ケトースとアルドースの化学式は同じ $C_n(H_2O)_n$ で表すことができる。アルドースを還元糖と呼んだのに対して，アルデヒド基がないため還元性を示さないケトースを**非還元糖** non-reducing sugar と呼ぶことがある。ここで述べた 2 つの構造（基本構造とその他の構造）をもつ糖の最小単位を**単糖** monosaccharide と呼ぶ。小さい単糖の例を示す（表2-Ⅱ-1）。

2　単糖の構造と性質

A　単糖の立体異性

分子式（例：$C_3H_6O_3$）が同じでも構造が同じでない化合物を互いの**異性体** isomer という。異性体には大きく分けて 2 種類ある。1 つは結合自体が異なっている場合である。**グリセルアルデヒド** glyceraldehyde と**ジヒドロキシアセトン** dihydroxyacetone（**グリセロン** glyceron）がそれに当たる（図2-Ⅱ-1）。このような異性体を**構造異性体** constitutional/structural isomer という。もう 1 つの異性体は化学結合は同じなのに立体構造が同じでない場合である。これを**立体異性体** stereoisomer という。糖の場合立体異性体を生じさせるのは**不斉炭素** asymmetric carbon（4 つの異なった原子または原子団と結合している炭素）のまわりの立体配置の違いである。同じ示性式をもつ D- グリセルアルデヒドと L- グリセルアルデヒドの場合がそれに当たる（表2-Ⅱ-2）。2 つの化合物は**実体と鏡像**の関係にあり，三次元で重ね合わせることができない。このような異性体を**鏡像異性体（エナンチオマー** enantiomer）という。

CH_2OH- に続く炭素のまわりの D，L 立体異性はこれ以外の単糖にも適用される（表2-Ⅱ-3）。炭素数が 3 の**トリオース** triose（三炭糖），4 の**テトロース** tetrose（四炭糖），5 の**ペントース** pentose（五炭糖），6 の**ヘキソース** hexose（六炭糖）について D- と L- があるが，生体の大部分のアルドースは D- である（フコースは例外的に L- である）。

表2-Ⅱ-3 を見るとわかるように，テトロースからヘキソースまで，D- と L- を決定する原子団以外の炭素のまわりにも H と OH の配置に基づく立体異性があることがわかる。そして，それぞれの異性体に独自の**慣用名**が与えられている。しかし，これらの異性体は鏡像異性体ではない。このように，鏡像関係にない立体異性体を**ジアステレオマー** diastereomer と総称する。また，1 つの炭素のまわりの H，OH の配置だけが異なっている異性体を**エピマー** epimer（例：D-グルコース

II 糖質（糖）

表 2-II-1 糖の基本構造

基本構造	その他の構造	分類	単糖の例
H-C-C-C-H（各CにOH）	ヒドロキシメチル基 ⋯⋯ アルデヒド基	アルドース（還元性）	グリセルアルデヒド
	ケト基	ケトース（非還元性）	ジヒドロキシアセトン（グリセロン）

表 2-II-2 グリセルアルデヒドの立体異性

D-グリセルアルデヒド	L-グリセルアルデヒド	表記法
（四面体）	（四面体）	四面体配置
（破線-くさび形）	（破線-くさび形）	破線-くさび形表記 現在有機化学で国際的に用いられている表記法で，破線は紙面にある中央の炭素から紙背に向かう結合を，くさび形は同炭素から手前に延びる結合を表している。
（フィッシャー）	（フィッシャー）	フィッシャー投影式

とD-マンノース）と呼ぶ。

ここでケトースに目を転じよう。小さいケトースの例はすでに見たとおりジヒドロキシアセトンである（表 2-II-1）。この分子には不斉炭素がないので，DとLの区別はない。区別が生じるのは炭素数が4以上になってからである（表 2-II-3）。

表2-Ⅱ-3 D-系列の単糖

	アルドース			ケトース	
共通する構造	CHO / H-C-OH / CH₂OH （ここに以下の部分構造が入る）			CH₂OH / C=O / CH₂OH （ここに以下の部分構造が入る）	
トリオース（三炭糖）	何も入らない　D-グリセルアルデヒド			何も入らない　ジヒドロキシアセトン（グリセロン）	
テトロース（四炭糖）	H-C-OH　D-エリトロース	HO-C-H　D-トレオース		H-C-OH　D-エリトルロース	
ペントース（五炭糖）	H-C-OH / H-C-OH　D-リボース	H-C-OH / HO-C-H　D-キシロース		H-C-OH / H-C-OH　D-リブロース	HO-C-H / H-C-OH　D-キシルロース
ヘキソース（六炭糖）	H-C-OH / HO-C-H / H-C-OH　D-グルコース	HO-C-H / HO-C-H / H-C-OH　D-マンノース	H-C-OH / H-C-OH / HO-C-H　D-ガラクトース	HO-C-H / H-C-OH / H-C-OH　D-フルクトース	H-C-OH / HO-C-H / H-C-OH　D-ソルボース

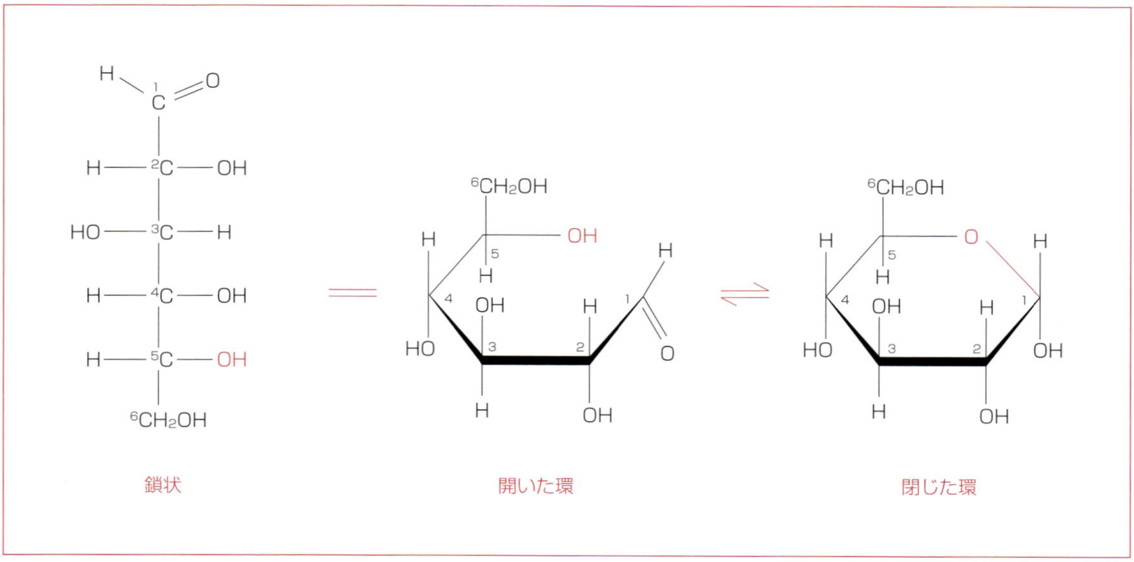

鎖状　　　　　　開いた環　　　　　　閉じた環

図2-Ⅱ-1　グルコースの鎖状と環状の形

表 2-Ⅱ-4 フルクトースとリボースの環状構造

糖	ピラノース型	フラノース型
D-フルクトース（ケトース）	β-D-フルクトピラノース	β-D-フルクトフラノース
D-リボース（アルドース）		

B 単糖の環形成

　水溶液中のグルコースは**開いた形**（鎖状，開いた環）と**閉じた環構造**の動的平衡状態にある（図2-Ⅱ-1）。フルクトースのようなケトースも環状構造をとる（表2-Ⅱ-4）。フルクトースは**六員環構造**（ピラノース型 pyranose type）以外に**五員環構造**（フラノース型 furanose type）をとる。ピラノース型の構造に留意して糖を呼ぶ時，フルクトースは**フルクトピラノース** fructopyranose に，リボースはリボピラノース ribopyranose になる。同様に，フラノース型のフルクトース，同リボースはそれぞれ**フルクトフラノース** fructofuranose，**リボフラノース** ribofuranose と命名する。"フラノース"，"ピラノース"という呼び方は有機化合物のフラン，ピランに由来する（メモ2-Ⅱ-1）。

　糖が環状構造をとると新しい異性体が生じる。一般に1-C上のOH基が最も番号の大きい不斉炭素原子上の置換基に対してトランスの位置にある場合を**α-アノマー**，シスの位置のある場合を**β-アノマー**と命名する。グルコースを例にとると，6-Cが環より上に出ていて1-Cに付いたOH

メモ 2-Ⅱ-1　フランとピラン

フラン furan およびピラン pyran は以下のような構造をもつ小さい有機化合物である。

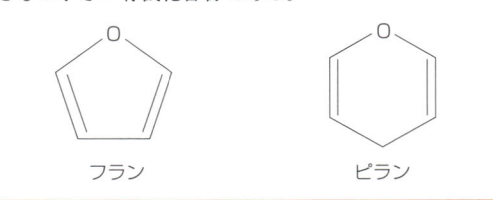

フラン　　　　ピラン

メモ 2-Ⅱ-2　いす型

α-D-グルコピラノースが実際にとる形

表 2-Ⅱ-5　デオキシ糖

	デオキシ糖	対応する糖
ヘキソース	α-L-フコース	α-L-ガラクトース
ペントース	2-デオキシ β-D-リボース	β-D-リボース

矢印は酸素原子が除かれた原子団を示す。

基が環より下にあるときが α，上にあるときが β である（表 2-Ⅱ-10 参照）。ある糖をその構造まで含めて正確に命名するにはアノマーまで指定する（例：α-D-グルコピラノース，β-D-フルクトフラノース）。この立体異性は二糖や三糖を作るための**グリコシド結合** glycosidic linkage を形成する際に問題になる。なお，図 2-Ⅱ-1 に示した環状の構造は実際の立体構造を表していない。実際に近い構造は「いす型」で表される（メモ 2-Ⅱ-2）。

3　単糖の誘導体

A　デオキシ糖

炭素骨格の -OH から酸素原子が失われた糖を**デオキシ糖** deoxy sugar という。代表的なデオキシ糖は**フコース** fucose と**デオキシリボース** deoxyribose である。L-フコースは L-ガラクトースの 6-CH_2OH から O が除かれたものである（表 2-Ⅱ-5）。**デオキシリボ核酸（DNA）** の構成要素であるデオキシリボースは D-リボースの 2CHOH から O が除かれたものである。

B　ウロン酸，アルドン酸

アルドースの骨格の末端にある -CH_2OH が -COOH に酸化されたものを**ウロン酸** uronic acid という。大部分はヘキソースのウロン酸で，グルコース，ガラクトース，マンノース，イドースのウロン酸（ヘキスロン酸 hexuronic acid）はそれぞれ**グルクロン酸** glucuronic acid（表 2-Ⅱ-6），**ガラクツロン酸** galacturonic acid，**マンヌロン酸** mannuronic acid，**イズロン酸** iduronic acid と呼ばれ，**多糖**や**配糖体**に見られる。アルドースのアルデヒド基（-CHO）が -COOH に酸化されたものを**アルドン酸** aldonic acid という。グルコースのそれは**グルコン酸** gluconic acid と呼ばれる（表 2-Ⅱ-6）。

C　糖アルコール

単糖が還元されると，-CHO → -CH_2OH および，>CO → >CHOH によって**糖アルコール** sugar alcohol（有機化学でポリヒドロキシアルカン polyhydroxyalkane）になる。グルコースおよびガラクトースの糖アルコールはそれぞれ**グルシトール** glucitol（別名**ソルビトール** sorbitol），**ガラクチ**

表2-Ⅱ-6 ウロン酸とアルドン酸

元の糖	ウロン酸	アルドン酸
D-グルコース	D-グルクロン酸	D-グルコン酸

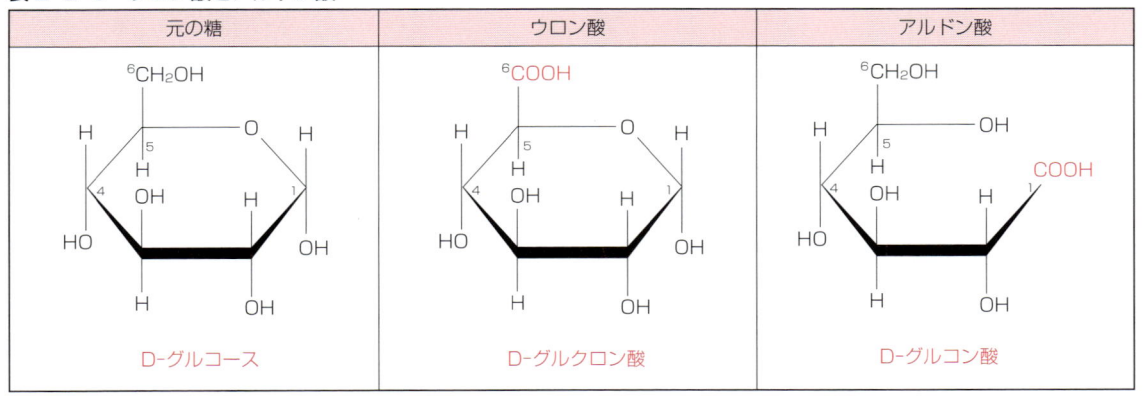

表2-Ⅱ-7 糖アルコール

元の糖	糖アルコール
D-グルコース	D-グルシトール
D-フルクトース	D-グルシトール ＋ D-マンニトール

トール galactitol と呼ばれる。フルクトースの場合 >CO が還元されると二通りの立体配置が生じるので**グルシトール**と**マンニトール** mannitol が生じる（表2-Ⅱ-7）。

D アミノ糖

C, H, O 以外に N, P を含む単糖がある。**アミノ糖** aminosugar はヒドロキシル基($-OH$)をアミノ基($-NH_2$)に置き換えた構造をもつ（例：**グルコサミン** glucosamine, **ガラクトサミン** galactosamine）（表2-Ⅱ-8）。その $-NH_2$ の $-H$ がさらにアセチル基(CH_3CO-)で置き換えられたものもある（例：N-アセチルグルコサミン, N-アセチルガラクトサミン）（表2-Ⅱ-8）。

E 糖リン酸

リンはリン酸基($-PO_3H_2$)の形で含まれる（表2-Ⅱ-9）。これは**糖リン酸** sugar phosphate と呼ば

表2-Ⅱ-8 アミノ糖とN-アセチルアミノ糖

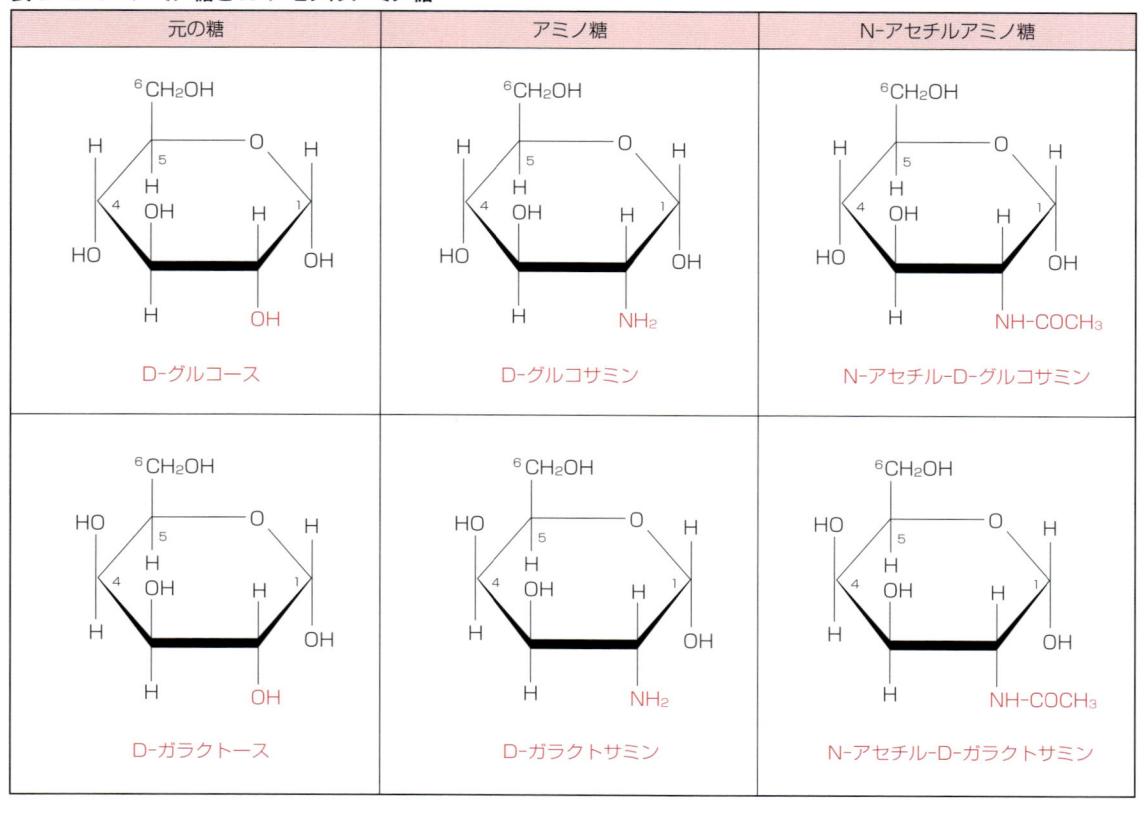

元の糖	アミノ糖	N-アセチルアミノ糖
D-グルコース	D-グルコサミン	N-アセチル-D-グルコサミン
D-ガラクトース	D-ガラクトサミン	N-アセチル-D-ガラクトサミン

れ，糖代謝の中間体として存在する。

F グリコシド(配糖体)

糖のアノマー炭素の-OHと他の化合物の-OH, -NH$_2$などからHOHが除かれた形の結合(C-O-C, C-NH-C)をしたものを**グリコシド** glycoside (**配糖体**)と呼ぶ。前者(C-O-C)を**O-グリコシド結合** O-glycosidic linkage (**表2-Ⅱ-10**)，後者(C-NH-C)を**N-グリコシド結合** N-glycosidic linkageと呼ぶ。前者は他の糖やアミノ酸のセリン，トレオニンとの結合，後者はヌクレオチドの塩基部分やアミノ酸のアスパラギンとの結合などに見られる。

単糖と単糖がグリコシド結合したものを**二糖**(**ジサッカリド** disaccharide)，3個の単糖が結合したものを**三糖**(**トリサッカリド** trisaccharide)，4個のそれを**四糖**(**テトラサッカリド** tetrasaccharide)などと呼ぶ。よく知られた二糖は**マルトース** maltoseと**ラクトース** lactose (**乳糖**)である(表2-Ⅱ-10)。乳糖は名のとおり乳汁中に存在する二糖である。3から10個程度の単糖を含むグリコシドを**オリゴ糖** oligosaccharideということがある。

4 多糖(グリカン)

A ホモ多糖(ホモグリカン)

同一の単糖10個以上がグリコシド結合でつながったものを**ホモ多糖** homopolysaccharideという。**単純多糖** simple polysaccharideともいう。**グリコーゲン** glycogenはグルコースのホモ多糖である。そのグリコシド結合は主に$\alpha 1 \rightarrow 4$ (マルトースと同じ)で，約3単位おきに$\alpha 1 \rightarrow 6$の分岐がある(**図2-Ⅱ-2**)。グリコーゲンは**グリコーゲン顆粒** glycogen granuleとして細胞質に存在す

表2-Ⅱ-9 糖リン酸

元の糖	糖リン酸
	リン酸基 非解離形 / 解離形
D-グルコース	D-グルコース 1-リン酸 / D-グルコース 6-リン酸
D-フルクトース	D-フルクトース 6-リン酸 / D-フルクトース 1,6-ビスリン酸
D-リボース	D-リボース 5-リン酸

るが，ことに筋細胞と肝細胞に多い。

B ヘテロ多糖（ヘテログリカン）

2種以上の単糖から構成された多糖を**ヘテロ多糖** heteropolysaccharide という。われわれになじみの深いヘテロ多糖は**グリコサミノグリカン** glycosaminoglycan である。**ケラタン硫酸** keratan sulfate を別にすれば，グリコサミノグリカンはアミノ糖と**ウロン酸**の二糖単位の繰り返しでできている（表2-Ⅱ-11）。グリコサミノグリカンは**硫酸基**（$-SO_3^-$）をもっているのが特徴である。このような多糖はその水溶液が粘稠であることから**ムコ多糖** mucopolysaccharide（ムコ muco は粘稠の意）あるいはカルボキシル基や硫酸基が酸性であることから**酸性ムコ多糖** acid mucopolysaccharide ともいわれる。

グリコサミノグリカンは軟骨，皮膚などの組織の細胞外マトリックスや粘膜上皮表面などで，ふつうタンパク質と結合して存在する。グリコサミノグリカンとポリペプチド部分（**コアタンパク質** core protein と呼ぶ）との共有結合化合物が**プロテオグリカン** proteoglycan である。よく知られた関節軟骨のプロテオグリカンでは1本のコアタンパク質に多数のヘテロ多糖（**コンドロイチン硫酸** chondroitin sulfate が主体）が結合して**アグリカン** aggrecan を形成し，さらに1本の**ヒアルロン酸**

38　第2章　生体の物質的基礎

表2-Ⅱ-10　グリコシド結合

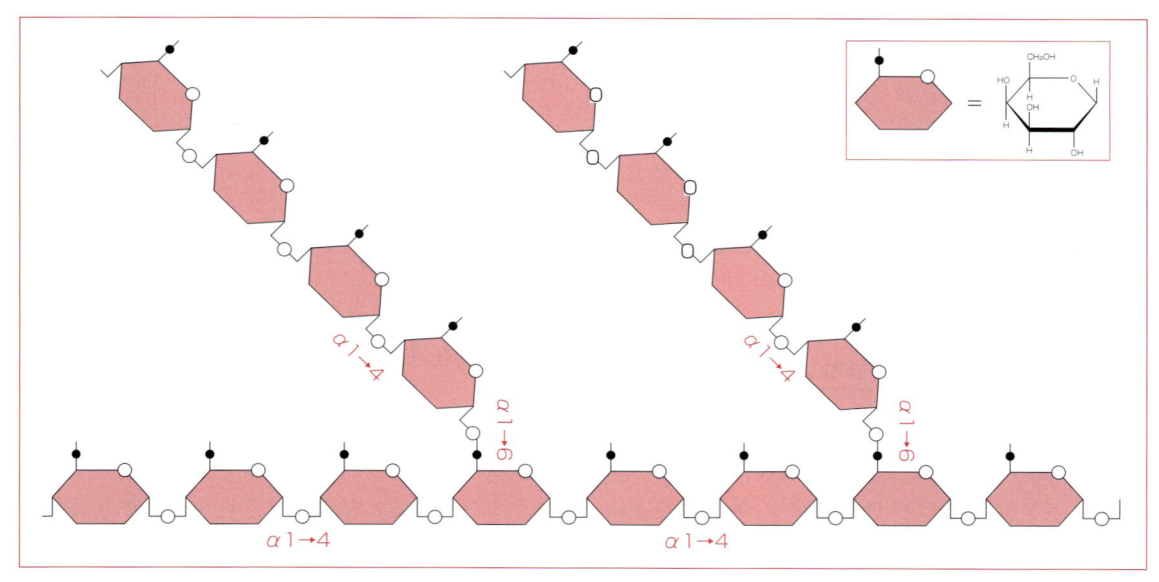

アノマー	O-グリコシド結合		二糖
α-アノマー	(α-D-グルコース) α1→4	(α-D-グルコース)	マルトース
β-アノマー	(β-D-ガラクトース) β1→4	(α-D-グルコース)	ラクトース

図2-Ⅱ-2　グリコーゲンの部分構造
図の–●–は –CH_2OH を表す。

hyaluronic acid（**ヒアルロナン** hyaluronan）に多数のアグリカンが結合して巨大な構造体を形作る（図2-Ⅱ-3）。ヒアルロナン自体はD-グルクロン酸（GlcUA）と D-N-アセチルグルコサミン（GlcNAc）からなる二糖（→GlcUA β1→3GlcNAc β1→）の繰り返しでできている。この多量の水を結合したブ

表2-Ⅱ-11 ヘテロ多糖の二糖単位

ヘテロ多糖	二糖単位
コンドロイチン 4-硫酸	D-グルクロン酸 — N-アセチル-D-ガラクトサミン 4-硫酸
コンドロイチン 6-硫酸	D-グルクロン酸 — N-アセチル-D-ガラクトサミン 6-硫酸
デルマタン硫酸	L-イズロン酸 — N-アセチル-D-ガラクトサミン 4-硫酸
ケラタン硫酸	D-ガラクトース — N-アセチル-D-グルコサミン 6-硫酸
ヘパラン硫酸, ヘパリンの主成分	L-イズロン酸 2-硫酸 — 2-デオキシ-2-硫酸アミノ-D-グルコース 6-硫酸

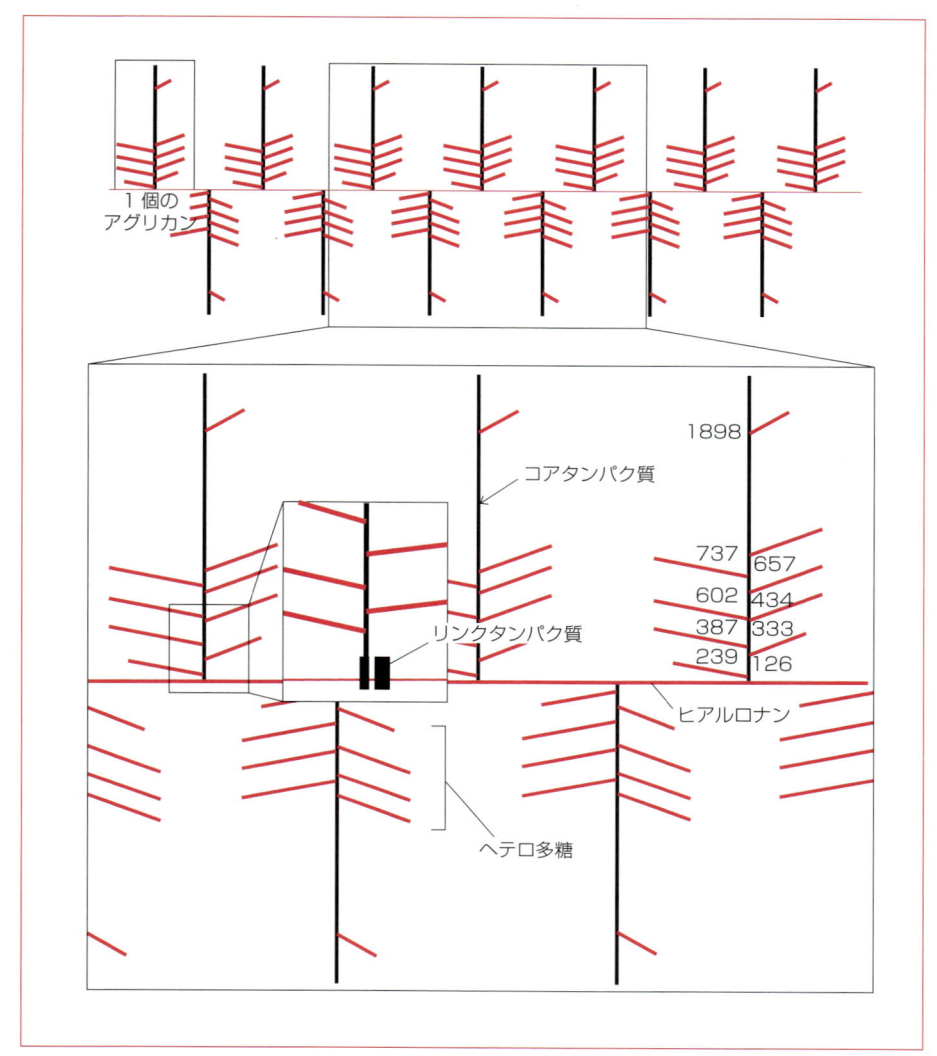

図2-Ⅱ-3 ヒト軟骨のプロテオグリカン
ヘテロ多糖がコアタンパク質に結合したアグリカン単位がもう1つのヘテロ多糖ヒアルロナン（ヒアルロン酸）の糸に結合している。その結果全体としてブラシ状の形態をとる。数字はヘテロ多糖が付くコアタンパク質の部位（アミノ酸番号）。

ラシ状の巨大な構造体が，軟骨に大きい力に耐える弾力性を与える。

Ⅲ 脂質

1 脂質の性質と基本構造

　水になじまない性質のことを物理化学では**疎水性** hydrophobicity というが，これは原則的に $-CH_2-$ が繰り返される構造に由来する。炭素の骨格に水素の付いたこのような構造だけでできている化合物が**炭化水素** hydrocarbon である。その中で C-C の単結合だけからなるものを有機化学では**アルカン** alkane と呼び，不飽和結合を含むものを**アルケン** alkene と呼ぶ。メタン，エタン，プロパン，ブタン，ペンタンなどがアルカンの簡単なものである。エテン，プロペン，ブテン，ペンテンなどが簡単なアルケンの例である（表2-Ⅲ-1）。

　炭化水素の構造はふつう**ケクレ Kekule の式**で記される。これは原子間の結合のみを示す。実際の立体構造は，炭素原子の4本の結合の手が四面体の頂点に向いていることから，四面体がつながったひものようなものである。それを表すには**破線-くさび形表記**が用いられる。それをさらに簡略化した表記法としてジグザグの直線が用いられる（**折れ線表記**）（表2-Ⅲ-1）。

2 脂肪酸

A 脂肪酸の基本構造と性質

　炭化水素の炭素骨格にカルボキシル基（-COOH）が付いたものを**脂肪酸** fatty acid と呼ぶ。その炭化水素が飽和の場合を**飽和脂肪酸** saturated fatty acid，不飽和の場合を**不飽和脂肪酸** unsaturated fatty acid という。身近な脂肪酸は炭素の総数が偶数のものが多い。これには後で述べるように，生体における脂肪酸の合成のメカニズムが関係している。

　脂肪酸のカルボキシル基は中性水溶液で解離するため，体内では解離形（$RCOO^-$）として存在する。解離したカルボキシル基（$-COO^-$）は Na^+ のような陽イオンと結合している。脂肪酸のように，1分子の中に疎水性の部分（炭化水素）と親水性の部分（カルボキシル基）を合わせもっている性質を**両親媒性** amphipathy という。両親媒性物質は油のような媒質にもなじみ，水のような媒質にもなじむ。その結果，一定濃度の脂肪酸は水溶液中で**ミセル** micelle を形成している（図2-Ⅲ-1）。ミセルでは脂肪酸の疎水性の炭化水素鎖同士がからみ合って核になり，外表に水となじむ**カルボキシルイオン** carboxyl ion（$-COO^-$）が出ている。したがって，ミセルは全体として水となじむ。脂肪酸ナトリウム（石けんの主成分）が，水だけで落ちない汚れを除くのは，脂肪酸の疎水性尾部が垢（油性）に差し込まれ，外に突き出た親水性頭部が水となじむ結果である。

　不飽和脂肪酸は，飽和脂肪酸に比べて融点が低い（不飽和結合の数が増すほど融点は低くなる）ので，飽和脂肪酸が固体の場合でも不飽和脂肪酸は流体でありうる。例えば，炭素数18のステアリン酸（表2-Ⅲ-2）の融点は 69℃ であるが，同じ炭素数の不飽和脂肪酸であるオレイン酸，リノール酸，リノレン酸（表2-Ⅲ-3）の融点はそれぞれ 13，-5，-11℃ である。サラダ油とバターの違いは，このような脂肪酸の組成の差に基づいている。

B 脂肪酸の種類と命名

　上で述べたように，脂肪酸には飽和と不飽和がある。また，炭化水素鎖の枝分かれの存在，ヒドロキシ基の存在によって，それぞれ**分枝脂肪酸** branched chain fatty acid と**ヒドロキシ脂肪酸** hydroxy fatty acid が生じる。また，脂肪酸の命名については個々に固有の慣用名がある一方で，系統的な方法に基づく命名もある（以下参照）。

1 飽和脂肪酸

　飽和炭化水素鎖にカルボキシル基（-COOH）が付いた形の脂肪酸が**飽和脂肪酸**である。ふつう，酢酸（炭素数2），酪酸（炭素数4）は**短鎖飽和脂肪**

表2-Ⅲ-1 炭化水素の構造

	アルカン（飽和炭化水素）	アルケン（不飽和炭化水素）
炭化水素の例	ペンタン	ペンテン
ケクレの式	（構造式）	（構造式）
破線-くさび形表記	（構造式）	（構造式）
折れ線表記	（構造式）	（構造式）

表2-Ⅲ-2 飽和脂肪酸

総炭素数	慣用名	英語名*	示性式
12	ラウリン酸	laurate	$C_{11}H_{23}COOH$
14	ミリスチン酸	myristate	$C_{13}H_{27}COOH$
16	パルミチン酸	palmitate	$C_{15}H_{31}COOH$
18	ステアリン酸	stearate	$C_{17}H_{35}COOH$
20	アラキジン酸**	arachidate	$C_{19}H_{39}COOH$
22	ベヘン酸	behenate	$C_{21}H_{43}COOH$
24	リグノセリン酸	lignocerate	$C_{23}H_{47}COOH$

*非解離形-COOHは- ic acid，解離形-COO⁻は- ateのように表される　例：lauric acidとlaurate。
**アラキン酸ともいう。

酸 short-chain saturated fatty acidに，炭素数6〜10のものは**中鎖飽和脂肪酸** medium-chain saturated fatty acidに，12以上のものは**長鎖飽和脂肪酸** long-chain saturated fatty acidに分類される。代表的な長鎖飽和脂肪酸を表2-Ⅲ-2に示す。

2　不飽和脂肪酸

不飽和炭化水素の炭素骨格にカルボキシル基（-COOH）が付いたものが**不飽和脂肪酸** unsaturated fatty acidである。よく知られた不飽和脂肪酸のいくつかを表2-Ⅲ-3（構造は表2-Ⅲ-4）に示した。炭素数18の不飽和脂肪酸には，含まれる不飽和結合の数に応じて，オレイン酸 oleic acid（不飽和結合1個），リノール酸 linoleic acid（2個），

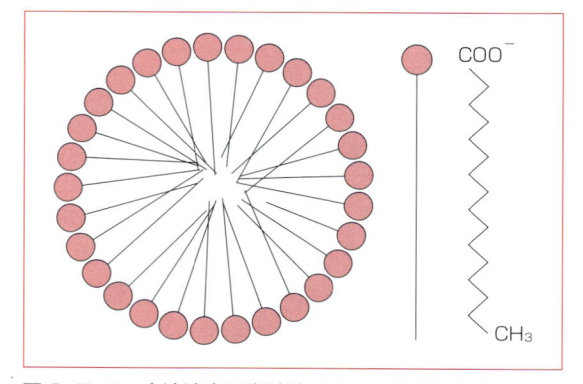

図2-Ⅲ-1　水溶液中で脂肪酸イオンの作るミセル
脂肪酸の水になじむ頭部（カルボキシルイオン）が外表面に，水をはじく尾部（炭化水素鎖）が内部に向いた球体を形成する。

表 2-Ⅲ-3　不飽和脂肪酸

総炭素数	不飽和結合数	慣用名	英語名	示性式
16	1	パルミトレイン酸	palmitoleate	$C_{15}H_{29}COOH$
18	1	オレイン酸	oleate	$C_{17}H_{33}COOH$
18	2	リノール酸	linoleate	$C_{17}H_{31}COOH$
18	3	リノレン酸*	linolenate	$C_{17}H_{29}COOH$
20	4	アラキドン酸	arachidonate	$C_{19}H_{31}COOH$

*α, γの2つの異性体がある。

表 2-Ⅲ-4　不飽和脂肪酸の構造

慣用名	構造	系統名
パルミトレイン酸	(16...9...1 COOH)	9-ヘキサデセン酸
オレイン酸	(18...9...1 COOH)	9-オクタデセン酸
リノール酸	(18...12,9...1 COOH)	9,12-オクタデカジエン酸
α-リノレン酸	(18...15,12,9...1 COOH)	9,12,15-オクタデカトリエン酸
アラキドン酸	(20...14,11,8,5...1 COOH)	5,8,11,14-イコサテトラエン酸

リノレン酸 linolenic acid（3個）の3種がある。リノレン酸にはさらにαとγの異性体があり，不飽和結合の位置が異なっている（**表2-Ⅲ-5**）。炭素数20のアラキドン酸は後述する生理活性物質イコサノイド（エイコサノイド）の前駆体である。

　天然の多不飽和脂肪酸の1つの特徴は不飽和結合が炭素（$-CH_2-$）1個を隔てて連続していることである。したがって，原則的に端から数えて最初の不飽和結合を表す炭素番号から3つおきに不飽和結合が繰り返される（例：5,8,11,14-イコサテトラエン酸）。

3　脂肪酸の命名法

　不飽和結合の位置を示すためには9-オクタデセン酸（オレイン酸）のように語頭に9-を記す。この9はカルボキシル基の炭素を1として9番目の炭素とその次（10番目の炭素）の間に二重結合があることを意味している（表2-Ⅲ-4）。なお，二重結合のまわりの立体配置はシスである（**メモ2-Ⅲ-1**）。同様に，リノール酸は9,12-オクタデ

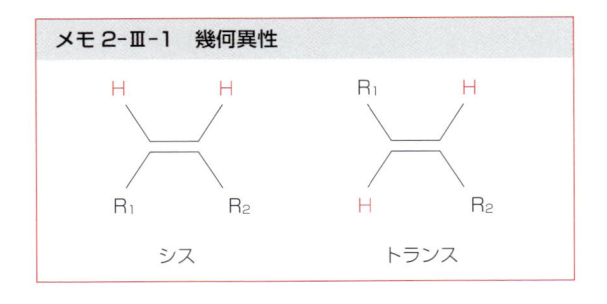

メモ 2-Ⅲ-1　幾何異性

シス／トランス

カジエン酸である。オクタデカはラテン語で18を意味し，ジエン酸（-dienoate）は不飽和結合を2個（-di-）もつ酸であることを示す。

　脂肪酸の構造を数字と記号で表す略記法がある（表2-Ⅲ-5）。例えば，炭素数18で，不飽和結合を2個もつリノール酸では，18：2 n-6のようになる（$C_{18:2\,n-6}$のように書かれたこともある）。これは，18は炭素数を，：2は二重結合が2個あることを，n-6はω炭素 ω carbon（カルボキシル基端と反対の端の炭素）から6番目の炭素に最初の二重結合の起始部があることを意味している。略記法における不飽和結合の位置を示す炭素の番号

表2-Ⅲ-5　不飽和脂肪酸の略記法

系統名（慣用名）	略記法*	構造式
9-ヘキサデセン酸（パルミトレイン酸）	16：1 n-7	
9-オクタデセン酸（オレイン酸）	18：1 n-9	
9,12-オクタデカジエン酸（リノール酸）	18：2 n-6	
9,12,15-オクタデカトリエン酸（α-リノレン酸）	18：3 n-3	
6,9,12-オクタデカトリエン酸（γ-リノレン酸）	18：3 n-6	
5,8,11,14-イコサテトラエン酸（アラキドン酸）	20：4 n-6	
5,8,11,14,17-イコサペンタエン酸（IPA）	20：5 n-3	
4,7,10,13,16,19-ドコサヘキサエン酸（DHA）	22：6 n-3	

*a：b n-c で，a は総炭素数，b は二重結合数，c は ω 炭素を1とする炭素番号を表す．
EPA＝IPA：icosapentaenoic acid, DHA：docosahexaenoic acid

付けは系統名でカルボキシル基端の炭素を1としたのとは対照的である．オレイン酸は 18：1 n-9 である（表2-Ⅲ-5）．また，**α-リノレン酸** α-linolenic acid は 18：3 n-3，**γ-リノレン酸** γ-linolenic acid は 18：3 n-6 となる．飽和脂肪酸をこの方法で表すと，例えば，ステアリン酸は 18：0 となる．

C　イコサノイド

1　プロスタグランジン

プロスタグランジン prostaglandin（PG）は精囊腺から最初に単離されたイコサノイド icosanoid（かつてはイコサ icosa- をエイコサ eicosa- と表記していた，以下同様）である．当初，前立腺 prostate gland 由来と考えられたためこの名が付けられた．PG には複数の仲間があるが，それらは**イコサトリエン酸** icosatrienoic acid，**イコサテトラエン酸** icosatetraenoic acid（慣用名：**アラキドン酸** arachidonic acid），**イコサペンタエン酸** icosapentaenoic acid（IPA，EPA）といういずれも炭素数20，不飽和結合数3から5の不飽和脂肪酸から誘導される．それらの分子は炭素10でヘアピンを作り，炭素8から12が五員環を作る（図2-Ⅲ-2）．

2　ロイコトリエン

ロイコトリエン leukotriene（LT）は，PG と同じく，イコサトリエン酸，イコサテトラエン酸（アラキドン酸），イコサペンタエン酸から誘導される．LT の特徴は炭素5に酸素が結合していることと，3個の**共役二重結合** conjugate double bond（1つおきに連続した不飽和結合）があることである（図2-Ⅲ-3）．ただし，LT は PG のような五員環は作らない．一部の LT は酸素の他に炭素6に1〜3個のアミノ酸からなる**ペプチド**を結合している（図2-Ⅲ-3）．LTC$_4$ では，細胞内の主要な還元物質であるグルタチオン glutathione（トリペプチド）が結合している．酸素の結合の仕方，ペプ

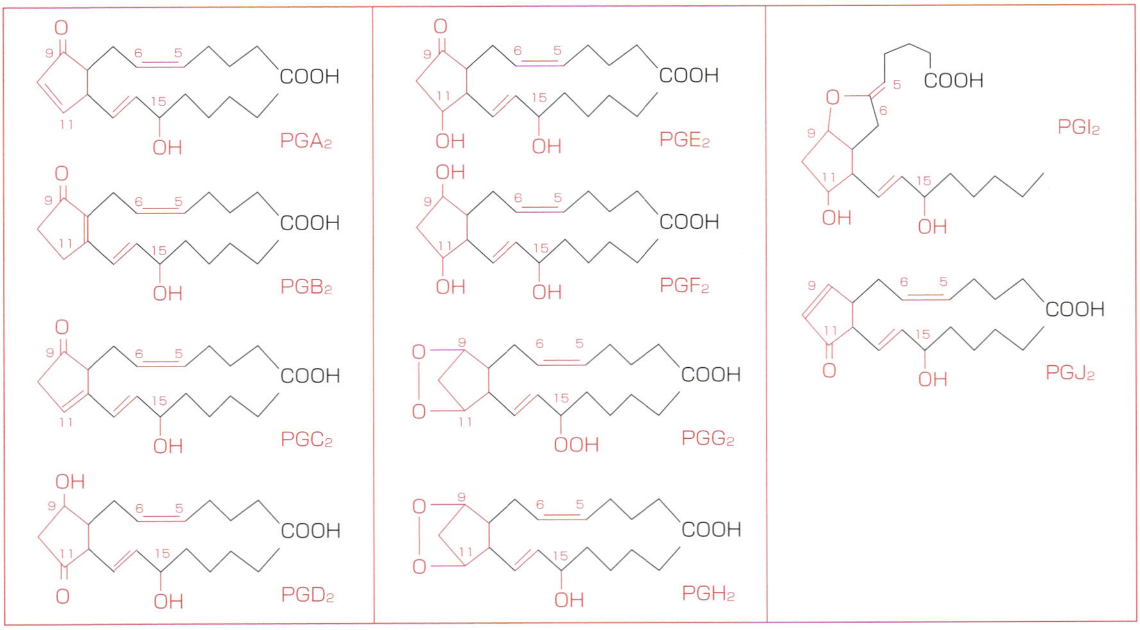

図2-Ⅲ-2 プロスタグランジンの種類と構造

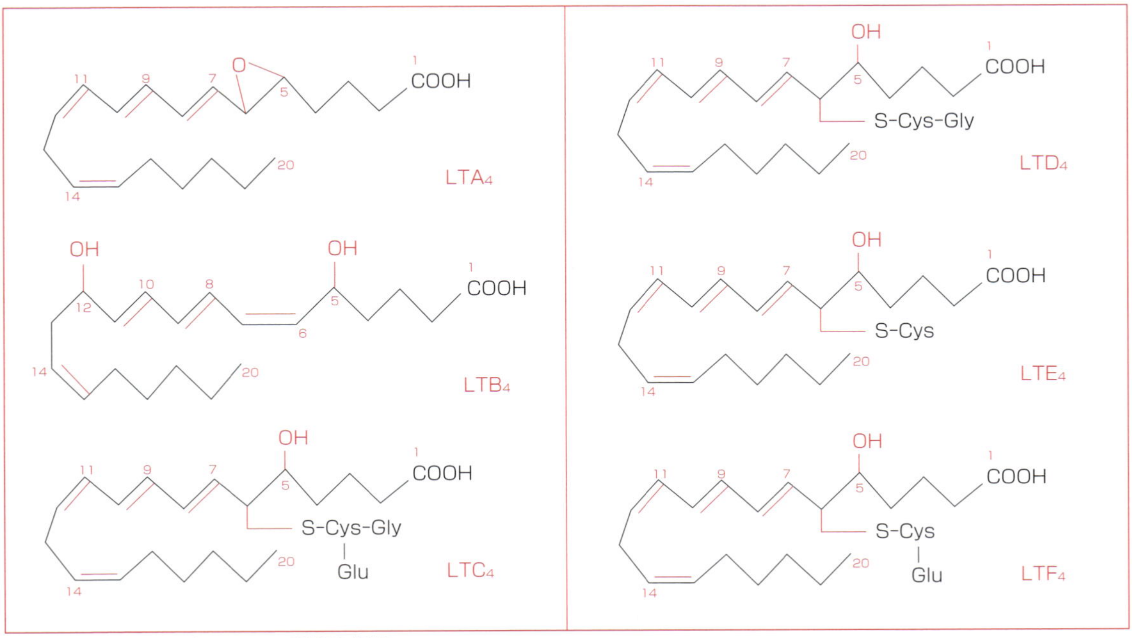

図2-Ⅲ-3 ロイコトリエンの種類と構造
LTA〜Fの後の数字4は不飽和結合の数を表す。Cys, Gly, Gluはシステイン，グリシン，グルタミン酸。

チドの有無ないしペプチドの構造によってA〜Fに分類され，さらにそれぞれの記号表記（LTAなど）に不飽和結合の数を表す数字が付加される。

3 トロンボキサン

トロンボキサン thromboxane（TX）はプロスタグランジン H_2（PGH_2）から誘導される（図2-Ⅲ-4）。

その特徴は PG と違って炭素 8〜11 が五員環でなく、酸素が割り込んで六員環(有機化学でいう**オキサン** oxane)を作ることである。また、PGH_2 の炭素 9,11 に結合していた -O-O-(**エンドペルオキシド** endoperoxide)は -O-(**エポキシド** epoxide)になる。そのようにしてできるのが**トロンボキサン A_2** thromboxane A_2(TXA_2)である。しかし、TXA_2 は不安定で非酵素的に TXB_2 に移行する。

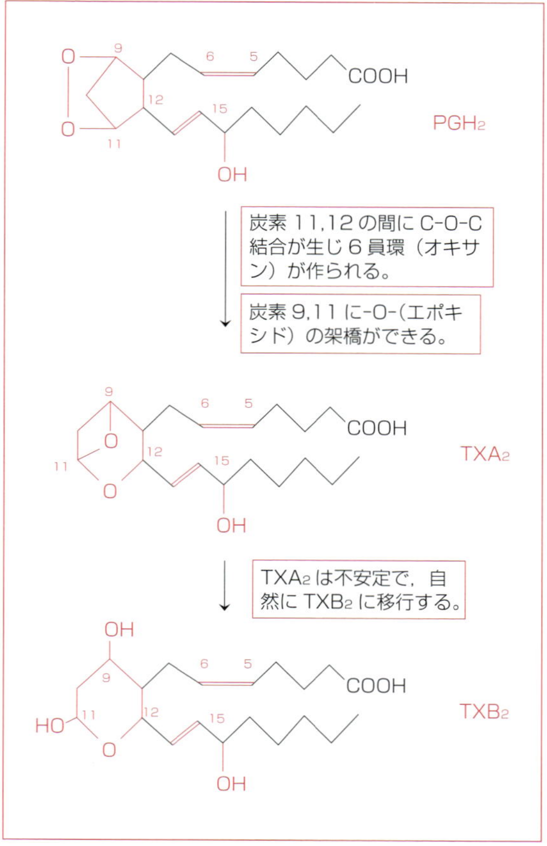

3 単純脂質

従来、**単純脂質** simple lipid と呼ばれてきたトリアシルグリセロールやロウ wax は、C, H, O 以外の元素を含まないため、その名に値する。しかし、それらは脂肪酸よりは複雑な分子種であるため、脂肪酸のほうがより簡単な脂質であると考えられる。現実には、脂肪酸はトリアシルグリセロールやロウを分解することによって調製される。その意味で、脂肪酸は単純脂質に対して**誘導脂質** derived lipid と呼ばれた。

A アシルグリセロール

アシルグリセロール acylglycerol は脂肪酸とグリセロール glycerol(グリセリン glycerin)がエス

図 2-Ⅲ-4 プロスタグランジン H_2 からのトロンボキサンの誘導

表 2-Ⅲ-6 アシルグリセロール

素材	RCO− アシル	HO−CH₂ | HO−CH | HO−CH₂ グリセロール	
モノアシルグリセロール [アシル基の付く部位は2通り]	R₁CO−O−CH₂ | HO−CH | HO−CH₂	HO−CH₂ | R₂CO−O−CH | HO−CH₂	
ジアシルグリセロール [2個のアシル基の付き方は2通り]	R₁CO−O−CH₂ | R₂CO−O−CH | HO−CH₂	R₁CO−O−CH₂ | HO−CH | R₃CO−O−CH₂	
トリアシルグリセロール [すべての−OHがアシル化される]	R₁CO−O−CH₂ | R₂CO−O−CH | R₃CO−O−CH₂		

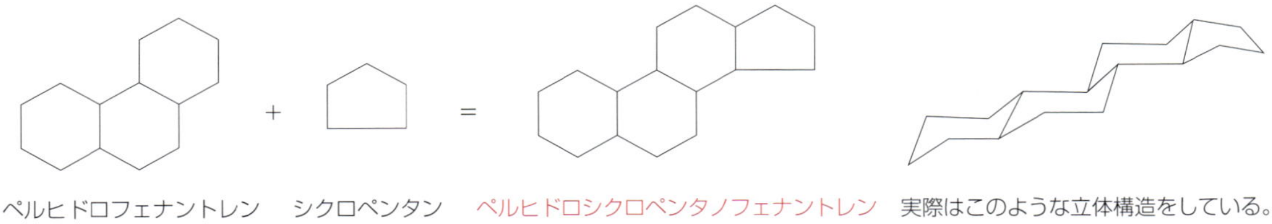

図2-Ⅲ-5　ステロイドの環状部分の骨格

テル結合したものである。結合する脂肪酸の数が1個，2個，3個によってそれぞれ**モノアシルグリセロール** monoacylglycerol，**ジアシルグリセロール** diacylglycerol，**トリアシルグリセロール** triacylglycerol と呼ばれる（表2-Ⅲ-6）。トリアシルグリセロールは**トリグリセリド** triglyceride とも呼ばれ，動物の**貯留脂肪** depot fat としては最も多い。

B ステロイド

単純脂質よりは複雑な構造をもつが，C，H，Oのみからできている中性脂質に**ステロイド** steroid がある。ステロイドは環式化合物である。ステロイドに共通した骨格は**ペルヒドロシクロペンタノフェナントレン** perhydrocyclopentanophenanthrene である（図2-Ⅲ-5）。

1 コレステロール

コレステロール cholesterol（図2-Ⅲ-6）の名称の由来は，最初胆石 cholelith から抽出されたためである。コレステロールの構造の特徴はペルヒドロシクロペンタノフェナントレンの骨格（環状構造）に1個の不飽和結合，1個のOH，2個のCH_3，1本の炭素8個からなる側鎖をもつことである。総炭素数は環状構造部分に17，側鎖に2+8=10，計27である。

コレステロールの物理化学的性質として，**両親媒性**が挙げられる。炭素3に付いたヒドロキシ基が親水性を示す。ただし，同じ両親媒性を示す脂肪酸の直鎖状炭化水素に比べ，コレステロールの環式炭化水素は剛性が高い。これらの性質は，コレステロールが**細胞膜**やリポプロテインの構成要素となる際に重要な性質である。

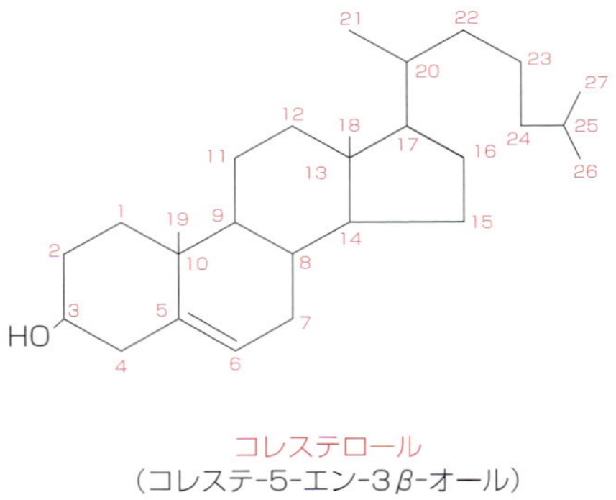

図2-Ⅲ-6　コレステロールの構造と炭素原子のナンバリング
カッコ内は系統名。

2 ステロイドホルモン

ステロイドホルモン steroid hormone はコレステロールから**プレグネノロン** pregnenolone を経て合成される。1例として，コレステロールから直接誘導される**プロゲステロン** progesterone の構造を示す（図2-Ⅲ-7）。その他のステロイドホルモンについては内分泌学の成書に譲る。

3 胆汁酸

胆汁酸 bile acid（総称であり，その1つが**コール酸** cholic acid である）もコレステロールから誘導される（図2-Ⅲ-8）。

4 複合脂質

単純脂質がC，H，Oからなるのに対し，それ以外の元素を含む脂質を**複合脂質** compound lipid と呼ぶ。

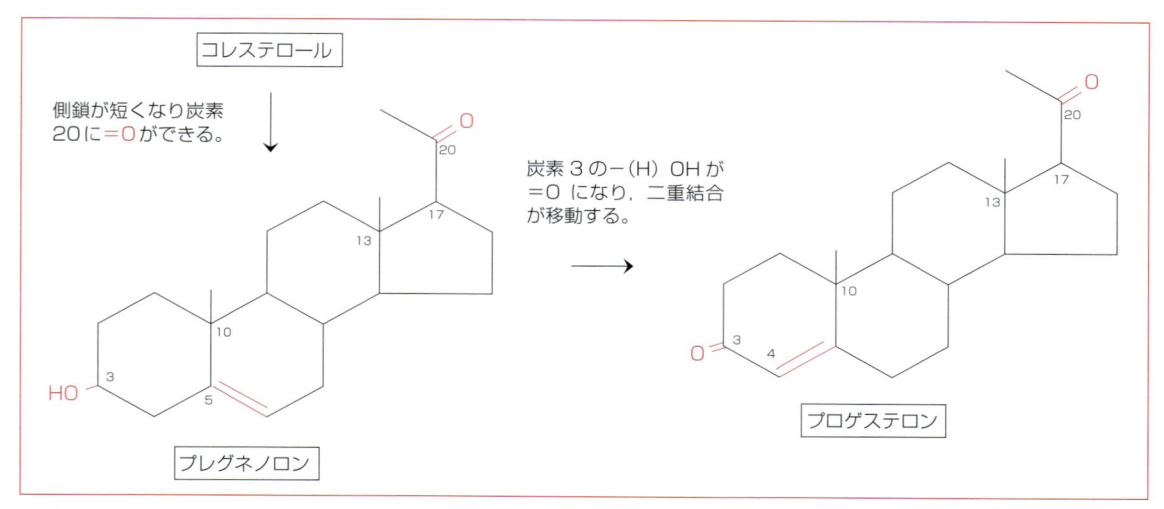

図2-Ⅲ-7 ステロイドホルモンのコレステロールからの誘導
プレグネノロンを経て多くのステロイドホルモンが誘導される。

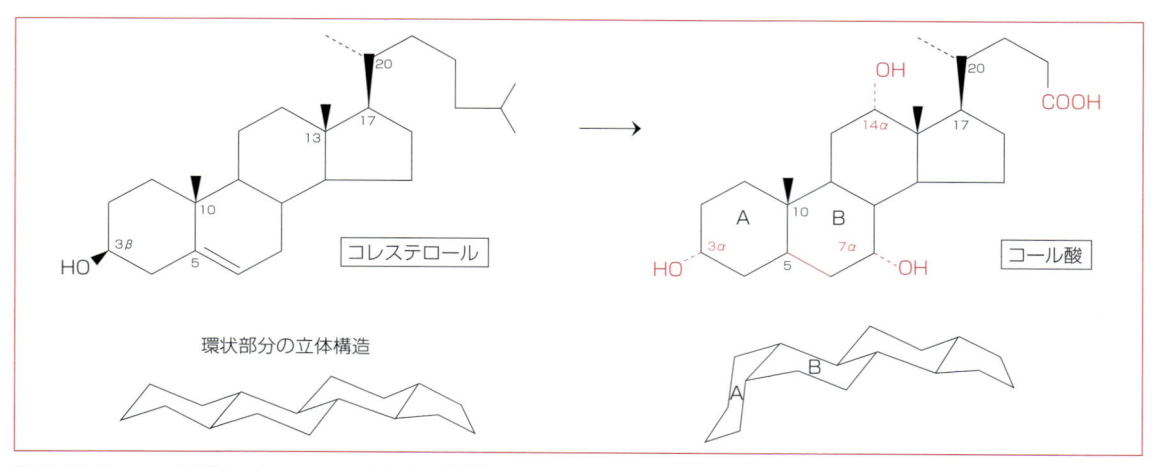

図2-Ⅲ-8 コール酸のコレステロールからの誘導
新しい置換基の導入だけでなく立体構造の変化にも注目。

A リン脂質

リン脂質 phospholipid はその名のとおりリン（P）を含む脂質である。大別して**グリセロリン脂質** glycerophospholipid と**スフィンゴリン脂質** sphingophospholipid がある。

1 グリセロリン脂質（ホスホグリセリド）

グリセロリン脂質（ホスホグリセリド phosphoglyceride）はグリセロールと脂肪酸とリン酸を主な構成要素とする。分子の中心となるグリセロールの3個のヒドロキシ基（-OH）のHは2個のア

図2-Ⅲ-9 ホスファチジン酸の構成成分
ホスファチジン酸はグリセロリン脂質の土台である。

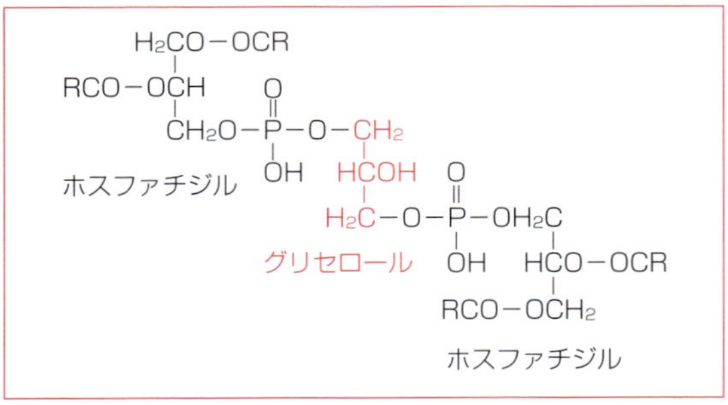

図 2-Ⅲ-10 カルジオリピン（ジホスファチジルグリセロール）の構成成分

表 2-Ⅲ-7 グリセロリン脂質

ホスファチジル "X"	CH_2O-COR_1 $R_2CO-OCH$ $CH_2O-P(=O)(OH)-O-X$
	$-X$
ホスファチジルエタノールアミン	$-CH_2-CH_2-NH_2$
ホスファチジルコリン	$-CH_2-CH_2-\overset{+}{N}(CH_3)_3$
ホスファチジルセリン	$-CH_2-\underset{COOH}{\overset{H}{C}}-NH_2$
ホスファチジルイノシトール	（myo-イノシトール）

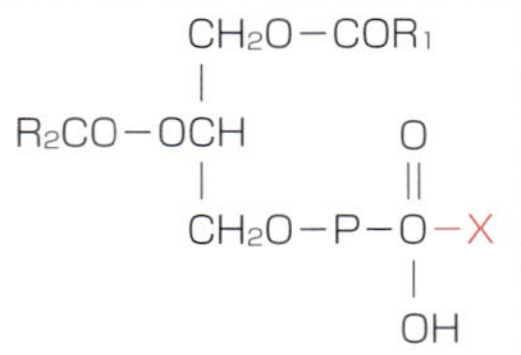

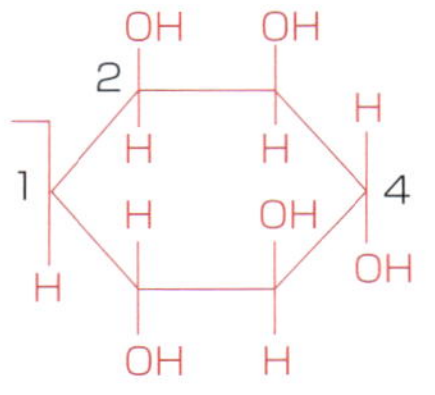

イノシトールには5種の立体異性体があるが，ホスファチジルイノシトールにみられるのはmyo-イノシトールである。

シル基と1個のリン酸基で置換されている。その化合物を**ホスファチジン酸** phosphatidic acid と呼ぶ（**図 2-Ⅲ-9**）。アシル基を1つだけもつものを**リゾホスファチジン酸** lysophosphatidic acid という。これにはアシル基が1-Cにある場合と2-Cにある場合がある。

グリセロリン脂質はホスファチジン酸と低分子量化合物（アルコール性OH基をもつ）のエステル化合物である。グリセロリン脂質は，リン酸にエステル結合した低分子量化合物の名前の前に「**ホスファチジル** phosphatidyl」を冠して呼ばれる。ホスファチジルはホスファチジン酸のエステル形を意味する。ホスファチジン酸とエステル結合する低分子量化合物には**エタノールアミン** ethanolamine，**コリン** choline，**セリン** serine，**イノシトール** inositol などがある（**表 2-Ⅲ-7**）。

ホスファチジン酸の誘導体として，上に述べたものとは少し毛色の変わったグリセロリン脂質に**カルジオリピン** cardiolipin がある（**図 2-Ⅲ-10**）。これは2分子のホスファチジン酸が1つのグリセロールにエステル結合したグリセロリン脂質である。したがって，**ジホスファチジルグリセロール** diphosphatidylglycerol とも呼ばれる。従来，梅毒血清反応（カルジオリピン試験）の抗原として有名である。動物のカルジオリピンはミトコンドリア内膜に見られる。なお，カルジオリピンという名は最初心臓から抽出されたことから付けられた（カルジアはギリシア語で心臓を意味する）。

グリセロールを土台とするリン脂質には，この他に，グリセロールの末端（1位）の炭素に炭化水素鎖がエーテル結合した形のリン脂質がある（**図 2-Ⅲ-11**）。これを**エーテルリン脂質** ether phospholipid と呼ぶ。その中でヒトにとって重要なのは**血小板活性化因子** platelet-activating factor（PAF）と**プラスマローゲン** plasmalogen と呼ばれるものである。

2 スフィンゴリン脂質

スフィンゴリン脂質 sphingophospholipid と**スフィンゴ糖脂質**（以下 B.2）は共に**スフィンゴ脂質** sphingolipid に属する。スフィンゴ脂質は**スフィンゴイド塩基** sphingoid base を含む脂質である。スフィンゴイド塩基とはアルコール性OH基とアミノ基をもつ鎖状炭化水素（炭素数16〜20の**長鎖アミノアルコール**）である。高等動物では**スフィンゴシン** sphingosine がその代表である（**図 2-Ⅲ-12**）。スフィンゴシンは**スフィンゲニン** sphingenine とも呼ばれるが，これは 4, 5 の二重結合が還元された形のものが**スフィンガニン** sphinganine であることに対応した呼び方である。そのアシル誘導体が**セラミド** ceramide である。

スフィンゴミエリン sphingomyelin は脳で最初に発見されたスフィンゴ脂質で，"ミエリンを縛る（固く結合する）もの"という意味から名付けられた（スフィンゲイン sphingein はギリシア語で固く縛るという意味である）。**スフィンゴミエリン**はセラミドの分子端の OH（スフィンゴシン部分の 1-C の OH）に**コリンリン酸** choline phosphate（**ホスホコリン** phosphocholine）がエステル結合したものである（図 2-Ⅲ-12）。

B 糖脂質

糖をもつ複合脂質を**糖脂質** glycolipid という。糖部分は親水性であるが，糖を除く部分は大部分が非極性である。糖を除く部分がアシルグリセロールまたはアルキルグリセロールの場合を**グリセロ糖脂質** glyceroglycolipid と呼び，スフィンゴイドの場合を**スフィンゴ糖脂質**と呼ぶ。

1 グリセロ糖脂質

アシルグリセロールまたはアルキルグリセロールに炭水化物がグリコシド結合したものを**中性グリセロ糖脂質** neutral glyceroglycolipid という。その炭水化物に硫酸がエステル結合したものは**酸性グリセロ糖脂質** acidic glyceroglycolipid である。

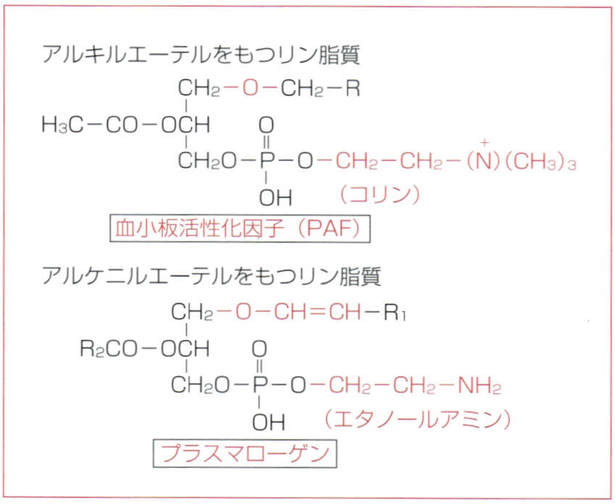

図 2-Ⅲ-11 エーテルリン脂質の例
血小板活性化因子とプラスマローゲン。

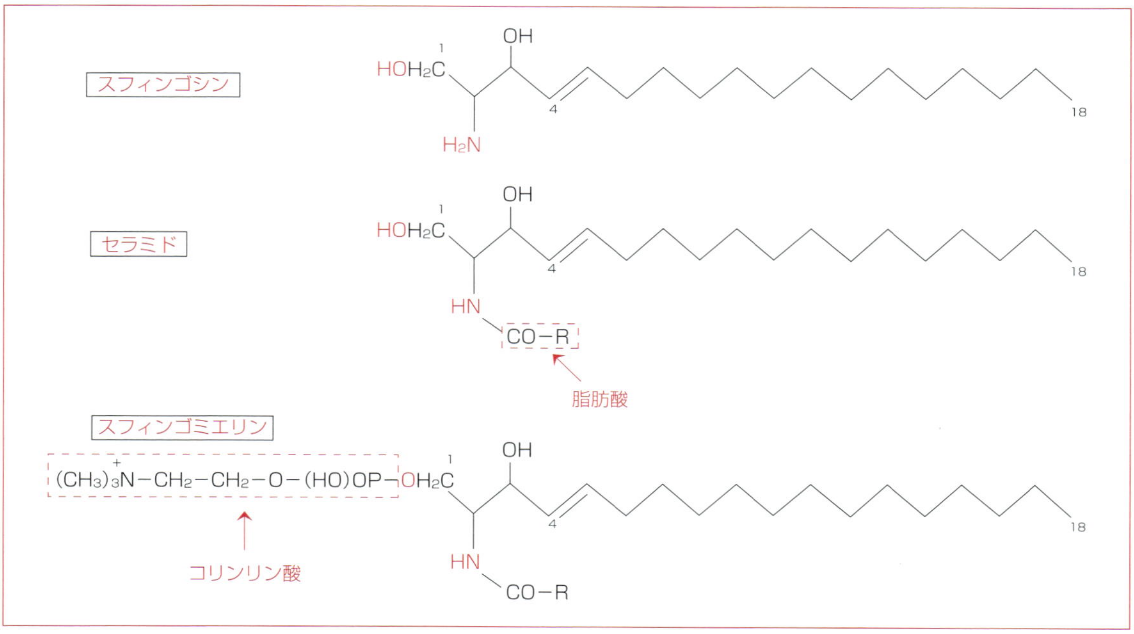

図 2-Ⅲ-12 スフィンゴシン，セラミド，スフィンゴミエリンの構造
コリンリン酸はホスホリルコリンともいう。

後者の例として，**セミノリピド** seminolipid がある（図2-Ⅲ-13）。その名のとおり精巣と精子の主な糖脂質である。この脂質には1分子内に脂肪酸とのアシルエステル結合と長鎖アルコールとのアルキルエーテル結合が含まれる。

グリセロ糖脂質の仲間でタンパク質を膜につなぎ止める働きをするものを **GPI アンカー** GPI anchor と呼ぶ。GPI はグリコシルホスファチジルイノシトール glycosylphosphatidylinositol の略であり，アンカーはその錨としての役割を例えて名付けられたものである（図2-Ⅲ-14）。

2 スフィンゴ糖脂質

a 中性スフィンゴ糖脂質

スフィンゴ糖脂質 sphingoglycolipid（glycosphingolipid）はスフィンゴリン脂質と同じくスフィンゴ脂質に属する。セラミド（図2-Ⅲ-12）に炭水化物（ヘキソース）がグリコシド結合したものを**グリコシルセラミド** glycosylceramide と呼ぶ。とくにヘキソースが1つだけ付いたものは慣用的に**セレブロシド** cerebroside と呼ばれる。セレブロシドは脳から最初に抽出されたスフィンゴ糖脂質なの

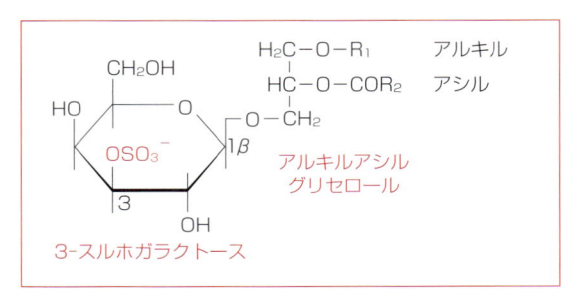

図2-Ⅲ-13 セミノリピド
グリセロ糖脂質の1例。

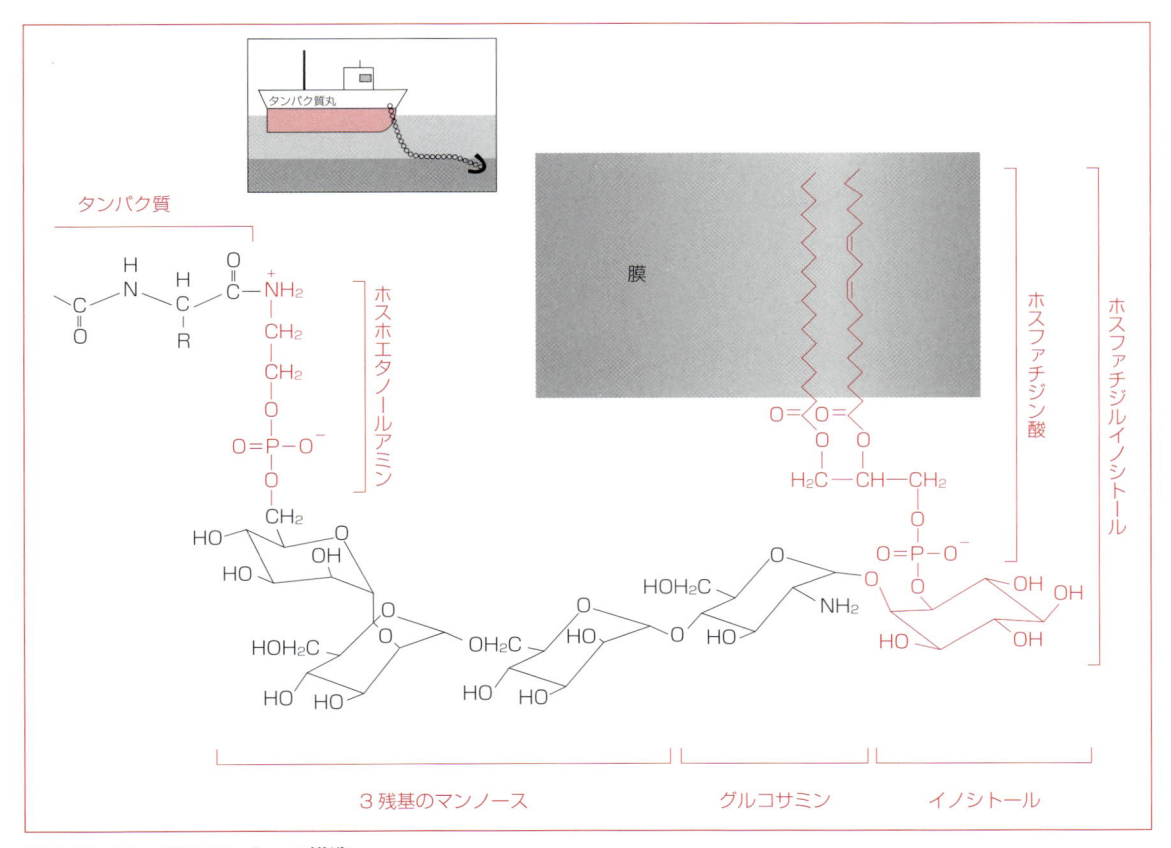

図2-Ⅲ-14 GPIアンカーの構造
ここに示すのは基本モデルである。GPI（グリコシルホスファチジルイノシトール）はタンパク質を膜に固定する錨のような働きをするので GPI アンカー（anchor）と呼ばれる（挿入図参照）。糖はここに示す以外にも修飾を受けている場合がある。また，ホスファチジン酸の長鎖成分はアルキル基の場合がある。

で，この名がある（cerebrum + hexoside）。そのヘキソースがグルコース（Glc）かガラクトース（Gal）かによって**グルコセレブロシド** glucocerebroside や**ガラクトセレブロシド** galactocerebroside などと呼ばれる（図2-Ⅲ-15）。ふつう，単にセレブロシドといえばガラクトセレブロシドを指す。

セラミドにラクトース（Lac）が付いたもの Gal（β1→4）GlcCer を**ラクトシルセラミド** lactosylceramide（略号 LacCer）という（図2-Ⅲ-16）。ラクトシルセラミドは多くのスフィンゴ糖脂質に共通する部分構造である。

b 酸性スフィンゴ糖脂質

ガラクトセレブロシドのガラクトースに硫酸基の付いたものがある（図2-Ⅲ-15）。このように，糖に硫酸基をもつスフィンゴ脂質は慣用的に**スルファチド** sulfatide と呼ばれる（スルファチドは**スルホグリコシルスフィンゴ脂質**と呼ぶほうが正しい）。スルファチドが存在する場所の1例はミエリンである。ラクトシルセラミドのガラクトース

図2-Ⅲ-15 ガラクトセレブロシドとスルファチド
Cer はセラミドを表す。

図2-Ⅲ-16 ラクトシルセラミドとラクトシルセラミドⅡ³-硫酸
Cer はセラミド。ラクトシルセラミドⅡ³-硫酸のⅡは硫酸基の付いているのがセラミドから2番目の糖であることを，上付きの3はそれが 3-C についていることを表す。

図2-Ⅲ-17 ガングリオシド G_{M3}
記号（G_{M3}）のGはガングリオシドを，Mはノイラミン酸が1残基であることを示し，末尾の3は同定用の番号を示す。

表2-Ⅲ-8　ガングリオシドの例

構造表記	記号	注
Ⅱ^{3}NeuAc-LacCer	G_{M3}	細胞の増殖と遊走に影響する
Ⅱ^3(NeuAc)$_2$-LacCer	G_{D3}	腫瘍細胞の悪性化に影響する
Ⅱ^{3}NeuAc-GgOse$_3$Cer	G_{M2}	蓄積するとテイ-サックス病，ザントホフ病
Ⅱ^{3}NeuAc-GgOse$_4$Cer	G_{M1}	コレラ毒素に高親和性．蓄積するとG_{M1}ガングリオシドーシス
Ⅱ^3(NeuAc)$_2$-GgOse$_4$Cer	G_{D1b}	ウイルス受容体
Ⅳ^{3}NeuAc，Ⅱ^{3}NeuAc-GgOse$_4$Cer	G_{D1a}	ウイルスの細胞内移動に関係

IUPACK-IUB生化学命名委員会(1976，1978)の勧告した表記法による(以下も)。
NeuAc：n-アセチルノイラミン酸 n-acetylneuraminic acid
Lac：Gal(β1→4)Glc
GgOse$_3$：GalNAc(β1→4)Gal(β1→4)Glc(1→1)(ガングリオトリアオース gangliotriaose)
GgOse$_4$：Gal(β1→3)GalNAc(β1→4)Gal(β1→4)Glc(1→1)(ガングリオテトラオース gangliotetraose)
その他の表記(Ⅱ^{3}など)については図2-Ⅲ-16の説明参照。

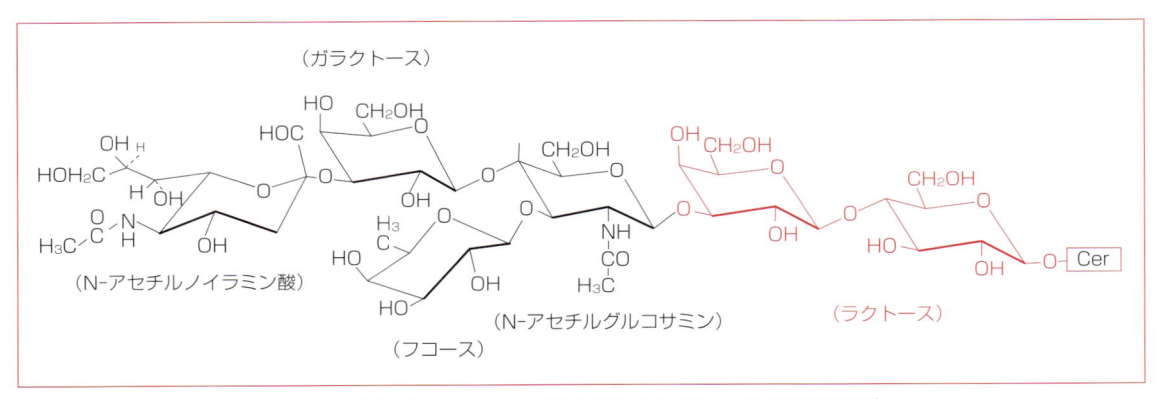

図2-Ⅲ-18　フコースとノイラミン酸を含むスフィンゴ糖脂質の1例(ルイス血液型糖脂質)

に硫酸基の付いたものは**ラクトシルセラミド硫酸**であり(図2-Ⅲ-16)，これもスルファチドの仲間である。

　一般に，スフィンゴ糖脂質の糖鎖に**ノイラミン酸** neuraminic acid(**シアル酸** sialic acid)をもつものを慣用的に**ガングリオシド** ganglioside と呼ぶ。その1例は**ガングリオシド G_{M3}** である(図2-Ⅲ-17)。ガングリオシドは元となる糖鎖の構造とシアル酸の付く部位によって多種多様である(**表2-Ⅲ-8**)。ガングリオシドは細胞の増殖・分化や遊走に影響したり，コレラ毒素に高い親和性を示したりする(G_{M1})。スフィンゴ糖脂質には**フコース** fucose を含むものもある。その1例は**ルイス血液型糖脂質** Lewis blood group glycolipid である(**図2-Ⅲ-18**)。

IV アミノ酸，ペプチド，タンパク質

タンパク質は生命体にとって最も特徴的な物質である。その構築単位がアミノ酸である。そこで，本項はアミノ酸から始めることにする。

1 アミノ酸

A アミノ酸の基本構造

アミノ酸 amino acid は**アミノ基**($-NH_2$)をもった酸である。ここでいう酸は**カルボン酸** carbonic acid である。つまり，アミノ酸とはアミノ基とカルボキシル基($-COOH$)の両方をもった有機化合物である。アミノ酸はアミノ基とカルボキシル基の分子内配置によって異なったアミノ酸になる(表2-IV-1)。タンパク質の構成成分としてのアミノ酸はα-アミノ酸である。

アミノ基の大部分は，生理的pHでは水素イオンを結合している(表2-IV-2)。pH 7.4の体液中では$-NH_2$と$-NH_3^+$の比が約1：100である。つまり，アミノ基の大部分はプロトン化している。

他方，カルボキシル基は生理的pHでは水素イオンを解離していて$-COO^-$が$-COOH$の約10万倍存在している。したがって，体液中のアミノ酸のカルボキシル基は事実上すべて解離しているとしてよい。これらの結論は**ヘンダーソン-ハッセルバルヒの式** Henderson-Hasselbalch equation から導くことができる(メモ2-IV-1)。

メモ2-IV-1 ヘンダーソン-ハッセルバルヒ式

酸を[HA]，塩基を[B]*とすると，

$$\frac{[H^+][A^-]}{[HA]} = Ka \qquad \frac{[H^+][B]}{[BH^+]} = Kb$$

両者を対数展開して，

$$pH = pKa + \log\frac{[A^-]}{[HA]} \qquad pH = pKb + \log\frac{[B]}{[BH^+]}$$

*[A^-]を塩基としても等価である。

表2-IV-1 α-アミノ酸とβ-アミノ酸

アミノ酸 (基本構造)	α-アミノ酸	β-アミノ酸
例	α-アラニン	β-アラニン

カルボキシル基を結合した主鎖の炭素をαとし，それに続く炭素原子はβ，γ……と呼ばれる。アミノ基がα炭素に結合した場合をα-アミノ酸，β炭素に結合した場合をβ-アミノ酸，以下同様。したがって，ここに示した以外にも「アミノ酸」は存在しえる。

このように，酸と塩基を1分子内にもつ物質は**両性電解質** amphoteric electrolyte と呼ばれ，その解離形は陰電荷と陽電荷を同時にもつので**両性イオン** amphoion，**双極イオン** bipolar ion，**双性イオン** zwitterion などと呼ばれる。

α-アミノ酸の立体構造は他の炭素化合物のそれと基本的に同じである。一般的な四面体構造(表2-I-2)と単糖の立体構造(表2-II-2)について学んだことを復習してほしい。α-アミノ酸の不斉中心(不斉炭素)であるα炭素から伸びる手のうち，1本は水素，他の1本はアミノ基の窒素，さらに1本はカルボキシル基の炭素，残りの1本は水素あるいは炭化水素基(R基)の炭素と結合していて，全体として四面体構造をとっている(図2-IV-1)。

生体のタンパク質合成に利用されるアミノ酸は全部で20種あるが，プロリンを除くと共通の一般構造(表2-IV-2および表2-IV-3)をもっている。異なるのはR基である。それらはすべてα-L-アミノ酸であるが，ふつう単にL-アミノ酸と呼ぶ。L-アミノ酸の鏡像体をD-アミノ酸と呼

表2-Ⅳ-2　アミノ酸の解離基

解離基	非解離形	イオン化形	部位	pK
アミノ基	$-NH_2$	$-NH_3^+$	α位	9
			側鎖	10
カルボキシル基	$-C(=O)-OH$	$-C(=O)-O^-$	α位	2
			側鎖	4
グアニジノ基	$-NH-C(=NH)-NH_2$	$-NH-C(=NH_2^+)-NH_2$	側鎖	12.5

p$K = -\log K$（Kは解離定数）

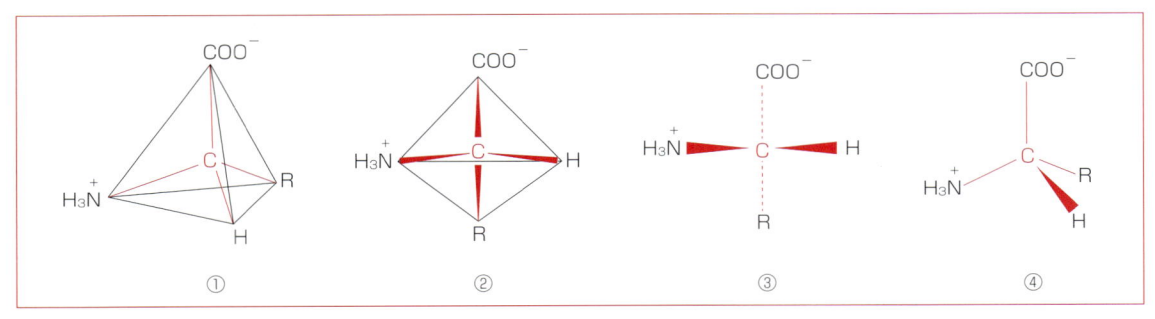

図2-Ⅳ-1　L-アミノ酸
炭素は4本の結合の手をもっている①。見る方向を変えれば②のようになる。これを破線-くさび形表記を用いて③あるいは④のように表すことができる。④では2本の結合の手が紙面上にあり，これが正式の表現であるが，③のような表現も許される。D-アミノ酸はここに示したL-アミノ酸とは鏡像関係にある。

ぶ。D-アミノ酸（例：D-セリン，D-アスパラギン酸）は特殊な場合にしか存在しない。

B　アミノ酸の特徴と分類

アミノ酸が20種あるということは，側鎖（R基）が20種あるということである（表2-Ⅳ-3）。側鎖に炭素をもたない（R基がH）のは**グリシン** glycine だけである。したがって，グリシンには立体異性がない。**アラニン** alanine は側鎖に1個の，**バリン** valine は3個の，**ロイシン** leucine，**イソロイシン** isoleucine は4個の炭素からなる鎖状炭化水素鎖をもつ。バリン，ロイシン，イソロイシンの側鎖は枝分かれしているので**分枝アミノ酸** branched chain amino acid とも呼ばれる。**フェニルアラニン** phenylalanine，**トリプトファン** tryptophan，**チロシン** tyrosine は側鎖に芳香核をもつので**芳香族アミノ酸** aromatic amino acid と呼

ばれる。**セリン** serine，**トレオニン** threonine，チロシンは側鎖にヒドロキシ基（-OH）をもつ（**ヒドロキシアミノ酸**）。OH基は反応性に富むのでこれらのアミノ酸はリン酸化を受けたり（セリン，トレオニン，チロシン），糖鎖の結合基となったり（セリン，トレオニン）する。側鎖におけるこのような反応基の存在は**システイン** cysteine（-SH），**リシン** lysine（-NH$_2$），**アルギニン** arginine などにも見られる。

リシンのように側鎖に**ε-アミノ基**をもつものは塩基性である（アミノ基のpK = 10.5）。**アルギニン** arginine の側鎖には複雑な**グアニジノ** guanidino 基（pK = 12.5）がある（表2-Ⅳ-2）。これらは**塩基性アミノ酸** basic amino acid である。それに対して，側鎖にカルボキシル基をもつものは**酸性アミノ酸** acidic amino acid である（**アスパラギン酸** aspartic acid，**グルタミン酸** glutamic acid；

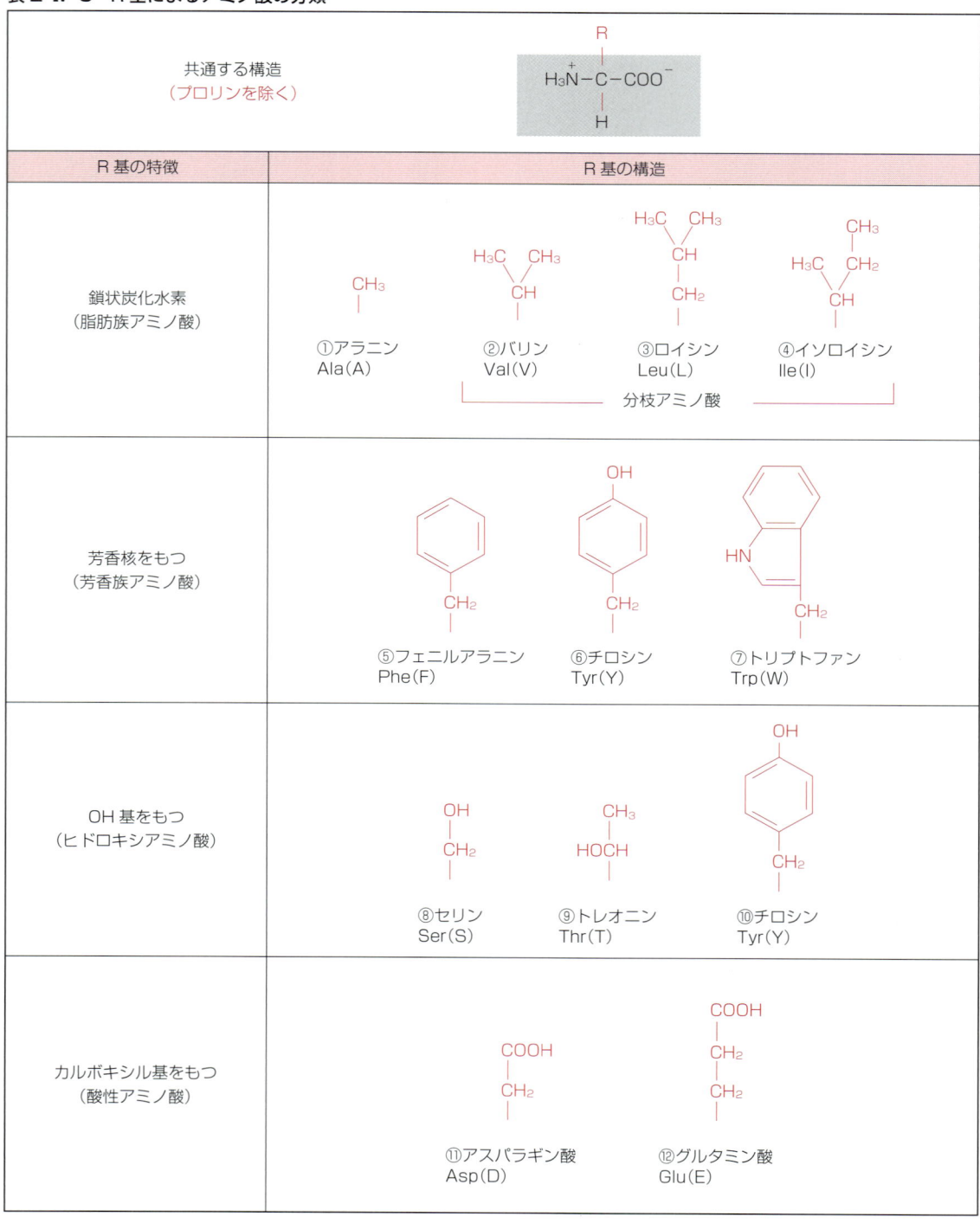

表2-Ⅳ-3　R基によるアミノ酸の分類

共通する構造（プロリンを除く）	$H_3\overset{+}{N}-\underset{\underset{H}{\mid}}{\overset{\overset{R}{\mid}}{C}}-COO^-$

R基の特徴	R基の構造
鎖状炭化水素 （脂肪族アミノ酸）	①アラニン Ala(A)、②バリン Val(V)、③ロイシン Leu(L)、④イソロイシン Ile(I) （②③④：分枝アミノ酸）
芳香核をもつ （芳香族アミノ酸）	⑤フェニルアラニン Phe(F)、⑥チロシン Tyr(Y)、⑦トリプトファン Trp(W)
OH基をもつ （ヒドロキシアミノ酸）	⑧セリン Ser(S)、⑨トレオニン Thr(T)、⑩チロシン Tyr(Y)
カルボキシル基をもつ （酸性アミノ酸）	⑪アスパラギン酸 Asp(D)、⑫グルタミン酸 Glu(E)

表 2-IV-3　R 基によるアミノ酸の分類（つづき）

R 基の特徴	R 基の構造
酸アミド基をもつ	⑬アスパラギン Asu(N)　　⑭グルタミン Glu(Q)
塩基性基をもつ（塩基性アミノ酸）	⑮アルギニン Arg(R) グアニジノ基　　⑯リシン Lys(K) アミノ基　　⑰ヒスチジン His(H) イミダゾール核
硫黄をもつ（含硫アミノ酸）	⑱システイン Cys(C) スルフヒドリル基　　⑲メチオニン Met(M) スルフィド基（チオエーテル基）
側鎖の末端とα-アミノ基が五員環を作る（イミノ酸）	⑳プロリン Pro(P) ピロリジン環

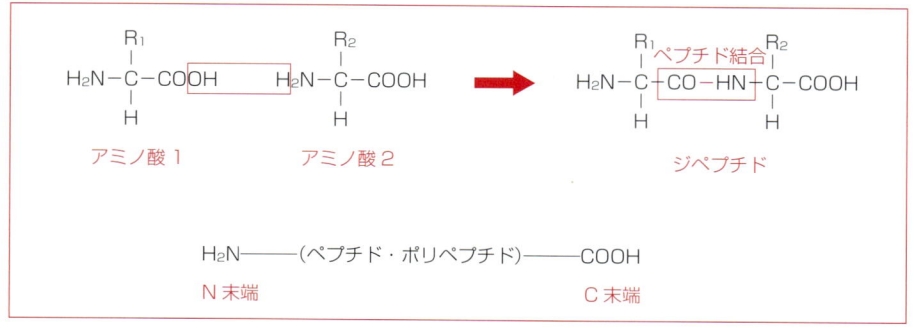

図2-IV-2　ペプチド結合
生体におけるペプチド結合の生成過程は後述するように（第5章 I. 4）ずっと複雑なものである。いずれにせよ，結果的には2分子のアミノ酸の-COOHと-NH$_2$から1分子の水が除かれた形をしている。

側鎖の-COOHのpK〜4）。

カルボキシル基の-OHが-NH$_2$で置きかわったもの（-CONH$_2$，酸アミド基）は中性である（**アスパラギン** asparagine, **グルタミン** glutamine）。アスパラギンの酸アミド基は糖鎖の結合基となる（N結合型糖鎖）。側鎖に硫黄を含むものを**含硫アミノ酸** sulfur-containing amino acid という（**システイン** cysteine，**メチオニン** methionine）。

プロリン proline は以上と違ってかなり特異なアミノ酸である。他のアミノ酸では側鎖以外は共通の構造をもっているが，プロリンではα-アミノ基と側鎖の末端とが結合して五員環（**ピロリジン環** pyrrolidine ring：表2-IV-3）を作っている。このため，N-C$_\alpha$軸とC$_\alpha$-C軸の回転（図2-IV-3参照）が制限される。プロリンがペプチド結合の担い手となった場合，αヘリックスはそこで屈曲する。

アミノ酸には**必須（不可欠）アミノ酸**と，**非必須（可欠）アミノ酸**がある。ヒトでは，バリン，ロイシン，イソロイシン，フェニルアラニン，トリプトファン，トレオニン，メチオニン，リシン，ヒスチジンの9種が不可欠である。これらは，その炭素骨格が体内で合成できないので，外からとらなければならない。

2　ペプチドとポリペプチド

A　ペプチド結合

ペプチド peptide は2個以上のアミノ酸が**ペプチド結合** peptide bond でつながったものである（図2-IV-2）。ペプチド結合は1つのアミノ酸のカルボキシル基と他のアミノ酸のアミノ基から水1分子に相当する原子がとれて生じた形の共有結合である。ただし，生体内ではそのように簡単に直接水分子がとれてペプチド結合が生じるのではない（第5章 I. 4参照）。

ペプチド結合に加わったアミノ酸はもはや遊離のアミノ酸と同じではないので，ペプチドに含まれているアミノ酸部分は正確には**アミノ酸残基** amino acid residue と呼ぶ。ペプチドはそれを構成するアミノ酸残基の数で呼ばれる。アミノ酸残基が"多数"含まれるペプチドを**ポリペプチド** polypeptide と呼ぶ。それに対して，アミノ酸残基数が10個程度以下のペプチドを**オリゴペプチド** oligopeptide と呼ぶ。ポリペプチド鎖の両端のうち，**遊離α-アミノ基をもつほうをアミノ末端**とか**N末端**という。**遊離α-カルボキシル基をもつもう一方の端を，カルボキシル末端**とか**C末端**と呼ぶ。N末端もC末端も，CH$_3$CO-NH-（Nアセチル）や-CONH$_2$（酸アミド）などの化学修飾を受けていることがある。

Ⅳ アミノ酸, ペプチド, タンパク質

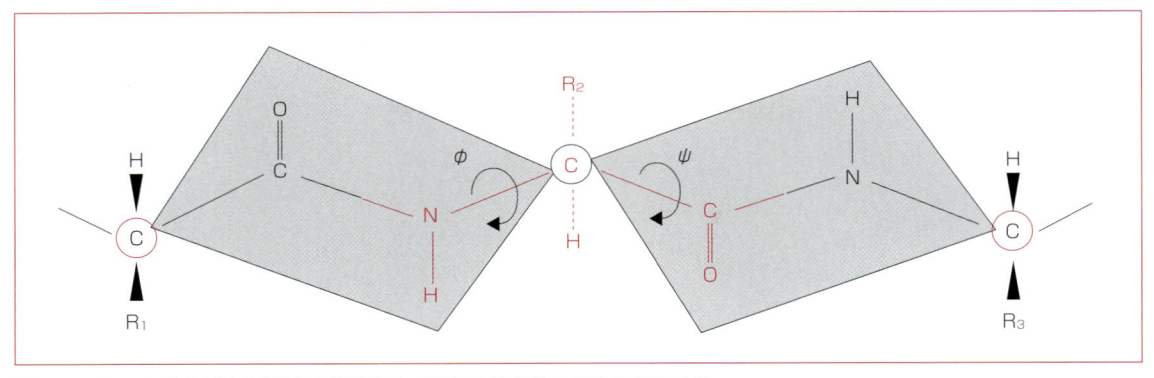

図2-Ⅳ-3 ペプチド結合(灰色の矩形)はα炭素の結合軸の周りに回転する
その回転は側鎖の原子団との立体障害で制限される。α炭素とNの間の軸回転角をϕ(ファイ), α炭素とCO炭素間のそれをψ(プサイ)と呼ぶ。円で囲んだCはα炭素。

メモ2-Ⅳ-2 ペプチド結合の平面性はC–NとC=Nの共鳴構造に基づく

B ペプチド・ポリペプチドの立体構造

アミノ酸の四面体構造はペプチドの中でも変わらない。しかし,アミノ酸残基とアミノ酸残基の間には新たに生じた「平面的」ペプチド結合がある。平面的なのはペプチド結合のC–N結合が二重結合の性質を帯びているからである(メモ2-Ⅳ-2)。

ペプチド結合自体は平面的であるから,ペプチドの立体構造を決めているのはC_α(α炭素)の周りの結合軸の回転である。それを記述するのに用いられるのがϕ角とψ角である(図2-Ⅳ-3)。

しかし,原子と原子のあいだの立体障害のために,ϕとψのとりうる角度は制限される。それを示した図はラマチャンドラン・プロット Ramachandran plot として知られる。

ラマチャンドラン・プロットで許容される範囲の中だけでもϕとψのとりうる角度はさまざまである。しかし,天然のポリペプチドがとっている構造は**αヘリックス**α-helix と**βシート**β-sheet で代表されるごく少数の形態(コンフォメーション conformation)に限られている。αヘリックスは隣り合ったペプチド結合がC_αで80°の角を作る右巻きらせん構造をもつ(図2-Ⅳ-4)。

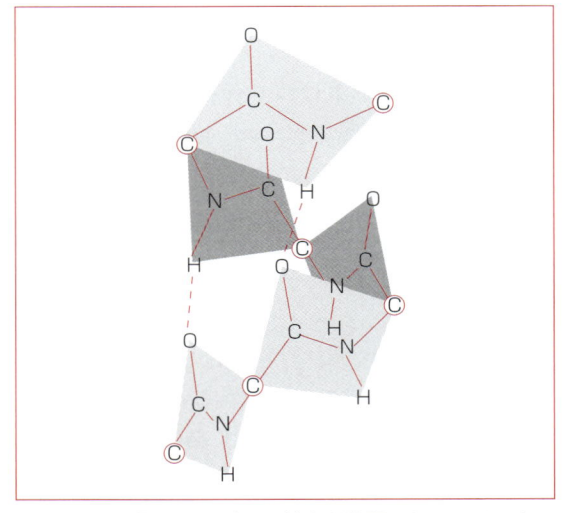

図2-Ⅳ-4 個々のペプチド結合を強調したαヘリックスの一部
円で囲んだCはα炭素を表している。α炭素に付いた水素とR基は省略してある。破線はアミノ酸残基間の水素結合。

全体として直線状に引き伸ばされた形のペプチドを**β鎖**β strand と呼び,それが形成する板状の構造を**βシート**または**β構造**β-structure と呼ぶ。β鎖の向きによってβシートには**平行**parallel と**逆平行**antiparallel がある(図2-Ⅳ-5)。隣り合ったβ鎖の–NHと>COの間に水素結合が生じて安定化する(図2-Ⅳ-4)。多数のβ鎖がその

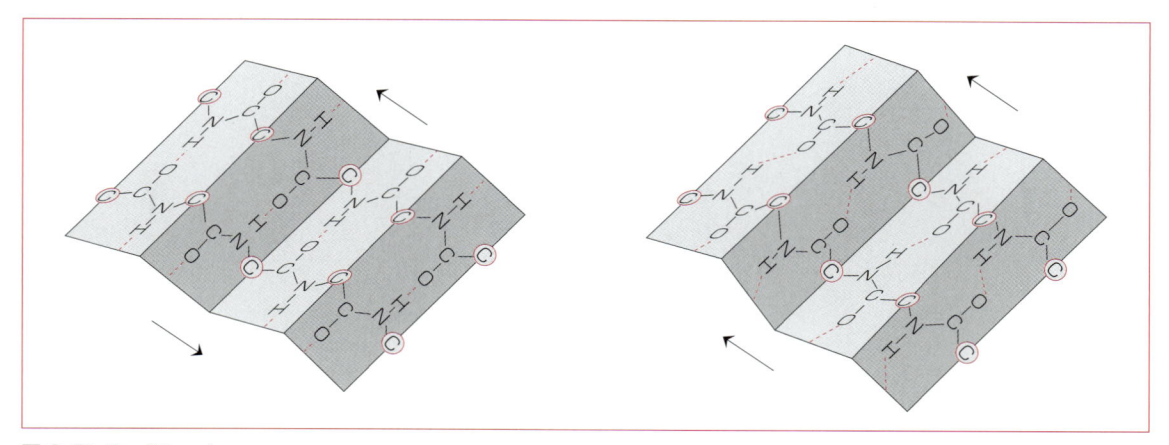

図2-Ⅳ-5　βシート
逆平行（左）と平行（右）。矢印はペプチドの向き（→ NH - C_α - CO →）を表す。円で囲んだ炭素はα炭素。点線は水素結合を表す。

ように並んだシートはねじれをもった**波板構造**（ひだ折りシーツ構造 pleated-sheet conformation）をとる。

C　ポリペプチドの立体構造を安定化させている結合

自然な状態のポリペプチドが，1つの特定のコンフォメーションをとっているのはポリペプチド自体に一定のコンフォメーションを安定化させる"力"が内在しているからである。それは主に**水素結合** hydrogen bond と **疎水結合** hydrophobic bond，**非極性結合** non-polar bond であって，それぞれ1個では非常に弱い結合であるが，多数集まると十分な強さの結合となって，特定のコンフォメーションを安定化させる。例えば，αヘリックス内の3.6残基おきのNH基とCO基間の水素結合（図2-Ⅳ-4）やβシートのとなり合ったポリペプチド鎖間の水素結合（図2-Ⅳ-5）などである。1本のβ鎖が作る分子内の水素結合で**ヘアピンループ** hairpin loop と呼ばれる鋭い屈曲構造ができる。ペプチド鎖間の**疎水結合**や**イオン結合** ionic bond も重要である。これらの非共有結合の他に，**-S-S- 結合**（**ジスルフィド結合** disulphide bond）のような共有結合もポリペプチド内あるいはポリペプチド間に生じて，特定の構造を維持している（図2-Ⅳ-6）。

D　天然ポリペプチド構造の解析

ポリペプチドの**一次構造** primary structure とはその**アミノ酸配列** amino acid sequence のことである。一次構造を解析するには，はじめにそのポリペプチドを特異性の異なったタンパク質分解酵素で部分的に分解し（**限定分解** limited degradation という），互いに重なり合う部分をもった適当な大きさのペプチドを得る。次に，それらを分離・精製し，個々のペプチドを**自動ペプチドシーケンサー** automated peptide sequencer などを用いて解析する。それを基にして全アミノ酸配列を再構成するのが古典的なやり方である。現在では**相補的 DNA** complementary DNA（cDNA：メッセンジャーRNAを逆転写したもの）の**塩基配列** nucleotide sequence の解析からアミノ酸配列を解読することがふつうである。

ポリペプチドには特定のアミノ酸配列が1つの分子内に繰り返し現れることがある。これは対応するDNAの構造（塩基配列）が進化の途中で複数化したものである。人体総タンパク質の30%を占める**コラーゲン** collagen は "グリシン-X-Y"（X, Yはプロリン，ヒドロキシプロリンのことが多い）のトリペプチドの繰り返しでできていて，(Gly-X-Y)$_n$ のように表される。**アンキリン** ankyrin（細胞膜裏打ちタンパク質）は33アミノ酸

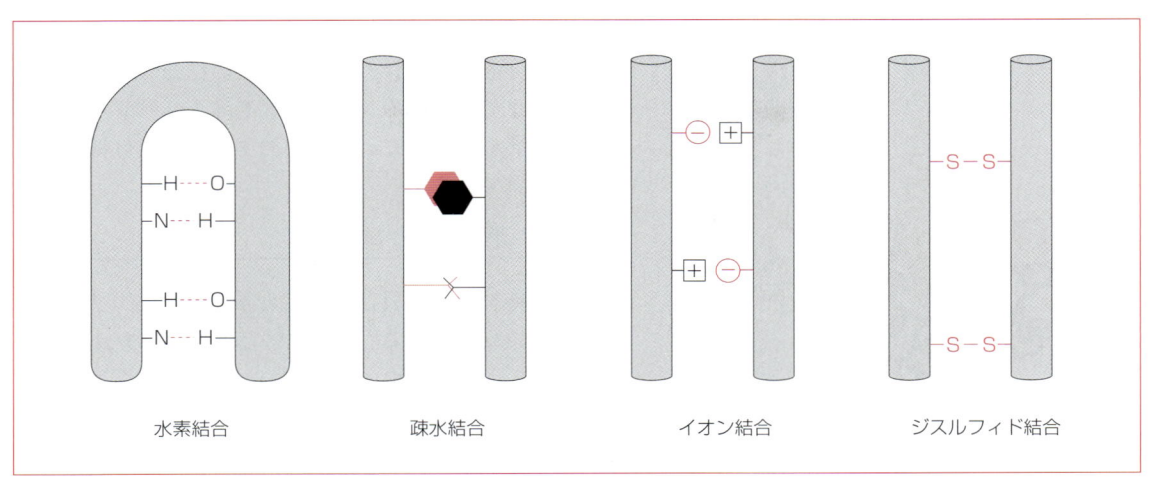

図2-Ⅳ-6　ポリペプチドのコンフォメーションを安定化させる結合
β鎖もαヘリックスも区別せず筒状に表す．左端はヘアピンループを作っている逆平行β鎖を，疎水結合の六角形は芳香核を，樹形のものは炭化水素鎖を表す．イオン結合は＋基，－基をもつアミノ酸残基の側鎖間に形成される．ジスルフィド結合は2つのシステイン残基間に形成される．

残基からなる繰り返し配列をもつ．他にも多くのタンパク質が繰り返し配列をもつ．

　ポリペプチドの**二次構造** secondary structure とは上述したαヘリックスやβシートのことである．αヘリックスやβシートのような二次構造がいくつか集まって作る特徴的な構造模様を**モチーフ** motif という．モチーフは超二次構造である．1本のポリペプチドがこれらの二次構造・超二次構造を部分的にとりながら作る三次元の構造が**三次構造** tertiary structure である．赤筋の色素タンパク質であるミオグロビンは1本のαヘリックスが折りたたまれたものであるが，多くのタンパク質では1本のポリペプチドが部分的にαヘリックスであったり，β鎖であったりする．ペプチド鎖の屈曲部には**βターン** β turn あるいは単に**ターン**と呼ばれる特別な構造が見られる．

　モチーフがいくつか集まって作る一定の機能をもった三次元の構造単位を**ドメイン** domain という．生体タンパク質はふつうそのようなドメインを1つ以上もっている．例えば，脂肪酸やビタミンDなどを結合する性質をもったヒトの**血清アルブミン** serum albumin はそのような機能にかかわるドメイン（"アルブミンドメイン"と呼ばれる）を3個もっている（図2-Ⅳ-7）．これは1個の祖型ドメインが進化の途中（DNAのレベルで）3個に増えたものである．

　タンパク質分子によっては数本のポリペプチド（**サブユニット** subunit という）からなり，それらの間にはジスルフィド結合がないにもかかわらず，全体として特定の空間配置をとるものがある．そのようにして生じた構造を**四次構造** quaternary structure という．例えば，ヘモグロビンはα，βサブユニットをそれぞれ2個ずつ含む（図2-Ⅳ-8）．他にも多くのタンパク質にサブユニット構造が見られる．

3　複合タンパク質

　純粋にポリペプチドからできているタンパク質は例外的と考えていい．かつて，単純タンパク質の代表と思われていた血清アルブミンも脂肪酸を固く結合していることがわかっている．酵素タンパク質の多くは補酵素や金属イオンを結合している．それだけではなく，細胞のシグナル伝達はタンパク質のリン酸化を介して行われる場合が多い．

　このように，ポリペプチド以外の成分が含まれるタンパク質を**複合タンパク質** conjugated protein

nucleoprotein などと呼ばれる。これらのタンパク質とそれらが含有する物質との結合の仕方はさまざまである。ポリペプチドと非ポリペプチド物質が共有結合している代表的タンパク質は糖タンパク質である。

A 糖タンパク質

糖タンパク質はその結合形式によって大きく2つに分けられる。**O-グリコシド結合** O-glycosidic linkage（C-O-C）を主とするものと **N-グリコシド結合** N-glycosidic linkage（C-NH-C）を主とするものとである（本章Ⅱ.3.F参照）。

i O結合型糖鎖をもつタンパク質

ポリペプチドの**セリン残基** serine residue や**トレオニン残基** threonine residue（の遊離 OH をもつ炭素）が糖（の α-アノマー炭素）とグリコシド結合している糖鎖を **O結合型糖鎖** O-linked sugar chain という。O結合型糖鎖をもつ代表的なタンパク質は**ムチン** mucin と**プロテオグリカン** proteoglycan である。後者の構造は糖のところ（本章Ⅱ.4.B）ですでに述べた。

ムチンは約20種が知られていて、上皮細胞の表面にあって粘膜を保護したり、体液中に分泌されたりする。プロテオグリカンの糖鎖が長いヘテロ多糖からなるのに対して、ムチンの糖鎖は数残基の糖からなる短いものである。しかし、ポリペプチド上の糖鎖の数（密度）は大きい。

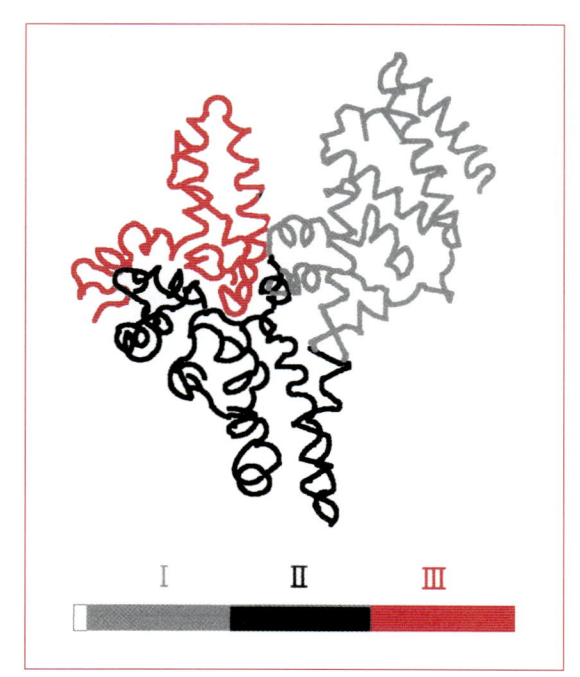

図2-Ⅳ-7 血清アルブミンの簡略化した構造
3個のドメインからなる1本のポリペプチド。上の図ではそれらを灰、黒、茶で表し、下の図でポリペプチド鎖の3つのアルブミンドメインを示した。

と呼ぶ。それらは含んでいる物質に応じて**糖タンパク質** glycoprotein，**リポタンパク質** lipoprotein，**リンタンパク質** phosphoprotein，**ヘムタンパク質** hemeprotein，**金属タンパク質** metalloprotein，**セレン含有タンパク質** selenoprotein，**核タンパク質**

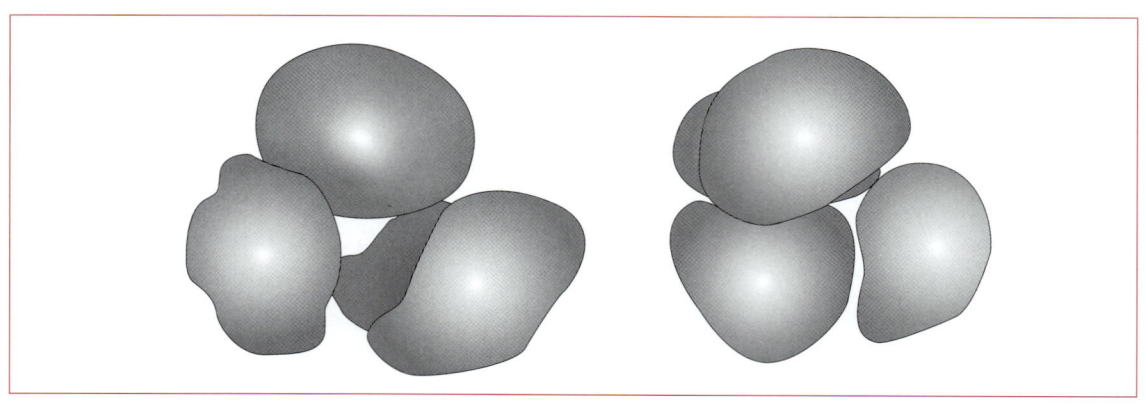

図2-Ⅳ-8 ヘモグロビンの四次構造
ヘモグロビンの4つのサブユニット（$\alpha_2\beta_2$）の空間配置を別々の角度から見たもの。ここでは α，β の区別を示していない。

IV アミノ酸，ペプチド，タンパク質

この型の糖鎖ではセリン/トレオニンに直接結合するのは**N-アセチルガラクトサミン** N-acetylgalactosamine(GalNAc)である(図2-IV-9)。この基本構造はムチンのO結合型糖鎖すべてに共通している。そのあと，共通の過程であるコア1→コア2を経て糖鎖が伸長する。そして，末端は**N-アセチルノイラミン酸** N-acetylneuraminic acid(NeuAc)で終わる。

ii N結合型糖鎖をもつタンパク質

N結合型糖鎖の生合成と構造はよく知られている。結合は**アスパラギン残基** asparagine residue (の酸アミド -$CONH_2$ の N)と糖(の β-アノマー炭素)との**N-グリコシド結合**である。N結合型糖鎖には**ハイマンノース型** high-mannose type と**複合型** complex type に大きく分けられる。アスパラギンに直接結合するのは**N-アセチルグルコサミン** N-acetylglucosamine(GlcNAc)である。N結合型糖鎖が完成するまでの中間体として両者に共通の**コア構造**がある(図2-IV-10)。

N結合型糖鎖の合成は**粗面小胞体**でポリペプチドの合成とは独立に**ドリコール** dolichol(Dol)という脂質を土台として起こる(図2-IV-10挿入図)。糖鎖の合成が一定の段階まで達すると，糖鎖はドリコールから離れポリペプチドと結合する。そのあと，さらに糖残基の追加を受けたり，

メモ 2-IV-3　タンパク質という用語について

わが国に初めて生化学が導入された頃に「蛋白質」という用語が造られた。蛋白は卵白のことであり，蛋白質は卵白質といってもよかった。これは実はドイツ語の Eiweissstoff の訳語だった。それは卵白のような物質(オボアルブミン)を指していた。他方，英米では当時から protein といっていた。

現在，本家本元のドイツでは Eiweissstoff という用語はほとんど用いられないで，単に Eiweiss(タンパク)を用いるか，むしろ protein を用いている。これらからすると，(世界的潮流として)protein を用いるべきであり，それに対する日本語もより一般的な「プロテイン」とすべきではないかと思われる。もちろん，日常語としては使い慣れた「たんぱく質」を用いればよい。

ちなみに，protein はギリシャ語の proteios (英 primary)からきた用語である。「(生命にとって)最も基本的な」という意味である。本書では，日本生化学会の用語集にしたがって「タンパク質」を用いた。

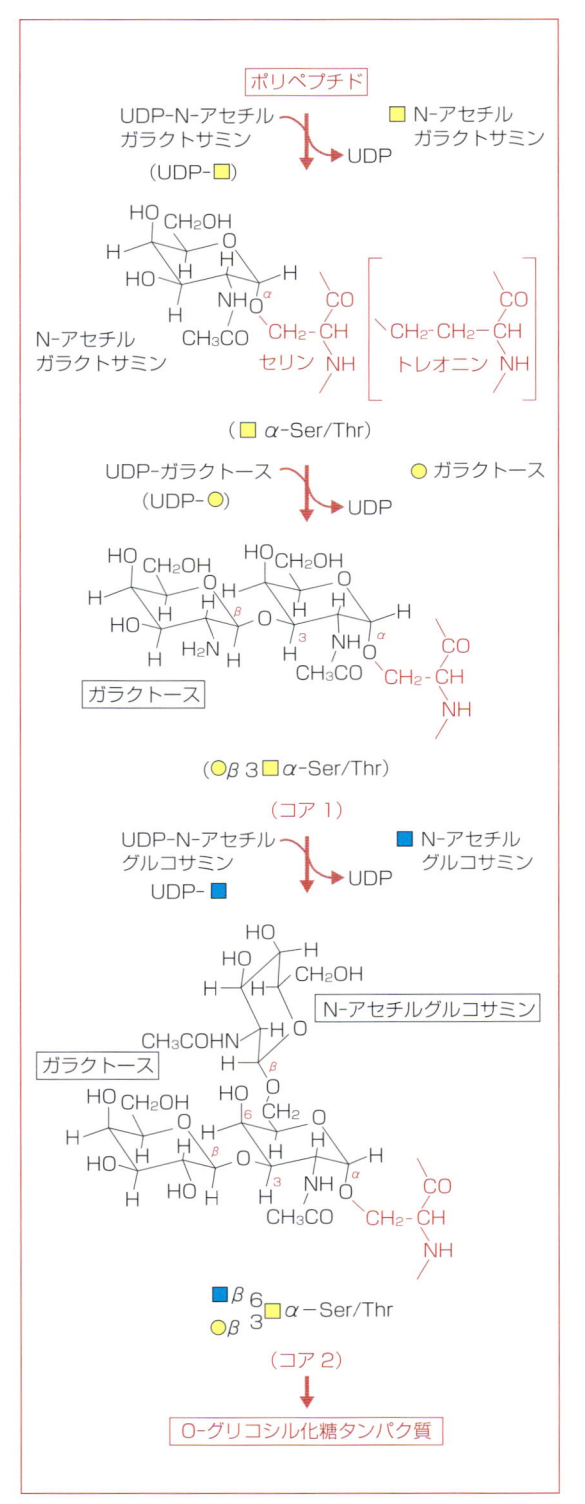

図 2-IV-9　O結合型糖鎖の合成
構造式の下の記号とカラーは国際的に広く用いられている表記法である。

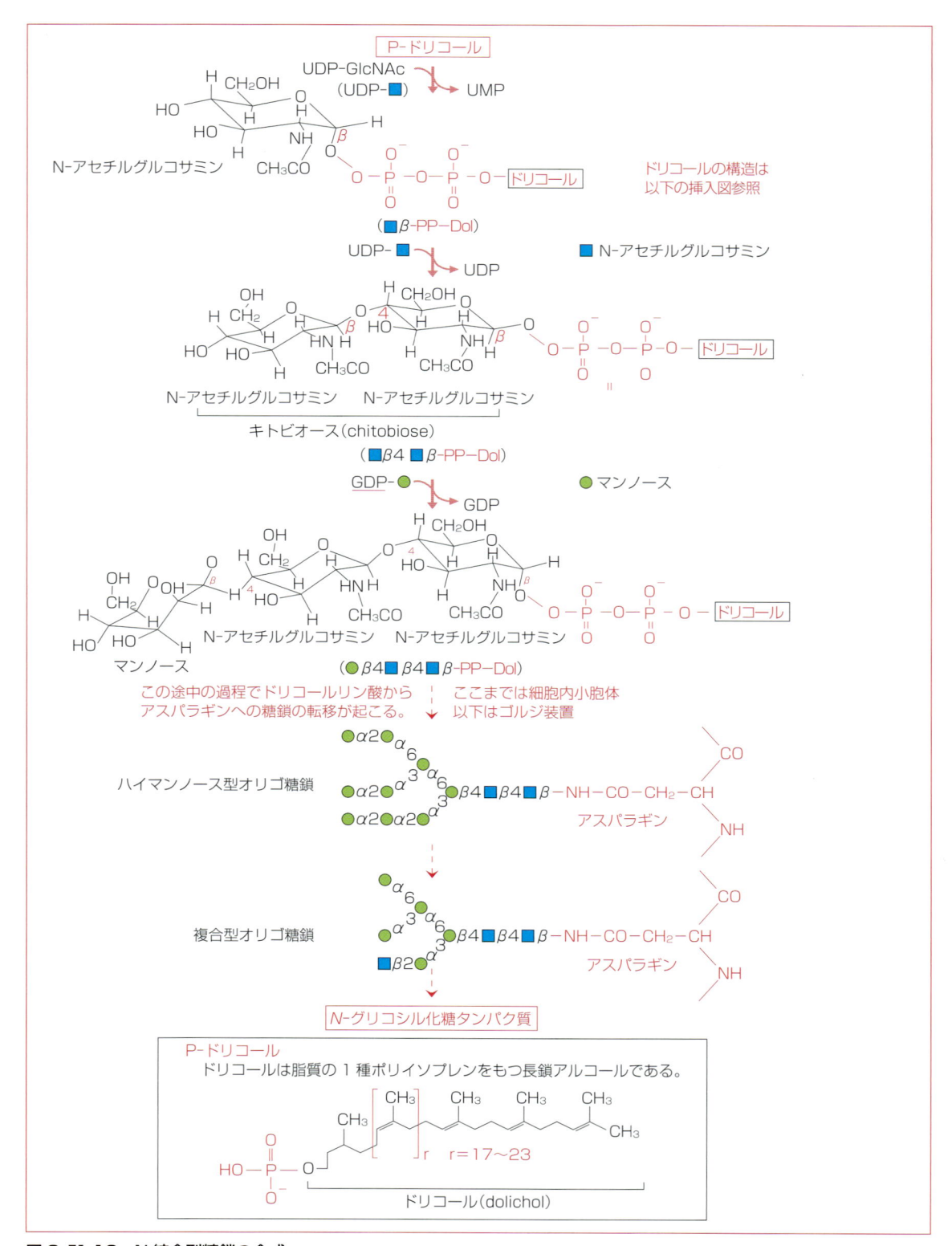

図 2-Ⅳ-10　N 結合型糖鎖の合成
カラーと記号については前図参照。

不要な糖残基を削ったりしながら**ゴルジ装置**に達し，そこでさらに末端糖残基の付加が行われ，細胞膜への移行や細胞からの分泌といった経路をたどる．N結合型糖鎖をもつタンパク質は多く，膜タンパク質もあれば，分泌タンパク質もある．O結合型糖鎖とN結合型糖鎖の両方をもつタンパク質も珍しくない．

V ヌクレオチドと核酸

1 ヌクレオチド

A 塩基

塩基 base には**プリン塩基** purine base と**ピリミジン塩基** pyrimidine base がある(表2-V-1)。これらは有機化合物プリン，ピリミジンの誘導体である(メモ2-V-1)。プリン塩基は複式環状アミンで，**アデニン** adenine，**グアニン** guanine がある。ピリミジン塩基には**ウラシル** uracil，**シトシン** cytosine，**チミン** thymine がある。

B ヌクレオシド，ヌクレオチド

プリン・ピリミジン塩基の特定の窒素にリボースが結合(**N-グリコシド結合**)したものを**リボヌクレオシド** ribonucleoside という(表2-V-2)。ウラシルとリボースからなるヌクレオシドを**ウリジン** uridine，シトシンのそれを**シチジン** cytidine と呼ぶ。また，アデニンとリボースが結合したものを**アデノシン** adenosine，グアニンのそれを**グアノシン** guanosine という。

チミンは例外的な場合を除いてリボースと結合した形はまれで，ふつう**デオキシリボース** deoxyribose と結合した形で存在し，それを**チミジン** thymidine と呼ぶ(表2-V-2)。デオキシリボースはシトシン，アデニン，グアニンと結合し，それぞれ**デオキシシチジン** deoxycytidine，**デオキシアデノシン** deoxyadenosine，**デオキシグアノシン** deoxyguanosine になる。チミジンとこれらのデオキシ化合物を総称して**デオキシリボヌクレオシド**

表2-V-1 塩基

プリン塩基	アデニン(A)	グアニン(G)
ピリミジン塩基	ウラシル(U) シトシン(C)	チミン(T)

メモ2-V-1 プリン核とピリミジン核

プリン　ピリミジン

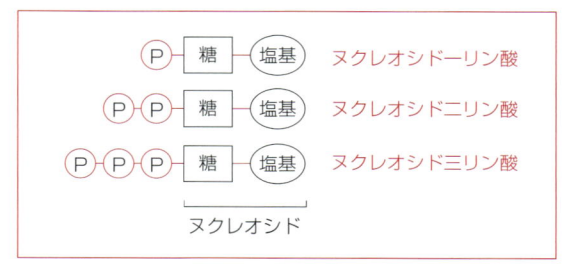

図2-V-1 ヌクレオシドの3形

ヌクレオシド一リン酸
ヌクレオシド二リン酸
ヌクレオシド三リン酸

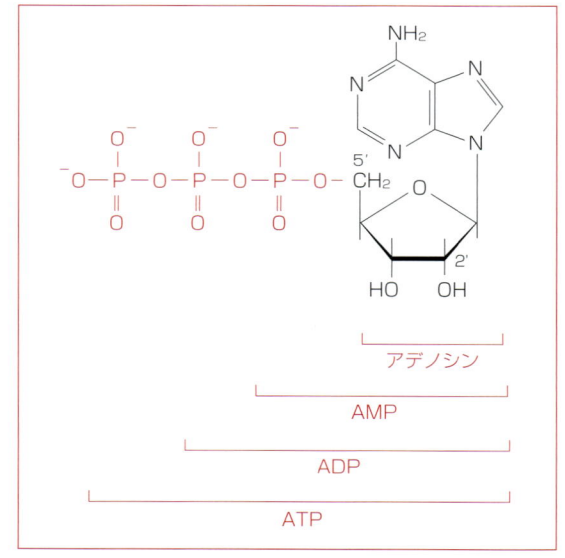

図2-V-2 アデニンリボヌクレオチドの構造と名称
AMP：アデノシン5′-一リン酸，ADP：アデノシン5′-二リン酸，ATP：アデノシン5′-三リン酸．

表2-V-2 ヌクレオシド

	リボヌクレオシド	
共通する構造	リボース	
プリンヌクレオシド	アデノシン	グアノシン
ピリミジンヌクレオシド	ウリジン	シチジン
	デオキシリボヌクレオシド	
共通する構造	2'-デオキシリボース	
デオキシプリンヌクレオシド	デオキシアデノシン	デオキシグアノシン
デオキシピリミジンヌクレオシド	チミジン	デオキシシチジン

表2-V-3　24種のヌクレオチド

リボヌクレオチド		デオキシリボヌクレオチド	
正式名	略号	正式名	略号
アデノシン 5'-一リン酸	AMP	デオキシアデノシン 5'-一リン酸	dAMP
アデノシン 5'-二リン酸	ADP	デオキシアデノシン 5'-二リン酸	dADP
アデノシン 5'-三リン酸	ATP	デオキシアデノシン 5'-三リン酸	dATP
グアノシン 5'-一リン酸	GMP	デオキシグアノシン 5'-一リン酸	dGMP
グアノシン 5'-二リン酸	GDP	デオキシグアノシン 5'-二リン酸	dGDP
グアノシン 5'-三リン酸	GTP	デオキシグアノシン 5'-三リン酸	dGTP
ウリジン 5'-一リン酸	UMP	チミジン 5'-一リン酸	TMP
ウリジン 5'-二リン酸	UDP	チミジン 5'-二リン酸	TDP
ウリジン 5'-三リン酸	UTP	チミジン 5'-三リン酸	TTP
シチジン 5'-一リン酸	CMP	デオキシシチジン 5'-一リン酸	dCMP
シチジン 5'-二リン酸	CDP	デオキシシチジン 5'-二リン酸	dCDP
シチジン 5'-三リン酸	CTP	デオキシシチジン 5'-三リン酸	dCTP

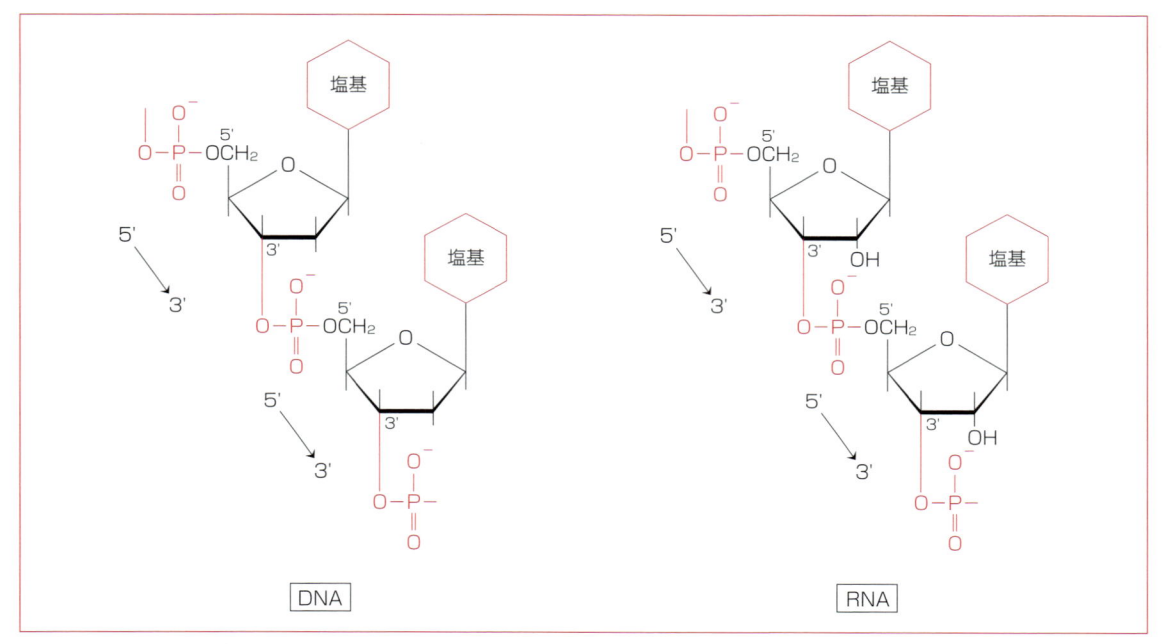

図2-V-3　核酸の骨格
矢印は糖の上での 5'→3' 方向を示している。

deoxyribonucleoside と呼ぶ．単にヌクレオシドといえばリボヌクレオシドとデオキシリボヌクレオシドの両方をいう．

ヌクレオシドのペントースの 5' 炭素に**一リン酸** monophosphate（-P），**二リン酸** diphosphate（-PP），**三リン酸** triphosphate（-PPP）がエステル結合したものを**ヌクレオチド** nucleotide と呼ぶ（図2-V-1）．アデニン（リボ）ヌクレオチドを例にとって，その3型の構造を示そう（図2-V-2）．

1つの**リボヌクレオチド** ribonucleotide に対して対応する**デオキシリボヌクレオチド** deoxyribonucleotide がある．リボヌクレオチドもデオキシリボヌクレオチドもそれぞれに塩基の種類とリン酸基の数によって12種類がある（**表2-V-3**）．塩

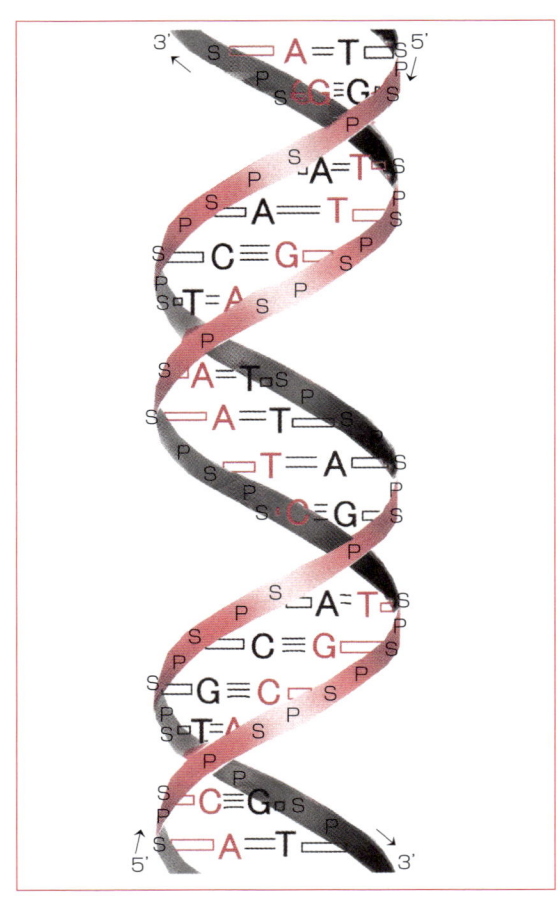

図 2-V-4 DNA のダブルヘリックス
A：アデニン，C：シトシン，G：グアニン，T：チミン，P：リン酸，S：糖（デオキシリボース）
Adapted from Watson: The Double Helix (1969)

図 2-V-5 塩基対合
DNA のダブルヘリックスは内部の A-T，G-C 対がそれぞれ 2 個，3 個の水素結合を形成することで安定化する。左側のヌクレオシドが反転しているのはこれらの塩基が右側の順行鎖に対して逆行するポリヌクレオチド鎖のものであることを示す。

基ウラシルはリボヌクレオチドに含まれるがデオキシリボヌクレオチドには含まれない。それに代わるものはデオキシリボヌクレオチドではチミンである（表 2-V-3）。

ヌクレオチド一リン酸については正式名以外に慣用名がある。それによれば，**AMP** を**アデニル酸** adenylic acid，**GMP** を**グアニル酸** guanylic acid，**UMP** を**ウリジル酸** uridylic acid，**TMP** を**チミジル酸** thymidylic acid，**CMP** を**シチジル酸** cytidylic acid と呼ぶ。

2 核酸

A 核酸の基本構造

ポリペプチドでは隣り合うアミノ酸残基がペプチド結合でつながれていた。**核酸** nucleic acid（**ポリヌクレオチド** polynucleotide）では**リン酸ジエステル結合** phosphodiester bond によって隣り合うヌクレオチドがつながれている（図 2-V-3）。その結合を詳しく見ると，1 つのヌクレオチドの（リボースまたはデキシリボースの）3'-C と隣のヌクレオチドの 5'-C の間のリン酸結合である。

DNA（デオキシリボ核酸）と RNA（リボ核酸）の違いは，①それぞれの糖がデオキシリボース（DNA）であるかリボース（RNA）であるか，②DNA では塩基のチミンが RNA ではウラシルになっていることである。

B 核酸の立体構造

自然な DNA は**ダブルヘリックス** double helix と呼ばれる構造をとっていて，RNA にも部分的に同じ構造が見られる。この**二重らせん**は相互に

反対方向($5' \rightarrow 3'$ と $3' \rightarrow 5'$)に走る2本のDNAの糸からなる(**図2-V-4**)。その内部には向き合った塩基があり，外側には糖とリン酸基がある。塩基同士はらせんの長軸とほぼ直交する平面上で対合している。ワトソン(1968)によれば，この構造は**塩基対合** base pairing を段とするらせん階段に似ているという。

DNAにダブルヘリックスをつくらせる原動力はその塩基対合にある。2本の逆行するDNAの糸の中の向き合ったアデニンとチミン，グアニンとシトシンが空間的にぴったり適合して両者の間にそれぞれ2個および3個の水素結合が生じて対合が安定化する(**図2-V-5**)。DNAのダブルヘリックスは**右巻き**である。しかし，GC対が続くところでは左巻きのらせんも存在する。

第3章 人体の基本代謝

「第3章 人体の基本代謝」の構成マップ

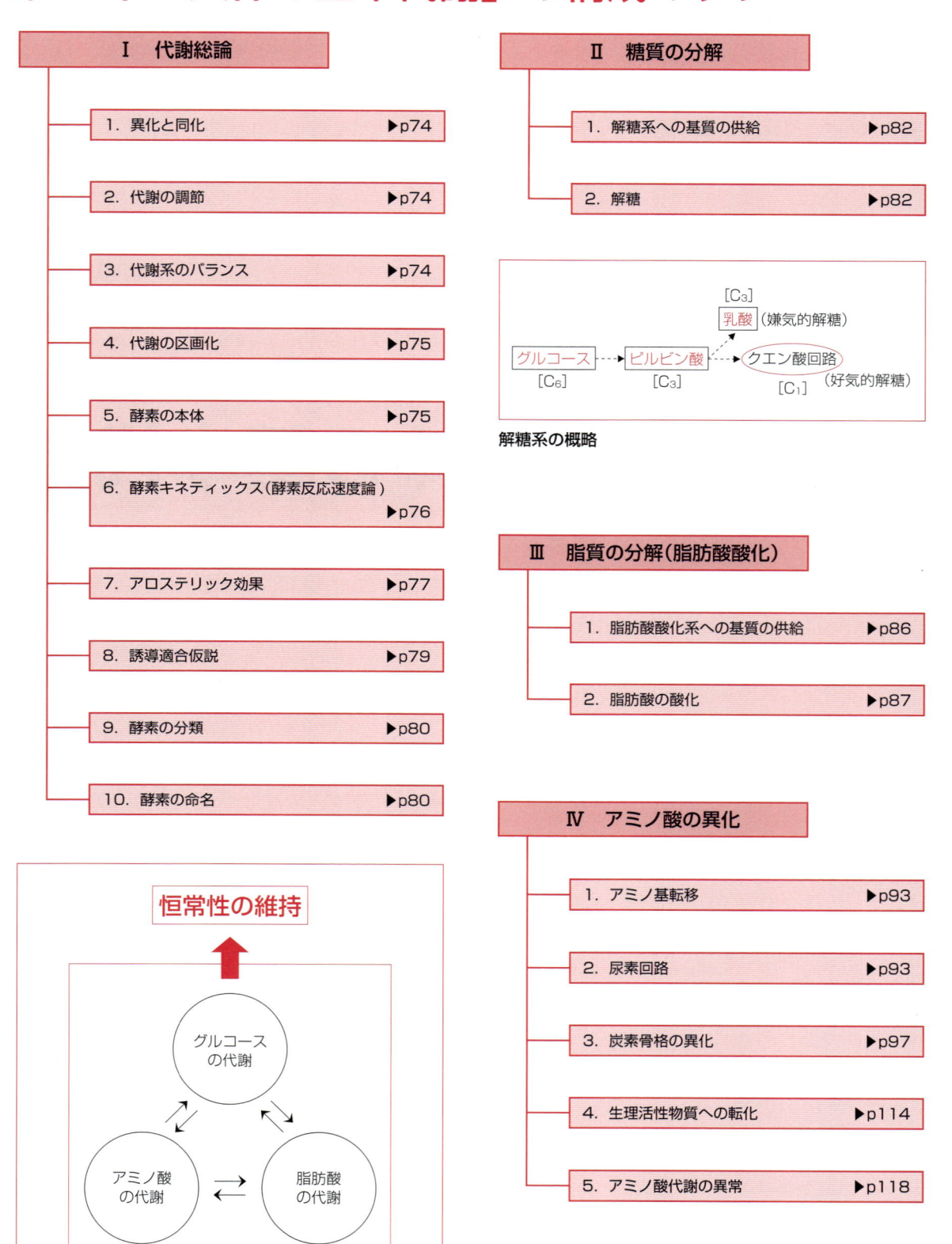

I 代謝総論

- 1. 異化と同化　▶p74
- 2. 代謝の調節　▶p74
- 3. 代謝系のバランス　▶p74
- 4. 代謝の区画化　▶p75
- 5. 酵素の本体　▶p75
- 6. 酵素キネティックス（酵素反応速度論）　▶p76
- 7. アロステリック効果　▶p77
- 8. 誘導適合仮説　▶p79
- 9. 酵素の分類　▶p80
- 10. 酵素の命名　▶p80

II 糖質の分解

- 1. 解糖系への基質の供給　▶p82
- 2. 解糖　▶p82

```
                        [C₃]
                        乳酸（嫌気的解糖）
グルコース --→ ピルビン酸 → クエン酸回路
 [C₆]         [C₃]        [C₁]（好気的解糖）
```

解糖系の概略

III 脂質の分解（脂肪酸酸化）

- 1. 脂肪酸酸化系への基質の供給　▶p86
- 2. 脂肪酸の酸化　▶p87

IV アミノ酸の異化

- 1. アミノ基転移　▶p93
- 2. 尿素回路　▶p93
- 3. 炭素骨格の異化　▶p97
- 4. 生理活性物質への転化　▶p114
- 5. アミノ酸代謝の異常　▶p118

恒常性の維持

```
        グルコース
         の代謝
        ↗      ↖
   アミノ酸 →  脂肪酸
   の代謝  ←   の代謝
```

代謝系のバランス

V　ヌクレオチドの異化

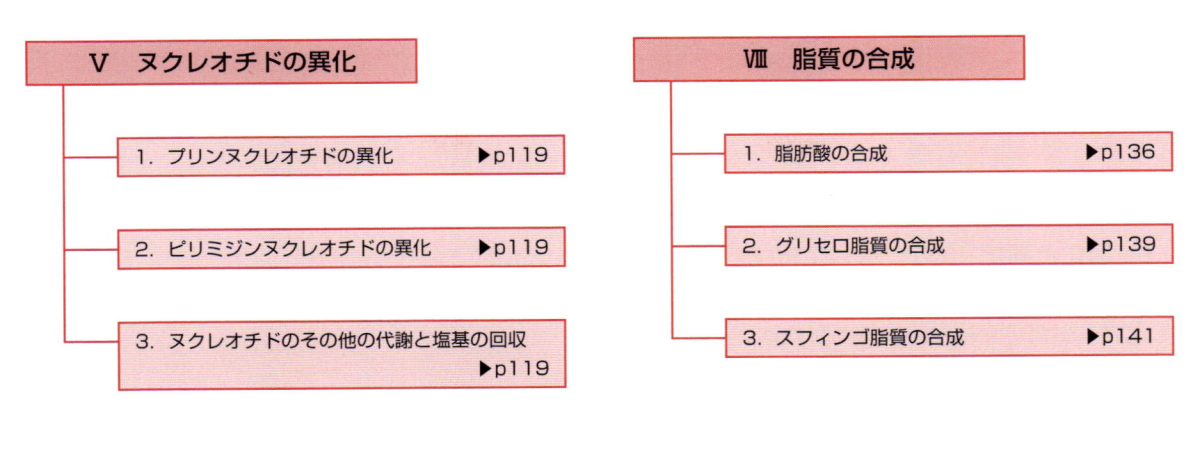

- 1. プリンヌクレオチドの異化　▶p119
- 2. ピリミジンヌクレオチドの異化　▶p119
- 3. ヌクレオチドのその他の代謝と塩基の回収　▶p119

VIII　脂質の合成

- 1. 脂肪酸の合成　▶p136
- 2. グリセロ脂質の合成　▶p139
- 3. スフィンゴ脂質の合成　▶p141

VI　共通の終末酸化系 — クエン酸回路と呼吸鎖

- 1. クエン酸回路（TCAサイクル）　▶p124
- 2. 呼吸鎖（電子伝達系）　▶p124

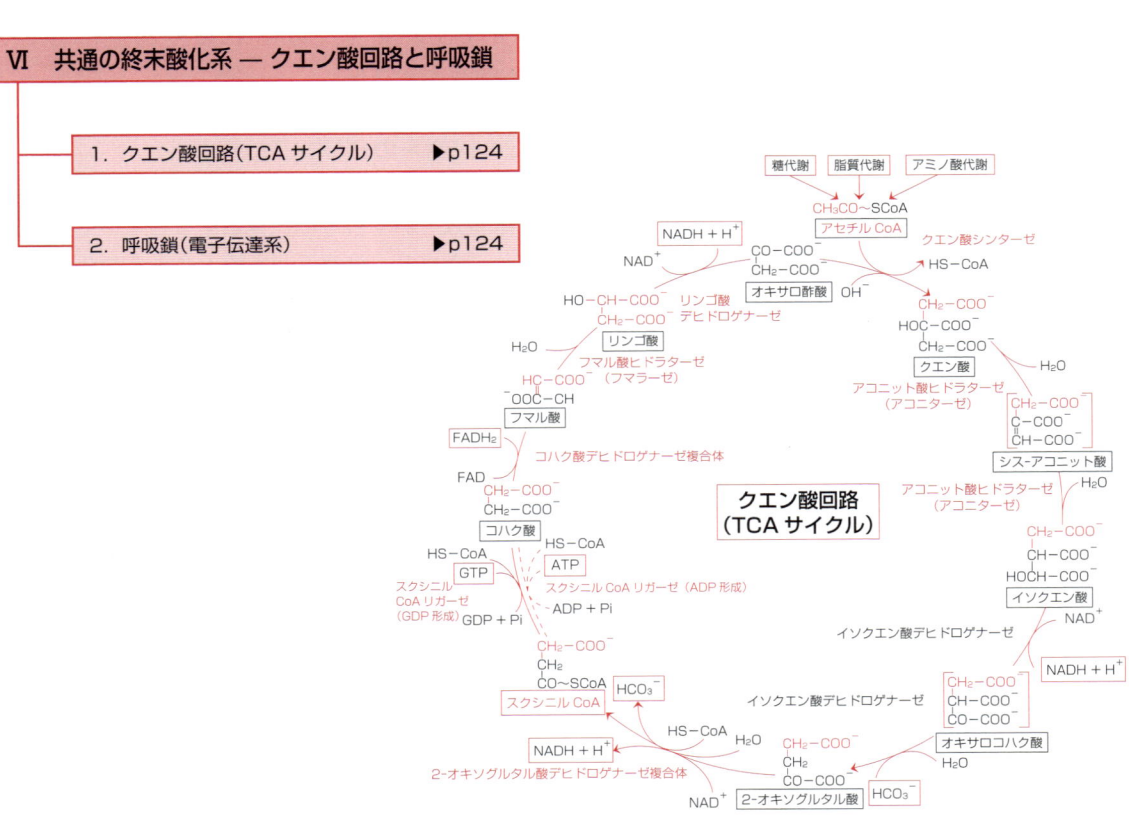

クエン酸回路（TCAサイクル）

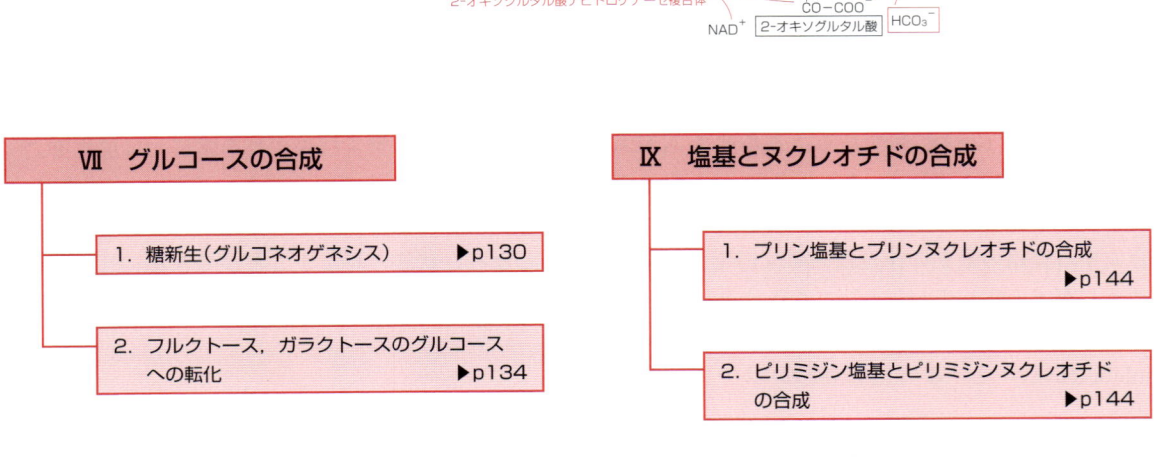

糖代謝　脂質代謝　アミノ酸代謝
→ $CH_3CO\sim SCoA$　アセチルCoA

NADH + H$^+$　NAD$^+$
$CO-COO^-$
CH_2-COO^-　オキサロ酢酸
クエン酸シンターゼ
HS-CoA
OH$^-$

$HO-CH-COO^-$
CH_2-COO^-　リンゴ酸
リンゴ酸デヒドロゲナーゼ

CH_2-COO^-
$HOC-COO^-$
CH_2-COO^-　クエン酸
H_2O
アコニット酸ヒドラターゼ（アコニターゼ）

H_2O
フマル酸ヒドラターゼ（フマラーゼ）

$^-OOC-CH$
$HC-COO^-$　フマル酸

FADH$_2$　FAD
コハク酸デヒドロゲナーゼ複合体

CH_2-COO^-
CH_2-COO^-　コハク酸

CH_2-COO^-
$C-COO^-$
$CH-COO^-$　シス-アコニット酸
アコニット酸ヒドラターゼ（アコニターゼ）
H_2O

CH_2-COO^-
$CH-COO^-$
$HOCH-COO^-$　イソクエン酸
NAD$^+$
イソクエン酸デヒドロゲナーゼ
NADH + H$^+$

HS-CoA　ATP
GTP
スクシニルCoAリガーゼ（GDP形成）
GDP + Pi
スクシニルCoAリガーゼ（ADP形成）
ADP + Pi

CH_2-COO^-
CH_2
$CO\sim SCoA$　スクシニルCoA
HCO$_3^-$
HS-CoA
H_2O

NADH + H$^+$
2-オキソグルタル酸デヒドロゲナーゼ複合体
NAD$^+$

CH_2-COO^-
CH_2
$CO-COO^-$　2-オキソグルタル酸
HCO$_3^-$

CH_2-COO^-
$CH-COO^-$
$CO-COO^-$　オキサロコハク酸
イソクエン酸デヒドロゲナーゼ
H_2O

VII　グルコースの合成

- 1. 糖新生（グルコネオゲネシス）　▶p130
- 2. フルクトース，ガラクトースのグルコースへの転化　▶p134

IX　塩基とヌクレオチドの合成

- 1. プリン塩基とプリンヌクレオチドの合成　▶p144
- 2. ピリミジン塩基とピリミジンヌクレオチドの合成　▶p144

I 代謝総論

1 異化と同化

　代謝の生化学で基本的に重要なのは，それが働きの上で大きく2つに分けられるということである．1つは，グルコースや脂肪酸やアミノ酸を分解して，生きていくのに必要な都合のいい形のエネルギーを取り出し，同時に同化のための素材を生み出すことである(**異化** catabolism)．もう1つは，異化によって得られるエネルギーと素材を用いて生体が必要とするいろいろな分子を合成することである(**同化** anabolism)．

　しかし，実際には同化(例：脂肪酸の新規合成)の出発物質になる素材が異化(例：解糖)に由来し，異化の中にも同化が含まれるといった場合が多い．したがって，異化と同化は巧妙に入り組んでいて，それほど明確に区別できない．もともと，小さくて簡単なものから大きくてより複雑なものへの合成過程を同化と呼び，その逆を異化と呼んだのであり，本来あいまいな概念だったといえる．異化を**エネルギーと素材の生産過程**，同化をそれらの**利用過程**と考えたほうがすっきりする．同化でいったん合成したより複雑な物質もいずれは異化の対象となるのであるから，両者の関係は一方通行ではない．

2 代謝の調節

　代謝系の特徴は，それが微妙で緊密な調節を受けるということである．まず，共通の前駆体Aから出発してGやKを生じるような代謝系があるとする(図3-I-1)．いま，GやKが生体の必要量以上に生じたとすると，それらはそれぞれを合成する経路の最初の律速段階の反応を抑制するように働く(図3-I-1)．このように上流の反応を阻害することを**フィードバック阻害** feedback inhibition という．この阻害(制御)は生体にとっ

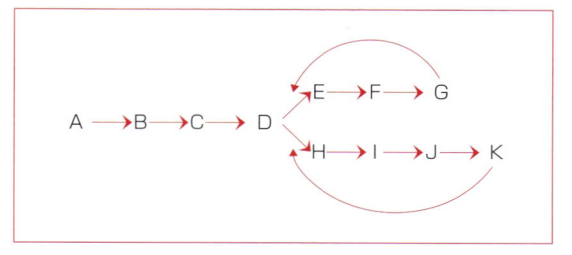

図3-I-1　フィードバック阻害

てうまい調節法である．というのは経路の最初の反応を抑えれば，そのあとのムダな反応が起こらないですむからである(代謝の経済 metabolic economy という)．

3 代謝系のバランス

　生体は，いくつもの代謝系をもっていて，それぞれに合成系，分解系がある．これらの代謝系同士がまた相互に密接に関係している．例えば，グルコースの分解系の中間体であるアセチルCoAから脂肪酸が合成される．同じくピルビン酸からアミノ基転移反応でアミノ酸のアラニンができる，といった具合である．これらの代謝系が相互に密接な関係を保ちながらうまくバランスをとって働いているのが健康な生体の特徴である(図3-I-2)．

　代謝の動態を支配している最も大きい原理は，このような**生体の恒常性**(ホメオスタシス homeostasis)への指向である．ホメオスタシスは，ギリシア語で「そのままでいること」を意味する．例えば，血糖値を一定に保つために食中・食後はグリコーゲンやタンパク質を合成し，空腹時にはそれらを分解して血中にグルコースを補給する(タンパク質はアミノ酸を経てグルコースになる)．いわば，生体は恒常性のずれを常に元に戻す努力をしている．生体の恒常性という観点に立てば，多くの疾患は恒常性のずれを元に戻すことができなくなった状態と見なすことができる．

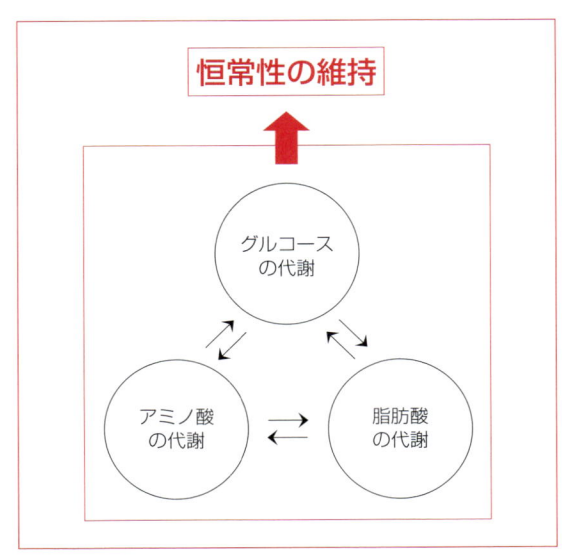

図3-I-2 代謝系のバランス
生化学的恒常性を維持するために各代謝系は相互に密接な関係を保ちながら働いている。

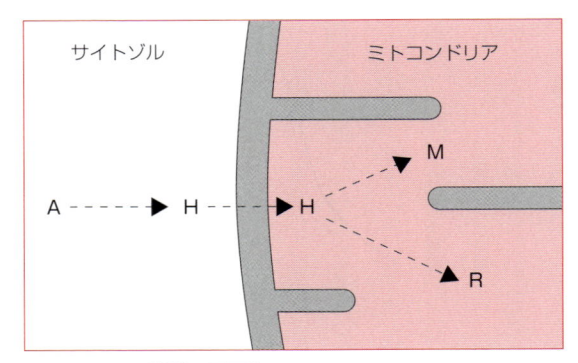

図3-I-3 代謝の区画化

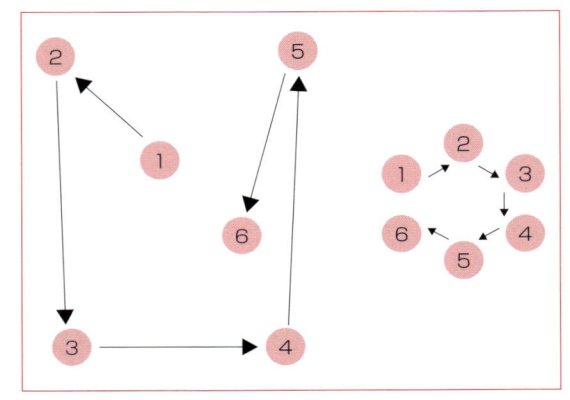

図3-I-4 酵素の複合体化による高い効率

4 代謝の区画化

　代謝経路 metabolic pathway は個々の段階を触媒する酵素の系列である。1つの代謝経路を構成している多数の酵素が細胞内の特定の場所(**区画** compartment)に局在しているとき，その代謝は**区画化** compartmentalization されているという。たとえば，グルコースを分解する系(**解糖系** glycolytic pathway)は細胞質の溶性部分(**サイトゾル** cytosol)に区画化されている。つまり，解糖系の個々のステップを触媒する酵素はサイトゾルに局在している。また，解糖系よりさらに後の最終的酸化段階はミトコンドリアの中に区画化されている。このような代謝経路の区画化は細胞の代謝活動にとって非常に都合がよい。例えば，サイトゾルの中で代謝物Aが次々と転化してHになったとする。次にHはサイトゾルからミトコンドリアのマトリックスに移動してMとRになる(図3-I-3)。代謝の区画化の際立った例は**脂肪酸の合成と分解**の場合である。両者は別々の区画で行われる。

　分子レベルでの酵素群の区画化といえるのは，**多酵素複合体** multienzyme complex である。これは単に酵素群が1区画に局在するだけではなく，それらが比較的小さい特殊化した空間を占めるものである。例として，呼吸鎖，ピルビン酸デヒドロゲナーゼ複合体，脂肪酸シンターゼ複合体などが挙げられる。一連の反応が終わるまで代謝物が多酵素複合体のすぐ近くにあるから，このような代謝微空間での反応はきわめて高い効率で進行する。1つの代謝小系を構成する複数の酵素がバラバラに存在している場合と整然と集合している場合を比較して見ればわかる(図3-I-4)。

5 酵素の本体

　酵素 enzyme はタンパク質からなる触媒である。触媒の一般的性質として，酵素は反応のハードルを低くする。このハードルというのは**活性化エネルギー** activation energy のことである(図3-I-5)。この触媒作用の秘密はその**活性部位** ac-

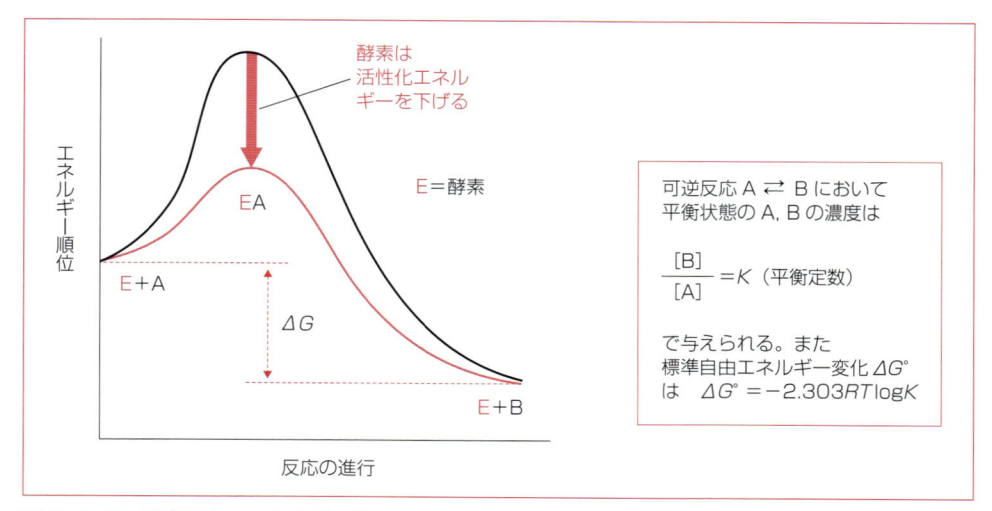

図3-Ⅰ-5　酵素反応のエネルギー学
$\Delta G°$の単位はキロジュール・モル$^{-1}$，Rは気体定数，Tは絶対温度。

可逆反応 A ⇌ B において平衡状態のA, Bの濃度は

$$\frac{[B]}{[A]} = K\text{（平衡定数）}$$

で与えられる。また標準自由エネルギー変化$\Delta G°$は　$\Delta G° = -2.303RT\log K$

tive site（活性中心 active center）の構造にある。反応物（酵素の場合，**基質** substrate という）に対する構造的適合は鍵と鍵穴の関係に例えられる。しかし，酵素の場合，その活性部位の構造は基質の結合によって微妙に変化する（**誘導適合** induced-fit，後述）。いずれにせよ，酵素は基質に対して強い選択性を示す（**基質特異性** substrate specificity）が，酵素によってその基質特異性には幅がある。

酵素活性に影響を及ぼす化学的・物理的因子としてpHと温度がある。それぞれの酵素には**最適pH** optimum pH と**最適温度** optimum temperature がある。酵素の活性には**金属因子**などの微量因子も必要なことが多い。かなり複雑な構造をした，酵素活性に必要な有機因子を**補酵素** coenzyme という。化学的修飾（酵素前駆体からのペプチドの切断や特定部位のリン酸化など）による活性上昇は各論で取り上げる。

例えば，Aという物質がBという物質に転化する可逆反応 A ⇌ B があったとする。反応はA単独から始めてもB単独から始めても，AとBの混合物から始めても，最後の状態（AとBの濃度比）は同じである（図3-Ⅰ-5挿入図参照）。その比を**平衡定数** equilibrium constant（K_{eq}）と呼ぶ。酵素は平衡状態に達するまでの時間を縮める。平衡定数と**標準自由エネルギー変化**$\Delta G°$の間には$\Delta G° = -2.303RT\log K_{eq}$の関係がある（$R$は気体定数，$T$は絶対温度，$\Delta G°$の単位はキロジュール・モル$^{-1}$，1ジュール＝0.2390カロリー）。pH7.0における$\Delta G°$を$\Delta G°'$で表す。

6　酵素キネティックス（酵素反応速度論）

基質 S（substrate）が**生成物** P（product）に変化する反応を一定の条件のもとに解析するのに**ミカエリス-メンテンの式** Michaelis-Menten equation が用いられる（式の誘導法を**メモ3-Ⅰ-1**に示す）。それを変形して，グラフ表示に適した形にした式は**ラインウィーバー-バークの式** Lineweaver-Burke equation と呼ばれる（図3-Ⅰ-6）。この式とそのグラフ表示を用いることにより，**ミカエリス定数**（Km）や**最大速度**（V）が求めやすくなる。Kmの逆数は基質と酵素の親和性を表している。また，Kmの値は最大速度の1/2を与える基質濃度に等しい。

酵素反応を阻害する物質を**阻害剤** inhibitor と呼ぶ。酵素反応で生成物の出現速度はES（酵素・基質複合体）の量（濃度）に比例する。したがって，ESの量が低下すると反応速度も低下する。このことから阻害剤はESの量を減少させるものであ

> **メモ3-I-1　ブリッグス-ホールデンによる**
> **　　　　　　ミカエリス-メンテン式の誘導**
>
> 以下のような酵素反応がある。
>
> $$E + S \underset{k_{-1}}{\overset{k_1}{\rightleftarrows}} ES \overset{k_2}{\rightarrow} P + S$$
>
> E…酵素　S…基質　P…生成物
> k_1, k_{-1}, k_2…速度定数
> 物質の濃度を[　]で囲んで表すと[ES]の経時変化は
>
> $$\frac{d[ES]}{dt} = k_1[E][S] - (k_{-1} + k_2)[ES]$$
>
> のように表される。反応の定常状態を仮定すると，
>
> $$\frac{d[ES]}{dt} = 0$$
>
> $$\therefore \frac{[E][S]}{[ES]} = Kd = \frac{k_{-1} + k_2}{k_1} = Km$$
>
> Kd…[ES]の解離定数，Km…ミカエリス定数
> 反応速度は生成物の出現速度であるから，
>
> $$\frac{d[P]}{dt} = k_2[ES] \quad \cdots(1)$$
>
> ここで全酵素量を Eo とすると，
>
> $$[Eo] = [E] + [ES]$$
>
> $$= \frac{Km}{[S]}[ES] + [ES]$$
>
> $$\therefore [ES] = \frac{[Eo]}{\frac{Km}{[S]} + 1} \quad \cdots(2)$$
>
> (2)を(1)に代入して，
>
> $$v = \frac{d[P]}{dt} = \frac{k_2[Eo]}{\frac{Km}{[S]} + 1}$$
>
> $k_2[Eo]$ は最大速度 V と考えられるから，
>
> $$v = \frac{d[P]}{dt} = \frac{V}{\frac{Km}{[S]} + 1}$$
>
> $$= \frac{V[S]}{[S] + Km} \quad \cdots(3)$$
>
> (3)の式をミカエリス-メンテン式と呼ぶ。

ることがわかる。その減少の仕方に大きく分けて二通りある。阻害剤を I（inhibitor の頭文字），酵素を E（enzyme の頭文字），基質を S（substrate の頭文字）で表すと，阻害には I と S が E の同じ部位に結合するために有効な ES の量が減ることによる**競合阻害** competitive inhibition と，I が結合した E は活性を失うという型の**非競合阻害** noncompetitive inhibition とがある。後者はさらに2つに分けられる。ESI と EI の両方が生じうる本来の非競合阻害と，EI は生じないで ESI だけができる**不競合阻害** uncompetitive inhibition である（図3-

I-7）。これらの阻害の典型的な例はラインウィーバー＝バーク式のグラフ表示をとることで判断できる（図3-I-8）。

7　アロステリック効果

上で述べたフィードバック阻害については，その実態について多くの研究がある。それによると，代謝系におけるこの型の阻害はミカエリス-メンテンの式では扱いきれない。それは**アロステリック阻害** allosteric inhibition として論じられる。このような制御作用を引き起こす物質を一般に**アロステリックエフェクター** allosteric effector，または単にエフェクターや奏効体という。アロステリックというのは"別の場所"という意味でエフェクターが基質とは別の部位に結合することを指す。

このような**アロステリック酵素** allosteric enzyme はオリゴマー構造をとっている（**オリゴマー酵素** oligomeric enzyme）。有名な例として，大腸菌の**アスパラギン酸カルバモイルトランスフェラーゼ** aspartate carbamoyltransferase（アスパラギン酸トランスカルバモイラーゼともいう）がある。この酵素は**触媒サブユニット** catalytic subunit と**調節サブユニット** regulatory subunit それぞれ6個からできている。この酵素が触媒する経路の下流の生成物の1つがピリミジンヌクレオチドのシチジン三リン酸（**CTP**）である。CTP はこの酵素をフィードバック阻害し，他方プリンヌクレオチドのアデノシン三リン酸（**ATP**）は逆に活性化する。抑制も活性化も受けない時この酵素の反応速度-基質濃度曲線は S 字状をしている（図3-I-9）。CTP は S 字状をさらに強調することにより酵素活性を抑制し，他方，ATP は S 字状曲線状態から酵素を解放することにより酵素を活性化する。このような効果を及ぼす，基質とは別の物質であるアロステリックエフェクターをより厳密には**ヘテロトロピックアロステリックエフェクター** heterotropic allosteric effector という。

アロステリック酵素の活性が S 字状を示すことの説明に有名な**モノー-ワイマン-シャンジュー**

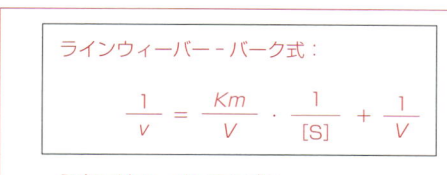

ラインウィーバー - バーク式：
$$\frac{1}{v} = \frac{Km}{V} \cdot \frac{1}{[S]} + \frac{1}{V}$$

ミカエリス - メンテン式：
$$v = \frac{V[S]}{[S] + Km}$$

v…反応速度　V…最大反応速度
Km…ミカエリス定数

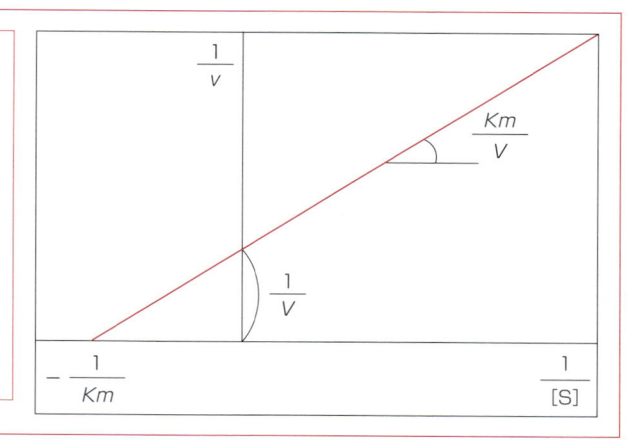

図3-Ⅰ-6　ラインウィーバー−バーク式のグラフ表示
ラインウィーバー−バーク式はミカエリス−メンテン式の変形である。

競合阻害： $\dfrac{1}{v} = \dfrac{Km}{V}\left[1 + \dfrac{[I]}{Ki}\right]\dfrac{1}{[S]} + \dfrac{1}{V}$

非競合阻害： $\dfrac{1}{v} = \dfrac{Km}{V}\left[1 + \dfrac{[I]}{Ki}\right]\dfrac{1}{[S]} + \dfrac{1}{V}\left[1 + \dfrac{[I]}{Ki}\right]$

不競合阻害： $\dfrac{1}{v} = \dfrac{Km}{V}\dfrac{1}{[S]} + \dfrac{1}{V}\left[1 + \dfrac{[I]}{Ki}\right]$

ただし $Ki = \dfrac{[E][I]}{[EI]}$

図3-Ⅰ-7　3つの型の阻害に対するラインウィーバー−バーク式

競合阻害　　　　　非競合阻害　　　　　不競合阻害

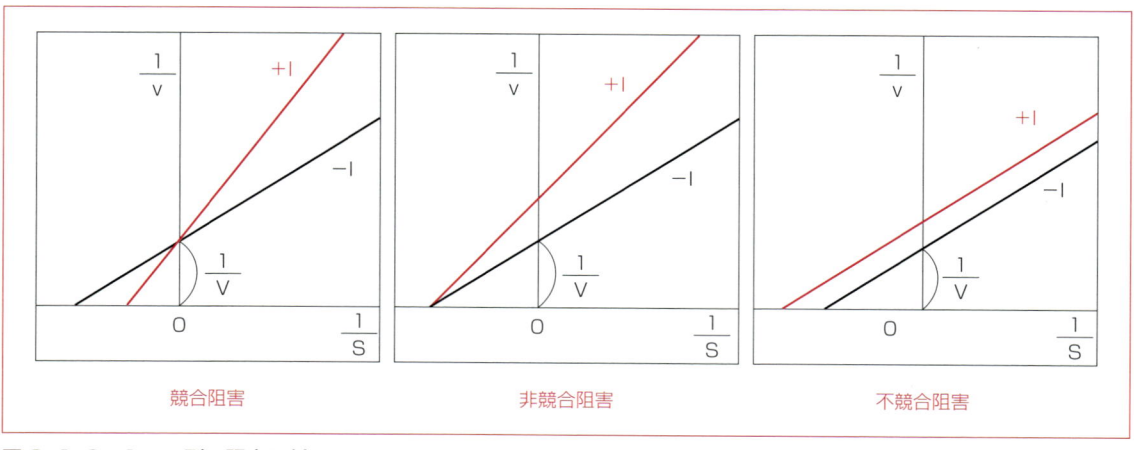

図3-Ⅰ-8　3つの型の阻害に対するラインウィーバー−バーク式のグラフ表示

モデル Monod-Wyman-Changeux model（**MWC モデル**）が用いられる（**図 3-Ⅰ-10**）。このモデルは①オリゴマー酵素であること，②オリゴマー内のすべてのモノマー（**プロトマー** protomer）は均質であること，③モノマーは R 状態（relaxed "ゆるんだ"）か T 状態（taut "引き締まった"）しかとらないと仮定する。

基質が結合していないモノマーを R_0，T_0，結合しているモノマーを R_1，T_1 と表す。R_0，T_0 は一定の比で存在する。基質がない時 T_0 は R_0 より圧倒的に多い。しかし，基質に対する親和性は R_0 が T_0 より圧倒的に高い。いま少量の基質を加えると R_0 は R_1 に転化し，その分の R_0 は T_0 から補充される（R_0/T_0 比は一定）。基質があるかぎり，このようにして T_0 の絶対量はどんどん減少する。また酵素はオリゴマーであるから，1 個の酵素に複数の基質が結合する。これが活性曲線が S 字状を示す理由である（**メモ 3-Ⅰ-2**）。R_1 は R_0 より高い基質親和性を示すような形態変化を起こしており，他のモノマーにも均質な変化を起こさせる（**協同性** cooperativity）。同一の基質があたかも**アロステリックアクチベーター** allosteric activator（本来基質部位とは別の部位に結合することによって活性化効果を現す因子）として振舞うことから，このような作用を起こす基質のことをより厳密には**ホモトロピックアロステリックエフェクター** homotropic allosteric effector と呼ぶ。

実際のアロステリック酵素の形態変化の例を上述のアスパラギン酸カルバモイルトランスフェ

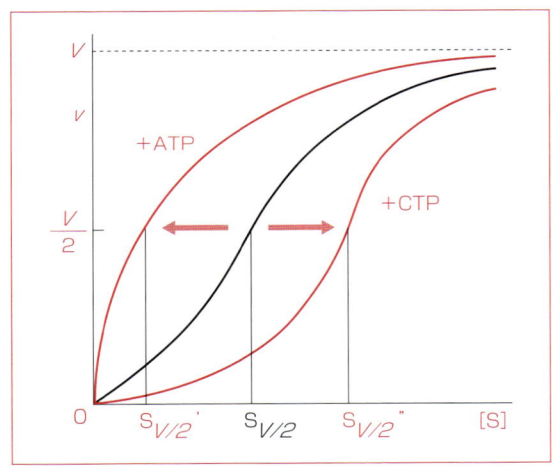

図 3-Ⅰ-9　アロステリック効果
代表的アロステリック酵素アスパラギン酸カルバモイルトランスフェラーゼの調節。ATP による活性化，CTP による抑制。半最大活性を与える基質濃度（$S_{V/2}$）は S 字性の高度化とともに増大する。

メモ 3-Ⅰ-2　ヒル係数

オリゴマー酵素の S 字状反応速度-基質濃度曲線を説明するのにヒル係数 Hill coefficient が用いられる。
次の式の n がヒル係数である。

$$v = \frac{V[S]^n}{Km^n + [S]^n}$$

$\begin{bmatrix} v = 反応速度 & V = 最大反応速度 \\ Km = ミカエリス定数 & s = 基質 \end{bmatrix}$

n はサブユニット間の相互作用の強度を表し，（n = 1 のとき相互作用なし），サブユニットの数を超えることはない。

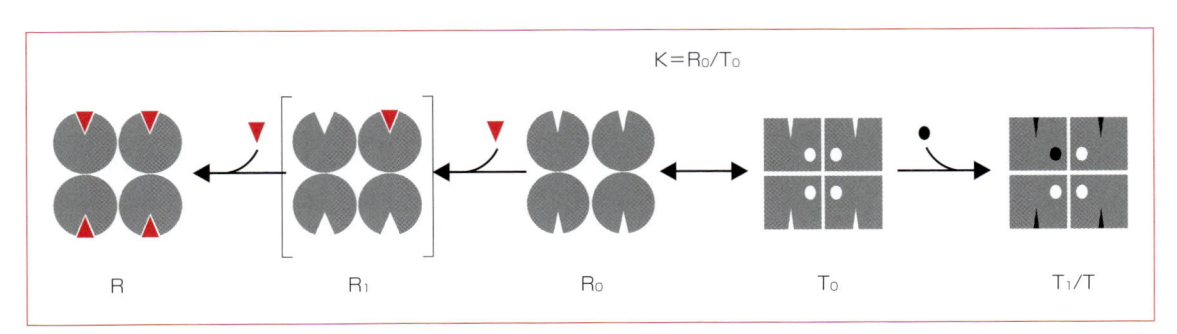

図 3-Ⅰ-10　モノー-ワイマン-シャンジューモデル
アロステリック酵素には本来基質と結合しうる状態（R_0）としにくい状態（T_0）があり，両者は平衡（$K = R_0/T_0$）を保って存在している。1 個の基質（▼）が R_0 に結合すれば（R_1）すべてのモノマーが協奏的に同じ状態になって基質を結合する（R）。他方，基質とは別の結合部位に 1 個の抑制性エフェクター（●）が結合すれば，他のモノマーも抑制状態になる（T_1/T）。

ラーゼについて見てみよう(**図3-Ⅰ-11**)。

8 誘導適合仮説

基質が酵素に結合すると，酵素の**コンフォメーション** conformation（立体配座）に変化が起こり，その結果酵素の活性が促進されるという考え方を**誘導適合仮説** induced-fit hypothesis と呼ぶ（提唱者にちなんで**コシュランドモデル** Koshland model とも呼ばれる）。基質の結合による酵素タンパク質のそのような立体配座の変化はX線回折解析法で確かめられている。

9 酵素の分類

現在広く用いられている分類は1956年に発足した国際酵素委員会が1961年に公表した報告に基づく。それに従えば，酵素はそれが触媒する反応の形式によって分類される。加水分解酵素は加水分解反応を触媒し，酸化還元酵素は酸化還元反応を触媒する。1つ1つの酵素に4段階の（4桁ではない）数字からなる番号（**EC番号**：Enzyme Commission number）を付けるというものである。最初の数字で酵素が大まかに分類される（**表3-Ⅰ-1**）。

あとの3段階の数字で個々の酵素が同定される。例として**α-アミラーゼ** α-amylase をとると，これは加水分解酵素であるから，まずEC 3に分類される。次に，グリコシド結合に作用することからEC 3.2に分類され，さらにそのグリコシド結合がO-グリコシドであることからEC 3.2.1に細分類される。最後にグルカンのα-1, 4グルコシド結合を切るものとしてEC 3.2.1.1という同定番号が付けられる。

10 酵素の命名

物質名と同じく，酵素名にも**慣用名** trivial name と**系統名** systematic name がある。ペプシン・トリプシン・キモトリプシン・トロンビン・カリクレイン・カタラーゼなどは慣用名であっ

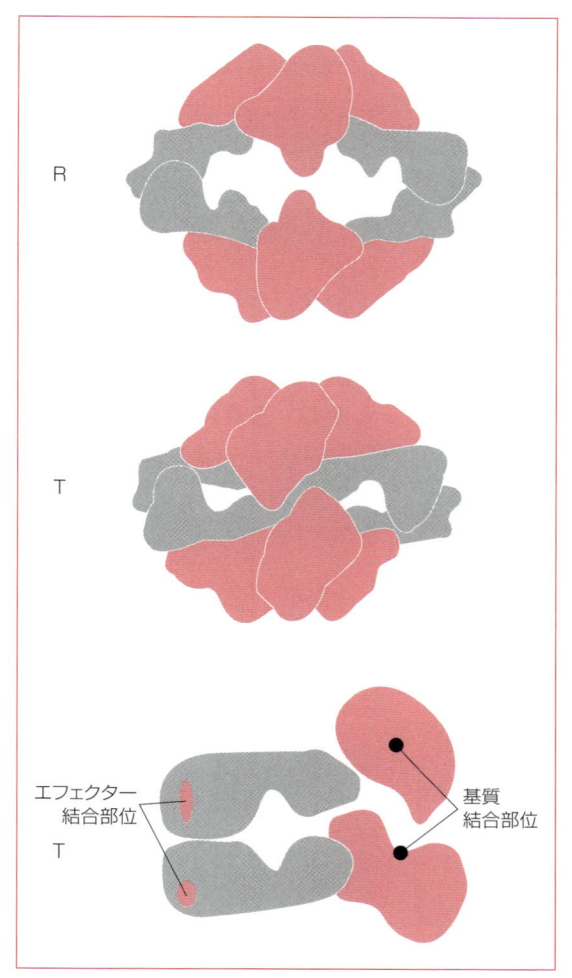

図3-Ⅰ-11 アスパラギン酸カルバモイルトランスフェラーゼのR状態とT状態における形態変化
R状態では酵素内の空間が広がっている。触媒サブユニットを茶，調節サブユニットをグレーで表す。酵素全体は6個の触媒サブユニットと同数の調節サブユニットからできている。下端の図はT状態にある酵素の4個のサブユニットについて基質（アスパラギン酸）とエフェクター（CTP）の結合部位を示したもの。

て，どのような型の反応を触媒するかは示していない。他方，ウレアーゼ，ラクターゼ，マルターゼ，グルコース6-ホスファターゼ，ATPアーゼ（アデノシントリホスファターゼ）などの酵素も慣用名の一種であるが，これらは加水分解される基質名にアーゼをつけたものであるから，その名前から触媒する反応がおよそ理解できる。より厳密に反応の内容を表すには，例えば，カタラーゼを

表3-I-1　国際酵素委員会による酵素の分類（第1段階）

EC番号	酵素群の名称	反応	例
1	酸化還元酵素群	酸化還元	アルコールデヒドロゲナーゼ(EC 1.1.1.1)
2	転移酵素群	原子団の転位	アスパラギン酸カルバモイルトランスフェラーゼ (EC 2.1.3.2)
3	加水分解酵素群	加水分解	α-アミラーゼ(EC 3.2.1.1)
4	リアーゼ群	原子団の除去（後に二重結合）	ヒスチジンデカルボキシラーゼ(EC 4.1.1.32)
5	イソメラーゼ群	異性化	トリオースリン酸イソメラーゼ(EC 5.3.1.1)
6	リガーゼ群	リン酸高エネルギーを用いた新しい結合の形式	アシルCoAシンテターゼ(EC 6.2.1.3)

EC は Enzyme Commission

$H_2O_2：H_2O_2$ オキシドレダクターゼのように呼ぶ。これが系統名である。この系統名が意味しているのは，H_2O_2 と H_2O_2 の間で酸化($-2H$)と還元($+2H$)が起こることである（**メモ3-I-3**）。

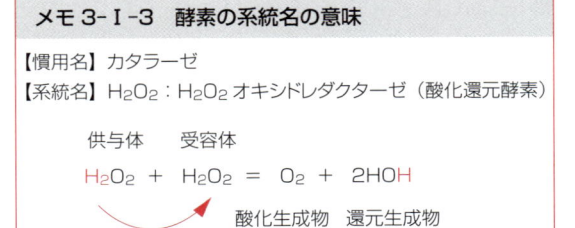

メモ3-I-3　酵素の系統名の意味

【慣用名】カタラーゼ
【系統名】$H_2O_2：H_2O_2$ オキシドレダクターゼ（酸化還元酵素）

　　　供与体　　受容体
　　　H_2O_2 ＋ H_2O_2 ＝ O_2 ＋ $2HOH$
　　　　　　　　　　　　酸化生成物　還元生成物
　　　　2 ($H^+ + e^-$)

カタラーゼの例。

II 糖質の分解

1 解糖系への基質の供給

解糖系 glycolytic pathway へ基質が供給されるのには大きく分けて2つの経路がある（図3-II-1）。第1は，われわれが体外から取り込んだ多糖（主としてデンプン）を消化し，生じたグルコースを吸収した場合，あるいはグルコースそのものを経口摂取した場合である。また，経口摂取したショ糖や乳糖が腸管内で消化されて生じたフルクトースやガラクトースなどの他のヘキソースから解糖中間体が供給される場合である。第2はそれ以外の場合で，1つはいったん体内で合成した**グリコーゲン** glycogen を分解（**グリコゲノリシス** glycogenolysis）して**解糖中間体** glycolytic intermediate を供給する経路である。もう1つは組織の**体タンパク質** body protein（主に筋肉タンパク質）を分解して生じた**糖原性アミノ酸** glycogenic amino acid からグルコースを新たに合成（**糖新生** gluconeogenesis）してそれを供給する経路である（図3-II-2）。

2 解糖

グルコースから始まって**ピルビン酸** pyruvate または**乳酸** lactate に終わる代謝を**解糖** glycolysis という。ピルビン酸が還元されて乳酸になると**嫌気的解糖** anaerobic glycolysis（酸素を必要としない解糖）は完結する（図3-II-3）。ピルビン酸の還元に必要な還元単位はグルコースからピルビン酸に至る過程ですでに生み出されているので，嫌気的解糖に酸化還元単位の出入りはない。嫌気的解糖の全過程（グルコース⇄乳酸）はサイトゾルで起こる。しかし，細胞内に酸素が供給されている好気的条件では，乳酸で糖の分解は終わらないで，次の**クエン酸回路** citrate cycle へと続く。

ピルビン酸と乳酸は3炭素化合物（C_3）であるか

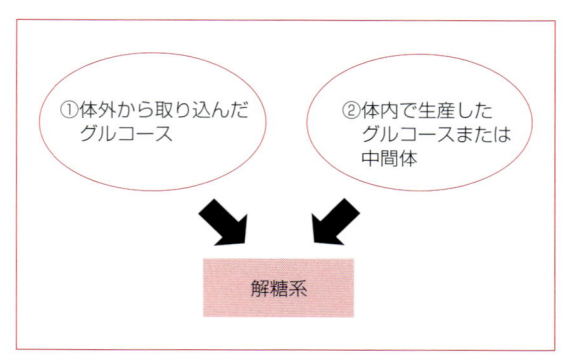

図3-II-1 解糖系へ基質を供給する2つの経路

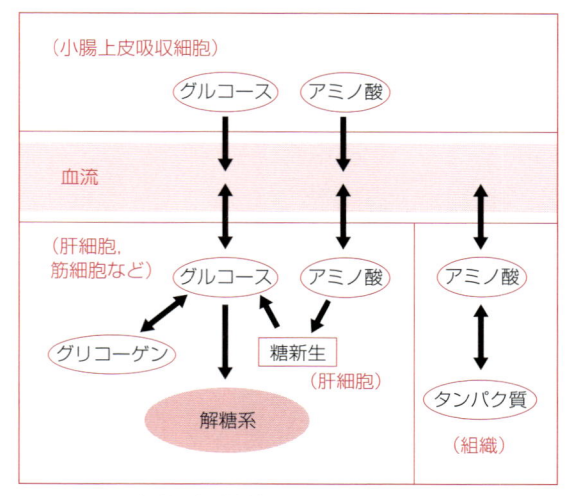

図3-II-2 解糖系へ基質を供給する2つの経路（詳細）

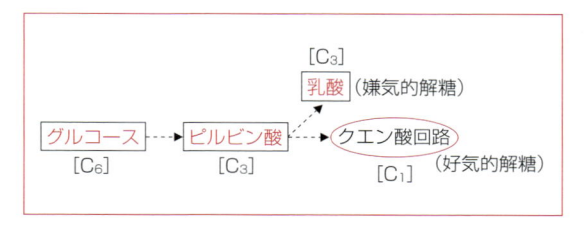

図3-II-3 解糖系の概略
Cの下付きの数字は炭素数を示す。

メモ3-II-1 還元単位（NADH + H$^+$）

NADH（還元型ニコチンアミドアデニンヌクレオチド）は H$^+$ と合わせて1つの還元単位である。

$$NADH + H^+$$

これを

$$NAD^+ + 2H$$

と書けば，NAD$^+$ が真の還元単位 2H を運ぶものであることがわかる。NAD$^+$ は酵素に結合していて効率よくその機能を果たす。このような補因子を**補酵素** coenzyme と呼ぶ。

II 糖質の分解

α-D-グルコース

触媒する酵素：
ヘキソキナーゼ（一般の細胞）／
グルコキナーゼ（肝細胞）

ATPからグルコースにリン酸基が転移する。第1の不可逆段階

α-D-グルコース 6-リン酸

グルコースリン酸イソメラーゼ

グルコース 6-リン酸から
フルクトース 6-リン酸への異性体化

β-D-フルクトース 6-リン酸

ホスホフルクトキナーゼ

第2のATPからのリン酸基の転移。
1分子内の別々の部位に2つの（ビス）
リン酸基。第2の不可逆段階

β-D-フルクトース 1,6-ビスリン酸

アルドラーゼ

1分子の6炭素化合物が2分子の
3炭素化合物へ開裂

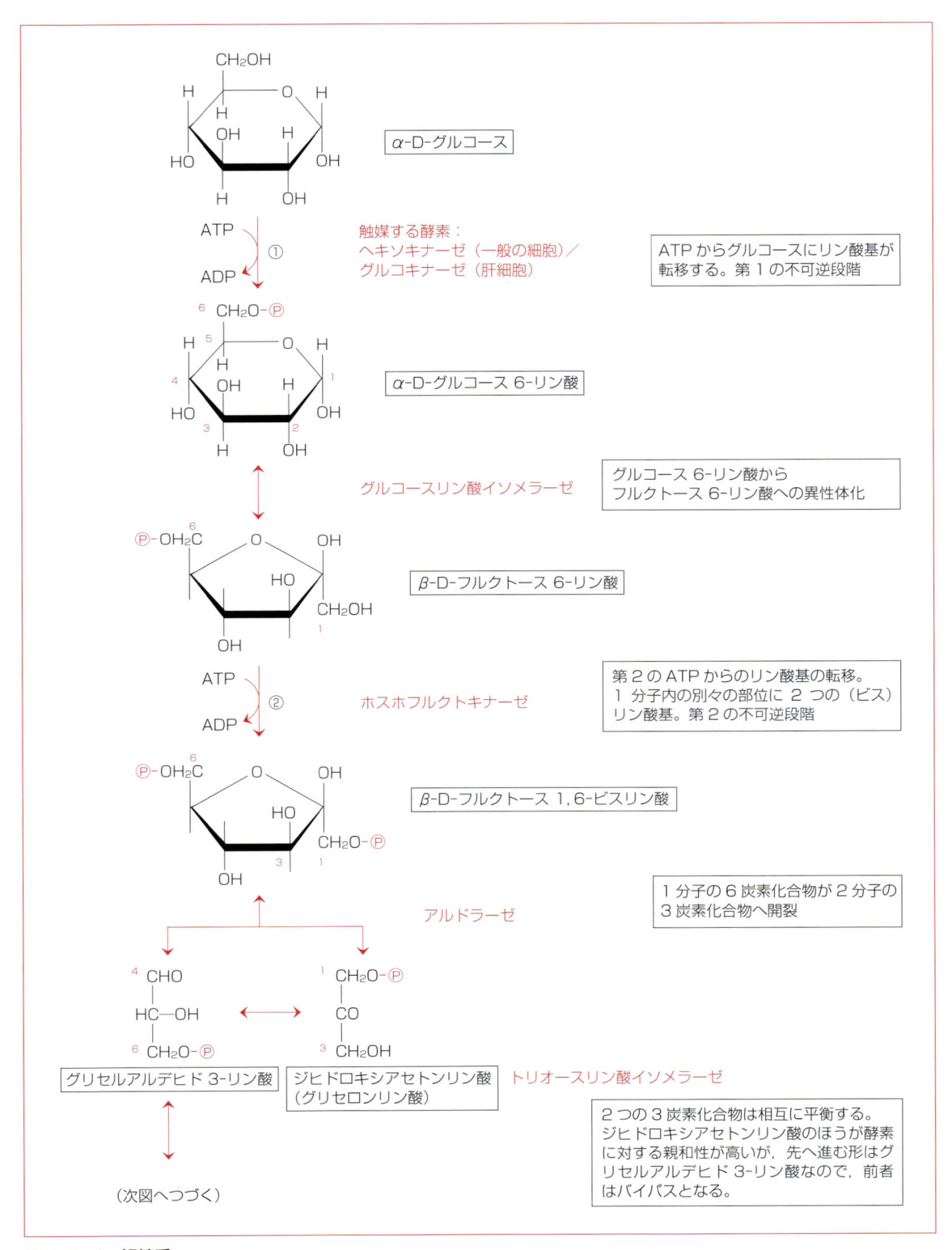

グリセルアルデヒド 3-リン酸　ジヒドロキシアセトンリン酸
（グリセロンリン酸）

トリオースリン酸イソメラーゼ

2つの3炭素化合物は相互に平衡する。
ジヒドロキシアセトンリン酸のほうが酵素
に対する親和性が高いが，先へ進む形はグ
リセルアルデヒド 3-リン酸なので，前者
はバイパスとなる。

（次図へつづく）

図 3-II-4　解糖系

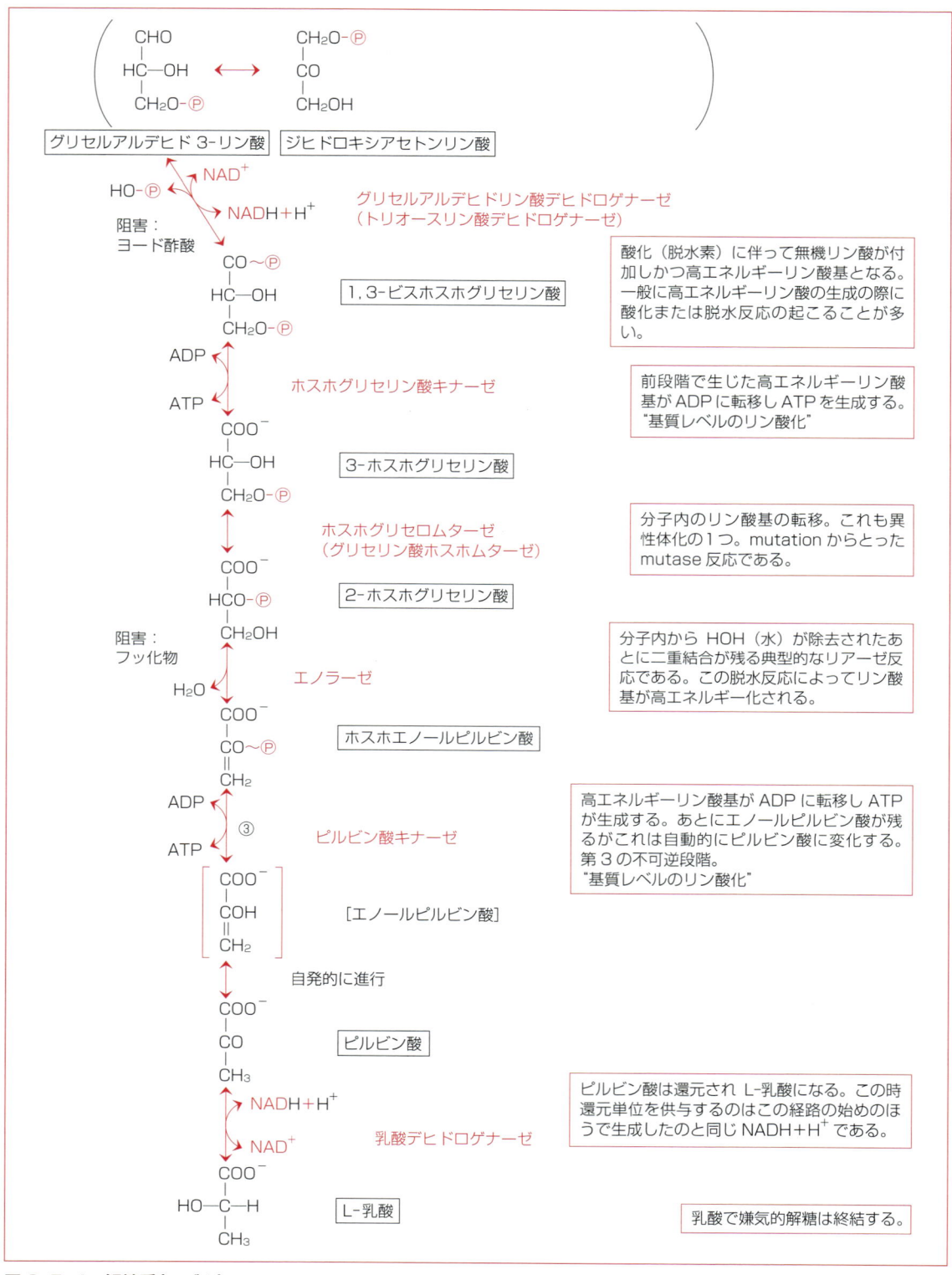

図 3-II-4 解糖系（つづき）

```
      CHO              CH₂O-Ⓟ
      |                |
      HC—OH     ⟷     CO
      |                |
      CH₂O-Ⓟ           CH₂OH
```
グリセルアルデヒド 3-リン酸 ／ ジヒドロキシアセトンリン酸

HO-Ⓟ ↙ NAD⁺ ↘ NADH+H⁺

阻害：ヨード酢酸

グリセルアルデヒドリン酸デヒドロゲナーゼ
（トリオースリン酸デヒドロゲナーゼ）

```
CO~Ⓟ
|
HC—OH
|
CH₂O-Ⓟ
```
1,3-ビスホスホグリセリン酸

> 酸化（脱水素）に伴って無機リン酸が付加しかつ高エネルギーリン酸基となる。一般に高エネルギーリン酸の生成の際に酸化または脱水反応の起こることが多い。

ADP ↓↑ ATP

ホスホグリセリン酸キナーゼ

> 前段階で生じた高エネルギーリン酸基が ADP に転移し ATP を生成する。"基質レベルのリン酸化"

```
COO⁻
|
HC—OH
|
CH₂O-Ⓟ
```
3-ホスホグリセリン酸

ホスホグリセロムターゼ
（グリセリン酸ホスホムターゼ）

> 分子内のリン酸基の転移。これも異性体化の1つ。mutation からとった mutase 反応である。

```
COO⁻
|
HCO-Ⓟ
|
CH₂OH
```
2-ホスホグリセリン酸

阻害：フッ化物

エノラーゼ

H₂O

> 分子内から HOH（水）が除去されたあとに二重結合が残る典型的なリアーゼ反応である。この脱水反応によってリン酸基が高エネルギー化される。

```
COO⁻
|
CO~Ⓟ
‖
CH₂
```
ホスホエノールピルビン酸

ADP ↓↑ ATP ③

ピルビン酸キナーゼ

> 高エネルギーリン酸基が ADP に転移し ATP が生成する。あとにエノールピルビン酸が残るがこれは自動的にピルビン酸に変化する。第3の不可逆段階。"基質レベルのリン酸化"

```
[ COO⁻
  |
  COH
  ‖
  CH₂ ]
```
[エノールピルビン酸]

自発的に進行

```
COO⁻
|
CO
|
CH₃
```
ピルビン酸

NADH+H⁺ ↓↑ NAD⁺

乳酸デヒドロゲナーゼ

> ピルビン酸は還元され L-乳酸になる。この時還元単位を供与するのはこの経路の始めのほうで生成したのと同じ NADH+H⁺ である。

```
COO⁻
|
HO—C—H
|
CH₃
```
L-乳酸

> 乳酸で嫌気的解糖は終結する。

ら，グルコース(C_6)は1/2のサイズになっている．解糖がピルビン酸からクエン酸回路（ミトコンドリアマトリックスに存在，図1-Ⅰ-13参照）に進むと，回路に入る際に C_3 は C_2 になり，さらに回路を回る中で C_1 になる（図3-Ⅱ-3および本章Ⅵ.1）．つまり，この回路で**グルコースの完全分解**（$C_6 \to C_1$）が終了する．クエン酸回路は好気的状況で起こる過程なので，この方向に進んだ解糖は**好気的解糖** aerobic glycolysis と呼ばれる．

解糖系の反応において要(かなめ)となるのは，①**リン酸基転移**，②**分子の開裂**，③**酸化還元**，④**異性体化**である．

①は解糖中間体とアデニンヌクレオチド（ADP，ATP）の間で起こり，1回に1個のリン酸基が転移する．全部で4カ所ある（図3-Ⅱ-4）．最初の2カ所は C_6 の段階（グルコースの骨格が2分する前）で，ATPから解糖中間体にリン酸基が転移する．後の2段階は C_3 になってからで，解糖中間体からADPに**高エネルギーリン酸基** high-energy phosphate group が転移する．

C_6 のグルコースが C_3 の乳酸2分子になるには経路のどこかで元の分子が半分になる段階が1カ所なければならない（図3-Ⅱ-4）．酵素の分類（本章Ⅰ.9，表3-Ⅰ-1）を参照すれば，この反応を触媒する酵素**アルドラーゼ** aldolase は**リアーゼ** lyase（EC 4）の仲間である．この反応は有機化学でいう**アルドール縮合** aldol condensation の逆反応である．

嫌気的解糖経路 anaerobic glycolytic pathway で酸化還元反応が起こるのは2カ所である（図3-Ⅱ-4）．最初の反応で生じた**還元単位**（NADH + H^+，メモ3-Ⅱ-1）を後の反応で利用するので全体として酸化還元単位の出入りはない．ここで注目すべきは，酸化（脱水素）に伴って高エネルギー状態のリン酸基が取り込まれることである．つまり，酸化還元とリン酸基の転移が共役している．この高エネルギーのリン酸基はそれ以後の反応でADPに渡されてATPを生じる．ミトコンドリアにおける酸化的リン酸化（本章Ⅵ.2.B）に対し解糖系でのADPのリン酸化（ATPの合成）は**基質レベルのリン酸化** substrate-level phosphorylation と呼ばれる．

異性体化は嫌気的解糖経路の3段階で起こる．触媒する酵素は分類から**イソメラーゼ** isomerase（EC 5）に属する．ここでの異性体化は分子の構造全体に及ぶもの（狭義のイソメラーゼ反応）と1つの官能基が分子内を転移するもの（**ムターゼ** mutase 反応）である．

III 脂質の分解（脂肪酸酸化）

1 脂肪酸酸化系への基質の供給

　血液から細胞の**脂肪酸酸化** fatty acid oxidation 系への基質の供給には大きく分けて2つの経路がある（図3-III-1）。1つは血液中の**アルブミン** albumin に結合した**遊離脂肪酸** free fatty acid である。他は同じく血液中の**リポタンパク質** lipoprotein に含まれる**トリアシルグリセロール** triacylglycerol（TG）に細胞表面の**リポタンパク質リパーゼ** lipoprotein lipase（LPL）が作用して生じた遊離脂肪酸（以下，脂肪酸）である。

　脂肪酸の大きい供給源は**脂肪組織** adipose tissue である。食事中・直後には小腸から吸収された脂肪酸はトリアシルグリセロールの形で**キロミクロン** chylomicron とともに**胸管** thoracic duct を経由して**大循環** greater circulation に入る。一部は組織で脂肪酸を遊離するが，一部は**肝細胞** hepatocyte に取り込まれたあと別の形の**リポタンパク質**〔**超低密度リポタンパク質** very low-density lipoprotein（VLDL）〕として血流に放出され，脂肪組織に**貯蔵脂肪** depot fat（トリアシルグリセロール）として蓄えられる。

　貯蔵脂肪であるトリアシルグリセロールの分解（**リポリシス** lipolysis）を行う酵素で，従来から有名なのは**ホルモン感受性リパーゼ** hormone-sensitive lipase（HSL）であるが（図3-III-2），HSL を欠損させた実験動物でも脂肪細胞のトリアシルグリセロールの分解活性は 50％ 程度しか低下しない。それは，HSL とは別にトリアシルグリセロールに特異的に作用する ATGL（adipose triglyceride lipase）とか PNPLA2（patatin-like phospholipase domain-containing protein 2）と呼ばれる脂肪細胞に固有の**トリアシルグリセロールリパーゼ**があるからである。ただし，この酵素はトリアシルグリセロールをジアシルグリセロールまでしか分解しない。

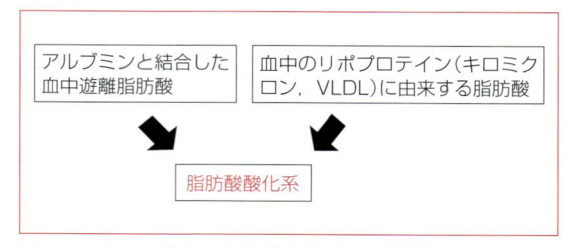

図3-III-1 血液から脂肪酸酸化系への基質の供給

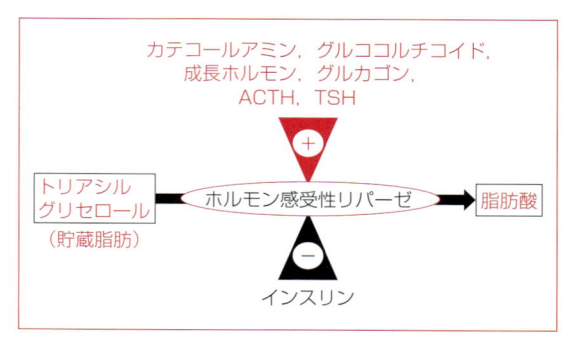

図3-III-2 貯蔵脂肪（トリアシルグリセロール）の分解による脂肪酸の供給

メモ3-III-1　サイクリック AMP（cAMP）

　正式には 3',5'-サイクリック AMP と呼ぶ（ふつうの AMP は 5'-AMP である）。リボースの 3',5' 炭素の間にリン酸ジエステルがある。cAMP はプロテインキナーゼ A を活性化することにより酵素本体のリン酸化を促進し酵素の活性を高める動きがある。

　ホルモン感受性リパーゼを活性化するホルモン（例：**アドレナリン** adrenalin）は 3',5'-サイクリック cyclic AMP（cAMP，メモ3-III-1）の細胞内濃度を上昇させることによって **cAMP 依存性プロテインキナーゼ** cAMP-dependent protein kinase（PKA）を刺激し，後者が HSL をリン酸化し活性化する（第4章 I.3）。**インスリン** insulin は cAMP を分解する酵素を活性化し HSL の活性を低下させる（第4章II，図4-II-9参照）。インス

リンはまたATGLの発現量を低下させ，**グルカゴン** glucagonは逆の効果を示す（第4章Ⅱ，図4-Ⅱ-19参照）。

2 脂肪酸の酸化

A 飽和脂肪酸の酸化

脂肪酸を酸化する前にそれを**補酵素A** coenzyme A（CoA，メモ3-Ⅲ-2）と結合させて活性化する必要がある（図3-Ⅲ-3）。この反応はミトコンドリアの外膜で起こる。触媒する酵素**アシルCoAシンテターゼ** acyl-CoA synthetase（シンテターゼは合成酵素の意）には脂肪酸の炭素鎖の長さに応じていくつかの種類がある。生じた**アシルCoA（acyl CoA）**はそのまま膜を通過するには大きすぎるので，内膜を通過する際に**カルニチンアシルトランスフェラーゼ** carnitine acyltransferaseの作用でCoAが**カルニチン** carnitineに置き換わる（図3-Ⅲ-3）。内膜を通過した後アシルCoAが再生される。

マトリックスに入ったアシルCoAは**循環的酸化経路** cyclic oxidation pathwayに乗る（図3-Ⅲ-4）。この酸化形式は**β酸化**（βoxidation）といわれるが，それはアミノ酸の場合と同じように炭素鎖の一端にあってカルボキシル基のような官能基をもつ炭素（2-C）をα炭素と呼び，その隣の炭素（3-C）をβ炭素と呼ぶ古い慣用に基づく。この酸化回路が一巡するとβ炭素が酸化される（-CH$_2$- → >C=O）（アシルCoA → 3-ケトアシルCoA）。それが"β酸化"のいわれである（図3-Ⅲ-4）。

まとめると，β酸化の1巡で，水とCoAが1分子ずつ導入され，**アセチルCoA** acetyl CoAと，基質炭素数の2つ少ないアシルCoAがそれぞれ1分子と，**4つの還元単位（FADH$_2$とNADH+H$^+$に含まれる4H）**が生じる。フラビンアデニンジヌクレオチド flavin adenine dinucleotide（**FAD**）はNAD$^+$と同じように酸化還元反応に関与する補酵素である（本章Ⅵ.2，メモ3-Ⅵ-1）。アシルCoAはそのまま次の酸化回路に乗るが，アセチルCoAは次の代謝経路である**クエン酸回路（TCA**

メモ3-Ⅲ-2 補酵素A coenzyme A

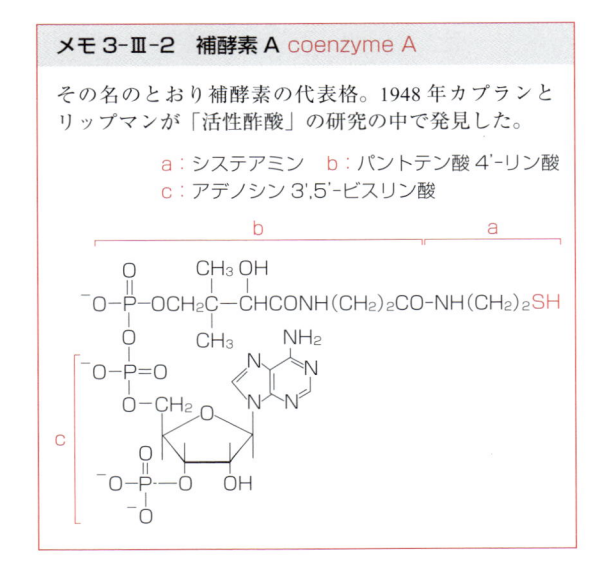

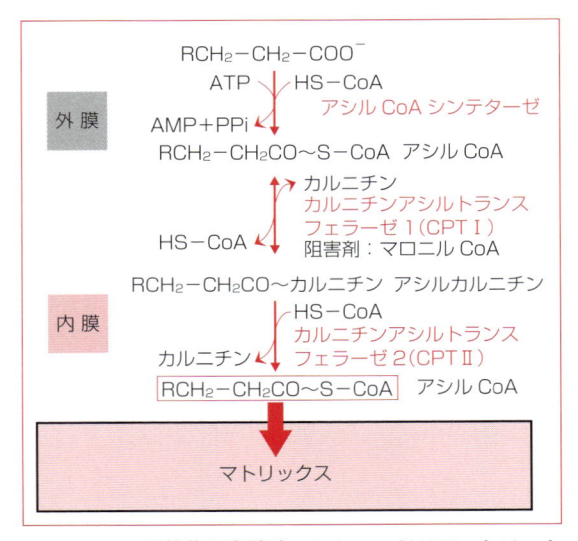

その名のとおり補酵素の代表格。1948年カプランとリップマンが「活性酢酸」の研究の中で発見した。

a：システアミン　b：パントテン酸4'-リン酸
c：アデノシン3',5'-ビスリン酸

図3-Ⅲ-3 長鎖飽和脂肪酸のミトコンドリアマトリックスへの取り込み

サイクル）に移行する。4つの還元単位は**呼吸鎖** respiratory chain（**電子伝達鎖** electric transport chain）で利用される（本章Ⅵ.2，図3-Ⅵ-2）。

アシルCoAデヒドロゲナーゼ acyl-CoA dehydrogenaseは1種類ではない。これまでに4種類が知られていて，そのうち3つは基質とする脂肪酸の炭素鎖の長さに応じて異なった親和性を示す。あと1つの酵素は**酸素分子**を還元単位の受け取り手とする**アシルCoAオキシダーゼ** acyl-CoA oxidaseである（図3-Ⅲ-4囲み部分）。

飽和脂肪酸の酸化

$RCH_2-CH_2CO\sim S-CoA$ 　アシル CoA

↓ FAD → FADH$_2$ → 呼吸鎖　アシル CoA デヒドロゲナーゼ

$RCH=CHCO\sim S-CoA$ (3, 2, 1)　Δ^2-トランス-エノイル CoA
Δ^2 は二重結合の位置を示す。

構造: $-\overset{H}{\underset{}{C}}=\overset{}{\underset{H}{C}}-$

↓ H$_2$O　Δ^2-エノイル CoA ヒドラターゼ

$RC\overset{OH}{\underset{H}{}}-CH_2CO\sim S-CoA$　3-ヒドロキシアシル CoA

↓ NAD$^+$ → NADH+H$^+$ → 呼吸鎖　ヒドロキシアシル CoA デヒドロゲナーゼ

$RC\overset{O}{\underset{}{\|}}\overset{\alpha}{\vdots}CH_2CO\sim S-CoA$　3-ケトアシル CoA
β

↓ HS-CoA　3-ケトアシル CoA チオラーゼ

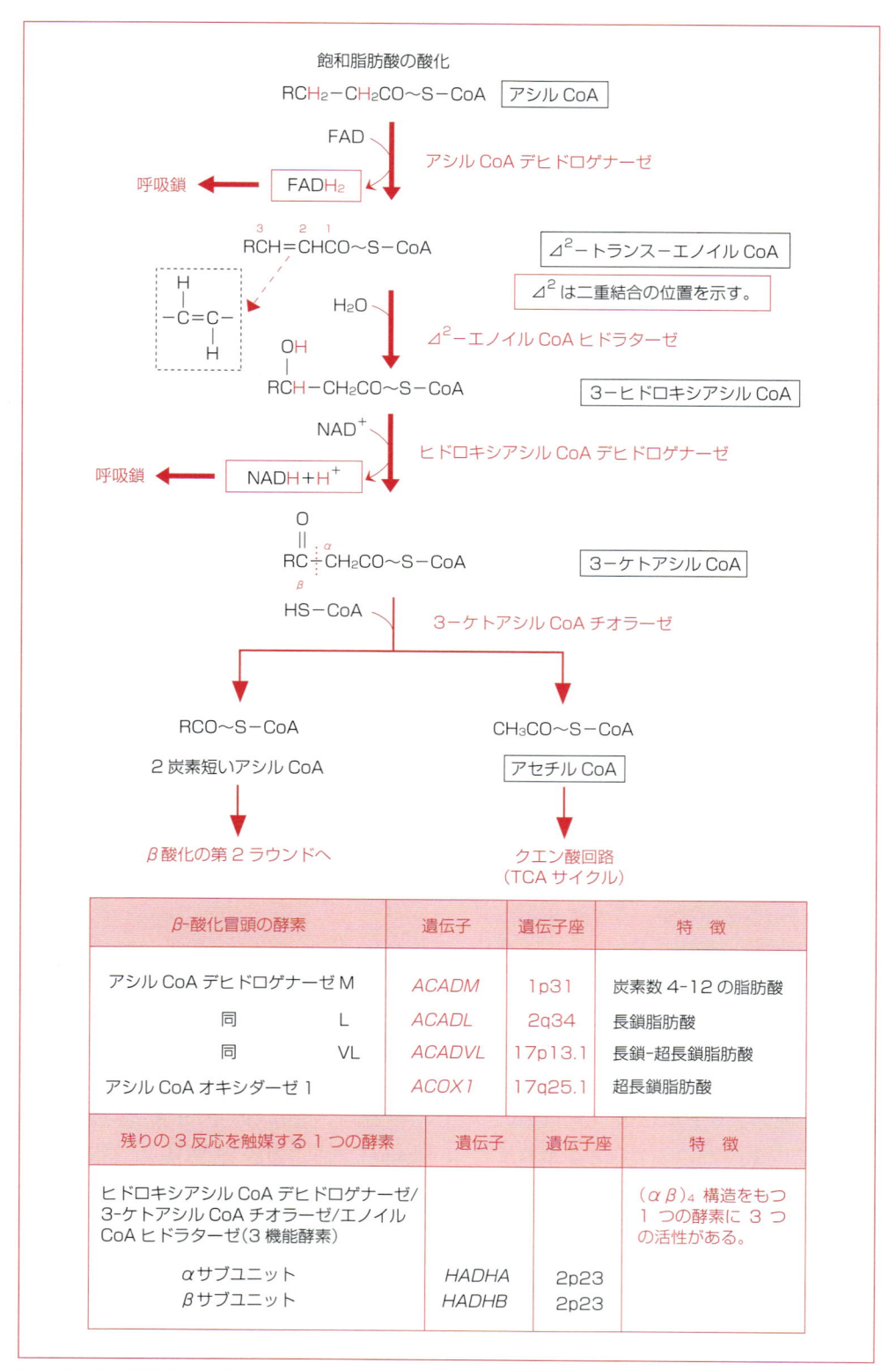

├ $RCO\sim S-CoA$　2 炭素短いアシル CoA　→ β 酸化の第 2 ラウンドへ
└ $CH_3CO\sim S-CoA$　アセチル CoA　→ クエン酸回路 (TCA サイクル)

β-酸化冒頭の酵素	遺伝子	遺伝子座	特　徴
アシル CoA デヒドロゲナーゼ M	ACADM	1p31	炭素数 4-12 の脂肪酸
同　　　　　　　　　　　　L	ACADL	2q34	長鎖脂肪酸
同　　　　　　　　　　　　VL	ACADVL	17p13.1	長鎖-超長鎖脂肪酸
アシル CoA オキシダーゼ 1	ACOX1	17q25.1	超長鎖脂肪酸

残りの 3 反応を触媒する 1 つの酵素	遺伝子	遺伝子座	特　徴
ヒドロキシアシル CoA デヒドロゲナーゼ/ 3-ケトアシル CoA チオラーゼ/エノイル CoA ヒドラターゼ (3 機能酵素)			(αβ)$_4$ 構造をもつ 1 つの酵素に 3 つ の活性がある。
α サブユニット	HADHA	2p23	
β サブユニット	HADHB	2p23	

図 3-Ⅲ-4　脂肪酸の β 酸化

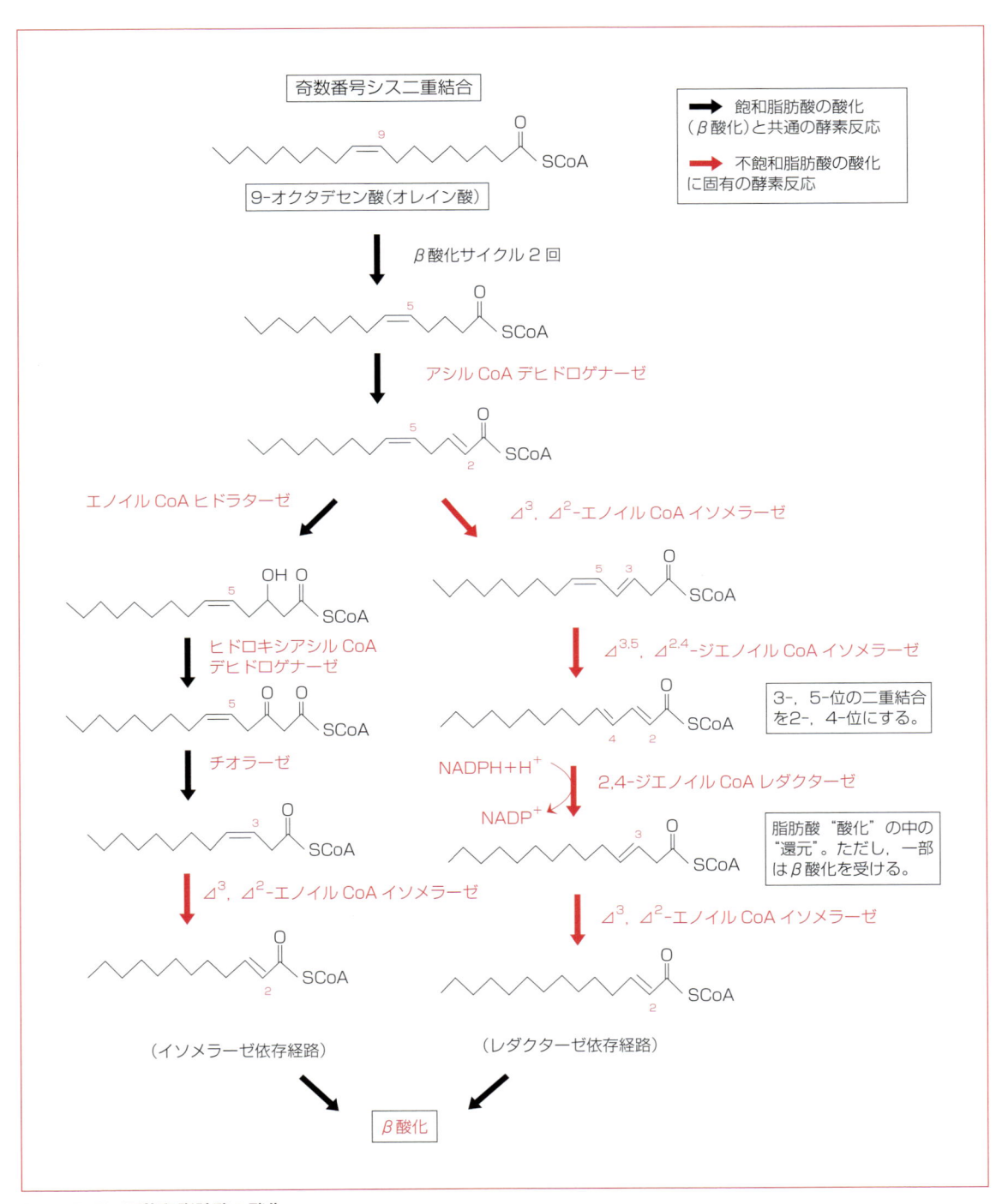

III 脂質の分解（脂肪酸酸化）　89

図3-III-5　不飽和脂肪酸の酸化

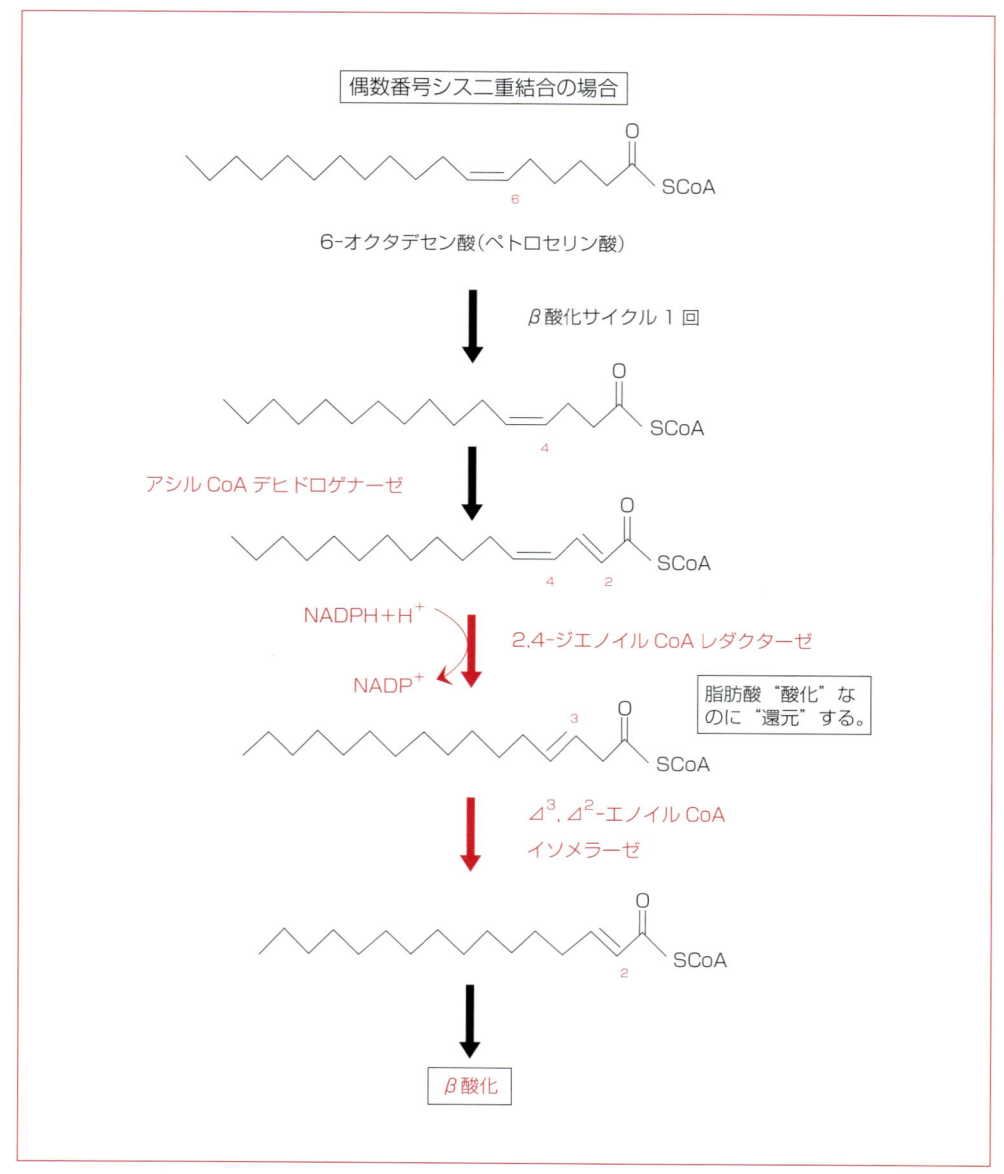

図3-Ⅲ-5 不飽和脂肪酸の酸化（つづき）

また，β酸化のΔ²-エノイル CoA ヒドラターゼ，3-ヒドロキシアシル CoA デヒドロゲナーゼ，3-ケトアシル CoA チオラーゼの3つの反応はただ1つの酵素（**3機能酵素** trifunctional enzyme）によって触媒される．同酵素はα，βサブユニット各4個からなり，αサブユニットにヒドラターゼ活性とデヒドロゲナーゼ活性があり，βサブユニットにチオラーゼ活性がある．

B 不飽和脂肪酸の酸化

不飽和脂肪酸の酸化的分解は飽和脂肪酸のβ酸化より複雑である．飽和脂肪酸のβ酸化にはない反応が加わる（図3-Ⅲ-5）．それらは2つの異性体化反応（イソメラーゼ反応 isomerase reaction）と1つの還元反応（**レダクターゼ反応** reductase reaction）である．2つの**異性体化酵素** isomerase は

Δ^3, Δ^2-エノイル CoA イソメラーゼ enoyl CoA isomerase（遺伝子 *ECI2*）と$\Delta^{3,5}, \Delta^{2,4}$-ジエノイル CoA イソメラーゼ dienoyl CoA isomerase（遺伝子 *ECH1*）である。**還元酵素** reductase は 2, 4-ジエノイル CoA レダクターゼで，補酵素は NADP（メモ 3-Ⅲ-3）を用いる。

Δ^3, Δ^2-エノイル CoA イソメラーゼは 2, 3 位の二重結合を 3, 4 位に転移し，$\Delta^{3,5}, \Delta^{2,4}$-ジエノイル CoA イソメラーゼは 3, 4 位と 5, 6 位の 2 つの二重結合を同時に 2, 3 位と 4, 5 位に転移させる。2, 4-ジエノイル CoA レダクターゼは 2, 3 位と 4, 5 位の二重結合に作用して 1 つの 3, 4 位二重結合とする。不飽和脂肪酸の酸化経路は還元反応に依存しない**イソメラーゼ依存経路** isomerase-dependent pathway と異性体化に加えて還元反応を必要とする**レダクターゼ依存経路** reductase-dependent pathway に分けることができる（図 3-Ⅲ-5）。

冒頭で述べたように，体内の脂肪酸の供給源は主に貯蔵脂肪である。パルミトレイン酸（16：1，系統名：9-ヘキサデセン酸），オレイン酸（18：1，系統名：9-オクタデセン酸），リノール酸（18：2，系統名：9, 12-オクタデカジエン酸）を合わせると，貯蔵脂肪に含まれる脂肪酸残基の 50〜60％をこれらが占める（表 3-Ⅲ-1）。3 個以上の二重結合をもつ不飽和脂肪酸は量的にはごくわずかである。

二重結合を 1 個含むオレイン酸についてはその酸化過程を図（図 3-Ⅲ-5）に示したので，二重結合を 2 個もつリノール酸の酸化過程を既に示した知識を用いて解析してみよう（図 3-Ⅲ-6）。また，2, 4-ジエノイル CoA レダクターゼが欠損している患者（新生児）で 2-トランス, 4-シスで炭素数 10 の脂肪酸（図 3-Ⅲ-6 参照）が蓄積していることから考えて，最初の還元反応の基質である 2-トランス, 4-トランス-ジエノイル CoA は一部 β 酸化によっても代謝されることがわかる。

最後に，飽和脂肪酸と不飽和脂肪酸の酸化を 1 つの図（図 3-Ⅲ-7）にまとめてみた。

メモ 3-Ⅲ-3　NAD と NADP

ニコチンアミドアデニンジヌクレオチド nicotinamide adenine dinucleotide（NAD）とニコチンアミドアデニンジヌクレオチドリン酸 nicotinamide adenine dinucleotide phosphate（NADP）は基質の酸化（脱水素）-還元（水素添加）に関与する補酵素である。両者の構造上の相違は 1 個のリン酸基の有無であり，その関与する反応機構は同じで，そのピリジン環の窒素原子（ピリジニウムイオン）は酸化状態で陽電荷をもち，還元状態でそれを失う。還元単位 2H のうち H 1 個がピリジン環の 4 位に付加し，他の H の電子はプロトンとして解離する。

表 3-Ⅲ-1　貯蔵脂肪に含まれる脂肪酸の組成（分子数 ％）

脂肪酸	略記法	皮下脂肪	母乳
ラウリン酸	12：0	1	7
ミリスチン酸	14：0	2.5〜3.5	9
パルミチン酸	16：0	21〜24	21
パルミトレイン酸	16：1	5〜9	2
ステアリン酸	18：0	4〜8	7
オレイン酸	18：1	40〜50	36
リノール酸	18：2	6〜10	7
リノレン酸	18：3	0.2〜1	
アラキドン酸	20：4	＜0.5	

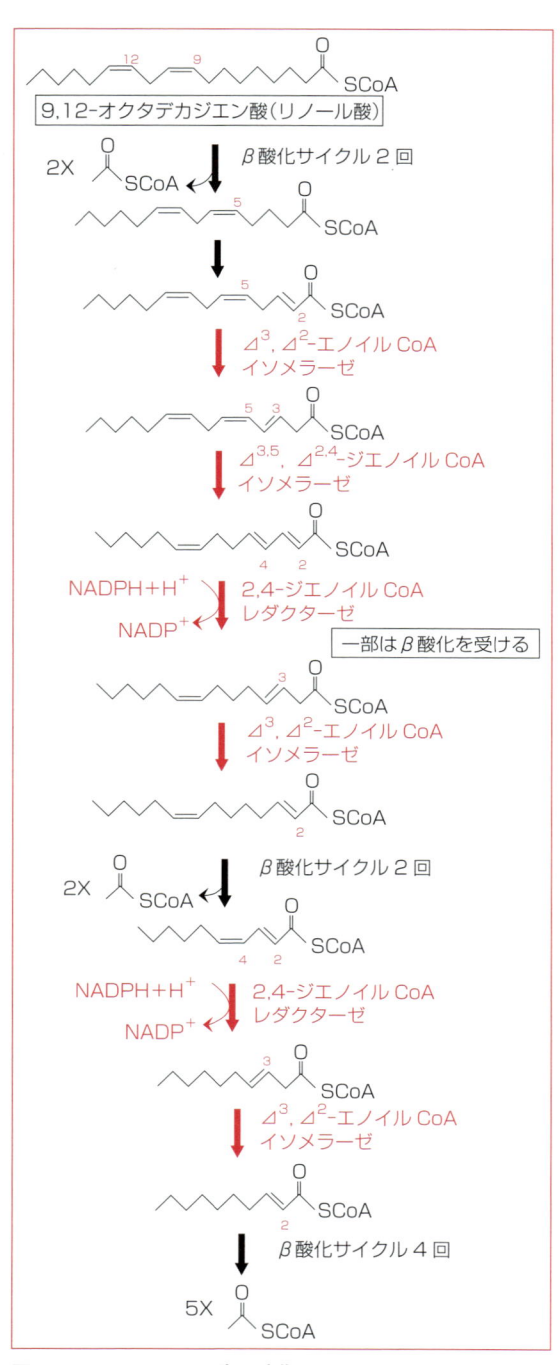

図 3-Ⅲ-6　リノール酸の酸化
二重結合の数に応じて図 3-Ⅲ-5 のレダクターゼ依存経路が繰り返される。しかし，最初のレダクターゼ反応は一部 β 酸化で迂回される。

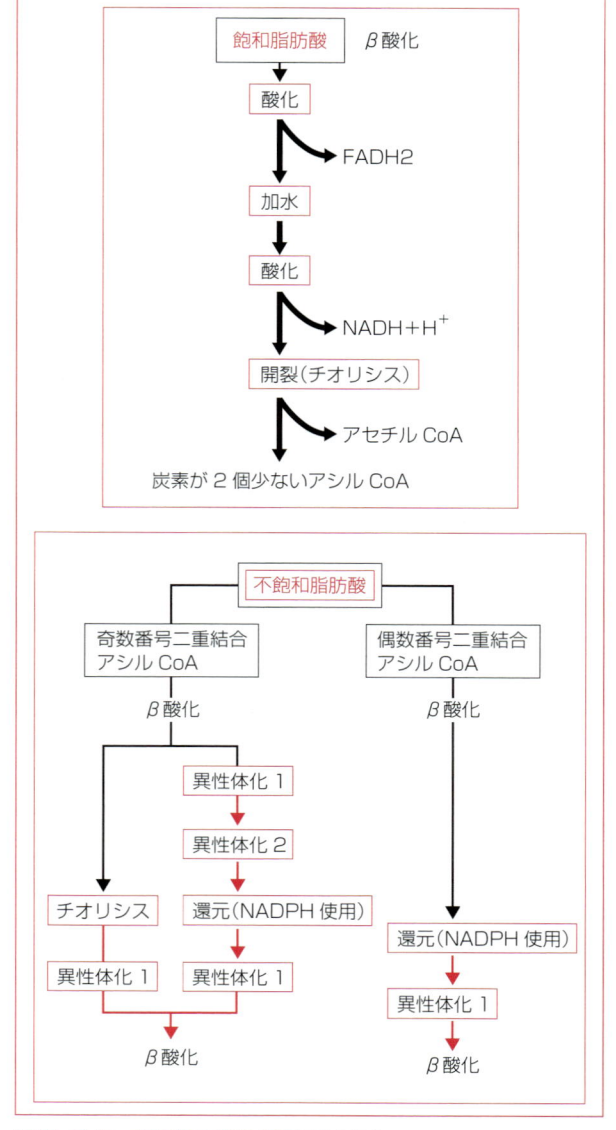

図 3-Ⅲ-7　脂肪酸の酸化経路（まとめ）
異性体化 1 は Δ^3, Δ^2- エノイル CoA イソメラーゼによるものを，異性体化 2 は $\Delta^{3,5}, \Delta^{2,4}-$ ジエノイル CoA イソメラーゼによるものを意味する。

IV アミノ酸の異化

1 アミノ基転移

アミノ酸のアミノ基（-NH₂）が他の**α-ケト酸** α-keto acid（2-オキソ酸 2-oxo acid, メモ 3-IV-1）に転移し，新しいアミノ酸と新しいα-ケト酸を生じる反応を**アミノ基転移** transamination という（図 3-IV-1）。この反応を触媒する酵素は**アミノトランスフェラーゼ** aminotransferase（以前は**トランスアミナーゼ** transaminase）で，補酵素は**ピリドキサールリン酸** pyridoxal phosphate（PLP, 図 3-IV-1 の挿入図）である。

アミノ基転移は正味のアミノ酸の増減を伴わないから，それ自体はアミノ酸の分解ではない。しかし，アミノ酸の分解はアミノ基を失った炭素骨格の分解が大きい比重を占めるので，多くの場合アミノ基転移がアミノ酸分解の第一歩である。分解されるアミノ酸のアミノ基は，**α-ケトグルタル酸** α-ketoglutaric acid（2-オキソグルタル酸）のような広く豊富に存在する 2-オキソ酸に転移する。

われわれは食事でタンパク質を摂取し，それを消化して多量のアミノ酸を吸収する。そのすべてがタンパク質の合成に用いられるわけではないし，その他の利用量も限られているから，当然余りが出る。その分は分解されなくてはならない。余ったアミノ酸の窒素の大部分は最終的には肝臓で**尿素** urea に合成され，腎臓から排泄される（図 3-IV-2）。既成タンパク質の代謝回転や糖新生のためのタンパク質分解によって生じたアミノ酸の窒素も同様に処理される。総じて，アミノ酸およびアンモニアの細胞内への取り込みと代謝は急速に行われる。

2 尿素回路

A 尿素回路への準備段階

尿素回路 urea cycle は**オルニチン回路** ornithine cycle とも呼ばれ，われわれ人類を含む**尿素排出型** urotelic の生物の**肝細胞**に存在して，尿素を生

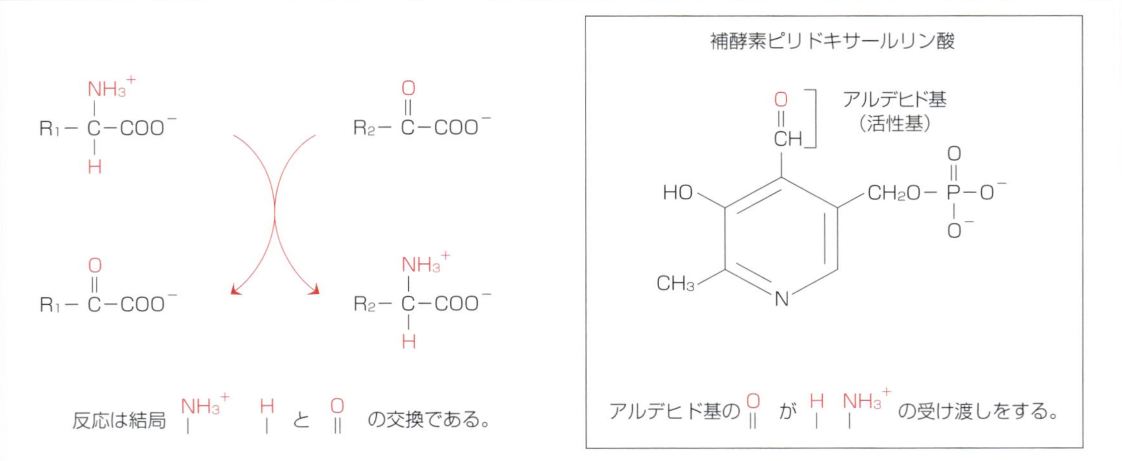

メモ 3-IV-1　α-ケト酸あるいは 2-オキソ酸

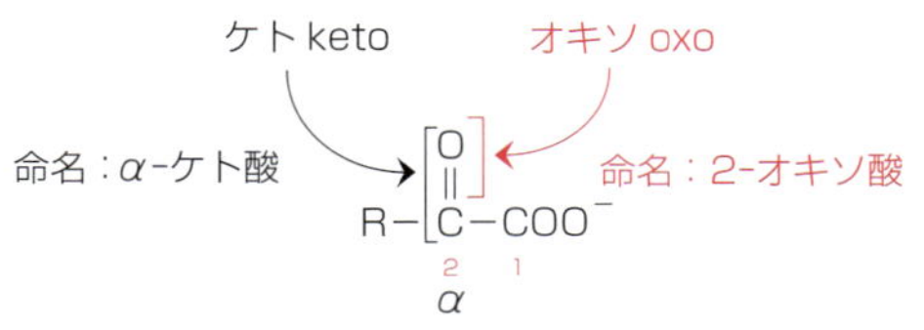

つまり，α-ケト酸と 2-オキソ酸は同じものを指している。

図 3-IV-1　アミノ基転移反応

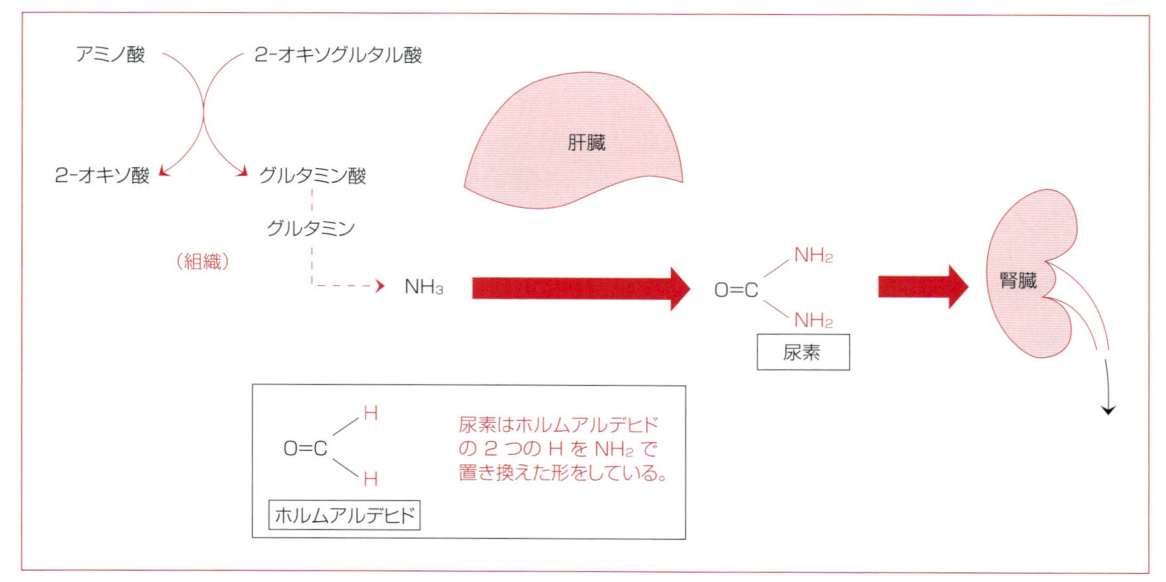

図 3-Ⅳ-2　アミノ酸窒素の処理
組織でアミノ基窒素から生じたアンモニアは肝臓で尿素に合成され，腎臓から排泄される。

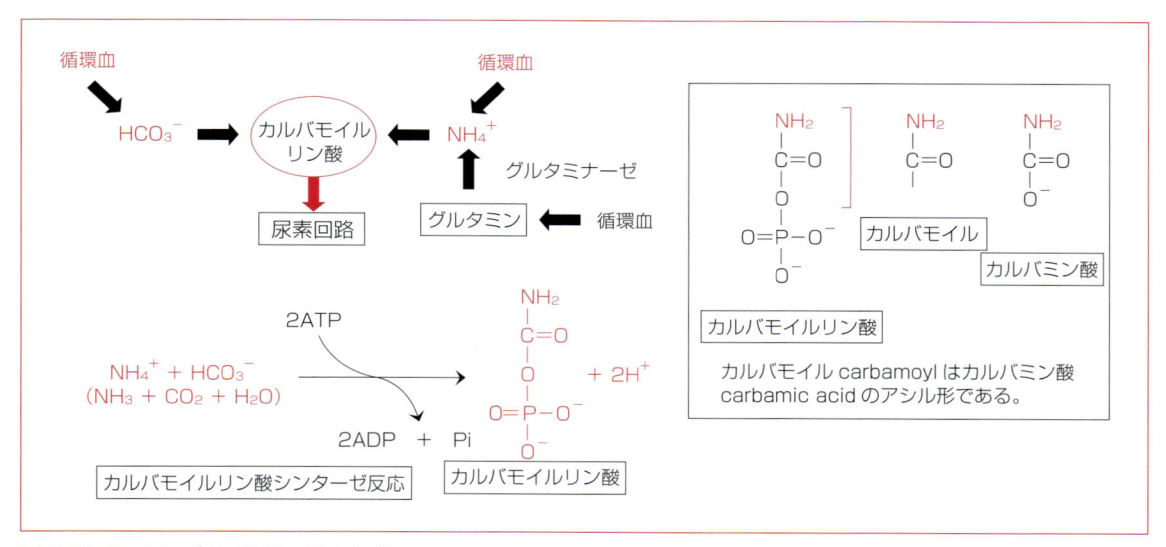

図 3-Ⅳ-3　カルバモイルリン酸の合成
ミトコンドリア（肝細胞）で起こる。

合成する代謝経路である。

　まず，尿素の構造を知ろう（図 3-Ⅳ-2 の挿入図参照）。尿素はホルムアルデヒド CH_2O の 2 つの H をアミノ基 $-NH_2$ で置換した形をしている。もちろん，ホルムアルデヒドから尿素ができるわけではない。尿素が含む 2 個のアミノ基（2 分子のアンモニアに相当）のうち 1 つは**カルバモイルリン酸** carbamoyl phosphate（図 3-Ⅳ-3）に由来し，他の 1 つは**アスパラギン酸** aspartic acid に由来する（図 3-Ⅳ-4）。

　カルバモイルリン酸に含まれるアミノ基は**遊離のアンモニア** NH_3（体液中では**アンモニウムイオン** NH_4^+）に由来する。このアンモニアを供給する系は主に 2 つあって，1 つは循環血の**遊離アン**

IV アミノ酸の異化

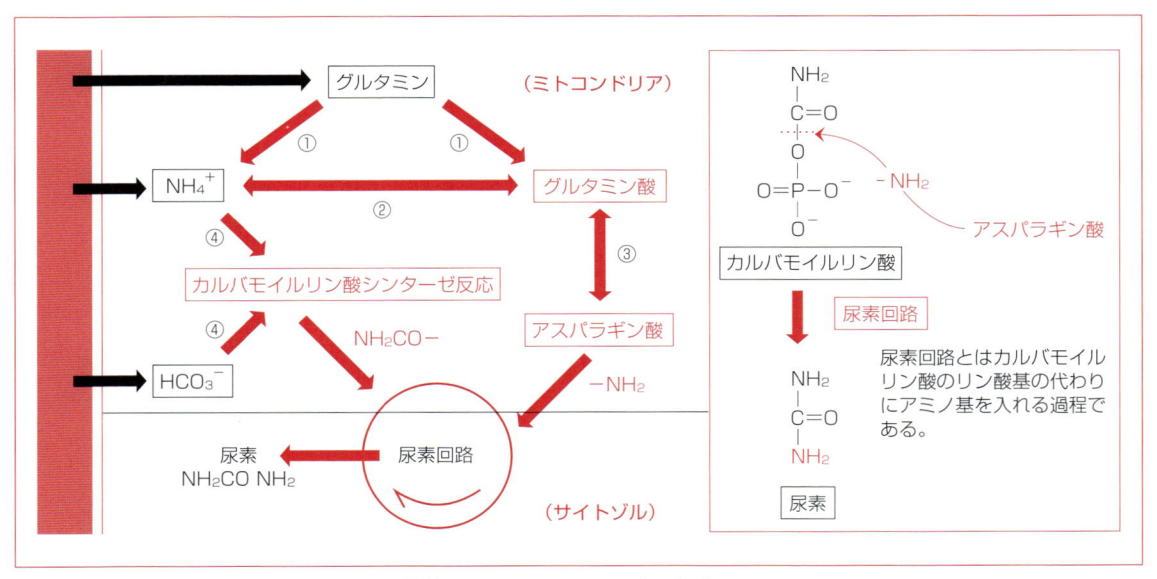

図 3-IV-4　尿素の構成成分を尿素回路に供給するミトコンドリア内の経路
酵素①グルタミナーゼ（メモ 3-IV-2），②グルタミン酸デヒドロゲナーゼ（メモ 3-IV-5），③アスパラギン酸アミノトランスフェラーゼ（メモ 3-IV-4），④カルバモイルリン酸シンターゼ（図 3-IV-3）．

モニア free ammonia（アンモニウムイオン ammonium ion）そのものであり，これは直接カルバモイルリン酸の合成に関与する．他はやはり組織に由来する循環血中の**グルタミン** glutamine が酵素**グルタミナーゼ** glutaminase（**メモ 3-IV-2**）の作用で放出するアンモニアである．

　肝臓の構造単位である肝小葉の中心には中心静脈があり，小葉周辺部から中心静脈に向かって門脈由来と肝動脈（大循環）由来の血液が混じって**静脈洞**を流れる（図 3-IV-5）．遊離アンモニアの細胞内への取り込みとそれを用いた尿素の合成およびグルタミンの細胞内への取り込みと分解によるアンモニアの発生（グルタミナーゼ反応）は小葉周辺部で行われる．他方，中心静脈周辺部では小葉同変部で処理されずに残ったアンモニアがグルタミンに合成され，体循環に出て行く．ちなみに，**グルタミン合成** glutamine synthesis（**グルタミンシンテターゼ反応** glutamine synthetase reaction，**メモ 3-IV-3**）のアンモニアに対する親和性は，尿素合成のアンモニアに対する親和性より高い．このように，肝臓は遊離アンモニアを血中から徹底的に取り除こうとする．したがって，肝不全は血中アンモニア濃度の上昇（アンモニア中毒）を引き起

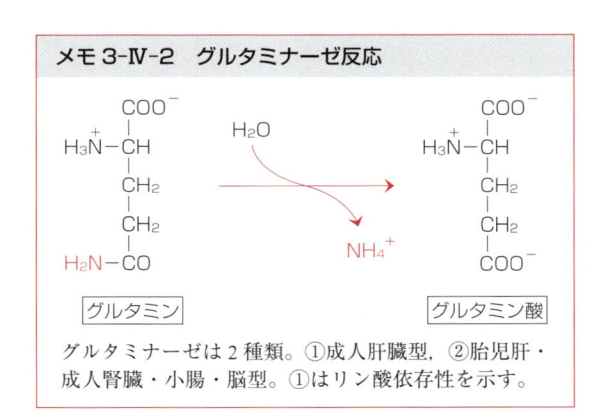

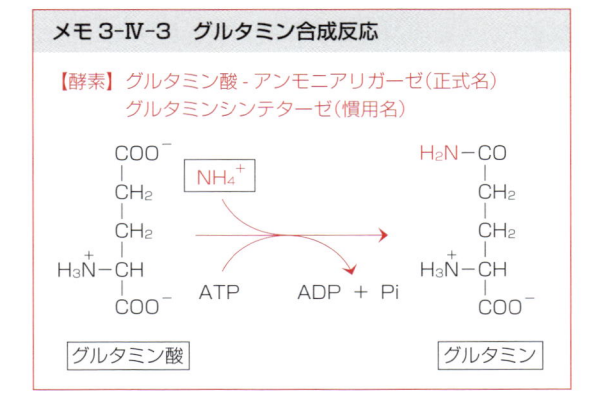

メモ 3-IV-2　グルタミナーゼ反応

グルタミナーゼは 2 種類．①成人肝臓型，②胎児肝・成人腎臓・小腸・脳型．①はリン酸依存性を示す．

メモ 3-IV-3　グルタミン合成反応

【酵素】グルタミン酸 - アンモニアリガーゼ（正式名）
　　　　グルタミンシンテターゼ（慣用名）

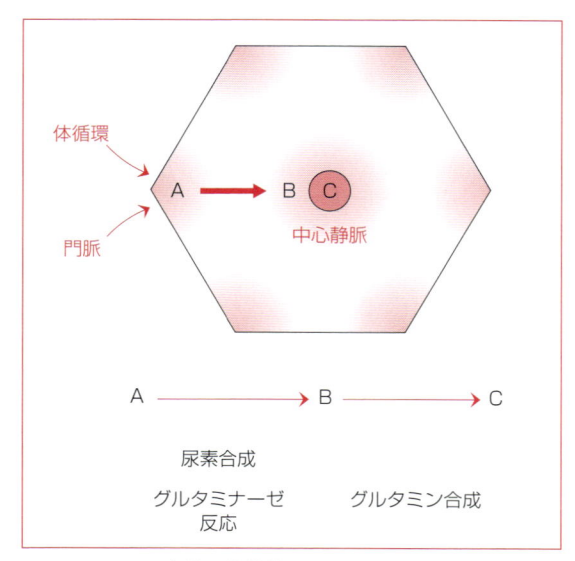

図 3-Ⅳ-5　肝小葉の機能的区分
体循環(肝動脈)と門脈からの血液は肝静脈洞で混じって中心静脈(C)に達する。肝小葉の周辺部(A)では尿素の合成が行われ，中心静脈周辺部(B)ではグルタミンの合成が行われる。

メモ 3-Ⅳ-4　アスパラギン酸アミノトランスフェラーゼ反応

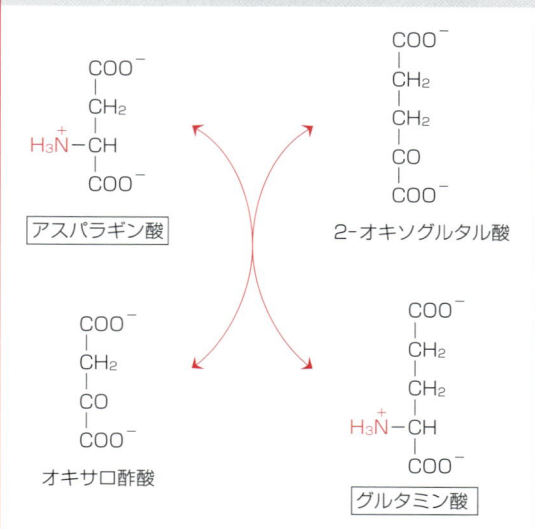

アスパラギン酸アミノトランスフェラーゼ(旧名：グルタミン酸-オキサロ酢酸トランスアミナーゼ)はアミノ基転移酵素の中で最も量が多い。ミトコンドリアとサイトゾルに別々のアイソザイムが存在する。尿素回路に直接アスパラギン酸を提供するのはミトコンドリアの酵素である。血中のアスパラギン酸アミノトランスフェラーゼ酵素活性は血液検査でよく用いられる項目である。

こす。

　尿素にそのアミノ基の１つを供給する**アスパラギン酸**はミトコンドリアの中でグルタミン酸から**アスパラギン酸アミノトランスフェラーゼ** aspartate aminotransferase (AST) の作用で生じる(図3-Ⅳ-4 および**メモ 3-Ⅳ-4**)。反応で用いられる**グルタミン酸** glutamic acid には**グルタミナーゼ反応** glutaminase reaction でアンモニアの生成と同時に生じるものと(メモ3-Ⅳ-2)，**グルタミン酸デヒドロゲナーゼ** glutamate dehydrogenase の作用(逆反応)で2-オキソグルタル酸の還元的アミノ化によって生じるものがある(**メモ 3-Ⅳ-5**)。

B　尿素回路の反応

　尿素回路は結論からいえば，カルバモイルリン酸のリン酸基をアスパラギン酸のアミノ基で置き換える反応過程である(図3-Ⅳ-4 挿入図)。

　慣例にしたがって**カルバモイルリン酸**の**オルニチン** ornithine との縮合による**シトルリン** citrulline の生成から始めよう(図3-Ⅳ-6 反応①)。触媒する酵素は**オルニチンカルバモイルトランスフェラーゼ** ornithine carbamoyltransferase (ミトコンド

メモ 3-Ⅳ-5　グルタミン酸デヒドロゲナーゼ反応

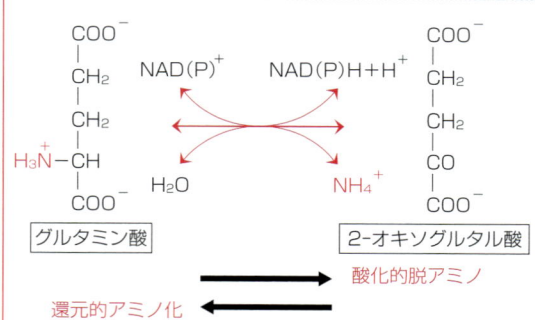

動物にはグルタミン酸デヒドロゲナーゼが2種類あって1つは広く組織に分布して補酵素としてNADを用いる。他は主に肝にあってNADとNADPのどちらも補酵素として利用できる。尿素回路にアスパラギン酸を供給するためのグルタミン酸を作るのは後者である。

リア)である。生成したシトルリンはアスパラギン酸とともにサイトゾルに出て両者は縮合し，**アルギニノコハク酸** argininosuccinate になる(アル

Ⅳ　アミノ酸の異化

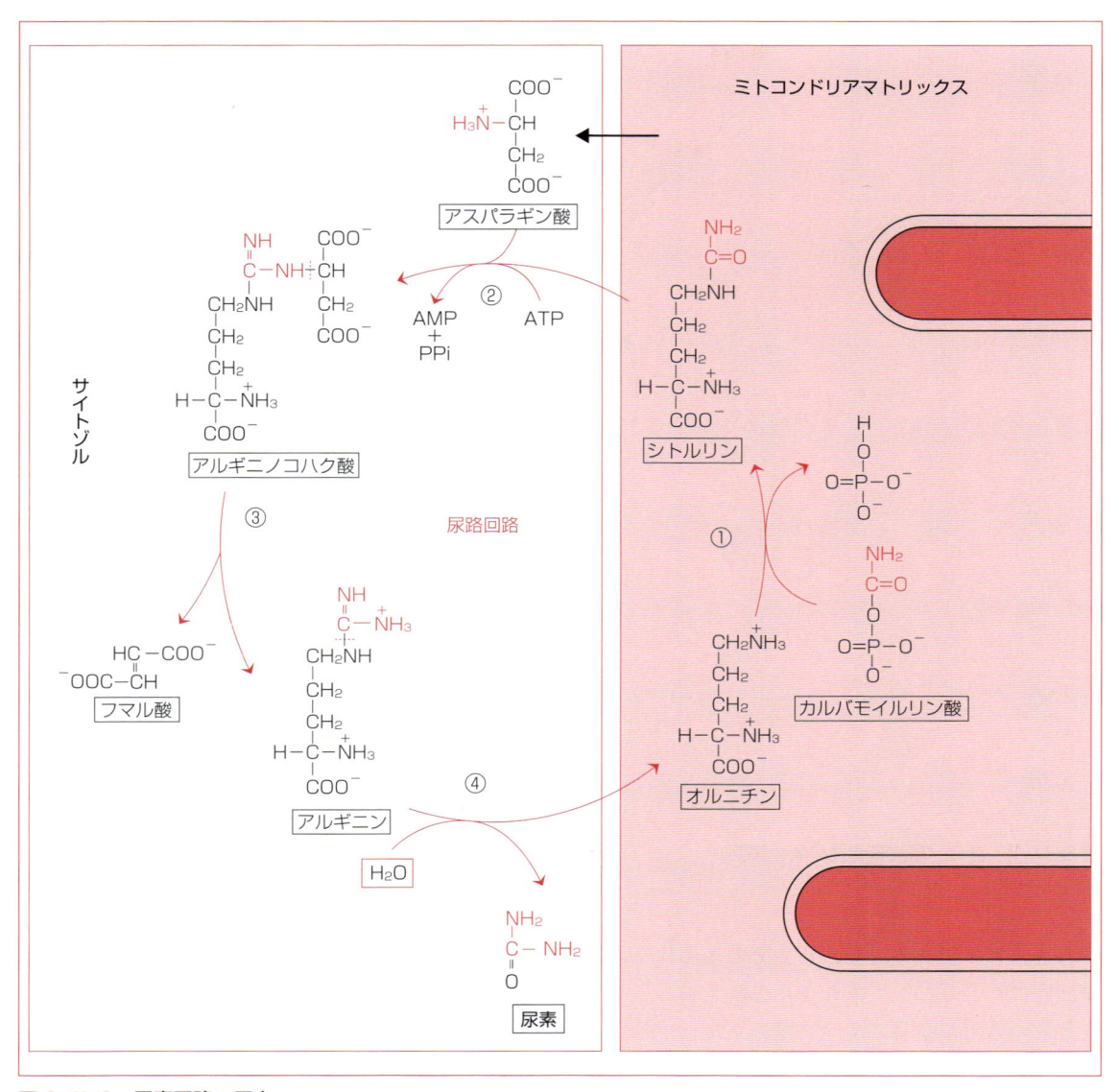

図3-Ⅳ-6　尿素回路の反応
酵素：①オルニチンカルバモイルトランスフェラーゼ，②アルギニノコハク酸シンターゼ，③アルギニノコハク酸リアーゼ（アルギニノスクシナーゼ），④アルギナーゼ。

ギニノコハク酸シンターゼ反応 argininosuccinate synthase reaction，図3-Ⅳ-6反応②）。この反応にはATPが必要である。アルギニノコハク酸は**フマル酸** fumarate を遊離して**アルギニン** arginine になる（**アルギニノコハク酸リアーゼ反応** argininosuccinate lyase reaction，図3-Ⅳ-6③）。このアルギニンがサイトゾルの**アルギナーゼ** arginase の作用で尿素を遊離し，オルニチンを再生する（図3-Ⅳ-6④）。オルニチンは再びミトコンドリア内に輸送されてカルバモイルリン酸と縮合し，新しい尿素回路が始まる。

3　炭素骨格の異化

アミノ酸は20種あるから，その炭素骨格の代

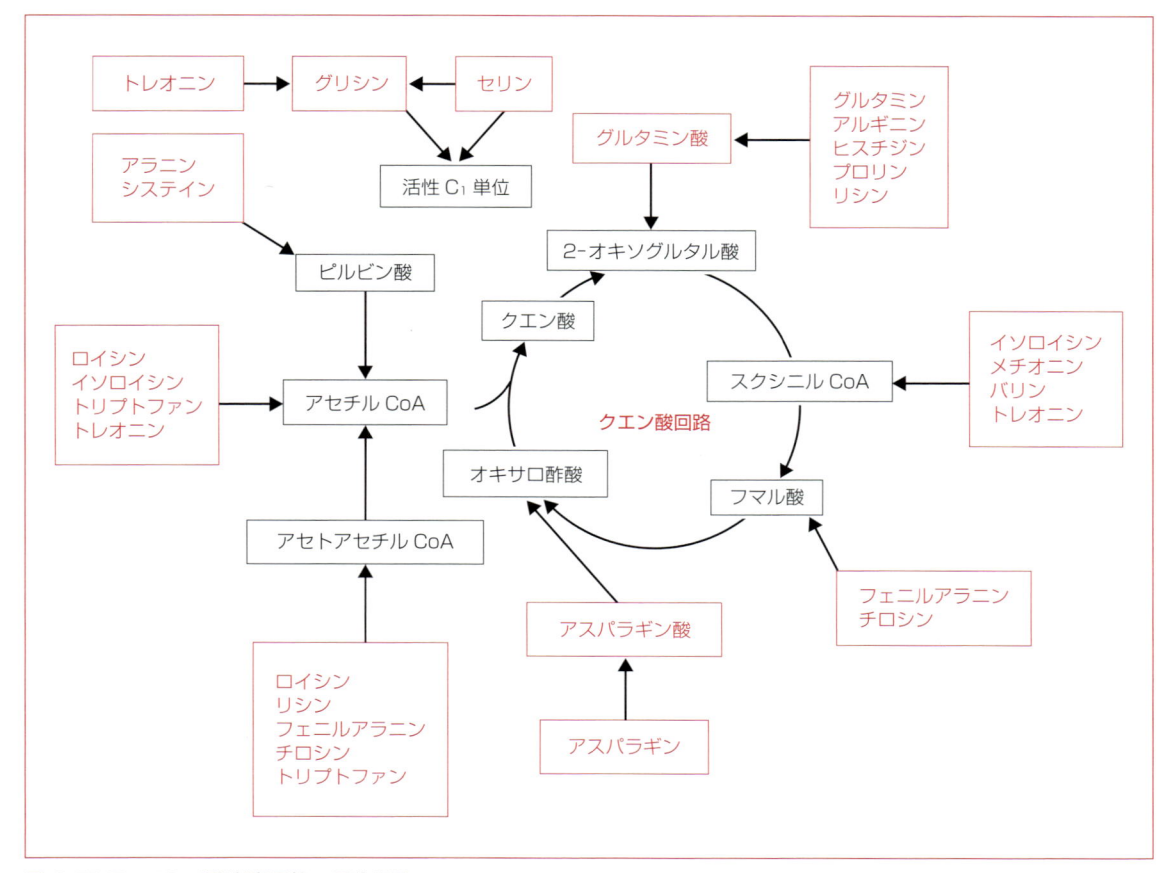

図 3-Ⅳ-7 アミノ酸炭素骨格の異化経路

謝もさまざまである．しかし，その多くはクエン酸回路にたどりついて酸化され分解される．そのたどりつき方によってアミノ酸のグループ分けが可能である（図 3-Ⅳ-7）．①直接クエン酸回路につながらず他の物質の生成に必要な素材を与えるもの，②アセチル CoA になるもの（アセチル基はクエン酸回路によって CO_2 と H_2O に分解される），③ 2-オキソグルタル酸（α-ケトグルタル酸）になるもの，④スクシニル CoA になるもの，⑤フマル酸になるもの，⑥オキサロ酢酸になるもの，⑦代謝産物がそのまま尿中に排泄されるものなどに大別される．③〜⑥はクエン酸回路の中間体である．ただ，以上のいくつかの分類にまたがって代謝されるアミノ酸も例外ではない．

A 活性 1 炭素単位を与えるもの

グリシンの主な代謝経路は**グリシン開裂酵素系** glycine cleavage system（図 3-Ⅳ-8）によるものである．この酵素系が欠損すると，**高グリシン血症** hyperglycinemia が起こる．この経路ではグリシンのアミノ基とカルボキシル基はそれぞれアンモニアと二酸化炭素になるが，分子中央の**メチレン基** methylene group（$-CH_2-$）は**テトラヒドロ葉酸** tetrahydrofolate（メモ 3-Ⅳ-6）に転移して **5,10-メチレンテトラヒドロ葉酸** 5,10-methylenetetrahydrofolate ができる．テトラヒドロ葉酸は **1 炭素単位**（C_1）の転移反応における補酵素として働き，それ自体が担体となる．C_1 はメチレン基だけではなく，**メチル基** methyl group（$-CH_3$），**メテニル基** methenyl group（$-CH=$），**ホルミル基** formyl group

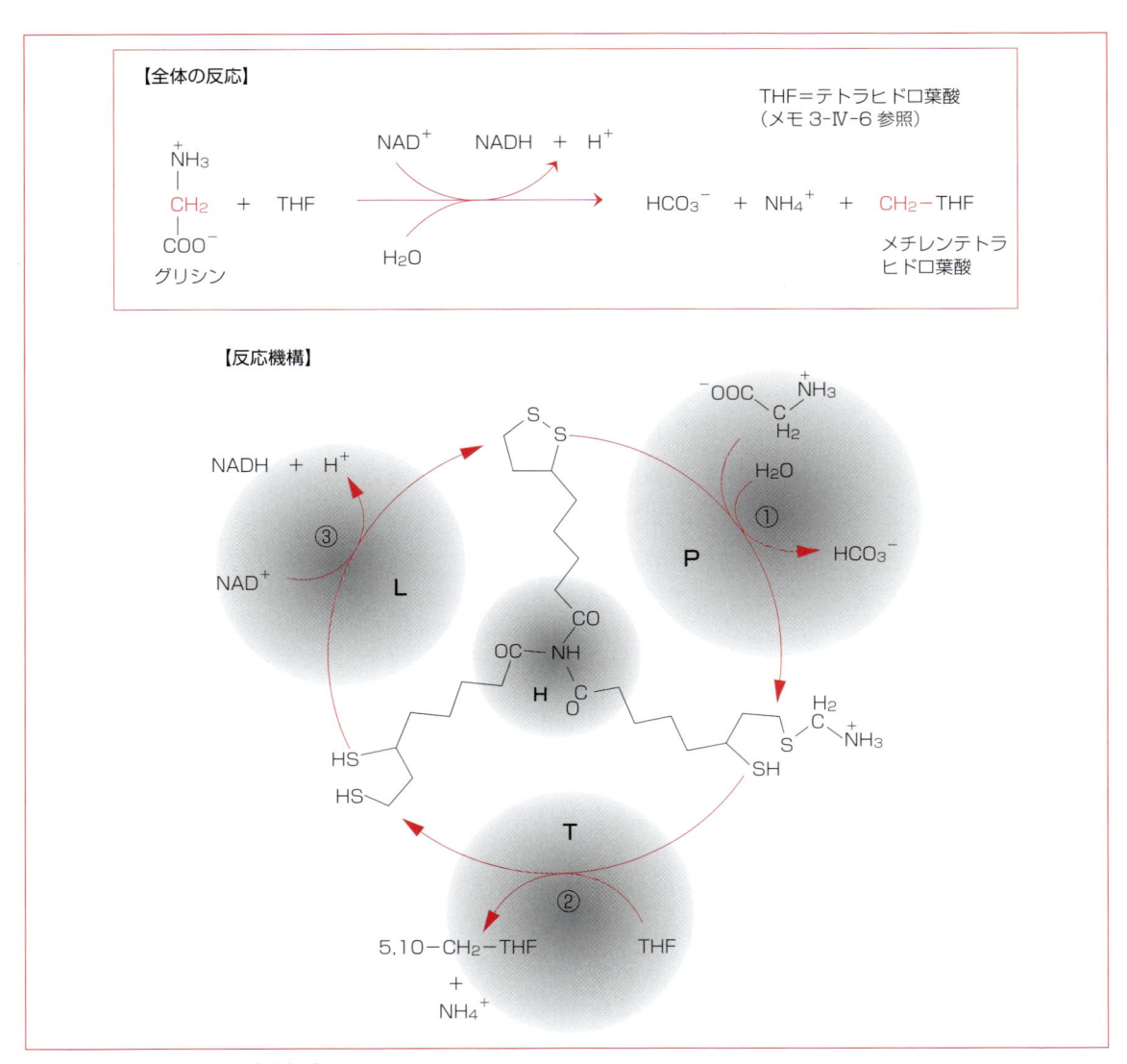

図 3-Ⅳ-8 グリシン開裂酵素系

H(グリシン開裂系Hタンパク質)は1個のリポイルリシル基(リシン残基に結合したリポ酸 lipoic acid)を含む小さいタンパク質で，そのリポ酸のジスルフィド基の上で一連の反応が進行する．P(グリシンデヒドロゲナーゼ［脱カルボキシル化］)はこの中で最も大きいタンパク質で，グリシンの脱カルボキシル化過程を触媒する(①)．T(アミノメチルトランスフェラーゼ)はグリシンのメチレン基をテトラヒドロ葉酸(THF)に移す(②)．L(ジヒドロリポイルデヒドロゲナーゼ)は NAD^+ を還元することによって2つのスルフヒドリル基をジスルフィド基に戻す(③)．

(-CHO)などの形をとる．C_1 基はアミノ酸代謝だけでなく，ヌクレオチドやリン脂質の生合成にも関与する．

セリンは主に，セリンヒドロキシメチルトランスフェラーゼ serine hydroxymethyltransferase(グリシンヒドロキシメチルトランスフェラーゼとも)の作用でグリシンと 5,10-メチレンテトラヒドロ葉酸になり，グリシンと同じ経路をたどる．

B アセチルCoAを経由するもの

アセチルCoAを経由するものはさらに3グループに分けられる(図3-Ⅳ-7)．①ピルビン酸を経由してアセチルCoAに至るもの，②直接アセチルCoAに至るもの，③アセトアセチルCoA

メモ 3-Ⅳ-6　葉酸とその誘導体

5,10-メチレン-5,6,7,8-テトラヒドロ葉酸

5,6,7,8-テトラヒドロ葉酸

葉酸（プテロイルグルタミン酸）
ポリグルタミン酸が結合

葉酸はビタミン B 複合体の 1 つである。欠乏すると巨赤芽球性貧血となる。体内ではポリグルタミン酸が結合している。

メモ 3-Ⅳ-7　アラニンアミノトランスフェラーゼ

アラニン　2-オキソグルタル酸
ピルビン酸　グルタミン酸

アラニンアミノトランスフェラーゼ（ALT）はかつてはグルタミン酸-ピルビン酸トランスアミナーゼ（GPT）と呼ばれることが多かった。その血清値は肝機能障害の指標として用いられる。

を介してアセチル CoA に至るものの 3 つである。

1　ピルビン酸を経由するもの

このグループで最も簡単な過程をとるのはアラニン alanine で，アラニンアミノトランスフェラーゼ alanine aminotransferase（ALT）の作用で直接ピルビン酸を与える（メモ 3-Ⅳ-7）。

システイン cysteine は主な異化の第 1 歩として酸素分子を取り込み，システインスルフィン酸 cysteine sulfinic acid（図 3-Ⅳ-9）になる（システインジオキシゲナーゼ反応 cysteine dioxygenase reaction）。細胞内システインの濃度を一定の範囲に維持するためにこの酵素の発現量は厳密に制御されている。システインスルフィン酸を通る経路によってタウリン taurine とピルビン酸が生じる（図 3-Ⅳ-9）。

2　直接アセチル CoA に至るもの

分枝アミノ酸 branched-chain amino acid（ロイシン，バリン，イソロイシン）は主として骨格筋と

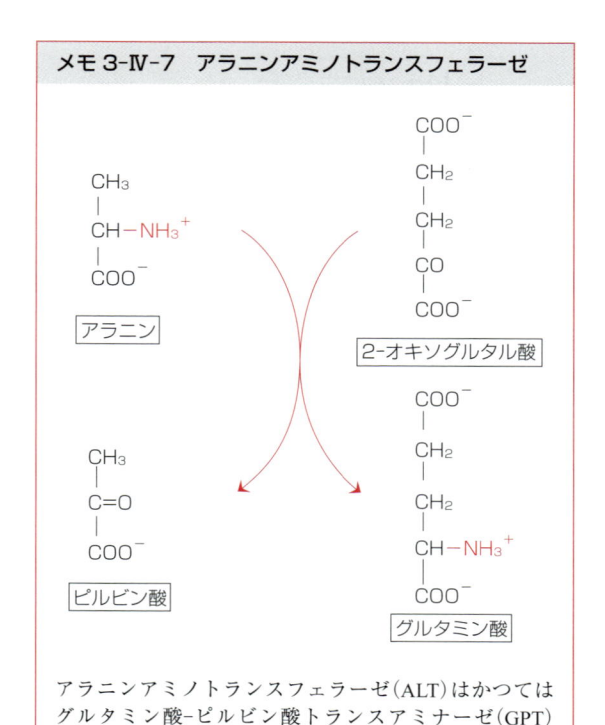

①システインジオキシゲナーゼ反応

システイン → システインスルフィン酸（3-スルフィノアラニン）

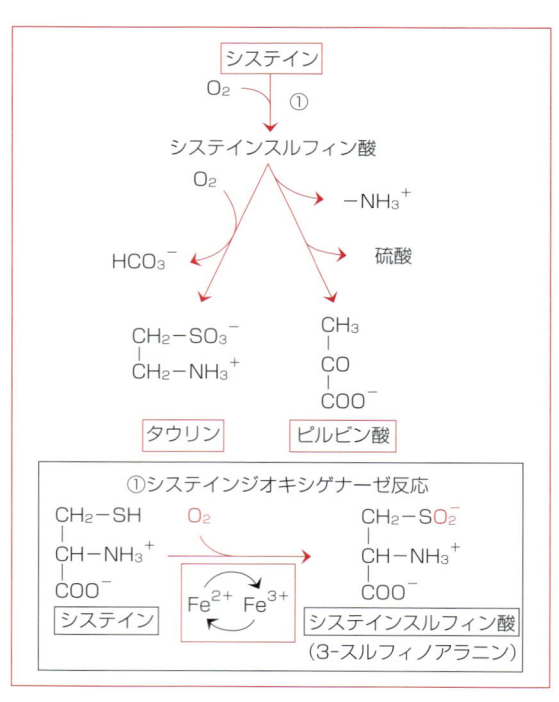

図 3-Ⅳ-9　システインの異化

IV アミノ酸の異化　101

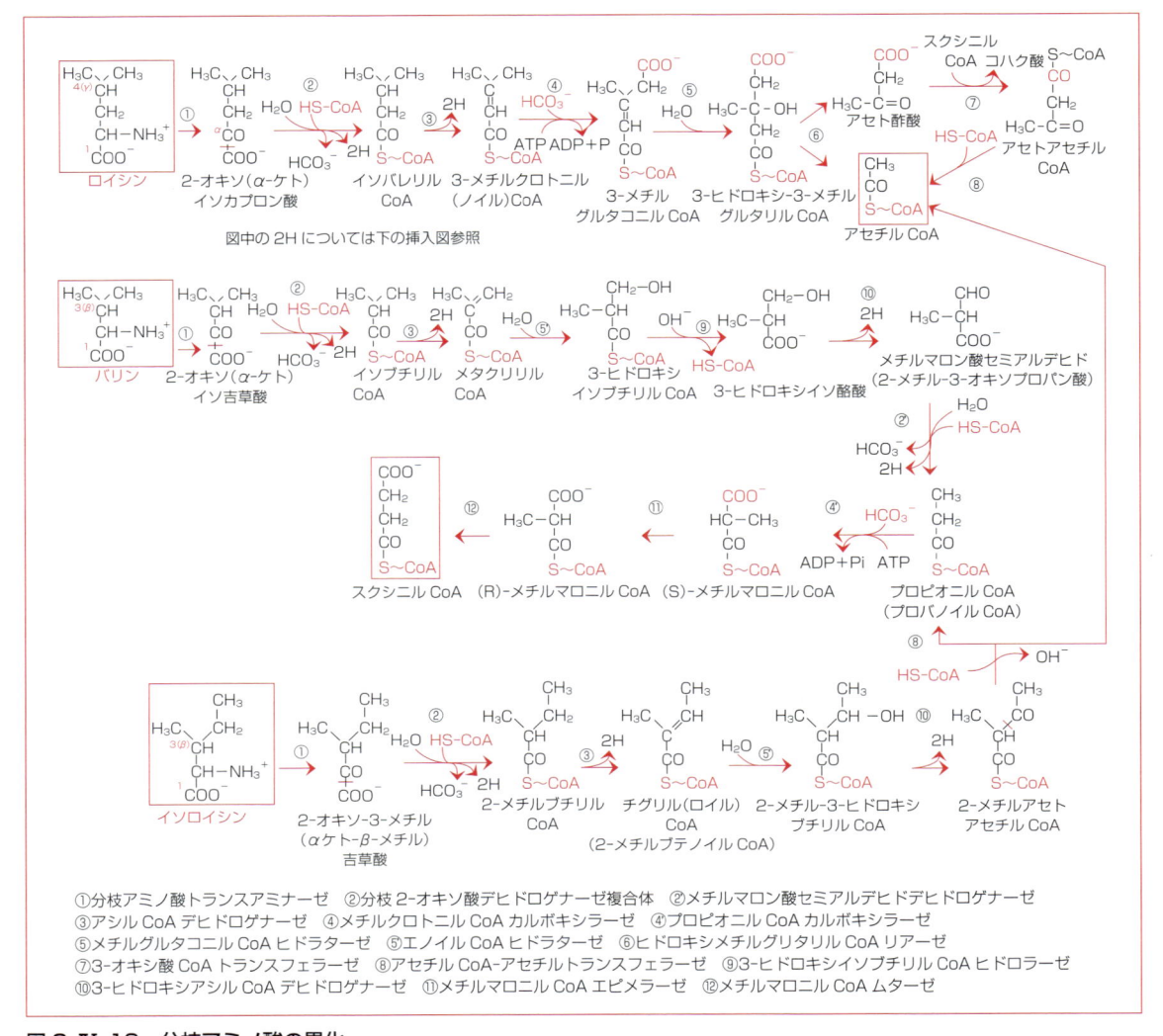

図3-IV-10　分枝アミノ酸の異化

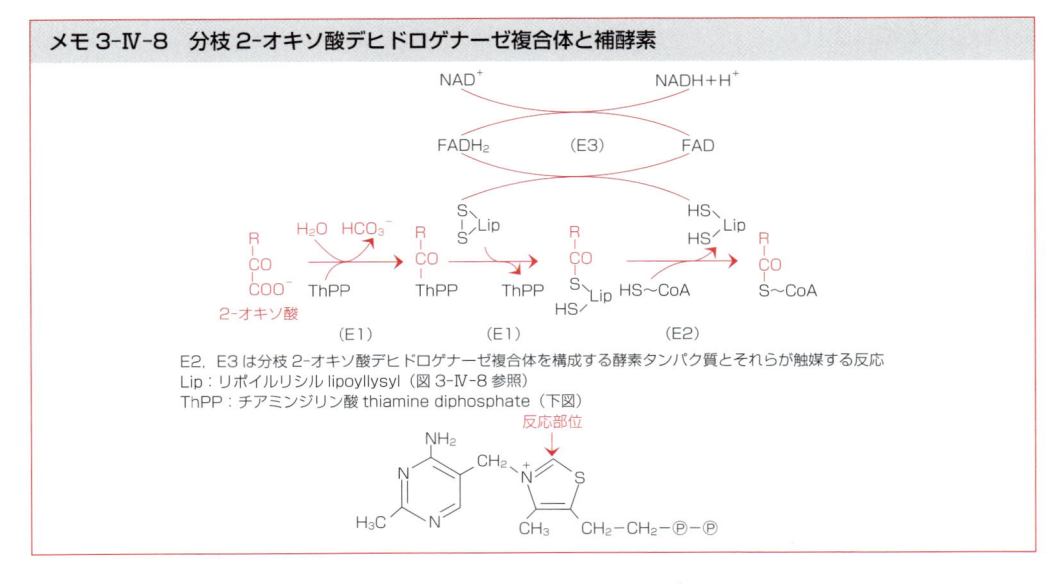

①分枝アミノ酸トランスアミナーゼ　②分枝2-オキソ酸デヒドロゲナーゼ複合体　②'メチルマロン酸セミアルデヒドデヒドロゲナーゼ
③アシルCoAデヒドロゲナーゼ　④メチルクロトニルCoAカルボキシラーゼ　④'プロピオニルCoAカルボキシラーゼ
⑤メチルグルタコニルCoAヒドラターゼ　⑤'エノイルCoAヒドラターゼ　⑥ヒドロキシメチルグリタリルCoAリアーゼ
⑦3-オキソ酸CoAトランスフェラーゼ　⑧アセチルCoA-アセチルトランスフェラーゼ　⑨3-ヒドロキシイソブチリルCoAヒドロラーゼ
⑩3-ヒドロキシアシルCoAデヒドロゲナーゼ　⑪メチルマロニルCoAエピメラーゼ　⑫メチルマロニルCoAムターゼ

メモ3-IV-8　分枝2-オキソ酸デヒドロゲナーゼ複合体と補酵素

E2, E3は分枝2-オキソ酸デヒドロゲナーゼ複合体を構成する酵素タンパク質とそれらが触媒する反応
Lip：リポイルリシル lipoyllysyl（図3-IV-8参照）
ThPP：チアミンジリン酸 thiamine diphosphate（下図）

メモ 3-Ⅳ-9　ビオチンとビオシチン

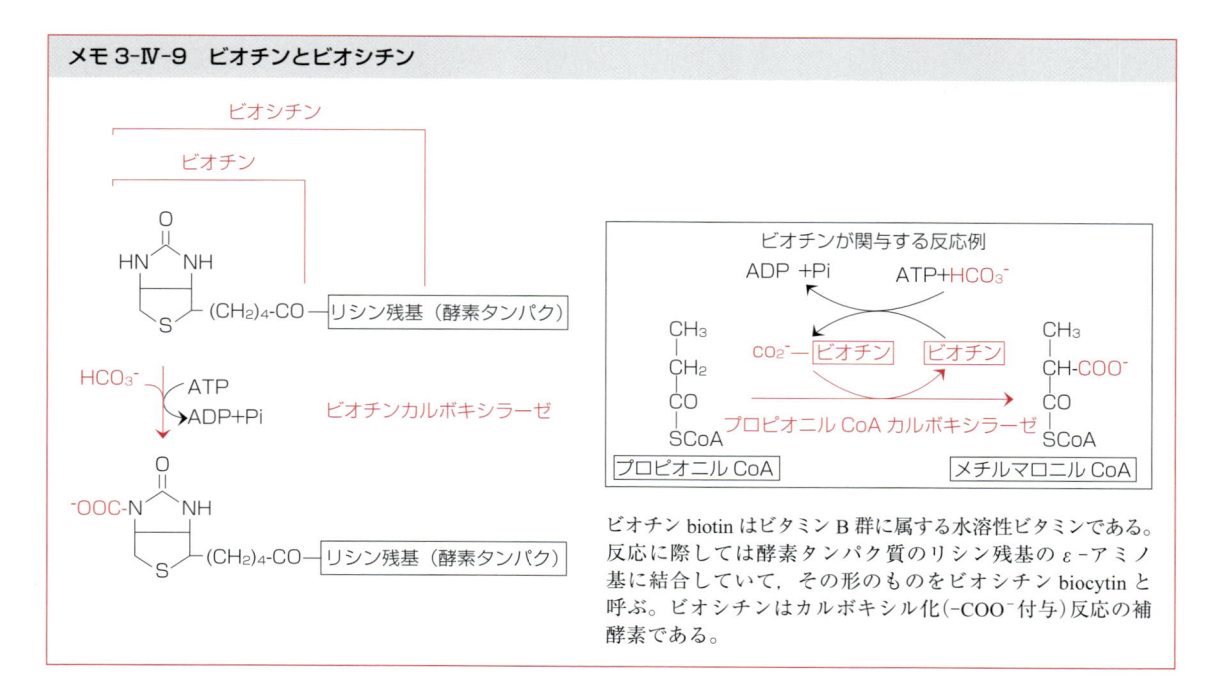

ビオチン biotin はビタミン B 群に属する水溶性ビタミンである。反応に際しては酵素タンパク質のリシン残基の ε-アミノ基に結合していて、その形のものをビオシチン biocytin と呼ぶ。ビオシチンはカルボキシル化（-COO⁻ 付与）反応の補酵素である。

脳で代謝される。ロイシンが最終的にアセチル CoA になるのに対し，バリン，イソロイシンはスクシニル CoA になる（イソロイシンの一部はアセチル CoA にもなる）（図 3-Ⅳ-10）。

三者の異化には共通するところと異なるところがある。完全に共通するのは最初の 3 ステップ（図 3-Ⅳ-10，反応①〜③）で，それぞれ同一の酵素が触媒する。第 1 ステップは**アミノ基転移**反応である。**分枝アミノ酸異化**の全体像については図を見ていただくことにして，ここでは本異化経路の特徴をいくつか取り上げる。

アミノ基転移の後にくる**酸化**(**脱水素**)反応（図 3-Ⅳ-10，反応②）で炭素骨格の 1 つの炭素が**脱炭酸**の形で除かれる。基質の残りはアシル基として CoA に結合する（これ以後は CoA に結合した形で反応が進む）。この酸化的脱炭酸反応（分枝 2-オキソ酸デヒドロゲナーゼ反応）は補酵素**チアミンピロリン酸** thiamine pyrophosphate（正式名チアミン二リン酸 thiamine diphosphate, ThPP）と**リポイルリシル** lipoyllysyl の関与するやや複雑な反応である（メモ 3-Ⅳ-8）。

バリンとイソロイシンには共通した経路がある（プロピオニル CoA → スクシニル CoA）。これは

ロイシンの**炭素骨格の枝分かれ**が炭素 4（γ 炭素）の位置にあるのに対し，バリンとイソロイシンのそれは炭素 3（β 炭素）の位置にあることに起因する。分枝アミノ酸三者に共通した特徴的な（直鎖アミノ酸の異化には見られない）反応は途中で骨格の炭素がカルボキシル化によって 1 つ増えることである（図 3-Ⅳ-10，反応④④）。これらの反応を触媒する酵素は**ビオチン** biotin（メモ 3-Ⅳ-9）を必要とする**ビオチン酵素** biotin enzyme である。

トリプトファンは**インドール核** indole nucleus（図 3-Ⅳ-11 挿入図）をもつアミノ酸である。その代謝過程には特徴のある中間体が存在する。トリプトファンの代謝は主に 3 つの経路で行われる。主な経路の 1 つは酸素分子を取り込んでインドール核を開裂し（**トリプトファン 2,3-ジオキシゲナーゼ** tryptophan 2,3-dioxygenase），ホルミルキヌレニン formyl kynurenine を経てギ酸を失い，**キヌレニン** kynurenine になることで始まる経路である（図 3-Ⅳ-11）。これに対して，もう 1 つの経路は酸素 1 原子を取り込む反応（**トリプトファン 5-モノオキシゲナーゼ** tryptophan 5-monooxygenase，別名**トリプトファン水酸化酵素** tryptophan hydroxylase）で，インドール核にヒドロキシ基（水

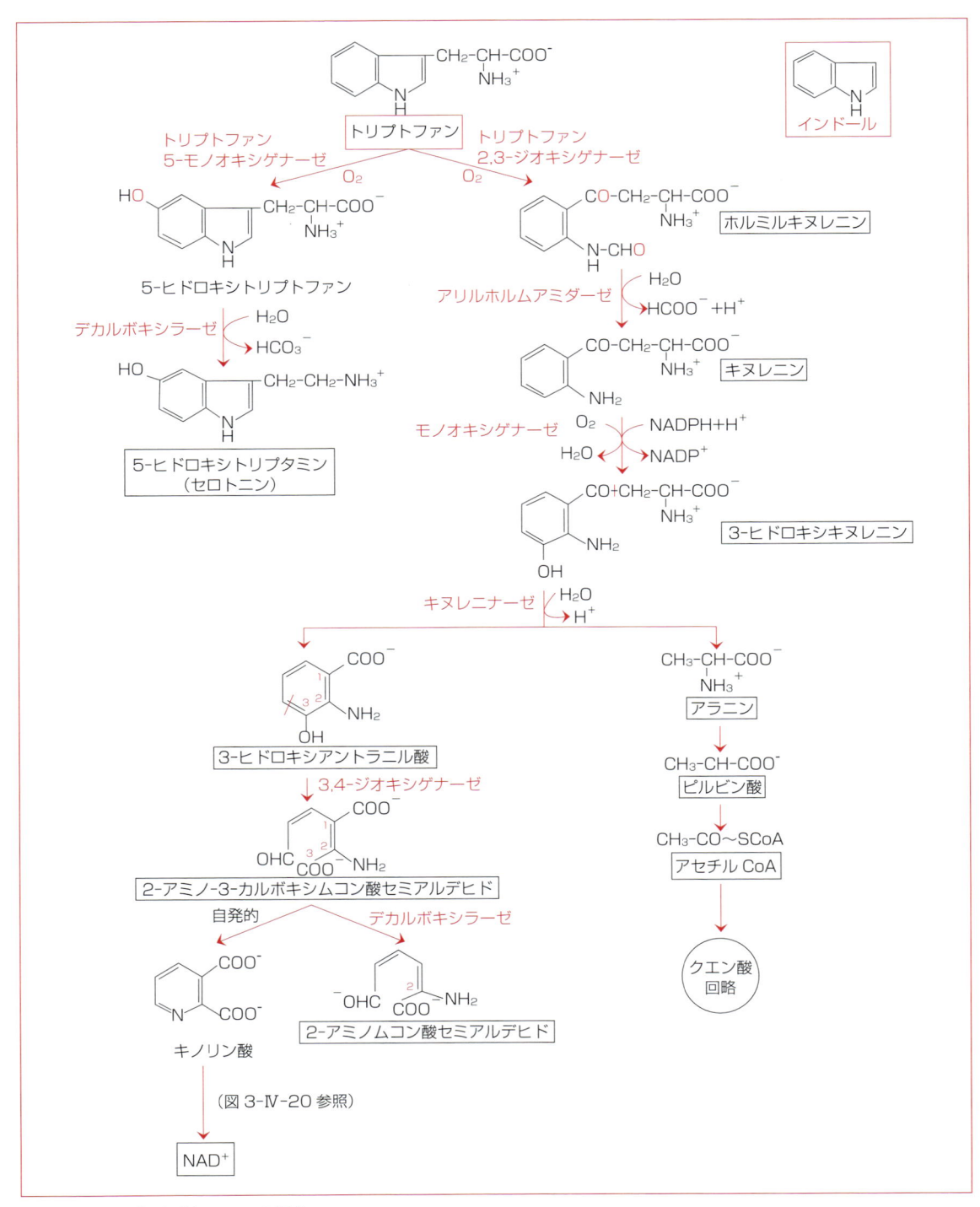

図 3-Ⅳ-11 トリプトファンの異化

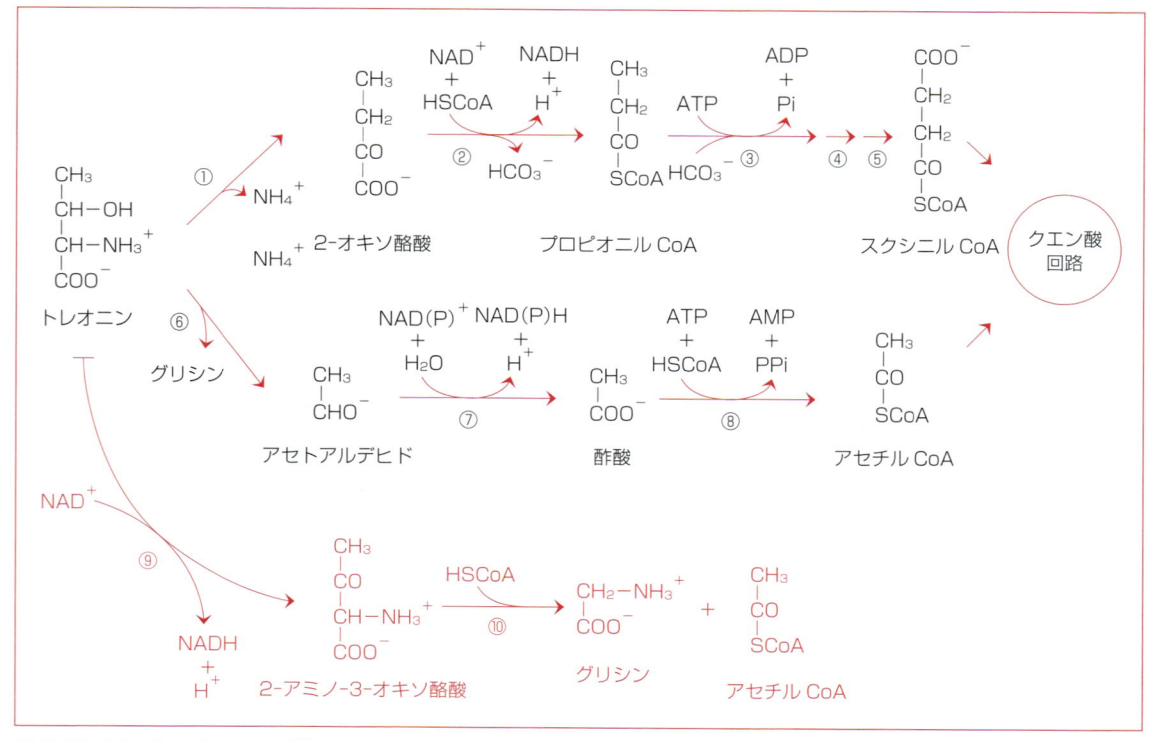

図3-Ⅳ-12 トレオニンの異化
①セリンデヒドラターゼ(EC4.3.1.17)はトレオニンにも作用する。②分枝2-オキソ酸デヒドロゲナーゼ複合体(EC1.2.4.4)，③プロピオニルCoAカルボキシラーゼ，④メチルマロニルCoAエピメラーゼ，⑤メチルマロニルCoAムターゼ(②，③，④，⑤については分枝アミノ酸の異化［図3-Ⅳ-10］と本質的に変わらない)。⑥グリシンヒドロキシメチルトランスフェラーゼ(セリンヒドロキシメチルトランスフェラーゼ)(EC2.1.2.1)はトレオニンに作用するときはTHFを必要としない(これはトレオニンアルドラーゼと同じ形式の反応であるが，ヒトにはトレオニンアルドラーゼ［EC4.1.2.5］は存在しない)。⑦アセトアルデヒドデヒドロゲナーゼにはミトコンドリアの酵素(EC1.2.1.3)とサイトゾルの酵素(EC1.2.15)があり，後者は補酵素としてNAD$^+$以外にNADP$^+$をも利用する。⑧アセチルCoAシンテターゼはサイトゾルの酵素である。⑨トレオニンデヒドロゲナーゼ(EC1.1.1.103)はヒトには存在しない酵素である。⑩グリシンC-アセチルトランスフェラーゼはヒトに存在する。

酸基)が導入される。さらに脱炭酸されると神経伝達物質の**セロトニン** serotonin になる(図3-Ⅳ-11)。

キヌレニンは3-ヒドロキシキヌレニンになり，側鎖からアラニンを遊離して**3-ヒドロキシアントラニル酸** hydroxyanthranilic acid になる。六員環がいったん開環して**2-アミノ3-カルボキシムコン酸セミアルデヒド**を生じた後2つの経路に分かれ，その1つは**キノリン酸** quinolinic acid (ピリジン-2,3-ジカルボン酸)を経て補酵素**NAD$^+$**に至り，他は2-アミノムコン酸セミアルデヒドになるが，ヒトではそれ以上の代謝は知られていない。

キノリン酸は中枢神経系で興奮性毒素 excito-toxin として振舞う。その生成経路の開始酵素3-ヒドロキシアントラニル酸3,4-ジオキシゲナーゼ(遺伝子 *HAAO*)はハンチントン病の患者脳で発現が増加しているとの報告がある。

ヒトのトレオニン代謝は頭を悩ませる問題である。ヒトに特化したアミノ酸代謝経路図[注]では，驚いたことに，トレオニンから発する代謝経路が皆無なのである。これが事実であるとしたら，ヒトはトレオニン蓄積症になってしまうであろう。

[注] 1996年に京都大学化学研究所の金久實教授らによって創設されたバイオインフォマティックス・データベースである KEGG (Kyoto Encyclopedia of Genes and Genomes) にはいろいろな代謝系が生物種ごとに検索できるようになっている。ウェブで「KEGG」を開くことによってアクセスできる。

それは事実に反するからトレオニンを代謝する経路はなければならない。

　問題を混乱させている1つの原因はトレオニン代謝経路(担当酵素)が生物種によってまちまちである事実であろう。例えば，トレオニンデヒドロゲナーゼ threonine 3-dehydrogenase (EC1.1.1.103) はチンパンジー，マウス，イヌ，ウシ，ブタ，ウマなどヒトを除くほとんどの哺乳類，さらにニワトリ，アフリカツメガエルにも発現している。この酵素とグリシン C-アセチルトランスフェラーゼ glycine C-acetyltransferase を組み合わせると，トレオニンはグリシンとアセチル CoA になる(図 3-Ⅳ-12)。しかし，ヒトではトレオニンデヒドロゲナーゼが欠損している(遺伝子が不完全な偽遺伝子である)ので，この経路は使えない。

　トレオニンアルドラーゼ threonine aldolase (EC 4.1.2.5) はトレオニンをグリシンとアセトアルデヒドにする酵素(補酵素ピリドキサールリン酸，PLP)である。この酵素はマウス，ラット，ウシにはあるが，ヒトを含むその他の哺乳類，鳥類にはない。トレオニンデヒドラターゼ threonine dehydratase (EC 4.3.1.19) はトレオニンを脱アミノ化して2-オキソ酪酸を生じさせる。この酵素は鳥類にはあるが，哺乳類にはない。

　セリンデヒドラターゼ serine dehydratase (EC 4.3.1.17) は本来セリンをピルビン酸とアンモニアにする酵素であるが，トレオニンにも働いて2-オキソ酪酸とアンモニアにする。つまり，反応自体はトレオニンデヒドラターゼと同じである。この酵素はヒトにはあるが，マウスにもラットにもない。2-オキソ酪酸をさらに代謝する特異的酵素は見あたらないが，分枝アミノ酸の異化経路で重要な働きをする分枝2-オキソ酸デヒドロゲナーゼ複合体が2-オキソ酪酸にも働くもののようである。

　グリシンヒドロキシメチルトランスフェラーゼ(セリンドロキシメチルトランスフェラーゼ)(EC 2.1.2.1) は本来 THF(テトラヒドロ葉酸)を補酵素としてセリンをグリシンとメチレン THF にする酵素であるが，トレオニンにも働いてこの場合は THF を必要としないで，トレオニンをグリシンとアセトアルデヒドにする。つまり，トレオニンアルドラーゼと同じ反応である。この酵素はヒトを含め脊椎動物，昆虫，植物，真菌に広く分布している。

　結局，最後の2つの酵素，セリンデヒドラターゼとグリシンヒドロキシメチルトランスフェラーゼがヒトでトレオニンを代謝する経路を担当する酵素の候補として残るので，それらによるトレオニンの代謝を図示した(図 3-Ⅳ-12)。

3　アセトアセチル CoA を経由するもの

　アセトアセチル CoA を経由してアセチル CoA になるものは，ロイシン(イソロイシンの一部)，リシン，フェニルアラニン，チロシン，トリプトファンである(図 3-Ⅳ-7)。このうちロイシンとトリプトファンについては上で述べたので省略する。

　リシンは ε-アミノ基をもつ塩基性アミノ酸である(図 3-Ⅳ-13)。このアミノ基がどのように処理されるかは興味深い。それは，α-アミノ基のようにピリドキサール酵素によるアミノ基転移で除かれるのではないからである。主な経路では2-オキソグルタル酸(α-ケトグルタル酸)とリシンが後者の ε-アミノ窒素を共有して結合し，**サッカロピン** saccharopine という代謝中間体を形成する(**リシンオキソグルタル酸レダクターゼ反応** lysine oxoglutaric acid reductase reaction，図 3-Ⅳ-13，反応①)。次に，サッカロピンは分解して**アミノアジピン酸セミアルデヒド** aminoadipic acid semialdehyde とグルタミン酸になる(**サッカロピンデヒドロゲナーゼ反応** saccharopine dehydrogenase reaction，図 3-Ⅳ-13，反応②)。その際，元のリシンの ε-アミノ窒素はグルタミン酸側に移行している。第1の反応で還元が行われ，第2の反応で酸化が起きていて，全体としては還元単位の出入りはない。酵母では2つの反応は別々の酵素で触媒されているが，ヒトでは同一の酵素タンパク質(**アミノアジピン酸セミアルデヒドシンターゼ** aminoadipic acid semialdehyde synthase)が2つの反応を触媒する。したがって，上の2つの酵

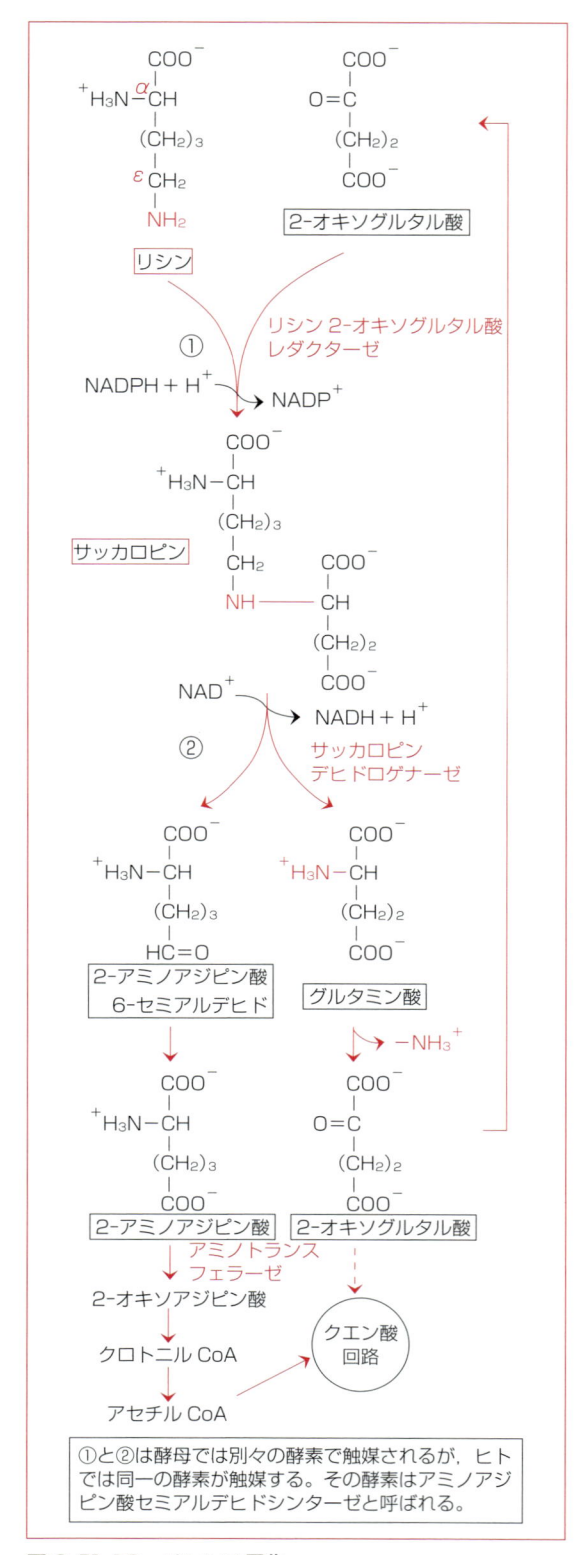

素名は酵素本体(遺伝子 AASS)ではなく酵素活性を表しているにすぎない。酵素タンパク質のN末端は酵母のオキソグルタル酸レダクターゼに似ていて，C末端は酵母のサッカロピンデヒドロゲナーゼに似ている(アミノ酸配列の類似)。生じたグルタミン酸がアミノ基転移あるいは酸化反応でアミノ基を失えばα-ケトグルタル酸が再生されて，α-ケトグルタル酸は全反応過程の中で触媒的(補酵素的)な働きをしていることがわかる(図3-Ⅳ-13)。

フェニルアラニンはモノオキシゲナーゼ反応(酵素はフェニルアラニン 4-モノオキシゲナーゼ phenylalanine 4-monooxygenase，慣用的にフェニルアラニンヒドロキシラーゼ phenylalanine hydroxylase と呼ばれている)によって芳香核4-位のヒドロキシル化を受ける(図3-Ⅳ-14)。生成物はとりもなおさずチロシンそのものである。したがって，この後はチロシンの代謝になる。この酵素が欠損して起こる症状は高フェニルアラニン血症 hyperphenylalaninemia であり，アミノ基転移によってフェニルピルビン酸 phenylpyruvic acid が生じ，尿中に排泄される。フェニルピルビン酸はケトン基をもつから同症候はフェニルケトン尿症 phenylketonuria (PKU) とも呼ばれる。PKU は知的発育障害などの症状を呈し，食事療法が行われる。フェニルアラニンヒドロキシラーゼ反応の補酵素テトラヒドロビオプテリン tetrahydrobiopterin (図3-Ⅳ-14 挿入図)を生成する酵素ジヒドロプテリジンレダクターゼ dihydropteridine reductase が欠損しても似た症状を呈する。

チロシンの異化はアミノ基転移によって p-ヒドロキシフェニルピルビン酸 p-hydroxyphenylpyruvic acid になり，ホモゲンチジン酸 homogentisic acid を経由してフマル酸とアセチル CoA になる経路が主である(図3-Ⅳ-15)。もう1つの経路は脱炭酸を受けてチラミン tyramine になった後，酸化反応を受けて p-ヒドロキシフェニル酢酸 p-hydroxy phenylacetic acid になり，そこで終わる。チラミンは後で述べるようにドーパミンにもなる。

図 3-Ⅳ-13　リシンの異化

IV アミノ酸の異化　107

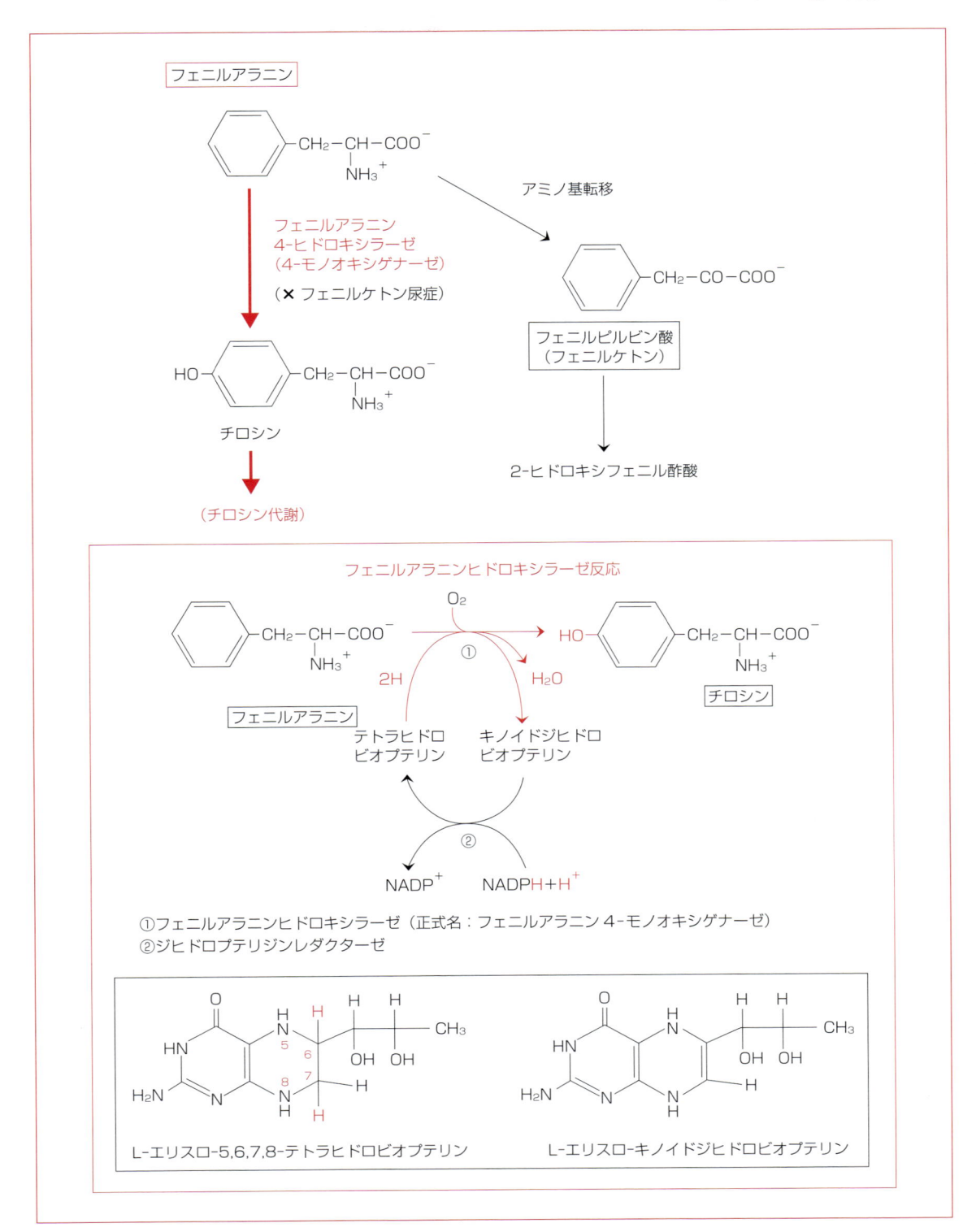

図3-IV-14　フェニルアラニンの異化

108　第3章　人体の基本代謝

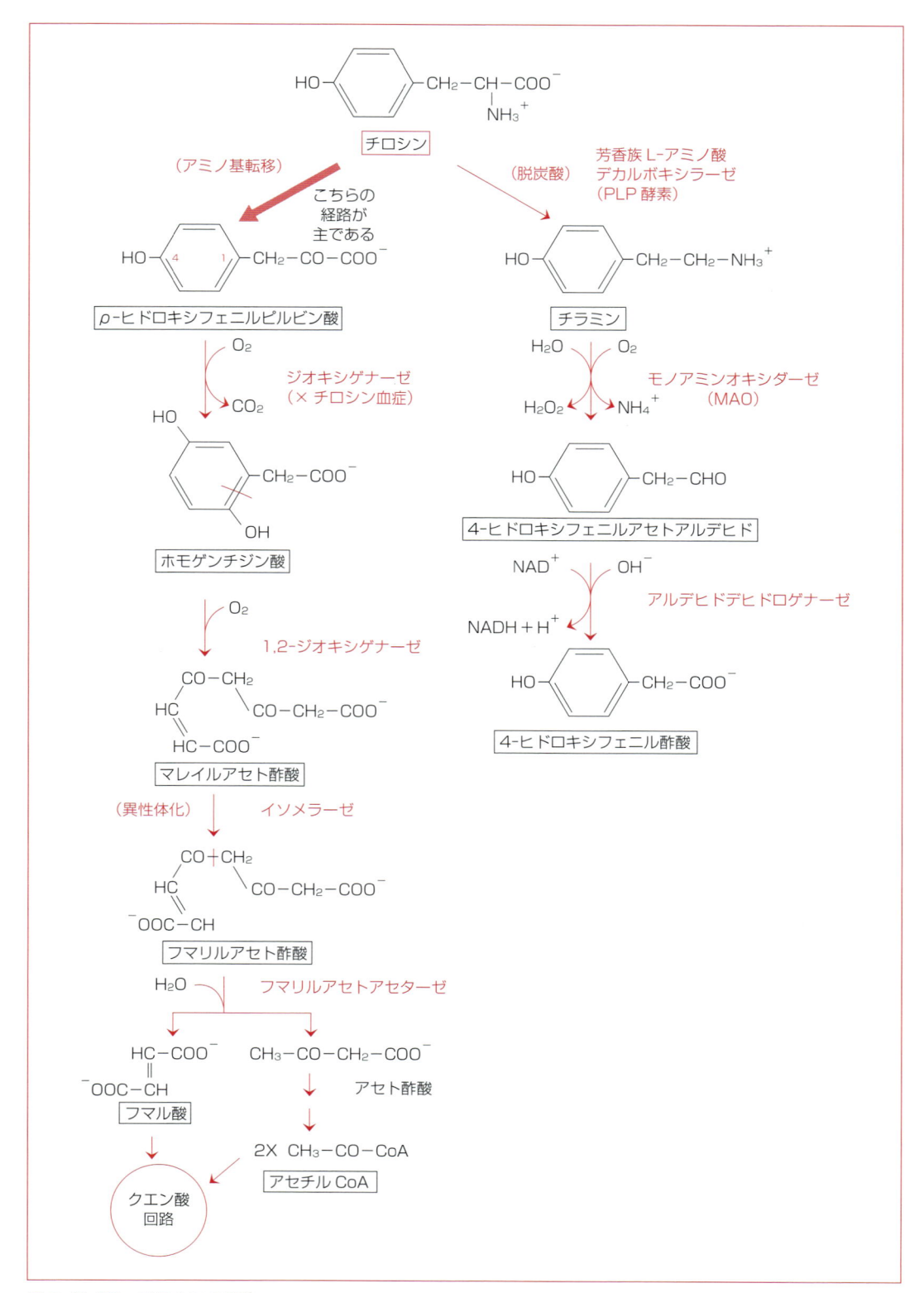

図3-Ⅳ-15　チロシンの異化
×は欠損によって起こる症状を示す。

IV アミノ酸の異化　109

アルギニン
↓
尿素サイクル
→ 尿素
↓
$\overset{\delta}{C}H_2NH_3^+$
CH_2
CH_2
$H-C-NH_3^+$
COO^-

オルニチン

オルニチン-オキソ酸
アミノトランスフェラーゼ
①
→ 2-オキソグルタル酸
→ グルタミン酸　（× 脳回転状脈絡網膜萎縮）

CHO
CH_2
CH_2
$H-C-NH_3^+$
COO^-

← H₂O →（自発的）

1-ピロリン 5-カルボン酸

グルタミン酸 5-セミアルデヒド

2H₂O　NAD⁺
↓
NADH + H⁺

グルタミン酸

2-オキソグルタル酸
↓
クエン酸回路

NAD(P)H + H⁺ / NAD(P)

プロリン

オルニチン，グルタミン酸，プロリンは相互に転化できる。

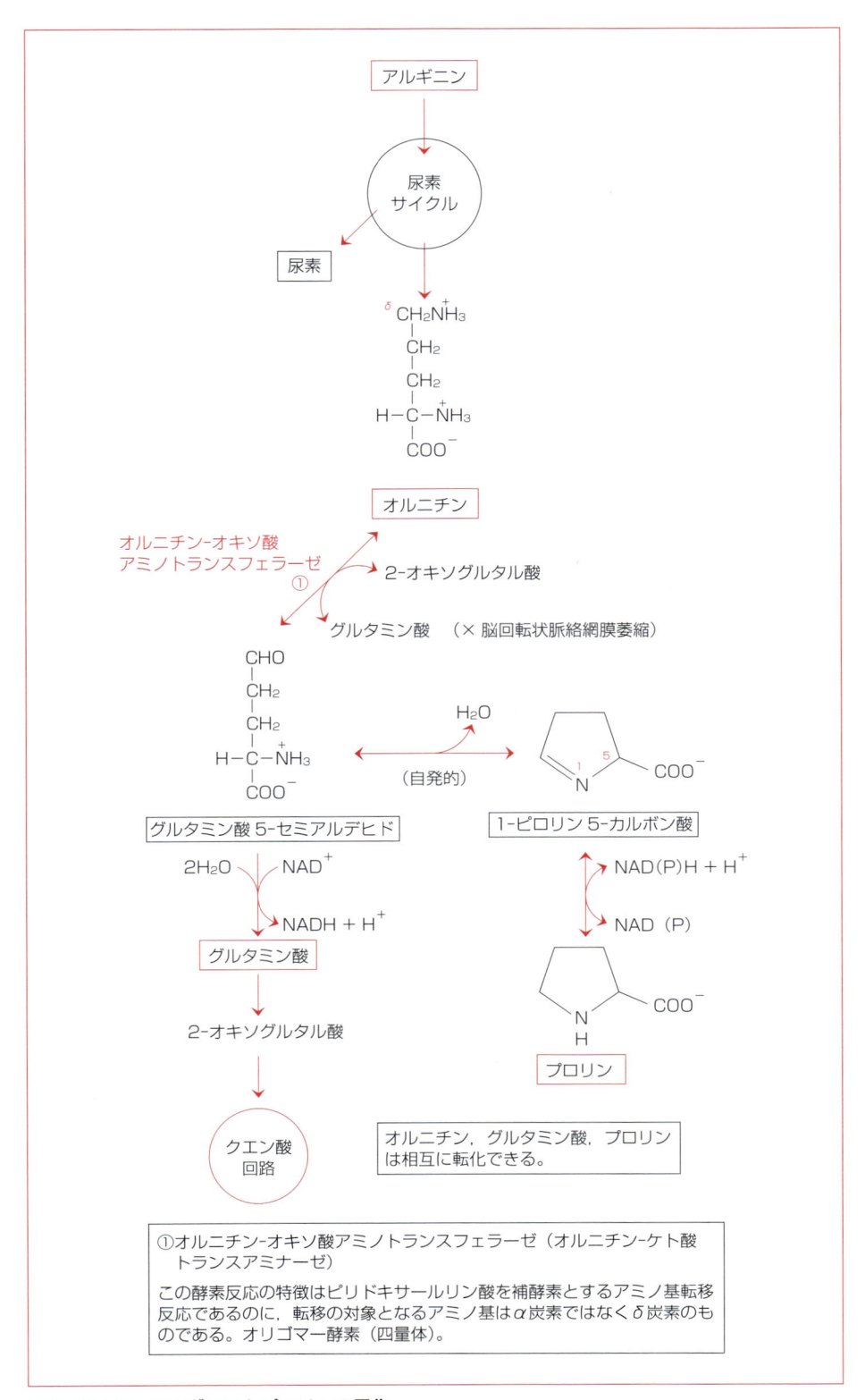

①オルニチン-オキソ酸アミノトランスフェラーゼ（オルニチン-ケト酸トランスアミナーゼ）
この酵素反応の特徴はピリドキサールリン酸を補酵素とするアミノ基転移反応であるのに，転移の対象となるアミノ基はα炭素ではなくδ炭素のものである。オリゴマー酵素（四量体）。

図 3-IV-16　アルギニンとプロリンの異化

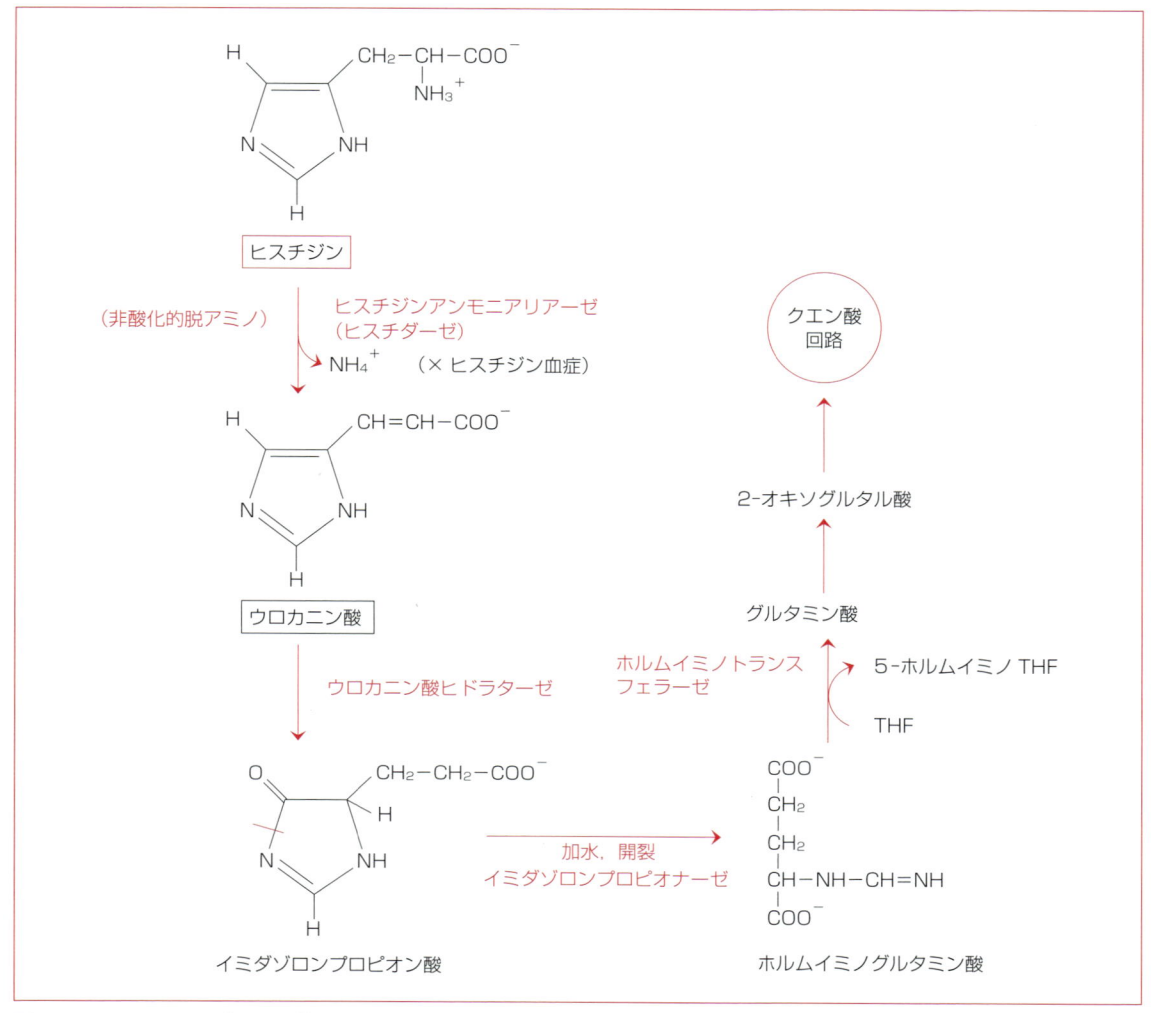

図 3-Ⅳ-17 ヒスチジンの異化

C 2-オキソグルタル酸を経由するアミノ酸

2-オキソグルタル酸を経由するものは，グルタミン酸，グルタミン，アルギニン，ヒスチジン histidine，プロリン，リシンである。グルタミン酸はアミノ基転移で，その他のアミノ酸もグルタミン酸経由で 2-オキソグルタル酸に至る。

グルタミンはグルタミナーゼ反応でグルタミン酸になる（メモ 3-Ⅳ-2）。アルギニンは尿素回路で尿素を遊離して**オルニチン**になる。オルニチンは δ 位のアミノ基を失った後，酸化を受けグルタミン酸になる（図 3-Ⅳ-16）。プロリンは酸化され

ると **1-ピロリン 5-カルボン酸** 1-pyrroline 5-carboxylic acid になり，自発的に**グルタミン酸 γ-セミアルデヒド** glutamic acid γ-semialdehyde になり，アルギニンの代謝経路に合流する（図 3-Ⅳ-16）。つまり，アルギニン（オルニチン経由）とプロリンは共通してグルタミン酸 γ-セミアルデヒドを通過する。

ヒスチジンの異化には主副の経路がある（図 3-Ⅳ-17）。ヒスチジンから**ヒスチジンアンモニアリアーゼ** histidine ammonia-lyase（**ヒスチダーゼ** histidase）でアンモニア（アンモニウムイオン）が除かれると，側鎖に不飽和結合をもつ**ウロカニン酸**

IV アミノ酸の異化　111

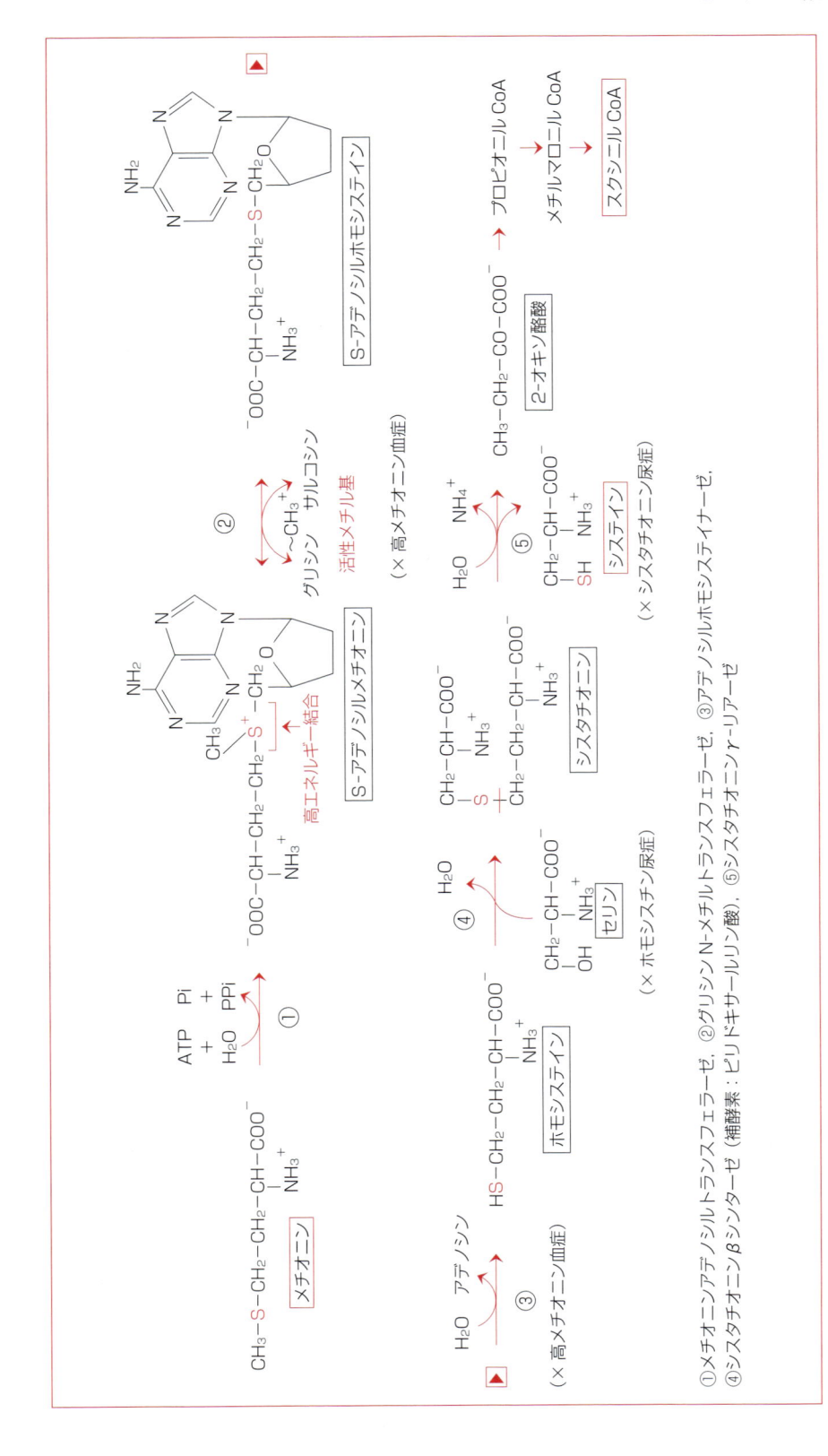

①メチオニンアデノシルトランスフェラーゼ，②グリシン N-メチルトランスフェラーゼ，③アデノシルホモシステイナーゼ，
④シスタチオニン β シンターゼ（補酵素：ピリドキサールリン酸），⑤シスタチオニン γ-リアーゼ

図 3-IV-18　メチオニンの異化

urocanic acid が生じる。ウロカニン酸は2回の加水反応で開環し，**ホルムイミノグルタミン酸** formiminoglutamic acid を経て2-オキソグルタル酸になる。

D スクシニルCoAを経由するもの

スクシニルCoAを経由するのは**トレオニン，メチオニン，バリン，イソロイシン**であるが，メチオニンを除く三者についてはすでに取り上げたので，ここではメチオニンに話を限局する。

メチオニンは1つの主要経路によって異化を受ける（図3-Ⅳ-18）。メチオニンの異化については硫黄原子（S）の失われ方が興味深い。結論からいえば，硫黄原子（S）はセリンの酸素原子（O）を置換してシステインのSになる。しかし，現実の反応はそれほど簡単ではなく，まずATPのアデ

図3-Ⅳ-19 セロトニンからメラトニンの誘導

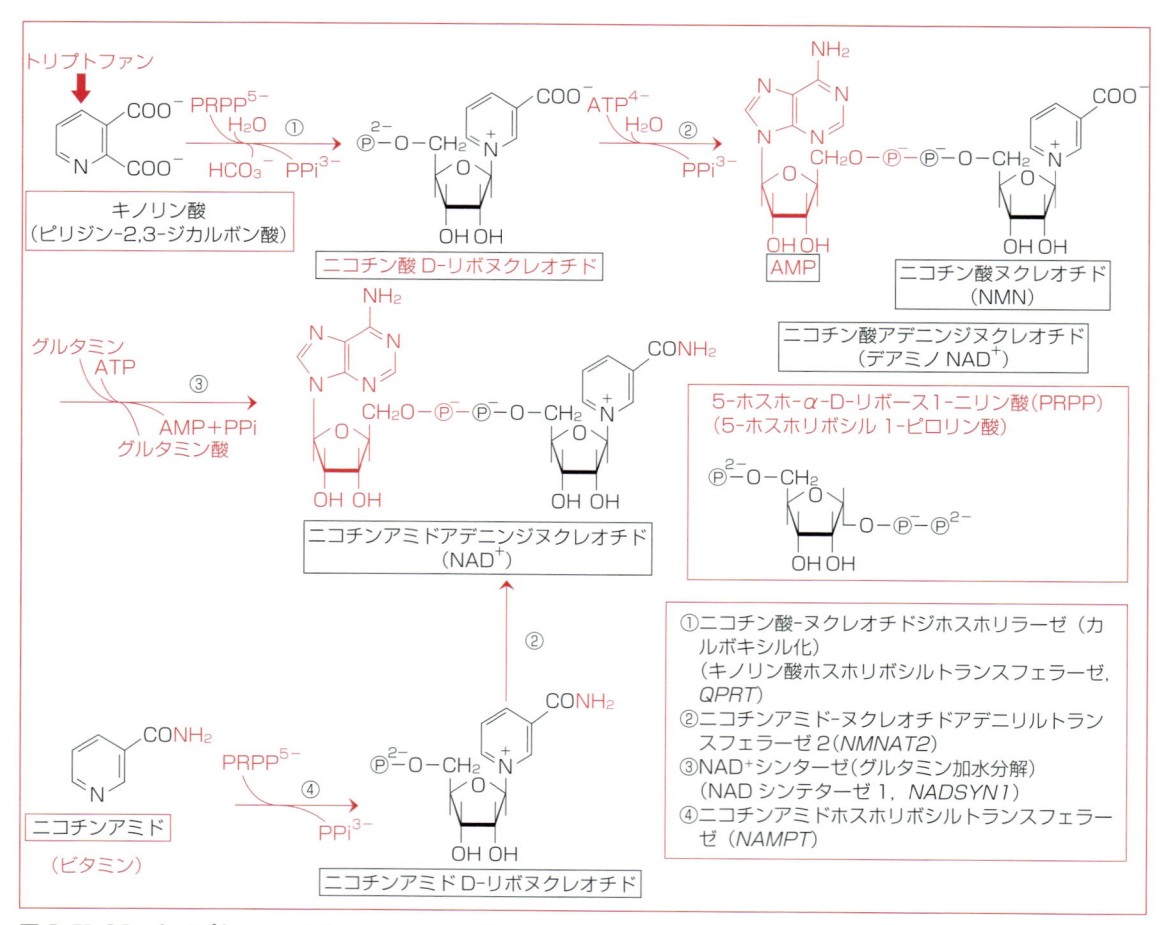

図3-Ⅳ-20 トリプトファンからのNAD⁺の誘導

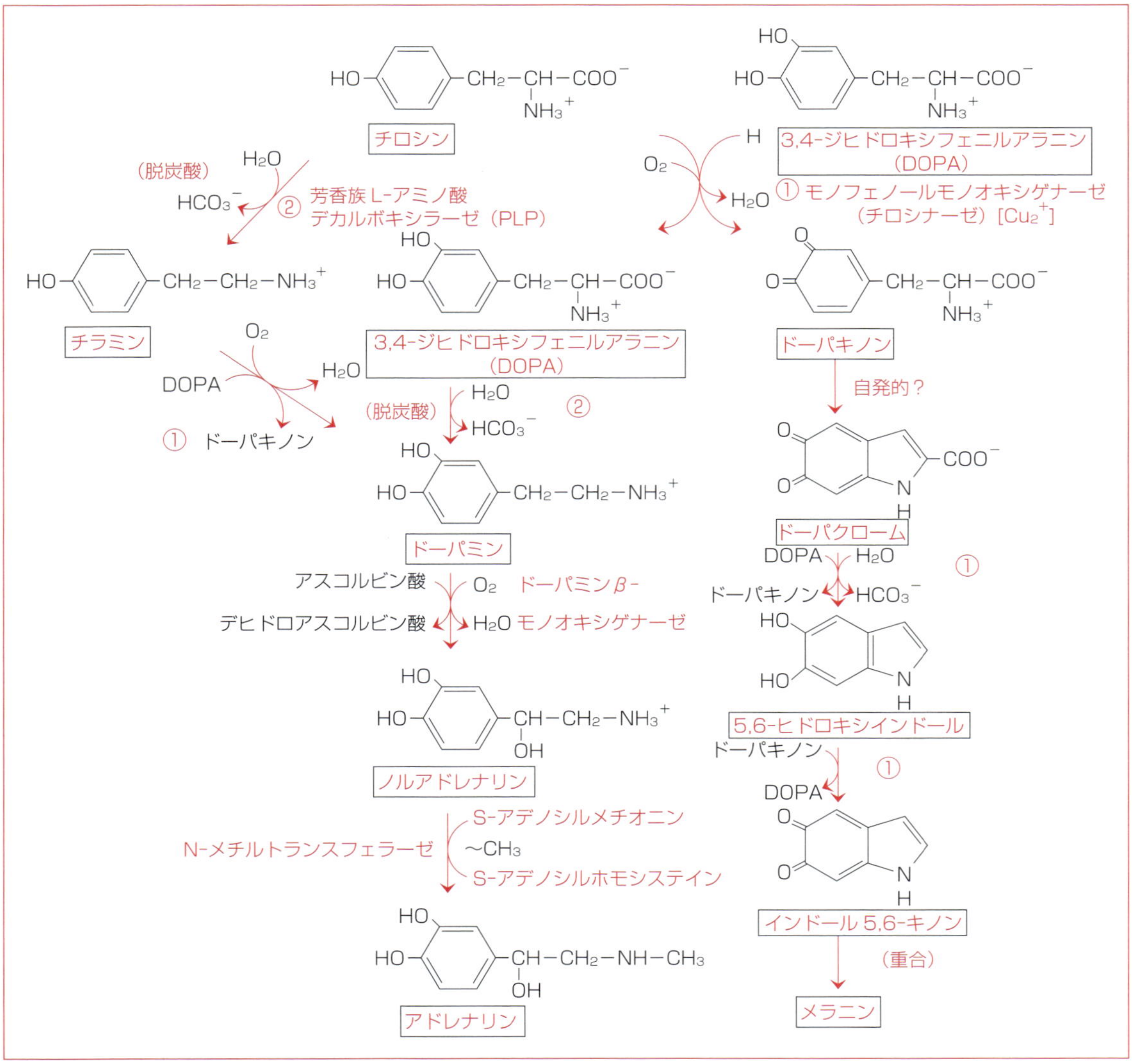

図 3-Ⅳ-21　チロシンからの生理活性物質とメラニンの誘導

ノシン部分がメチオニンの S に結合し，**S-アデノシルメチオニン** S-adenosylmethionine ができる（図 3-Ⅳ-18，反応①）。これはメチル基を失って **S-アデノシルホモシステイン** S-adenosylhomocysteine になる。ここで失われるメチル基はいわゆる**活性メチル基** active methyl であって，S-アデノシルメチオニンはメチル基転移の中間体として重要な役割を果たしている。つまり，これは異化の途中にできた活性物質である。次に S-アデノシルホモシステインは**アデノシン**を遊離して**ホモシステイン** homocysteine になる。ここまではメ

チオニンのメチル基が除かれる過程である。次が S を処理する過程で，ホモシステインの S がセリンの O を置換して結合し，**シスタチオニン** cystathionine となる。次に，形成された C-S-C 結合のホモシステイン側の C-S 結合が加水分解を受けて**システイン**を遊離する。同時にアミノ基が失われることによって生じた **2-オキソ酪酸** 2-oxobutyric acid（α-ケト酪酸）はトレオニンの異化で述べたのと同じ過程でスクシニル CoA に至る。

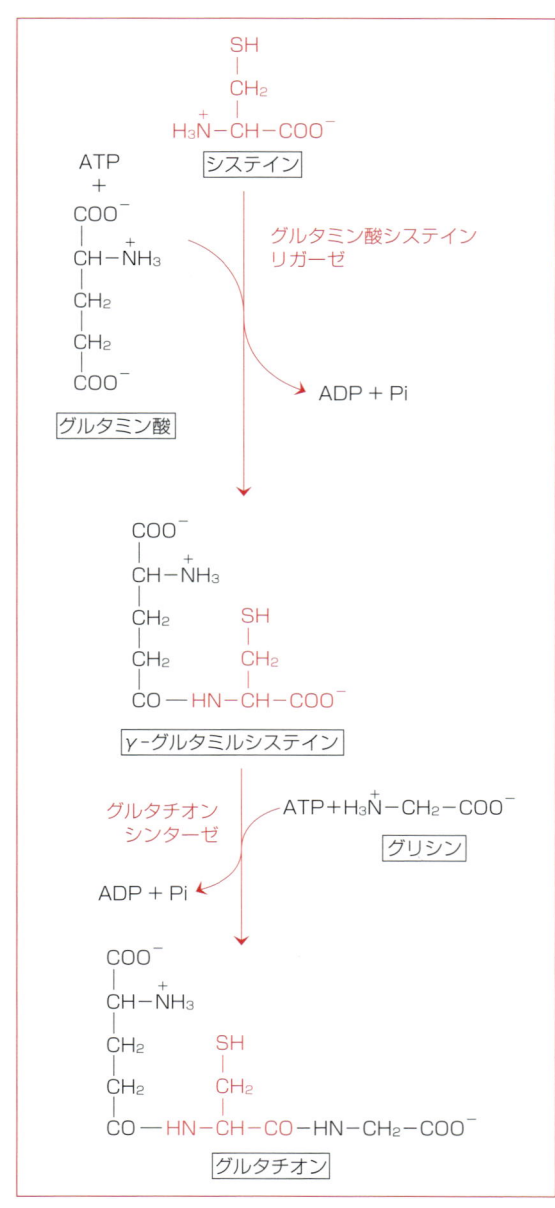

図 3-Ⅳ-22　システインからのグルタチオンの誘導

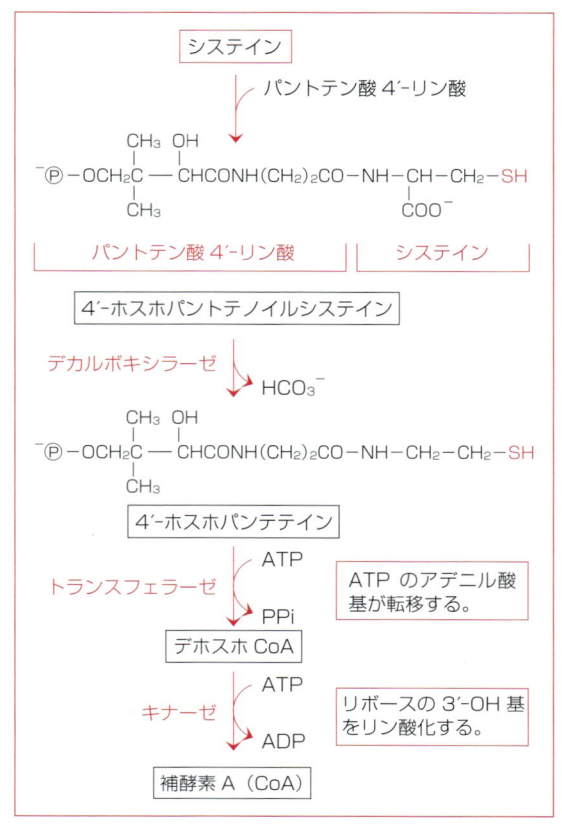

図 3-Ⅳ-23　システインからの補酵素 A の誘導
補酵素 A の構造についてはメモ 3-Ⅲ-2 参照。

4　生理活性物質への転化

アミノ酸の代謝の特徴は，それが単に CO_2 と H_2O と NH_3 にまで分解される異化だけでなく，さまざまな**生理活性物質への転化** conversion to active substance をも示すことである。一部についてはすでに異化過程の中で触れている。

A　芳香族アミノ酸から誘導される生理活性物質

トリプトファンからセロトニン（5-ヒドロキシトリプタミン）が誘導されることはすでに述べた（図 3-Ⅳ-11）。セロトニンの側鎖のアミノ基が **N-アセチル化**され，インドール核の OH が O-メチル化（これにはメチオニンの異化で述べた**活性メチル基**が用いられる）を受けると，**メラトニン** melatonin になる（**図 3-Ⅳ-19**）。メラトニンは松果体にあって，われわれの**覚醒周期**に関与する。

トリプトファンの異化経路の途中でキノリン酸（ピリジン 2,3-ジカルボン酸）が生じることはすでに述べた（図 3-Ⅳ-11）。キノリン酸は NAD^+（ニコチンアミドアデニンジヌクレオチド）合成の前駆体である。NAD^+ は酸化還元酵素の補酵素であるだけでなく，タンパク質の翻訳後修飾（ADP リボシル化），信号伝達系などでも重要な機能を

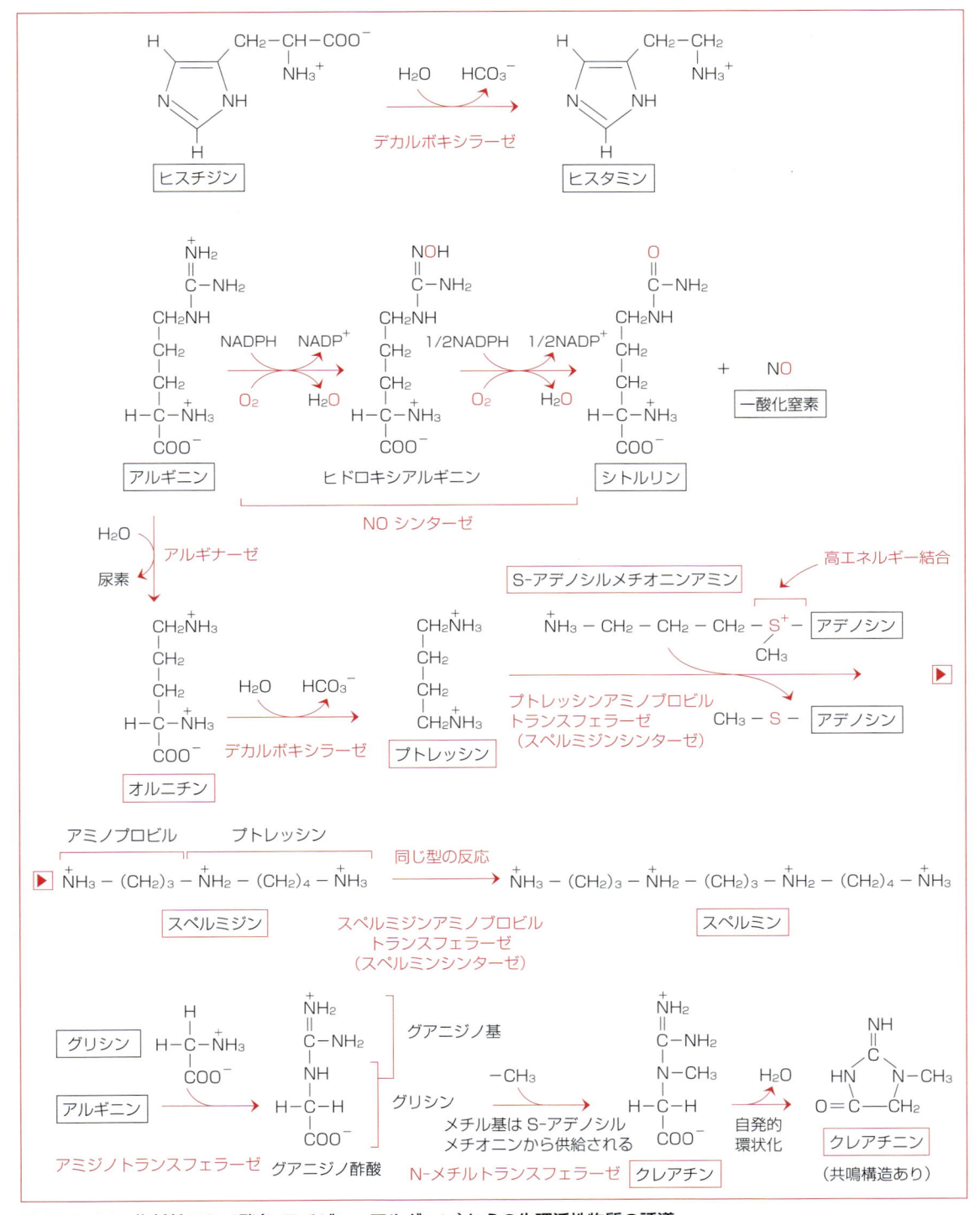

図 3-Ⅳ-24　塩基性アミノ酸(ヒスチジン，アルギニン)からの生理活性物質の誘導

第3章 人体の基本代謝

図3-Ⅳ-25 グルタミン酸からのγ-アミノ酪酸(GABA)の誘導

反応式：
- L-グルタミン酸 →① （+H₂O, HCO₃⁻）→ γ-アミノ酪酸（4-アミノ酪酸）GABA
- →② （+2-オキソグルタル酸, −グルタミン酸）→ コハク酸セミアルデヒド
- →③ （+NAD⁺, +H₂O, −NADH + 2H⁺）→ コハク酸 → クエン酸回路

① グルタミン酸デカルボキシラーゼ（L-グルタミン酸1-カルボキシリアーゼ）
② 4-アミノ酪酸トランスアミナーゼ
③ コハク酸セミアルデヒドデヒドロゲナーゼ

もっている。キノリン酸はまず**ホスホリボシル二リン酸** 5-phosphoribosyl 1-diphosphate（**PRPP**）と反応してニコチン酸リボヌクレオチド nicotinic acid ribonucleotide になる（図3-Ⅳ-20 反応①）。次に ATP と反応してその AMP 部分が転移する（図3-Ⅳ-20，反応②）。生成した**ニコチン酸アデニンジヌクレオチド** nicotinic acid adenine dinucleotide（**デアミノ NAD⁺** deamino-NAD⁺ ともいう）は第3のステップでピリジン核のカルボキシル基（−COO⁻）が**アミド化** amidation（−CONH₂）されて NAD⁺ になる（図3-Ⅳ-20 反応③）。この最後の反応は ATP のエネルギーを必要とする。

このように，キノリン酸から NAD⁺ ができる経路では，ピリジン核のカルボキシル基のアミド化は最後の段階で起こるが，体外からビタミンとして摂取された**ニコチンアミド** nicotinamide の場合，この段階は必要でない。ニコチンアミドはキノリン酸の場合とは別のトランスフェラーゼでホスホリボシル二リン酸から 5-ホスホリボースを受け取り**ニコチンアミドリボヌクレオチド** nicotinamide ribonucleotide となるが（図3-Ⅳ-20 反応④），その次はニコチン酸リボヌクレオチドに作用するのと同じ酵素によって ATP から AMP を受け取り NAD⁺ となる。

チロシンからは生理活性物質の**ドーパミン，ノルアドレナリン，アドレナリン**や色素の**メラニン**が誘導される（図3-Ⅳ-21）。これらの誘導過程で重要な働きをしている2つの酵素がある。1つは**モノフェノールモノオキシゲナーゼ** monophenol monooxygenase で，慣用的に**チロシナーゼ** tyrosinase と呼ばれてきた。この酵素は活性に銅イオンを必要とし，チロシン→3,4-ジヒドロキシフェニルアラニン 3,4-dihydroxyphenylalanine（**ドーパ** DOPA）とドーパ→ドーパキノンの2つの反応を共役させて触媒する（図3-Ⅳ-21）。もう1つの酵素はピリドキサールリン酸を補酵素とする**芳香族 L-アミノ酸デカルボキシラーゼ** aromatic L-amino acid decarboxylase である（図3-Ⅳ-21）。

B 含硫アミノ酸から誘導される生理活性物質

アミノ酸ではないがシステインと同じく SH 基をもち，SH 基の貯蔵庫といえる**グルタチオン** glutathione はシステインから誘導される（図3-Ⅳ-22）。

システインから補酵素A（コエンザイムA，構造はメモ3-Ⅲ-2）を作る経路はビタミンの**パントテン酸**の誘導体である**パントテン酸4′-リン酸**（メモ3-Ⅲ-2）とシステインが縮合して**パントテノイルシステイン** pantothenoyl cysteine を作ることから始まる（図3-Ⅳ-23）。もう1つの含硫アミノ酸のメチオニンからメチル基の担体であるS-アデノシルメチオニンができることはすでに述べ

Ⅳ アミノ酸の異化

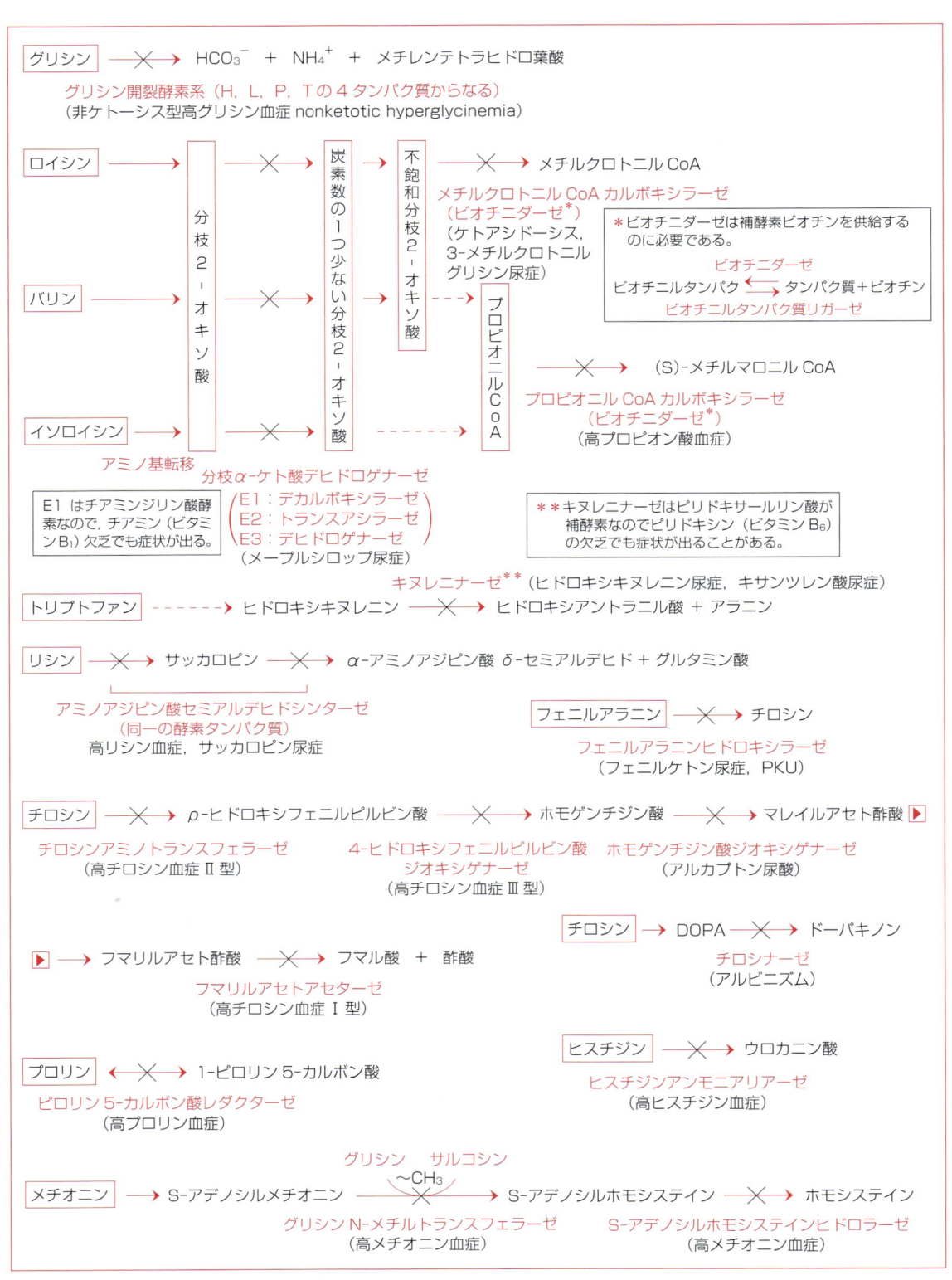

グリシン ──✗──→ HCO_3^- + NH_4^+ + メチレンテトラヒドロ葉酸
　グリシン開裂酵素系（H，L，P，Tの4タンパク質からなる）
　　（非ケトーシス型高グリシン血症 nonketotic hyperglycinemia）

ロイシン ──→ ┐
　　　　　　│分
　　　　　　│枝 ──✗──→ 炭素数の1つ少ない分枝2-オキソ酸 ──→ 不飽和分枝2-オキソ酸 ──✗──→ メチルクロトニル CoA
バリン ──→ │2   メチルクロトニル CoA カルボキシラーゼ
　　　　　　│-   （ビオチニダーゼ*）
　　　　　　│オ   ┐   （ケトアシドーシス，
　　　　　　│キ   ──┐   │   3-メチルクロトニル
　　　　　　│ソ   │プ   │   グリシン尿症）
　　　　　　│酸   │ロ   │
イソロイシン ──→ ┘   │ピ   │
　　　　　　　　 ┈┈┈┈┈┈┈┈─→│オ   ├──✗──→ (S)-メチルマロニル CoA
アミノ基転移　分枝α-ケト酸デヒドロゲナーゼ   │ニ   │   プロピオニル CoA カルボキシラーゼ
　　　　　　　　　（E1：デカルボキシラーゼ）   │ル   │   （ビオチニダーゼ*）
E1はチアミンジリン酸酵   │C   │   （高プロピオン酸血症）
素なので，チアミン（ビタ　　（E2：トランスアシラーゼ）   │o   │
ミンB₁）欠乏でも症状が出る。（E3：デヒドロゲナーゼ）   │A   │
　　　　　　　　　　　　　（メープルシロップ尿症）   ┘   ┘

*ビオチニダーゼは補酵素ビオチンを供給するのに必要である。
　　　　　　　　ビオチニダーゼ
　ビオチニルタンパク ⇌ タンパク質＋ビオチン
　　　ビオチニルタンパク質リガーゼ

**キヌレニナーゼはピリドキサールリン酸が補酵素なのでピリドキシン（ビタミンB₆）の欠乏でも症状が出ることがある。

　　　　　　　　　　　　　キヌレニナーゼ**（ヒドロキシキヌレニン尿症，キサンツレン酸尿症）
トリプトファン ┈┈┈→ ヒドロキシキヌレニン ──✗──→ ヒドロキシアントラニル酸 + アラニン

リシン ──✗──→ サッカロピン ──✗──→ α-アミノアジピン酸 δ-セミアルデヒド + グルタミン酸
└─────────────┬─────────────┘
　アミノアジピン酸セミアルデヒドシンターゼ
　　　（同一の酵素タンパク質）　　　　　　フェニルアラニン ──✗──→ チロシン
　高リシン血症，サッカロピン尿症　　　　　　　フェニルアラニンヒドロキシラーゼ
　　　　　　　　　　　　　　　　　　　　　　　　（フェニルケトン尿症，PKU）

チロシン ──✗──→ ρ-ヒドロキシフェニルピルビン酸 ──✗──→ ホモゲンチジン酸 ──✗──→ マレイルアセト酢酸 ▶
　チロシンアミノトランスフェラーゼ　　4-ヒドロキシフェニルピルビン酸　　ホモゲンチジン酸ジオキシゲナーゼ
　　（高チロシン血症Ⅱ型）　　　　　　　　　ジオキシゲナーゼ　　　　　　　（アルカプトン尿症）
　　　　　　　　　　　　　　　　　　　　　（高チロシン血症Ⅲ型）

▶──→ フマリルアセト酢酸 ──✗──→ フマル酸 + 酢酸　　　　　チロシン ──→ DOPA ──✗──→ ドーパキノン
　　　　　　　フマリルアセトアセターゼ　　　　　　　　　　　　　　　チロシナーゼ
　　　　　　　　（高チロシン血症Ⅰ型）　　　　　　　　　　　　　　　　（アルビニズム）

プロリン ←──✗── 1-ピロリン 5-カルボン酸　　　　　ヒスチジン ──✗──→ ウロカニン酸
　ピロリン 5-カルボン酸レダクターゼ　　　　　　　　ヒスチジンアンモニアリアーゼ
　　　（高プロリン血症）　　　　　　　　　　　　　　　（高ヒスチジン血症）

　　　　　　　　　　　　　　　グリシン　サルコシン
　　　　　　　　　　　　　　　　　～CH₃
メチオニン ──→ S-アデノシルメチオニン ────→ S-アデノシルホモシステイン ──✗──→ ホモシステイン
　　　　　　　グリシン N-メチルトランスフェラーゼ　　S-アデノシルホモシステインヒドロラーゼ
　　　　　　　　　（高メチオニン血症）　　　　　　　　　（高メチオニン血症）

図 3-Ⅳ-26　アミノ酸代謝の先天的異常
詳細は既述の個々のアミノ酸の異化経路を参照のこと。✗はその酵素が欠損した場合を意味する。

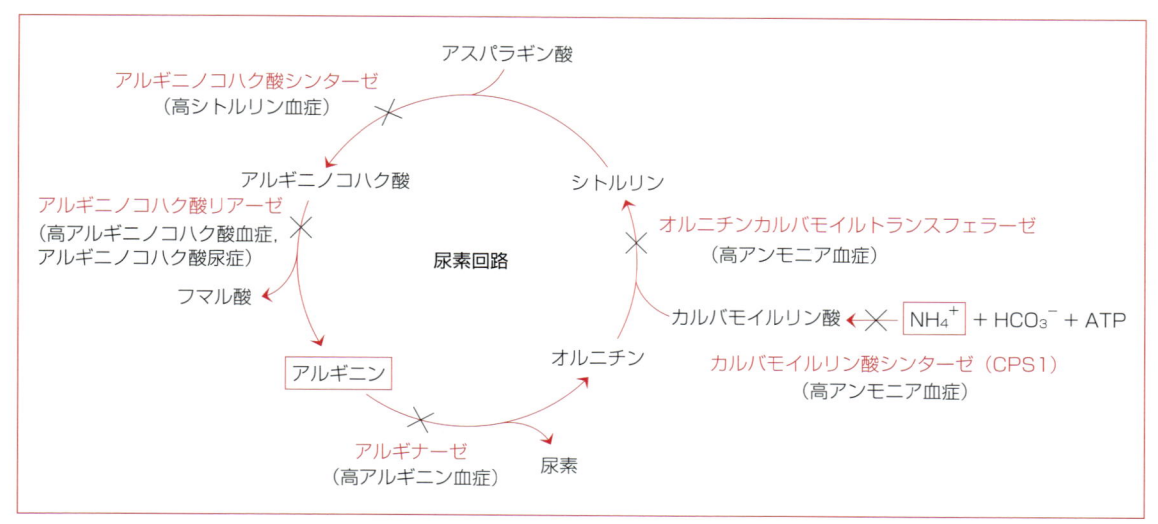

図3-Ⅳ-27　アンモニア代謝の先天的異常
尿素回路は図3-Ⅳ-6を参照。×はその酵素が欠損した場合を意味する。

た（図3-Ⅳ-18）。

C　塩基性アミノ酸から誘導される生理活性物質

ヒスチジンから脱炭酸反応によって**オータコイド** autacoid（分泌された局所で効果を現すホルモン様物質）の1つである**ヒスタミン** histamine が誘導される（図3-Ⅳ-24）。

アルギニンは **NOシンターゼ** NO-synthase（一酸化窒素シンターゼ）による2回の酸素添加反応を経て，NOとシトルリンになる（図3-Ⅳ-24）。この酵素は5つの補助因子（FAD，FMN，ヘム，テトラヒドロビオプテリン，Ca^{2+}-カルモデュリン）を結合している。

他方，アルギニンが尿素を失ってできる**オルニチン**は脱炭酸によって**プトレッシン** putrescine になり，S-アデノシルメチオニンがメチオニン部分のカルボキシル基を失った形の **S-アデノシルメチオニンアミン** S-adenosyl-methionine amine と反応してプロピルアミン（$-CH_2-CH_2-CH_2-NH_3^+$）を受け取り，**スペルミジン** spermidine になる。後者はさらに同じ型の反応を経てプロピルアミンの追加を受け，**スペルミン** spermine になる（図3-Ⅳ-24）。これらの塩基性物質は核酸構造の安定化や遺伝子発現系において重要な役割を果たしている。

また，アルギニンからグリシンとの結合，メチル基の授与を経て**クレアチン** creatine が生じ，さらに**クレアチニン** creatinine になる（図3-Ⅳ-24）。血中クレアチニン値は腎機能（糸球体濾過）の（障害の）指標として用いられる。

D　酸性アミノ酸から誘導される生理活性物質

グルタミン酸が脱炭酸反応によってα-カルボキシル基を失うと **4-アミノ酪酸** 4-aminobutanoic acid（γ-aminobutyric acid, GABA）になる（図3-Ⅳ-25）。GABAは中枢神経系の代表的な抑制性伝達物質である。GABAは2-オキソグルタル酸にアミノ基を転移するとコハク酸セミアルデヒドを経てコハク酸になり，クエン酸回路に流入する。

5　アミノ酸代謝の異常

20種のアミノ酸の異化過程を触媒する酵素のいくつかには遺伝的欠損（主に遺伝子の塩基配列の異常）が知られている。大体においてそれらの酵素が関与する段階で異化はブロックされるので，その直前の代謝中間体が蓄積する（図3-Ⅳ-26）。尿素回路を中心とするアンモニアの代謝過程にも異常は起こりうる（図3-Ⅳ-27）。これらの異常は先天的なものなので，後天的なものに比べるとその頻度は低い。

V　ヌクレオチドの異化

1　プリンヌクレオチドの異化

ヌクレオチドはすでに学んだように塩基，糖，リン酸からできている．ヌクレオチドには3層の階層構造がある．**ヌクレオシド一（モノ）リン酸，二（ジ）リン酸，三（トリ）リン酸**である．ここでは**プリンヌクレオシドーリン酸，ヌクレオシド，塩基の異化**について取り上げる（図3-V-1）．

AMP，GMP，IMP（イノシン 5′—リン酸 inosine 5′-mono phosphate），**XMP**（キサントシン 5′—リン酸 xanthosine 5′-mono phosphate）などリボヌクレオシド 5′—リン酸 ribonucleoside 5′-mono phosphate および **dAMP，dGMP** のデオキシリボヌクレオシド 5′—リン酸 deoxyribonucleoside 5′-mono phosphate は，1つの酵素 **5′-ヌクレオチダーゼ** purine 5′-mono nucleotidase（プリン 5′-ヌクレオチダーゼ）によって触媒され，リン酸基（Pi）を失ってヌクレオシドになる（図3-V-1）．ヌクレオシドレベルで2つの水平方向（同じ分子階層内）の反応として**アデノシン→イノシン，デオキシアデノシン→デオキシイノシン**があり，1つの酵素**アデノシンデアミナーゼ** adenosine deaminase が触媒する．したがって，アデノシンとデオキシアデノシンはイノシンとデオキシイノシンの異化に合流する．

次に，**プリンヌクレオシドホスホリラーゼ** purine nucleoside phosphorylase という酵素が塩基と糖（リボース，デオキシリボース）の間の結合を切る．この際，リン酸が塩基を置換して糖に結合するので，このような反応は**加リン酸分解** phosphorolysis と呼ばれる（ホスホリラーゼとは，一般に加リン酸分解を触媒する酵素である）．アデノシンとデオキシアデノシンに対するこの酵素の活性は低いので，ヌクレオシドレベルにおける水平方向の転化（**デアミナーゼ反応** deaminase reaction）が意味をもってくる（図3-V-1）．アデニンもグアニンも最後は**キサンチン** xanthine になり，さらに酸化されて**尿酸** urate になり，尿に排泄される．

尿酸の溶解度は低く，水溶液中の飽和量は5 mg/dl 余りである．血液中での飽和度はこれより大きいが，男性で 8.5 mg/dl，女性で 7.5 mg/dl 以上であると**高尿酸血症** hyperuricemia と呼ばれる．高尿酸血症の原因には一次性と二次性があるが，中年男性に多くみられる**痛風** gout は生活習慣病の1つである．誘因の1つとして，核酸を高濃度に含む食物をとるとそのプリンヌクレオチドに由来する尿酸が増えることが考えられる．痛風が美食家に多いといわれるゆえんである．

2　ピリミジンヌクレオチドの異化

プリンヌクレオチドの場合と同じように，**ピリミジンヌクレオシド一（モノ）リン酸** pyrimidine nucleoside monophosphate から説明を始める（図3-V-2）．**UMP** と **TMP** は4つの共通の酵素と1つの等価な酵素によって並行的に代謝される．**CMP** はシチジンになってからウリジンに，**dCMP** はデオキシシチジン deoxycytidine，デオキシウリジン deoxyuridine を経てウラシルになる．プリンヌクレオチドの場合と大きく異なるのは，前者の最終産物が尿酸であるのに対し，ピリミジンの場合ウラシルは**β-アラニン** β-alanine（3-アミノプロピオン酸 3-aminopropionic acid）に，チミンは **3-ウレイドイソ酪酸** 3-ureidoisobutyric acid を経て **3-アミノイソ酪酸** 3-aminoisobutyric acid（BAIB）になる．これ以上の固有の代謝経路はヒトで知られていない．

3　ヌクレオチドのその他の代謝と塩基の回収

上で述べたヌクレオシド—リン酸の異化の最初の反応を触媒する酵素，**5′-ヌクレオチダーゼ**はその名のとおりヌクレオチドを分解しヌクレオシドを生成する方向に向いている．それに対して**アデノシンキナーゼ** adenosine kinase，**ウリジンキナーゼ** uridine kinase，**デオキシグアノシンキナー**

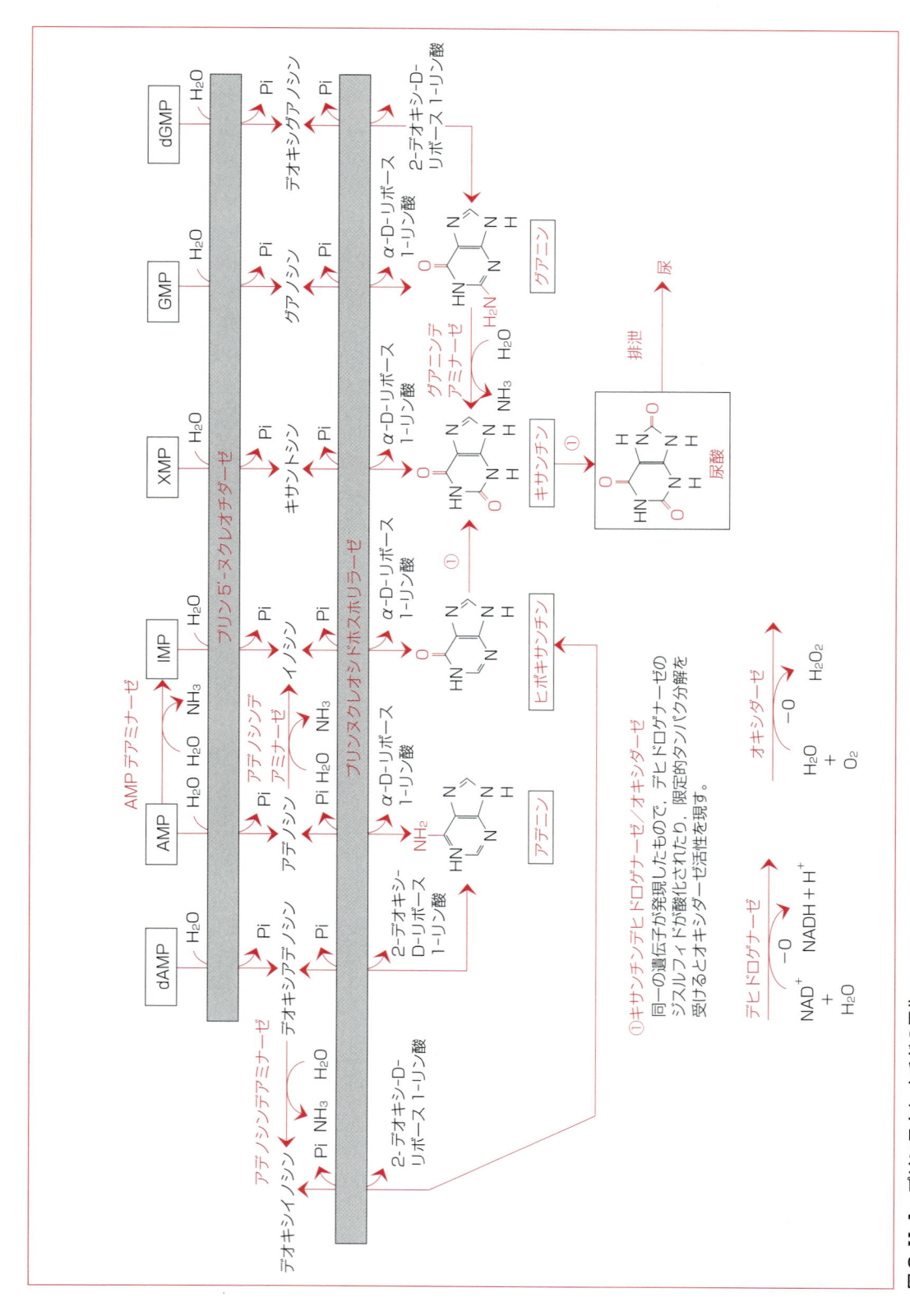

図3-V-1 プリンヌクレオチドの異化

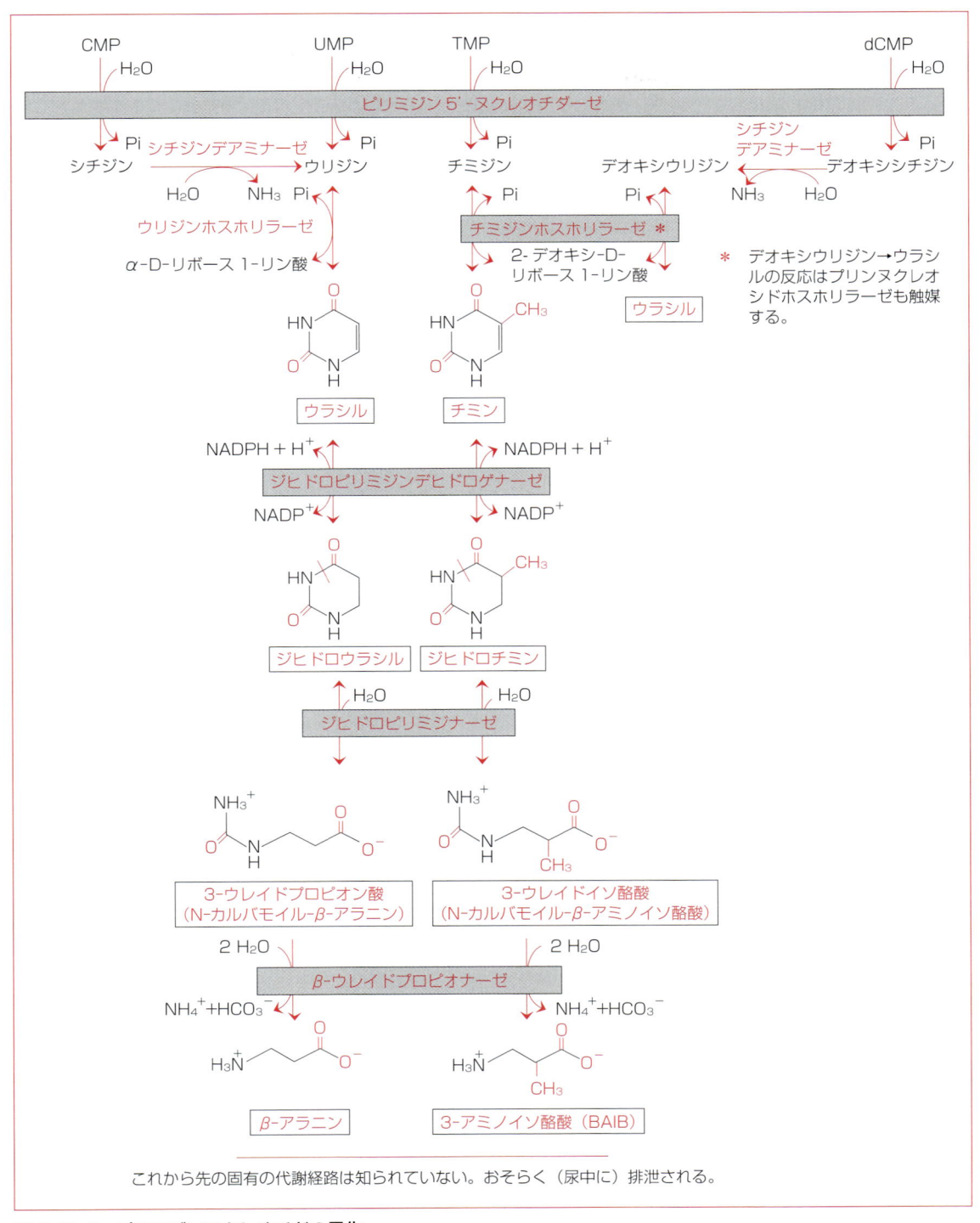

図 3-V-2　ピリミジンヌクレオチドの異化

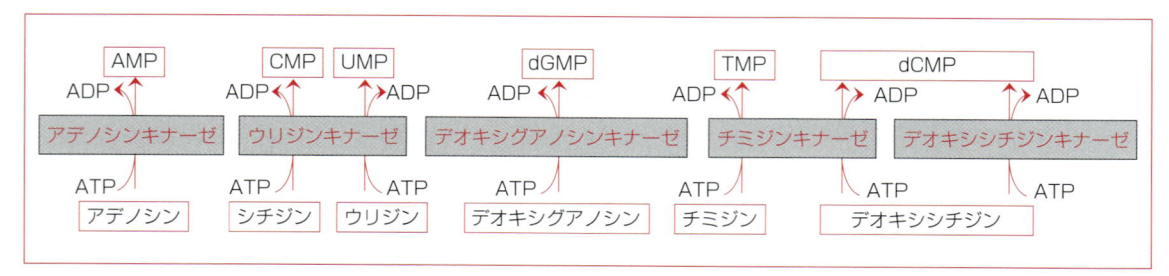

図3-V-3 ヌクレオシドキナーゼ

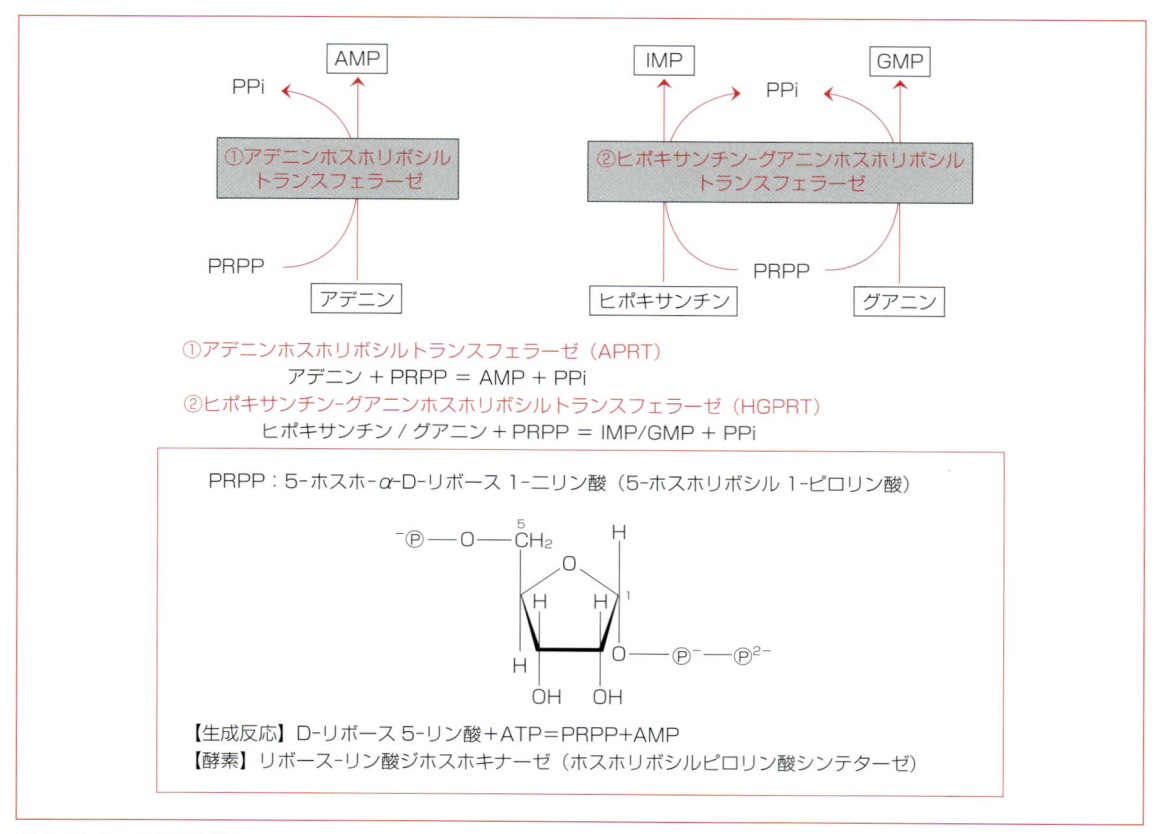

図3-V-4 塩基の回収

ゼ deoxyguanosine kinase，**チミジンキナーゼ** thymidine kinase，**デオキシシチジンキナーゼ** deoxycytidine kinase など，**キナーゼ** kinase と呼ばれる酵素群は ATP をリン酸供与体としてそれぞれのヌクレオシドを対応するヌクレオシド一リン酸にする（図3-V-3）。これらの反応と 5′-ヌクレオチダーゼはペアでヌクレオシド一リン酸とヌクレオシド間の往復を実現させている。

これは一見ムダなことのようであるが，生化学的状況の変化によってヌクレオチドとヌクレオシドの濃度比が突然変化した際などにスピーディーに元の濃度比を回復したり，どちらかの酵素の活性が調節因子によって変化して新しい濃度比を設定したりすることに役立つ。例えば，**低酸素状態**などのストレスによってアデノシンキナーゼが阻害されると，濃度比がアデノシンに傾く（5′-ヌク

レオチダーゼが活性化される)。増加したアデノシンは細胞を保護する方向に働く。アデノシンは神経系や免疫系においても重要な影響を与えるので調節因子としてのアデノシンキナーゼのもつ役割は大きい。5′-ヌクレオチダーゼには細胞膜の外表に結合しているもの(**エクト-5′-ヌクレオチダーゼ** ecto-5′-nucleotidase),サイトゾルにあるもの,ミトコンドリアにあるものがあり,後者はミトコンドリアの機能(脂肪酸のβ酸化など)の保持に関与している。

上で見たように,ヌクレオシド一リン酸は5′-ヌクレオチダーゼとヌクレオシドホスホリラーゼの継続的反応によって塩基にまで分解される。他方,われわれはこれらの塩基の一部を対応するヌクレオシド一リン酸に一挙に戻す機構(**回収機構** salvage mechanism)をもっている(図3-V-4)。このサルベージ反応は既述の**5-ホスホ-α-D-リボース 1-二リン酸** 5-phospho-α-D-ribose 1-diphosphate(**5-ホスホリボシル 1-ピロリン酸** 5-phosphoribosyl 1-pyrophosphate;PRPP)(図3-V-4挿入図)を用いて行われる。この回収反応を触媒する酵素には2種類あって,**アデニンホスホリボシルトランスフェラーゼ** adenine phosphoribosyltransferase(APRT)と**ヒポキサンチン-グアニンホスホリボシルトランスフェラーゼ** hypoxanthine-guanine phosphoribosyltransferase(HGPRT)である。本酵素が完全に欠損すると,**レッシュ-ナイハン症候群** Lesch-Nyhan syndrome と呼ばれ,男児に発症する X 染色体性劣性の遺伝性疾患になる。

Ⅵ 共通の終末酸化系―クエン酸回路と呼吸鎖

1 クエン酸回路（TCA サイクル）

　糖，脂質，アミノ酸の異化に続いてそれらを集約している終末酸化系は，その途中にクエン酸が生じることから**クエン酸回路** citric acid cycle と呼ばれる．また，クエン酸などの回路中間体 cycle intermediate は有機化学的にトリカルボン酸であることから**トリカルボン酸回路** tricarboxylic acid cycle（略して **TCA サイクル**）とも呼ばれ，さらに発見者にちなんで**クレブス回路** Krebs cycle とも呼ばれる（図 3-Ⅵ-1）．

　回路は部分的に可逆であるが，**3 カ所の不可逆反応**があるために全体として一方向に回っている．不可逆なのは，最初に**オキサロ酢酸** oxaloacetate とアセチル CoA から**クエン酸**が合成される**クエン酸シンターゼ** citrate synthase 反応，**イソクエン酸** isocitrate が **α-ケトグルタル酸** α-ketoglutarate（**2-オキソグルタル酸** 2-oxoglutarate）になる**イソクエン酸デヒドロゲナーゼ** isocitrate dehydrogenase 反応の後半（脱炭酸反応），2-オキソグルタル酸が**スクシニル CoA** succinyl-CoA に転化する **2-オキソグルタル酸デヒドロゲナーゼ** 2-oxoglutarate dehydrogenase 反応である．**スクシニル CoA リガーゼ** succinyl-CoA ligase（**スクシニル CoA シンテターゼ** succinyl-CoA synthetase）反応では GTP ないし ATP が合成される．2 つの反応は別々の酵素で触媒されるが，GTP を合成する反応が主流である．**2-オキソグルタル酸デヒドロゲナーゼ複合体** 2-oxoglutarate dehydrogenase complex は 3 種類の酵素から構成されている（図 3-Ⅵ-1 挿入図）．この酵素反応は分枝アミノ酸の炭素骨格異化で見た分枝 2-オキソ酸デヒドロゲナーゼ反応と同じ型の反応である（第 3 章，メモ 3-Ⅳ-8）．

　糖の異化（解糖）では最後にピルビン酸が乳酸に還元されるところで終わった（本章Ⅱ，図 3-Ⅱ-4）．それは嫌気的条件における反応であったが，**好気的条件**では異化はさらに続き，ピルビン酸は**ピルビン酸デヒドロゲナーゼ** pyruvate dehydrogenase 反応によってアセチル CoA になる．この反応も 2-オキソグルタル酸デヒドロゲナーゼと同じ型の**酸化的脱炭酸反応** oxidative decarboxylation reaction である．むしろピルビン酸デヒドロゲナーゼ反応がこの型の反応の代表として取り上げられることが多い．

　アミノ酸の異化とクエン酸回路のつながりについては前に述べたことを思い出してほしい（本章Ⅳ，図 3-Ⅳ-7 参照）．アセチル CoA はもちろん，TCA サイクルの中間体である 2-オキソグルタル酸，スクシニル CoA，フマル酸，オキサロ酢酸もアミノ酸の異化によって補充される．したがって，グルコースの異化で生じたアセチル CoA を完全酸化する際アミノ酸からの回路成分の補充によって回路はより円滑に回ることになる．このようなアミノ酸からの補給と重なって**ピルビン酸のカルボキシル化** pyruvate carboxylation によるオキサロ酢酸の補給もある（本章Ⅶ，図 3-Ⅶ-3 反応⑧）．ピルビン酸はアラニンのアミノ基転移（本章Ⅳ，メモ 3-Ⅳ-7）やシステインの異化（本章Ⅳ，図 3-Ⅳ-9）によっても生じるが，解糖（本章Ⅱ，図 3-Ⅱ-4）によっても生じるのでピルビン酸は糖とアミノ酸の両方から供給されやすい代謝物である．

2 呼吸鎖（電子伝達系）

A 呼吸鎖複合体

　クエン酸回路はアセチル基を完全に酸化し，CO_2 と水と GTP（ないし ATP）と還元単位（2H）を生成する．その還元単位は引き続きミトコンドリア内膜の**呼吸鎖** respiratory chain（図 3-Ⅵ-2）によって酸化されることにより炭素化合物の完全酸化が終了する．

　呼吸鎖の構成成分は NADH（メモ 3-Ⅵ-1）から電子を受け取る還元電位の低い成分から酸素分子と結合する電位の最も高い成分まで段階的に配列

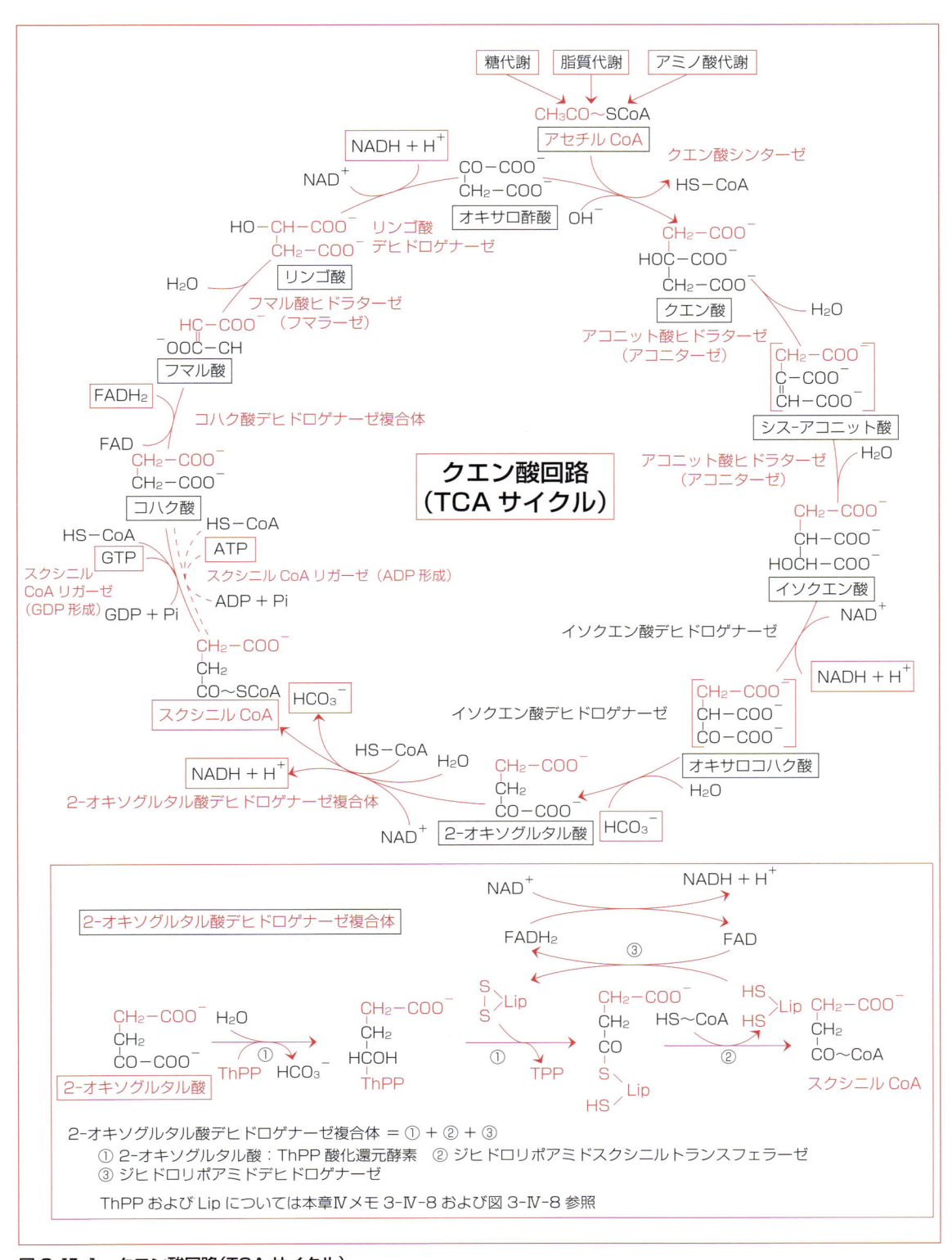

VI 共通の終末酸化系——クエン酸回路と呼吸鎖

図 3-VI-1　クエン酸回路(TCA サイクル)
矢印のない反応は可逆的である。

126 第3章 人体の基本代謝

Fe-S： 鉄-イオウ中心
Q： ユビキノン
b, c_1, c, aa_3： シトクロム b, c_1, c, aa_3
Cu_A, Cu_B： 銅中心 A, B
Q_O, Q_i： Q_O 部位，Q_i 部位
FMN： フラビンモノヌクレオチド
FAD： フラビンアデニンヌクレオチド
NAD： ニコチンアミドアデニンジヌクレオチド

Ⅰ：呼吸鎖複合体Ⅰ（NADH デヒドロゲナーゼ）
Ⅱ：呼吸鎖複合体Ⅱ（コハク酸デヒドロゲナーゼ）
Ⅲ：呼吸鎖複合体Ⅲ（ユビキノール-シトクロム c レダクターゼ，シトクロム bc_1 複合体）
Ⅳ：呼吸鎖複合体Ⅳ（シトクロム c オキシダーゼ，シトクロム aa_3 複合体）

（図 3-Ⅵ-4 参照）

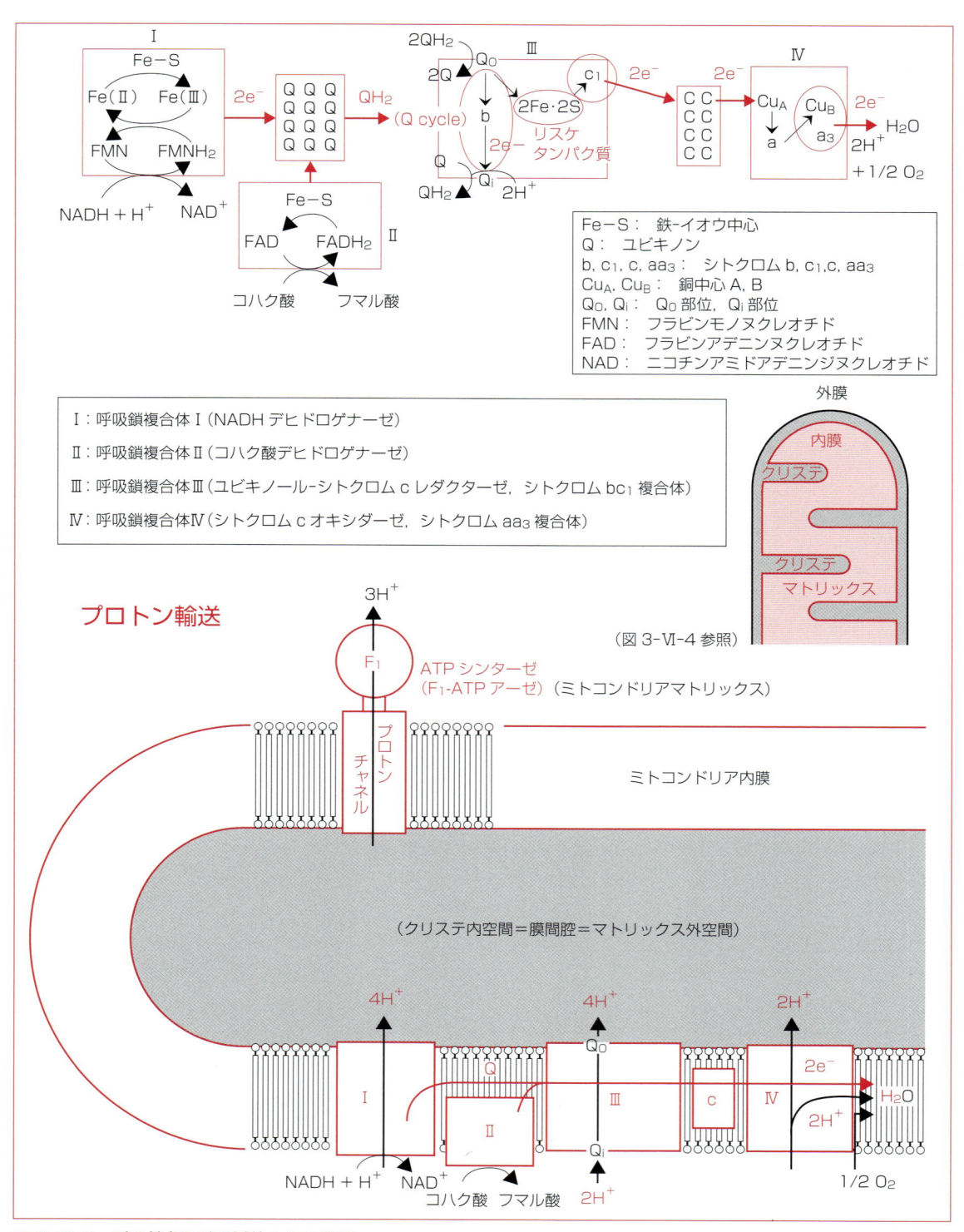

図 3-Ⅵ-2　呼吸鎖（電子伝達鎖）とその機能

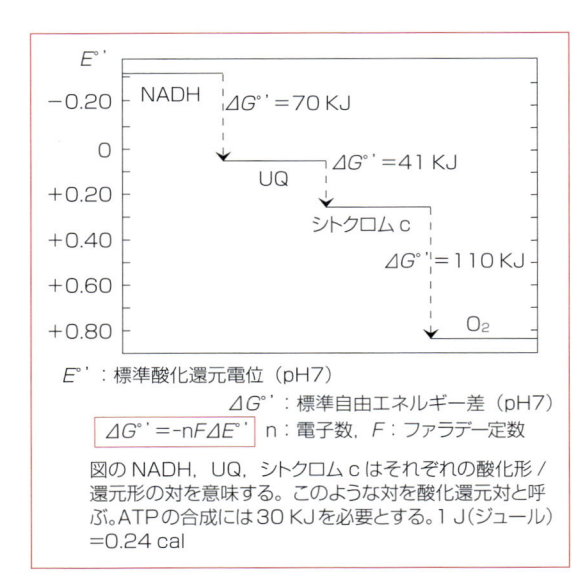

図3-VI-3 酸化的リン酸化における自由エネルギーの変化
呼吸鎖における標準酸化還元電位差と標準自由エネルギー差。

$E°'$：標準酸化還元電位（pH7）
$ΔG°'$：標準自由エネルギー差（pH7）
$ΔG°' = -nFΔE°'$　n：電子数，F：ファラデー定数

図の NADH, UQ, シトクロム c はそれぞれの酸化形／還元形の対を意味する。このような対を酸化還元対と呼ぶ。ATPの合成には 30 KJ を必要とする。1 J（ジュール）=0.24 cal

メモ3-VI-1　酸化還元反応に関与する補酵素（NAD^+ と FAD）

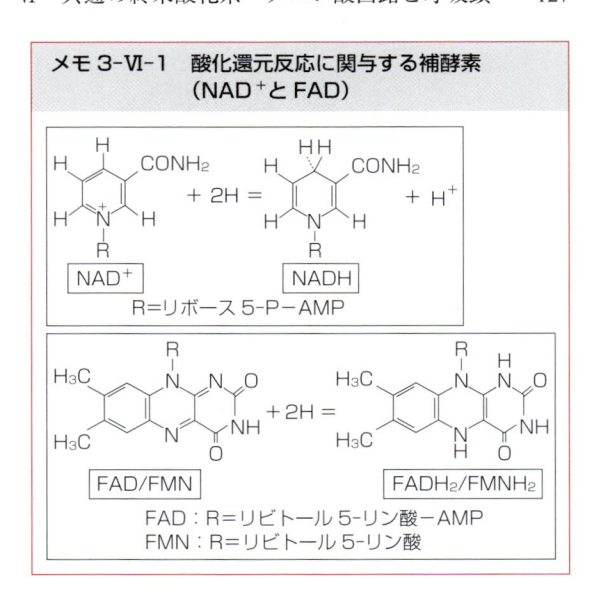

FAD：R＝リビトール 5-リン酸－AMP
FMN：R＝リビトール 5-リン酸

メモ3-VI-2　ユビキノンとヘム

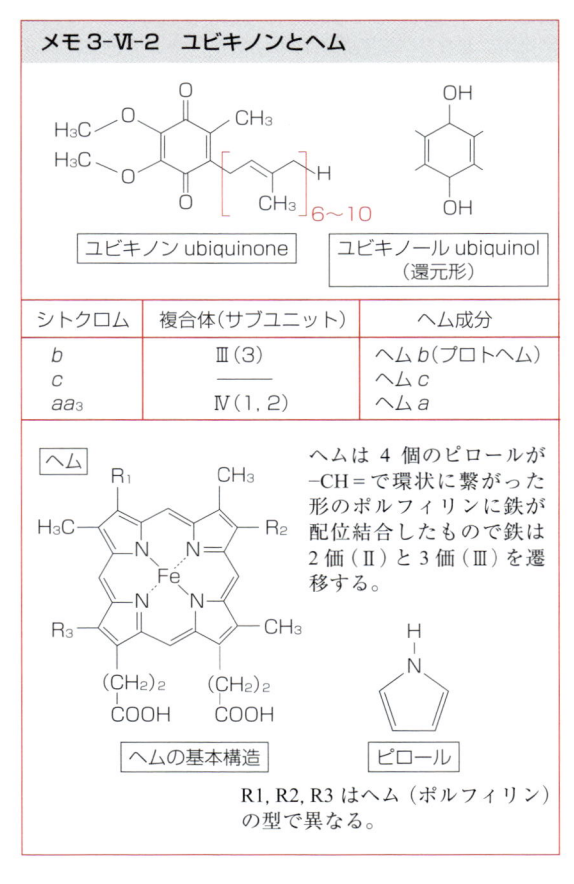

シトクロム	複合体(サブユニット)	ヘム成分
b	Ⅲ(3)	ヘム b（プロトヘム）
c	—	ヘム c
aa_3	Ⅳ(1, 2)	ヘム a

ヘムは 4 個のピロールが $-CH=$ で環状に繋がった形のポルフィリンに鉄が配位結合したもので鉄は 2 価（Ⅱ）と 3 価（Ⅲ）を遷移する。

R1, R2, R3 はヘム（ポルフィリン）の型で異なる。

している（**電子伝達鎖** electron transport chain という）（図3-Ⅵ-2 および 3-Ⅵ-3）。**呼吸鎖複合体** respiratory chain complex と呼ばれるそれらの成分は複数のタンパク質複合体からなり，複合体Ⅰ complex Ⅰ と複合体Ⅱ complex Ⅱ は脱水素反応に，複合体Ⅲ complex Ⅲ は電子伝達に，複合体Ⅳ complex Ⅳ は水素と酸素から水を生成させることに関与する。複合体Ⅰによって $NADH+H^+$ から生じた**還元単位** $2H(2H^+ + 2e^-)$ のうち，電子 $(2e^-)$ は→**ユビキノン** ubiquinone (UQ)→シトクロム bc_1（複合体Ⅲ）→シトクロム c→シトクロム aa_3（複合体Ⅳ）と伝達されていき，最後に O_2 に渡される。ユビキノンは生体キノンの仲間で（メモ3-Ⅵ-2），**シトクロム** cytochrome は**ヘム** heme（メモ3-Ⅵ-2）をもつタンパク質（**ヘムタンパク質**）の仲間である。

B　酸化的リン酸化

呼吸鎖は電子を伝達するだけでなく，電子の伝達に伴って生じる**自由エネルギー**（熱力学の概念）（図3-Ⅵ-3）を用いてマトリックスから外へプロトンを輸送する（図3-Ⅵ-2）。つまり，電子伝達とプロトンポンプは**共役** couple している。このようにして，マトリックス外の**膜間腔**（内膜と外膜の間の空間）とマトリックスの間には高い**プロトン勾配** proton gradient ができる。そのため，膜

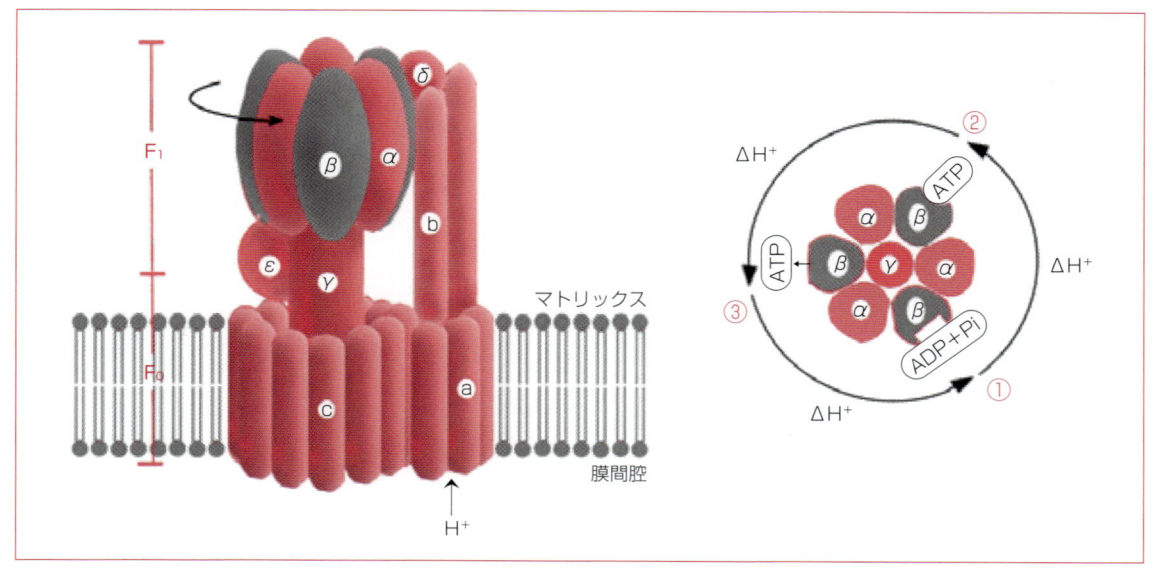

図3-Ⅵ-4　ATPシンターゼの構造とプロトン流→力学的エネルギー→化学的エネルギーへの転換
プロトンがクリステの膜間腔からマトリックス内へ逆流する勢いでATPを合成する装置。理想的反応機構は以下のとおりである。ADP+Piがβサブユニットに結合する（①），プロトン1個がサブユニットaを経て流入し，αβの3対からなるF1粒子を120°回転させるとATPが合成されるが，ATPはまだβサブユニットに結合している（②），さらにプロトン1個が通過することにより粒子がまた120°回転すると，ATPが遊離する（③），さらに1個のプロトンが逆流すると，粒子が120°回転し，状態①に戻る。

間腔のプロトンはマトリックスへ逆流しようとする勢い（**プロトン駆動力** proton motive force）を獲得する。その逆流を利用してATPを合成（ADP＋Pi→ATP）する装置が内膜に存在し，**ATPシンターゼ複合体**（ATP合成酵素複合体）と呼ばれている（図3-Ⅵ-4）。以上のような説明を**化学浸透共役説** chemiosmotic coupling theoryと呼ぶ。ATPシンターゼは単なる酵素ではない。一種の発電機のようなものであり，電力ではないが高エネルギー化合物であるATPを生み出す。**プロトン流** proton currentを導くのが**プロトンチャネル** proton channel（**Fo**）と呼ばれる部分であり，ダイナモに相当するのが**F₁粒子** F₁ particleである（図3-Ⅵ-4および第1章，図1-Ⅰ-13参照）。実験的に内膜を破壊してプロトン勾配をなくしたり，プロトンチャネルをF₁粒子から切り離したりすると，ATPを合成しなくなる。その状態のF₁粒子はATP合成の逆反応（ATP→ADP＋Pi）を行う高い活性をもっており，それがこの粒子が最初に精製

されたとき**F₁-ATPアーゼ** F₁-ATPaseと名付けられたゆえんである。

このように，基質（NADHやコハク酸）を酸化し，得られた還元単位を電子伝達鎖に導くことによりADPをリン酸化してATPにすることを**酸化的リン酸化** oxidative phosphorylationと呼ぶ。これは上で述べたように，**クリステ** cristaという構造の存在とそこで起こる電子伝達に共役したプロトン勾配の形成に基づくリン酸化であって，クエン酸回路のスクシニルCoAリガーゼ反応のような純粋な化学反応によるものとは本質的に異なる。後者のようなリン酸化を基質レベルのリン酸化と呼ぶ。

酸化的リン酸化において**P/O比** P/O ratioという表現がしばしば用いられる。これは呼吸鎖の最後に起こる水の形成に関与する酸素原子（$1/2\ O_2$）1個あたり何分子のATPが生成するかを表す数値である。簡略化して整数で表すとNADHの酸化から始まるとP/O比＝3であり，コハク酸の酸

VI 共通の終末酸化系—クエン酸回路と呼吸鎖

化から始まると2である．消費された酸素の代わりに輸送されるプロトン数をとる表示法もある．

結局，クエン酸回路の1回転でNADHが3分子，$FADH_2$が1分子できるので，酸化的リン酸化で11分子のATPができる．これに基質レベルのリン酸化による1分子を加えると合計12分子のATPがクエン酸回路の1回転でできることになる．グルコース1分子の酸化的分解では，アセチルCoAまでに14分子，クエン酸回路で(12×2)24分子，合計38分子のATPが生産される(図3-VI-5)．ただし，この数値はプロトン勾配の利用可能なエネルギーがすべてATPの合成に用いられた場合であって，実際は陰イオンの輸送などにも使われるのでこれより低い値になる．

このプロトンポンプを伴った電子伝達とATP合成の共役を解除(**脱共役** uncoupling)すると酸化還元電位差から得られる自由エネルギーはATPとして保存されず，熱として失われる．このような作用をもつ生理的**脱共役タンパク質** uncoupling protein(UCP)の存在が知られている．これらのタンパク質は起源的に膜輸送タンパク質(陰イオンチャネルなど)の仲間で，プロトン勾配を解消する作用をもつ．約5種類(UCP1〜5)が知られているが，よく知られているのはUCP1〜3である．UCP1は褐色脂肪組織にあり，新生児の体温維持や動物では冬眠中の体温維持にかかわっている．UCP2は骨格筋をはじめ多くの組織に存在することが知られているが，膵β細胞でインスリンの分泌に関係している可能性がある(分泌の阻害)．UCP3は骨格筋に最も多く存在し，甲状腺ホルモンによって発現量が増す．したがって，甲状腺ホルモンによる熱産生の調節はUCP3を介するものではないかと考えられている．白色脂肪組織のUCP3はアドレナリン作動薬で増量する．UCP3については再びふれる(第4章III)．UCP4(BMCP1)は主に脳に，UCP5は脳と精巣に存在している．

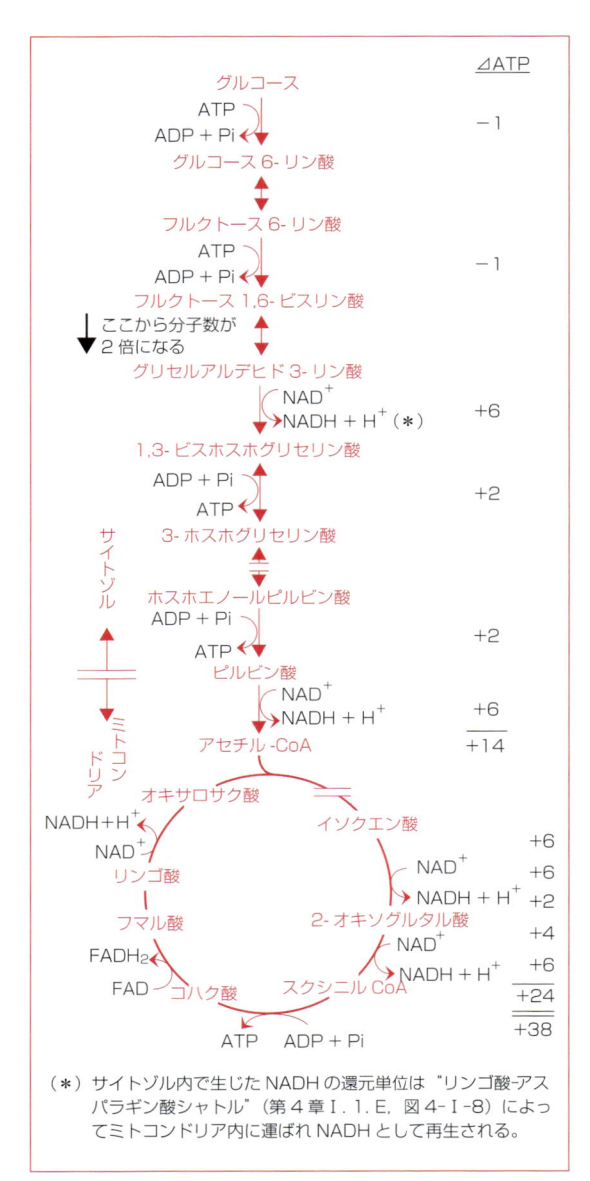

図3-VI-5 解糖系のまとめとATP収率

(*) サイトゾル内で生じたNADHの還元単位は"リンゴ酸-アスパラギン酸シャトル"(第4章I.1.E, 図4-I-8)によってミトコンドリア内に運ばれNADHとして再生される．

Ⅶ グルコースの合成

1 糖新生（グルコネオゲネシス）

最初に，**糖新生**という用語がわが国では**グルコースの新生**（グルコネオゲネシス gluconeogenesis）の意味で用いられていることに注意しよう。

グルコースは体外由来の多糖の分解によって大量に吸収されるが，体内で新たに合成することもできる。というより，空腹時の血糖値を維持するためにそれが必要である。糖新生はグルコースより低分子からのグルコースの合成を意味する。3つの不可逆反応（本章Ⅱ，図3-Ⅱ-4）を除けば解糖系はグルコースからピルビン酸または乳酸まで可逆過程である。したがって，3つの不可逆過程をバイパスすれば，グルコースの合成は解糖の逆過程を利用して行える。その3個のバイパス反応とは，グルコースに近いほうから，①**グルコース6-ホスファターゼ** glucose-6-phosphatase，②**フルクトース-1,6-ビスホスファターゼ** fructose-1, 6-bisphosphatase，③**ホスホエノールピルビン酸カルボキシキナーゼ** phosphoenolpyruvate carboxyki-

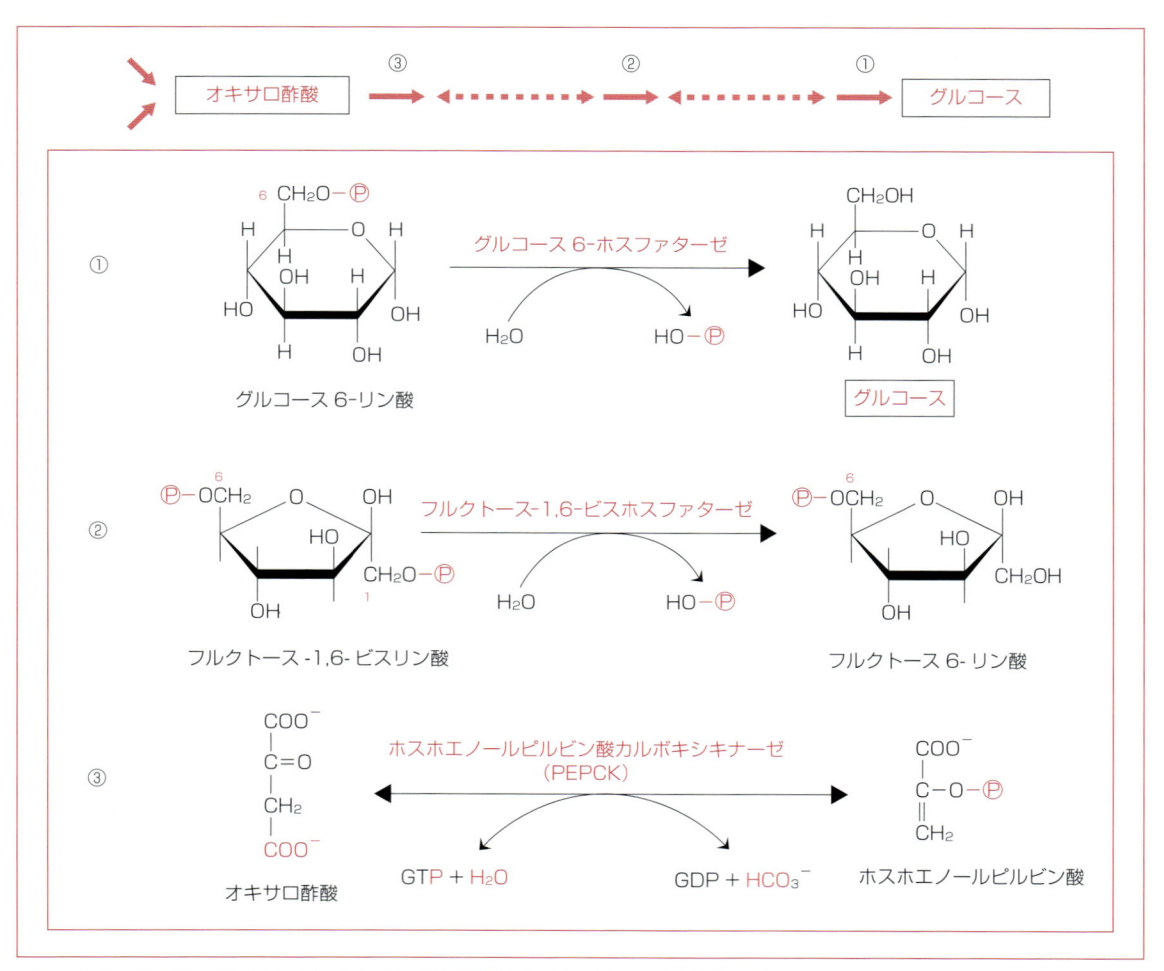

図3-Ⅶ-1 糖新生（グルコネオゲネシス）の幹線経路における3つのバイパス過程
糖新生は不可逆過程を別にすれば解糖系の可逆過程（図上の破線部分）を利用する。

表3-Ⅶ-1　リンゴ酸デヒドロゲナーゼとリンゴ酸酵素

酵素	補酵素	細胞内局在	遺伝子	遺伝子座	機能
リンゴ酸デヒドロゲナーゼ1	NAD	サイトゾル	MDH1	2p.133	糖新生
リンゴ酸デヒドロゲナーゼ2	NAD	ミトコンドリア	MDH2	7cen-q22	クエン酸回路
リンゴ酸酵素1	NADP	サイトゾル	ME1	6q12	脂肪酸合成
リンゴ酸酵素2	NAD	ミトコンドリア	ME2	18q21	脳に発現 (GABAの合成)
リンゴ酸酵素3	NADP	ミトコンドリア	ME3	11cen-q22	糖新生 (リンゴ酸の補充)?
反応	リンゴ酸デヒドロゲナーゼ：リンゴ酸 + NAD^+ = オキサロ酢酸 + $NADH + H^+$ リンゴ酸酵素：リンゴ酸 + $NAD(P)^+$ = ピルビン酸 + CO_2 + $NAD(P)H + H^+$				

表3-Ⅶ-2　ミトコンドリア内膜の輸送体

遺伝子	発現タンパク	機能
SLC25A1	トリカルボン酸担体	クエン酸-H^+/リンゴ酸交換
SLC25A15,2	オルニチン担体1,2	オルニチンの輸送
SLC25A3	リン酸担体*1	無機リン酸イオンとプロトンとの共輸送
SLC25A4,5,6	ADP/ATPトランスロカーゼ1,2,3	ADP/ATPの輸送
SLC25A7,8,9	脱共役タンパク質1,2,3 (UCP1,2,3)	プロトン勾配の破壊
SLC25A10	ジカルボン酸担体	リンゴ酸, コハク酸とリン酸, 硫酸の対向輸送
SLC25A11	2-オキソグルタル酸担体	2-オキソグルタル酸/リンゴ酸の輸送
SLC25A12,13	Ca^{2+}活性化アスパラギン酸/グルタミン酸担体	アスパラギン酸とグルタミン酸の輸送
SLC25A22,18	グルタミン酸担体1,2	グルタミン酸とプロトンの共輸送
SLC25A19	デオキシヌクレオチド担体	デオキシヌクレオチドの輸送 (ミトコンドリアDNAの合成)
SLC25A20	カルニチン/アシルカルニチントランスロカーゼ	カルニチン, アシルカルニチンの輸送
SLC25A21	2-オキソジカルボン酸担体	C5-C7の2-オキソジカルボン酸の輸送
SLC25A32	葉酸担体	葉酸の輸送

ミトコンドリア内膜の低分子輸送体には溶質担体ファミリー25 (solute carrier family 25, 遺伝子名 SLC25A) というグループ名がつけられている. 現在その遺伝子は46種 (SLC25A1～SLC25A46) が知られているが, 機能については未解明のものもある.
*1：SLC25A23,24,25,26もリン酸担体であるが, 輸送機構は未解明.
詳細が未解明なもの：SLC25A14,16,17,27,28,29,30,31,33,34,35,36,37,38,39,40,41,42,43,44,45,46.

nase (PEPCK) の3反応である (図3-Ⅶ-1).

糖新生がPEPCK反応を経由することは酵素の阻害実験やPEPCKをもたない動物を作ることでも証明される. 実際に, PEPCKを先天的にもたない人は高度の低血糖を示す. この酵素の一方の基質はサイトゾルのオキサロ酢酸である. そのオキサロ酢酸は, ①リンゴ酸 malic acid の脱水素, ②アスパラギン酸の脱アミノ (アミノ基転移) によってできる (図3-Ⅶ-2). ①はリンゴ酸デヒドロゲナーゼ1 malate dehydrogenase-1 (図3-Ⅶ-2, 図3-Ⅶ-3では④に相当) によって触媒される. この酵素はサイトゾルのもので, ミトコンドリアマトリックスにも同じ反応を触媒するリンゴ酸デヒドロゲナーゼ2 malate dehydrogenase-2 がある.

両者は別々の遺伝子の産物である (表3-Ⅶ-1). ②はアスパラギン酸アミノトランスフェラーゼ1 aspartate aminotransferase-1 (グルタミン酸-オキサロ酢酸トランスアミナーゼ1, 図3-Ⅳ-2, -3では⑤に相当) によるが, この酵素もミトコンドリアに同じ反応を触媒する別種のタンパク質 (アスパラギン酸アミノトランスフェラーゼ2 aspartate aminotransferase-2) がある.

このように同じ反応を触媒する酵素がサイトゾルとミトコンドリアの両方にある場合と, 1つの酵素がサイトゾルかミトコンドリアかどちらかにしかない場合がある. このようなとき重要な意味をもってくるのが基質あるいは生成物に対するミトコンドリア内膜の透過性である. 透過性はふつ

うその物質に対する輸送体（**表3-Ⅶ-2**）の存否で決まる[注]。糖新生経路でオキサロ酢酸からグルコースに至る過程はサイトゾルで起こることが大前提である。本書では，現在までにその存在がタンパク質レベルと遺伝子レベルで確かめられているヒトミトコンドリア膜輸送体と酵素の局在に基づいて話を進める。

　空腹時でも血糖値を正常範囲(60〜109 mg/dl)に維持することは生体にとって至上命令である。その理由の1つは脳がそのエネルギー源をほぼ全面的にグルコースに依存しているからである。他に脳が利用できるエネルギー供給基質は**ケトン体** ketone body（β-ヒドロキシ酪酸とアセト酢酸，第4章Ⅱ，図4-Ⅱ-5）であるが，脳のエネルギー需要の一部を満たすだけであるし，ケトン体を利用できるシステムもすぐには整わないという事情がある。したがって，脳が空腹時にもグルコースを利用できるようにアミノ酸からグルコースを合成するために網の目のような経路（セーフティネット）が張られている（**図3-Ⅶ-3**）。

　このように，グルコースの合成のためにアミノ酸，乳酸，グリセロールが前駆体となるが，その経路にはクエン酸回路と尿素回路が直接，間接に関与している。前者はアミノ酸の炭素骨格の代謝に，後者は炭素骨格の代謝とアミノ基の処理に関与する。糖新生には炭素骨格以外に**還元当量** reducing equivalent（H）とエネルギー（ATP，GTP）が必要である。ミトコンドリアには ATP と GTP を相互転化させる反応（**NDP キナーゼ** NDP kinase）がある。リンゴ酸を経由してオキサロ酢酸が生じる場合 NADH が同時に生成するが，アスパラギン酸のアミノ基転移でオキサロ酢酸が生じる場合は下流の NADH を他から供給する必要がある。したがって，糖新生のためのオキサロ酢酸はリンゴ酸から生成するとするのが自然である。乳酸もアミノ酸もピルビン酸を経由して結局リンゴ酸に集約されうるからである（**図3-Ⅶ-3**）。

[注] 糖新生の取り扱いが多くの教科書で必ずしも統一されていない1つの理由は，酵素の局在とミトコンドリア内膜の透過性（担体 carrier の存否）を考慮していないものがあることによるようである。

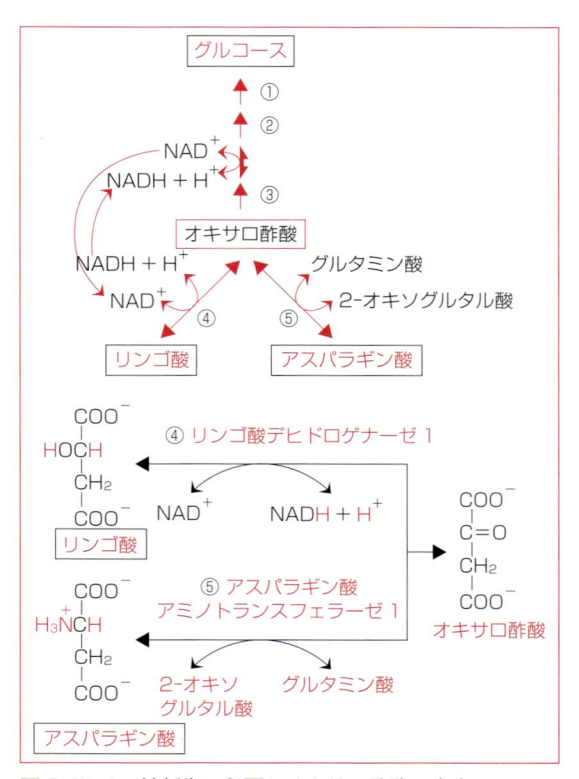

図3-Ⅶ-2　糖新生に必要なオキサロ酢酸の由来
2つの反応（④，⑤）はサイトゾルで起こる。④の反応は下流で必要な還元当量を生成する自己完結的な経路である。⑤は還元当量をサイトゾルでは生み出さない。①，②，③は図3-Ⅶ-1のそれである。

アスパラギン酸を経由する経路はサイトゾルのオキサロ酢酸量を調節する役割をもっているのかもしれない。肝細胞ではアスパラギン酸は**尿素回路**の一部を経由してリンゴ酸を供給することもできる。この経路はアミノ酸からの糖新生において尿素回路のもつ意味を端的に示している。

　糖新生の際リンゴ酸は上で見たように，リンゴ酸デヒドロゲナーゼ反応で2還元当量（NADH + H$^+$ = 2H）を与えるが，これはミトコンドリアからサイトゾルへ 2H を運んだことを意味する。サイトゾルのリンゴ酸はミトコンドリアに由来するからである。解糖が活発に行われている時は逆のことが起きている。グリセルアルデヒドリン酸デヒドロゲナーゼで生じた 2H をリンゴ酸はミトコンドリアへ運ぶ。この運搬を継続的に行う回路があり，**リンゴ酸-アスパラギン酸シャトル** malate-

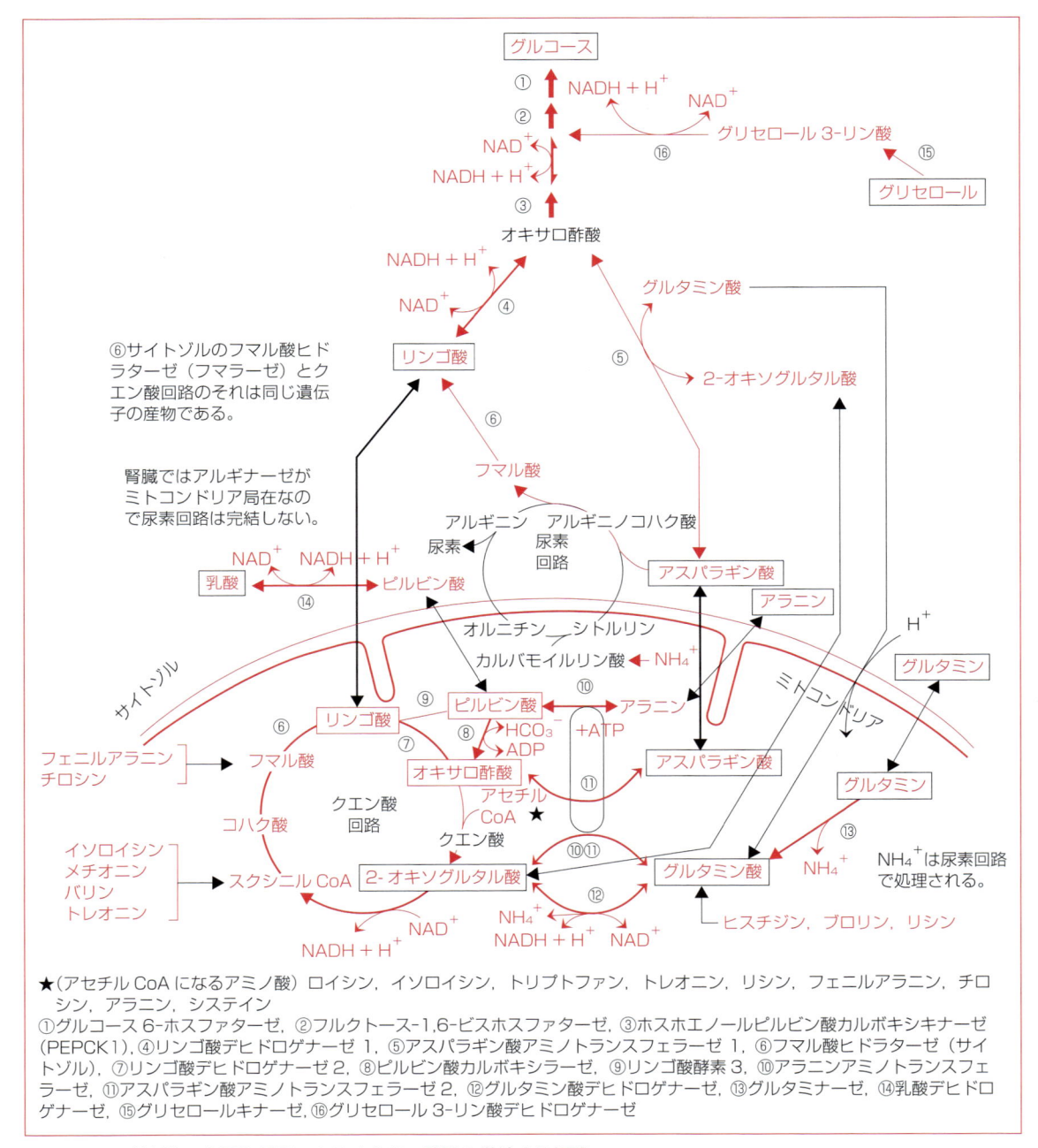

図 3-Ⅶ-3 糖新生の主要な基質であるオキサロ酢酸を供給する経路

肝臓でグルコースの合成が起こりうる経路を示した。その炭素骨格がグルコースに転化しえる基質の主なものはアミノ酸，乳酸，グリセロールである。肝臓だけでなく腎臓でも糖新生は可能であるが，尿素が合成できない（尿素回路がない）ためアミノ酸からの糖新生は限られている。黒い線はミトコンドリア内膜の透過を表す。ミトコンドリア内にもピルビン酸キナーゼがあるという報告（2004, 2007, 2010）が正しければ，⑧と平行してピルビン酸キナーゼとPEPCK2による反応が働くと考えられる。こちらのほうはエネルギーを消費しないでオキサロ酢酸を合成するというメリットがある（第4章Ⅰ．1．C参照）。

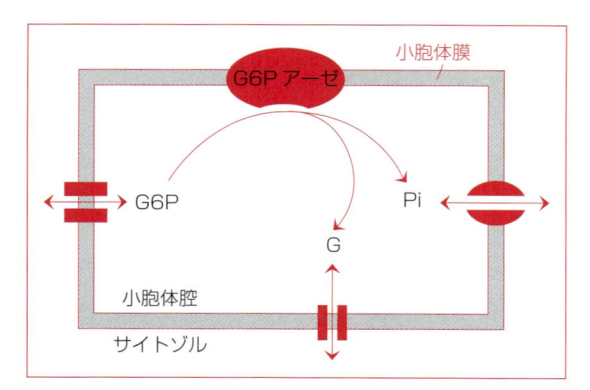

図3-Ⅶ-4　グルコース6-ホスファターゼの存在様式
グルコース6-ホスファターゼ(G6Pアーゼ)は小胞体膜に局在していて，サイトゾルから特異的輸送体(トランスロカーゼ)を経て小胞体内腔に入ったグルコース6-リン酸(G6P)を加水分解する。生じたグルコース(G)とリン酸(Pi)はそれぞれの特異チャネルを通ってサイトゾルに出る。

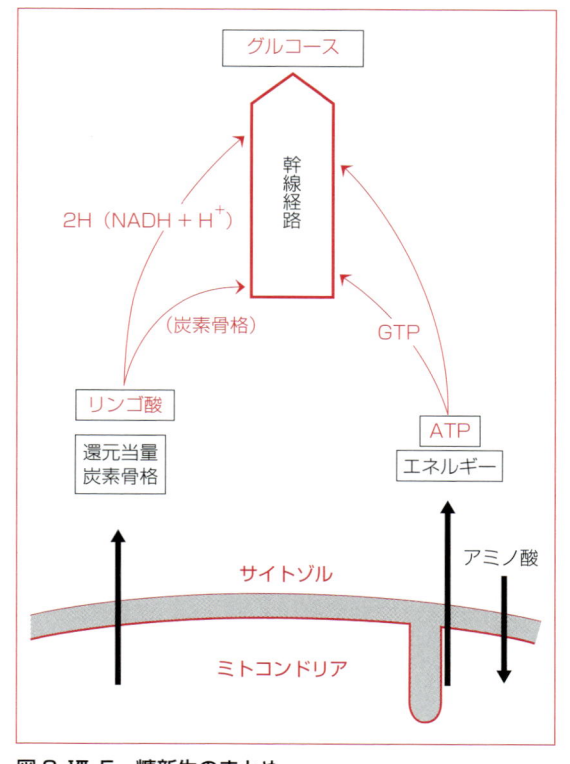

図3-Ⅶ-5　糖新生のまとめ
リンゴ酸が炭素骨格と還元当量を，ATP(GTP)がエネルギーを与える。

aspartate shuttle と呼ばれている(第4章Ⅰ，図4-Ⅰ-8)。他に，グリセロール-リン酸によって還元当量を運ぶ回路もある〔グリセロールリン酸シャトル(第4章Ⅰ，図4-Ⅰ-9)〕。

糖新生の幹線経路でオキサロ酢酸からグルコース6-リン酸までの転化を触媒する酵素はサイトゾルの酵素であるが，最終段階でグルコース6-リン酸を加水分解してグルコースを遊離する**グルコース6-ホスファターゼは小胞体膜に局在する膜酵素である**(図3-Ⅶ-4)。最後に，糖新生の要点を図式化して示す(図3-Ⅶ-5)。

2　フルクトース，ガラクトースのグルコースへの転化

フルクトースやガラクトースは食物(果実，菓子，牛乳など)を摂取することにより多量に体内に取り込まれる。これらの単糖は遊離のグルコースに転化されることなく(解糖系に流入する形で)代謝されるが，解糖系を逆行したり，特別な回路を経てグルコースに転化することも可能である。フルクトースやガラクトースはヘキソース(炭糖)であるから，グルコースより低分子とはいえない。したがって，これらからのグルコースの生成は糖新生ではなく**グルコースへの転化**である。ただし，部分的に糖新生の反応を利用はしている。

フルクトース(D-フルクトース)は**ケトヘキソキナーゼ** ketohexokinase に触媒されてリン酸化を受け**フルクトース1-リン酸** fructose 1-phosphate になり，ジヒドロキシアセトンリン酸(グリセロン3-リン酸)とグリセルアルデヒド3-リン酸を経由してフルクトース-1,6-ビスリン酸になる(図3-Ⅶ-6)。この後は糖新生の2つの反応(**フルクトース-1,6-ビスホスファターゼとグルコース6-ホスファターゼ**)を経てグルコースになる。

ガラクトースは**ガラクトキナーゼ** galactokinase 反応で**ガラクトース1-リン酸** galactose-1-phosphate になり，ガラクトース1-リン酸ウリジリルトランスフェラーゼ galactose-1-phosphate uridylyltransferase の作用で**グルコース1-リン酸** glucose-1-phosphate になる(図3-Ⅶ-6)。この反応は **UDP-グルコース**が触媒的に働く反応(UDP-ガラクトース4-エピメラーゼ UDP-galactose 4-epimerase)と共役した形で起こる。グルコース1-

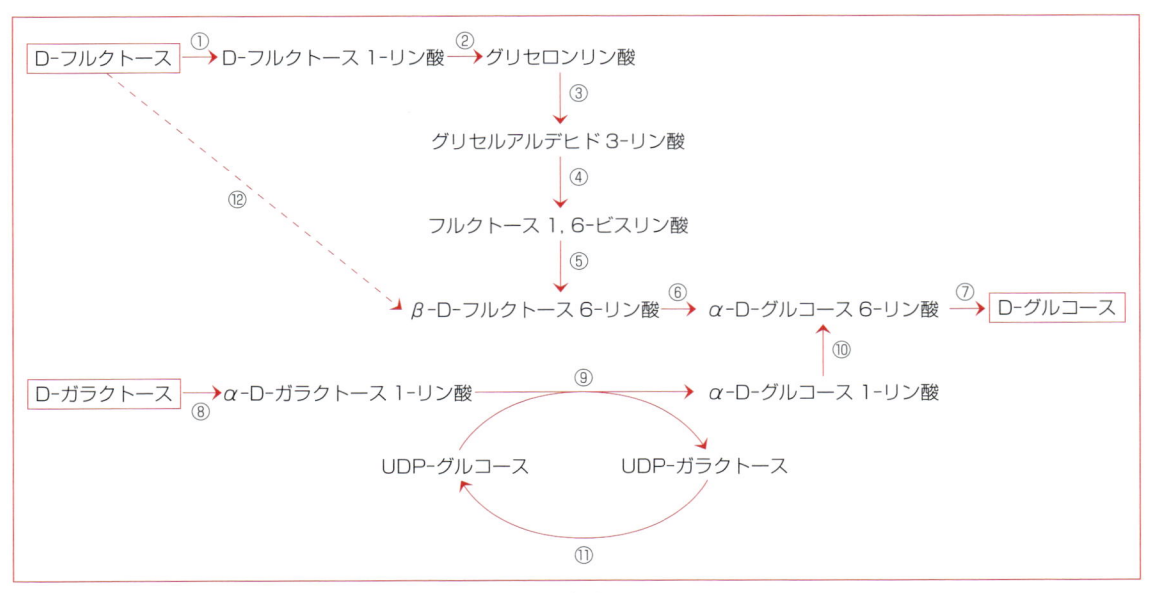

図 3-Ⅶ-6　フルクトース，ガラクトースのグルコースへの転化
フルクトースとガラクトースのグルコースへの転化　①ケトヘキソキナーゼ，②フルクトースビスリン酸アルドラーゼ，③トリオースリン酸イソメラーゼ。④＝②，⑤フルクトース-1,6-ビスホスファターゼ，⑥グルコース 6-リン酸イソメラーゼ，⑦グルコース 6-ホスファターゼ，⑧ガラクトキナーゼ，⑨ガラクトース 1-リン酸ウリジリルトランスフェラーゼ，⑩ホスホグルコムターゼ，⑪ UDP-ガラクトース 4-エピメラーゼ，⑫ヘキソキナーゼ 1。⑫の経路を破線で示したのは⑫のフルクトースに対する親和性が①に比べ約 2 桁低いのでフルクトースが高濃度でないかぎりこの経路は寄与しないと思われるからである。

リン酸は**ホスホグルコムターゼ** phosphoglucomutase 反応でグルコース 6-リン酸となり，フルクトース経路と合流する。

Ⅷ 脂質の合成

1 脂肪酸の合成

A 飽和脂肪酸の合成

脂肪酸の合成 biosynthesis of fatty acid はミトコンドリアではなく細胞質で起こる。最初に必要な前駆体はサイトゾルのアセチル CoA である。ピルビン酸デヒドロゲナーゼ反応で生じたミトコンドリアのアセチル CoA はそのままではサイトゾルへ出られないので，まずオキサロ酢酸と反応してクエン酸となり（クエン酸回路の部分反応），次にクエン酸がサイトゾルに移行し，**ATP クエン酸リアーゼ** ATP citrate-lyase の作用でアセチル CoA とオキサロ酢酸に分解して生じる（**図 3-Ⅷ-1**）。

サイトゾルに出たアセチル CoA が最初に受ける重要な反応は**アセチル CoA カルボキシラーゼ** acetyl-CoA carboxylase 反応である（**メモ 3-Ⅷ-1**）。この反応と同じ形の反応はすでに学んでいる（第 3 章Ⅳ，図 3-Ⅳ-10 反応④，④'，メモ 3-Ⅳ-9）。ここでの反応はアセチル基にカルボキシル基（-COO^-）を付加して 3 炭素の**マロニル基** malonyl group にする反応である。カルボキシル基を運ぶ

メモ 3-Ⅷ-1 マロニル CoA の生成

$ADP + Pi$ ← $ATP + HCO_3^-$

CH_3-CO-$SCoA$ （アセチル CoA） → アセチル CoA カルボキシラーゼ → COO^--CH_2-CO-$SCoA$ （マロニル CoA）

（CO_2-ビオチン ⇄ ビオチン）

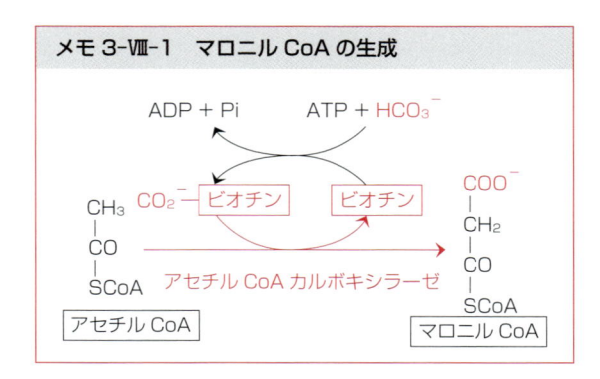

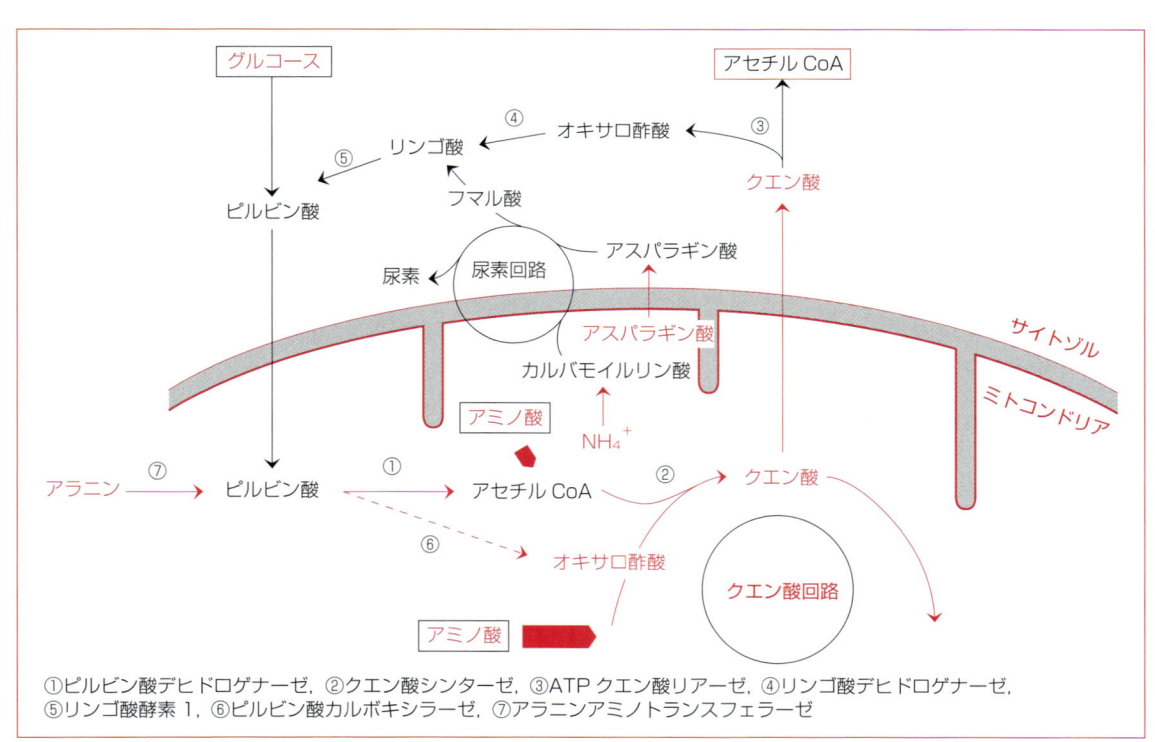

図 3-Ⅷ-1 サイトゾルにおけるアセチル CoA の生成（肝臓）

①ピルビン酸デヒドロゲナーゼ，②クエン酸シンターゼ，③ATP クエン酸リアーゼ，④リンゴ酸デヒドロゲナーゼ，⑤リンゴ酸酵素 1，⑥ピルビン酸カルボキシラーゼ，⑦アラニンアミノトランスフェラーゼ

グルコースあるいはアミノ酸からの基質の供給により，サイトゾルにアセチル CoA が補給される。①→②→③→④→⑤はそのための回路といえる。

Ⅷ　脂質の合成　137

① アセチル-CoA ＋ ACP → アセチル-ACP ＋ CoA
② マロニル-CoA ＋ ACP → マロニル-ACP ＋ CoA

（反応図）

アセチル-ACP　マロニル-ACP　アセトアセチル-ACP

3-ヒドロキシブタノイル-ACP　2-ブテノイル-ACP　ブタノイル-ACP（ブチリル-ACP）

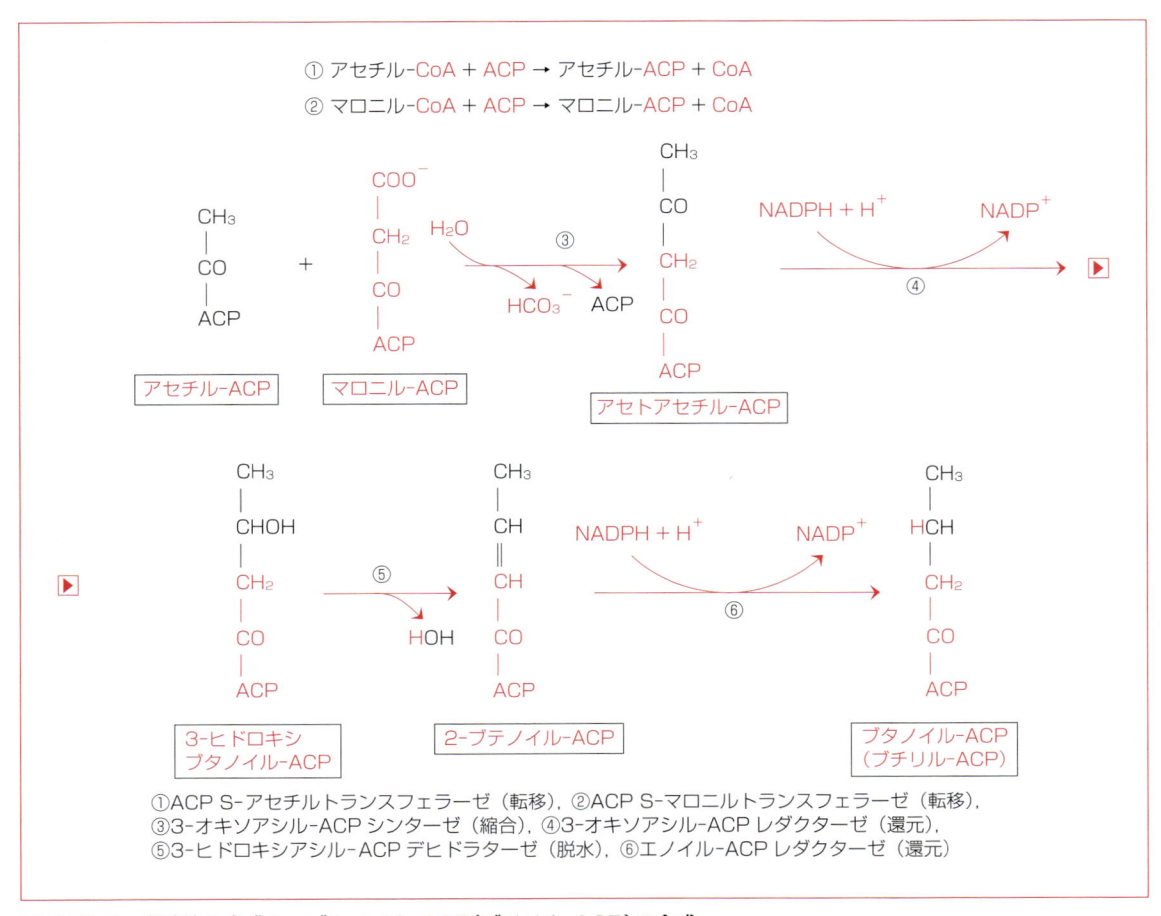

①ACP S-アセチルトランスフェラーゼ（転移），②ACP S-マロニルトランスフェラーゼ（転移），
③3-オキソアシル-ACP シンターゼ（縮合），④3-オキソアシル-ACP レダクターゼ（還元），
⑤3-ヒドロキシアシル-ACP デヒドラターゼ（脱水），⑥エノイル-ACP レダクターゼ（還元）

図 3-Ⅷ-2　脂肪酸の合成Ⅰ．ブタノイル-ACP（ブチリル-ACP）の合成
これら 6 つの反応は 1 個の巨大酵素分子（脂肪酸シンターゼ）によって行われる。反応④，⑥に使われる NADPH はペントースリン酸回路（メモ 3-Ⅷ-2）から供給される。

のは**ビオチン**であり，ビオチンは担体タンパク質のリシン残基に結合して**ビオシチン** biocytin と呼ばれる（ビオチンの構造はメモ 3-Ⅳ-9 参照）。

　脂肪酸合成の第 2 段階でアセチル CoA とマロニル CoA の CoA 部分が**アシルキャリヤータンパク質** acyl carrier protein（**ACP**）で置き換えられる（図 3-Ⅷ-2）。次に，**アセチル-ACP** acetyl-ACP と**マロニル-ACP** malonyl-ACP が反応して 4 炭素化合物の**アセトアセチル-ACP** acetoacetyl-ACP ができ，CO_2（HCO_3^-）が遊離する（縮合反応）。次の段階でアセトアセチル-ACP は還元されて**ヒドロキシブタノイル-ACP** hydroxybutanoyl-ACP になり，さらに脱水されて不飽和結合を生じ**ブテノイル-ACP** butenoyl-ACP になる。最後にもう一

度還元されて**ブタノイル-ACP** butanoyl-ACP（**ブチリル-ACP** butyryl-ACP）になる。つまり，アセチル基が 2 炭素長い C_4-アシル基（ブタノイル基）になった。これで 1 サイクルが終わり，次のサイクルではアセチル-ACP の代わりにブタノイル-ACP がマロニル-ACP と縮合する（各サイクルで 2 炭素を供給するのはマロニル-ACP である）。

　このようなサイクルが 1 回繰り返されるごとに脂肪鎖に 2 炭素が追加されていく（**図 3-Ⅷ-3**）。7 回繰り返されて最終生成物のパルミトイル（C_{16}）-ACP が生じる。これら一連の反応を触媒するのは分子量 272,000 の 1 個の巨大酵素分子，**脂肪酸合成酵素（脂肪酸シンターゼ）** fatty acid synthase（**FAS**）である。このような酵素を**多機能酵素** mul-

メモ 3-Ⅷ-2　ペントースリン酸回路

$NADP^+$ → $NADPH + H^+$

β-D-グルコース 6-リン酸 —②→ 6-ホスホグルコノラクトン —③→ 6-ホスホグルコン酸

$NADP^+$ —④→ CO_2, $NADPH + H^+$ → リブロース 5-リン酸

①（α-D-グルコース 6-リン酸）

ペントースリン酸回路

β-D-フルクトース 6-リン酸 ← セドヘプツロース 7-リン酸 ← リボース 5-リン酸 ←⑤—
⑦　　　　　　　　　　　⑧　　　　　　　　　　　　　⑦　　　　　　　⑥
エリトロース 4-リン酸 ← グリセルアルデヒド 3-リン酸 ← キシルロース 5-リン酸 ←

① グルコース 6-リン酸イソメラーゼ　② グルコース 6-リン酸デヒドロゲナーゼ
③ 6-ホスホグルコノラクトナーゼ　④ ホスホグルコン酸デヒドロゲナーゼ
⑤ リボース 5-リン酸イソメラーゼ　⑥ リブロース 5-リン酸-3-エピメラーゼ
⑦ トランスケトラーゼ　⑧ トランスアルドラーゼ 1

CH_3CO-ACP　アセチル-ACP
$CH_3(CH_2)_2CO$-ACP　ブタノイル-ACP
$CH_3(CH_2)_4CO$-ACP　ヘキサノイル-ACP

マロニル ACP

⑥ 還元　　1 回　　　　　　　　　　　　③ 縮合
　　　　　2 回
　　　　　m 回　$CH_3(CH_2)_{2m}CO$-ACP

$CH_3CH=CHCO$-ACP
$CH_3(CH_2)_2CH=CHCO$-ACP

脂肪酸の合成サイクル

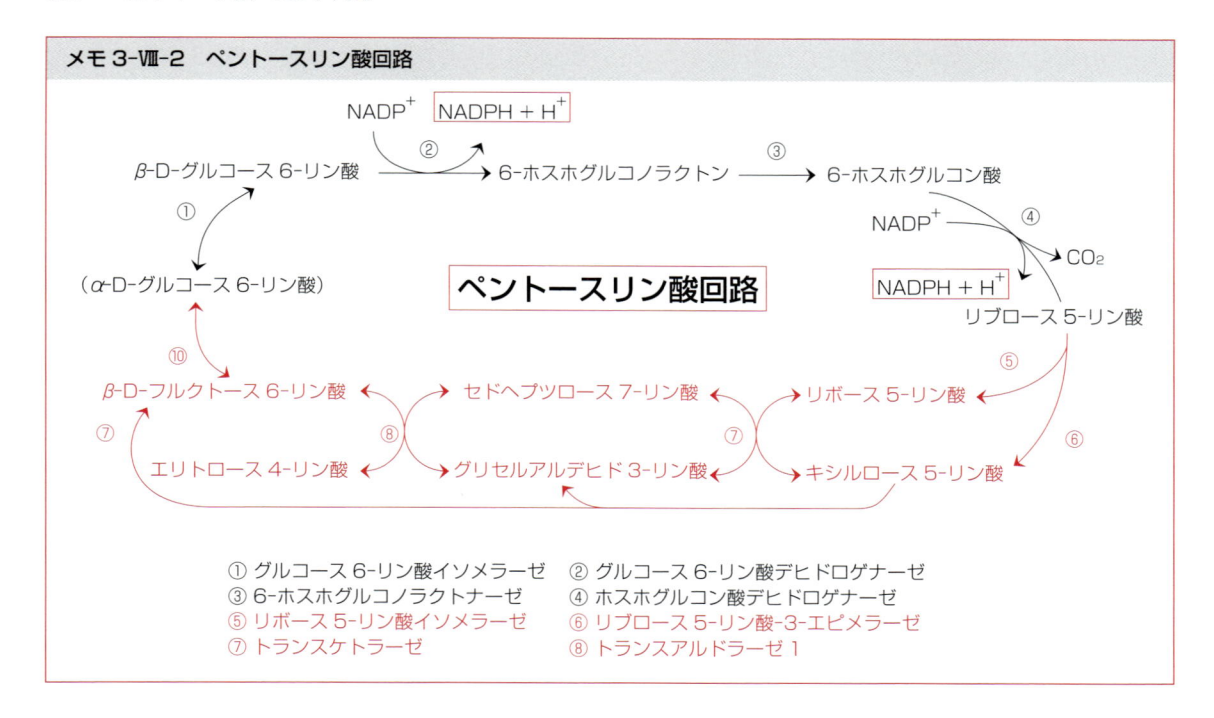

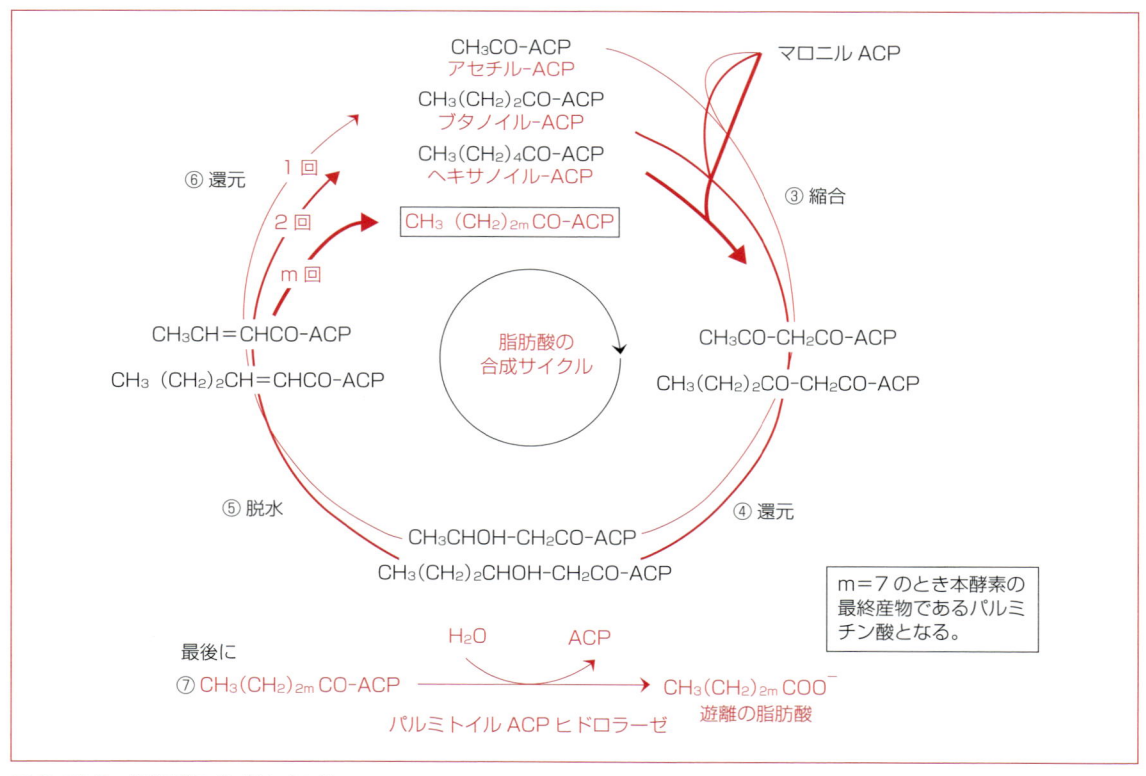

CH_3CO-CH_2CO-ACP
$CH_3(CH_2)_2CO$-CH_2CO-ACP

⑤ 脱水　　　　　　　　　　　　　　　　④ 還元
　　　　　CH_3CHOH-CH_2CO-ACP
　　　　　$CH_3(CH_2)_2CHOH$-CH_2CO-ACP

m=7 のとき本酵素の最終産物であるパルミチン酸となる。

最後に
⑦ $CH_3(CH_2)_{2m}CO$-ACP　—H_2O, ACP→　$CH_3(CH_2)_{2m}COO^-$
　　　　　　　　　　パルミトイル ACP ヒドロラーゼ　　遊離の脂肪酸

図 3-Ⅷ-3　脂肪酸の合成サイクル
ブタノイル-ACP の合成（図 3-Ⅷ-2）と同じ反応が繰り返されることにより脂肪鎖が延長する。最後に加水分解により脂肪酸と ACP が遊離する〔パルミトイル ACP ヒドロラーゼ（オレオイル ACP ヒドロラーゼとも呼ばれるが，正式名は S-アシル脂肪酸シンターゼチオエステラーゼ［中鎖］である）〕。これら全部で 7 つの反応は同一の脂肪酸シンターゼ分子 2 個が向き合ったホモダイマー上で起こる。

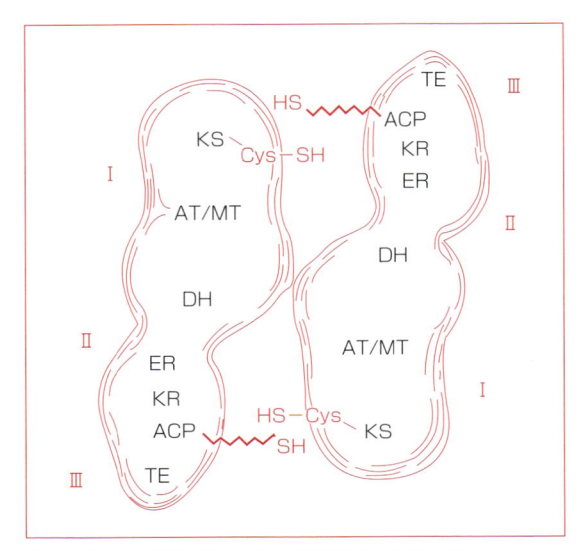

図 3-Ⅷ-4　脂肪酸シンターゼ（脂肪酸合成酵素）
2 個の同一の酵素分子が頭 - 尾で向き合っている．KS のシステイン残基と ACP の 4'-ホスホパンテテイン鎖の SH 基がアシル基の結合部位として 1 つの活性中心を形づくる．Ⅰ，Ⅱ，Ⅲ はドメインを表す（ここでのドメインはポリペプチド鎖の区分というよりは各酵素活性の主な所在を示すにとどまる）．

tifunctional enzyme という．アシル基を結合する ACP も独立したタンパク質ではなく，この巨大酵素タンパク質の一部である．この酵素は同じ分子が 2 個向き合った**ホモダイマー** homodimer として存在している（図 3-Ⅷ-4）．

B　脂肪酸の不飽和化と伸長

脂肪酸シンターゼで合成される飽和脂肪酸は炭素数が 16 のパルミチン酸どまりである．脂肪酸の炭素鎖（脂肪鎖）に不飽和結合を導入することを脂肪酸の**不飽和化** desaturation，脂肪鎖の炭素数を増すことを脂肪酸の**伸長** elongation という．それぞれに特異な酵素が小胞体膜にあって反応が進行する．

不飽和化反応は**デサチュラーゼ** desaturase と呼ばれる酵素によって触媒される（図 3-Ⅷ-5）．不飽和結合を導入する部位によって Δ9-デサチュラーゼ Δ9-desaturase（正式名：アシル CoA デサチュラーゼ acyl-CoA desaturase，遺伝子 *SCD*），Δ6-デサチュラーゼ Δ6-desaturase（正式名：脂肪酸デサチュラーゼ 2 fatty acid desaturase 2，遺伝子 *FADS2*），Δ5-デサチュラーゼ Δ5-desaturase（正式名：脂肪酸デサチュラーゼ 1 fatty acid desaturase 1，遺伝子 *FADS1*）などがある．不飽和化反応は脱水素を受ける基質以外に酸素分子と還元当量の供与体を必要とするオキシゲナーゼ反応である．

長鎖脂肪酸の伸長はサイトソルの脂肪酸シンターゼによる合成と異なり，2 炭素を供給するため直接反応に関与するのはマロニル ACP ではなくマロニル CoA である．それ以下の反応にも ACP は関与しない．反応の縮合，還元，脱水，還元の 4 段階は脂肪酸シンターゼによるものと同型式の反応であるが，脂肪酸シンターゼと違って 4 つの独立した酵素によって触媒される．

それらの酵素は反応の順にエロンガーゼ elongase（正式名：ELOVL 脂肪酸エロンガーゼ ELOVL fatty acid elongase），3-ケトアシル CoA レダクターゼ（正式名：ヒドロキシステロイド［17β］デヒドロゲナーゼ 12，遺伝子 *HSD17B12*），3-ヒドロキシアシル CoA デヒドラターゼ 2（遺伝子 *HSD17B4*），トランス-2,3-エノイエル CoA レダクターゼ（遺伝子 *TECR*）である．最初の縮合反応を行うエロンガーゼは 1 種類でなく，7 種類（遺伝子 *ELOVL1-7*）が存在する（メモ 3-Ⅷ-3）．ELOVL は elongation of very long chain fatty acids protein の頭文字を一部取ったもので，タンパク質についての機能情報データベースである UniProtKB（UniProt Knowledgebase）はこの省略形でない「超長鎖脂肪酸伸長タンパク質」を酵素の正式名として採用することを提案している．反応はアシル CoA + マロニル CoA → 3-オキソアシル CoA + HSCoA + CO_2 で，ACP と CoA の違いを別とすれば脂肪酸シンターゼによる縮合反応と同じ形式である．

2　グリセロ脂質の合成

A　アシルグリセロールの合成

グリセロールを骨格とする**グリセロ脂質** glycerolipid の合成は解糖の中間体である**グリセロンリン酸** glyceron phosphate（ジヒドロキシアセトン

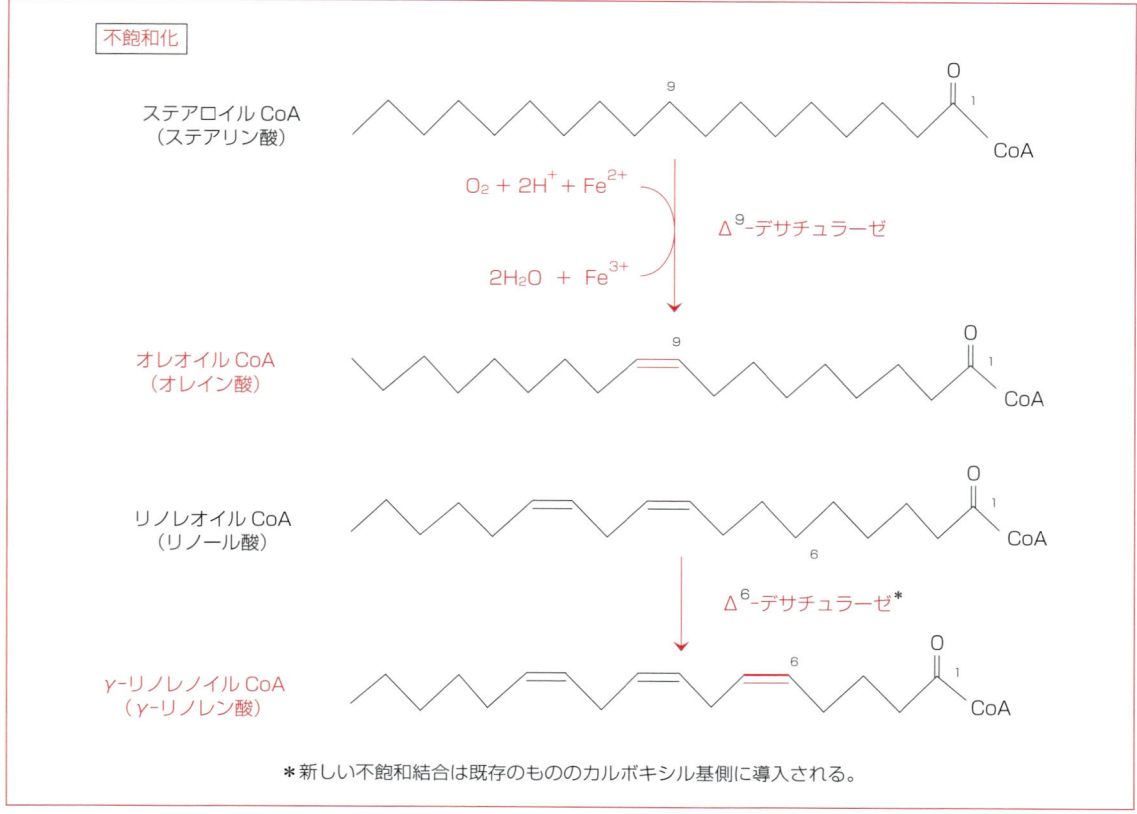

図 3-Ⅷ-5 長鎖脂肪酸の不飽和化の例

不飽和化

ステアロイル CoA（ステアリン酸）

$O_2 + 2H^+ + Fe^{2+}$ → $2H_2O + Fe^{3+}$

Δ^9-デサチュラーゼ

オレオイル CoA（オレイン酸）

リノレオイル CoA（リノール酸）

Δ^6-デサチュラーゼ*

γ-リノレノイル CoA（γ-リノレン酸）

*新しい不飽和結合は既存のもののカルボキシル基側に導入される。

メモ 3-Ⅷ-3 エロンガーゼの種類と至適基質

正式酵素名：超長鎖脂肪酸伸長タンパク質

遺伝子	至適基質の炭素鎖
ELOVL1	C22：0
ELOVL2	C22：4(n-6)
ELOVL3	C18：0
ELOVL4	C24：0, C26：0
ELOVL5	C18：3(n-6)
ELOVL6	C16：0
ELOVL7	C18：3(n-3)

リン酸 dihydroxyacetone phosphate）から始まる（図 3-Ⅷ-6）。これは解糖系では異性体化してグリセロアルデヒド 3-リン酸になるが，ここでは還元されて**グリセロール 3-リン酸** glycerol-3-phosphate になり，1-C にアシル基を受け取って **1-アシルグリセロール 3-リン酸** 1-acylglycerol 3-phosphate になる。後者はさらにアシル基を受け取って **1,2-ジアシルグリセロール 3-リン酸** 1,2-diacylglycerol 3-phosphate（**ホスファチジン酸** phosphatidic acid）を経てリン酸がはずれ，**1,2-ジアシルグリセロール** 1,2-diacylglycerol となるが，その形でさらにアシル基を受け取ると**トリアシルグリセロール** triacylglycerol（**トリグリセリド** triglyceride）となる。これはトリアシルグリセロールを新規に合成する経路で，他に腸管での吸収の際に **2-アシルグリセロール** 2-acylglycerol から 1,2-ジアシルグリセロールができる 1 段階の経路がある（図 3-Ⅷ-6）。

B グリセロリン脂質の合成

グリセロリン脂質 glycerophospholipid はジアシルグリセロール diacylglycerol から誘導される（図 3-Ⅷ-7）。**ホスファチジルコリン** phosphatidylcholine（**レシチン** lecithin）のコリンリン酸は CDP-コリンが供与体となる。**ホスファチジルセリン**

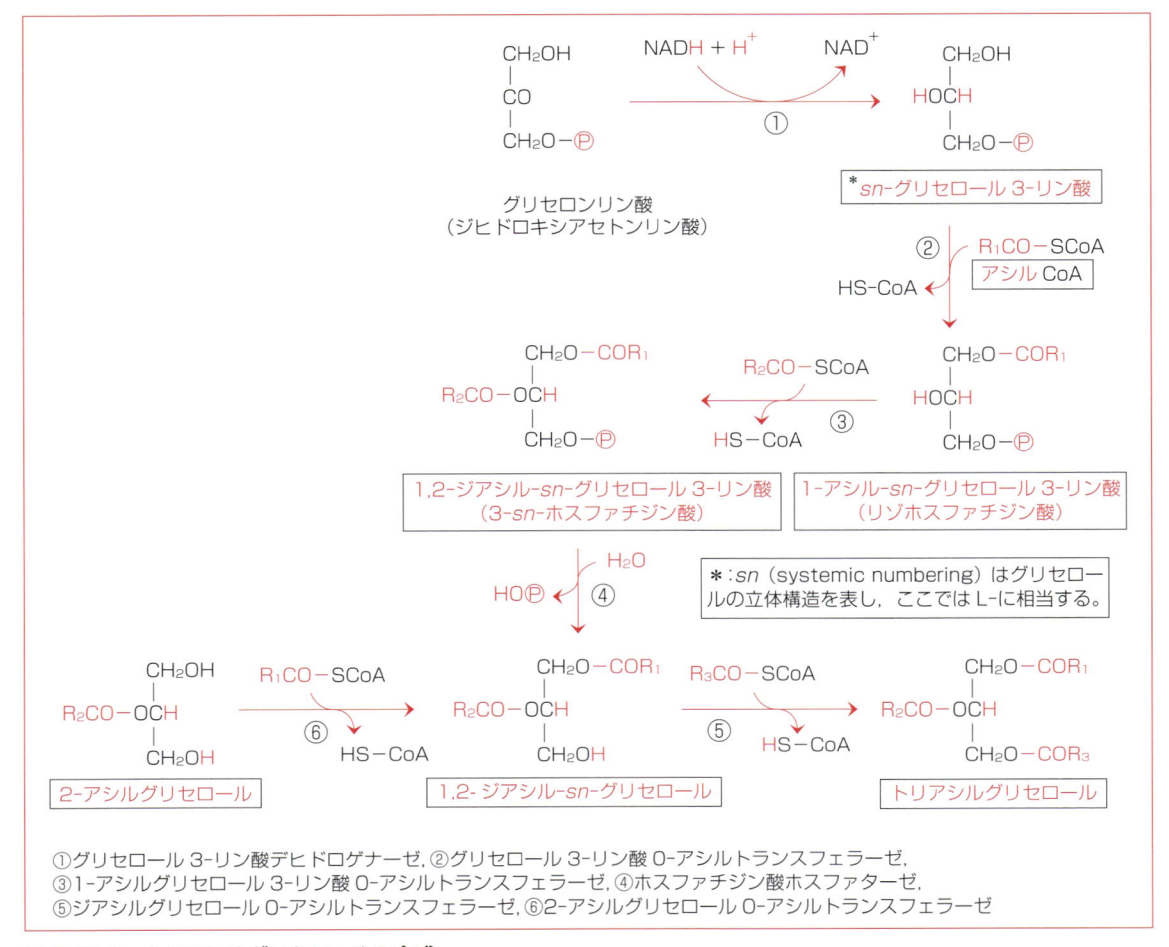

図3-Ⅷ-6　トリアシルグリセロールの合成
①～④は新規合成の経路で，⑥は腸管吸収の際に起こる経路である。

①グリセロール 3-リン酸デヒドロゲナーゼ，②グリセロール 3-リン酸 O-アシルトランスフェラーゼ，
③1-アシルグリセロール 3-リン酸 O-アシルトランスフェラーゼ，④ホスファチジン酸ホスファターゼ，
⑤ジアシルグリセロール O-アシルトランスフェラーゼ，⑥2-アシルグリセロール O-アシルトランスフェラーゼ

phosphatidylserine のセリンはホスファチジルコリンのコリンを置換することによって取り込まれる。**ホスファチジルエタノールアミン** phosphatidylethanolamine はホスファチジルセリンのセリン基が脱炭酸されることによって生じる。

3　スフィンゴ脂質の合成

スフィンゴ脂質 sphingolipid はアミノ酸のセリンに**パルミチン酸基**が転移することによって生じた**デヒドロスフィンガニン** dehydro sphinganine（**ケトスフィンガニン** ketosphinganine）を骨格として合成される（図3-Ⅷ-8）。**スフィンガニン** sphinganine（**ジヒドロスフィンゴシン** dihydrosphingosine）はデヒドロスフィンガニンが還元されて生じる。これにアシル基が転移すると**ジヒドロセラミド** dihydroceramide になる。これは酸化されて**セラミド** ceramide となり，セラミドから**スフィンゴリン脂質** sphingophospholipid の**スフィンゴミエリン** sphingomyelin，**スフィンゴ糖脂質** sphingoglycolipid の**グルコシルセラミド** glucosylceramide や**ガラクトシルセラミド** galactosylceramide が誘導され，後者のガラクトース基が硫酸化されると**ガラクトシルセラミド硫酸** galactosylceramide sulfate（**スルファチド** sulfatide）になる。

ちなみに，スルファチドは中枢神経系でオリゴデンドロサイト（乏突起細胞）が分化する際に同細胞によって合成される。また，グルコシルセラミ

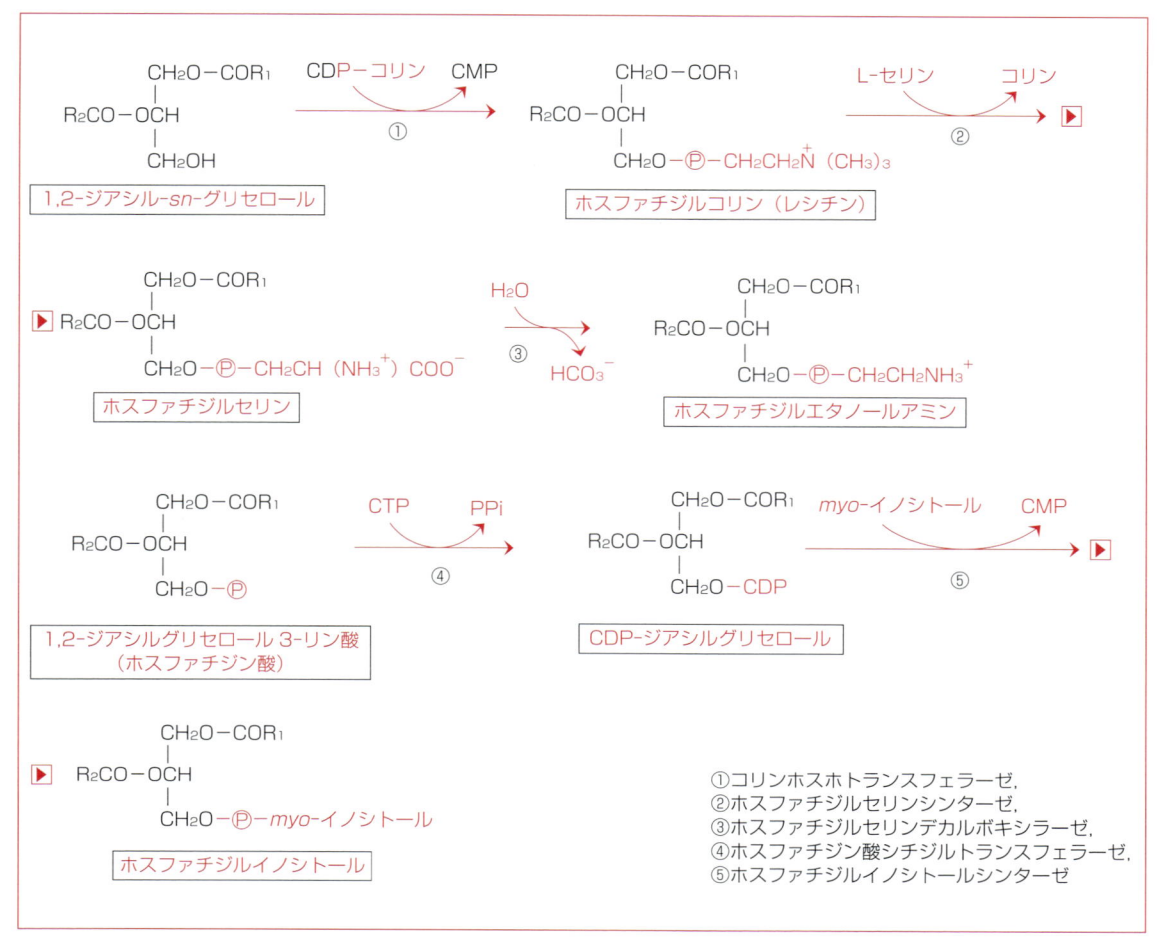

図 3-Ⅷ-7 グリセロリン脂質の合成

①コリンホスホトランスフェラーゼ,
②ホスファチジルセリンシンターゼ,
③ホスファチジルセリンデカルボキシラーゼ,
④ホスファチジン酸シチジルトランスフェラーゼ,
⑤ホスファチジルイノシトールシンターゼ

ドからは**ラクトシルセラミド** lactosylceramide が,ガラクトシルセラミドからは**ジガラクトシルセラミド** digalactosylceramide や**ジガラクトシルセラミド硫酸** digalactosylceramide sulfate が誘導される。

スフィンガニン 1-リン酸 sphinganine 1-phosphate と**スフィンゴシン 1-リン酸** sphingosine 1-phosphate はスフィンガニンとスフィンゴシンの 1-C のヒドロキシ基がリン酸基で置き換えられたものであり,同一の酵素**スフィンガニンキナーゼ** sphinganine kinase（スフィンゴシンキナーゼ）によって次の反応で生じる。

ATP ＋スフィンガニン（スフィンゴシン）
＝ ADP ＋スフィンガニン（スフィンゴシン）1-リン酸

セラミド 1-リン酸 ceramide 1-phosphate も**セラミドキナーゼ** ceramide kinase による同じ型の反応で生じる。

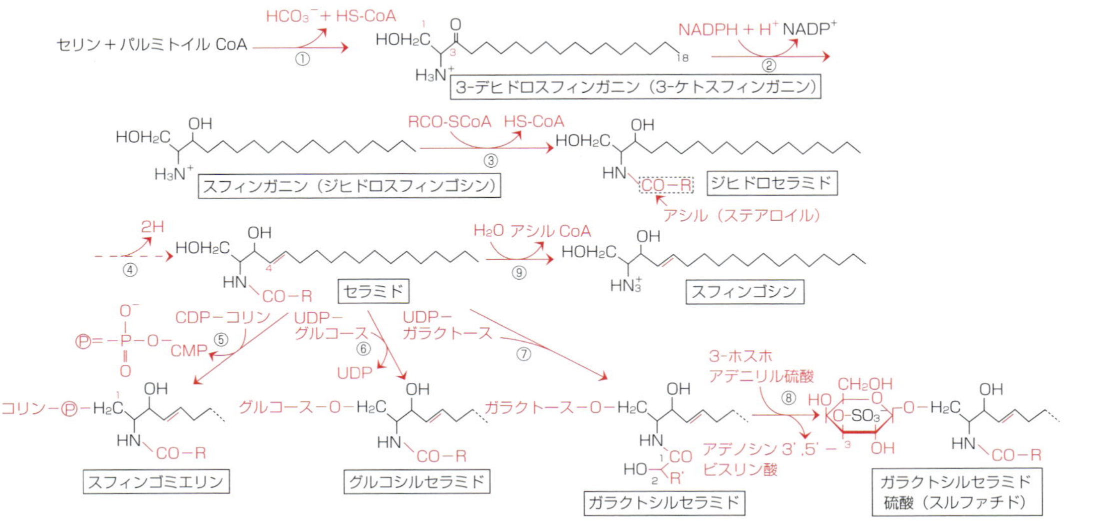

図 3-Ⅷ-8　スフィンゴ脂質の合成
①はセリンパルミトイルトランスフェラーゼ(SPTLC1)と同 2 (SPTLC2)のヘテロ二量体である。③としてここで挙げた酵素はこれまで正体がよくわかっていなかったタンパク質である[注]。

①セリン パルミトイルトランスフェラーゼ（PLP 酵素），②3-デヒドロスフィンガニンレダクターゼ，③セラミドシンターゼ 1 (CERS1)，④スフィンゴリピド C-4 ヒドロキシラーゼ/$\Delta 4$ デサチュラーゼ，⑤スフィンゴミエリンシンターゼ，⑥セラミド グルコシルトランスフェラーゼ，⑦2-ヒドロキシアシルスフィンゴシン I-β-ガラクトシルトランスフェラーゼ，⑧ガラクトシルセラミドスルホトランスフェラーゼ，⑨N-アシルスフィンゴシンアミドヒドロラーゼ

[注] 現在多くの教科書に記述されているセラミドの生合成の経路の中で図 3-Ⅷ-8 の③に相当する反応を触媒する酵素はアシル CoA 依存性セラミドシンターゼ acyl-CoA-dependent ceramide synthase とかスフィンゴシン N-アシルトランスフェラーゼ sphingosine N-acyltransferase とか呼ばれているが，これらは本来真菌類の酵素に与えられた名前で，それらをそっくりそのまま他の生物の該当酵素に通用させるのはふさわしくないというのが学会における暗黙の了解のようである。他の生物 (例：脊椎動物) にこの反応を触媒する活性がないわけではない。そうでなければ，他の生物はセラミドをすべて真菌に依存しなければならなくなる。ヒトにおけるセラミドの生合成の証明としてある種のがんでステアロイル (C_{18})-セラミドが特異的に減少していることがわかった。原因遺伝子を過剰発現させると同セラミドが過剰に生成した。そのタンパク質はセラミドシンターゼ 1 ceramide synthase 1 (遺伝子 *CERS1*) と呼ばれている。遺伝子は *CERS1* 以外に LAG1, LASS1, UOG1 とも呼ばれる。*LAG1* は longevity assurance gene1 の頭文字をとったもので，直訳すれば寿命保障遺伝子 1 となるが，この命名からもわかるように，セラミドは細胞の寿命にとって単なる脂質分子以上の意味をもつものであるらしい。*CERS1* も元は *LAG1* ホモローグと呼ばれていた。*CERS6* 遺伝子には 1 から 6 まであり，*CERS1* はステアロイル CoA を基質として選択するのに対し，*CERS6* はパルミトイル CoA (C_{16}) を選択する。CERS タンパク質は細胞内で急速に分解されるらしく，分解を早める因子としてプロテインキナーゼ C (PKC) が知られている。

IX 塩基とヌクレオチドの合成

1 プリン塩基とプリンヌクレオチドの合成

プリン塩基とプリンヌクレオチドは**リボース5-リン酸**から**ホスホリボシルピロリン酸**（PRPP）を経て合成される（図3-IX-1）。リボース5-リン酸は**ペントースリン酸回路**（メモ3-VIII-2）で生じる。11ステップを経て最初に合成されるプリンヌクレオチドは**イノシン5′-リン酸**（IMP、イノシン酸）である（図3-IX-1）。他のプリンヌクレオチドはIMPから誘導される（図3-IX-2）。

IMPを合成するためにリボース5-リン酸に付加される炭素（炭素骨格）は3つの供給源に由来する。それらは1分子のグリシンの2個の炭素、2分子の**ホルミル-テトラヒドロ葉酸**の2個の炭素、1分子の二酸化炭素の1個の炭素の合計5個である。他方、窒素の供給源は2分子のグルタミン（**γ-アミド基** γ-amide group）からの2個の窒素、グリシンの1個の窒素、**アスパラギン酸**の1個の窒素の合計4個の窒素である（図3-IX-1）。IMP合成の途上グリシンは分子全体が取り込まれるが、アスパラギン酸はそのアミノ基だけが取り込まれる。

AMPと**XMP**（**キサンチル酸** xanthylic acid）はIMPから直接誘導され、**GMP**はXMPから誘導される（図3-IX-2）。デオキシプリンヌクレオチドはヌクレオシド5′-二リン酸のレベルで**リボースの還元** ribose reduction（$2′-OH \rightarrow 2′-H$）が起こる。IMPの合成とIMPからAMPの誘導にはそれぞれ**ATP**と**GTP**が必要であるが、ATPはADPの酸化的リン酸化によって豊富に供給され、GTPはATPとGDP間の高エネルギーリン酸基の転移反応で生成する（図3-IX-2）。

2 ピリミジン塩基とピリミジンヌクレオチドの合成

ピリミジン塩基の合成はプリン塩基の場合と異なって**カルバモイルリン酸**を直接の出発物質と考えることができる（図3-IX-3）。カルバモイルリン酸の合成については本章IV（アミノ酸の異化：図3-IV-3）のところで尿素回路の準備段階として学んだ。その反応を触媒する酵素カルバモイルリン酸シンターゼ（遺伝子 *CPS1*）はミトコンドリアに存在し、アンモニアを基質とした。しかし、ピリミジン塩基の合成で働く酵素はそれとは異なりサイトゾルに存在し、グルタミンを基質とするグルタミン依存性カルバモイルリン酸シンテターゼ（遺伝子 *CAD*）である。さらにこの酵素に特徴的なのは、それがピリミジン塩基の合成でこの後に続く2つの反応（図3-IX-3、①と②）を触媒する酵素と同じ酵素タンパク分子を構成する多機能酵素の1つの活性だということである。

この経路によって最初に合成されるピリミジンヌクレオチドは**ウリジン5′-リン酸**（UMP、**ウリジル酸** uridylic acid）である。CTPはUMP→UDP→UTPを経て誘導される（図3-IX-4）。CDPのリボース残基が還元されるとdCDPが生じ、さらにリン酸化されてdCTPになる。TMPはUDP→dUDP→dUMP→TMPという経路で誘導され、2回のリン酸化を経てTTPになる。

IX 塩基とヌクレオチドの合成　145

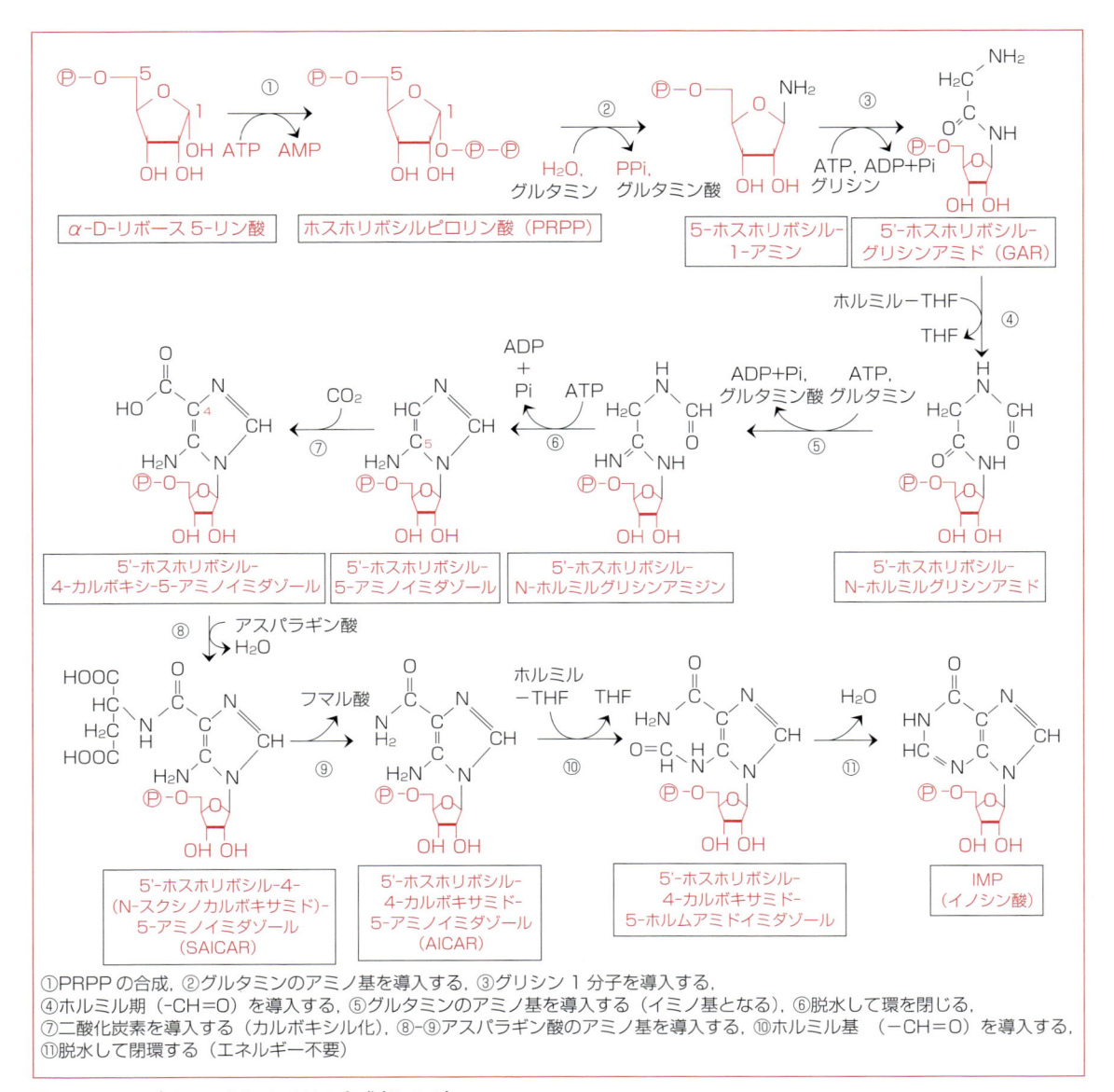

①PRPPの合成，②グルタミンのアミノ基を導入する，③グリシン1分子を導入する，
④ホルミル期（-CH=O）を導入する，⑤グルタミンのアミノ基を導入する（イミノ基となる），⑥脱水して環を閉じる，
⑦二酸化炭素を導入する（カルボキシル化），⑧-⑨アスパラギン酸のアミノ基を導入する，⑩ホルミル基（-CH=O）を導入する，
⑪脱水して閉環する（エネルギー不要）

図3-IX-1　プリンヌクレオチドの合成（その1）

①IMP の脱水素（IMP デヒドロゲナーゼ），②グルタミンをアミノ基供与体とするアミノ化（GMP シンテターゼ），③GMP のリン酸化（グアニル酸キナーゼ），④ATP を用いて GDP を GTP にする（ヌクレオシド二リン酸キナーゼ），⑤リボース残基をデオキシリボース残基に還元する（リボヌクレオシド二リン酸レダクターゼ），⑥アミノ基を取り込むためにアスパラギン酸を結合した中間体を作る（GTP を必要とする）（アデニロコハク酸シンテターゼ），⑦フマル酸を遊離する（アデニロコハク酸リアーゼ），⑧AMP をリン酸化して ADP にする（アデニル酸キナーゼ）

図 3-IX-2　プリンヌクレオチドの合成（その 2）

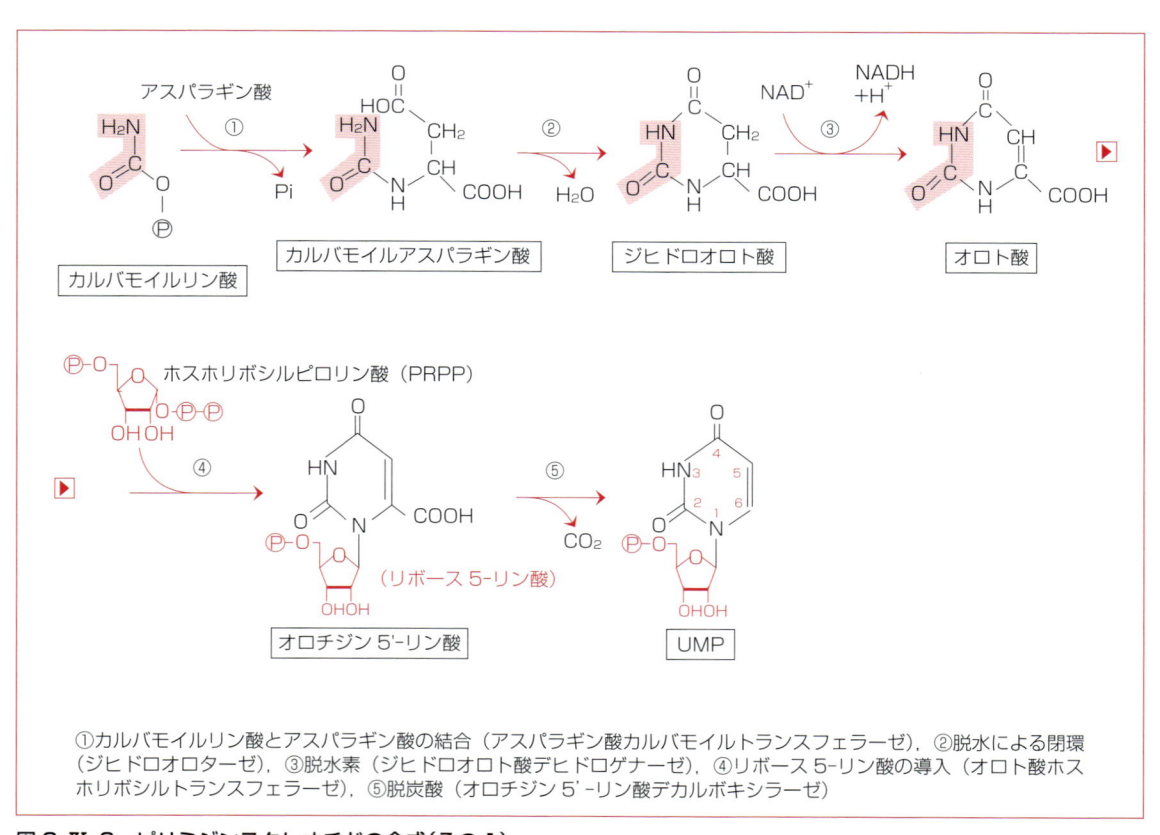

①カルバモイルリン酸とアスパラギン酸の結合（アスパラギン酸カルバモイルトランスフェラーゼ），②脱水による閉環（ジヒドロオロターゼ），③脱水素（ジヒドロオロト酸デヒドロゲナーゼ），④リボース 5-リン酸の導入（オロト酸ホスホリボシルトランスフェラーゼ），⑤脱炭酸（オロチジン 5'-リン酸デカルボキシラーゼ）

図 3-IX-3　ピリミジンヌクレオチドの合成（その 1）
出発物質のカルバモイルリン酸を合成する酵素（グルタミン依存性カルバモイルリン酸シンテターゼ）と①と②は 1 個のタンパク分子を構成する多機能酵素である。

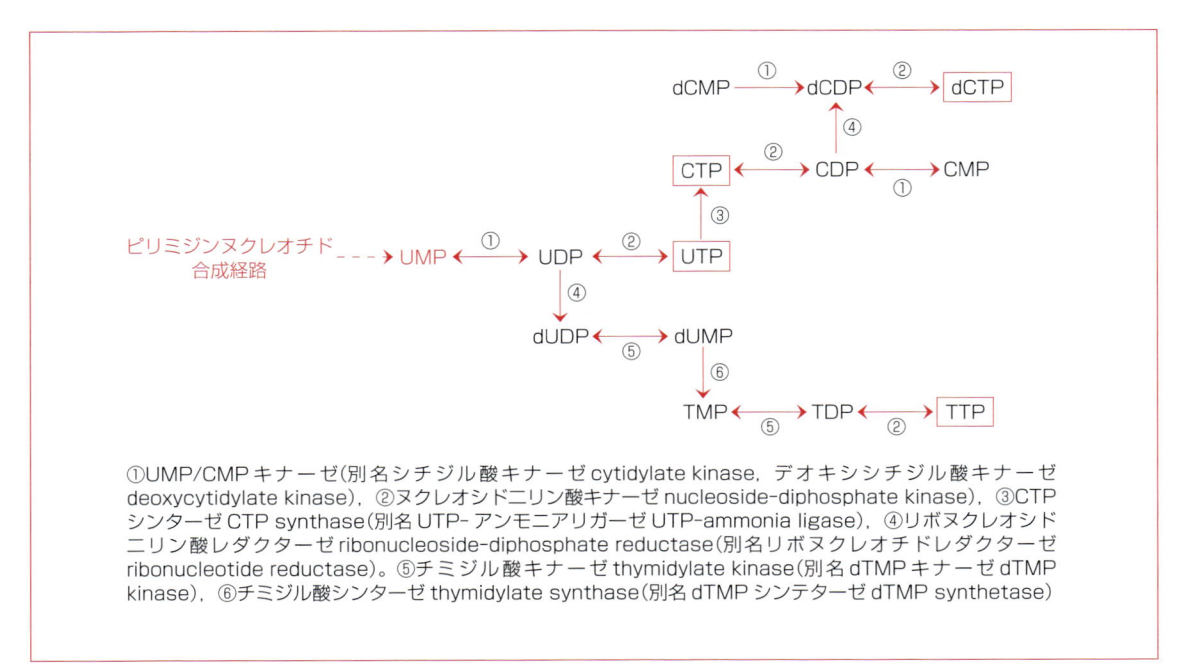

```
                                        ① →       ②
                              dCMP ───→ dCDP ←──→ dCTP
                                         ↑
                                         ④
                                    ②    │    ①
                              CTP ←──→ CDP ←──→ CMP
                                    ↑
                                    ③
ピリミジンヌクレオチド       ①        ②
   合成経路       ---→ UMP ←──→ UDP ←──→ UTP
                              │
                              ④
                              ↓         ⑥
                            dUDP ──→ dUMP
                                   ⑤    │
                                        ⑥
                                        ↓
                                       TMP ←──→ TDP ←──→ TTP
                                            ⑤        ②
```

①UMP/CMP キナーゼ(別名シチジル酸キナーゼ cytidylate kinase, デオキシシチジル酸キナーゼ deoxycytidylate kinase), ②ヌクレオシド二リン酸キナーゼ nucleoside-diphosphate kinase), ③CTP シンターゼ CTP synthase(別名 UTP-アンモニアリガーゼ UTP-ammonia ligase), ④リボヌクレオシド二リン酸レダクターゼ ribonucleoside-diphosphate reductase(別名リボヌクレオチドレダクターゼ ribonucleotide reductase)。⑤チミジル酸キナーゼ thymidylate kinase(別名 dTMP キナーゼ dTMP kinase), ⑥チミジル酸シンターゼ thymidylate synthase(別名 dTMP シンテターゼ dTMP synthetase)

図 3-Ⅸ-4　ピリミジンヌクレオチドの合成(その2)

第4章

基本代謝系の相関と統合

「第4章 基本代謝系の相関と統合」の構成マップ

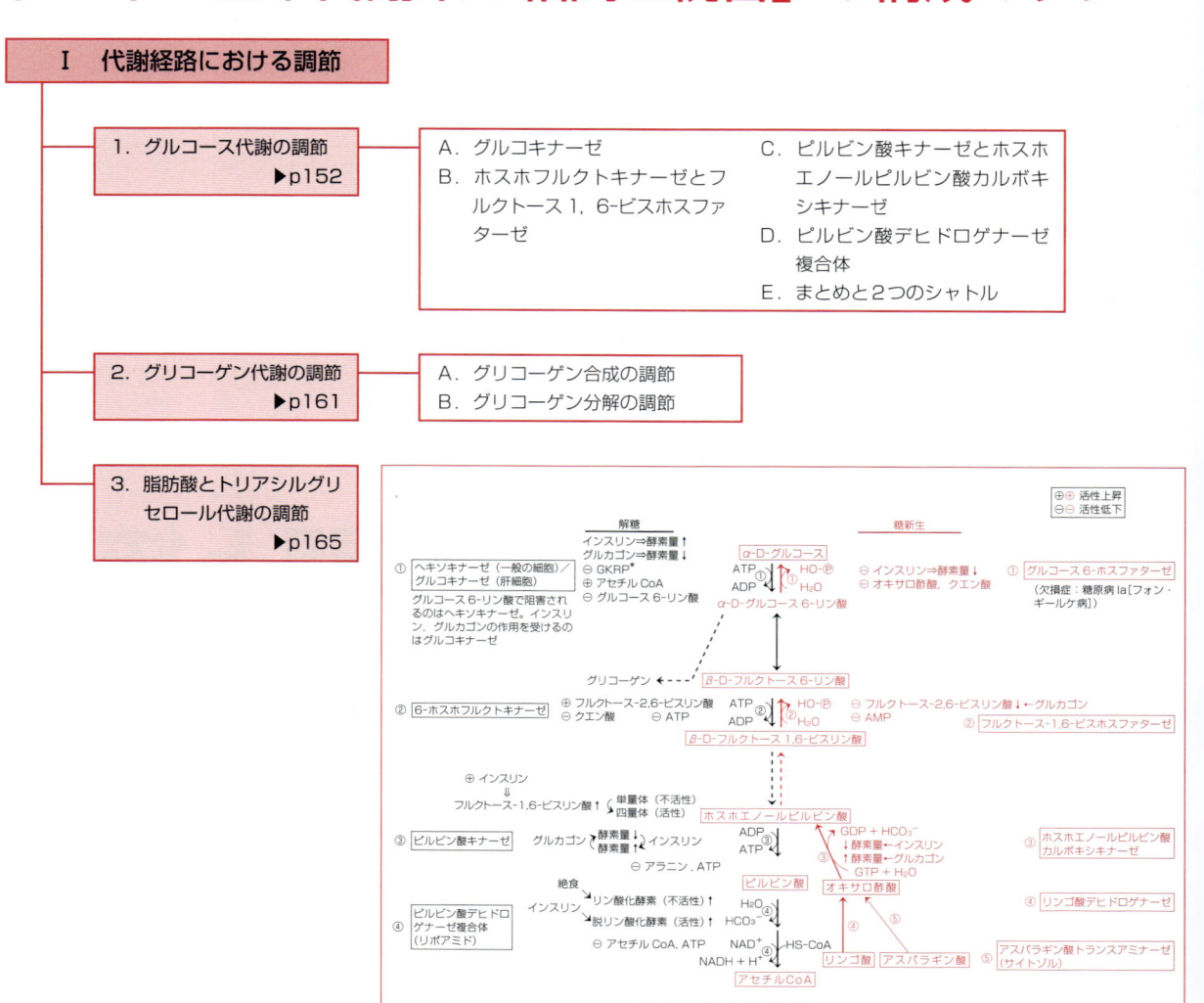

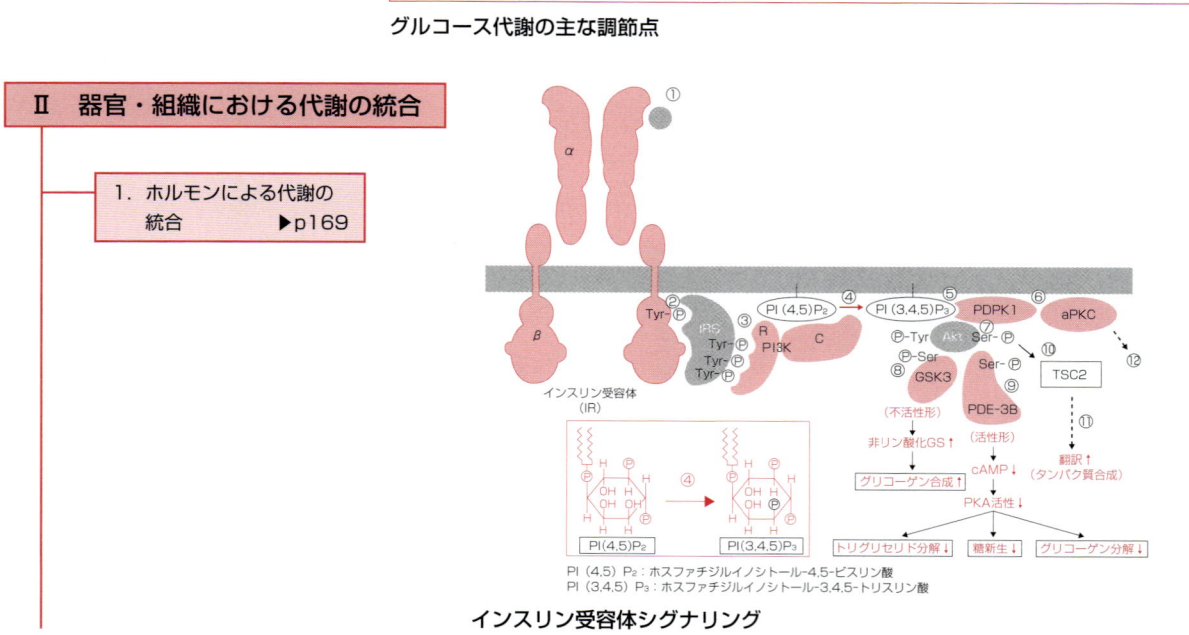

I 代謝経路における調節

1. グルコース代謝の調節 ▶p152
- A. グルコキナーゼ
- B. ホスホフルクトキナーゼとフルクトース1,6-ビスホスファターゼ
- C. ピルビン酸キナーゼとホスホエノールピルビン酸カルボキシキナーゼ
- D. ピルビン酸デヒドロゲナーゼ複合体
- E. まとめと2つのシャトル

2. グリコーゲン代謝の調節 ▶p161
- A. グリコーゲン合成の調節
- B. グリコーゲン分解の調節

3. 脂肪酸とトリアシルグリセロール代謝の調節 ▶p165

グルコース代謝の主な調節点

II 器官・組織における代謝の統合

1. ホルモンによる代謝の統合 ▶p169

PI (4,5) P₂: ホスファチジルイノシトール-4,5-ビスリン酸
PI (3,4,5) P₃: ホスファチジルイノシトール-3,4,5-トリスリン酸

インスリン受容体シグナリング

2. 受容体シグナリング ▶p173

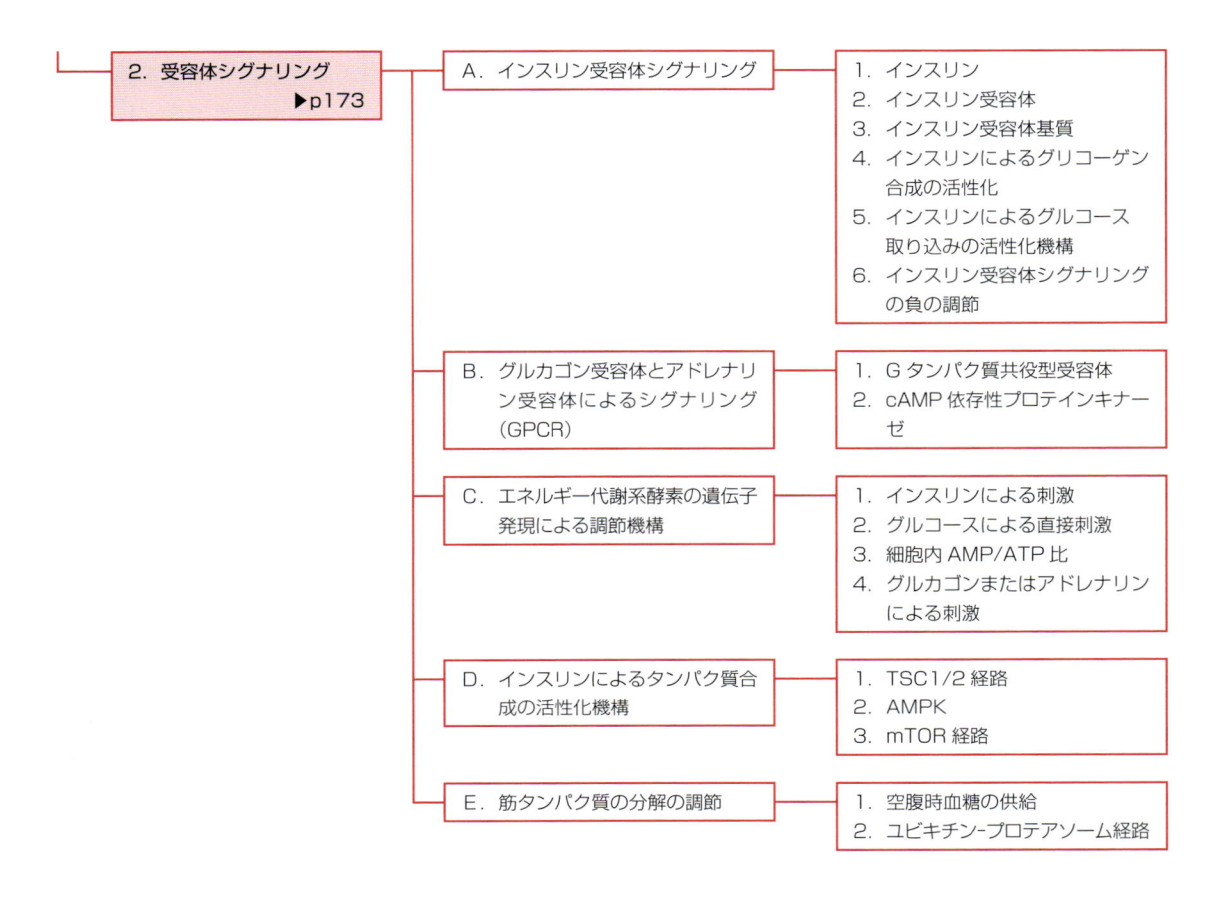

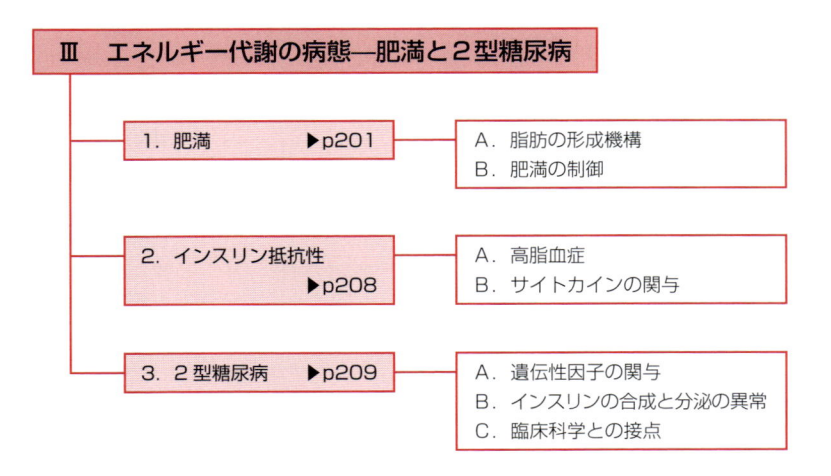

A. インスリン受容体シグナリング
1. インスリン
2. インスリン受容体
3. インスリン受容体基質
4. インスリンによるグリコーゲン合成の活性化
5. インスリンによるグルコース取り込みの活性化機構
6. インスリン受容体シグナリングの負の調節

B. グルカゴン受容体とアドレナリン受容体によるシグナリング（GPCR）
1. Gタンパク質共役型受容体
2. cAMP依存性プロテインキナーゼ

C. エネルギー代謝系酵素の遺伝子発現による調節機構
1. インスリンによる刺激
2. グルコースによる直接刺激
3. 細胞内AMP/ATP比
4. グルカゴンまたはアドレナリンによる刺激

D. インスリンによるタンパク質合成の活性化機構
1. TSC1/2経路
2. AMPK
3. mTOR経路

E. 筋タンパク質の分解の調節
1. 空腹時血糖の供給
2. ユビキチン-プロテアソーム経路

III エネルギー代謝の病態—肥満と2型糖尿病

1. 肥満 ▶p201
A. 脂肪の形成機構
B. 肥満の制御

2. インスリン抵抗性 ▶p208
A. 高脂血症
B. サイトカインの関与

3. 2型糖尿病 ▶p209
A. 遺伝性因子の関与
B. インスリンの合成と分泌の異常
C. 臨床科学との接点

I 代謝経路における調節

1 グルコース代謝の調節

A グルコキナーゼ

　解糖はグルコースのリン酸化で始まる（第3章Ⅱ参照）。生成物は**グルコース6-リン酸** glucose 6-phosphate である。この反応を触媒する酵素を**ヘキソキナーゼ** hexokinase（ヘキソースをリン酸化する酵素の意）と呼ぶが，これには4つの**アイソザイム** isozyme（メモ4-Ⅰ-1）がある（図4-Ⅰ-1）。アイソザイムの1～3型はグルコース親和性が高く，4型は低い。4型は**グルコキナーゼ** glucokinase（略 GCK，遺伝子 GCK）という別名で呼ばれる。1～3型は反応の生成物であるグルコース6-リン酸による阻害を受けるが，4型は阻害されない。**1型アイソザイムのバリアント**（メモ4-Ⅰ-1，図4-Ⅰ-1）は脳を含め広範な組織に発現している。アイソザイムとその**アイソフォーム** isoform の発現は組織によって異なる。例えば骨格筋細胞ではアイソザイムの2型が，肝細胞では4型アイソザイム（グルコキナーゼ）のアイソフォーム2と3が発現している（アイソフォーム1は膵β細胞に発現）。

　一般に，基質に対する親和性が高いということは基質の濃度が低い時は有利であるが，基質の濃度が上昇すると反応速度がすぐに頭打ちになってしまう（図4-Ⅰ-1，挿入図）。それに対して，親和性が低いと，基質の濃度が低い間は不利であるが，基質濃度が高くなっても基質濃度に比例して反応速度も上昇するという利点がある。そのような酵素の性質は摂食時・摂食後における肝細胞のグリコーゲン合成に用いられるグルコースの取り込みに適している。

　最近の研究によると肝細胞のグルコキナーゼは血糖値の低い空腹時には**グルコキナーゼ制御タンパク質** glucokinase regulatory protein（GKRP, 遺伝子 GCKR）と結合して核の中に存在している（図4-Ⅰ-2）。この場合グルコキナーゼは不活性である。グルコースや**フルクトース1-リン酸** fructose 1-phosphate 濃度の上昇によってグルコキナーゼは GKRP から遊離し核外へ出て，活性を発揮する。食物中のフルクトースを最初にリン酸化してフルクトース1-リン酸にする**ケトヘキソキナーゼ** ketohexokinase とグルコキナーゼの両遺伝子が染色体上で近接して存在しているのも興味深い。

　グルコキナーゼ（アイソフォーム1）は膵β細胞で**グルコースセンサー** glucose sensor として機能し，グルコース刺激性インスリン分泌 glucose-

---

> **メモ4-Ⅰ-1　アイソザイム，アロザイム，バリアント，アイソフォームの概念**
>
> **アイソザイム** isozyme：遺伝子を異にする（染色体または同一染色体上の遺伝子座を異にする）が作用がほとんど同じ酵素
> **アロザイム** allozyme：対立遺伝子の発現産物としての酵素
> **バリアント** variant：本来同一遺伝子の mRNA であるが部分的に塩基配列が異なるもの（塩基配列レベルでの概念）
> **アイソフォーム** isoform：バリアントの発現産物（アミノ酸配列レベルまたはタンパク質レベルでの概念）

ヘキソキナーゼ	遺伝子	遺伝子座	バリアント	組織
1型	HK1	10q22	1	普遍的
			2	赤芽球
			3	精腺
			4	精腺
2型	HK2	2p13		骨格筋
3型	HK3	5q35.2		白血球
4型（グルコキナーゼ）	GCK	7p15.3-p15.1	1	膵β細胞
			2	肝細胞（主）
			3	肝細胞（副）

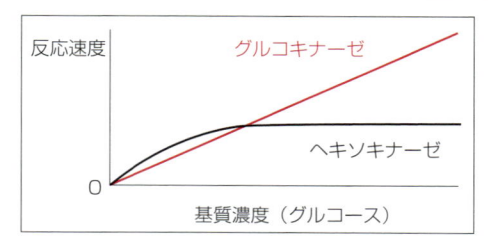

図4-Ⅰ-1　ヘキソキナーゼ
挿入図はグルコキナーゼ（ヘキソキナーゼ4）と他のヘキソキナーゼの反応速度と基質濃度の関係。

タンパク質	略号	遺伝子	染色体
グルコキナーゼ制御タンパク質	GKRP	*GCKR*	2

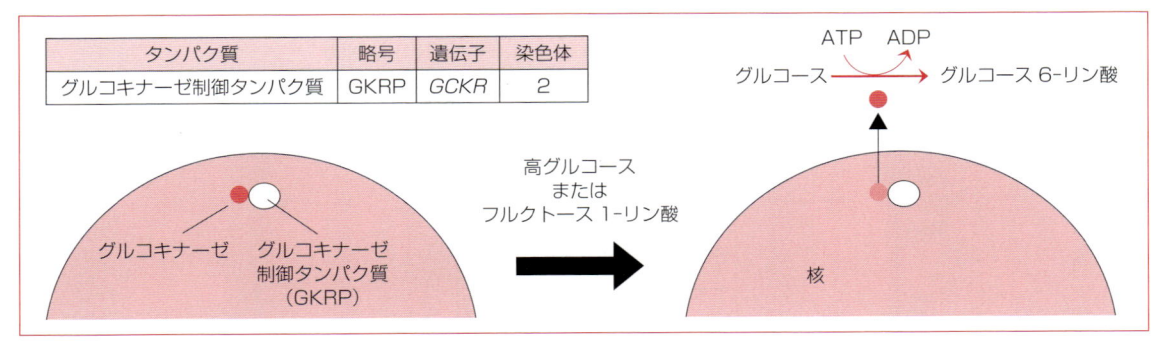

図 4-Ⅰ-2　核-細胞質間移行による肝グルコキナーゼの活性制御

stimulated insulin secretion（略 GSI）を制御する。この酵素タンパク質の遺伝子 *GCK* の変異は若年発症成人型糖尿病 2 maturity onset diabetes mellitus 2 (MODY2) の原因だと考えられている。

B　ホスホフルクトキナーゼとフルクトース 1,6-ビスホスファターゼ

狭義の解糖の代表的調節部位は **6-ホスホフルクトキナーゼ** 6-phosphofructokinase の触媒する反応である（図 4-Ⅰ-3, 4）。これは 1 分子のヘキソースが 2 分子のトリオースに分裂する前の準備段階としてフルクトース 6-リン酸を**フルクトース 1,6-ビスリン酸** fructose 1, 6-bisphosphate にする反応である。

6-ホスホフルクトキナーゼには **3 つのアイソザイム**（肝臓型［L］、骨格筋型［M］、血小板型［P］）がある（図 4-Ⅰ-3）。活性形の 6-ホスホフルクトキナーゼは 3 つのアイソザイムの組み合わせでできた四量体であり、その組み合わせは、一定の組織特異性を示す。例えば、肝細胞の 6-ホスホフルクトキナーゼはすべてが L 型で、骨格筋の 6-ホスホフルクトキナーゼはすべてが M 型である。しかし、線維芽細胞のホスホフルクトキナーゼは（平均して）63％が P 型で、残りは他の型で占められている。つまり、肝細胞と骨格筋の酵素はそれぞれ L 型と M 型のみからなるホモ四量体であるが、他の組織の酵素は L 型、M 型、P 型の 2 ないし 3 成分からなるヘテロ四量体である。

糖新生で、6-ホスホフルクトキナーゼ反応に逆行する反応は別の酵素**フルクトース-1,6-ビスホスファターゼ 1** fructose-1, 6-bisphosphatase 1（FBP アーゼ 1、FBPase 1、遺伝子 *FBP1*）によって触媒される（図 4-Ⅰ-4）。本酵素は主に肝細胞にあり、基本構造はホモ四量体である。

6-ホスホフルクトキナーゼやフルクトース-1,6-ビスホスファターゼのような**オリゴマー酵素**は第 3 章 Ⅰ で述べた**アロステリック酵素**の例である。両酵素はいくつかの調節物質（アロステリック・エフェクター）によってその活性が調節される。例えば、AMP はフルクトース-1,6-ビスホスファターゼのアロステリック阻害剤である。注目すべきはこの 2 つの反応には共通した**特異的調節物質**があることである。**フルクトース-2,6-ビスリン酸** fructose-2, 6-bisphosphate がその物質である（図 4-Ⅰ-4、挿入図）。

この調節物質は 6-ホスホフルクトキナーゼには正に、フルクトース-1,6-ビスホスファターゼには負に働く。解糖に有利な状況ではフルクトース-2,6-ビスリン酸の濃度が上昇する結果 6-ホスホフルクトキナーゼの活性が高くなり、他方フルクトース-1,6-ビスホスファターゼの活性は低く抑えられる。糖新生の起こる状況では逆のことが起こる。その機構は以下の通りである。ATP はホスホフルクトキナーゼの**活性形ホモ四量体**と**不活性形二量体**の平衡を二量体側にずらし、フルクトース-2,6-ビスリン酸は逆方向にずらす。この機構によって**順反応と逆反応**が同時に起こる無益なサイクル futile cycle が回避される。

AMP とフルクトース-2,6-ビスリン酸はフルクトース-1,6-ビスホスファターゼに対して互いの

ホスホフルクトキナーゼ	遺伝子	遺伝子座	組織
肝臓型(L)	PFKL	21q22.3	肝(100%),赤血球,血小板
骨格筋型(M)	PFKM	12q13.11	骨格筋(100%),心筋,大脳皮質,赤血球,肝
血小板型(P)	PFKP	10p15.3	線維芽細胞(63%),血小板,大脳皮質

フルクトース-2,6-ビスリン酸（Fru-2,6-P_2）によって活性が増大し，ATPに対するKiも大きくなる（同じ濃度のATPによる阻害が軽減する）。

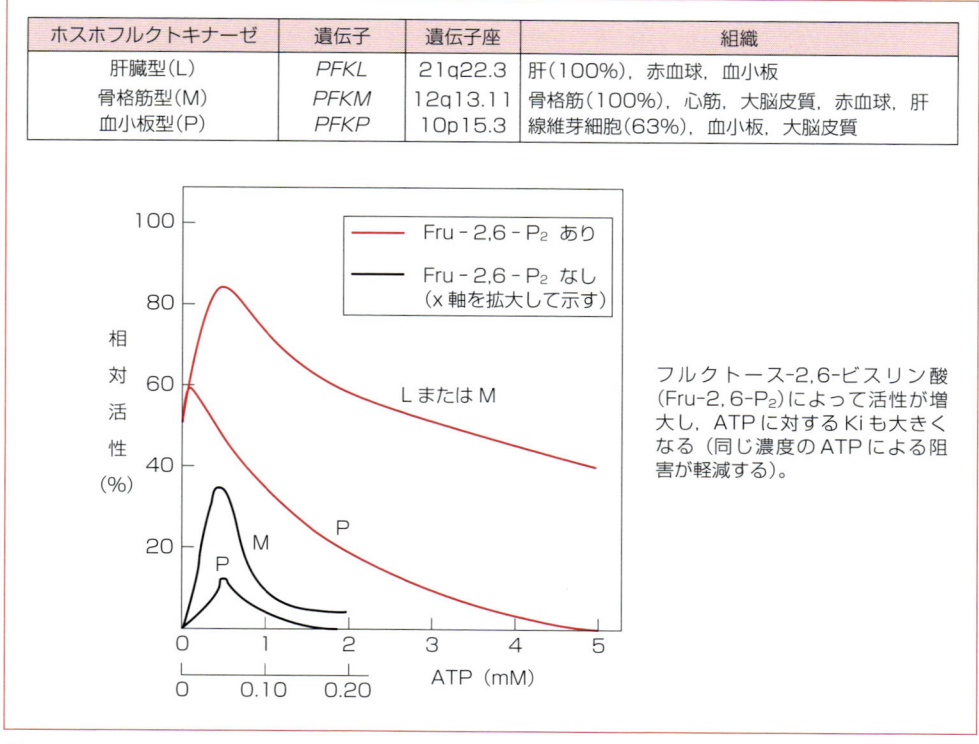

図4-I-3　ホスホフルクトキナーゼのフルクトース-2,6-ビスリン酸による活性化

阻害作用を増強する（synergistic effect, 協調効果）。AMP（高 AMP/ATP 比）は細胞のエネルギー枯渇のシンボルであり，そういう状態の細胞では多大のエネルギーを必要とする糖新生（ここではフルクトース-1,6-ビスホスファターゼの活性）は抑制される。

ところで，フルクトース-2,6-ビスリン酸を生成する反応とそれを分解する反応は同一の酵素**6-ホスホフルクト-2-キナーゼ／フルクトース-2,6-ビスホスファターゼ3**（遺伝子 *PFKFB3*）によって触媒される。この酵素は**サイクリックAMP（cAMP）依存性プロテインキナーゼ** cAMP-dependent protein kinase（PKA）による酵素タンパクのリン酸化によって正反応（フルクトース-2,6-ビスリン酸の生成）が阻害され，したがって解糖は抑制される（本章Ⅱ.2.B.2）。本酵素は広範な組織で発現しているが，それは糖新生を行わない細胞でも解糖系の制御機構として働いていることを意味している。一般に，生物の種やアイソザイム

を無視して，6-ホスホフルクト-1-キナーゼをPFK1，6-ホスホフルクト-2-キナーゼをPFK2と呼ぶ習慣がある。

C　ピルビン酸キナーゼとホスホエノールピルビン酸カルボキシキナーゼ

解糖のもう1つのよく知られた調節部位は**ピルビン酸キナーゼ** pyruvate kinase（遺伝子：肝 *PKLR*，筋 *PKM2*）反応である（図4-Ⅰ-5）。本酵素もホモ四量体構造をもつアロステリック酵素で，解糖の上流中間体である**フルクトース-1,6-ビスリン酸** fructose-1,6-bisphosphate によってアロステリックに活性化され，**アラニン** alanine によって阻害される。もと，この酵素の主な調節機構は酵素自体のリン酸化・脱リン酸化だと考えられていたが，現在は酵素の発現量だと結論されている。**インスリン**は発現量を増加させ，**グルカゴン**は減少させる。グルコースはインスリンを介さず肝臓のピルビン酸キナーゼを増加させる（本章

I 代謝経路における調節

酵素	遺伝子	遺伝子座	組織
① 6-ホスホフルクトキナーゼ		(図4-I-3参照)	
② フルクトース-1,6-ビスホスファターゼ1	FBP1	9q22.3	肝

フルクトース-2,6-ビスリン酸の生成と分解の調節

(反応③と④は同一の酵素の異なった部分で起こる)

酵素	遺伝子	遺伝子座
③, ④ 6-ホスホフルクト-2-キナーゼ/フルクトース-2,6-ビスホスファターゼ3	PFKFB3	10p15.1

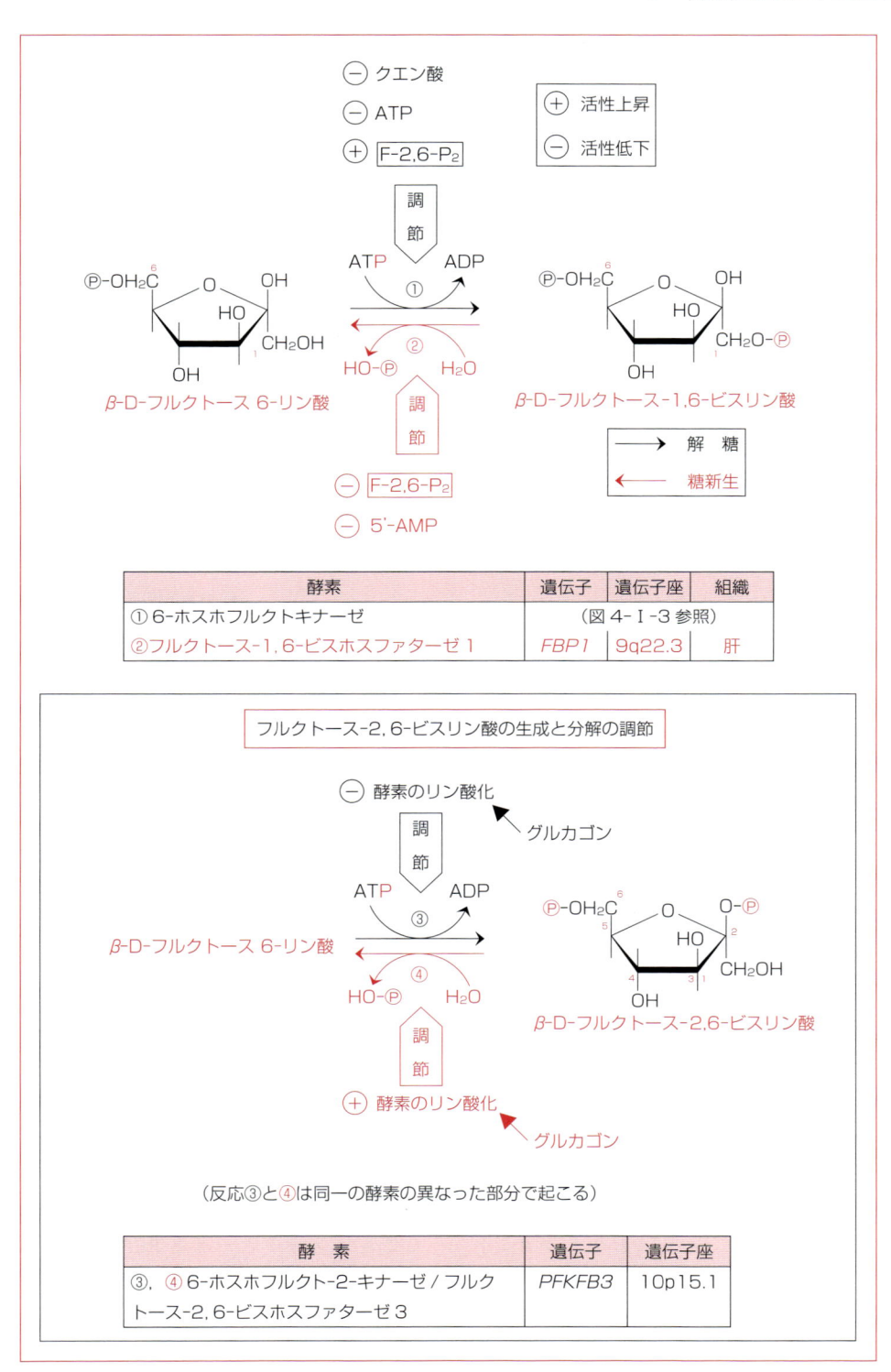

図4-I-4 フルクトース-2,6-ビスリン酸による解糖と糖新生の調節

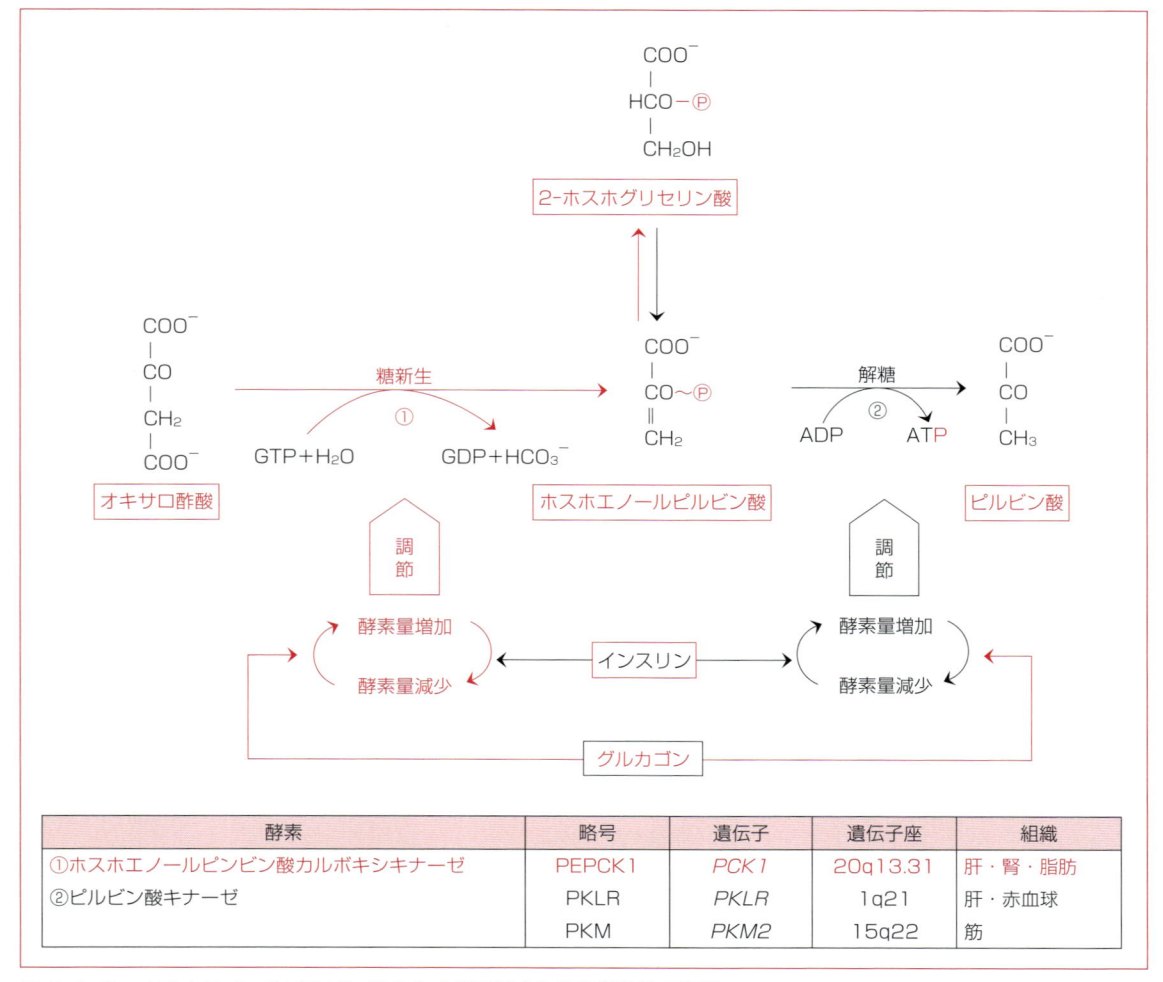

図4-I-5 ホスホエノールピルビン酸の合成(糖新生)と分解(解糖)の調節

酵素	略号	遺伝子	遺伝子座	組織
①ホスホエノールピルビン酸カルボキシキナーゼ	PEPCK1	*PCK1*	20q13.31	肝・腎・脂肪
②ピルビン酸キナーゼ	PKLR	*PKLR*	1q21	肝・赤血球
	PKM	*PKM2*	15q22	筋

II.2.C.2 参照)。

糖新生で解糖のピルビン酸キナーゼに対応する逆行過程は**ホスホエノールピルビン酸カルボキシキナーゼ** phosphoenolpyruvate carboxykinase (PEPCK)反応である(図4-I-5).この酵素には2種類ある。1つはサイトゾルに局在するPEPCK1(遺伝子 *PCK1*)であり,もう1つはミトコンドリアのマトリックスに局在するPEPCK2(*PCK2*)である。PEPCK1の発現量はグルカゴンによって大きく増加し,インスリンによって減少する.

それに対してPEPCK2はあまり大きい調節を受けない.それではPEPCK2は糖新生と関係がないかというとそうではなくて,きわめてまれであるが,PEPCK2が欠損すると,PEPCK1の欠損の場合と同じように低血糖,高乳酸,脂肪蓄積を示す.このことは,糖新生においてはピルビン酸からオキサロ酢酸を作るピルビン酸カルボキシラーゼ反応(第3章,図3-VII-3 反応⑧)だけでなくピルビン酸キナーゼとPEPCK2を合計した反応(結果はピルビン酸カルボキシラーゼ反応と同じ)も機能していることを意味しているのではないだろうか[注)].

ミトコンドリアのPEPCK2に関して膵β細胞のインスリン分泌との関係が問題になっている。ピルビン酸キナーゼとPEPCK2による反応でミ

トコンドリア内に GTP が生じ，かつクエン酸サイクルにオキサロ酢酸を補充することができる。クエン酸サイクルのスクシニル CoA リガーゼには GDP 形成酵素（遺伝子 *SUCLG1*）と ADP 形成酵素（遺伝子 *SUCLA2*）の 2 つの酵素が並列して存在するが，阻害性低分子 RNA（siRNA，第 5 章参照）で *SUCLA2* の発現を抑えると，ミトコンドリアの GTP 産生が増え，β 細胞からのグルコース刺激性インスリン分泌も増す。上述の推論とこの知見を統合すると，PEPCK2 は糖新生にもインスリン分泌にも働くという重要な役割をもつことになる。ただし，肝細胞で糖新生に主役を演じているサイトゾルの PEPCK1 は膵 β 細胞には発現していない。

D ピルビン酸デヒドロゲナーゼ複合体

嫌気的解糖とクエン酸回路を結ぶ反応過程（図 4-I-6）を触媒する**ピルビン酸デヒドロゲナーゼ複合体** pyruvate dehydrogenase complex（PDH 複合体，PDC）は 3 種のサブユニット E1，E2，E3 からなるが，その中で調節を受けるのは狭義のピルビン酸デヒドロゲナーゼ（E1）（図 4-I-6 の①）である。E1 の α サブユニット（遺伝子 *PDHA1/PDHE1A*）がリン酸化されると酵素活性は抑制される。このリン酸化反応を触媒するのは**ピルビン酸デヒドロゲナーゼキナーゼ 4** pyruvate dehydrogenase kinase（正式名ピルビン酸デヒドロゲ

注）① ピルビン酸カルボキシラーゼ：ピルビン酸 + HCO_3^- + ATP = オキサロ酢酸 + ADP + Pi，② ピルビン酸キナーゼ：ピルビン酸 + ATP = ホスホエノールピルビン酸 + ADP，③ PEPCK2：ホスホエノールピルビン酸 + HCO_3^- + GDP = オキサロ酢酸 + GTP，②＋③：ピルビン酸 + HCO_3^- + ATP + GDP = オキサロ酢酸 + ADP + GTP

2 つの反応を比較してみると，ピルビン酸カルボキシラーゼ反応では ATP1 分子を消費するのに対し，②＋③の反応ではエネルギーの出入りがない（ATP と GTP はエネルギー的には等価）。これは細胞内 ATP 濃度が低下していてエネルギーを節約しなければならない糖新生条件では有利である。②＋③の反応が糖新生で有効であるためには②の反応がミトコンドリア内で起こり（つまりピルビン酸キナーゼがミトコンドリア内にも存在し），糖新生が起こる条件でも活性をもち続ける必要がる。この 2 つの条件が動物の肝細胞で成立するという研究結果が 2004，2007，2010 年に発表されている。

ナーゼ［リポアミド］キナーゼアイソザイム 4，ミトコンドリア pyruvate dehydrogenase [lipoamide]kinase isozyme 4, mitochondrial，遺伝子 *PDK4*）である。この酵素には 4 種類のアイソザイム（遺伝子 *PDK1-4*）があるが，*PDK3* が心筋と骨格筋に特徴的であることを除けば広い組織（心筋と骨格筋を含め）に分布している。インスリンはこの酵素タンパク質の発現を抑制する（結果として E1α のリン酸化が減り，活性が増す）。この酵素はピルビン酸デヒドロゲナーゼ（E1α）の 2 ないし 3 個のセリン残基をリン化する。問題になるのはセリン-293 のリン酸化である。このリン酸基をはずす**ピルビン酸デヒドロゲナーゼホスファターゼ 2** pyruvate dehydrogenase phosphatase catalytic subunit 2（正式名アセチル転移性ピルビン酸デヒドロゲナーゼホスファターゼ 2，ミトコンドリア［pyruvate dehydrogenase [acetyl-transferring]-phosphatase 2, mitochondrial，遺伝子 *PDP2*）は絶食や糖尿病およびグルカゴンで発現量が減る（結果として E1α のリン酸化が増え，活性が低下する）。この酵素には臓器分布を異にした別のアイソザイム（*PDP1*）がある。インスリンとグルカゴンによる酵素の発現量の調節については後述する（本章 II．2．C．1）。

E まとめと 2 つのシャトル

以上述べてきたことではっきりしているのは，解糖と糖新生が**相反的な制御**を受けていることである。インスリンは解糖を促進し，糖新生を抑制する。グルカゴンは糖新生を促進し，解糖を抑制するといった具合である。この詳しい仕組みについてはさらに後（本章 II）で取り上げることになる。これまで述べたことを 1 つの図にまとめた（図 4-I-7）。

糖新生の項（第 3 章 VII．1）でミトコンドリアとサイトゾル（細胞質溶性区画）といった**細胞内区画** intracellular compartment が代謝系にもつ意味を知った。糖新生において，ミトコンドリア内でオキサロ酢酸から生じたリンゴ酸はサイトゾルへ出てオキサロ酢酸を再生する。この経路はグルコースになる炭素骨格だけでなく糖新生過程に必要な還元当量をもミトコンドリアからサイトゾルへ運

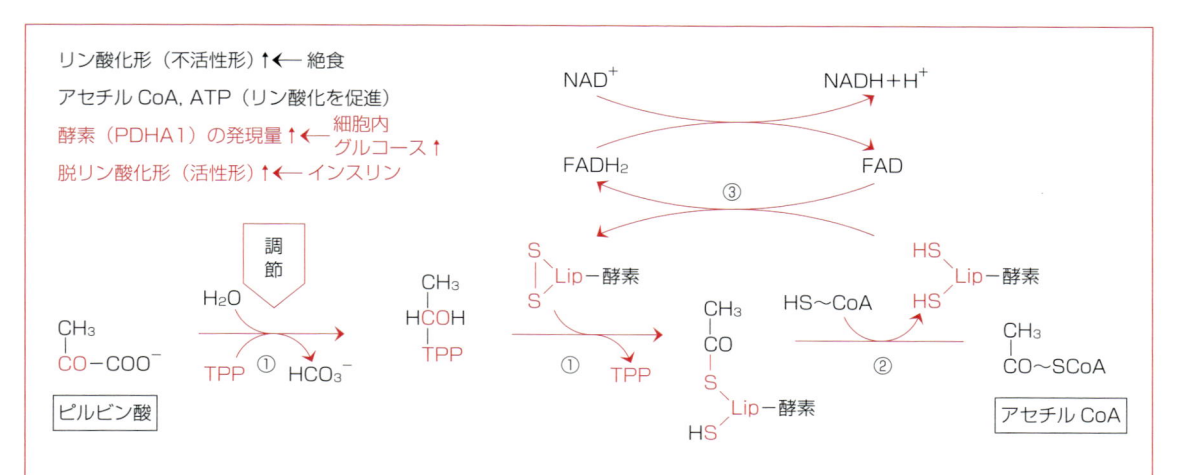

図4-I-6 ピルビン酸デヒドロゲナーゼ複合体(PDC)反応の調節

本酵素複合体は①〜③の3種類の成分からなる。①はE1，②はE2，③はE3とも呼ばれてきた。①は$(\alpha 1)_2 \beta_2$のサブユニット構造をとっている。調節は$\alpha 1$をリン酸化する酵素PDK4と脱リン酸化する酵素PDP2の量的変化によって行われる。$\alpha 1$自体の発現量も細胞内グルコース濃度の増加によって増える。リポアミドは実際はリポ酸 lipoic acid（化学名6,8-ジチオオクタノイン酸 6,8-dithiooctanoic acid）のカルボキシル基が酵素タンパク質のリシン残基のε-アミノ基とアミド結合したリポイルリシン lipoyllysine である（第3章Ⅳ.3.A, 図3-Ⅳ-8参照）。

図中の記述

リン酸化形（不活性形）↑ ← 絶食
アセチルCoA, ATP（リン酸化を促進）
酵素（PDHA1）の発現量↑ ← 細胞内グルコース↑
脱リン酸化形（活性形）↑ ← インスリン

ピルビン酸デヒドロゲナーゼ複合体（PDC）= ① + ② + ③

TPP : thiamine pyrophosphate（チアミンピロリン酸）
Lip : lipoamide（リポアミド）
Lip : dihydrolipoamide（ジヒドロリポアミド）

酵素	遺伝子	遺伝子座	アミノ酸残基数
①ピルビン酸デヒドロゲナーゼ（リポアミド）$\alpha 1$サブユニット	PDHA1	Xp22.1	390
ピルビン酸デヒドロゲナーゼ（リポアミド）βサブユニット	PDHB	3p21.1-p14.2	359
②ジヒドロリポアミドS-アセチルトランスフェラーゼ	DLAT	11q23.1	647
③ジヒドロリポアミドデヒドロゲナーゼ	DLD	7q31-q32	509（前駆体）

PDHA1のリン酸化・脱リン酸化の機構：
リン酸化酵素（PDK4），脱リン酸化酵素（PDP2）の発現量が変わる。

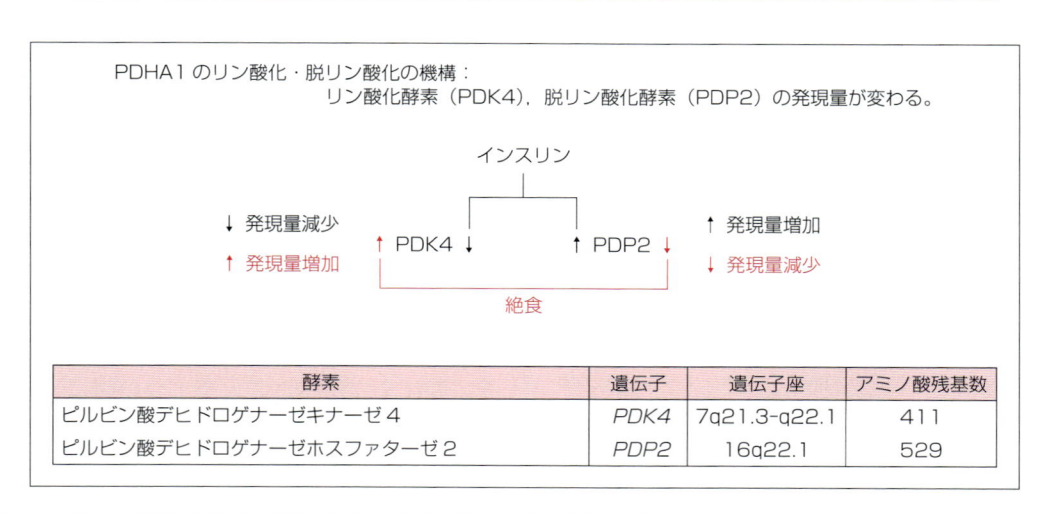

インスリン → PDK4 ↓発現量減少／↑発現量増加　PDP2 ↑発現量増加／↓発現量減少
絶食

酵素	遺伝子	遺伝子座	アミノ酸残基数
ピルビン酸デヒドロゲナーゼキナーゼ4	PDK4	7q21.3-q22.1	411
ピルビン酸デヒドロゲナーゼホスファターゼ2	PDP2	16q22.1	529

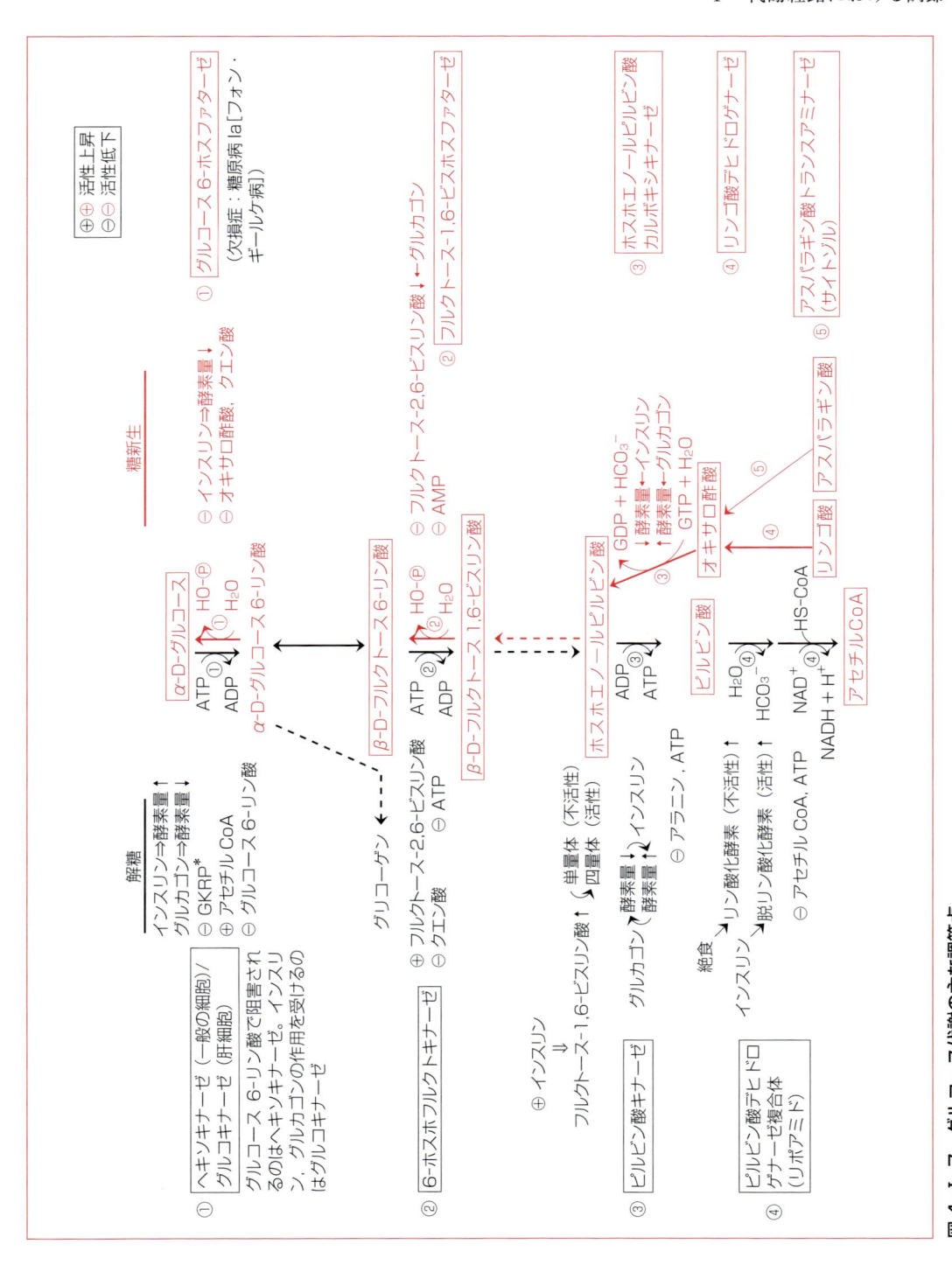

I 代謝経路における調節　159

図 4-I-7　グルコース代謝の主な調節点

解糖（グルコース⇨ピルビン酸）と糖新生（オキサロ酢酸⇨グルコース）の主要点における調節を示す。図 3-II-4、図 3-VII-3 も参照。
* GKRP（GCKR）＝グルコキナーゼ制御タンパク質。フルクトース 1-リン酸で阻害が除かれる。

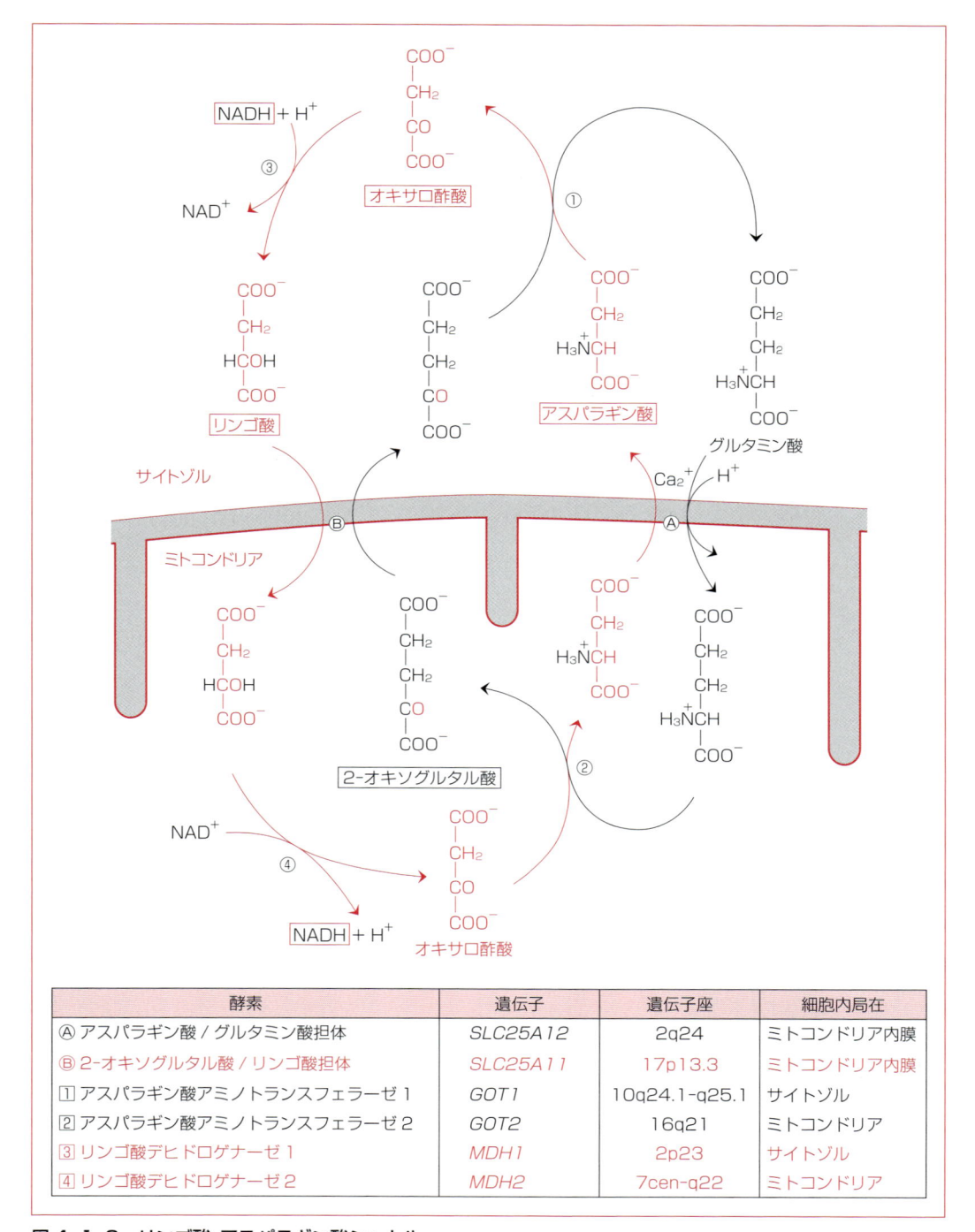

図4-I-8 リンゴ酸-アスパラギン酸シャトル
サイトゾルの還元当量をミトコンドリアへ導入する機構。

酵素	遺伝子	遺伝子座	細胞内局在
Ⓐ アスパラギン酸／グルタミン酸担体	*SLC25A12*	2q24	ミトコンドリア内膜
Ⓑ 2-オキソグルタル酸／リンゴ酸担体	*SLC25A11*	17p13.3	ミトコンドリア内膜
① アスパラギン酸アミノトランスフェラーゼ1	*GOT1*	10q24.1-q25.1	サイトゾル
② アスパラギン酸アミノトランスフェラーゼ2	*GOT2*	16q21	ミトコンドリア
③ リンゴ酸デヒドロゲナーゼ1	*MDH1*	2p23	サイトゾル
④ リンゴ酸デヒドロゲナーゼ2	*MDH2*	7cen-q22	ミトコンドリア

ぶ役割を果たしている(第3章Ⅶ, 図3-Ⅶ-3参照)．逆に，解糖(あるいは乳酸の酸化)の際に生じた還元当量をサイトゾルからミトコンドリアへ継続的に運ぶ回路があり，リンゴ酸のミトコンドリア内への輸入とアスパラギン酸の輸出が連動していることから，**リンゴ酸‐アスパラギン酸シャ**

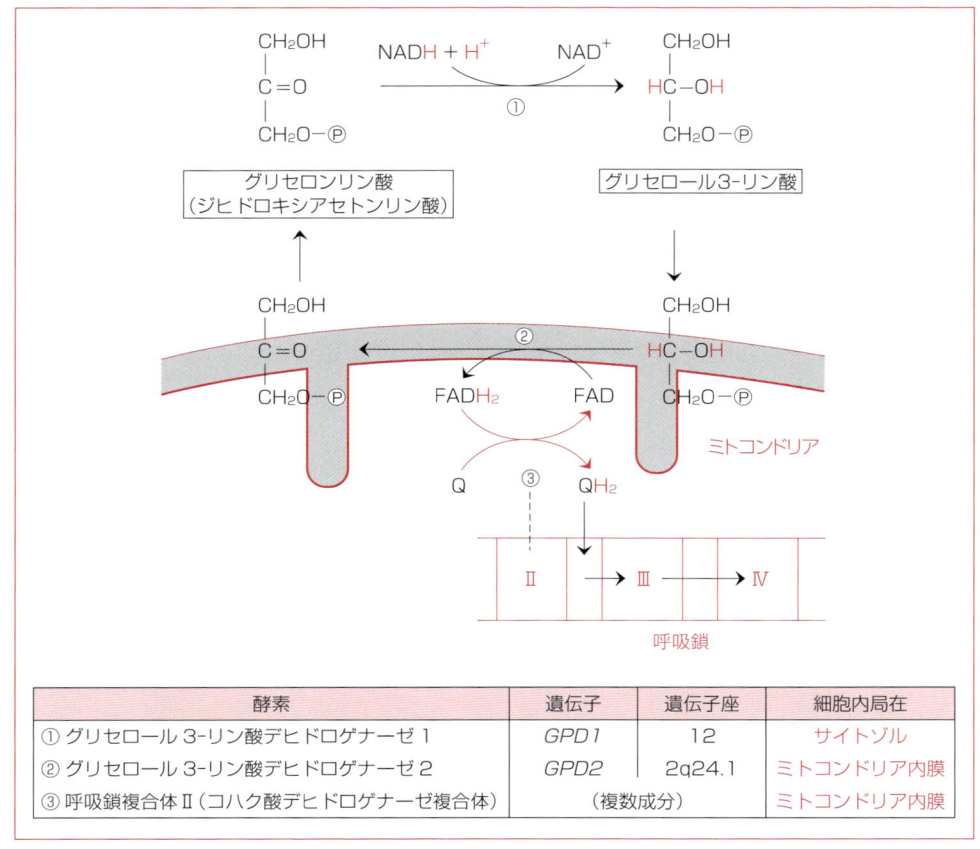

図 4-Ⅰ-9 グリセロールリン酸シャトル
サイトゾルの還元当量をミトコンドリアへ導入し，ミトコンドリアの酵素（②）の FAD を還元する。後者は呼吸鎖複合体Ⅱを介してユビキノン（Q）を還元する。還元された Q は複合体Ⅲによって呼吸鎖の基質として利用される。

酵素	遺伝子	遺伝子座	細胞内局在
① グリセロール 3-リン酸デヒドロゲナーゼ 1	GPD1	12	サイトゾル
② グリセロール 3-リン酸デヒドロゲナーゼ 2	GPD2	2q24.1	ミトコンドリア内膜
③ 呼吸鎖複合体Ⅱ（コハク酸デヒドロゲナーゼ複合体）	（複数成分）		ミトコンドリア内膜

トル malate-aspartate shuttle と呼ばれている（図 4-Ⅰ-8）。他にも，サイトゾルの還元当量をグリセロールリン酸がミトコンドリアへ運ぶ回路があり，**グリセロールリン酸シャトル** glycerol phosphate shuttle と呼ばれている（図 4-Ⅰ-9）。

2 グリコーゲン代謝の調節

A グリコーゲン合成の調節

食事によって体内に取り込まれたグルコースの余剰部分はグリコーゲンに合成・貯蔵される。そのためグルコースは**グルコース 6-リン酸**を経て**グルコース 1-リン酸** glucose 1-phosphate になる（図 4-Ⅰ-10）。酵素ホスホグルコムターゼ phosphoglucomutase（遺伝子 *PGM1*）はグルコース 6-リン酸よりグルコース 1-リン酸に対する親和性が圧倒的に高いので，**グルコース 6-リン酸/グルコース 1-リン酸比**が相当高くならないと反応は前に進まない。これは食中・食後の高い血糖値があってはじめて満たされる条件である。

グルコース 1-リン酸は次に UTP と反応して**UDP-グルコース** UDP-glucose となる（図 4-Ⅰ-10）。**UTP-グルコース 1-リン酸ウリジリルトランスフェラーゼ** UTP-glucose-1-phosphate uridylyltransferase（別名 **UDP-グルコースピロホスホリラーゼ** UTP-glucose pyrophosphorylase，遺伝子 *UGP2/UGP1*［*UGP1* は同義語］）。この後，UDP-

酵素		遺伝子	遺伝子座	組織
①ホスホグルコムターゼ	1	PGM1	1p22.1	
	2	PGM2	4p14-q12	
	3	PGM3	6q14.1-q15	
②UDP-グルコース-1-リン酸ウリジリルトランスフェラーゼ	1	UGP1	1q21-q22	肝
	2	UGP2	2p14-p13	筋
③グリコーゲンシンターゼ	1	GYS1	19q13.3	筋など
	2	GYS2	12p12.2-p11.2	肝

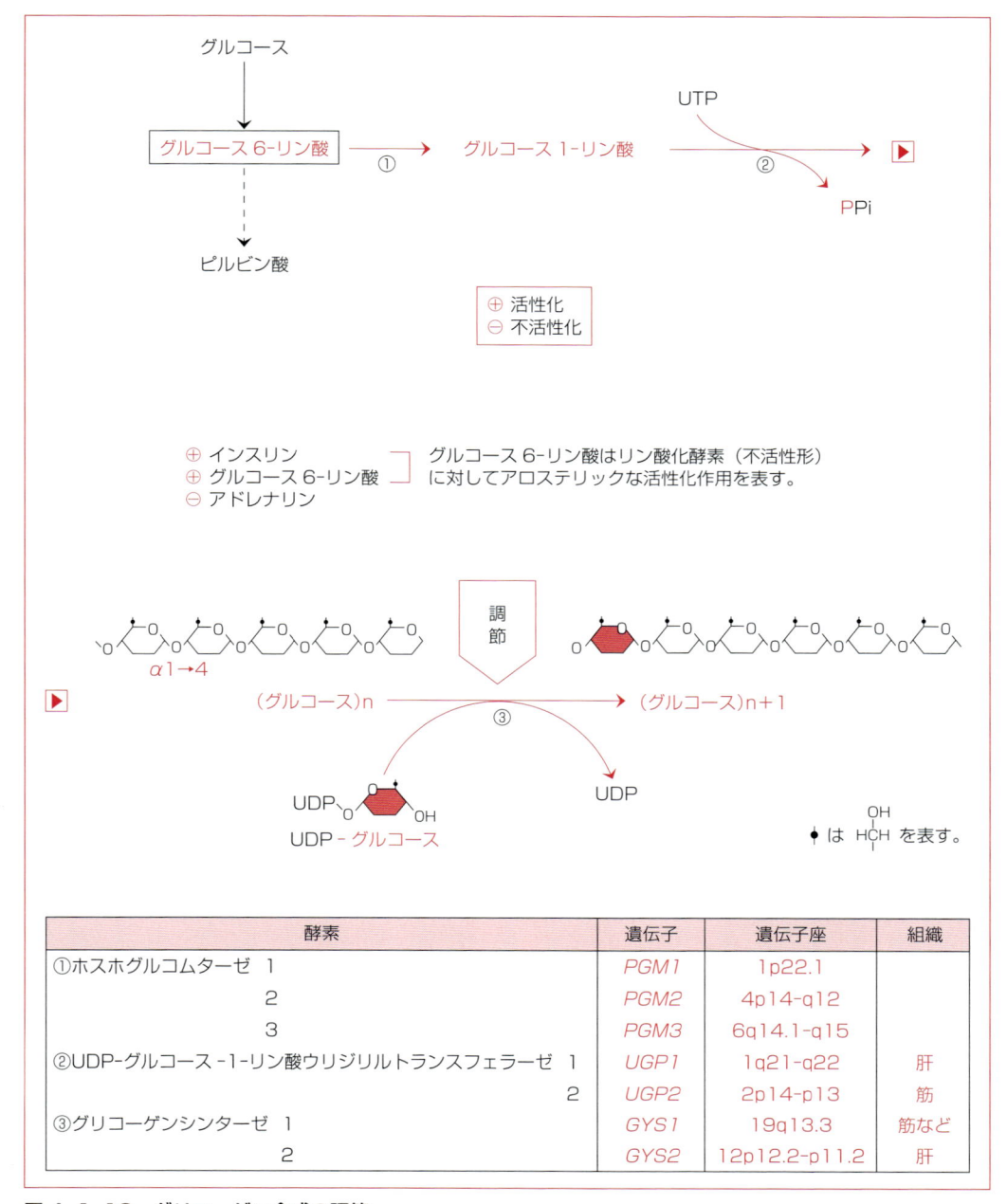

図4-I-10 グリコーゲン合成の調節
色付けをした糖は新しく付加される部位を示すためである。

グルコースを用いてグルコースのポリマー(グリコーゲン)を合成するにはさらに2段階の過程を経なければならない(どちらの段階においてもグルコースの供与体はUDP-グルコースである)。

第1段階は**グリコゲニン** glycogenin-1(遺伝子 GYG1 [肝,筋を含め広範に分布,肝には GYG1 以外に GYG2 もある])によるグルコースオリゴマーの合成である。グリコゲニンは酵素である。ただし,この酵素はグリコーゲンのコアとなるタンパク質でもあり,N末端から228番目のチロシ

ン（Tyr-228）に最初のグルコースのα1-炭素がエステル結合をする（チロシン残基のグルコシル化）。この反応はグリコゲニン二量体の中で起こる。グルコゲニン上のグルコースオリゴマーの合成は約10残基でストップする。

第2段階はグリコゲンシンターゼ glycogen synthase（略GS，遺伝子：肝 *GYS1*，筋 *GYS2*）に結合したグルコゲニン上のオリゴマーをグリコゲンシンターゼが UDP-グルコースをグルコース供与体として伸長させる反応過程である。1単位のグルコース残基が順次グリコゲンのα1→4鎖の非還元末端に追加される（$G_n \rightarrow G_{n+1}$）。この酵素が欠損すると，食後の異常高血糖，空腹時の低血糖，高乳酸，高ケトン体の症状を示す。

α1→4鎖が一定の長さになるとα1→6結合を作って枝分れする（図4-Ⅰ-11）。その反応を触媒する酵素は**グリコゲン分枝酵素** glycogen-branching enzyme（正式名 1,4-αグルカン分枝酵素 1,4-α-glucan-branching enzyme，遺伝子 *GBE1*）である。この酵素が欠損すると進行性肝硬変を伴う**糖原病Ⅳ型** glycogen storage disease type 4（GSD4）になる。グリコーゲンの枝分れ構造については前にも述べた（第2章Ⅱ：図2-Ⅱ-2参照）。

グリコゲン合成の調節は主に**グリコゲンシンターゼ** glycogen synthase（GS）段階で行われる（図4-Ⅰ-10）。GSは筋肉のもの（遺伝子 *GYS1*）も，肝臓のもの（*GYS2*）もインスリンによって活性化され，アドレナリンによって抑制される（本章Ⅱ.2）。GSはリン酸化によって阻害されるが，リン酸化形は**グルコース6-リン酸**によって活性化される。

B グリコゲン分解の調節

グリコゲンの分解は次の3つの反応によって進む。①α-1,4-グルカンの非還元末端からグルコースモノマーをグルコース-1-リン酸として順次遊離させる（**ホスホリラーゼ活性**）。②α-1,4-グルカンの一部を他のα-1,4-グルカンの非還元末端へ移動させる（**4-α-グルカノトランスフェラーゼ活性**）（図4-Ⅱ-11）。③α-1,6-結合したグルコース残基を加水分解し遊離させる（**アミロ-1,6-グルコシダーゼ活性**）。

①の反応を触媒するのはグリコゲンホスホリラゼ glycogen phosphorylase（あるいは単にホスホリラーゼ phosphorylase，遺伝子：肝 *PYGL*，筋 *PYGM*）である。この反応では生成物にリン酸結合が加わる（加リン酸分解 phosphorolysis）。②と③は同一の酵素タンパク（グリコゲン脱分枝酵素 glycogen debranching enzyme，遺伝子 *AGL/GDE*）によって触媒される（図4-Ⅰ-11挿入表）。この酵素の欠損症は糖原病Ⅲ型 glycogen storage disease type 3（GSD3）である。

ホスホリラーゼ phosphorylase（図4-Ⅰ-12挿入表）はオリゴマー酵素である。**リン酸化型a** phosphorylated form a（ホモ四量体）と**脱リン酸化型b** dephospho form b（ホモ二量体）があり，基本的にはリン酸化型aが活性型である。**グルカゴン，アドレナリン，バソプレッシン** vasopressin は受容体を介してホスホリラーゼのリン酸化を促進する。しかし，脱リン酸化型も **AMP**（5'-AMP）によってアロステリックに活性化され，ATP，ADP，グルコース6-リン酸によってアロステリックに阻害される（図4-Ⅰ-12）。ホスホリラーゼの欠損症は PYGM によるものが糖原病Ⅴ型 glycogen storage disease 5（GSD5），PYGL によるものが糖原病Ⅵ型 glycogen storage disease 6（GSD6）である。

ホスホリラーゼのリン酸化（セリン-15）は**ホスホリラーゼキナーゼ** phosphorylase kinase（表4-

表4-Ⅰ-1 ホスホリラーゼキナーゼの分子構成

分子構成：$(\alpha\beta\gamma\delta)_4$				
サブユニット	機能	遺伝子	遺伝子座	アミノ酸残基数	組織
α1	調節	PHKA1	Xq12-q13	1,223	筋
α2	調節	PHKA2	Xp22.2-p22.1	1,235	肝ほか
β	調節	PHKB	16q12-q13	1,093	筋，肝ほか
γ1	触媒	PHKG1	7q11.2	387	筋
γ2	触媒	PHKG2	16p11.2	406	肝ほか
δ	調節	カルモデュリン			筋，肝ほか
		CALM1	14q24-q31	149	
		CALM2	2p21.3-p21.1	149	
		CALM3	19q13.2-13.3	149	

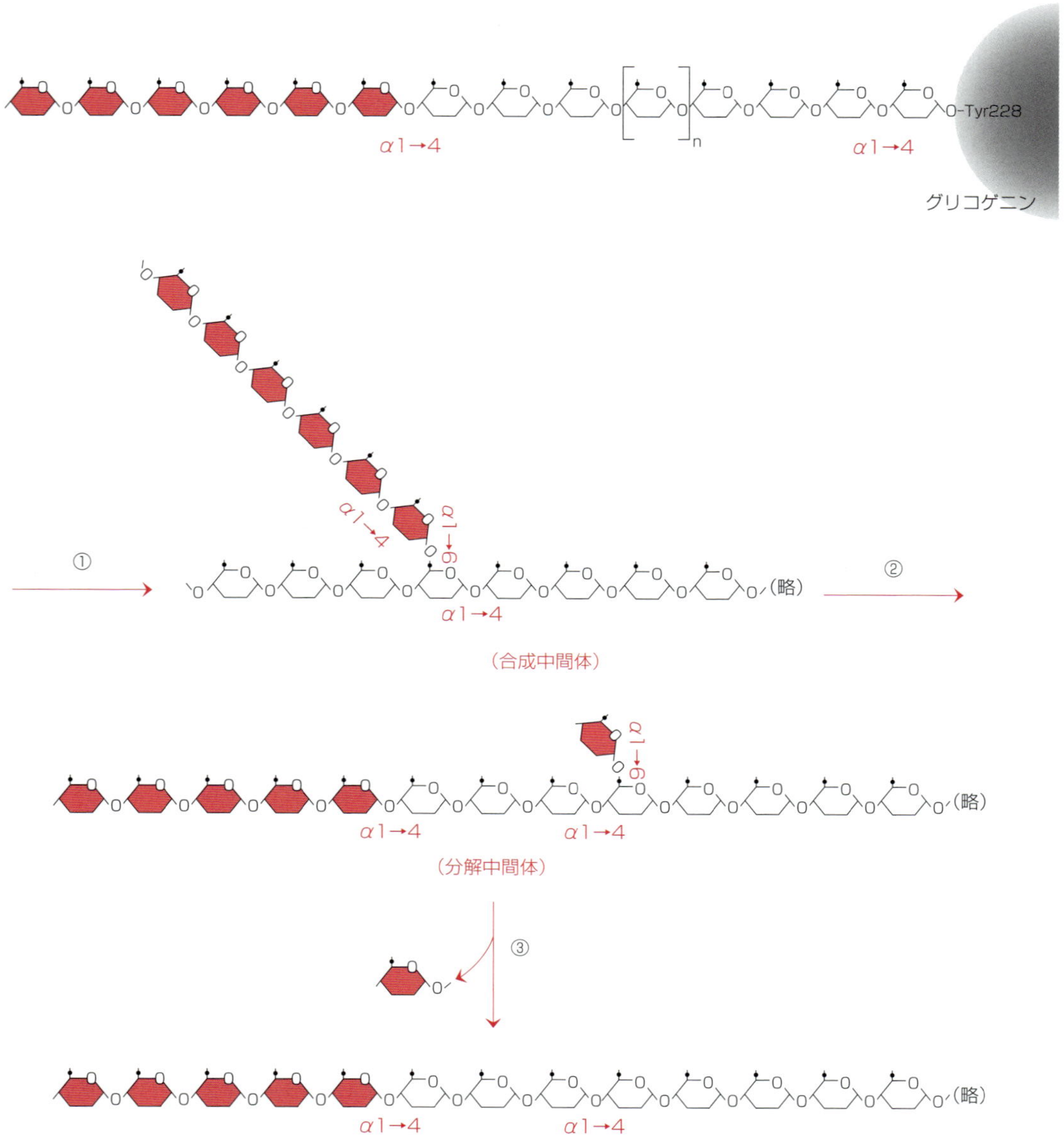

酵素	遺伝子	遺伝子座	欠損症
分枝酵素 ① 1,4-α-グルカン分枝酵素 1	GBE1	3	糖原病 IV
脱分枝酵素 ② 4-α-グルカノトランスフェラーゼ / ③ アミロ-1,6-グルコシダーゼ （②と③は同一のタンパク質がもつ 2 つの活性）	AGL/ GDE	1	糖原病 III

図 4-I-11 グリコーゲンの合成と分解における分枝化と脱分枝化
糖（糖鎖）の転移部位を示すために色付けをほどこした。

I 代謝経路における調節

```
                    ⊕ アドレナリン，グルカゴン
                    ⊖ インスリン

                    ⊕ AMP（脱リン酸化酵素に作用），Ca²⁺（筋）
                    ⊖ ATP, ADP, グルコース 6-リン酸（リン酸化酵素はあまり影響を受けない）
```

調節 ① → Gn-1 + ◆-Ⓟ + H₂O
HO-Ⓟ   グルコース 1-リン酸

① (グリコーゲン)ホスホリラーゼ a (リン酸化形=活性形)

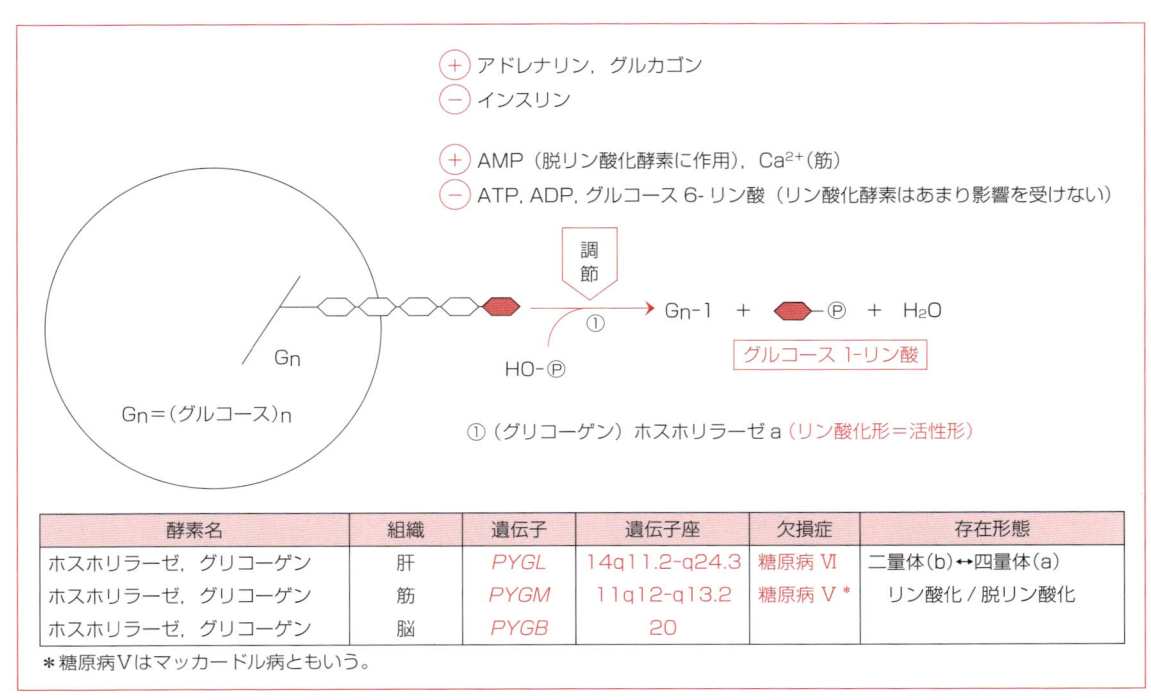

Gn=(グルコース)n

酵素名	組織	遺伝子	遺伝子座	欠損症	存在形態
ホスホリラーゼ，グリコーゲン	肝	PYGL	14q11.2-q24.3	糖原病 VI	二量体(b)↔四量体(a)
ホスホリラーゼ，グリコーゲン	筋	PYGM	11q12-q13.2	糖原病 V*	リン酸化/脱リン酸化
ホスホリラーゼ，グリコーゲン	脳	PYGB	20		

＊糖原病Vはマッカードル病ともいう。

図 4-I-12　グリコーゲンの分解と調節
ホスホリラーゼには遺伝子を異にする3つのアイソザイム（肝，筋，脳）がある。リン酸化とアロステリックエフェクターによる調節を受ける。リン酸化型（ホスホリラーゼa）は四量体で，脱リン酸化型（ホスホリラーゼb）は二量体である。リン酸化はホスホリラーゼキナーゼによって起こる。

I-1）が触媒する。この酵素は複雑な組成をもつ。4種類のサブユニット α，β，γ，δ が**ヘテロ四量体**を作り，それがさらに4つ集まった (αβγδ)₄ が1個のホスホリラーゼキナーゼ分子を構成する。α，β，δ は**調節サブユニット** regulatory subunit，γ が**触媒サブユニット** catalytic subunit である。このうち δ はよく知られた**カルモデュリン** calmodulin（CaM）そのもので，Ca²⁺ を結合するタンパク質の活性を調節する（ここではホスホリラーゼキナーゼを活性化する）という役割を果たしている。Ca²⁺ は筋が興奮すると小胞体からサイトゾルに放出される。

3　脂肪酸とトリアシルグリセロール代謝の調節

貯蔵脂肪のトリアシルグリセロール triacylglycerol（トリグリセリド triglyceride）はエネルギー需要に応じて分解されるが，その反応を触媒するのが**ホルモン感受性リパーゼ** hormone-sensitive lipase（HSL，遺伝子 LIPE）である（第3章Ⅲ.1参照）。細胞内**サイクリック AMP（cAMP）**の濃度を上げるホルモン（例：アドレナリン）によって**正の支配（活性化）**を受け（図 4-I-13 挿入図），対抗するホルモンの**インスリン**によって**負の支配（抑制）**を受ける。従来このように，**cAMP 依存性プロテインキナーゼ** cyclic AMP-dependent protein kinase〔**プロテインキナーゼ A** protein kinase A（PKA）〕による HSL の活性化を酵素自体のリン酸化だけで説明してきたが，最近の研究によって脂肪滴の表面を覆っている**ペリリピン** perilipin（遺伝子 PLIN1）というタンパク質のリン酸化も必要であることがわかった（図 4-I-13）。ペリリピンは非リン酸化状態では HSL が脂肪滴のトリアシルグリセロールに作用するのを妨げているが，ペリリピンがリン酸化されるとサイトゾルの HSL（これもリン酸化される）が脂肪滴に結合し，トリアシルグリセロールに作用できるようになる（図 4-I-13 中央の図）。

トリアシルグリセロールの分解

$$\text{トリアシルグリセロール} + 3H_2O \xrightarrow{①} \text{グリセロール} + 3\,RCOOH\;(\text{脂肪酸})$$

酵素	略号	遺伝子	遺伝子座	組織
①リパーゼ，ホルモン感受性	HSL	*LIPE*	19q13.2	広範

HSL の調節

アドレナリン ⇒ AC ⇒ ↑cAMP↓ ⇐ PDE ⇐ インスリン

(+) ↓ (−)

HSL（サイトゾル）, ペリリピン —PKA→ HSL-P（脂肪滴）, ペリリピン-P

AC：アデニル酸シクラーゼ
PKA：cAMP-依存性プロテインキナーゼ
PDE：ホスホジエステラーゼ

脂肪滴 —PKA→ 脂肪滴

■ ペリリピン
■ HSL
● ペリリピン-P
● HSL-P

タンパク質	遺伝子	遺伝子座	アミノ酸残基数	組織
ペリリピン	*PLIN1*	15q26	522	脂肪細胞

もう1つのトリアシルグリセロールリパーゼ（脂肪細胞）

$$\text{トリアシルグリセロール} + H_2O \xrightarrow{②} \text{ジアシルグリセロール} + RCOOH\;(\text{脂肪酸})$$

酵素	略号	遺伝子	遺伝子座	組織
②脂肪細胞トリアシルグリセロールリパーゼ[*1]	ATGL	*PNPLA2*	11p15.5	脂肪細胞

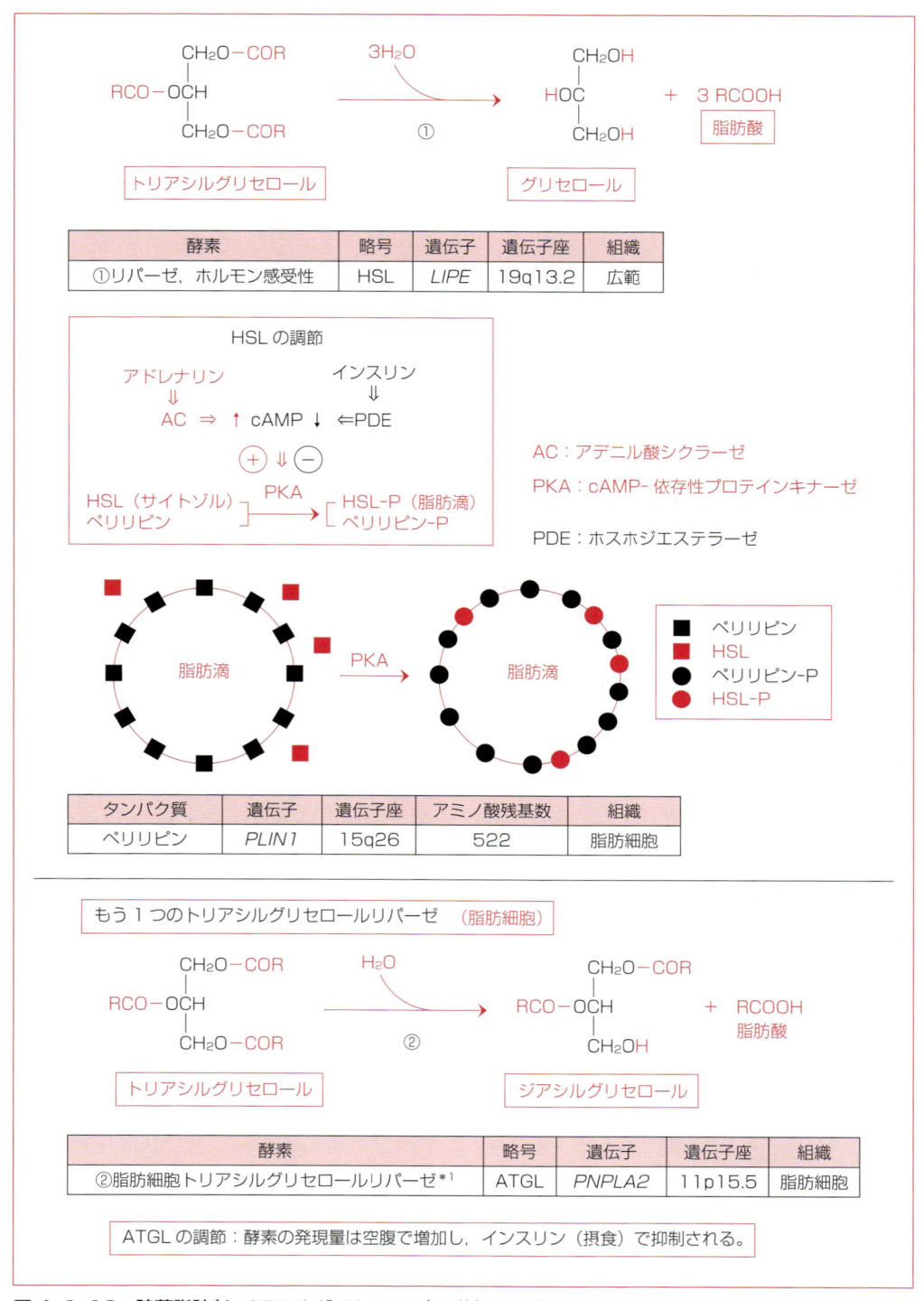

ATGLの調節：酵素の発現量は空腹で増加し，インスリン（摂食）で抑制される。

図 4-I-13　貯蔵脂肪（トリアシルグリセロール）の分解と調節
[*1] 正式名：パタチンライクホスホリパーゼドメイン含有タンパク質2（パタチンはイモのタンパク質である）

I 代謝経路における調節

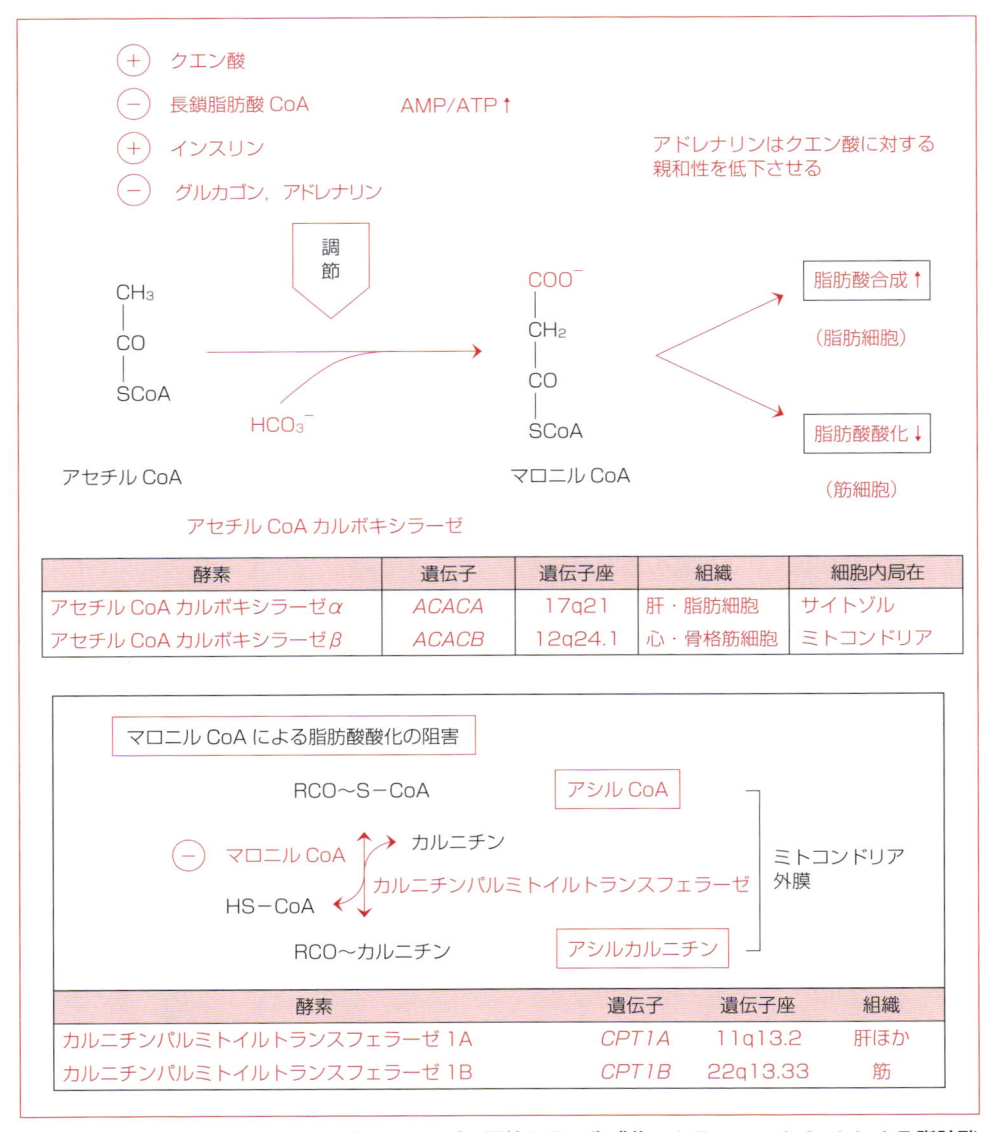

図 4-I-14 アセチル CoA カルボキシラーゼの調節とその生成物であるマロニル CoA による脂肪酸酸化の阻害
カルニチンパルミトイルトランスフェラーゼはカルニチンアシルトランスフェラーゼとも呼ばれ，4 遺伝子（1A，1B，1C，2）が知られるが，発現する組織や細胞内区画を異にする（本文参照）。

酵素	遺伝子	遺伝子座	組織	細胞内局在
アセチル CoA カルボキシラーゼα	*ACACA*	17q21	肝・脂肪細胞	サイトゾル
アセチル CoA カルボキシラーゼβ	*ACACB*	12q24.1	心・骨格筋細胞	ミトコンドリア

酵素	遺伝子	遺伝子座	組織
カルニチンパルミトイルトランスフェラーゼ 1A	*CPT1A*	11q13.2	肝ほか
カルニチンパルミトイルトランスフェラーゼ 1B	*CPT1B*	22q13.33	筋

第 3 章Ⅲで述べたように，脂肪細胞でトリアシルグリセロールを分解するのは HSL だけではない。**脂肪細胞トリアシルグリセロールリパーゼ** adipocyte triacylglycerol lipase（正式名パタチンライクホスホリパーゼドメイン含有タンパク質 2 patatin-like phospholipase domain-containing protein 2, 遺伝子 *PNPLA2/ATGL*）と呼ばれる酵素がトリアシルグリセロールに対して同等の活性をもっていて，インスリンによってその発現が抑制され，アドレナリンによって発現が増加する。しかし，この酵素は HSL と違ってトリアシルグリセロールを完全にグリセロールと脂肪酸にまで分解することはしない。最初のステップである**トリアシルグリセロール→ジアシルグリセロール＋脂肪酸**のみを触媒する。したがって，HSL を欠く実験動物ではジグリセリドが蓄積する（ミオパチーを伴

う中性脂質貯留症 neutral lipid storage disease with myopathy〔NLSDM〕）。

脂肪酸合成（第3章Ⅷ）に必要なサイトゾルのマロニル CoA は**アセチル CoA カルボキシラーゼ** acetyl-CoA carboxylase 反応で生成する（**図4-Ⅰ-14**）。アセチル CoA カルボキシラーゼには遺伝子を異にする2種の酵素 ACC1（遺伝子 *ACACA*）と ACC2（*ACACB*）がある（図4-Ⅰ-14挿入表）。ACC1 は肝細胞，脂肪細胞など脂肪合成の盛んな細胞で発現量が多く，ACC2 は心筋，骨格筋のように脂肪酸酸化の活性の高い組織で発現量が多いとされる。細胞内局在を見ると，ACC1 はサイトゾルで，ACC2 はミトコンドリア膜である。

ところで，以下で述べるように，脂肪酸酸化の初期に関与するミトコンドリア外膜のカルニチンパルミトイルトランスフェラーゼ反応はマロニル CoA によって阻害される。発現組織と細胞内局在からすると，ACC2 の役割は脂肪酸酸化の調節ではないかということが考えられる。他方，ACC1 の役割は脂肪酸合成活性の高い組織における基質の生成だとすると話がすっきりする。

脂肪酸の分解（β酸化）の初期段階で長鎖脂肪酸 CoA がミトコンドリア・マトリックスに導入されるが，その機構で重要なのがミトコンドリア外膜で CoA とカルニチンの交換を触媒するカルニチン O-パルミトイルトランスフェラーゼ carnitine O-palmitoyl transferase（カルニチンアシルトランスフェラーゼ carnitine-acyl transferase）である（図4-Ⅰ-14挿入図，第3章Ⅲ，図3-Ⅲ-3参照）。この酵素には遺伝子を異にする少なくとも4つのアイソザイムがある。そのうち3つは，ミトコンドリア外膜に存在し，それらはカルニチン O-パルミトイルトランスフェラーゼ1A〔肝型〕carnitine O-palmitoyl transferase 1, liver-isoform（略 CPTⅠ-L，遺伝子 *CPT1A*），カルニチン O-パルミトイルトランスフェラーゼ1B〔筋型〕carnitine O-palmitoyl transferase 1, muscle-isoform（略 CPTⅠ-M，遺伝子 *CPT1B*），カルニチン O-パルミトイルトランスフェラーゼ1C〔脳型〕carnitine O-palmitoyl transferase 1, brain-isoform（略 CPT1-C，遺伝子 *CPT1C*）である。あと1つはミトコンドリア内膜に存在しアシルカルニチンをアシル CoA に戻すもので，カルニチン O-パルミトイルトランスフェラーゼ2〔ミトコンドリア〕carnitine O-palmitoyl transferase 2, mitochondrial（略 CPTⅡ，遺伝子 *CPT2*）である。

ミトコンドリア外膜のカルニチン O-パルミトイルトランスフェラーゼの段階はまた重要な調節点である（図4-Ⅰ-14）。脂肪酸の分解に対抗する脂肪酸生合成の開始段階におけるキー物質であるマロニル CoA はこの反応過程の強力な阻害剤であり，ミトコンドリア外膜のカルニチン O-パルミトイルトランスフェラーゼ1は内膜の酵素カルニチン O-パルミトイルトランスフェラーゼ2よりもこの阻害に対する感受性が高い。

II 器官・組織における代謝の統合

1 ホルモンによる代謝の統合

　器官・組織における代謝の統合の研究は，ヒトについての知見は限られていてその多くは実験動物（主にマウス）についてのものである。以下の記述はとくに断らない限りヒトと実験動物両方のデータに基づいている。しかし，ヒトと実験動物では細かい点で異なっていることがあるので，実験動物で得られた知見をそのままヒトに当てはめるのには注意が必要である。

　糖質を含む食事をとることにより血糖が増加すると，肝細胞をはじめ各組織へのグルコースの取り込みも増える。この，細胞内へのグルコースの**促進輸送** facilitated/facilitative diffusion を行う**トランスポーター** transporter はこれまでに 10 種あまりあることが知られている（**表 4-II-1**）。そのうち脂肪細胞，筋細胞には**グルコーストランスポーター 4** glucose transporter 4（GLUT4）が存在する。これらの細胞ではインスリンによって糖輸送が促進される（**図 4-II-1**）。インスリン刺激によって，それまで細胞内に隔離されていたトランスポーターを含む小胞（**GLUT4 小胞**）が，形質膜に移行し開口することでトランスポーターが細胞表面に露出する。インスリン刺激後の小胞の移動は短時間で起こる。すでに，個々の場合に述べたように，インスリンは特定の細胞へのグルコースの取り込みを促進するだけでなく，それらの細胞の**グリコーゲン合成** glycogen synthesis（肝，筋），**トリアシルグリセロール合成** triacylglycerol synthesis

表 4-II-1　促進グルコーストランスポーター

タンパク質	略号	遺伝子	遺伝子座	組織	性質
溶質担体ファミリー 2（促進グルコーストランスポーター），メンバー 1	GLUT1	SLC2A1	1p34.2	脳-血液関門，赤血球	
溶質担体ファミリー 2（促進グルコーストランスポーター），メンバー 2	GLUT2	SLC2A2	3q26.2-q27	肝，膵β細胞，小腸，腎	グルコース感受系への入力
溶質担体ファミリー 2（促進グルコーストランスポーター），メンバー 3	GLUT3	SLC2A3	12p13.3	脳	
溶質担体ファミリー 2（促進グルコーストランスポーター），メンバー 4	GLUT4	SLC2A4	17p13	筋，脂肪組織	インスリン感受性グルコース輸送
溶質担体ファミリー 2（促進グルコーストランスポーター），メンバー 5	GLUT5	SLC2A5	1p36.2	小腸，精子	フルクトース輸送体
溶質担体ファミリー 2（促進グルコーストランスポーター），メンバー 6	GLUT6	SLC2A6	9q34	腎	
溶質担体ファミリー 2（促進グルコーストランスポーター），メンバー 7	GLUT7	SLC2A7	1p36.2	腸	
溶質担体ファミリー 2（促進グルコーストランスポーター），メンバー 8	GLUT8	SLC2A8	9p33.3	胎盤，肺，白血球，心筋	
溶質担体ファミリー 2（促進グルコーストランスポーター），メンバー 9	GLUT9	SLC2A9	4p16.1	腎，肝	
溶質担体ファミリー 2（促進グルコーストランスポーター），メンバー 10	GLUT10	SLC2A10	20q13.12		
溶質担体ファミリー 2（促進グルコーストランスポーター），メンバー 11	GLUT11	SLC2A11	22q11.23		
溶質担体ファミリー 2（促進グルコーストランスポーター），メンバー 12	GLUT12	SLC2A12	6q23.2	骨格筋，心筋，前立腺	
溶質担体ファミリー 2（促進グルコーストランスポーター），メンバー 13	HMIT	SLC2A13	12q12		H⁺/ミオイノシトール共輸送

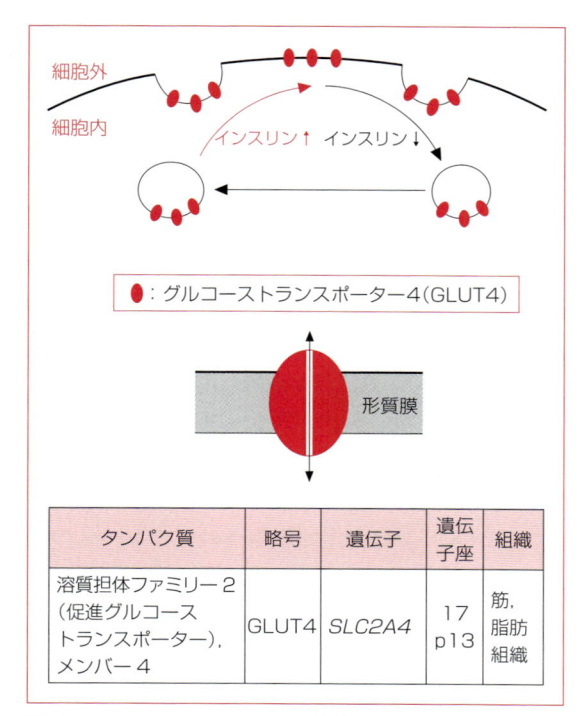

図 4-Ⅱ-1　インスリンによる糖輸送の促進
脂肪細胞ならびに筋細胞に存在するインスリン感受性グルコースの輸送体（GLUT4）は最初細胞内に隔離されていて，インスリンで刺激されることにより細胞表面に出る．ここに示したものは事象の要約であって，実際はもっと複雑な過程から成り立っている（本章Ⅱ.2.A.3，図 4-Ⅱ-12 参照）．

タンパク質	略号	遺伝子	遺伝子座	組織
溶質担体ファミリー2（促進グルコーストランスポーター），メンバー4	GLUT4	SLC2A4	17p13	筋，脂肪組織

（肝，脂肪細胞）をも促進させる（図 4-Ⅱ-2）．
　トリアシルグリセロール合成が盛んな時の肝細胞ではトリアシルグリセロールの一部は**アポタンパク質 B**（アポ B）と呼ばれるタンパク質と複合体を作り，血中に放出される（第 6 章Ⅰ.1 参照）．この複合体（**リポタンパク質** lipoprotein）は**超低密度リポタンパク質** very low-density lipoprotein（VLDL）と呼ばれ，肝から他の組織へトリアシルグリセロールを運ぶ 1 つの形である．
　また，インスリンは**筋タンパク質の合成**を促進する．このようにインスリンはグリコーゲンの合成，トリアシルグリセロールの合成，タンパク質の合成などの同化反応を増強するので，テストステロン，成長ホルモンなどとともに**同化ホルモン** anabolic hormone の仲間に入れられる．中でも，インスリンは最も強力な同化ホルモンである．
　食間・空腹時に血糖値が低下するとインスリン分泌は抑制され，膵島 α 細胞からのグルカゴンの分泌が増え，肝細胞のグリコーゲン分解と糖新生，筋のグリコーゲン分解，脂肪細胞のトリアシルグリセロールの分解が促進する（図 4-Ⅱ-3）．副腎皮質ホルモンの**グルココルチコイド** glucocorticoid も糖新生を活性化する．インスリンに対してこれらは異化ホルモン catabolic hormone といえる．
　3 つの F（Fear 怖れ，Fight 闘い，Flight 逃亡）で象徴される状況で分泌されるホルモンのアドレナリン adrenalin は筋細胞の**グリコーゲン分解**と**脂肪酸酸化**を促進し，脂肪細胞の**トリアシルグリセロール分解**を促進する（図 4-Ⅱ-4）．これは食間・空腹時の生体の対応と共通している．アドレナリンはインスリンの分泌を抑制し**インスリン/グルカゴン比**を低下させるが，これも食間・空腹時のエネルギー代謝と共通している．
　短時間（1〜3 時間）の激しい運動の際に起こる組織の糖・脂質代謝の変化も食間・空腹時のそれと共通するところが多い．インスリンの分泌低下とグルカゴンの分泌上昇によるインスリン/グルカゴン比の低下は食間・空腹時と同じである．運動で誘発されるアドレナリンの分泌も 3 つの F の場合と同じ状況を作り出す．それらの結果，肝臓・骨格筋のグリコーゲン分解，肝（腎）臓の糖新生，肝臓・脂肪組織のトリアシルグリセロール分解などが活性化する．組織における**脂肪酸酸化**も増加する．
　肝細胞のクエン酸回路は部分的に糖新生に使われていて，盛んな脂肪酸酸化で生じたアセチル CoA を完全には消費できない．その余剰のアセチル CoA を他の組織で利用するための形が**ケトン体** ketone body（**アセト酢酸** acetoacetate，**3-ヒドロキシ酪酸** 3-hydroxy-butyrate）である（図 4-Ⅱ-5）．血流に出たケトン体は，主に脳や心臓などの組織で利用される．ヒトの骨格筋にはケトン体を利用する酵素がほとんど発現していない．数日から 1 カ月に及ぶ絶食・飢餓の場合も基本的に同じことが起こる．
　激しい運動の初期には解糖活性が急上昇し，クエン酸回路で処理しきれないピルビン酸が乳酸に

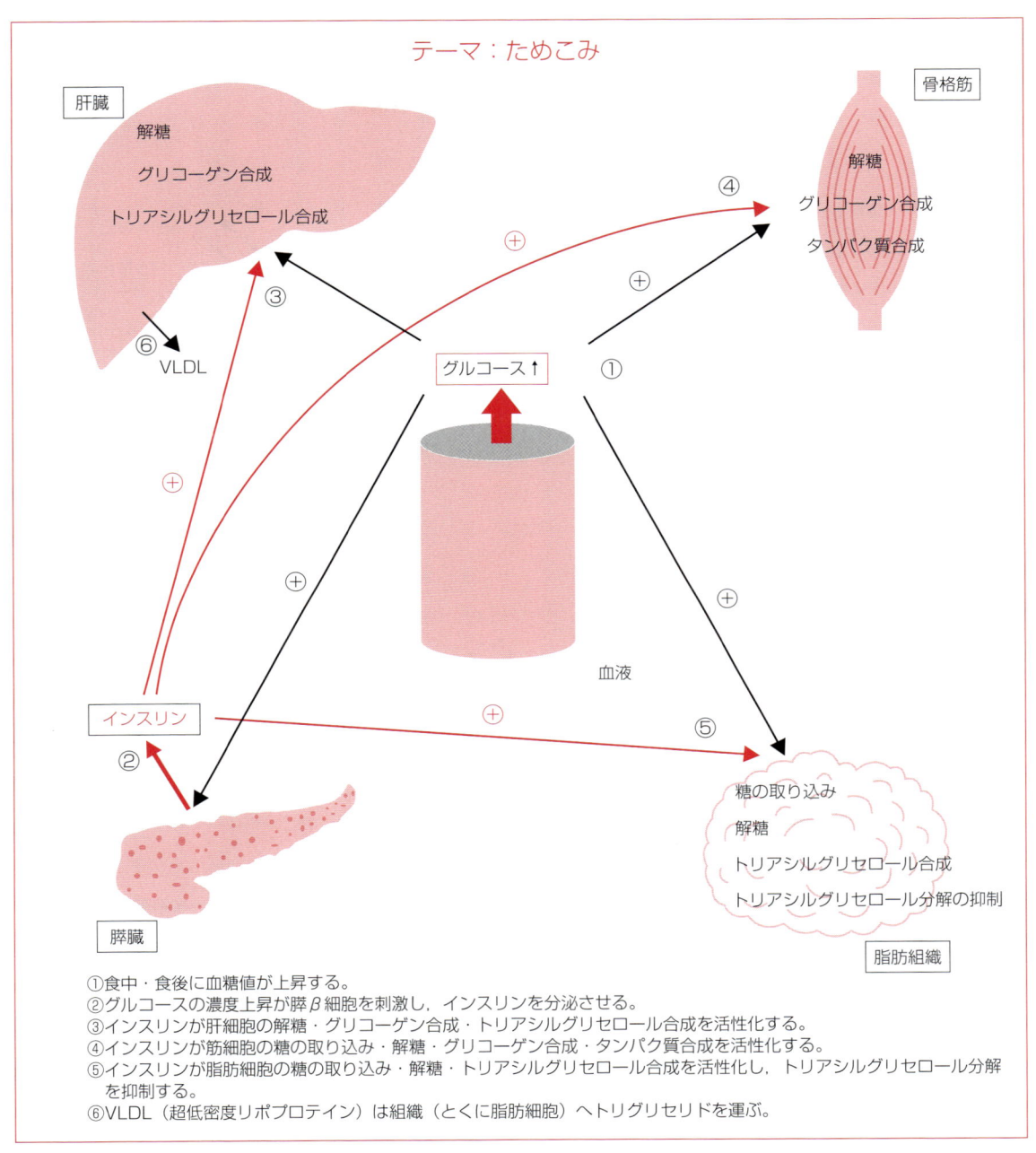

図 4-II-2　血糖上昇が組織の糖代謝に及ぼす影響
解糖はグリコーゲン合成・トリアシルグリセロール合成にエネルギーと素材を供給する。

① 食中・食後に血糖値が上昇する。
② グルコースの濃度上昇が膵β細胞を刺激し，インスリンを分泌させる。
③ インスリンが肝細胞の解糖・グリコーゲン合成・トリアシルグリセロール合成を活性化する。
④ インスリンが筋細胞の糖の取り込み・解糖・グリコーゲン合成・タンパク質合成を活性化する。
⑤ インスリンが脂肪細胞の糖の取り込み・解糖・トリアシルグリセロール合成を活性化し，トリアシルグリセロール分解を抑制する。
⑥ VLDL（超低密度リポプロテイン）は組織（とくに脂肪細胞）へトリグリセリドを運ぶ。

還元される。過剰の乳酸は形質膜の**モノカルボン酸トランスポーター** monocarboxylate transporter（MCT1）を介してそのまま血流に出，他の組織の細胞でピルビン酸に酸化された後，クエン酸回路で消費されたり，アミノ基転移反応でアラニンになったりする。激しい運動が一段落した後，一部は肝臓で**糖新生の基質**になる。このように，形の上で筋の乳酸が肝臓でグルコースになって筋に戻ってくる回路が想定され，その回路を提唱者の名を冠して**コリ回路** Cori cycle と呼ぶことがあ

テーマ：ためこみの吐き出し

肝臓
- グリコーゲン分解
- 糖新生
- トリアシルグリセロール 分解
- ケトン体生成

骨格筋
- グリコーゲン分解
- 脂肪酸酸化
- タンパク質分解

脂肪組織
- トリアシルグリセロール分解

膵臓 → グルカゴン ② → ③ (+) 肝臓へ
インスリン↓

① グルコース → グルコース↓（血液）
④ 脂肪酸／アミノ酸
⑤ 脂肪酸／グリセロール
脂肪酸／ケトン体

① 食間・空腹時に血糖値が低下する。
② 血糖値の低下が膵α細胞を刺激し，グルカゴンを分泌させる。
③ グルカゴンが肝細胞のグリコーゲン分解・グルコネオゲネシス（糖新生）・トリアシルグリセロール分解を活性化する。組織（とくに脳）の解糖活性は維持されている。
④ インスリンによる抑制が除かれ，グリコーゲン分解・脂肪酸酸化が活性化する。筋タンパク質が分解しグルコネオゲネシス（肝，腎）にアミノ酸（炭素源）を供給する。
⑤ インスリンによる抑制が除かれ，トリアシルグリセロール分解が活性化する。

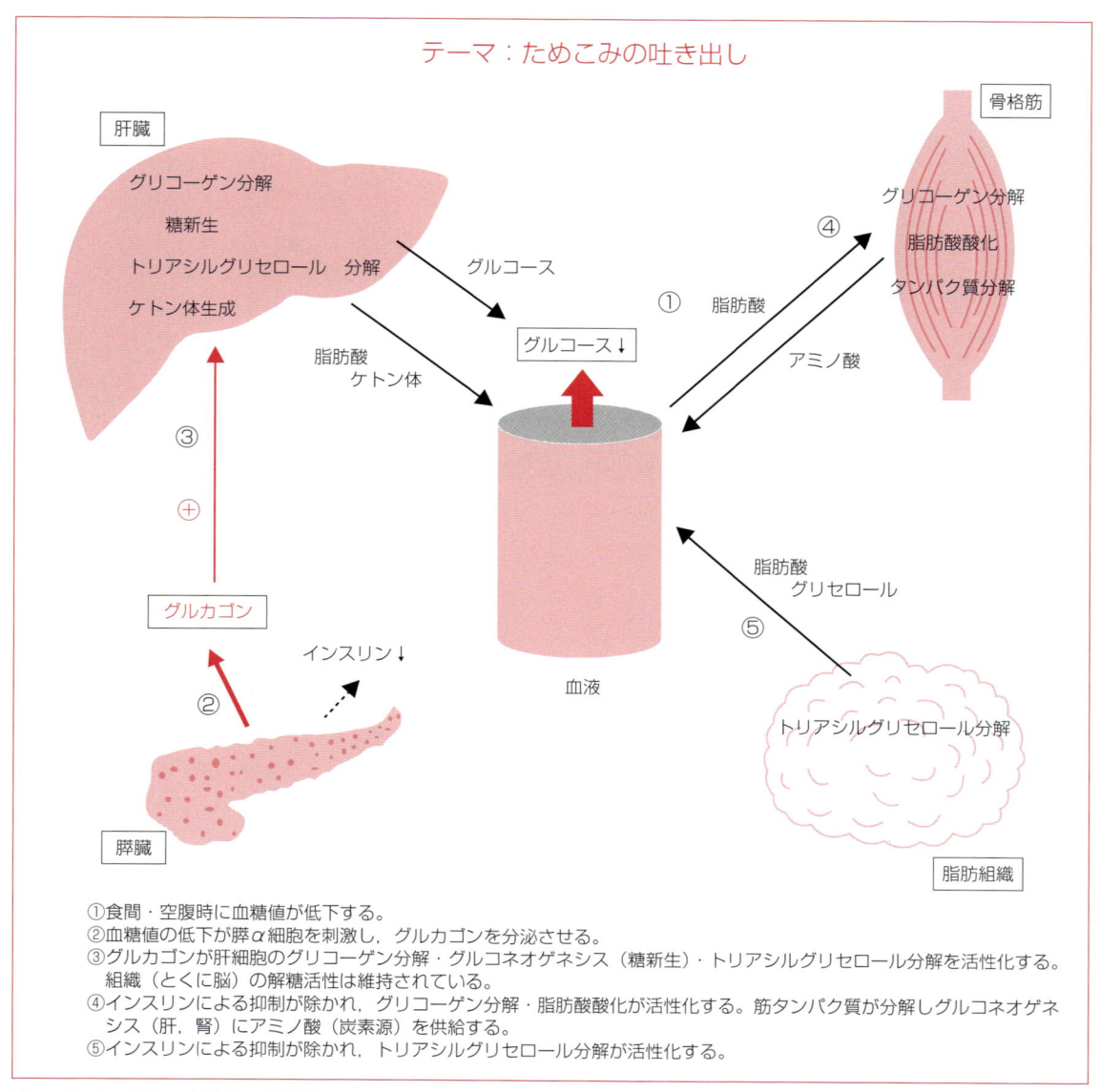

図 4-Ⅱ-3 食間・空腹時の血糖値の低下が組織の糖・脂質代謝に及ぼす影響
膵島α細胞から分泌されるグルカゴンは肝細胞に強力に働く。筋細胞と脂肪細胞についてはグルカゴンによる活性化よりインスリンによる抑制が除かれることによる効果が大きい。

る。また，乳酸の一部は筋で**アラニン**に転化し，それが乳酸と同じく肝でグルコース合成に利用され，そのグルコースが筋に戻るという回路も考えられ，こちらは**アラニン回路** alanine cycle と呼ばれている。

以上のように，食間・空腹時，激しい運動時，絶食・飢餓時に血液にグルコースを供給するため肝臓（腎臓）で糖新生が起こるが，その素材を供給するのは主にアミノ酸であることは前に述べた（第3章Ⅶ.1）。そのアミノ酸は血液中のアミノ酸であるが，それらは**筋タンパク質の分解**に由来するところが大きい。糖新生（グルコースの新合成）というと，合成だから同化だと考えてしまうが，グルコースを合成するために巨大分子であるタンパク質を分解して素材を供給するのだから，当然**糖新生は異化の部分過程である**。糖新生の起こる

Ⅱ 器官・組織の代謝の統合

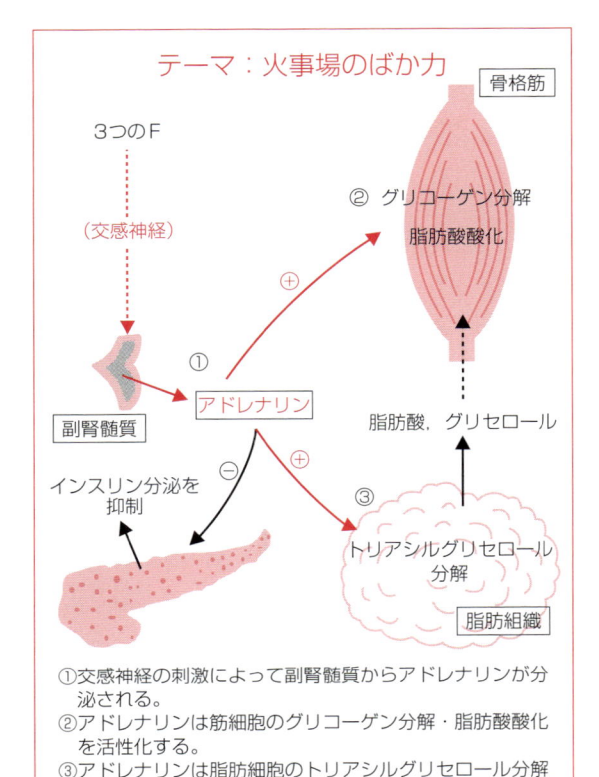

図4-Ⅱ-4 アドレナリンが筋・脂肪細胞の糖・脂質代謝に及ぼす影響
3つのF：Fear（怖れ），Fight（闘い），Flight（逃亡）．

図中の説明：
テーマ：火事場のばか力
骨格筋
3つのF
（交感神経）
② グリコーゲン分解　脂肪酸酸化
① アドレナリン
副腎髄質
インスリン分泌を抑制
脂肪酸，グリセロール
③ トリアシルグリセロール分解
脂肪組織

①交感神経の刺激によって副腎髄質からアドレナリンが分泌される．
②アドレナリンは筋細胞のグリコーゲン分解・脂肪酸酸化を活性化する．
③アドレナリンは脂肪細胞のトリアシルグリセロール分解を活性化する．

体内条件では同時にグリコーゲン分解，脂肪酸分解が進行している．アドレナリン，グルカゴン，チロキシンは筋タンパク質の分解を促進するが，グリコーゲンの分解，トリアシルグリセロールの分解をも活性化するから，**異化ホルモン** catabolic hormone と呼ばれる．

2 受容体シグナリング

A インスリン受容体シグナリング

1 インスリン

われわれが問題にしている**エネルギー代謝** energy metabolism あるいは栄養素 nutrient の代謝を支配する最も代表的なペプチドホルモンはインスリン insulin である．インスリンはわれわれの**グルコースホメオスタシス** glucose homeostasis にとって欠くことのできないものである．インスリンは1個の前駆体遺伝子の発現産物が翻訳後に**プロセシング** processing（切断と再結合）を受けて完成する（図4-Ⅱ-6）．**インスリン受容体** insulin receptor（図4-Ⅱ-7）のα，βサブユニットも1個の遺伝子の発現産物である前駆体からプロセシングを経て生じる．

インスリン前駆体（**プロインスリン** proinsulin，遺伝子 *INS*）は2種のプロセシング酵素 **PC1** と **PC2**（プロテインコンベルターゼ protein convertase 1, 2，別名ニューロエンドクラインコンベルターゼ 1, 2 neuroendocrine convertase 1, 2，遺伝子 *PCSK1, 2/NEC1, 2*[注1]）の作用を受けて3つのペプチドに切断される（図4-Ⅱ-6）．PC1，PC2 の作用するアミノ酸配列は図4-Ⅱ-6に示したように，それぞれ -Arg-Arg-，-Lys-Arg- で，酵素はそのC末端側を切断する．PC1，PC2 に似た作用をもつエンドペプチダーゼにヒューリン furin[注2]がある．これはアルブミン前駆体に作用してアルブミンを遊離させる働きをする．この酵素も塩基性アミノ酸に富む一定の配列に作用し，そのC末端を切断する．

PC1，PC2 のように分子内部のペプチドに直接作用する酵素を**エンドペプチダーゼ** endopeptidase という．切断される部分はいずれも塩基性のアミノ酸が2個連続している部位である．エンドペプチダーゼは切れ目を入れるだけであとには2個の連続した塩基性アミノ酸がペプチドのC末端に残っている．このジペプチドをC末端から除去するのが**カルボキシペプチダーゼE** carboxypeptidase E（遺伝子 *CPE*）と呼ばれる**エキソペプチダーゼ** exopeptidase である．

[注1] 遺伝子名の PCSK の由来は proprotein convertase subtilisin/kexin の頭文字をとったもので，subtilisin とは枯草菌 Bacillus subtilis に特徴的なセリンプロテアーゼで，kexin は subtilisin に構造上類似した酵母のプロテアーゼである．

[注2] Furin の遺伝子名 *FURIN* の由来はそれが *FES* というがん遺伝子の上流にあることから FES upstream region の頭文字をとってそれに接尾語 -IN を付けたものである．

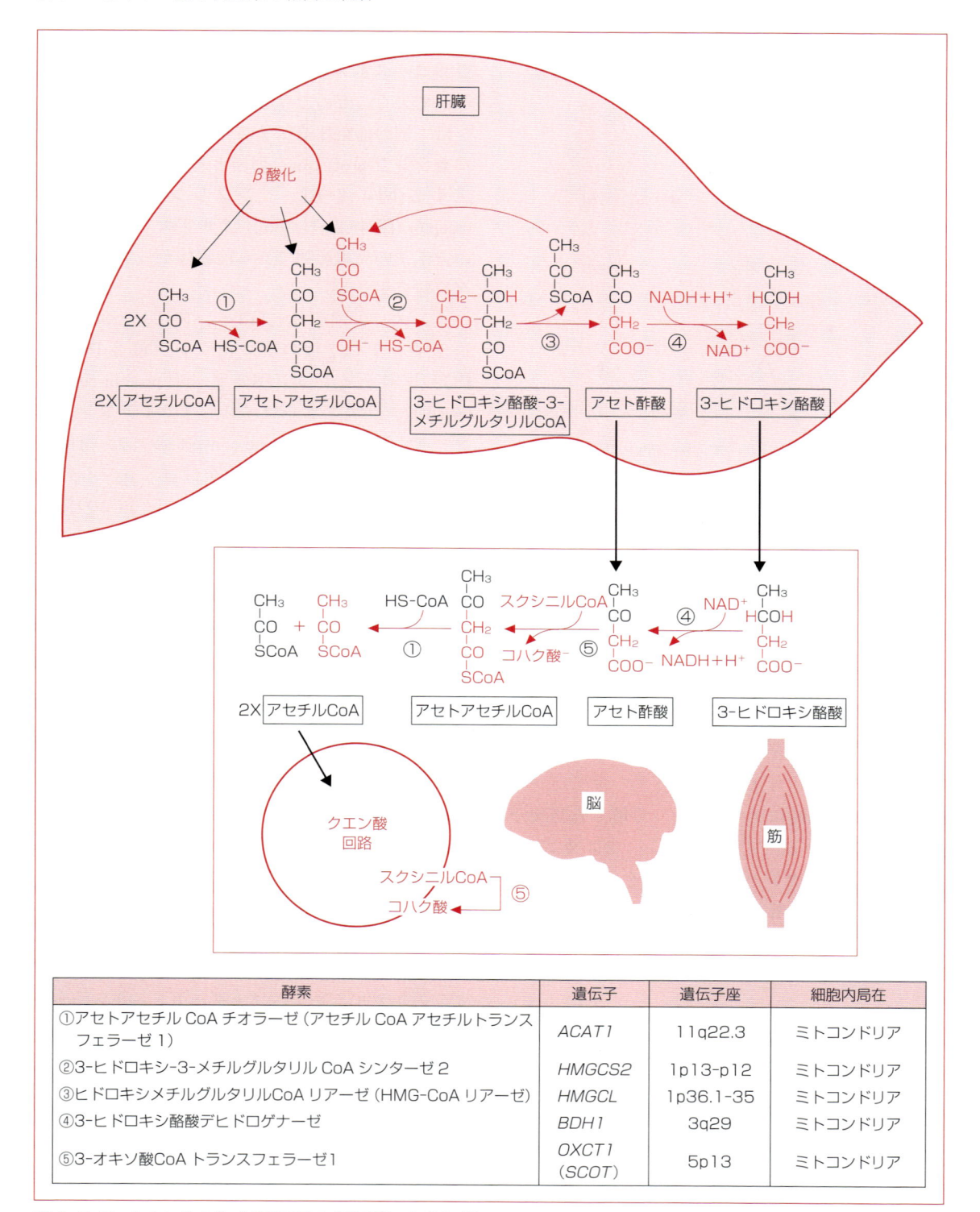

図 4-Ⅱ-5　ケトン体の生成（肝細胞）と分解（脳，心筋など）
アセト酢酸を介する場合は 2 個のアセチル CoA を，ヒドロキシ酪酸を介する場合はその上 2 個の還元等量を肝臓から組織へ運ぶ．酵素④，⑤は骨格筋にはわずかしか発現していないが，脳，心筋，肝臓などには発現している．

酵素	遺伝子	遺伝子座	細胞内局在
①アセトアセチル CoA チオラーゼ（アセチル CoA アセチルトランスフェラーゼ 1）	ACAT1	11q22.3	ミトコンドリア
②3-ヒドロキシ-3-メチルグルタリル CoA シンターゼ 2	HMGCS2	1p13-p12	ミトコンドリア
③ヒドロキシメチルグルタリルCoA リアーゼ（HMG-CoA リアーゼ）	HMGCL	1p36.1-35	ミトコンドリア
④3-ヒドロキシ酪酸デヒドロゲナーゼ	BDH1	3q29	ミトコンドリア
⑤3-オキソ酸CoA トランスフェラーゼ1	OXCT1 (SCOT)	5p13	ミトコンドリア

II 器官・組織の代謝の統合

```
┌─────────────┬─────────────┬─────────────┬─────────────┐
│ シグナルペプチド │    B鎖      │  Cペプチド   │    A鎖      │
└─────────────┴─────────────┴─────────────┴─────────────┘
 1         24 25              54 57           87 90    110
                    34   48 49                    92
                 31    43                      95 96 100   109
```

```
          10          20          30          40          50          60
   MALWMRLLPL LALLALWGPD PAAAFVNQHL CGSHLVEALY LVCGERGFFY TPKTRREAED
          70          80          90         100         110
   LQVGQVELGG GPGAGSLQPL ALEGSLQKRG IVEQCCTSIC SLYQLENYCN
```

数字はN末端から数えたアミノ酸番号を示す。前駆体からはみだした線はジスルフィド結合を表す。縦の黒い線はバリアントが見出されているアミノ酸を意味する。シグナルペプチドとC-ペプチドは完成したインスリンには残らない。

タンパク質			遺伝子	遺伝子座
インスリン前駆体	25〜54	90〜110	INS	11p15.5
	B鎖	A鎖		

プロセシング

```
    24  25            55  56            88  89
   -Ala┼Phe-         -Arg-Arg┼         -Lys-Arg┼
  (Signal peptidase)    (PC1)             (PC2)
```

PC1: proprotein convertase1
PC2: proprotein convertase2

図4-II-6 インスリン前駆体とそのプロセシング
シグナルペプチドはこの前駆体タンパク質の合成（翻訳の伸長）が小胞体で行われるという局在化情報をもつペプチドであって、プロセシングの途中で分解され完成したタンパク質には存在しない。シグナルペプチドを分解する酵素をシグナルペプチダーゼと呼んでいる。B鎖とCペプチドを55-56の2つのアルギニン残基のC末端側で切断する酵素はプロプロテインコンベルターゼ1（PC1）で，CペプチドとA鎖を-Lys-Arg-のC末端側で切断するのはプロプロテインコンベルターゼ2（PC2）である。PC1，PC2ともに塩基性アミノ酸残基が2個続く部位に作用するのがわかる。C末端に残った2つの塩基性アミノ酸をカルボキシペプチダーゼEが除去する。Cペプチドは完成したインスリンに残らない。

プロセシングの結果，インスリン前駆体は最終的にA，B，Cと呼ばれる3つのペプチドになる。このうちAとBは2個の-S-S-結合で繋がれて成熟形のインスリンとなるが，Cペプチドは分子に組み込まれずそのまま血中に放出される。このようなインスリン前駆体のプロセシングで働く酵素は他の多くのプロホルモンや神経ペプチドのプロセシングの場合にも働いている。これらプロセシング酵素の遺伝子が同定される前はこれらの酵素は組織や対象となる基質ペプチドに応じて別々の名前で呼ばれていた。

2 インスリン受容体

インスリンは細胞表面（形質膜）のインスリン受容体 insulin receptor（略IR，遺伝子 *INSR*）と結合することによって一連の連鎖反応を引き起こし，最後にその生理作用を現す。このような受容体に始まる長い連鎖過程を**受容体シグナリング**

図4-Ⅱ-7 インスリン受容体
2つのαサブユニットと2つのβサブユニットからなる。αサブユニットにあるL1，L2はロイシンに富む2つのドメイン，CRはシステインに富むドメイン。βサブユニットは膜を貫通している。

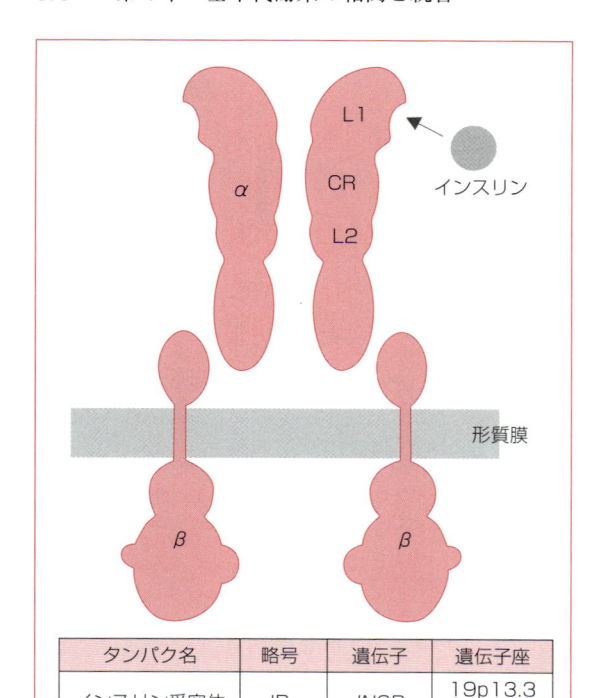

タンパク名	略号	遺伝子	遺伝子座
インスリン受容体	IR	INSR	19p13.3 -p13.2

28～758：αサブユニット
763～1382＊：βサブユニット
＊N末端から数えたアミノ酸残基（総数 1,382 残基）

receptor signaling という。連鎖反応の個々の過程ではリン酸化反応が主役を演じる（図4-Ⅱ-8）。

インスリン受容体は**チロシンキナーゼ** tyrosine kinase 活性をもつ。これはタンパク質（この場合インスリン受容体）のチロシン残基をATPを用いてリン酸化する酵素活性である。シグナリングにおけるタンパク質のリン酸化がもつ意味は，リン酸化されたタンパク質と下流のタンパク質が前者のリン酸基を後者の特別のドメイン（例：SH2ドメイン）が認識するという形で相互作用すること，また1つのタンパク質がリン酸化されるとその立体構造に変化が起こり，その下流にくるタンパク質と作る四次構造にも変化が起こるということである。

このように重要で，古くから研究されてきたインスリンの作用機構が，現在の生化学・分子生物学・細胞生物学をもってしても，まだ全容が解明されるに至っていないのは驚くべきことである。ここ数年来次々と新しい実験結果が報告されているが，それらが統合された最終的な学説が確立されるにはまだ数年余を要するであろう。したがって，本書では，各報告に共通する基本的原理を中心に据え，新しい知見のいくつかを紹介する。また，受容体シグナリング一般についても理解が得られるように配慮した。シグナル伝達に関与するタンパク質因子はその機能に基づいていくつかに分類され，その分類は複数のシグナル伝達系に共通していることが多い。ここで取り上げるのはエネルギー代謝に関するものであるが，これだけでも十分に複雑な内容をもっている。

3 インスリン受容体基質

インスリン受容体（そのαサブユニット）にインスリンが結合すると，そのβサブユニットの複数のチロシン残基がリン酸化される（図4-Ⅱ-9）。βサブユニットにはチロシン残基に特異的なタンパク質リン酸化活性があり，自分で自分をリン酸化するので**自己リン酸化** autophosphorylation という。この自己リン酸化によってインスリン受容体が活性化される。その結果，**インスリン受容体基質** insulin receptor substrate（IRS）と呼ばれる別のタンパク質がインスリン受容体のβサブユニットに結合し，IRSのチロシン残基がβサブユニットに内在するプロテインキナーゼ活性によってリン酸化される。そこへ**SH2ドメイン** SH2 domain をもつ**ホスファチジルイノシトール-4,5-ビスリン酸 3-キナーゼ** phosphatidylinositol-4, 5-bisphosphate 3-kinase〔**PI3 キナーゼ** PI3 kinase（PI3K）〕の**調節サブユニット**（p85）がSH2ドメインを介して結合し，触媒サブユニットが活性化される（図4-Ⅱ-9）。SH2ドメインはタンパク質の**リン酸化チロシン残基** phosphorylated tyrosine residue を認識して結合するドメインで，シグナル伝達に関与する多くのタンパク質に見出される（SHはSrc Homologyの頭文字）（図4-Ⅱ-10）。IRSには1と2があるが（図4-Ⅱ-9および挿入表），最近の研

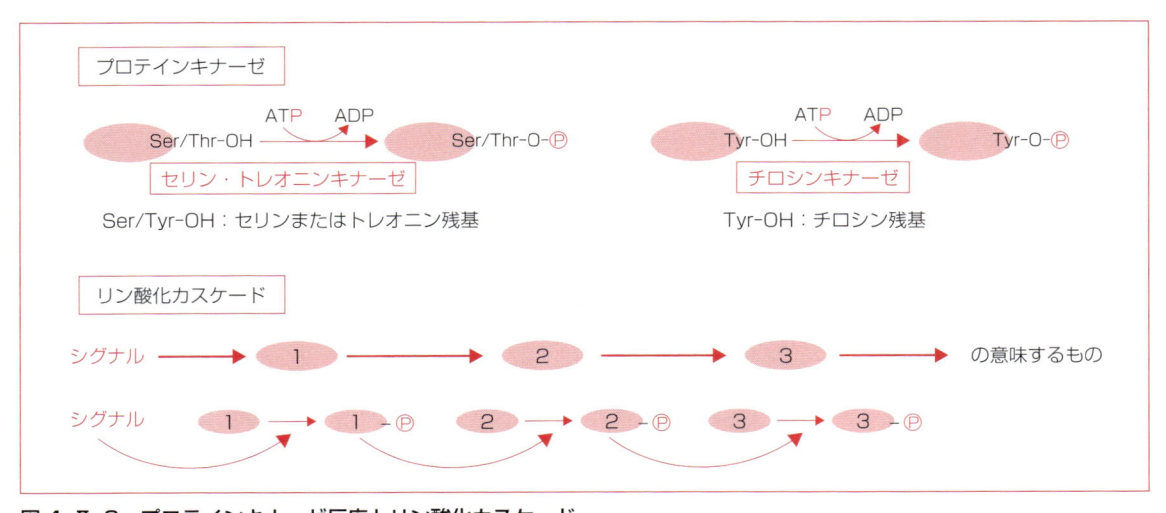

図4-Ⅱ-8 プロテインキナーゼ反応とリン酸化カスケード
1, 2, 3 はシグナリング経路の成員（タンパク質）を表す．リン酸化カスケードで上段のように表される過程の生化学的機構を下段に示す．

究によると食中・食後には主に IRS-1 が働いていることがわかった．他方 IRS-2 は空腹時に発現量の増加が見られた．

PI3K は形質膜の脂質**ホスファチジルイノシトール -4,5- ビスリン酸** phosphatidylinositol-4,5-bisphosphate をさらにリン酸化して**ホスファチジルイノシトール -3,4,5- トリスリン酸** phosphatidylinositol-3, 4, 5-trisphosphate にする（図4-Ⅱ-9 挿入図）．このホスホイノシチドに **3-ホスホイノシチド依存性プロテインキナーゼ1** 3-phosphoinositide-dependent protein kinase 1（PDK1 と略称されることも多いが，ピルビン酸デヒドロゲナーゼキナーゼ1 とまぎらわしいので PDPK1 を用いるべきである，遺伝子 *PDPK1*）が，その **PH ドメイン** PH domain を介して結合することにより，形質膜近傍に転位（トランスロケート translocate）する．PDPK1 はさらに **Akt** と呼ばれるタンパク質をリン酸化し，活性化する．PDPK1 はまた aPKC をリン酸化し活性化する．aPKC は**非定型プロテインキナーゼC** atypical protein kinase C の略で PKC λ / ι と PKC ζ がある．

インスリンシグナリングの中で重要な位置を占める Akt キナーゼ（図4-Ⅱ-9）には Akt-1，Akt-2，Akt-3 があり，正式にはそれぞれ RAC-α セリン / トレオニンプロテインキナーゼ，RAC-β セリン / トレオニンプロテインキナーゼ，RAC-γ セリン / トレオニンプロテインキナーゼと呼ばれ，遺伝子はそれぞれ *AKT1*，*AKT2*，*AKT3* である．RAC というのは最初 PKA, PKC に相同性の高い（Related to PKA/PKC）プロテインキナーゼとして同定されたからである．また，PKA, PKC に対し PKB（プロテインキナーゼ B protein kinase B）と呼ばれることもある．

PDK1 と Akt には **PH ドメイン**がある（図4-Ⅱ-10）．これはリン脂質を含む膜に結合するドメインであり，膜（この場合形質膜）の直下またはごく近くでこれらのタンパク質が機能することを示唆する．ところが，このように形質膜に結合しているはずの Akt が条件によっては核内に移行する．Akt に限らずシグナル伝達経路のタンパク質が細胞質と核を行き来するのはそれらがモータータンパク質を介して細胞骨格と結合していることを意味する．Akt の下流にはさらに TSC2（チューベリン Tuberin）という GTP アーゼ活性化タンパク質と **mTOR**〔mammalian Target Of Rapamycin（哺乳類におけるラパマイシンの標的）；ラパマイシンはサイトカインの発現を抑制する免疫抑制剤〕と呼ばれるセリン / トレオニンキナーゼに続く経路があり，mRNA の翻訳の活性化を結果する（図4-

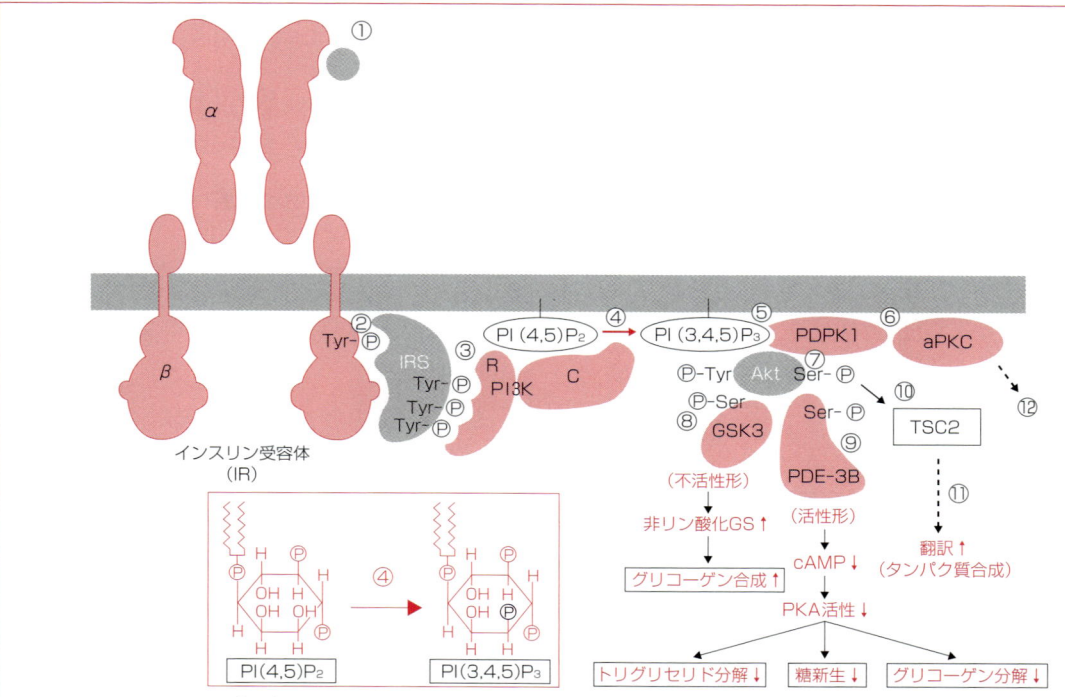

PI (4,5) P₂：ホスファチジルイノシトール-4,5-ビスリン酸
PI (3,4,5) P₃：ホスファチジルイノシトール-3,4,5-トリスリン酸

①インスリンが受容体のαサブユニットに結合する。②受容体のβサブユニットの複数のチロシン残基（図では1つしか示していない）が自己リン酸化し，そこへインスリン受容体基質（IRS）が結合する。③IRSがβサブユニットに内在するプロテインキナーゼ活性によりリン酸化され，それにホスファチジルイノシトール4,5-ビスリン酸 3-キナーゼ（PI3K）の調節サブユニット（R）が結合する。④活性化されたPI3Kの触媒サブユニット（C）が形質膜のホスファチジルイノシトール 4,5-ビスリン酸を 3,4,5-トリスリン酸（3-ホスホイノシチド）にする。⑤3-ホスホイノシチド依存性プロテインキナーゼ（PDPK1）が形質膜へ転位する。⑥PDPK1が非定型プロテインキナーゼC（aPKC）をリン酸化する。⑦PDPK1がセリン/トレオニンプロテインキナーゼAktをリン酸化する。⑧Aktがグリコーゲンシンターゼキナーゼ3（GSK3）をリン酸化し不活性化する。下流のグリコーゲンシンターゼ（GS）もリン酸化型が不活性型なのでリン酸化が低下すると結果的に活性化する。⑨AktがホスホジエステラーゼスB（PDE3B）をリン酸化するとPDE3Bは活性化するので基質のcAMPが減少しcAMP依存性プロテインキナーゼ（PKA）の活性も低下する。⑩AktはGTPアーゼ活性化タンパク質TSC2（チューベリン）もリン酸化する。⑪リン酸化TSC2はmRNAの翻訳の抑制を解除する（図4-Ⅱ-23参照）。⑫リン酸化aPKCはグルコース取り込みのインスリン刺激機構に関与する。

略号	タンパク質	遺伝子	遺伝子座	アミノ酸残基数
IRS-1	インスリン受容体基質1	IRS1	2q36	1,242
IRS-2	インスリン受容体基質2	IRS2	13q34	1,338
PI3K	ホスファアチジルイノシトール-4,5-ビスリン酸3-キナーゼ：			
p85	調節サブユニットα	PIK3R1	5q13.1	724
p110-γ	触媒サブユニットγ	PIK3CG	7q22	1,102
PDPK1	3-ホスホイノシチド依存性プロテインキナーゼ	PDPK1	16p13.3	556
aPKC	非定型プロテインキナーゼC：			
PKCλ/ι	プロテインキナーゼC, ι	PRKCI	3q26.3	587
Akt(PKB)	RAC-αセリン/トレオニンプロテインキナーゼ	AKT1	14q32.32	480
	RAC-βセリン/トレオニンプロテインキナーゼ	AKT2	19q13.1	481
GSK-3β	グリコーゲンシンターゼキナーゼ-3β	G3K3B	3q13.3	420
PDE-3B	ホスホジエステラーゼ3B	PDE3B	11p15.2	1,112
TSC2	チューベリン(Tuberin)	TSC2	16p13.3	1,784

図4-Ⅱ-9　インスリン受容体シグナリング

インスリン刺激に続くリン酸化のカスケード(連鎖過程)による。この経路の最後のキナーゼである **GSキナーゼ3** GS kinase 3 (**GSK3**)がAktによってリン酸化されるとその活性は低下する(図4-Ⅱ-9参照)。その結果，GSのリン酸化が抑制され，GSは活性化される(GSの活性型は**非リン酸化型**である)。

もう1つは，グリコーゲンに結合している**プロテインホスファターゼ1** protein phosphatase 1 (**PP1**)(**図4-Ⅱ-11**)がインスリン受容体シグナリングによって活性化されるもので，その結果，リン酸化GSが脱リン酸化され活性型になる。その際，グリコーゲンに固く結合した調節サブユニット(図4-Ⅱ-11参照)にインスリン感受性があると考えられた。しかし，調節サブユニットを欠く実験動物でもインスリン感受性が失われないことから，既知の調節サブユニットだけではインスリン感受性がないことがわかった。とはいっても，それらの調節サブユニットを欠く実験動物ではグリコーゲン合成そのものは低下するので，これらのサブユニットがグリコーゲン合成の活性化に必要であることは確かである。したがって，PP1活性にインスリン感受性を与える機構の解明が模索されている。

他方，PP1は**ホスホリラーゼキナーゼ** phosphorylase kinaseの活性型(リン酸化型)を脱リン酸化してグリコーゲンの分解を抑制する。PP1の標的となるリン酸化タンパク質はこれら以外にもあり，その触媒サブユニットが結合する相手である調節サブユニットの数は100以上あるといわれるほど多様で，活性化するものもあれば阻害するものもあり，かつ細胞内のいろいろな部位に存在しているので，PP1は細胞のさまざまな場所で機能しているはずである。

5 インスリンによるグルコース取り込みの活性化機構

i GLUT4小胞

筋と脂肪細胞のインスリン感受性グルコーストランスポーターである**GLUT4**を含む小胞(**GLUT4小胞** GLUT4 vesicle)が細胞質から形質膜

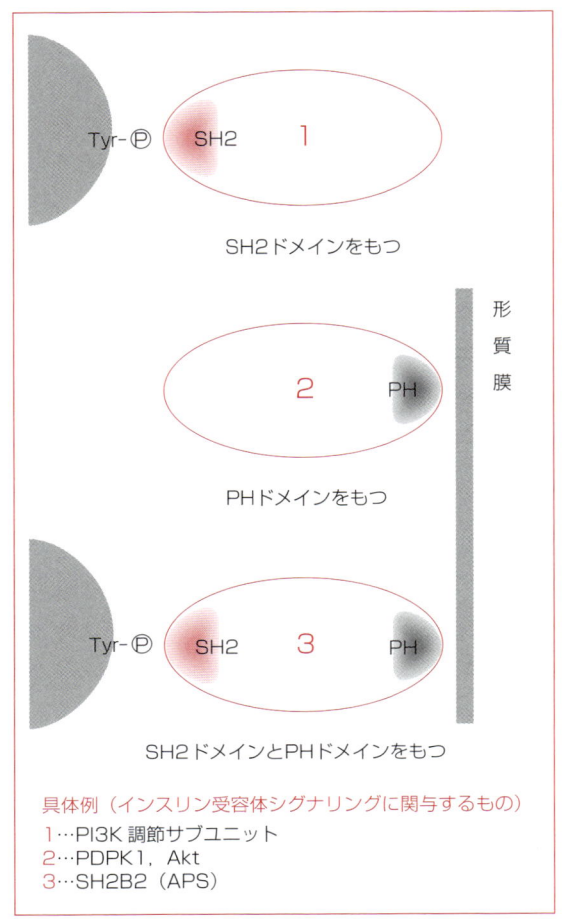

図4-Ⅱ-10 SH2ドメイン，PHドメインとそれらをもつタンパク質の例

SH2 (Src homology 2 domain)はリン酸化チロシンに結合する性質をもったタンパク質ドメインで，PH (pleckstrin homology domain)は生体膜のホスファチジルイノシトール3,4,5-トリスリン酸やホスファチジルイノシトール4,5-ビスリン酸に結合する性質をもつタンパク質ドメインで，この性質によりPHドメインをもつタンパク質は膜に結合する。どちらのドメインも100〜120のアミノ酸残基からなる。SH2B2 (APS)はSH2ドメインとPHドメインを併せもつアダプタータンパク質の1つで，その働きの1例はインスリン受容体とCBL (E3ユビキチンリガーゼ)を相互作用させ，インスリン受容体を分解に導くことである。

Ⅱ-23参照)。

4 インスリンによるグリコーゲン合成の活性化

グリコーゲン合成にはグリコーゲンシンターゼ(GS)が中心的役割を果たすが，GSの活性化には少なくとも2つの機構がある。1つは，上述のイ

反応：タンパク質-Ser/Thr-O-Ⓟ　——→　タンパク質-Ser/Thr-OH　＋　Pi

プロテインホスファターゼ1は触媒サブユニットと調節サブユニットからなる。

活性型

触媒サブユニット　調節サブユニット　グリコーゲン顆粒の表面

① ②

不活性

触媒サブユニット　調節サブユニット　グリコーゲン顆粒の表面

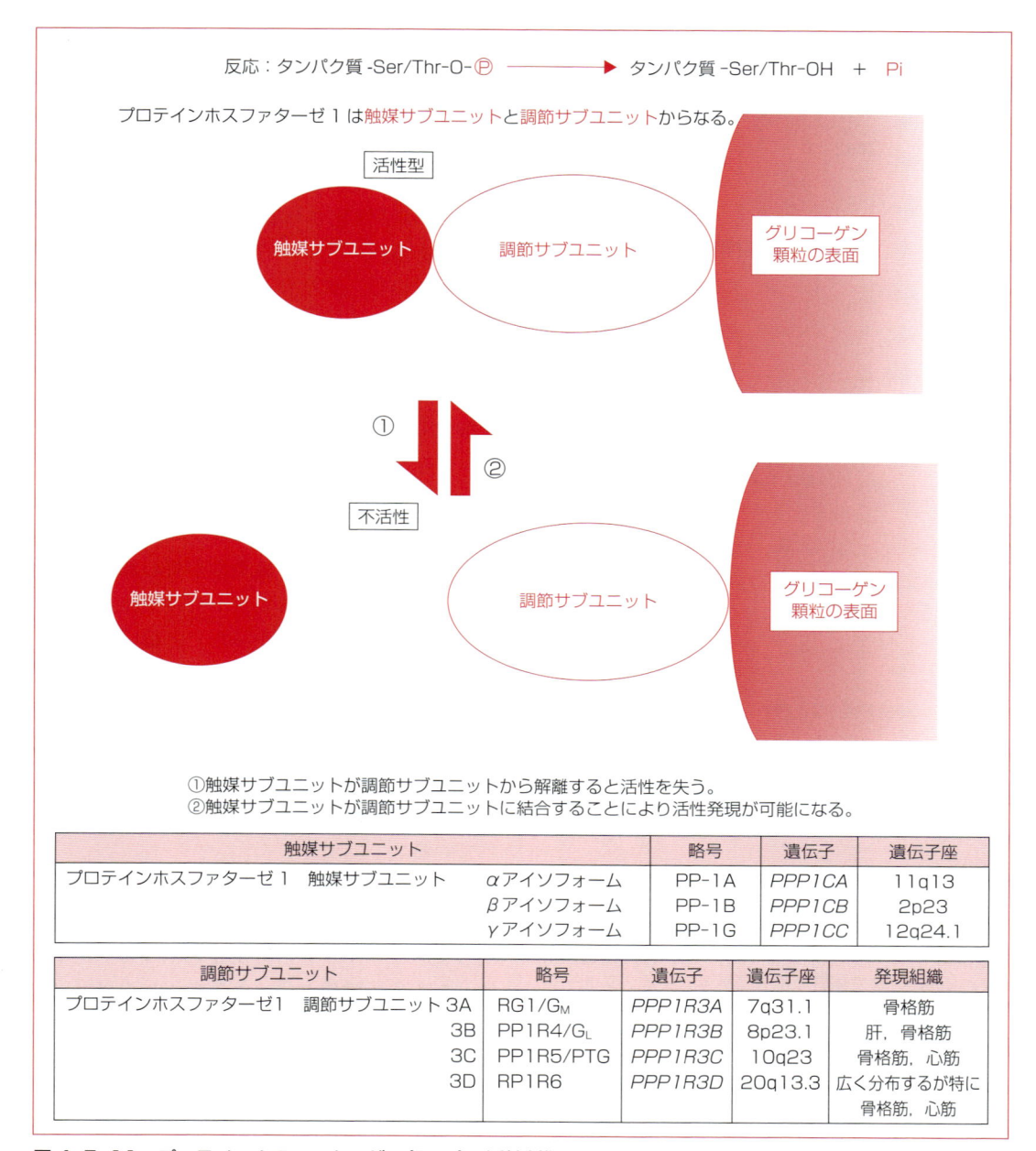

①触媒サブユニットが調節サブユニットから解離すると活性を失う。
②触媒サブユニットが調節サブユニットに結合することにより活性発現が可能になる。

触媒サブユニット		略号	遺伝子	遺伝子座
プロテインホスファターゼ1　触媒サブユニット	αアイソフォーム	PP-1A	PPP1CA	11q13
	βアイソフォーム	PP-1B	PPP1CB	2p23
	γアイソフォーム	PP-1G	PPP1CC	12q24.1

調節サブユニット		略号	遺伝子	遺伝子座	発現組織
プロテインホスファターゼ1　調節サブユニット	3A	RG1/G_M	PPP1R3A	7q31.1	骨格筋
	3B	PP1R4/G_L	PPP1R3B	8p23.1	肝, 骨格筋
	3C	PP1R5/PTG	PPP1R3C	10q23	骨格筋, 心筋
	3D	RP1R6	PPP1R3D	20q13.3	広く分布するが特に骨格筋, 心筋

図4-Ⅱ-11　プロテインホスファターゼ1(PP1)の活性制御
本図では要点を示すため触媒サブユニットを単独が行動するように表しているが，実際は，触媒サブユニットはまず本酵素の阻害因子であるインヒビター2 inhibitor-2（略I-2，遺伝子 *PPP1R2*）やプロテインキナーゼGSKβと複合体を作り，そのうえで調節サブユニット（3A，3Bなど）と相互作用すると考えられている。

に移行しその輸送活性を現す事象そのものは単純明快であるが，その機構はきわめて複雑で全容も完全には解明されていない。その複雑さは一般に細胞内物質の分泌・露出の機構に共通するものである。GLUT4小胞の場合について見ると，いくつかの過程がある（図4-Ⅱ-12）。

①細胞内部におけるGLUT4小胞の形成，②GLUT4小胞の形質膜への移行，③小胞と形質膜

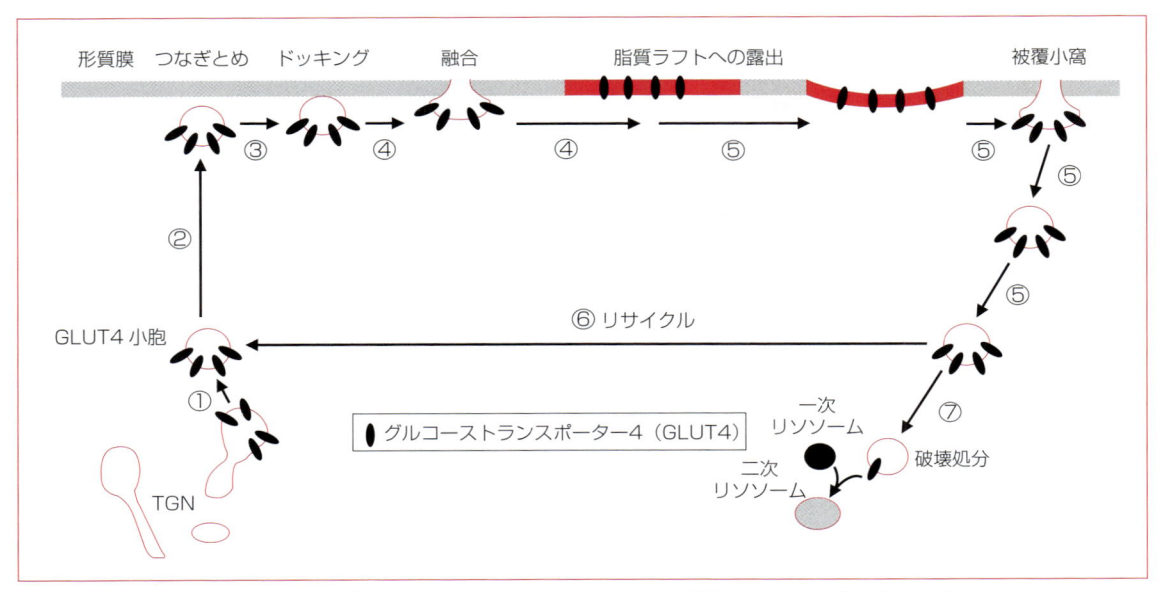

図 4-Ⅱ-12　グルコーストランスポーター4(GLUT4)のリサイクリング(図 4-Ⅱ-1 を詳しくしたもの)
①トランスゴルジネットワーク trans-Golgi network (TGN)は新しく合成されたグルコーストランスポーター4(GLUT4)を含む小胞(GLUT4 小胞)を形成し，リサイクルする GLUT4 小胞(⑥)とともに形質膜に向かう。②GLUT4 小胞は細胞骨格に沿いモータータンパク質に乗って形質膜を目指す。おそらく，この際低分子量 G タンパク質を介してインスリンから伝えられた GLUT4 小胞の移行に関する信号が移行開始の引き金となる。③GLUT4 小胞は形質膜の近く(〜0.1μm)でつなぎとめ tethering の状態に入る。④形質膜と GLUT4 小胞の両方でドッキング複合体 docking complex が形成され，インスリン刺激によって複合体の再編成と融合複合体 fusion complex の形成が行われ，形質膜と GLUT4 小胞は合体し，GLUT4 は細胞表面に露出する。おそらくこの時に形質膜下のアクチン構造に変化が生じ GLUT4 分子がうまく形質膜上の脂質ラフト lipid raft に分布するようになると思われる。⑤インスリン刺激が軽減し役割を終えた GLUT4 はクラスリン被覆小窩(ピット) clathrin-coated pit を経てクラスリン被覆小胞に取り込まれ細胞内に帰還する。細胞内ではおそらくリサイクルするもの(⑥)と一次リソソームと合体して分解処理されるもの(⑦)に分別される。形質膜のカラー部分は脂質ラフトを表す。

の結合(つなぎとめ tethering とドッキング docking)，④小胞と形質膜の融合 fusion (ドッキングと融合は区別される)と GLUT4 の露出 exposure，⑤GLUT4 の形質膜から細胞質内への帰還と⑥GLUT4 小胞の再形成(つまりリサイクリング recycling)または⑦破壊処理 disposal，の過程であるが，⑤以下はさらに細分化されるであろう。これらのどのステップに欠損が生じても筋・脂肪細胞のグルコースの取り込みはいずれ障害を受ける。これらの過程は基本的にホルモンや神経伝達物質の分泌過程，受容体や輸送体のエキソサイトーシス exocytosis (細胞表面への露出)にも共通する。当然，インスリンの分泌機構もこのモデルに含まれる。

ii　GLUT4 小胞の移行

インスリン刺激によるグルコースの取り込みの初期の効果は上記の②〜④に見られる(図 4-Ⅱ-12)。この問題は細胞生物学と生化学の接点上にある問題なので，形態学的な記述は細胞生物学の教科書(『標準細胞生物学』など)を参照していただきたい。

一般のエキソサイトーシスの図式に従えば，**分泌小胞** exocyst (この場合 GLUT4 小胞)が**トランスゴルジネットワーク** trans-Golgi network (**TGN**)の周辺から形質膜に移行するのにはレールに相当する細胞骨格成分と運搬車に相当するモータータンパク質が必要である。ところで，**エキソシスト exocyst** を分泌小胞と訳すのはホルモンや神経伝達物質のように細胞外に放出するものには適切で

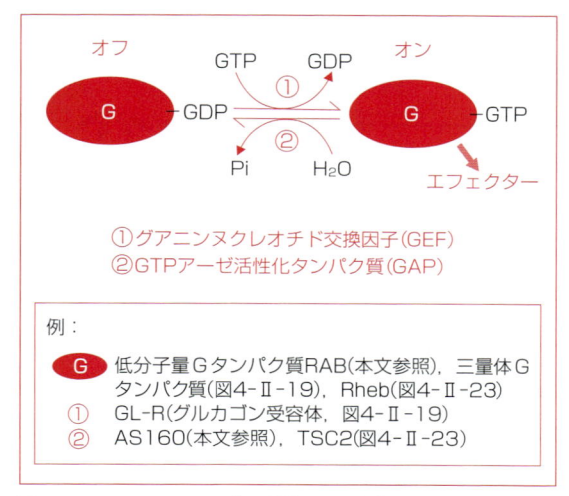

図4-Ⅱ-13　Gタンパク質（GTP結合タンパク質）のオン，オフ反応
結合したヌクレオチドがGTPになるとオン状態になり，下流のエフェクタータンパク質のスイッチを入れる。図は低分子量Gタンパク質の場合を表している。

①グアニンヌクレオチド交換因子（GEF）
②GTPアーゼ活性化タンパク質（GAP）

例：
G：低分子量Gタンパク質RAB（本文参照），三量体Gタンパク質（図4-Ⅱ-19），Rheb（図4-Ⅱ-23）
①：GL-R（グルカゴン受容体，図4-Ⅱ-19）
②：AS160（本文参照），TSC2（図4-Ⅱ-23）

あるが，受容体や輸送体のように単に細胞表面に露出させるものの場合にはふさわしくない。むしろ，エキソシストそのままを用いるか，「露出（小）胞」あるいは「開口（小）胞」とでも訳したほうが適切である。

インスリン刺激を受けてこの輸送機構を活性化する因子として**低分子量GTP結合タンパク質**small GTP-binding protein（別名，低分子量GTPアーゼ small GTPase，単にGタンパク質 G protein とか small G）と呼ばれるシグナル伝達タンパク質が関与する。GTP結合タンパク質はその下流のタンパク質（**エフェクター**）の活性に対してスイッチの役割を果たす（**図4-Ⅱ-13**）。GDP結合の状態はオフで，GTP結合のそれはオンである。そのエフェクターがモータータンパク質そのものなのか，それともGLUT4小胞とモータータンパク質の間に介在する未知のタンパク質なのかは現在未確定である[注1]。また，GTP結合タンパク質の上流にはGタンパク質をGTP結合状態にする**グアニンヌクレオチド交換（反応促進）因子**guanine nucleotide exchange factor（GEF）があるはずである[注2]。

GLUT4小胞の移行（図4-Ⅱ-12の②の過程）にかかわるモータータンパク質（**トランスロケーター**）はミオシンmyosinとされる。このミオシンは筋肉の収縮にかかわるのとは別のミオシン unconventional myosinである。GLUT4小胞の場合，筋細胞ではミオシンVb（遺伝子*MYO5B*）が，脂肪細胞ではミオシンⅠc（*MYO1c*）がそれに該当する。レールに相当する細胞骨格は共にアクチンである。

モータータンパク質を制御する低分子量Gタンパク質はTGNに複数存在するが，GLUT4小胞に関するGタンパク質はRABファミリーである。そのうち筋細胞ではRab関連タンパク質Rab-8A（遺伝子*RAB8A*）とRab-13（*RAB13*）あるいはRab-14（*RAB14*）が，脂肪細胞ではRab-4B（*RAB4B*）とRab-10（*RAB10*）が該当する。Rab-8AがTGNないしその近くで機能するのに対しRab-13は小胞が融合する相手の細胞膜に近いエリアで機能するという知見が得られていて，それからするとTGNから細胞膜に達する途中でGタンパク質の交代があることになる。

RABファミリーに対する**GTPアーゼ活性化タンパク質**GTPase activating protein（GAP）（図4-Ⅱ-13参照）として筋細胞と脂肪細胞で**AS160**が知られている。AS160はインスリン受容体シグナリング経路の一員であり，本来の機能はGタンパク質に結合したGTPをGDPとし，RABファミリータンパク質をオンからオフにすることである。しかし，インスリンによって上流のAktがリン酸化されるとAS160のGAP活性が抑制される結果RABのオン状態が維持され，GLUT4小

[注1] その異変が本態性開放隅角緑内障（および筋萎縮性側索硬化症？）の原因であるといわれるオプチヌーリンoptineurin（遺伝子*OPTN*）がRab8のエフェクターであるという報告がある。オプチヌーリンはRab-8A，ミオシンⅥさらにハンチンチンHungtingtin（HD）とも結合する。HDはハンチントン病の原因遺伝子である。また，網膜色素上皮細胞内のメラノソームの移行でRab27AのエフェクターがMyRipというタンパク質であるという報告もある。これらの報告はエフェクターがモータータンパク質そのものではないことを示唆している。

[注2] 脂肪細胞におけるGLUT4小胞の移行でDennd4cというタンパク質がGタンパク質に対するGEFとして機能しているという報告がある。

胞の移行が促進される。

iii GLUT4小胞と形質膜の融合

つなぎとめ tethering の過程(図4-Ⅱ-12の③)はその次にくる融合過程の準備段階だと理解される。ドッキングと融合が起こるには小胞側と形質膜側それぞれに **SNARE**(メモ4-Ⅱ-1)と呼ばれるタンパク質の複合体(**ドッキング複合体** docking complex)が形成されることが知られている。GLUT4小胞側のタンパク質の前には"v-"という記号が付され(v は vesicle を指す),形質膜側のそれには"t-"という記号が付される(t は target つまり小胞が融合する相手を指す)。融合における **v-SNARE 複合体**と **t-SNARE 複合体**の役割につ

いてはまだ十分な説明がなされていないが,大筋で合意されているのはt-複合体の中の**シンタキシン4**(syntaxin-4, 遺伝子 *STX4*)とシンタキシン結合タンパク質3 syntaxin-binding protein 3(別名 Unc-18C, 遺伝子 *STXBP3*)と呼ばれる2つのタンパク質からなる複合体が, インスリン刺激の結果として(おそらくUnc-18Cのリン酸化により)解離し, Unc-18Cに代わって同じt-SNARE複合体の**スナップ23タンパク質**(SNAP23)と結合する, という仕組みである(図4-Ⅱ-14)。さらに, Unc-18Cと結合するDoc2βというタンパク質が知られている。

この結果, 両ドッキング複合体の接合と再編成が起こり, **融合複合体** fusion complex が形成されることにより, 形質膜と小胞膜の合体に至る(図4-Ⅱ-15)。融合複合体のコアになるのはt-側の**シンタキシン4とスナップ23**, v-側の小胞体付属膜タンパク質2 vesicle-associated membrane protein 2(**VAMP2**)である(図4-Ⅱ-14)。2つの膜が合体したあとGLUT4分子は形質膜上に露出されグルコースを取り込む(図4-Ⅱ-12)。GLUT4

メモ4-Ⅱ-1 SNAREタンパク質

SNARE は soluble N-methylmaleimide-sensitive factor attachment protein receptor の略である。大きいタンパク質ファミリーであって, その主な機能は細胞の輸送小胞と形質膜の融合を仲介することである。大きく小胞 SNARE(v-SNARE)と標的 SNARE(t-SNARE)に分けられる。

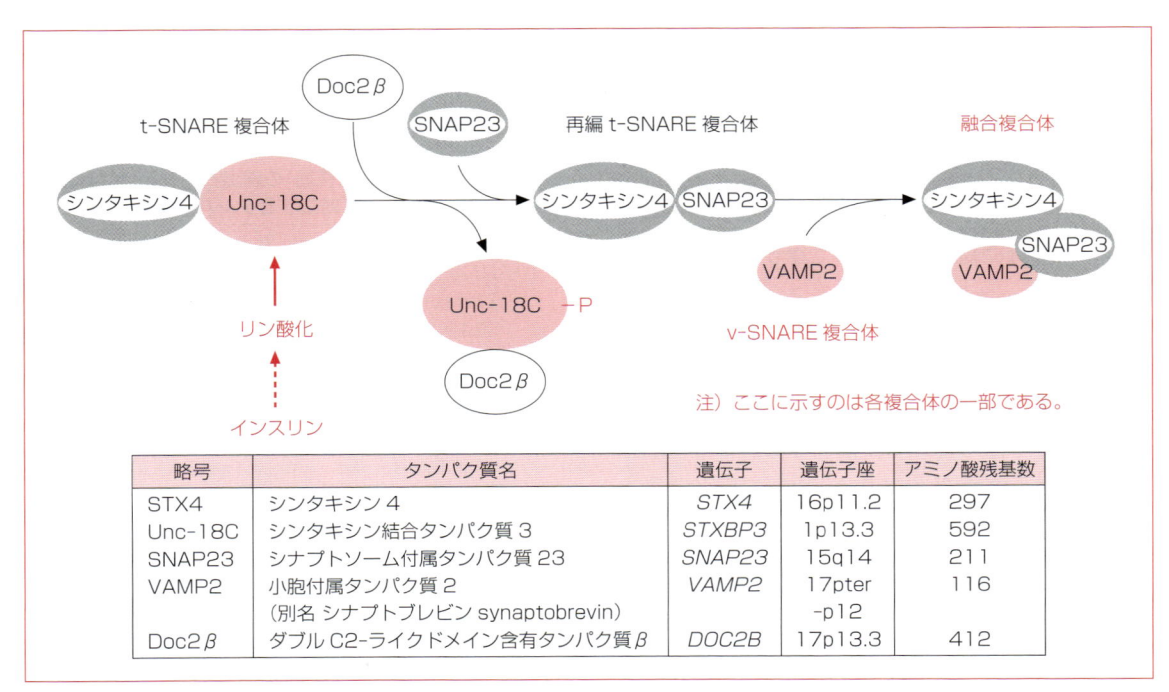

略号	タンパク質名	遺伝子	遺伝子座	アミノ酸残基数
STX4	シンタキシン4	*STX4*	16p11.2	297
Unc-18C	シンタキシン結合タンパク質3	*STXBP3*	1p13.3	592
SNAP23	シナプトソーム付属タンパク質23	*SNAP23*	15q14	211
VAMP2	小胞付属タンパク質2 (別名 シナプトブレビン synaptobrevin)	*VAMP2*	17pter-p12	116
Doc2β	ダブルC2-ライクドメイン含有タンパク質β	*DOC2B*	17p13.3	412

図4-Ⅱ-14 ドッキング複合体の再編成
シンタキシン4-Unc-18C複合体からシンタキシン4-SNAP23複合体への移行の結果, 小胞体のVAMP2がシンタキシン4に結合する。その他については本文参照。

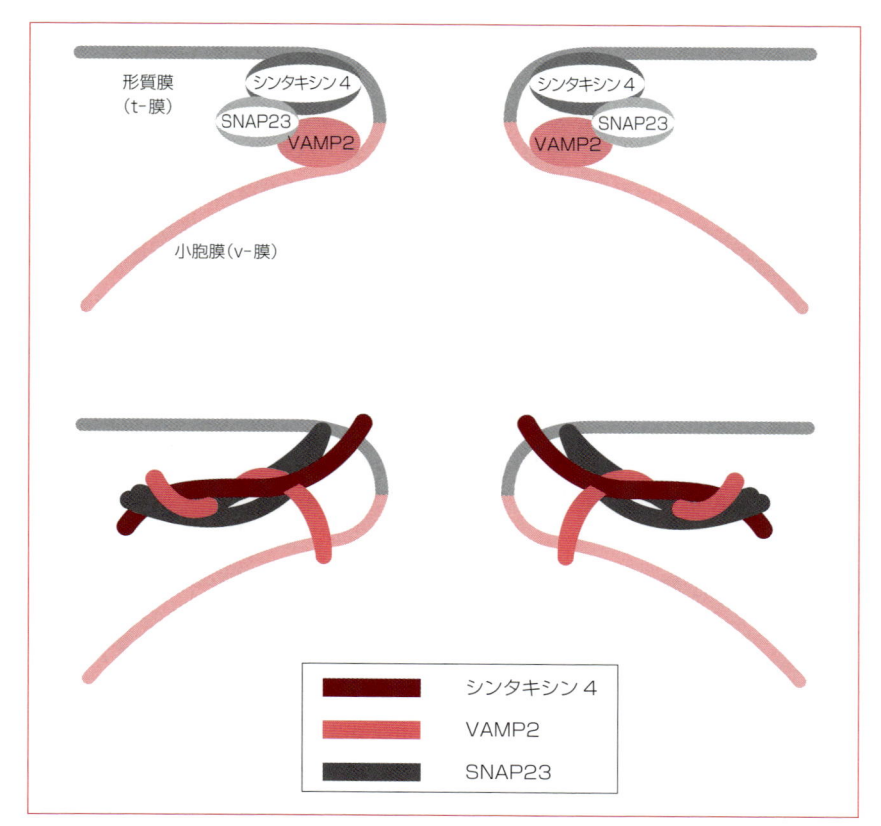

図4-Ⅱ-15 インスリン刺激による形質膜と GLUT4 小胞の合体（模式図）
上図は図4-Ⅱ-14に基づいた表し方，下図はより具体的に表した図．主要なタンパク質以外は省略した．

はいたずらに拡散することなく**脂質ラフト** lipid raft と呼ばれるスフィンゴ脂質とコレステロールに富む膜部分に局在し，やがて**クラスリン被覆小窩** clathrin-coated pit からクラスリン被覆小胞 clathrin-coated vesicle となって細胞内に帰還しリサイクル過程に入る．上でも触れたが，グルコースで刺激されるインスリンの分泌も同じような機構の上に成り立っていて，関与するタンパク質因子も GLUT4 の場合と対比させることができる（表4-Ⅱ-2）．

6 インスリン受容体シグナリングの負の調節

i ホスファターゼによる負の調節

以上インスリン受容体シグナリングについて述べてきたが，この順行シグナリングに起始部ないしその近くでブレーキをかける因子がある．代表

表4-Ⅱ-2 GLUT4（骨格筋）の露出とインスリン分泌（膵臓）の比較（対応するタンパク質）

GLUT4（骨格筋）	インスリン分泌（膵β細胞）
(t-SNARE)	
Syntaxin 4	Syntaxin 1A, 2, 3
SNAP 23	SNAP 25
Doc2β	Doc 2β
(v-SNARE)	
VAMP 2	VAMP 2
(Rab)	
Rab 8A, 13, 14	Rab 3A, 3C, 27A

的なのは3つのホスファターゼである（図4-Ⅱ-16）．1つはインスリン受容体基質（**IRS**）のリン酸化チロシンのリン酸基をはずす**プロテインチロシンホスファターゼ1B** protein tyrosine phosphatase 1B（**PTP1B**, 遺伝子 *PTPN1*）(別名：チロシン-プロテインホスファターゼ非受容体型1 tyrosine-

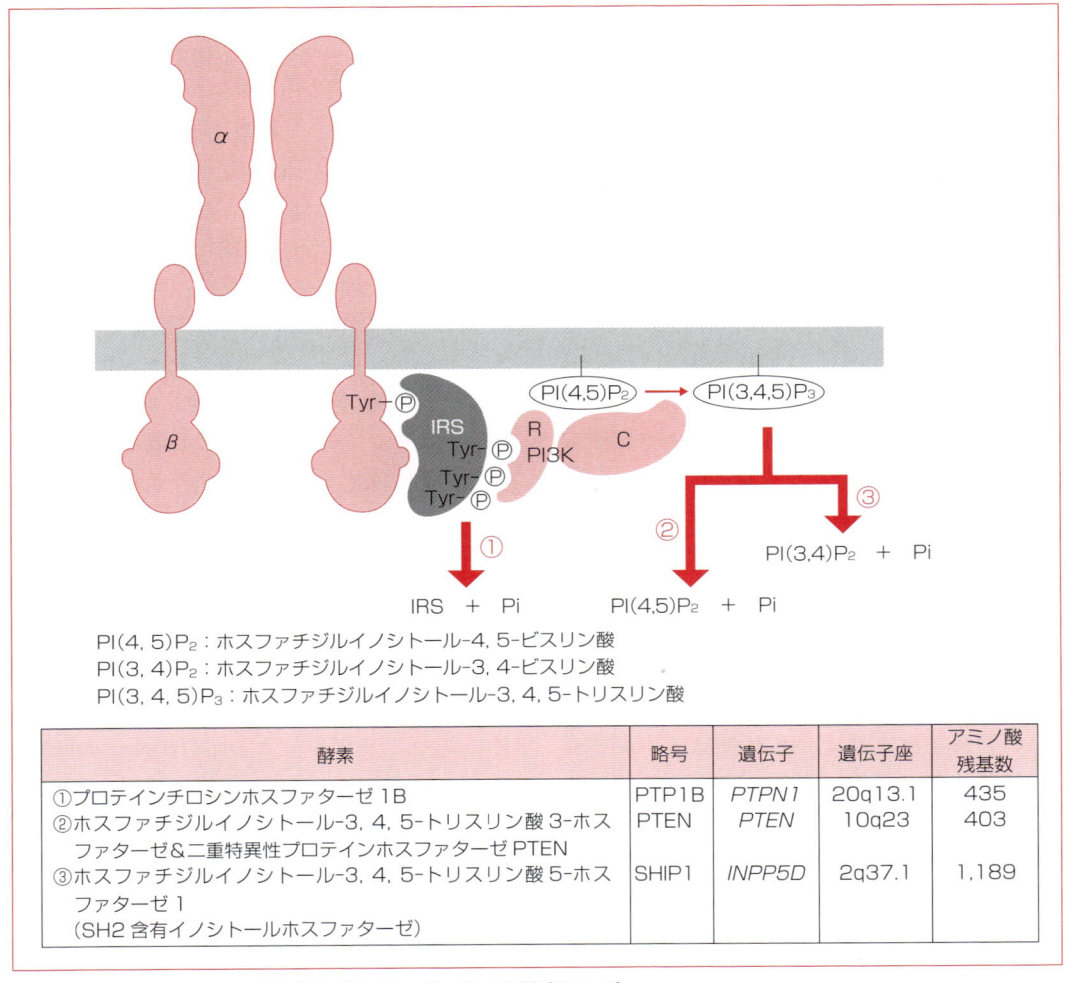

図4-Ⅱ-16 インスリン受容体シグナリング—負の調節（その1）
インスリン受容体シグナリングに，その起始部ないし近くでブレーキをかける3つのホスファターゼ（PTP1B, SHIP, PTEN）がある。PTENの「二重特異性」はこの酵素がリン酸化チロシンにもリン酸化セリン/トレオニンにも作用することを意味している。

protein phosphatase non-receptor type 1)である。他はPI3Kの生成物であるリン脂質 $PI(3,4,5)P_3$ を $PI(4,5)P_2$ に戻すホスファチジルイノシトール-3,4,5-トリスリン酸 3-ホスファターゼ&二重特異性プロテインホスファターゼPTEN phosphatidylinositol-3,4,5-trisphosphate 3-phosphatase and dual-specificity protein phosphatase PTEN（遺伝子 *PTEN*）と $PI(3,4)P_2$ にするホスファチジルイノシトール-3,4,5-トリスリン酸 5-ホスファターゼ 1 phosphatidylinositol-3,4,5-trisphosphate 5-phosphatase 1（略SHIP1 遺伝子 *INPP5D/SHIP1*）である。

これらの酵素の機能はインスリン受容体シグナリングをその起始部でブロックすることによるインスリン効果の抑制である。例えば，動物でPTP-1Bを過剰発現させると，その動物はインスリン抵抗性を示す。逆に，この遺伝子の発現を失わせた動物ではインスリン感受性が増す。

ⅱ リン酸化とアセチル化による負の調節

上記の脱リン酸化による調節とは逆に，リン酸化による負の調節がある。特定のセリン/トレオニンキナーゼはIRS（IRS-1）のセリン残基をリン酸化することでIRSの活性に必要なチロシン残

基のリン酸化を妨害する．NF-κB インヒビターサブユニット β inhibitor of nuclear κB subunit β（略IKKβ，遺伝子 *IKBKB*），c-Jun N 末端キナーゼ 1 c-Jun N-terminal kinase 1（略JNK，正式名マイトゲン活性化プロテインキナーゼ 8 mitogen-activated protein kinase 8，遺伝子 *MAPK8*）などの炎症性細胞内シグナリング系のセリン/トレオニンプロテインキナーゼがその例である（図4-Ⅱ-17，本章Ⅲ.2.B.参照）．これらキナーゼがリン酸化する IRS のセリン残基はいずれの場合も IRS-1 のセリン-312（マウスでは-307）である．

エネルギー代謝に影響を与えるタンパク因子の1つとして近年知られるようになったサーチュインファミリー sirtuin family の1つのサーチュイン1 sirtuin 1（遺伝子 *SIRT1*）は c-Jun N 末端キナーゼ1（JNK）のリン酸化（活性化）を抑制することによってインスリン受容体基質（IRS）のセリン残基のリン酸化を抑制する．したがって，JNK によるインスリンシグナリングの抑制を解除する効果をもつ．肥満マウスでは JNK 活性はエネルギー代謝に関与する各臓器で異常に高くなっている（サーチュイン1の活性が低下している）．また，自然界（例：ぶどう）に存在するサーチュイン1アゴニストであるレスベラトロール resveratrol はマウスで肥満とインスリン抵抗性を予防することがわかった．

サーチュインはアセチル化タンパク質を NAD^+ に依存して脱アセチル化するタンパク質である（NAD^+ ＋アセチル化タンパク質＝ニコチンアミド＋O-アセチル ADP リボース＋脱アセチル化タンパク質）．それによってサーチュインは種々のストレス（肥満もストレスである）に対する生体の反応を仲介する．

マウスに高脂肪食を与え続けると，ミトコンドリアマトリックス内のサーチュイン3（遺伝子 *SIRT3*）の活性が低下し，エネルギー代謝（クエン酸サイクル，糖新生，電子伝達-酸化的リン酸化）に関与する酵素タンパク質は高度にアセチル化される．その結果，ミトコンドリアの機能も損なわれる．

ヒトには7種類のサーチュイン（遺伝子 *SIRT1*-7）がある．サーチュイン1は上記のようにインスリンシグナリングを介する糖と脂質の代謝に大きい影響を与える．サーチュイン2はαチュブリンを脱アセチル化し，細胞分裂で重要な働きをする．サーチュイン3は上記のようにミトコンドリアにあって，例えばクエン酸回路の酵素イソクエン酸デヒドロゲナーゼ（IDH）を脱アセチル化し活性化する．その結果，糖新生，電子伝達，脂肪酸合成に必要な NADPH が反応産物として増加する．サーチュイン4には脱アセチル化活性は認められず，代わりに ADP-リボシル化活性がある．サーチュイン5は尿素合成に必要なカルバモイルリン酸を合成する酵素カルバモイルリン酸シンテラーゼ1を脱アセチル化し活性化する．尿素回路を活性化することはアミノ酸代謝の活性化に対応し，それは糖新生にとっても好都合である．サーチュイン6は核内にあって細胞周期のS期にテロメアのヒストン H3 を脱アセチル化する．これは細胞の寿命に関係する．サーチュイン7は核小体にあってリボソーム DNA（rDNA）の転写因子 UBF と結合し，rDNA の発現に関与する．以上のようにサーチュインファミリーのタンパク質はエネルギー代謝を中心とする広範な細胞現象に関与していることがわかる．

ⅲ インスリン受容体への抑制タンパク質の結合による負の調節

SOCS タンパク質（SOCS は suppressor of cytokine signaling 1 の頭文字，遺伝子 *SOCS1*）も炎症性シグナリングに関与するタンパク質因子（一般にサイトカインシグナリングに抑制的に働くタンパク質）であるが，これらは（リン酸化チロシン残基を介して）直接インスリン受容体に結合することによりインスリン受容体シグナリングに介入する（図4-Ⅱ-17）．SOCS は（IRS と同じように）リン酸化チロシンに結合する SH2 ドメインをもったタンパク質群である．

成長因子受容体タンパク質10 growth factor receptor-bound protein 10（別名インスリン受容体結合タンパク質 Grb-IR insulin receptor-binding protein Grb-IR，遺伝子 *GRB10*）は成長因子関連受容体（インスリン受容体もその1）に直接結合して受

Ⅱ 器官・組織の代謝の統合

iv 遺伝子発現の抑制による負の調節

そもそもインスリンは同化代謝を刺激し，異化代謝を抑制する。そのために，正常のインスリンシグナリングは脂肪分解に重要なATGLや糖新生に必要なPEPCK，G6Pアーゼなどの酵素タンパク質の発現を抑制している（その機構については本章Ⅱ.2.C.1，図4-Ⅱ-22参照）。

インスリン受容体シグナリング経路の構成タンパク質の発現量を抑制することでも負の調節が起こる。例えば，**SREBP**（SREBP-1c）はコレステロールや脂肪酸の合成に関与する遺伝子の発現に対する正の転写調節因子であるが，**IRS**（IRS-1）の発現に対しては転写抑制因子として働く。SREBP1-c自体はインスリンで誘導されるので，この作用は遺伝子発現の抑制によるフィードバック調節とみなすことができる。SREBP-1cと対照的に，以前から知られていた転写因子TFE3 transcription factor E3がIRS（IRS-2）の発現を活性化することが日本人研究者によって見出された。本来，IRSはインスリンによって発現が約3倍増加するので（ヒト筋），その際にTFE3が転写因子として働いているのかも知れない。

v タンパク質のS-ニトロシル化による負の調節

アルギニン代謝（第3章Ⅳ.3.C）でアルギニンから酵素**NOシンターゼ**NO synthase（NOS）によって一酸化窒素が生成することを述べた。近年，インスリン抵抗性が見られる場合にNOSの発現量が増加しているという報告がなされている。このNOSはその発現が誘導性inducibleであることから，**iNOS** inducible NOS（遺伝子，*NOS2A*）と呼ばれている。起炎症性サイトカインインターロイキン1β interleukin 1β（略IL-1β，遺伝子*IL1B*）はiNOSを誘導する。IL-1βはJNKをも誘導することによりIRSのセリン残基をリン酸化し，インスリンシグナルを抑制する。

S-ニトロシル化反応はタンパク質-SH→タンパク質-SNO（-S-N=O）のように，タンパク質のSH基がブロックされる。その結果，SH基の関与する反応の停止，3次・4次元構造の変化とそれによる生理機能の変化などが起こる。インスリン抵抗性が発現している細胞ではインスリン受

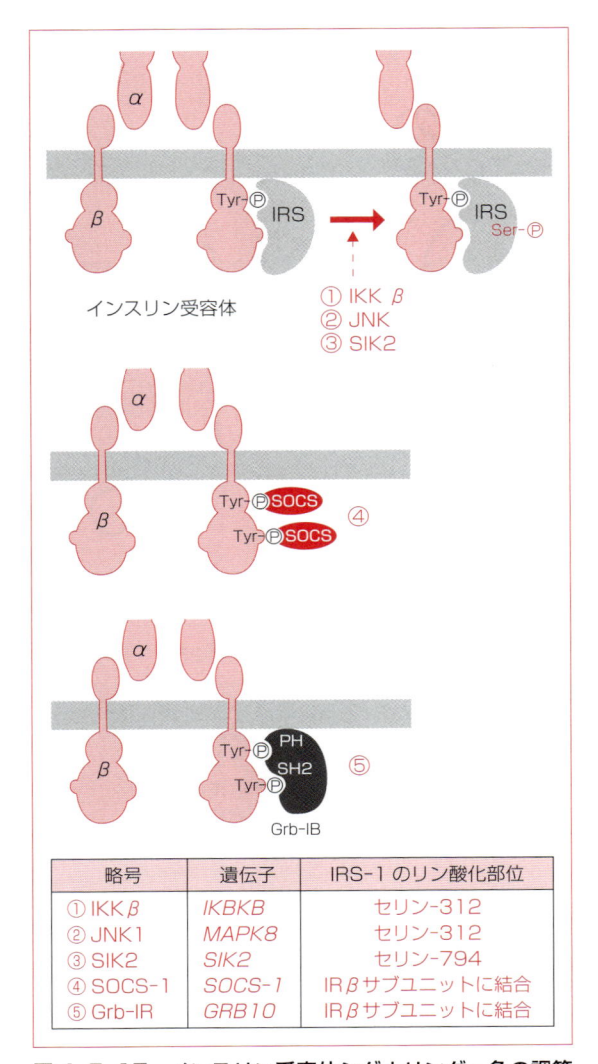

図4-Ⅱ-17 インスリン受容体シグナリング－負の調節（その2）
IRSのセリン残基のリン酸化（①～③）またはインスリン受容体へのブロックタンパク質の結合（④，⑤）によるインスリン受容体シグナリングの抑制。インスリン受容体αサブユニットは一部省略してある。

略号	遺伝子	IRS-1のリン酸化部位
① IKKβ	*IKBKB*	セリン-312
② JNK1	*MAPK8*	セリン-312
③ SIK2	*SIK2*	セリン-794
④ SOCS-1	*SOCS-1*	IRβサブユニットに結合
⑤ Grb-IR	*GRB10*	IRβサブユニットに結合

容体と受容体基質との結合をブロックする。結合のメカニズムもSH2ドメインをもつ点でSOCSと共通している。違うのは，SH2ドメイン以外に膜と結合するPHドメインをももっていることと分子量が約3倍大きいことである。インスリン受容体シグナリングのこれらの抑制機構はエネルギー代謝の病態（メタボリックシンドローム）（本章Ⅲ）でも問題となる。

B グルカゴン受容体とアドレナリン受容体によるシグナリング（GPCR）

1 Gタンパク質共役型受容体

グルカゴン glucagon（遺伝子 *GCG*）は例外的に分子全体が単一のαヘリックスからできているタンパク質である。グルカゴンはその受容体を介して生理作用を表す。**グルカゴン受容体** glucagon receptor（GL-R, 遺伝子 *GCGR*）タンパク質はインスリン受容体が1回膜貫通（型）タンパク質であったのに対して、膜を7回貫通するタンパク質である（図4-Ⅱ-18）。β2-**アドレナリン受容体** β2-adrenergic receptor（β2-アドレノリセプター, 遺伝子 *ADRB2*）も7回膜貫通型タンパク質である。どちらの受容体も**Gタンパク質**（グアニンヌクレオチド結合タンパク質 guanine-nucleotide-binding protein）と相互作用してその効果を現すので（図4-Ⅱ-19）、**Gタンパク質共役型受容体** G protein-coupled receptor（**GPCR**）と総称される受容体の仲間に入れられる。受容体にリガンドであるグルカゴンまたはアドレナリンが結合することにより、受容体と連携した**三量体Gタンパク質** trimeric G protein（メモ4-Ⅱ-2）のα**サブユニット**（G_α）が活性化する（オン状態になる）。それまで G_α（Gsα）に結合していた GDP が GTP に置き換わったのである。前に示した図式（図4-Ⅱ-13）に従えば、グルカゴン受容体はグアニンヌクレオチド交換因子（GEF）に相当する。GTP を結合してオン状態になった G_α は β-γ サブユニット二量体から解離し、**アデニル酸シクラーゼ** adenylyl cyclase（AC, 遺伝子 *ADCY*）を活性化する。後者は ATP を基質として**サイクリックアデノシン 3′,5′－一リン酸** cyclic adenosine-3′,5′-monophosphate（サイクリック AMP cyclic AMP〔**cAMP**〕）を生成する。AC を活性化した G_α は自身がもつ**GTPアーゼ活性** GTPase activity によりオフ状態に戻る。

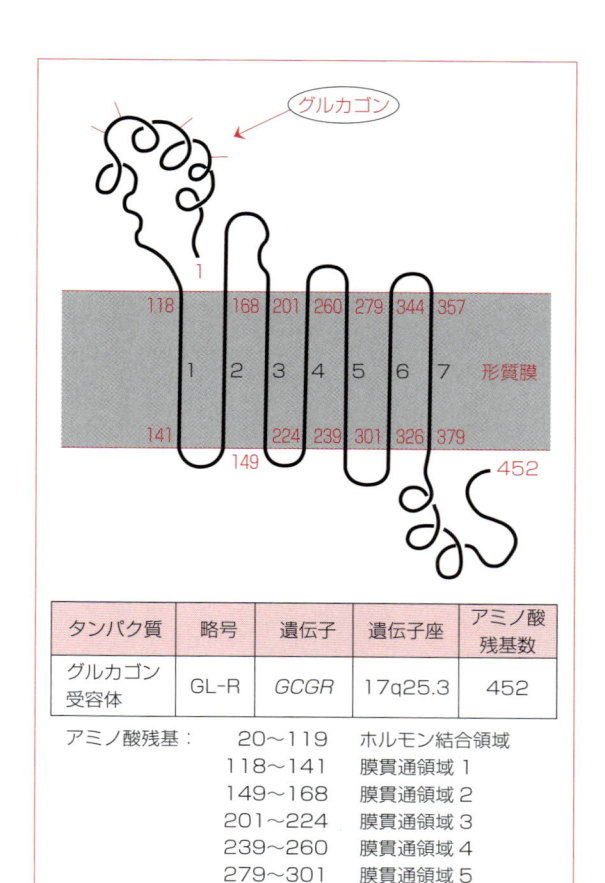

図4-Ⅱ-18 グルカゴン受容体
構造上からは7回膜貫通受容体の中でもセクレチン受容体ファミリー（ファミリー2またはファミリーB）に分類され、機能上からはアデニル酸シクラーゼを活性化するGタンパク質共役受容体（GPCR）に分類される。

タンパク質	略号	遺伝子	遺伝子座	アミノ酸残基数
グルカゴン受容体	GL-R	*GCGR*	17q25.3	452

アミノ酸残基：
- 20〜119　ホルモン結合領域
- 118〜141　膜貫通領域1
- 149〜168　膜貫通領域2
- 201〜224　膜貫通領域3
- 239〜260　膜貫通領域4
- 279〜301　膜貫通領域5
- 326〜344　膜貫通領域6
- 357〜379　膜貫通領域7

2 cAMP依存性プロテインキナーゼ

cAMP はセカンドメッセンジャーとして **cAMP依存性プロテインキナーゼ** cAMP-dependent protein kinase〔**プロテインキナーゼA** protein kinase A（**PKA**）〕を活性化する。PKA は2個の触媒サブユニットと2個の調節サブユニットからなるが、そのままでは不活性である（**ホロ酵素**）。4分子の cAMP が2個の調節サブユニットに結合することによりホロ酵素の解離が起こる。その結果2個の活性酵素が遊離し、4分子の cAMP を結合した2個の調節サブユニットからなる1個のダイマーが

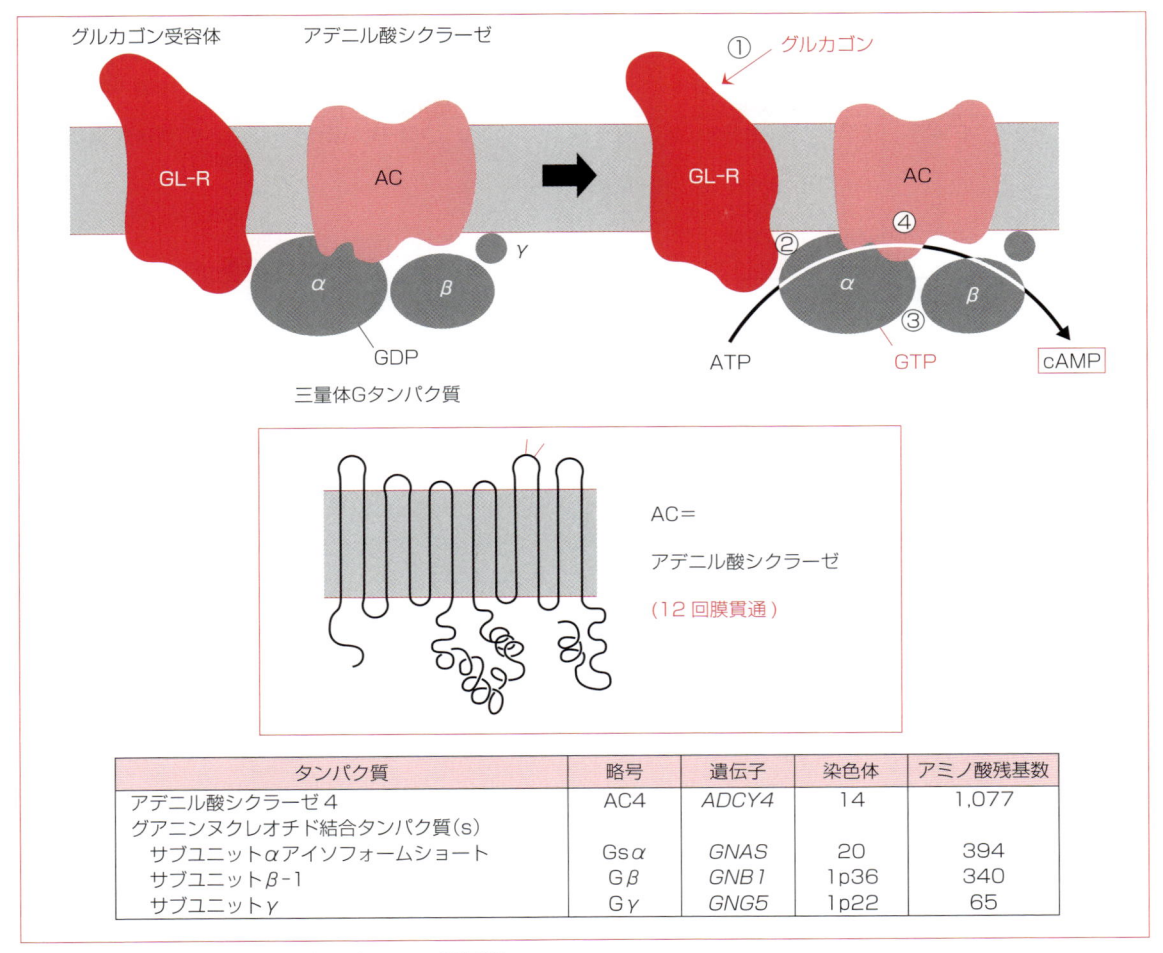

II 器官・組織の代謝の統合　189

タンパク質	略号	遺伝子	染色体	アミノ酸残基数
アデニル酸シクラーゼ4	AC4	ADCY4	14	1,077
グアニンヌクレオチド結合タンパク質(s)				
サブユニットαアイソフォームショート	Gsα	GNAS	20	394
サブユニットβ-1	Gβ	GNB1	1p36	340
サブユニットγ	Gγ	GNG5	1p22	65

図4-II-19　グルカゴン受容体シグナリング（部分）
①グルカゴンが受容体（GL-R）に結合すると，②受容体はGタンパク質（グアニンヌクレオチド結合タンパク質，Gαs）に対してグアニンヌクレオチド交換因子として作用し結合しているGDPをGTPに交換する。③αとβ-γサブユニット間の結合が開き，④アデニル酸シクラーゼ（AC）が活性化されcAMPが生成する。

生じる（**図4-II-20**）。2個の酵素はそれぞれATPを用いて標的タンパク質の**セリン/トレオニン残基**をリン酸化することができる。

エネルギー代謝でPKAのリン酸化を受ける代表的な酵素は**6-ホスホフルクト-2-キナーゼ/フルクトース-2,6-ビスホスファターゼ** 6-phospho-fructo-2-kinase/fructose-2,6-bisphosphatase（**PFK2**, 遺伝子 *PFKFB3*），**ホスホリラーゼキナーゼ** phos-phorylase kinase（**PHK**，遺伝子：筋 *PHKA1*, 肝 *PHKA2*），**ホルモン感受性リパーゼ** hormone-sensitive lipase（**HSL**，遺伝子 *LIPE*）の3つである（**図4-II-21**）。それらがリン酸化されることにより，解糖が抑制され（PFK2），グリコーゲン分解（PHK）とトリグリセリド分解（HSL）が活性化する。

細胞内でPKAは調節サブユニットを介して**Aキナーゼアンカータンパク質** A-kinase anchor protein（**AKAP**）と呼ばれる足場タンパク質と結合し，後者はさらに細胞骨格などの構造体に結合している可能性が高い。そのような機構によってPKAは細胞内のいろいろな部位に局在していると思われている。AKAPは少なくとも約16種類がある。

メモ4-Ⅱ-2　ヘテロ三量体タンパク質のαサブユニットの種類と共役受容体，一次効果，組織

Gタンパク質	αサブユニット	遺伝子	共役受容体	一次効果	組織
Gs	α_s	GNAS	βアドレノレセプター	アデニル酸シクラーゼの活性化（注1）	心筋（β1），脂肪組織（β3），広範囲（β2）
			ドーパミン受容体 D1, D5（D1B）		脳
			ヒスタミン受容体 H2		胃（胃酸分泌）
			グルカゴン受容体		肝
			グルカゴン様（ライク）1（GLP1）受容体		脳, 腸, 心, 肝, 腎など広範囲
Golf	α_{olf}	GNAL	嗅覚受容体	アデニル酸シクラーゼの活性化	脳（嗅覚受容系），腸，腎
Gi/o	α_i α_o	GNAI1 GNAO1	ムスカリン性アセチルコリン受容体 M2	アデニル酸シクラーゼの阻害	心筋
			α2アドレノレセプター		脳, 腸, 腎
			アデノシン受容体		脳
			メタボトロピックグルタミン酸受容体 2, 4		脳（2, 4），心筋（2）
			リゾホスファチジン酸受容体 1	ホスホリパーゼ $C\beta1$ の活性化	脳, 肝, 膵, 腸など広範囲
$G_{q/11}$	α_q	GNAQ	ムスカリン性アセチルコリン受容体 M1	ホスホリパーゼ $C\beta1$ の活性化（注2）	脳
	α_{11}	GNA11	α1アドレノレセプター		肝, 肺, 脳, 腸
			メタボトロピックグルタミン酸受容体 1		小脳, 嗅球, 視床
			ヒスタミン受容体 H1		平滑筋（広範囲）
			リゾホスファチジン酸受容体 1		脳, 肝, 膵, 腸など広範囲
$G_{15/16}$	$\alpha_{15/16}$	GNA15/16	ムスカリン性アセチルコリン受容体 M2	ホスホリパーゼ $C\beta1$ の活性化	腸, 脳, 肺
$G_{12/13}$	α_{12} α_{13}	GNA12 GNA13	リゾホスファチジン酸受容体 1 リゾホスファチジン酸受容体 4	ホスホリパーゼ $C\beta1$ の活性化 アデニル酸シクラーゼの活性化	脳, 肝, 膵, 腸など広範囲 脳, 肺
Gt	α_t	GNAT1/2	ロドプシン，味覚受容体	ホスホジエステラーゼ 6（ロドプシン感受性 cGMP ホスホジエステラーゼ）の活性化（注3）	肝, 脳, 眼球（網膜），舌

注1）アデニル酸シクラーゼには複数のアイソザイム（哺乳類で10型）があり，型によって調節機構が異なるとされる。
注2）ホスホリパーゼ $C\beta1$ の活性：1-ホスファチジルイノシトール 4,5-ビスリン酸 + H_2O = イノシトール 1,4,5-トリスリン酸 + ジアシルグリセロール
注3）ホスホジエステラーゼ 6 の活性：グアノシン 3',5'-サイクリックリン酸 + H_2O = グアノシン 5'-リン酸

C　エネルギー代謝系酵素の遺伝子発現による調節機構

1　インスリンによる刺激

これまで主としてタンパク質分子のリン酸化・脱リン酸化による調節について述べてきた。これらは酵素の修飾による活性の調節である。これに対して酵素の発現量による代謝経路の調節がある。そのいくつかについてはこれまでにも簡単にふれてきた。それらを今までふれなかったものも含めて表にした（**表4-Ⅱ-3**）。

糖新生（グルコネオゲシス）は文字通りグルコースの新生であって，インスリンによって促進される解糖とは逆の関係にある。インスリンは糖新生に働く酵素遺伝子の発現を抑制することによってこの目的を果たす（図4-Ⅱ-22）。前出のインスリン受容体シグナリングによって AKT2 がリン酸化による活性化を受けると，AKT2 によって SIK2（セリン/トレオニンプロテインキナーゼ SIK2 serine/threonine-protein kinase SIK2，別名：塩誘導性キナーゼ2 salt-inducible kinase 2，遺伝子 SIK2）がリン酸化され，リン酸化 SIK2 によって TORC2（CREB 調節性コアクチベーター 2 CREB-regulated transcription coactivator 2，遺伝子 CRTC2/TORC2；CREB は cAMP 応答要素結合タンパク質 cAMP-responsive element-binding protein の略）というタンパク質がリン酸化される。TORC2 がその機能（cAMP に応答して発現する遺伝子の転写を補助する機能）を発揮するためには

表 4-Ⅱ-3 遺伝子発現による調節を受ける主なエネルギー代謝系酵素

解糖	糖新生
ヘキソキナーゼ（グルコキナーゼ）	グルコース 6-ホスファターゼ
ピルビン酸キナーゼ	ホスホエノールピルビン酸カルボキシキナーゼ
ピルビン酸デヒドロゲナーゼキナーゼ 4（PDK4）	
ピルビン酸デヒドロゲナーゼホスファターゼ 2（PDP2）	
PDK4 はピルビン酸デヒドロゲナーゼをリン酸化して不活化し，PDP2 は脱リン酸化して活性化する。	
脂肪酸酸化	脂肪酸・脂肪合成
カルニチンパルミトイルトランスフェラーゼ 1A	アセチル CoA カルボキシラーゼ
	脂肪酸シンターゼ
	1-アシルグリセロール-3-リン酸アシルトランスフェラーゼ 9

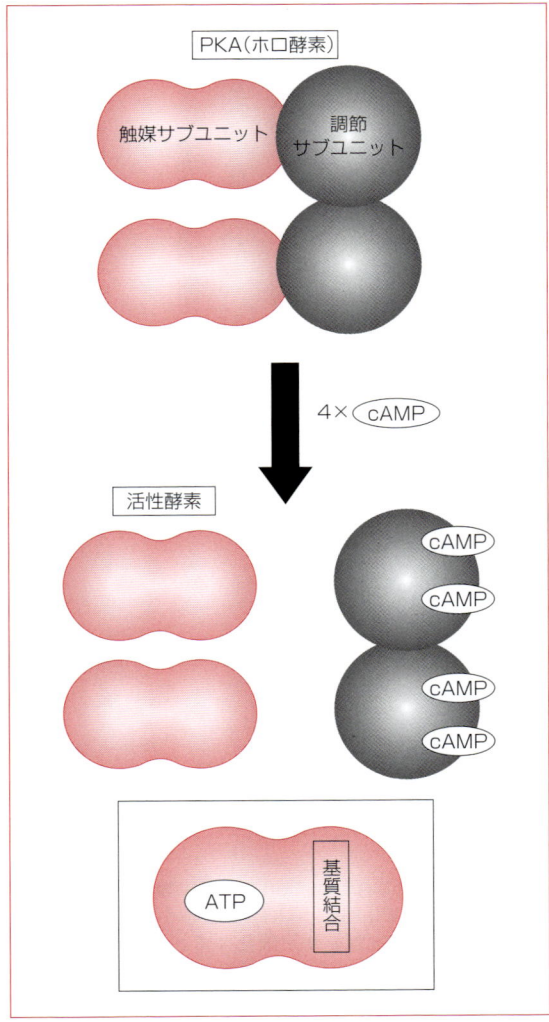

図 4-Ⅱ-20 cAMP 依存性プロテインキナーゼ（PKA）の活性化

2 個の触媒サブユニットと 2 個の調節サブユニットからなるホロ酵素が，cAMP が結合することによって 2 個の遊離の触媒サブユニット（活性酵素）と 4 個の cAMP を結合した触媒サブユニットダイマーに分離する。

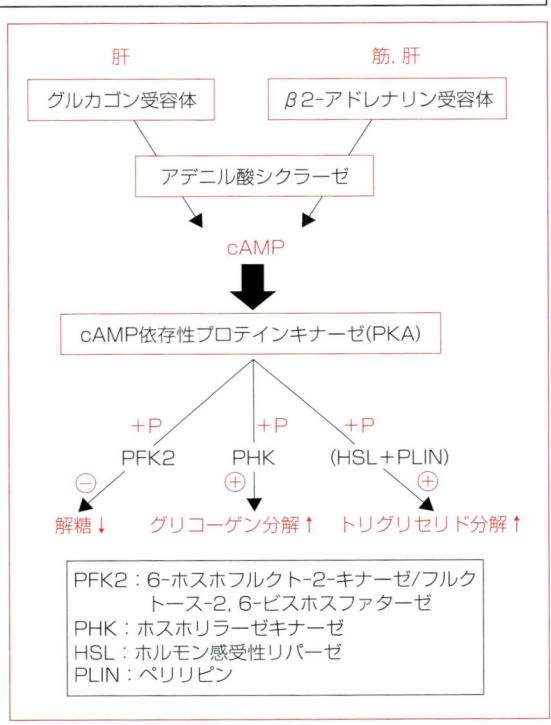

図 4-Ⅱ-21 cAMP を介する酵素活性の調節

PFK2 はリン酸化されると順行反応（F-2,6-P の生成）が阻害される。PHK はホスホリラーゼをリン酸化し活性化する。HSL はペリリピンとともにリン酸化されて脂肪滴（トリグリセリド）を分解する。つまり，cAMP は異化代謝を促進するセカンドメッセンジャーであることがわかる。解糖は同化過程の準備段階であるから，抑制されて当然である。

PFK2：6-ホスホフルクト-2-キナーゼ/フルクトース-2,6-ビスホスファターゼ
PHK：ホスホリラーゼキナーゼ
HSL：ホルモン感受性リパーゼ
PLIN：ペリリピン

核内に移行しなければならないが，リン酸化されているかぎり細胞質にとどまっている。ただし，TORC2 をリン酸化するのはインスリン受容体からの信号だけではない（以下 3 に述べる）。

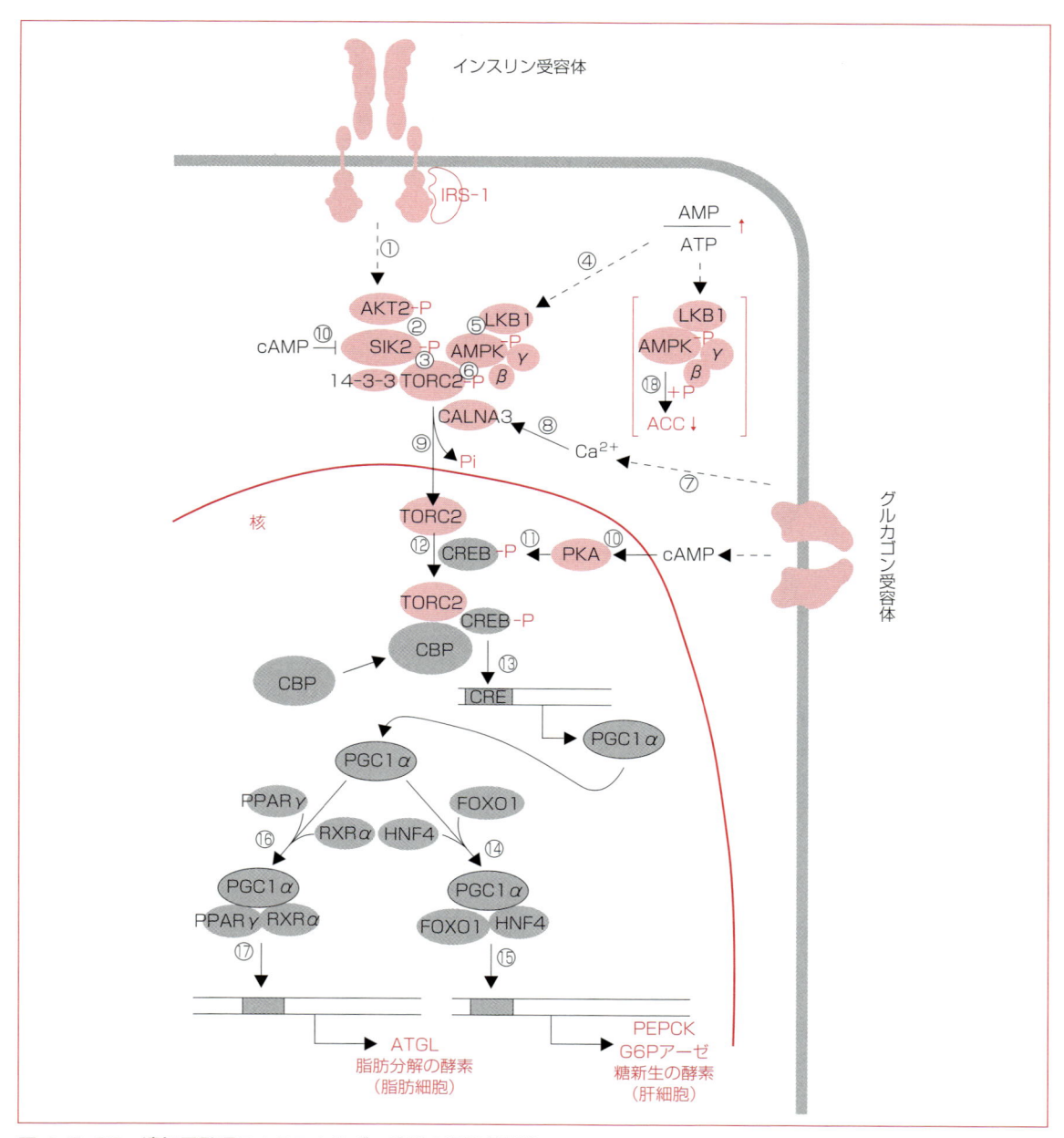

図4-Ⅱ-22　遺伝子発現によるエネルギー代謝の調節（部分）

①インスリン受容体シグナリング（図4-Ⅱ-9）によってAkt2がリン酸化され，②これが次にSIK2をリン酸化し，③これがさらにTORC2をリン酸化する．④他方，細胞がエネルギー不足になった状況でLKB1（STK11ともいう）が活性化され，⑤AMPK（の触媒サブユニットα）をリン酸化し活性化する．⑥AMPKもTORC2をリン酸化する．リン酸化されたTORC2は14-3-3タンパク質と結合した状態で細胞質にとどまる．インスリンの作用（インスリンシグナリング）はこの段階でストップする．⑦グルカゴン受容体がアゴニストで刺激されると受容体シグナリングの一環として近傍のカルシウムチャネルが開き細胞内カルシウム濃度が上昇する．⑧カルシウムで刺激されたCALNA3（プロテインホスファターゼ3）がTORC2のリン酸基をはずす．⑨リン酸基を失ったTORC2は核内へ移行する．⑩グルカゴン受容体刺激の結果増加したcAMPはPKAを活性化し，SIK2を抑制する．⑪活性化したPKAはCREBをリン酸化する．⑫リン酸化CREBは2つのコアクチベーターTORC2とCBPを結合し，⑬TOR2とCBPは二量体の形でCRE（cAMP応答配列）に結合しPGC1αを誘導する．⑭肝細胞ではPGC1αはFOXO1・HNF4ヘテロ二量体と協同して，⑮PEPCK, G6Pアーゼなどの糖新生に必要な酵素を誘導する．⑯脂肪細胞ではPGC1αはPPARγ・RXRαヘテロ二量体と協同し，⑰トリグリセリド分解酵素ATGLを誘導する．⑱は遺伝子発現ではないが，脂肪酸合成に必要な酵素ACC（アセチルCoAカルボキシラーゼ）がAMPKによってリン酸化され，不活性化されることを示す．

2 グルコースによる直接刺激

　グルコースは単に解糖の基質であるだけではない．インスリンが遺伝子を活性化するようにグルコースもインスリンを介さないで遺伝子の発現を刺激する．グルコースがどのような遺伝子を活性化するのかについて，現在ほぼ確実視されているのは肝臓の脂肪合成 lipogenesis に関与する遺伝子である．中でもピルビン酸キナーゼ(*PKLR*)，アセチル CoA カルボキシラーゼ(*ACACA*)，脂肪酸シンターゼ(*FASN*)である．ピルビン酸キナーゼは解糖系の酵素ではあるが，ホスホエノールピルビン酸をピルビン酸にし，ピルビン酸はピルビン酸デヒドロゲナーゼによってアセチル CoA を与え，アセチル CoA は脂肪酸合成の出発物質でもあり，クエン酸回路への流入物質でもあるから，ピルビン酸は糖質代謝と脂質代謝の分岐点に当たる物質であるといえる．

　インスリンの存在しない実験系で，グルコースによって発現量が増すタンパク質は数百に達する．しかし，それらがすべてグルコースに直接応答して発現したのかどうかはわかっていない．グルコースで直接刺激されることが確実視されているのは上記の 3 遺伝子である．これらの遺伝子のプロモーター領域(第 5 章参照)には炭水化物応答要素 carbohydrate response element (ChoRE)と呼ばれる塩基配列がある．ChoRE は基本的には E-box (典型的には -5′ CACGTG3′ -)の 2 回繰り返し配列(間に数塩基を挟む)からなっている．

　このような塩基配列に結合して遺伝子発現を活性化するタンパク質は現在 2 種が知られている．1 つは炭水化物応答要素結合タンパク質 ChoRE-binding protein(略 ChREBP，遺伝子 *MLXIPL/WBSCR14*)，他は MondoA (遺伝子 *MLXIP/MONDOA*)である．ただし，MondoA の活性化する遺伝子は乳酸デヒドロゲナーゼ(*LDHA*)，ヘキソキナーゼ(*HK2*)，ホスホフルクトキナーゼ 2 (*PFKFB1*)など解糖系の遺伝子である．

　MondoA の別名の MLXIP は MLX 相互作用タンパク質 MLX-interacting protein を意味し，ChREBP の別名 MLXIPL の最後の L は -like を意味する．MLXIPL はまたまれな遺伝性疾患ウィリアムス－ビューレン症候群の原因遺伝子としてウィリアムス－ビューレン症候群染色体領域 14 タンパク質 Williams-Beuren syndrome chomosomal region 14 protein (遺伝子の別名 *WBSCR14* はこの頭文字である)とも呼ばれる．

　ChREBP と MondoA のどちらも転写調節因子(第 5 章参照)として DNA に結合する特徴的な塩基性ヘリックス－ループ－ヘリックス/ロイシンジッパー basic helix-loop-helix/leucine zipper(略 bHLH/LZ)と呼ばれる二次構造をもっている．また，両者とも MAX 様タンパク質 X MAX-like protein X (上記の MLX はこのタンパク質，遺伝子 *MLX/TCFL4*)とヘテロ二量体を作ってプロモーターに結合する．調節因子が DNA に結合するために別の調節因子とヘテロ二量体を作るのは規則といっていいほどふつうに見られることである．

　しかし，ChREBP と MondoA のうちグルコースに直接応答するのは ChREBP のほうである．両者とも核内に移行すれば調節因子として遺伝子を活性化するので問題は細胞質から核内に移行する過程にある．ChREBP のグルコース応答機構について最終的な結論は得られていないが，現在有力な 1 つの説を以下に紹介する．

　それによると，ChREBP はグルコースによる刺激がないときは細胞質にとどまっている．その機構は PKA あるいは AMPK によってリン酸化(ヒトではセリン-23,25 とトレオニン-509，ラットではセリン-196 とトレオニン-666)された ChREBP に 14-3-3 タンパク質が結合して核内移行を妨げている．しかし，PP2A (プロテインホスファターゼ 2A)がグルコース(グルコースそのものではなくその代謝産物であるグルコース 6-リン酸かキシルロース 5-リン酸あるいはその両方)によって活性化され，リン酸化 ChREBP を脱リン酸化する(ただし，ChREBP のリン酸化を受けるセリンを他のアミノ酸で置き換えてもグルコースの効果はなくならないという反論がある)．脱リン酸化された ChREBP には 14-3-3 タンパク質に代わって核内移行輸送体インポーティン α importin-α ファミリーのタンパク質が結合する．後者はさら

にインポーティンβファミリーのタンパク質と結合し，インポーティンβがその分子内の特別な領域で核孔複合体と相互作用することにより3者複合体が核内に移行する．核内で低分子量Gタンパク質Ranがインポーティンβに結合すると3者複合体は解離し，MLXと結合したChREBPはヘテロ二量体としてプロモーター領域に結合する．

他方で，グルコースによって直接刺激されないMondoAはC末端部分に細胞質に局在化するためのアミノ酸配列をもっている．しかし，その部分にMLXが結合することにより細胞質局在化シグナルはブロックされている．しかし，それでもN端末部分で14-3-3タンパク質または核内から核外へ逆方向にタンパク質を運ぶエキスポーティン1 exportin-1（遺伝子 XPO1/CRM1）というタンパク質と結合することによりMondoA-MLXは細胞質に留め置かれている．結局，このヘテロ二量体が核内に移行するにはなんらかの刺激によってC末端部分でその移行を妨げている2つのタンパク質から自由にならなければいけないが，その機構はまだわかっていない．

ところで，c-Mycというよく知られた原がんタンパク質（過剰発現することによりがんを起こす可能性のあるタンパク質，第5章参照）がエネルギー代謝に広範な影響をもつことが知られるようになった．c-Mycによって支配される部分をエネルギー代謝のc-Myc系としてとらえることが行われている．

c-Mycも塩基性ヘリックス－ループ－ヘリックス／ロイシンジッパー（略 bHLH/LZ）構造をもつ転写調節タンパク質であり，MAXタンパク質とヘテロ二量体を作ってDNAに結合する．グルコースに刺激されてChREBPがピルビン酸キナーゼ遺伝子（PKLR）の炭水化物応答要素に結合するのにc-Mycも関与することが知られている．ただ，c-MycはPKLRのプロモーターに限局して結合するChREBPと違ってPKLRの上流下流の広い範囲に見出される．また，RNAポリメラーゼⅡやHNF4αなど転写に必要なタンパク質（第5章参照）を動員するのにも必要であるとされる．

3　細胞内AMP/ATP比

細胞内エネルギー（ATP）が枯渇する状況では**細胞内AMP/ATP比**が上昇する．AMP/ATPはADP/ATPの2乗に比例して変化するのでATP減少の敏感な指標である．この比が上昇すると，LKB1（図4-Ⅱ-22および**表4-Ⅱ-4**）が活性化し，細胞のエネルギーセンサーとも呼ばれる**AMPK（AMP活性化プロテインキナーゼ** AMP-activated protein kinase）をリン酸化する．後者はTORC2をリン酸化する．つまり，TORC2はインスリンと細胞内AMP/ATP比の2つの信号によって制御され，核内に入ってコアクチベーターとして働くことができない．

血中インスリンが増える状況というのは血糖値が高くて細胞内のグリコーゲン，トリアシルグリセロールなどの合成が促進される状況（合成に必要な基質とエネルギーが潤沢な状況）である．これに対して細胞内AMP/ATP比が上昇する状況（合成のための基質もエネルギーも枯渇した状況）では細胞はATPの使用を極力抑えようとする．そのため，糖新生のように多量のATPを消費する過程を抑制するのだと考えられる．したがって，一見矛盾するインスリンと同じ効果をAMPKは与えるのである．これは，ミトコンドリアの酸化的リン酸化などによって細胞内ATPがある程度上昇するまで「ちょっと待て」をかけているようにも見える．

AMPKはこのように糖新生を抑えるので，AMPKの人工的な活性化剤があれば，それを投与することにより空腹時のグルコースの合成を抑え，血糖値を下げることができるはずである．2型糖尿病の治療に使われる**メトホルミン** Metforminはそのような薬剤である．

4　グルカゴンまたはアドレナリンによる刺激

グルカゴン受容体（または**アドレナリン受容体**）が刺激されるとアデニル酸シクラーゼを介してcAMPが生成する．また，**カルシウムイオンチャネル**（L型）が開いて細胞内カルシウムイオン濃度

表 4-Ⅱ-4　図 4-Ⅱ-22 に現れるタンパク質因子

略号	タンパク質	遺伝子	遺伝子座	アミノ酸残基数
14-3-3	14-3-3 タンパク質 θ	YWHAQ	2p25.1	245
AMPK	AMP 活性化プロテインキナーゼ			
	α1 触媒サブユニット	PRKAA1	5p12	550
	β1 非触媒サブユニット	PRKAB1	12q24.1-q24.3	270
	γ1 非触媒サブユニット	PRKAG1	q12-q14	331
CALNA3	プロテインホスファターゼ 3 触媒サブユニット（γ アイソフォーム）（別名：カルシニューリン Aγ）	PPP3CC	8p21.3	502
CBP	CREB 結合タンパク質（ヒストンアセチル化）	CREBBP	16p13.3	2,442
CREB	cAMP 応答配列結合タンパク質 1	CREB1	2q34	341
FOXO1	フォークヘッドボックス O1	FOXO1	13q14.1	655
HNF4	肝細胞核因子 4α	HNF4A	20q13.12	474
LKB1	セリン/トレオニンプロテインキナーゼ 11	STK11	19p13.3	433
PGC1α	ペルオキシソーム増殖化因子受容体 γ コアクチベーター 1α	PPARGC1A	4p15.1	798
PKA	cAMP 依存性プロテインキナーゼ触媒サブユニット α	PRKACA	19p13.1	351
PPARγ	ペルオキシソーム増殖因子活性化受容体 γ	PPARG	3p25	468
RXR-α	レチノイン酸受容体 RXR-α	RXRA	9q34.3	462
SIK2	塩誘導性プロテインキナーゼ 2	SIK2	11q23.1	926
TORC2	CREB 調節性転写コアクチベーター 2	CRTC2	1q21.3	693

＊TORC2 は Transducer Of Regulated Cyclic AMP response element-binding protein 2 を略したものである。

が上昇し，**プロテインホスファターゼ 3** protein phosphatase 3（正式名 セリン/トレオニンプロテインホスファターゼ 2B serine/threonine-protein phosphatase 2B，触媒サブユニット γ アイソフォーム，遺伝子 *PPP3CC/CALNA3*，別名 **カルシニューリン** calcineurin）を活性化する。カルシニューリンは TORC2 を脱リン酸化するのでリン酸基を失った TORC2 は核内へ移行する（図 4-Ⅱ-22）。他方，転写因子 **CREB**（**cAMP 応答要素結合タンパク質** cAMP-responsive element-binding protein）は cAMP 依存性プロテインキナーゼ（PKA）によってリン酸化される。リン酸化 CREB は核内の TORC2 と結合し，**CRE**（**cAMP 応答要素** cAMP-responsive element）に結合して別のコアクチベーター（**メモ 4-Ⅱ-3**）である PGC1α（表 4-Ⅱ-4）を発現させる。PGC1α はさらに脂肪分解や糖新生の遺伝子を活性化する核内受容体転写因子〔PPAR, RXR, HNF など（**メモ 4-Ⅱ-4**）〕と協働してこれらの遺伝子（脂肪分解や糖新生に働く遺伝子）を発現させる（図 4-Ⅱ-22）。この分野の研究は現在まだ進行中である。

D インスリンによるタンパク質合成の活性化機構

インスリンは **同化ホルモン** anabolic hormone であるから，グリコーゲンやトリアシルグロセロールの合成のほかに **タンパク質の合成** を活性化することが当然予想される。インスリンが活性化するのはタンパク質合成の中でも **翻訳** つまりメッセンジャー RNA からポリペプチドを合成するその初期の段階である。翻訳の機構そのものについては後述するので（第 5 章．Ⅰ．4），ここでは詳しくは述べない。

1　TSC1/2 経路

インスリンは受容体シグナリングによって Akt を活性化することは前に述べた（本章Ⅱ．2．A．3，図 4-Ⅱ-9 参照）。活性化された Akt はいろいろなシグナル分子をリン酸化するが，ここで問題にする経路では **TSC2** tuberous sclerosis 2（正式名 チューベリン tuberin）と呼ばれるタンパク質をリン酸化し不活性化する（図 4-Ⅱ-23）。TSC2 は膜タンパク質 TSC1 tuberous sclerosis 1（正式名 ハマルチン hamartin，遺伝子 *TSC1*）と二量体を作って

メモ 4-II-3　コアクチベーター

遺伝子を転写可能な状態にすることを遺伝子を活性化するという。そのために必要な因子は転写因子 transcription factor である。したがって，転写因子は遺伝子の第一の活性化因子すなわちアクチベーターである。しかし，アクチベーターだけでは転写を開始するのに十分ではなく，転写の開始を促進する補因子コアクチベーター（正確には転写コアクチベーター transcriptional coacrivator）が必要となる。
コアクチベーターの代表格は CBP である。CBP は転写因子 CREB に結合するタンパク質である。CREB は cAMP に応答する配列要素 CRE（cAMP responsive element）に結合して下流の遺伝子を活性化するタンパク質である。CBP はヒストンをアセチル化する活性をもっていて，それが転写の促進をもたらしている。CBP 以外にもヒストンをアセチル化する活性をもつコアクチベーターがある（例：PCAF）。

メモ 4-II-4　核内受容体

核内受容体 nuclear receptor は転写因子の仲間である。この種の転写因子は脂溶性のシグナル物質（ステロイドホルモンなど）に対する結合部位をもっているので受容体の名がある。核内受容体はシグナル物質のようなリガンドを結合することによって転写活性を制御されるが，さらに補因子（コアクチベーターやコリプレッサー）を結合することによっても制御される。また，核内受容体同士がヘテロ二量体を作り DNA に結合する。

いる。TSC2 は次にくる GTP 結合タンパク質，**Rheb**（遺伝子 *RHEB*）に対する **GTP アーゼ**なので，これが不活性になると Rheb は GTP を結合した活性状態（スイッチオン）のままになる。TSC1 をユビキチン化して分解する反応があり，これも同じ結果（Rheb の活性化）をもたらす。

2　AMPK

他方，細胞のエネルギーセンサーである AMPK も TSC2 をリン酸化するが，Akt によるリン酸化は TSC2 の不活化を招いたのに対して，AMPK によるリン酸化は TSC2 を活性化する（図 4-II-23）。これは両者でリン酸化機構が異なるからである。その結果，次にくる Rheb に結合した GTP が GDP になる。つまり，Rheb はオフ状態になり，反応連鎖はここでストップする。

3　mTOR 経路

インスリン → Akt → TSC1/2 → Rheb の経路をたどり，活性化した Rheb は **FKBP8**（ペプチジルプロピルシス-トランスイソメラーゼ FKBP8，遺伝子 *FKBP8*）による抑制から mTOR を解放する（図 4-II-23）。その上で，mTOR は **GβL**（正式名 mTOR 結合タンパク質，LST8 ホモログ mTOR-associated protein, LST8 homolog，遺伝子 *MLST8/GBL*）と**ラプター** raptor（正式名 mTOR 調節性結合タンパク質，複合体 1 regulatory-associated protein of mTOR, complex 1，遺伝子 *PRTOR*）の 2 タンパク質を結合し活性型になる。mTOR 複合体は翻訳開始抑制因子 **4EBP1** をリン酸化することにより，それと結合した翻訳開始因子 **eIF4E** を解放する。

mTOR 複合体はまた **S6K**（リボソームタンパク質 S6 キナーゼ）をリン酸化し活性化する。リン酸化 S6K は開始因子 **eIF4B** とリボソームタンパク質 **S6** をリン酸化する。いずれもリン酸化されることにより機能を発揮する。eIF4E と eIF4B は翻訳開始装置の成分であり，一般のタンパク質遺伝子の mRNA の翻訳に関与する（図 4-II-23 挿入表；翻訳については第 5 章 I.4 で述べる）。S6 はリボソームの小さいほうのサブユニット（**40S**）の成分である。リボソームはすべてのタンパク質の合成に必要な装置なので，こちらもタンパク質合成一般に関与する。

E　筋タンパク質の分解の調節

1　空腹時血糖の供給

絶食（空腹），激しい運動，糖尿病，悪液質，敗血症，甲状腺機能亢進症などの**異化亢進状態**では筋タンパク質の分解が活性化する。本章のテーマであるエネルギー代謝の調節の観点にとって大事なのは，筋タンパク質の分解（筋の萎縮）は絶食に対する生理的対応だということである（**図 4-II-24**）。しかし，生理的萎縮と病的萎縮には酵素の誘導を含め，共通した生化学的機構が働いている。

糖新生が筋タンパク質の分解で生じるアミノ酸

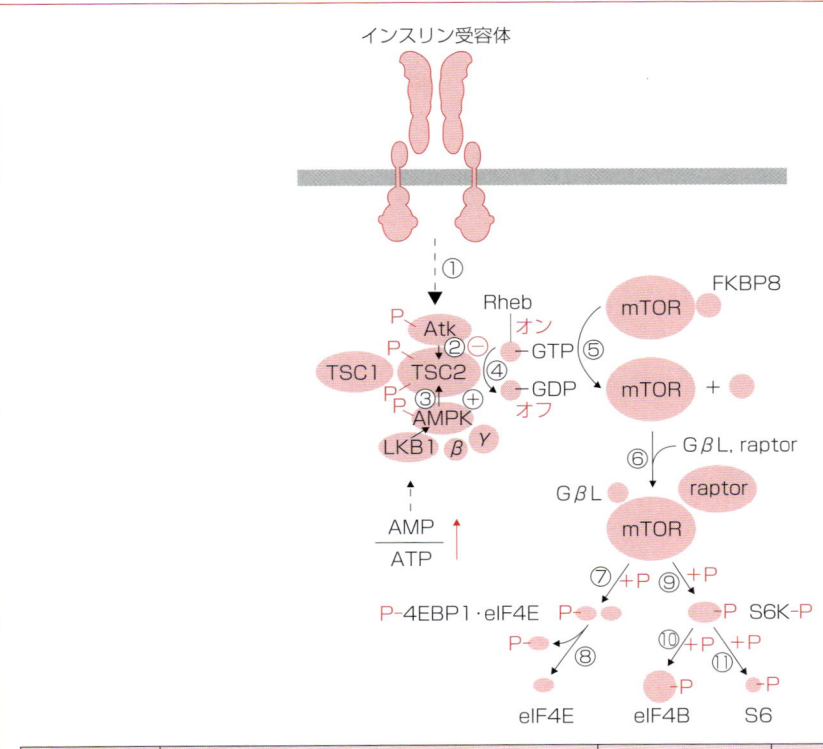

略号	タンパク質	遺伝子	遺伝子座	アミノ酸残基数
TSC1	Tuberous sclerosis 1 (Hamartin)	TSC1	9q34.13	1,164
TSC2	Tuberous sclerosis 2 (Tuberin)	TSC2	16p13.3	1,784
Rheb	GTP結合タンパク質 Rheb (前駆体)	RHEB	7q36.1	184
mTOR	ラパマイシン哺乳類標的	FRAP1	1p36.22	2,549
FKBP8	FK506結合タンパク質8	FKBP8	19p13.11	413
GβL	mTOR結合タンパク質，LST8ホモログ	GBL/MLST8	16p13.3	326
raptor	ラプター	RPTOR	17q25.3	1,335
4EBP1	有核生物翻訳開始因子4E結合タンパク質	EIF4EBP1	8p11.23	118
eIF4E	有核生物翻訳開始因子4E	EIF4E	4q23	217
eIF4B	有核生物翻訳開始因子4B	EIF4B	12q13.13	611
S6	リボソームタンパク質S6	RPS6	9p21	249
S6K	リボソームタンパク質S6キナーゼ (70kDa)，ポリペプチド1	RPS6KB1	17q23.1	525

図4-Ⅱ-23 インスリンによるタンパク質合成の活性化機構
①インスリン受容体シグナリングでAktが活性化され，②AktはTSC2をリン酸化する（トレオニン1462他）。TSC2はAktでリン酸化されるとGTPアーゼ活性を失う。③AMPKもTSC2をリン酸化するがリン酸化部位（トレオニン1227，セリン1345）がAktとは異なるのでTSC2を不活性化しない。それらの結果として，④RhebはAkt→TSC2の場合Rhebに結合したGTPはそのまま，つまり活性化状態が続く（それに対してAMPK→TSC2の場合はGTPが加水分解を受けてGDPになりスイッチオフになる）。⑤Rhebがオンの状態で抑制タンパク質因子FKBP8と結合したmTORからFKBP8がはずれてmTORが遊離する。⑥mTORはGβLおよびraptorを結合し活性化される。⑦mTOR複合体が翻訳抑制因子4EBP1をリン酸化すると，⑧翻訳開始因子eIF4Eが遊離する。⑨mTOR複合体がS6Kをリン酸化し，活性化S6Kは⑩もう1つの翻訳開始因子eIF4Bと⑪S6をリン酸化する。

を主な炭素源としていることは前に述べた（第3章Ⅶ）。分解される筋タンパク質の主体は**筋収縮タンパク質** muscle contraction proteinすなわちアクトミオシンactomyosinである。まず，**カスパーゼ3** caspase-3（略CASP3，遺伝子CASP3）というタンパク質分解酵素が活性化される。この酵

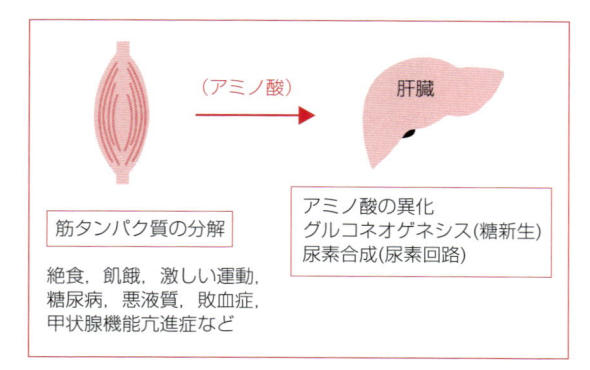

図4-Ⅱ-24 筋タンパク質の分解と肝臓の対応

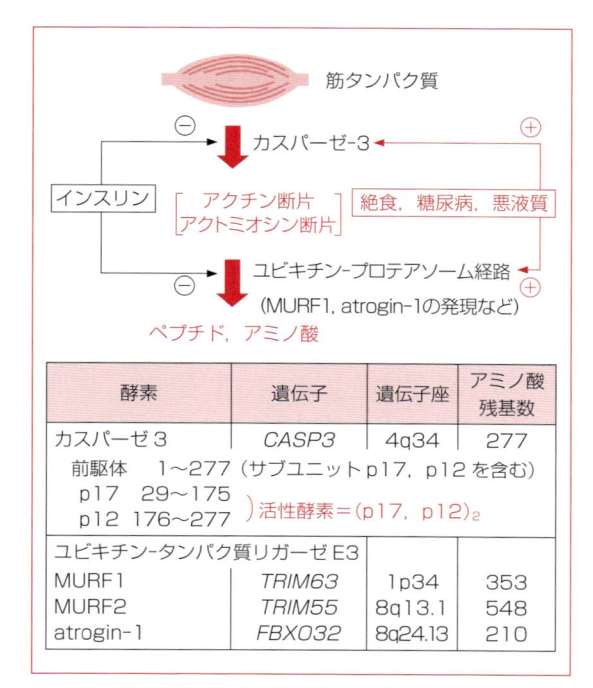

図4-Ⅱ-25 筋タンパク質分解の調節
絶食，糖尿病，悪液質など異化が亢進した状態で筋タンパク質の分解が亢進する．それにはカスパーゼ-3の活性化，MURF1, atrogin-1の発現量の増加などが起こる．インスリンはそれらを抑制する．MURF1, atrogin-1はユビキチン-タンパク質リガーゼE3に属する．

酵素	遺伝子	遺伝子座	アミノ酸残基数
カスパーゼ3	CASP3	4q34	277
前駆体　1～277（サブユニットp17, p12を含む）			
p17　29～175			
p12　176～277			
活性酵素＝(p17, p12)₂			
ユビキチン-タンパク質リガーゼE3			
MURF1	TRIM63	1p34	353
MURF2	TRIM55	8q13.1	548
atrogin-1	FBXO32	8q24.13	210

素はアクトミオシンフィラメントの**アクチン**に作用し，アクチン断片とアクトミオシン断片を生成する．絶食などはこの酵素を活性化し，インスリンは活性化を抑える（**図4-Ⅱ-25**）．カスパーゼ3については第5章Ⅲ.2.B.3で詳述する．

2 ユビキチン-プロテアソーム経路

アクチン，アクトミオシンの断片は引き続き**ユビキチン-プロテアソーム経路** ubiquitin-proteasome pathwayというエネルギー（ATP）に依存したタンパク質分解経路によってさらに分解される．この経路はもちろん絶食時の筋タンパク質分解だけではなく，広く細胞内タンパク質分解の主流となる経路である．

この経路は大きく2段階に分かれる（**図4-Ⅱ-26**）．第1段階では，76アミノ酸からなる**ユビキチン** ubiquitin（遺伝子，*UBB*, *UBC*, *UBA52*, *RPS27A*[注]）と呼ばれすべての有核生物に存在する保存性の非常に高いタンパク質分子が主役を演じる．分解の対象になっているタンパク質のリシン残基にユビキチンが目印のように結合するが，それは一足飛びにそうなるのではなく，E1, E2, E3（**ユビキチン活性化酵素E1** ubiquitin-activating enzyme E1, **ユビキチン結合酵素E2** ubiquitin-conjugating enzyme E2, **ユビキチン-タンパク質リガーゼE3C** ubiquitin-protein ligase E3C）と呼ばれる3つの酵素が継続して作用する．これら3酵素は分類上は**ユビキチン-タンパク質リガーゼ**と総称される1つのグループ（EC 6.3.2.19）に属し，触媒する反応も共通して「ATP＋ユビキチン＋タンパク質のリシン残基＝AMP＋二リン酸＋リシ

[注] ユビキチンは単一のタンパク質であるが，その遺伝子情報は4つの異なった遺伝子*UBB*, *UBC*, *UBA52*, *RPS27A*に書き込まれている．*UBB*の発現産物はポリユビキチンBで，76アミノ酸残基のユビキチンモノマーに相当するアミノ酸配列がN端末からC端末方向に3個すき間を置かずに並んでいる．*UBC*ではユビキチンモノマーに相当するアミノ酸配列がN末端からC末端方向に9個すき間を置かずに並んでいる．*UBA52*は1つのユビキチンモノマーに相当するアミノ酸配列と1つの60SリボソームタンパクL40に相当するアミノ酸配列がN端末からC端末方向につながったタンパク質である．*RPS27A*は1つのユビキチンモノマーに相当するアミノ酸配列と1つの40SリボソームタンパクS27Aに相当するアミノ酸列がN端末からC端末方向につながったタンパク質である．これらのユビキチン前駆体からプロセシングによって個々のユビキチンを生じさせるのはユビキチンカルボキシルターミナルヒドロラーゼ（ユビキチンC末端ヒドロラーゼ）と呼ばれる酵素群（USP9X/Y, USP25, USP41, USP43, USP48）である．

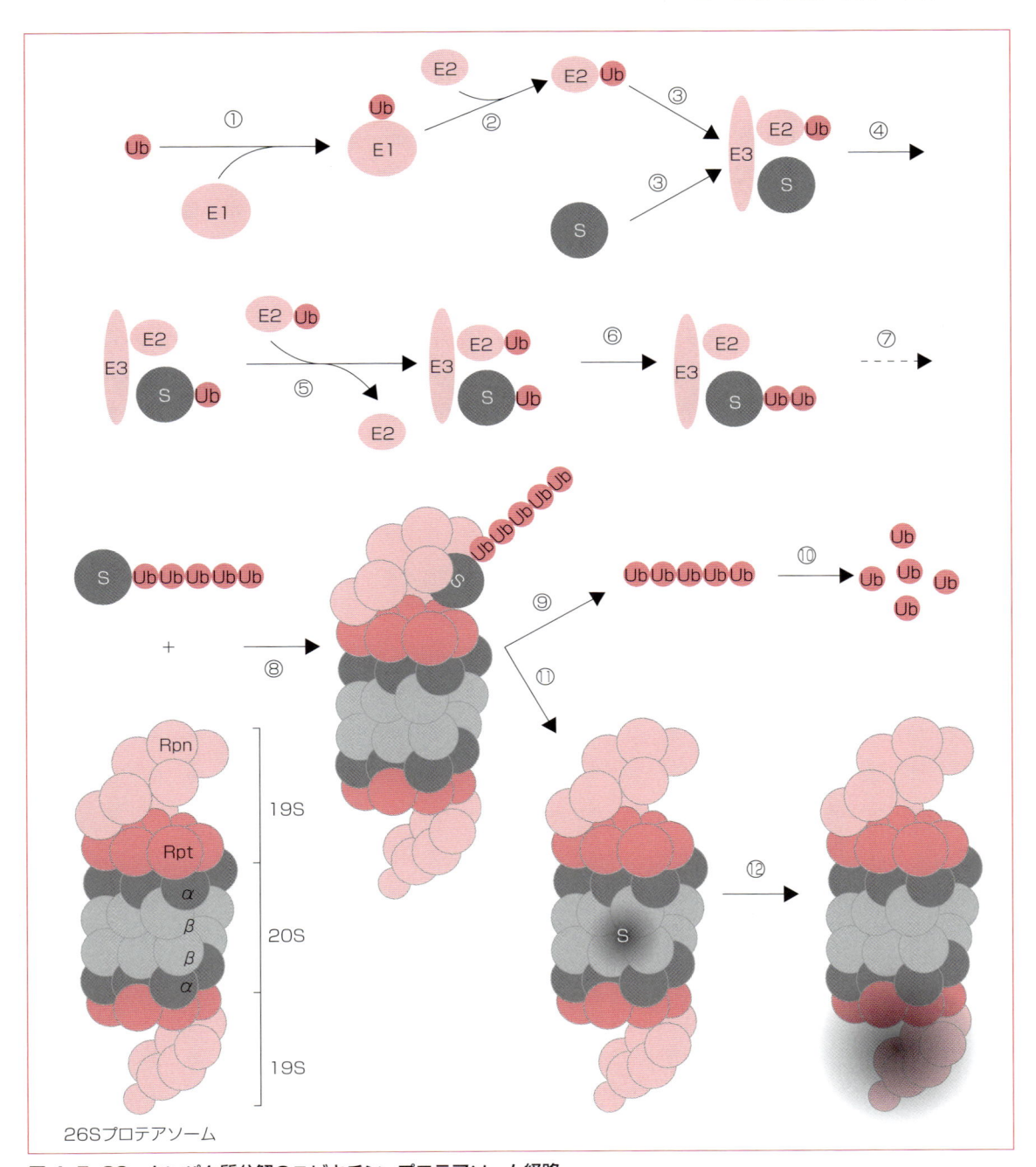

図4-Ⅱ-26　タンパク質分解のユビキチン‐プロテアソーム経路
①ユビキチン(Ub)とユビキチン活性化酵素E1が反応して中間体(Ub〜E1)を作る。②Ub-E1はユビキチン結合酵素E2と反応してE2にユビキチンを転移する。③Ub-E2とSはユビキチン-タンパク質リガーゼE3と四量体をつくる。④Ub-E2のUbはSに付加される。⑤Ubを失ったE2は新しいUb-E2と置き換わる。⑥さらにユビキチン鎖が伸長する。⑦同様の反応の繰り返しで5個以上のユビキチンを獲得した基質タンパク質(S)は，⑧プロテアソームの19Sセグメント(Sは沈降係数)に認識され，結合する。⑨ポリユビキチン鎖が酵素作用で基質タンパク質から切り離され，⑩さらに別の酵素(例，UCHL5)の作用でUb単体にばらばらになる。これらの酵素活性は19SのRpnと表した複数のタンパク質分子の中に含まれる。⑪ポリユビキチン鎖を失った基質タンパク質は20Sプロテアソームと呼ばれる筒状のコアに送り込まれる。この活性はATPのエネルギーを利用するRptと表された複数のタンパク質分子の中に含まれる。⑫基質タンパク質はコア部分の内部でペプチドとアミノ酸に分解される。

ン残基のε-Nがユビキチン化されたタンパク質」と表すことができる。ユビキチン側の結合基はC末端のグリシン残基である。

E2, E3はそれぞれ1種類ではなく, 多数の酵素からなるグループを作っている。筋の異化が亢進した状態では**MURF1**（E3ユビキチン-プロテインリガーゼ TRIM63, 遺伝子 *TRIM63/MURF1*）と**アトロギン1** atrogin-1（FボックスオンリープロテインFX-box only protein 32, 遺伝子 *FBXO32*）と呼ばれるE3酵素が誘導される（遺伝子発現が増加する）ことが報告されている。後述（第6章Ⅱ. 2. B）の小胞体関連分解では別のE2, E3が誘導される。タンパク質分解が亢進した状況ではさらにユビキチンやプロテアソームを構成するタンパク質の発現量も増加する。

第1段階である**ユビキチン経路** ubiquitin pathway の最終生成物は**ポリユビキチン鎖** polyubiquitin chain をもった基質タンパク質である（図4-Ⅱ-26）。ユビキチン間の結合もリシン-グリシンである。第2段階の**プロテアソーム経路** proteasome pathway でポリユビキチン鎖は切り離され, 基質タンパク質だけが筒状をしたプロテアソームのコア部分の中へ送り込まれ, ペプチド結合を切る酵素の作用を受ける（図4-Ⅱ-26の説明文参照）。

III エネルギー代謝の病態—肥満と2型糖尿病

これまで，エネルギー代謝（栄養素代謝）の調節と統合についてその全体像をアウトラインしてきたが，いわゆる**生活習慣病**あるいは**メタボリックシンドローム** metabolic syndrome といった**内臓脂肪蓄積**（内臓脂肪型肥満），**インスリン抵抗性**，**空腹時高血糖**，**高血圧**という**マルチプルリスクファクター症候群** multiple-risk factor syndrome を構成している症状は本来動脈硬化の促進因子としてとらえられたものである。また，現在は**2型糖尿病の予備段階**としてとらえられることも多い。このような状態が，エネルギー代謝を統合する機構のどの歯車が狂うことによって生じるのかを探るのが本項の目標である。

1 肥満

肥満 obesity は現代病だといわれるように，食物供給の豊富さが基本にあることは間違いないであろう。だとすると，"いくら食べても太らない"人達（とくに若い人に多い）がいるのはどういうわけか（もちろん運動量にもよるが，必ずしもそれだけとはいい切れないのは明らかである）。われわれがこれまでに学んだ生化学の知識からすると**生理的脱共役因子** physiological uncoupler がミトコンドリアの段階で**呼吸のエネルギーを ATP に保存しないで熱として発散させてしまう**からではないか，肥満が中年以後に多いのはその年齢になるとこの機構が働かなくなるのではないか，と想像することが可能である。このような生理学的脱共役の研究は興味深いことである。アメリカの肥満女性についての実験で，摂取するカロリーを減らした場合によく反応する（体重の減少が大きい）グループとそうでないグループを比較したところ，よく反応したグループでは骨格筋の **UCP3**（脱共役タンパク質3）の発現量が他のグループより多かった。**UCP**（第3章 VI. 2. B）はミトコンドリア内膜の**プロトンチャネル**で，内膜を横切るプロトン勾配を解消する作用をもつ。そのため ATP の合成量が減り，熱の形でエネルギーが失われる（図 4-III-1）。UCP3 は核内受容体 **PPAR**α/δ の標的遺伝子である。UCP3 遺伝子の発現を調節する DNA 領域の **1 塩基多型** single nucleotide polymorphism（SNP）（1塩基の置換によって遺伝子のバリアントが生じること）に原因があるとする考え方が有力である。UCP2（UCP3 の仲間）についても同様の報告がある。

A 脂肪の形成機構

1 遺伝子発現による脂肪合成の調節

代謝経路における酵素レベルでの調節についてはすでに触れてきたが，ここでは肝臓のアセチル CoA → 脂肪酸 → トリアシルグリセロールの合成経路（第3章 VIII. 1. A 参照）における代表的酵素の**遺伝子発現の調節**について見てみよう（図 4-III-2）。

アセチル CoA の前駆体であるピルビン酸の生成を触媒する肝臓ピルビン酸キナーゼのインスリンを介さないグルコースによる誘導についてはすでに述べた（本章 II. 2. C. 2）。インスリンは一方でトリアシルグリセロールの分解や糖新生を抑制し，他方でトリアシルグリセロールとタンパク質の合成を促進する。インスリンの効果は酵素の活性調節，発現量の調節，基質の取り込み（膜輸送）の調節と多面的に発揮される。

2 転写因子 SREBP

脂肪合成やコレステロール合成に関与する遺伝子の転写因子として重要なのは，肝臓における脂肪合成系遺伝子の主要調節因子 master regulator of lipogenic gene と呼ばれるステロール調節要素結合タンパク質 1 sterol regulatory element binding protein 1（略 SREBP-1, 遺伝子 *SREBP1*）である。肝ではその **1c アイソフォーム（SREBP-1c）** の発現がインスリンで誘導される（図 4-III-2）。この発現には肝 X 受容体 α liver X receptor α（LXRα）が転写調節因子として関与している。SREBP-1c

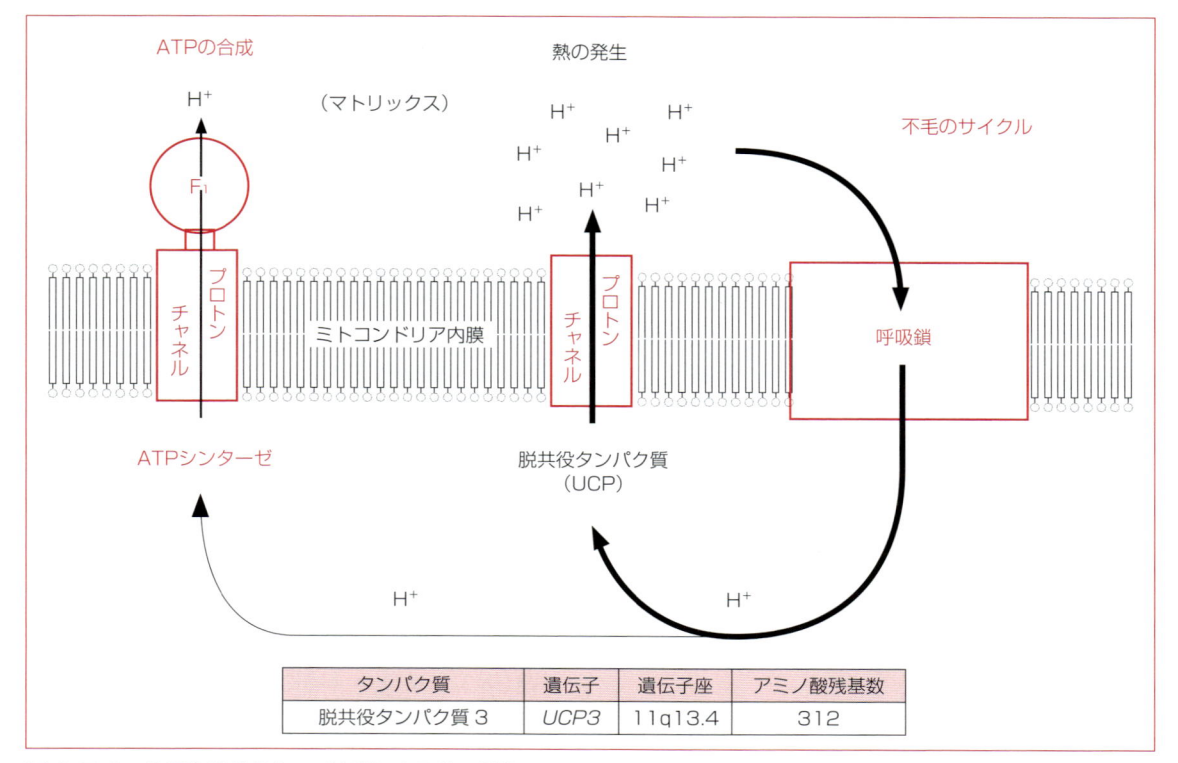

図 4-Ⅲ-1 生理的脱共役タンパク質による熱の発生

脱共役タンパク質はミトコンドリア内外のプロトン勾配を解消させる効果をもつ。それによってエネルギーはATPとして保存されず熱として発散する。

タンパク質	遺伝子	遺伝子座	アミノ酸残基数
脱共役タンパク質3	UCP3	11q13.4	312

は多くの遺伝子を活性化するが、脂肪合成の遺伝子の中でもアセチルCoAカルボキシラーゼ1（ACC1），脂肪酸シンターゼ（FAS），1-アシルグリセロール-3-リン酸O-アシルトランスフェラーゼ（1-AGPAT 3）などが代表的な活性化対象遺伝子である。**SREBP-1c**は遺伝子レベルで調節を受けるだけではなく、次のような翻訳後調節を受ける。このタンパク質は前駆体として合成された後、インスリン誘導遺伝子1 insulin-induced gene-1（INSIG-1）およびSREBP切断活性化タンパク質 SREBP cleavage-activating protein（SCAP）と複合体を形成し、細胞内小胞体（ER）に局在する（**図4-Ⅲ-3**）。細胞内コレステロール濃度の低下がSCAPによって感知されると、SREBP-1C前駆体はERを離れてゴルジ装置（GA）に達し、そこで**プロセシング**（ペプチド結合の切断）を受けて分子がほぼ折半される。N末端側の半分は核に移行しDNAの**ステロール調節性配列** sterol regulatory element（SRE）に結合し、脂肪合成に関与する酵素の発現を誘導する。

SREBPにはSREBP-1とは別の**SREBP-2**がある。こちらはコレステロールの合成に関与する酵素の発現を誘導する。脂肪（トリアシルグリセロール）とステロールの合成は密接な関係にあることは、上でも述べたように脂肪合成の酵素の発現を誘導するSREBP-1cとコレステロール合成の酵素を誘導するSREBP-2のプロセシングが、ともにステロールの制御を受けることからもわかる。他方、二重結合を2個以上もつポリエン脂肪酸 polyenoic fatty acid（PUFA）（**多不飽和脂肪酸，多価不飽和脂肪酸**ともいう）はこのプロセシングを阻害する。さらに、PUFAはSREBP-1c前駆体そのものの発現量をmRNAレベルで減少させる。

肝で合成されたトリアシルグリセロールはVLDL（超低密度リポプロテイン）の形で脂肪組織に運搬され沈着する。脂肪組織は空腹時などのエ

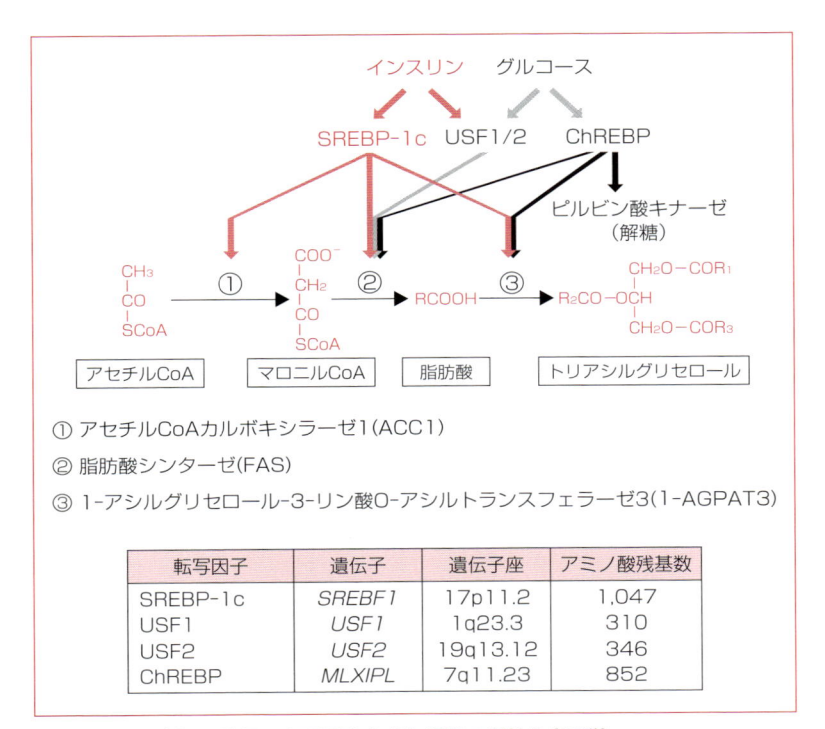

図 4-Ⅲ-2　遺伝子発現による脂肪合成と解糖の活性化（肝臓）
転写調節因子と発現が誘導される酵素（第 4 章Ⅰ.3 および図 4-Ⅰ-14 も参照）。SREBP-1c：ステロール調節要素結合タンパク質 1 アイソフォーム C sterol regulatory element-binding protein 1 isoform C，USF1, 2：上流刺激因子 1, 2 upstream stimulatory factor 1, 2，ChREBP：炭水化物応答要素結合タンパク質 carbohydrate-responsive element-binding protein

転写因子	遺伝子	遺伝子座	アミノ酸残基数
SREBP-1c	*SREBF1*	17p11.2	1,047
USF1	*USF1*	1q23.3	310
USF2	*USF2*	19q13.12	346
ChREBP	*MLXIPL*	7q11.23	852

ネルギー需要に応じて，蓄えたトリアシルグリセロールを分解し，重要な生体燃料である脂肪酸を放出する．しかし，脂肪組織はそれだけではなく，活発な**内分泌組織**でもあることが明らかにされた（以下）．

脂肪合成系遺伝子を活性化する転写調節因子は SREBP-1c だけではない．他に，**上流転写因子 1/2** upstream transcription factor 1/2（略，USF-1, USF-2）と **ChREBP** が知られている．USF-1/2 はインスリンとグルコースによって，ChREBP はグルコースによって誘導される．USF-1 は遺伝性異常脂質血症 hereditary dyslipidemia の 1 種**家族性複合高脂質血症** familial combined hyperlipidemia（**FCHL**）の原因遺伝子と考えられてきた．しかし，USF-1 の異常は最も上流の異常であり，実際はさらに下流（USF-1 の標的遺伝子）の異常であってもいいわけで，アポリポプロテイン E（遺伝子 *APOE*）や脂肪酸デサチュラーゼ 3 fatty acid desaturase 3（遺伝子 *FADS3*）などで FHCL が発症することが報告されている．

摂食後インスリンによって活性化されたプロテインホスファターゼ 1（触媒サブユニット α，略 PP-1A，遺伝子 *PPP1CA*）が DNA 依存性プロテインキナーゼ DNA-dependent protein kinase（DNA-PK）を脱リン酸化して活性化し，活性化 DNA-PK が USF-1 のセリン-262 をリン酸化すると，それまで脱アセチル化されていた特定のリシン残基がアセチル化酵素 P/CAF（ヒストンアセチルトランスフェラーゼ PCAF）によってアセチル化され USF-1 は転写因子として活性化される．USF-1 は SREBP-1c と協調的に脂肪酸シンターゼを誘導する（図 4-Ⅲ-2）．

炭水化物応答要素結合タンパク質 ChREBP がインスリンを介さないグルコース刺激で肝ピルビ

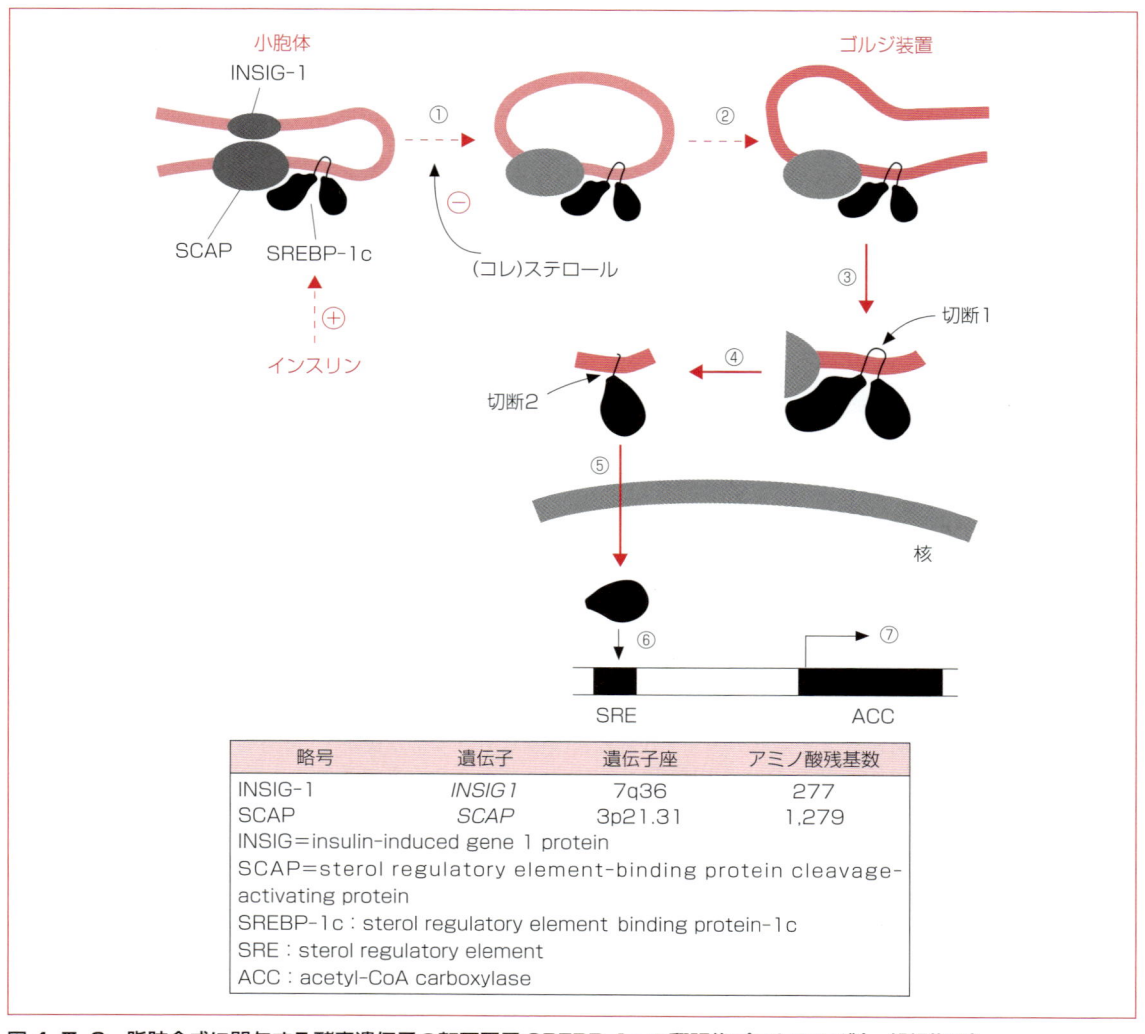

図 4-Ⅲ-3　脂肪合成に関与する酵素遺伝子の転写因子 SREBP-1c の翻訳後プロセシング（一部想像図）
① SREBP-1c と SCAP の複合体は最初 INSIG-1 タンパク質と結合して小胞体にとどまっているが，②細胞内ステロール濃度が低下すると，SCAP がそれを感知して，INSIG-1 との結合が変化し，SREBP-1c-SCAP 複合体は小胞体からゴルジ装置に移行する．③，④ゴルジ装置で SREBP-1c の膜貫通部分が 2 回のペプチド結合の切断を受け，⑤分子の半分（N 末端側）が核内に入り，⑥ DNA 上の SRE（ステロール調節要素）に結合して，⑦ ACC, FAS, 1-AGPAT 3 などの脂肪合成経路の酵素を誘導する．SREBP-1 が脂肪合成の酵素を誘導するのに対し，SREBP-2（別の遺伝子産物）はステロール合成の酵素を誘導するが，やはり同様の翻訳後プロセシングを受ける．このようにステロールと脂肪の合成は密接な関係にある．

略号	遺伝子	遺伝子座	アミノ酸残基数
INSIG-1	*INSIG1*	7q36	277
SCAP	*SCAP*	3p21.31	1,279

INSIG=insulin-induced gene 1 protein
SCAP=sterol regulatory element-binding protein cleavage-activating protein
SREBP-1c : sterol regulatory element binding protein-1c
SRE : sterol regulatory element
ACC : acetyl-CoA carboxylase

ン酸キナーゼ遺伝子を活性化することおよびその機構については前に（本章Ⅱ.2.C.2）述べた．しかし，ChREBP はピルビン酸キナーゼだけでなく脂肪酸シンターゼや 1-アシルグリセロール 3-リン酸 O-アシルトランスフェラーゼなどをも誘導する（図 4-Ⅲ-2）．

B　肥満の制御

ある物質が蓄積するということは**合成・蓄積**と**移動・分解**のバランスが前者に傾いていることを意味する．脂肪（トリアシルグリセロール）の場合，それは脂肪酸酸化（主にミトコンドリアとペルオキシソームにおける β 酸化）が，蓄積した脂肪を消費しきれないことである．なぜわれわれは

III エネルギー代謝の病態—肥満と2型糖尿病

表4-III-1 摂食行動に関与する中枢ペプチド

ペプチド名	略号	アミノ酸残基数	遺伝子	受容体	作用
ニューロペプチドY	NPY	36	NPY	NPY1-R	
オレキシン（ヒポクレチン）	ORX		HCRT	Ox2-R	
オレキシンA		33			摂食亢進
オレキシンB		28			
メラニン凝集ホルモン	MCH	19	PMCH	MCHR-1	
アグーチ関連タンパク質	AgRP	132	AGRP	MC4-R[注1]	
メラニン細胞刺激ホルモン（メラノトロピンα）	α-MSH	13	POMC	MC4-R	
ネスファチン1		82	NUCB2	MC4-R	摂食抑制
オキシトシン	OT-NP1	9	OXT	OT-R[注2]	

NPY1-R：neuropeptide Y receptor type 1, Ox2-R：orexin receptor type 2, MCHR-1：melanin-concentrating hormone receptor 1, MC4-R：melanocortin receptor 4, OT-R：oxytocin receptor．注1) ネスファチン1に対して拮抗的に働く．注2) ネスファチンニューロンのOT-Rに作用してネスファチン1の分泌を刺激する．

消費しきれないほどの炭素源を食物の形で摂取するのであろうか．1つは社会経済構造（必要以上の食物が手に入る）と食文化（おいしい食べ物が提供される）によることは確かである．人類の長い歴史のなかでヒトはいつも飢餓の危険にさらされてきた．その長い時間に形成されたエネルギー代謝の仕組みによってわれわれは縛られている．動物の進化の過程において食物が供給された時は炭素源をはじめとして後で利用できるものをすべて"ため込む"ための代謝が形成された．食物をムダにしないために発動される遺伝子の比喩表現は**倹約遺伝子** thrifty geneである．

1 摂食行動の支配

a 中枢性

摂食行動は主に中枢によって支配される．摂食に関係の深い視床下部の神経核では摂食亢進性の**ニューロペプチドY** neuropeptide Y（NPY，遺伝子 NPY）が発現している．摂食行動に関係する中枢性物質としてはこの他に**オレキシン** orexin（別名ヒポクレチン hypocretin，遺伝子 HCRT），**メラニン凝集ホルモン** melanin-concentrating hormone（MCH，遺伝子 PMCH），**アグーチ関連タンパク質** agouti related protein（AgRP，遺伝子 AGRP）などがある（表4-III-1）．摂食抑制系には代表的なものとして**プロオピオメラノコルチン** proopiomelanocortin（POMC，遺伝子 POMC）に由来する**α-メラニン細胞刺激ホルモン**（α-MSH，別名メラノトロピンα melanotropin α）およびヌクレオビンディン2 nucleobindin 2（別名ネファ NEFA）に由来するペプチド**ネスファチン1** nesfatin-1 がある[注]．

オレキシンにはプレプロオレキシン preproorexinに由来する**オレキシンA**と**オレキシンB**がある．両者はGタンパク質共役オレキシン受容体2型 orexin receptor type 2（OX2R）に作用して摂食行動の亢進を誘発する．メラニン凝集ホルモンもオレキシン同様Gタンパク質共役受容体MCHR1に作用して摂食行動の亢進を誘発する．アグーチ関連タンパク質も摂食行動の亢進を誘発するが，それはネスファチン1がGタンパク質共役受容体である**メラノコルチン4受容体** melanocortin 4 receptor（MC4-R）に作用して拒食行動を誘発するのに拮抗するからである．

ネスファチン1はアディポサイトカインのレプチン（以下）によって分泌を刺激されるが，**オキシ**

[注] ネスファチン1の前駆体でネファ NEFAと呼ばれたタンパク質は前から知られていたヌクレオビンディン nucleobindinと相同性が高いことからヌクレオビンディン2 nucleobindin 2と命名された．したがって，遺伝子も NUCB2 あるいは NEFA と呼ばれるが，NUCB2 が正式名称のようである．先に知られていたヌクレオビンディンはヌクレオビンディン1 nucleobindin 1（遺伝子 NUCB1）と命名された．これらはCaを結合するEFハンド配列を2個もつCa結合タンパク質である．

トシン oxytocin(遺伝子 *OXT*)が孤束核のネスファチン1ニューロンを刺激して拒食行動を誘発する場合はレプチンに依存しない。これらのペプチドが作用する受容体(表4-Ⅲ-1)はすべてGタンパク質共役型受容体(GPCR)である。α-MSH とネスファチン1が作用する**メラノコルチン4受容体遺伝子**(*MC4R*)の変異は**若年性肥満症**の原因となる場合がある。メラノコルチン4受容体の合成アゴニストやメラニン凝集ホルモン受容体のアンタゴニストは肥満症の予防・治療薬として用いられる。

中枢にはグルコース(濃度)を感知するニューロンがある。われわれの体のエネルギー需給状況に応じて,ホルモンを分泌させたり,代謝速度を調節したり,摂食行動を誘発したりする。これは,脳がグルコースの供給を確保するために行うのである。**グルコース感知性ニューロン** glucose-sensitive neuron には興奮性と抑制性の2種がある。摂食行動を誘発する**オレキシンニューロン** orexin neuron はグルコース濃度の低下によって興奮し,他方眠気を誘発する **MCH ニューロン** MCH neuron は抑制される。グルコースが増えればその逆が起こる。

b 末梢性

i 脂肪組織由来

脂肪組織が放出する生理活性物質は**アディポサイトカイン** adipocytokine と総称される。中枢(**視床下部**)を介して**摂食行動の低下,エネルギー消費(熱発生)の促進**をうながすアディポサイトカインが**レプチン** leptin である(表4-Ⅲ-2)。*ob/ob* **肥満マウス**の欠損遺伝子 *ob* はレプチン遺伝子(*Lep*)に他ならない。レプチンは貯蔵脂肪の量を示すシグナルであるといわれる。実際,レプチンの血中濃度はヒトでも動物でも脂肪組織の大きさと密接に関連する。**レプチン受容体**(遺伝子 *db/Lepr*)は中枢にも末梢にも存在する。*ob/ob* マウスと同じ症状を呈する *db/db* **肥満マウス**はレプチン受容体欠損マウスである。

レプチン受容体は1回膜貫通の**サイトカイン受容体ファミリー** cytokine receptor family に属する。

表4-Ⅲ-2 代表的なアディポサイトカイン

レプチン:中枢性食欲亢進ペプチドの発現抑制(摂食行動の抑制)
アディポネクチン:グルコースの利用と脂肪酸酸化の促進
TNF-α:起炎症性サイトカイン,インスリン抵抗性との関連
PAI-1:内臓脂肪に発現,血栓形成,グルココルチコイドで発現促進
レチノール結合タンパク質4(血漿):リポカリンファミリー,レチノール運搬体
レジスチン:C末端に高システイン領域,肥満と2型糖尿病の架け橋?

サイトカイン	遺伝子	遺伝子座	アミノ酸残基数
レプチン	LEP	7q31.3	157(前駆体)
アディポネクチン	ADIPOQ	3q27	244(前駆体)
TNF-α	TNF	6p21.3	233
PAI-1	SERPINE1	7q21.3-q22	402(前駆体)
レチノール結合タンパク質4(血漿)	RBP4	10q23-q24	183
レジスチン	RETN	19p13.2	108

レプチン受容体 leptin receptor には,アイソフォームAとアイソフォームBがあり,Aは主に心筋,肝臓,肺に,Bは主に視床下部に強く発現している。視床下部のレプチン受容体シグナリングを介して食欲亢進ペプチドの発現が抑制され,食欲減退ペプチドの発現が誘導される。ところが,肥満者はレプチンに抵抗性を示し(**レプチン抵抗性** leptin resistance),視床下部のレプチン受容体シグナリングにインスリン受容体シグナリングにおける負の調節(本章Ⅱ.2.A.6)に似た阻害が生じていることが考えられる。レプチンは空腹・絶食時に減少する。

アディポネクチン adiponectin(遺伝子 *ADIPOQ*)はもう1つの主要なアディポサイトカインである。アディポネクチンは三量体から十八量体の形で存在する。分子内のコラーゲンに似たドメインと補体のC1qに似たドメインが多量体化に関与している。アディポネクチンは血中に高濃度に存在し,AMPK を介してグルコースの利用と脂肪酸酸化を促進する。**アディポネクチン受容体** adiponectin receptor にはアイソザイム1とアイソザイム2があり,1(遺伝子 *ADIPOR1*)は主に骨

表4-Ⅲ-3 肝臓・胃・腸で作られるサイトカイン

アンギオポエチン様タンパク質-4：肝臓．リポプロテインリパーゼを阻害→高トリグリセリド血症
グレリン：胃．中枢制御−食欲亢進，成長ホルモン分泌刺激（Ca^{2+}↑）
GIP：腸．インスリン分泌刺激（cAMP↑）
GLP-1：腸．インスリン分泌刺激，胃の運動抑制

サイトカイン	遺伝子	遺伝子座	アミノ酸残基数
アンギオポエチン様タンパク質-4	ANGPTL4	19p13.3	368（前駆体）343（成熟形）
グレリン	GHRL	3p26-p25	28
GIP	GIP	17q21.3-q22	153（前駆体）42（成熟形）
GLP-1	GCG	2q36-q37	180（前駆体）29, 30（成熟形）

髄，胎盤，肝臓に，2（*ADIPOR2*）は主に視床下部，副腎，肝臓に強く発現している．注目すべきことに，レプチンに反してアディポネクチンは内臓脂肪量と負の相関を示す．アディポネクチンの構造にはコラーゲンに似た部分と補体C1qに似た部分がある（アディポネクチンの遺伝子名ADIPOQのQはC1qに由来しているようである）．

アディポサイトカインにはこの他に**腫瘍壊死因子α** tumor necrosis factor-α（**TNF-α**），**プラスミノーゲンアクチベーターインヒビター1** plasminogen activator inhibitor-1（**PAI-1**），**レチノール結合タンパク質4** retinol-binding protein 4（**RBP4**），レジスチン resistin（**RETN**）などがある（表4-Ⅲ-2）．TNF-αはインスリン抵抗性と関連づけられる炎症性サイトカインである（以下）．ちなみに，脂肪組織のTNF-αは脂肪組織に浸潤したマクロファージの産物であるらしい．

ii 肝臓由来

次は脂肪組織以外で作られエネルギーバランスに影響を与える生理活性因子についてである（表4-Ⅲ-3）．肝臓で作られる**アンギオポエチン様タンパク質** angiopoetin-like protein（**ANGPTL**）はアディポサイトカインに劣らずエネルギー代謝の調節に重要な一役を買っている．ANGPTLには1-7の7員があるが（遺伝子*ANGPTL1-7*），血流中にはANGPTL 3, 4, 6が証明される．ANGPTL 3と

4, とくに ANGPTL 4 についてわかったのは，空腹時に**リポプロテインリパーゼ** lipoprotein lipase（**LPL**）の活性を阻害することである．摂食の結果として増えた肝臓のトリアシルグリセロールはリポタンパク質の形で脂肪組織に運ばれてそこに沈着するが，その際脂肪組織の毛細血管上皮表面のヘパラン硫酸に結合したLPLがリポタンパク質に含まれるトリアシルグリセロールを脂肪酸とジアシルグリセロールに分解する．ANGPTL 4はこの活性を阻害する．その結果，**超低密度リポタンパク質**（**VLDL**）が血中に増える（**高トリグリセリド血症** hypertriglyceridemia）．その阻害は活性形の二量体であるLPLが不活性なモノマーになることによる．

iii 消化管由来

成長ホルモン（GH）の分泌を促す物質としては従来成長ホルモン放出ホルモン growth hormone releasing hormone（GHRH）がよく知られているが，その後より強力な分泌刺激因子である**グレリン** ghrelin が見出された（表4-Ⅲ-2）．グレリン（遺伝子 *GHRL*）の全長はアミノ酸残基数117であるが，ふつうグレリンと呼ばれているのはアミノ酸残基24-51の28アミノ酸からなるグレリン-28（ghrelin-28）である．GHRHとグレリンの間ではGHの分泌にいたる受容体シグナリングも異なっていて，GHRHが細胞内cAMPの上昇をもたらすのに対しグレリンは細胞内 Ca^{2+} の上昇をもたらすことによってGHの分泌を促進する．

グレリンは主に胃（胃上皮X/A細胞）で作られるが，他の組織でも少量は作られる．グレリンは摂食とエネルギー消費の複雑な中枢制御にも一役買っている．グレリンは血中で食欲亢進作用をもつ唯一のホルモンである．グレリンは肥満者の血液では減少していて，食事制限を始めると増える．摂食抑制効果をもつ血中物質であるレプチンと逆の効果をもつグレリンは相互にバランスを保っている可能性がある．

腸管上皮のK細胞から分泌される**胃抑制ポリペプチド** gastric inhibitory polypeptide（**GIP**）は本来**胃酸分泌抑制因子**として見出されたホルモンであるが，**インスリン分泌刺激作用**のほうがはるかに

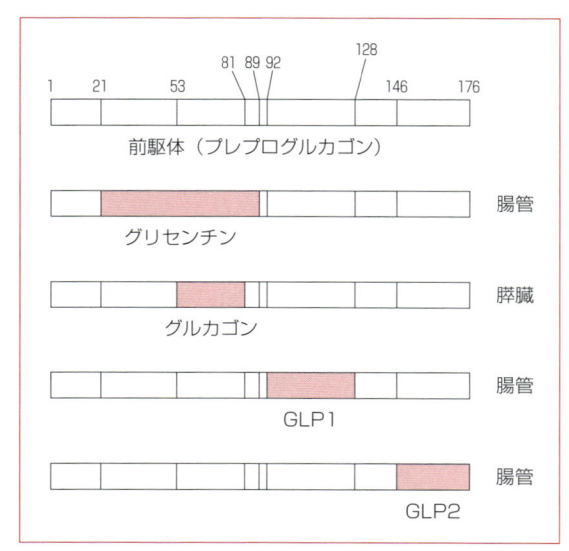

図 4-Ⅲ-4　グルカゴン前駆体（プレプログルカゴン）に由来するペプチドホルモン
臓器（とその細胞）により生成物が異なる（本文参照）。グリセンチン glicentin は腸管の局所的収縮を制御するホルモン（生理学参照）。数字はアミノ酸番号。

強いので，GIP を glucose-dependent insulinotropic polypeptide（グルコース依存性インスリン分泌刺激性ポリペプチド）の頭文字と解するよう提案されている。分泌刺激は主として G タンパク質共役型受容体シグナリング（cAMP↑）を介して行われる。構造的にグルカゴンに関連したタンパク質である。

腸管上皮の L 細胞〔K 細胞よりは下部（空腸下部から回腸末端）に分布〕からは **GLP-1** と **GLP-2**（GLP は glucagon-like peptide の頭文字）が分泌される。これらはグルカゴンと共通の前駆体からプロセシングによって生じる（**図 4-Ⅲ-4**）。GLP-1，GLP-2 は摂食刺激で分泌される。GLP-1 はインスリンの分泌を刺激し，胃の運動を抑制する。また，独自に末梢のグルコース利用を促進する。GLP-2 は腸上皮細胞に増殖刺激を与える。

GIP や GLP のように腸から分泌されて β 細胞を刺激するホルモンを**インクレチン** incretin と呼ぶ。グルコースの経口投与が静脈内投与より大きいインスリン分泌をもたらすのはインクレチンを介する作用である。それに目をつけて，Ⅱ型糖尿病の治療に GLP-1 アナログ製剤（GLP-1 受容体アゴニスト）や GLP-1 を生理的に分解するジペプチジルペプチダーゼ 4 dipeptidyl peptidase 4（略 DPPⅣ，遺伝子 *DPP4*）の阻害薬が用いられる。

2　インスリン抵抗性

A　高脂血症

肥満では脂質異常症 dyslipidemia の概念に含まれる高脂血症 hyperlipidemia が問題になる。高脂血症は血中脂質濃度が増加している状態を意味する。中でもインスリン抵抗性の引き金として従来から注目されているのは**血中遊離脂肪酸** free fatty acid（FFA）濃度の増加である。つまり，血中遊離脂肪酸の増加→インスリン抵抗性という図式が成り立つとされている。しかし，両者の因果関係についてはまだ単一の学説は得られていない。現時点で浮上してきた有力な仮説は血中高遊離脂肪酸濃度が，細胞内に軽度で**慢性の起炎症性応答** phlogogenetic response を引き起こすというものである。最近，**代謝と免疫の関連性**が取り沙汰されている。例えば，感染症の急性期には代謝の立て直しや再編成が行われる。また，多くのシグナル分子が両者で共有されている。

B　サイトカインの関与

炎症に際して**炎症誘発性サイトカイン** proinflammatory cytokine が分泌される。その 1 つでアディポサイトカインの **TNF-α**（腫瘍壊死因子 α tumor necrosis factor-α）はインスリン抵抗性を生じさせることが最初に動物で報告された。TNF-α はマクロファージで作られるだけでなく脂肪組織や筋肉でも作られ（実は浸潤したマクロファージによる？）かつ局所的に作用する。TNF-α をはじめとする多くのサイトカインの生成が肥満で増加する。TNF-α は **IKKβ** や **JNK** などのプロテインキナーゼを活性化し，これらのキナーゼは IRS-1 のセリン残基をリン酸化し IRS-1 を不活性化することでインスリン受容体シグナリングをブロックする（**図 4-Ⅲ-5**）。このことは「インスリン受容体への抑制タンパク質の結合による負の調節」

III エネルギー代謝の病態—肥満と 2 型糖尿病

としてすでに述べた（本章 II. 2. A. 6. iii，図 4-II-17）．ちなみに，**アスピリン**（大量投与）は血糖値を下げることが古くから知られていた．**サリチル酸** salicylic acid（アスピリンはアセチルサリチル酸）は IKKβ の阻害剤である．

また，前（本章 II. 2. A. 6. ii）に述べたように，広くエネルギー代謝に関与し脱アセチル化活性をもつタンパク質**サーチュイン 1** は JNK のリン酸化（活性化）を抑制することにより，TNF-α の効果に対抗する．2 型糖尿病治療薬の 1 つレスベラトロールはサーチュイン 1 の活性化剤である．

炎症に関係する受容体シグナリングはインスリン受容体シグナリングのそれと似た点が多いが，同じように複雑で，多くのタンパク質因子が関与する．これらについては生化学の範囲を超えるので，感染・免疫の成書にゆずる．

3　2 型糖尿病

必要以上のカロリーを摂取するという単純なきっかけで誘発される可能性のある **2 型糖尿病** type 2 diabetes mellitus（T2DM）の患者は全世界で 1 億 5 千万人（2000 年）はいるとされ，さらに急速にその数が増えることが予想されている．2011 年現在における 1 型と 2 型を合わせた糖尿病患者数は全世界で 3 億 3,600 万人いるとされる（国際糖尿病連合）．きっかけは一見シンプルであるが，この病気はわれわれの体に複雑な影響を及ぼす．あるいは逆に，この疾患のせいで体の複雑な仕組みがわかってきたともいえる．

A　遺伝性因子の関与

これまで 2 型糖尿病の患者について国内外で調べられた結果では本疾患と何らかの関連性が認められた遺伝子は多く，それに**環境因子**も含めると本疾患の**多因子性**が明らかである．遺伝子に見られた変異は多くの場合大きい変異ではなく 1 塩基の置換による **1 塩基多型** single nucleotide polymorphism（SNP）である．例えば，脂肪の分解・酸化にかかわる酵素を誘導する核受容体 **PPARγ 遺伝子**（本章 II. 2. C. 1，図 4-II-22，表 4-II-4 参照）

図 4-III-5　肥満の分子病理（モデル）
高脂血症で分泌が誘発された TNF-α は受容体を介して IKKβ を活性化し，後者は IRS（インスリン受容体基質）のセリン残基をリン酸化するのでインスリン受容体シグナリングがブロックされる．他方 IKKβ は IκB をリン酸化することでそれを分解に導く．遊離した NF-κB 複合体（p50・p65）は核内に移行しサイトカイン遺伝子の発現をもたらす．

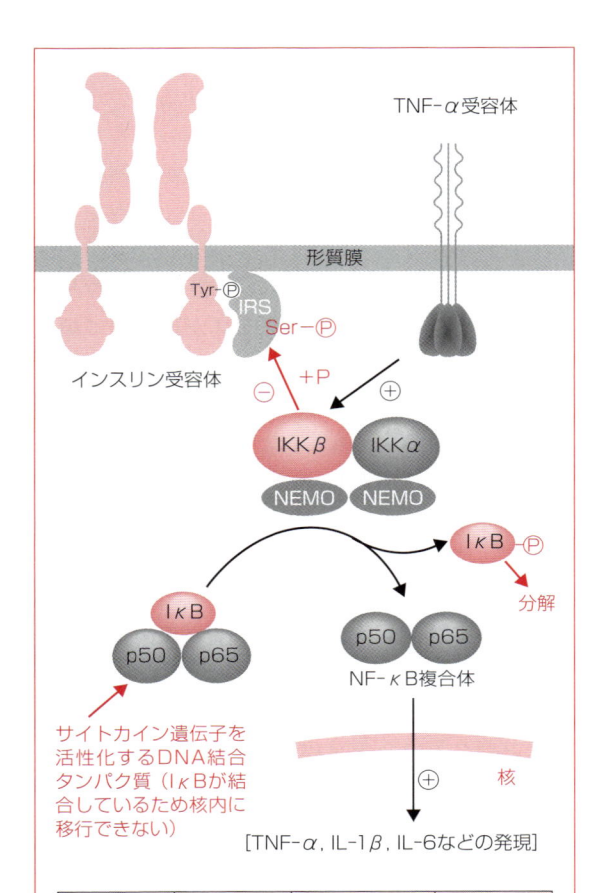

略号	遺伝子	遺伝子座	アミノ酸残基数
IKKα	CHUK	10q24-q25	745
IKKβ	IKBKB	8p11.2	756
NEMO	IKBKG	Xq28	419
IκB-α	NFKBIA	14q13	317
p50	NFKB1	4q24	433
p65	RELA	11q13	551

IKKα：NF-κB インヒビターサブユニット α
IKKβ：NF-κB インヒビターサブユニット β
NEMO：NF-κB 必須モジュレーター
IκB-α：NF-κB インヒビター α
p50：NF-κB p50 サブユニット
p65：NF-κB p65 サブユニット（転写因子 p65）

の12番目のコドンはCCGであるが，これがGCGに変わると（C→Gのようにピリミジン塩基がプリン塩基に変化する変異を**トランスバージョン** transversion と呼ぶ）暗号化されたアミノ酸はプロリンからアラニンに変わる。そのような例（白人）では体脂肪率（BMI）が増えていることが報告されている。これは遺伝性要因の例である。

このような遺伝子多型の例は他にいくつもある。例えば，**タンパク質チロシンホスファターゼ PTP1B** はインスリン受容体基質（IRS）のリン酸化チロシン残基を脱リン酸化することでインスリン受容体シグナリングを抑制する（本章Ⅱ. 2. A. 6. i，図4-Ⅱ-16参照）。このタンパク質のSNP（981 C→T）をもつ人はもたない人より2型糖尿病にかかりにくいことが報告された。すぐあとでも述べるように，インスリン分泌に関与する**SK型カリウムチャネル** SK potassium channel のSNPがメタボリックシンドロームから2型糖尿病への移行のリスクファクターの1つである可能性が最近わが国の研究者によって報告されている。

B インスリンの合成と分泌の異常

肥満→インスリン抵抗性→2型糖尿病という図式が一応成り立つが，肥満がインスリン抵抗性に直結するのに対し，インスリン抵抗性から2型糖尿病への移行にはかなり高い障壁がある。一部の人がこの障壁を越えるが，その人にはβ細胞の機能異常が見られる。インスリン抵抗性でとどまる人はインスリン分泌を高めることで高血糖に対処できている（**β細胞代償** β cell compensation）。

上昇したグルコース濃度に反応してβ細胞から分泌されるインスリン量が足りないのが，1型，2型糖尿病に共通した特徴である。転写活性化因子**PDX-1**（pancreas/duodenum homeobox protein 1の略）によって活性化された**インスリン遺伝子**から新規に合成された**プロインスリン**（インスリン前駆体）がプロセシングを受けてインスリンになることについては前に述べた（本章Ⅱ. 2. A. 1，図4-Ⅱ-6参照）。2型糖尿病ではプロセシング活性が落ちていて，プロインスリンが相対的に増える。その結果，プロインスリン／インスリン比が細胞内外で上昇する。同時にインスリンの分泌も低下する。β細胞の数自体も減少する。

インスリン分泌は前に述べた（筋の）グルコーストランスポーター GLUT4 の細胞内から細胞表面への移行（エキソサイトーシス）と多くの点で共通する細胞過程である（本章Ⅱ. 2. A. 5. ii，図4-Ⅱ-12，表4-Ⅱ-2参照）。GLUT4 に相当するのがインスリンである。違いはGLUT4が最終的に細胞膜にとどまるのに対して，インスリンは細胞外に放出されるという点だけである。神経系における神経伝達物質の放出もこれと同じ機構を用いている。つまり，細胞膜にt-SNARE複合体タンパク質があり，分泌小胞にv-SNARE複合体タンパク質があって，これらは細胞膜と分泌小胞のドッキングを実現させるのに必要な道具立てである。小胞の移行には**small Gタンパク質**と**モータータンパク質**が関与している。ただし，GLUT4の場合（筋細胞）とインスリンの場合（β細胞）では関与するタンパク質の型が同じではない。また，β細胞ではインスリンの分泌機構にCa^{2+}とcAMPの関与が認められる。それは1つにはインスリンの分泌を刺激する**GLP-1受容体**がGタンパク質共役型だからである。Ca^{2+}は最後のドッキング以後の過程で機能する。

β細胞にはGLP-1の刺激とは別にグルコースによる直接刺激の経路があることはもちろんである。グルコーストランスポーター2（GLUT2）（表4-Ⅱ-1参照）を経て増量した細胞内グルコースが解糖系を活発化させる結果，細胞内ATP/ADP比は急速に高まり**ATP依存性カリウムチャネル** ATP-dependent potassium channel（K_{ATP}）が閉じる。その結果，β細胞は**脱分極**して細胞外からCa^{2+}が流入する（L型カルシウムチャネル）。この場合，グルコース代謝が細胞内Ca^{2+}濃度の上昇をもたらしている。

インスリンは一定の速度で分泌されるのではなく数分〜10分の周期をもって分泌される。そのほうが標的器官にとってインスリン刺激がより効果的なのである。この周期性は**β細胞の解糖活性**に原因がある。**ホスホフルクトキナーゼ（PFK）**が解糖の生成物ATPによる負のフィードバックを

受けるからである(本章 I.1.B, 図4-I-3参照)。その結果, ATPの量が周期的に変化し, K_{ATP} も周期的制御を受け, Ca^{2+} の流入, インスリンの分泌も周期性を示すことになる。ATP依存性カリウムチャネルの他に**SK型カリウムチャネル**と呼ばれる Ca^{2+} で活性化されるカリウムチャネルがあり, 膵β細胞の周期的脱分極とインスリンの分泌に関与することが知られている。最近になってこのチャネルタンパク質の遺伝子 *KCNQ1* のSNPはメタボリックシンドロームから2型糖尿病への移行のバリアーを下げるリスクファクターの1つであることが見出された。

C 臨床科学との接点

肥満からインスリン抵抗性を示す段階に進んだ人では, 高血糖への傾斜に対処するためにβ細胞がインスリン分泌のグルコース応答性とGLP-1応答性をフルに活用し, かつ細胞自体が大きくなる。これはその人のβ細胞が元気だからである。それに対して弱い細胞では患者の発育史(とくに早期の)の影を引きながら**起炎症性シグナリングの負の循環**によるインスリンシグナリングのさらなる劣化, ミトコンドリアの機能障害, 酸化ストレス, 小胞体(ER)ストレス, トリアシルグリセロール-脂肪酸のサイクリング不全, **糖脂肪毒性** glucolipotoxicity などによる**細胞変性**が進行し, やがて**アポトーシス**の結末に至る。この状態になると, 分泌細胞の絶対数が不足する。つまり, もはやメタボリックシンドロームではなく, れっきとした糖尿病である。ただし, これは途中で適切な対策をとらず, 治療を施さなかった場合の経過である。治療は内科学の領域である。

第5章 遺伝情報の発現と保存

「第５章　遺伝情報の発現と保存」の構成マップ

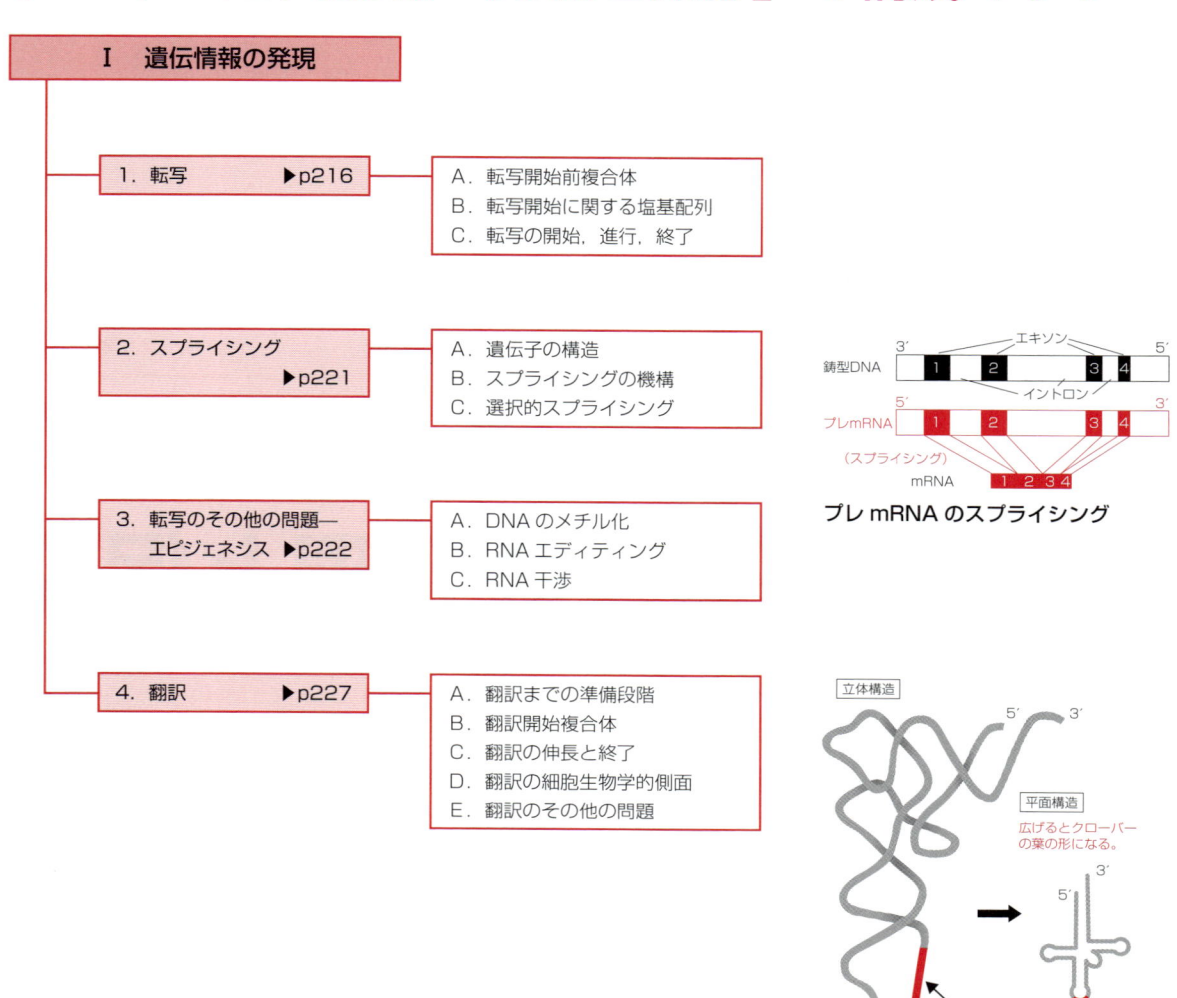

Ⅰ　遺伝情報の発現

1. 転写　▶p216
- A. 転写開始前複合体
- B. 転写開始に関する塩基配列
- C. 転写の開始，進行，終了

2. スプライシング　▶p221
- A. 遺伝子の構造
- B. スプライシングの機構
- C. 選択的スプライシング

プレmRNAのスプライシング

3. 転写のその他の問題—エピジェネシス　▶p222
- A. DNAのメチル化
- B. RNAエディティング
- C. RNA干渉

4. 翻訳　▶p227
- A. 翻訳までの準備段階
- B. 翻訳開始複合体
- C. 翻訳の伸長と終了
- D. 翻訳の細胞生物学的側面
- E. 翻訳のその他の問題

トランスファーRNA

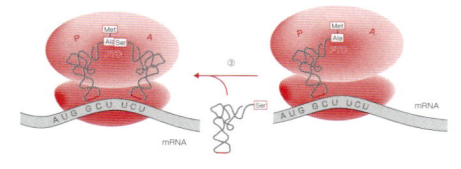

翻訳伸長過程

II 遺伝情報の保存と変化

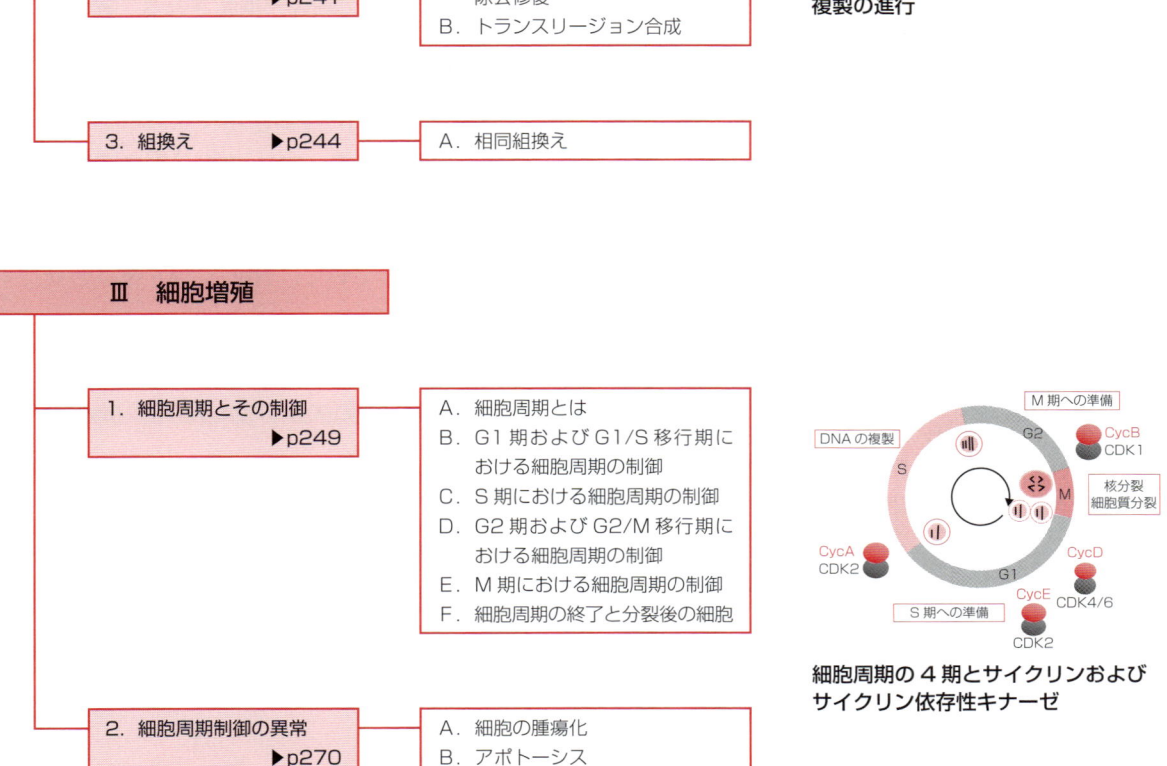

1. DNAの複製 ▶p238
A. 複製前複合体の形成
B. 複製起点
C. リーディング鎖，ラギング鎖
D. プロセッシビティー
E. 末端複製問題

2. DNAの損傷と修復 ▶p241
A. 塩基除去修復とヌクレオチド除去修復
B. トランスリージョン合成

3. 組換え ▶p244
A. 相同組換え

複製の進行

III 細胞増殖

1. 細胞周期とその制御 ▶p249
A. 細胞周期とは
B. G1期およびG1/S移行期における細胞周期の制御
C. S期における細胞周期の制御
D. G2期およびG2/M移行期における細胞周期の制御
E. M期における細胞周期の制御
F. 細胞周期の終了と分裂後の細胞

2. 細胞周期制御の異常 ▶p270
A. 細胞の腫瘍化
B. アポトーシス

細胞周期の4期とサイクリンおよびサイクリン依存性キナーゼ

I 遺伝情報の発現

1 転写

A 転写開始前複合体

わずかな個人差を別にすれば，ヒトの**ゲノム** genome（全塩基配列，ハプロイドで約 30 億塩基対）は現在解明されている．しかし，それがもつ意味のすべてがわかったわけではない．**アミノ酸配列を暗号化している塩基配列**（狭義の遺伝子）はそのうちの一部（一説に 1.2％）にすぎない．ヒトの全遺伝子数は約 26,000 とされる．また，遺伝子以外に遺伝子発現の制御を含め，広い意味の制御に関係する塩基配列がたくさんある．

転写 transcription とは DNA のまとまった塩基配列を RNA の相補的塩基配列に変換することである（その際重要となる塩基間の相補性については，第 2 章 V 参照）．ただし，RNA では T（チミン）の代わりに U（ウラシル）が選択される．転写が開始される前に転写開始前複合体（以下）が形成される．

ここで考慮しなければいけないのは，DNA は一般に密に連なる**ヌクレオソーム** nucleosome の形で存在していることである（図 5-I-1）．ヌクレオソームとは 4 種の**ヒストン** histone からなるオクタマー（八量体）（**H2A・H2B・H3・H4**）$_2$ のまわりに DNA が 7/4 回転分（146 塩基対）巻きついたものである（左巻き）．このオクタマーを**ヒストンコア** histone core とも呼ぶ．このように安定した構造の上に転写開始前複合体を形成するのは大変なことである．そのためには，このヌクレオソームの DNA の構造をゆるめて，転写に直接関係する因子（**転写因子**などのタンパク質分子）が DNA に結合できるようにする機構が必要であることが予想される．後で言及する DNA ヘリカーゼは，そのような作用をもつ酵素である．

転写開始前複合体 transcription preinitiation complex は転写酵素 **RNA ポリメラーゼ** RNA polymerase に**基本転写因子** general transcription factor（GTF）が結合したものである（図 5-I-2，表 5-I-1）．RNA ポリメラーゼには 3 種あるが（表 5-I-2），アミノ酸を暗号化した塩基配列を読み取るのは **RNA ポリメラーゼⅡ**（**RNAPⅡ/POLⅡ**）である．

この基本転写複合体にさらに**転写調節因子** transcriptional regulatory factor や**コアクチベーター** coactivator が加わった巨大なタンパク質複合体が形成されてはじめて転写が開始される．転写調節因子も広義の転写因子である．

基本転写因子の **TATA 結合タンパク質** TATA-binding protein（**TBP**）は開始複合体の中でも重要な位置を占めていて，DNA の塩基配列 **TATA** に結合する．TBP にはさらに **TBP 結合因子** TBP-associated factor（**TAF**）と呼ばれる複数のタンパク質分子が結合していて，TBP と TAF を合わせて

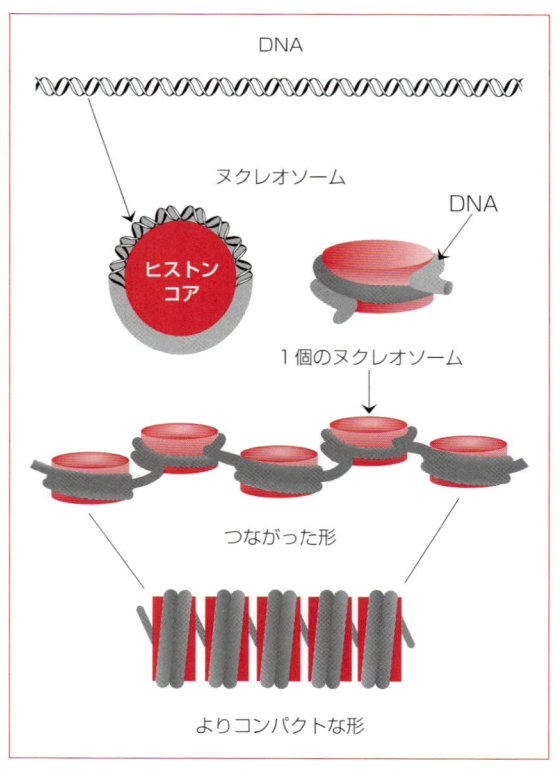

図 5-I-1 DNA とヌクレオソーム
細胞内で DNA はヒストンコアに巻きついたヌクレオソームのつながり（クロマチンファイバー）として存在している．

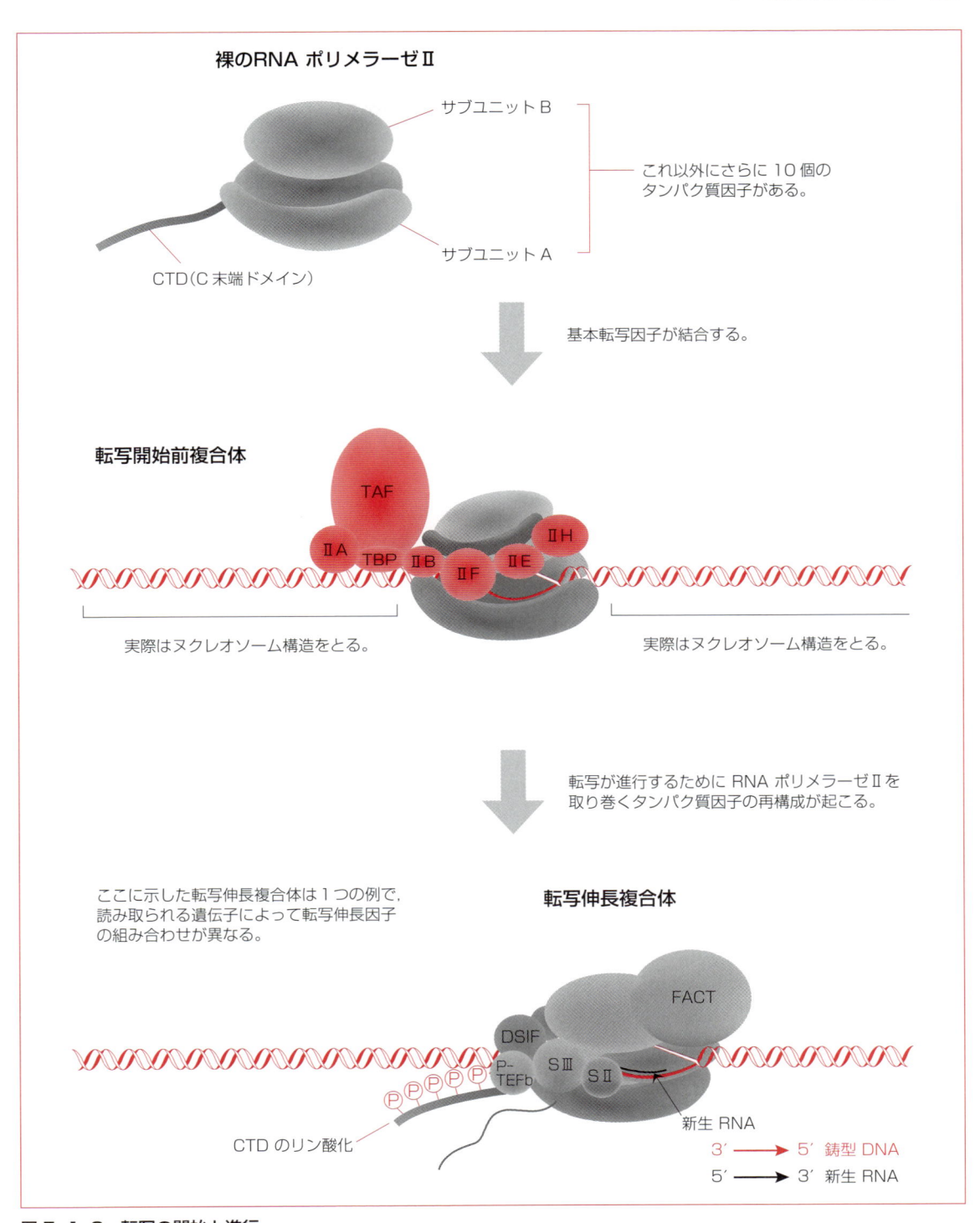

図 5-I-2　転写の開始と進行
図に示したタンパク質因子については表 5-I-1 参照。

表5-I-1 転写にかかわる主なタンパク質

ヌクレオソームタンパク質(クロマチンタンパク質)	
ヒストン	H2A, H2B, H3, H4
リンカーヒストン	H1
基本転写因子(転写開始前複合体)	
TFIIA	α, β, γ サブユニット
TFIIB	TFIIDに結合。サイクリンドメインをもつ。自己アセチル化
TFIID	TBP(TATA結合タンパク質)と14個のTBP結合タンパク質(TAF)
TFIIE	TFIIE1, E2。RNAPIIのCTDリン酸化を誘導
TFIIF	TFIIF1, F2。RNAPIIに結合
TFIIH	約10個のサブユニット。プロテインキナーゼ〔CTD(RNAPII尾部)をリン酸化〕やヘリカーゼ(DNAのヌクレオチド除去修復にも関与)を含む。
転写伸長因子(転写伸長複合体)	
BRG1	SWI/SNFファミリー。クロマチンリモデリング
DSIF	転写に対して正の調節(P-TEFbと協働)と負の調節(NELFと協働)。酵母SPT5と相同。負の調節(転写休止)はCTD(RNAPII尾部)のリン酸化で解除される。
ELL	転写の休止を解除
ELL2	ELLに似る。
elongin	SIII。サブユニットA, B, Cからなり(複数カ所での)転写の休止を解除。転写速度促進
FACT	p80(SSRP1)とp140(SPT16)からなり、クロマチンリモデリングに関与(ヌクレオソームコアからH2A・H2Bを解離させ、また戻す)
RDBP	NELF-E。RD RNA結合タンパク質。DSIFと協働
HLTF	SMARCA3。SWI/SNFファミリー。クロマチンリモデリング。ヘリカーゼ。メチル化で不活性化
P-TEFb	サイクリンT1とCDK9(プロテインキナーゼ)を含み、CTD(RNAPII尾部)をリン酸化
SII	TFIIS。転写伸長因子A1。転写のいったん停止を解除。RNAポリメラーゼII(RNAPII)のヌクレアーゼ作用の促進(間違った転写産物の除去)
SNF2	SWI/SNFファミリー。クロマチンリモデリング(ATP依存性ヘリカーゼ)
酵素	
RNAPII	RNAポリメラーゼII(サブユニットA, Bなど全部で12個のサブユニットからなる)
HAT	P300。ヒストンアセチルトランスフェラーゼ
HDAC	HDAC1~11。ヒストンデアセチラーゼ

表5-I-2 RNAポリメラーゼの種類

種類	略号	転写産物	サブユニット数
I	POL I	リボソームRNA前駆体(ただし5S rRNAはPOL IIIによる)	14
II	RNAPII / POL II	プレメッセンジャーRNA, 多くのsnRNA, マイクロRNA	12
III	POL III	5SリボソームRNA, トランスファーRNA, その他一部の低分子量RNA	16

TFIIDと呼ぶ。再構成系において、TFIIBとTFIIDとRNAポリメラーゼがあって、DNAが巻き戻された状態(ネガティブスーパーコイル negative supercoil)であれば、最低限度の転写の要求は満たされる。しかし、巻き戻されていない鋳型DNAの場合はさらにTFIIH(ヘリカーゼ活性 helicase activityをもつ)が必要であり、これにTFIIEが加わることによって一挙に転写活性が高まる。

B 転写開始に関する塩基配列

1 プロモーター

TATA配列 TATA sequence (TATAボックス)の

約 30 塩基下流に基本転写複合体が実際に転写を開始する部位(**開始部位** initiation site)がある．しかし，TATA 配列の上流および開始部位の下流にもいくつかの意味のある配列があり，転写開始に関係するこれらの配列をまとめて**プロモーター** promoter と呼んでいる．とくに TATA を含む配列を**コアプロモーター** core promoter と呼ぶことがある．

2 エンハンサー

プロモーターから上流に数千塩基も離れたところに**転写調節因子**の結合する**エンハンサー** enhancer と呼ばれる塩基配列がある．前章でふれた PPARγ や RXR のような**核内受容体**は転写調節因子の例である．さらに転写調節因子を手助けするコアクチベーター(ふつうこちらのほうがタンパク質として大きい)がある．前章の PGC1α などがその例である．コアクチベーターの他に**メディエーター** mediator という用語がある．コアクチベーターがきわめて一般的な用語であるのに対し本来媒介者を意味するメディエーターという用語も一般的な概念のようにとられるかもしれないが，メディエーターはメディエーター複合体 mediator complex の具体的なタンパク質成分である．ヒトの場合これまで少なくとも 31 種の成分タンパク質(サブユニット，遺伝子 *MED1〜31*)が知られている．

同じ DNA 鎖上で遠く離れているエンハンサーがどのようにして基本転写複合体と相互作用することが可能なのか．1 つの答えは DNA 鎖がループを作ることにより，エンハンサーに結合した転写調節因子と基本転写因子-RNA ポリメラーゼ複合体がコアクチベーターを介して機能的に結ばれるというものである．

C 転写の開始，進行，終了

1 クロマチンリモデリング

ヌクレオソーム上やヌクレオソーム間の DNA の固い構造をゆるめたり，らせんをほどいたり，ヌクレオソーム同士の距離や位置関係を変えたりすることを**クロマチンリモデリング** chromatin remodeling という．また，そのような作用をもつタンパク質ファミリーとして SWI/SNF ファミリーが有名で，ヒトではその仲間の具体例として BRG1，HLTF，SNF2 などのタンパク質が知られている(表 5-Ⅰ-1)．さらに一般的なリモデリングタンパク質として **FACT** (facilitates chromatin transcription)がある．FACT は大小 2 個のサブユニット(SSRP1，SPT16)からなる．

2 ヒストンの化学修飾

一般にヒストン(そのリシン残基の ε-N)の**アセチル化**は転写を促進し，**脱アセチル化**は転写を抑制するが，例外もある．それぞれの反応を触媒する酵素は **HAT** (histone acetyltransferase)，**HDAC** (histone deacetylase)と略されることが多い．

アセチル-CoA + リシン-ε-N = CoA + ε-N-アセチルリシン

ヒストンの化学修飾としてアセチル化以外に，**メチル化**，**ADP-リボシル化**，**ユビキチン化**，**リン酸化**がある．これらの修飾は主としてヒストンの N-末端側尾部に起こる．ヒストン尾部はヌクレオソームのヒストンコアから外へ伸び出している．これらの修飾によってクロマチンリモデリングが起こり，関連タンパク質の DNA に対する易接近性が変化し，転写・複製・修復が影響を受ける．ヒストン尾部に起こる化学修飾(の組み合わせ)は**ヒストンコード** histone code とも呼ばれる．

3 RNA ポリメラーゼのリン酸化

ヒトの RNA ポリメラーゼⅡの **C 末端ドメイン** (CTD)では **YSPTSPS** という 7 つのアミノ酸残基からなる配列が 52 回も繰り返されていて，そこに含まれるセリン残基が転写の間にリン酸化-脱リン酸化を繰り返す．この **CTD のリン酸化-脱リン酸化**は転写の進行に多くの影響を与える．

転写の開始から本格的転写への移行がどのように行われるのかについては興味がもたれる．始まってすぐに転写はいったん停止する．それは **DSIF** と呼ばれるタンパク質と **RDBP**(別名 **NELF-E**)と呼ばれるタンパク質が協働してプロ

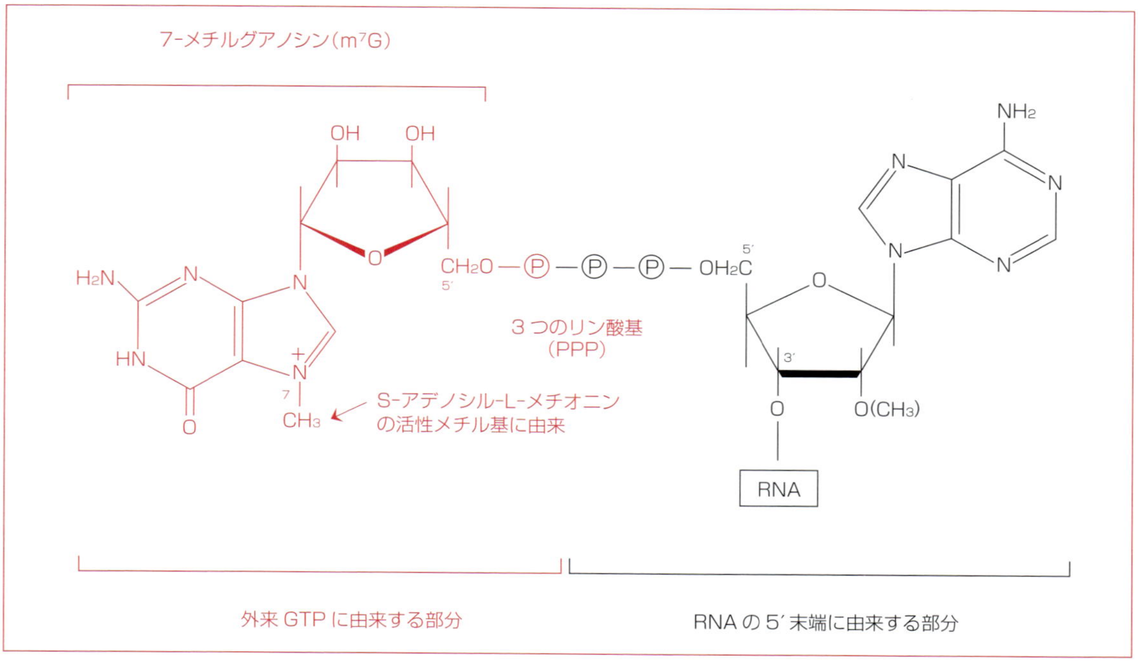

図 5-I-3 新生 RNA のキャップ構造
3 つの反応によってキャップ化が行われる。GTP に由来する GMP 部分はメチル化されかつ RNA とは逆向きの配置で示されている。RNA 側の末端塩基はプリンならアデニンでもグアニンでもよい。キャップ構造は m⁷GpppN のように書き表されていることが多い（N は新生 RNA の 5′ 末端のヌクレオチドを指す）。S-アデノシル-L-メチオニンについては第 3 章Ⅳ（図 3-Ⅳ-18）参照。

モーターの近くに結合するからである。このいったん停止は転写装置が転写を進める前に正確な転写に必要な準備を整える十分な時間を稼ぐためだと解釈されている。おそらく，基本転写因子が**転写伸長因子** elongation factor に置き換わる**転写伸長複合体** elongation complex の形成もこの時期に行われる。CTD が転写伸長因子の 1 つ **P-TEFb**（サイクリン T1 と CDK9）によってリン酸化されると停止は解除される。解除されない場合は奇形的な短い RNA が遊離し（すぐに）分解される。

4　転写の進行

転写される塩基配列は DNA 二重鎖の鋳型鎖の上流（3′）から下流（5′）に向かって読み取られ，相補的塩基配列をもった RNA が合成される（RNA の伸長は 5′→3′ 方向）（図 5-Ⅰ-2）。RNA 合成の基質は 4 種の**リボヌクレオシド三リン酸** ribonucleoside triphosphate である。1 回の反応で 1 分子のリボヌクレオシド一リン酸が追加され，1 分子の無機二リン酸（PPi）が遊離する。こうして生じた RNA を**新生 RNA** nascent RNA と呼ぶ。新生 RNA はすぐにその 5′ 末端に**キャップ**（帽子）をかぶせられる（**キャッピング** capping）。キャップは m⁷GpppN という構造をもつ（図 5-Ⅰ-3）。これは RNA の 5′ 末端に **RNA 5′ トリホスファターゼ**，**RNA グアニリルトランスフェラーゼ**，**RNA グアニン-N7 メチルトランスフェラーゼ**の 3 つの酵素反応が働いてできる。前二者の活性は同一の酵素のもので，2 種の**キャッピング酵素**はリン酸化された CTD に結合している。キャップ構造は RNA の保護だけでなく，**転写の開始**そのもの，転写後に起こる**スプライシング**（以下）と**翻訳**に対しても重要な役割をもつ。

5　転写の休止

転写の休止は転写開始直後だけでなくて複数回（頻繁に）起こる。それは転写された塩基配列の正確さを点検するためである。転写の際にところど

ころで休止して正しい塩基配列かどうかを調べ，違っていたら相補的でない塩基を RNAPⅡ が削り取って作り直す．この作業(**プルーフリーディング** proofreading)にかかわっている転写因子が **SⅡ**(**TFⅡS**)である．しかし，いったん転写の始まったすべての RNA が最後まで転写されるわけではなく，途中で停止したまま遊離するものもある．実際そのような短いメッセンジャー RNA の存在が証明されている．

6 転写の終了

新生 RNA に起こる主なプロセシングとしては，上述のキャッピングの他に**切断** cleavage と**ポリアデニル化** polyadenylation がある．切断が起こるには保存性の高い 6 塩基 **AAUAAA** 配列に**切断ポリアデニル化特異因子** cleavage polyadenylation specific factor(CPSF)が結合し，それより下流の**高 U**(**高 GU**)配列に**切断促進因子** cleavage stimulation factor(CSTF1-3)が結合する．AAUAAA の 10〜20 塩基下流で切断が起こると CSTF は遊離し，新しく生じた 3′ 末端に**ポリ A ポリメラーゼ**が結合して**ポリ A 鎖**(〜200 塩基)を合成する．このようにして転写が**終了** terminate すると，転写複合体と**プレ mRNA** は鋳型 DNA から解離する．AAUAAA 配列が複数存在する場合は長さを異にする mRNA ができ，mRNA の安定性にも差が出る．

2 スプライシング

A 遺伝子の構造

新生 RNA がキャッピングと切断とポリアデニル化を受けて生じたものを**プレメッセンジャー RNA** pre-messenger RNA(プレ mRNA)と呼ぶ．5′ 端にキャップ，3′ 端にポリ A をもつプレ mRNA が次に受けるプロセシングは，**スプライシング** splicing である．実際は，スプライシングは転写と共役して行われると考えられていて，これからすると，プレ mRNA という存在は概念上のものになる．

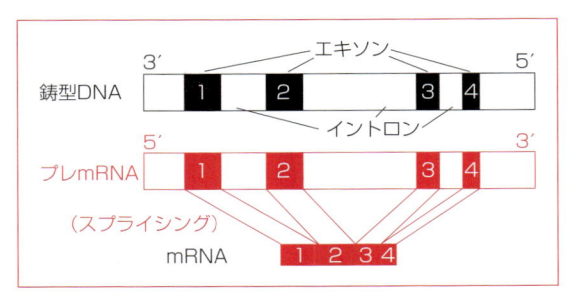

図5-Ⅰ-4 プレ mRNA のスプライシング
エキソンに挟まれた部分がイントロン．スプライシング(切り継ぎ)はイントロンを切り捨てエキソン同士をつなぐ作業である．

遺伝子は一般に**エキソン** exon と**イントロン** intron と呼ばれる 2 つの構成単位(塩基配列)の組み合わせでできている(図5-Ⅰ-4)．エキソンもイントロンもプレ mRNA にはそのまま転写される．しかし，mRNA にはエキソンのみが残り，イントロンは除かれている．このように最後まで発現されるのがエキソン(「発現子」の意)である．

B スプライシングの機構

エキソンとイントロンのモザイクであるプレ mRNA からイントロンを切り捨てエキソン同士をつなぐ作業を**スプライシング** splicing(切り継ぎ)という．一般に，イントロンは長く，エキソンは短い．スプライシングを受けるイントロンの 5′ 端には保存性の高い GU 配列があり，3′ 端には AG がある(図5-Ⅰ-5)．切り継ぎされる 2 つのエキソンの末端はいずれも G であることが多い．

スプライシングは**スプライソーム** spliceosome と呼ばれる巨大な構造体の中で，U1，U2，U4，U5，U6 などの**核内低分子リボ核タンパク質** small nuclear ribonucleoprotein(snRNP)やヘリカーゼ活性を含むタンパク質因子の作用で行われる．ちなみに，U1 はイントロンの 5′ 端に，U2 はイントロンの分枝点に結合する．スプライシングされるエキソン同士の接近には U4，U6 が関与する．

イントロンの 5′ 端と 3′ 端がループを作ることによって接近する(図5-Ⅰ-5)．途中の段階を省略して結論を述べれば，第 1 エキソンの 3′ 端と第 2 エキソンの 5′ 端が結合し，イントロンはそ

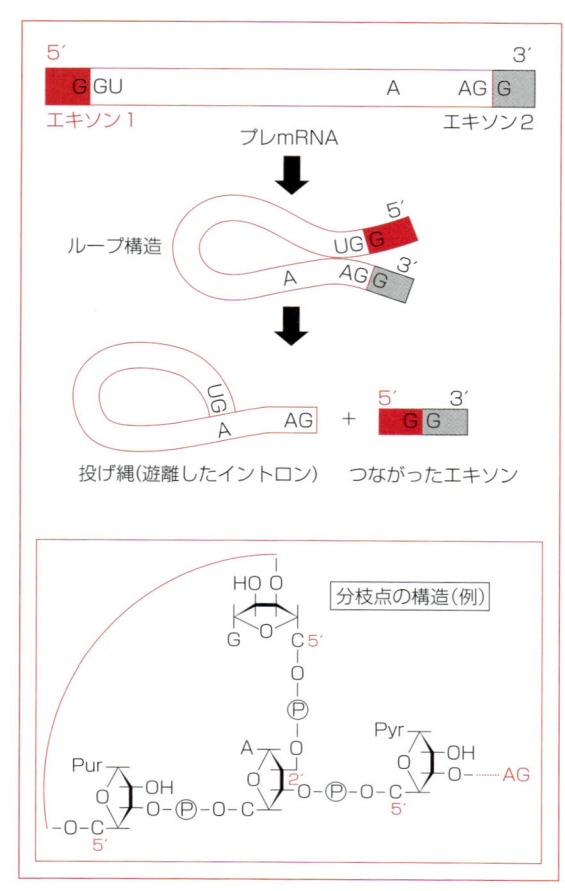

図5-I-5　スプライシングの機構
Pur：プリン塩基，Pyr：ピリミジン塩基。

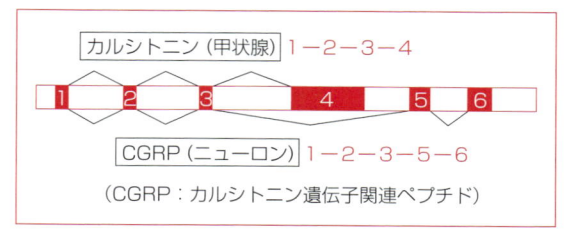

図5-I-6　選択的スプライシングの例
単一の遺伝子が与える2つの転写産物。ジグザグの実線は切り継ぎされるエキソンを表す。

の5′端が分枝点のAに結合して**投げ縄(ラリアート lariat)構造**をとり遊離する。投げ縄状イントロンは分解される。

C　選択的スプライシング

ヒトの遺伝子の一部はそのプレmRNAが**選択的スプライシング** alternative splicing を受ける。選択的スプライシングとはエキソンのすべてが切り継ぎの対象となるのではなく，スキップされるエキソンがあるということである(図5-I-6)。このことによって1つの遺伝子から複数の転写産物が生じる。また，スプライシングとは別に複数の転写開始点をもつ遺伝子もあり，そのことによってもさらに転写産物の多様性が増す。

では，そのエキソンの選択の仕方はどのようにして決まるのか。それは，個体の発生の時期や遺伝子産物が発現する組織，また生体内外のさまざまな条件によって決まると考えられる。選択的スプライシングの機構にはさまざまな調節因子が関与している。正の調節因子(SRタンパク質)は**スプライシングエンハンサー** splicing enhancer と呼ばれる配列要素に結合し，抑制性の調節因子(例：hnRNPA1)は**サイレンサー** silencer という配列に結合する。

選択的スプライシングのよく知られた例を挙げよう。ヒトのカルシトニン/CGRP遺伝子は1個の遺伝子でありながら，甲状腺ではカルシトニンを，ニューロンでは**CGRP(カルシトニン遺伝子関連ペプチド** calcitonin gene-related peptide**)**を生じる。それは，ニューロンではエキソン1, 2, 3, 5, 6が選択され，甲状腺ではエキソン1〜4が選択されることによる(図5-I-6)。これは**組織特異的選択的スプライシング** tissue specific alternative splicing の例である。

3　転写のその他の問題──エピジェネシス

A　DNAのメチル化

スプライシングに組織特異性があることを述べたが，遺伝子の発現そのものに組織特異性があることは自明のことである。(ヘモ)グロビンは赤血球にあって，白血球にはない。これは細胞分化と遺伝子発現の問題であるが，その生化学的機構は遺伝子制御部位における**DNAのメチル化** DNA methylation が基本転写装置のアクセスを妨げて

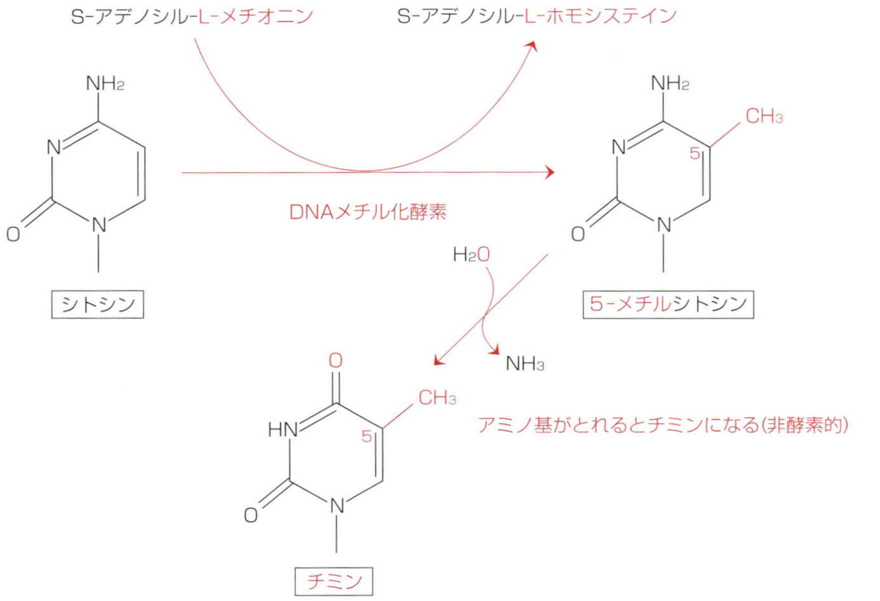

図5-Ⅰ-7　DNAのメチル化

DNAメチル化酵素	遺伝子	遺伝子座	アミノ酸残基数	機能
DNA(シトシン-5)-メチルトランスフェラーゼ1	*DNMT1*	19p13.2	1,616	メチル化維持
DNA(シトシン-5)-メチルトランスフェラーゼ3A	*DNMT3A*	2p23	912	新規メチル化
DNA(シトシン-5)-メチルトランスフェラーゼ3B	*DNMT3B*	20p11.2	833	新規メチル化

いるからである．つまり，遺伝子を強制的に眠らせているのである．グロビン遺伝子についていえば，赤血球系細胞以外の細胞ではグロビン遺伝子は強制的に眠らされているのである．このように，塩基配列の変化ではない変化（ここではメチル化）によって遺伝子の性質が変わることを**エピジェネティック** epigenetic な変化という．

1　CpG配列

DNAのメチル化は**CpG配列**（シチジン-リン酸-グアノシン）のシトシン塩基（5-C）に起こる（図5-Ⅰ-7）．メチル化に関与する酵素はDNAシトシン-5メチルトランスフェラーゼ3 DNA cytosine-5 methyltransferase 3（DNMT3）[注]で，メチル基供与体はS-アデノシルメチオニンである．メチル化されたシトシンは全DNAの数%であ

る．しかし，CpG（5'-CpG-3'）配列のシトシンはその過半数（70〜80%）が5-メチル化（**m⁵CpG**）されている．メチル化シトシンは非酵素的**脱アミノ化**によって**チミン**に変わるので，進化の間にこれが進み，ヒトのCpG配列は確率的に予想される数値の10%程度になっている（CpG → TpG）．そのうち1〜2%はメチル化から保護された**CpG島** CpG island（CG島）または**CpGクラスター** CpG cluster と呼ばれる**高CG配列**を形作っている．これらの部位は**転写開始部位**とオーバーラップする．逆に，高密度にメチル化されている遺伝子は転写頻度が少ないかまたは，まったく転写されな

[注] DNMT3にはAとBとLがある（遺伝子 *DNMT3A*, *DNMT3B*, *DNMT3L*）．AとBはメチル化酵素であるが，LはAとBの触媒ドメインに結合する調節タンパク質である．

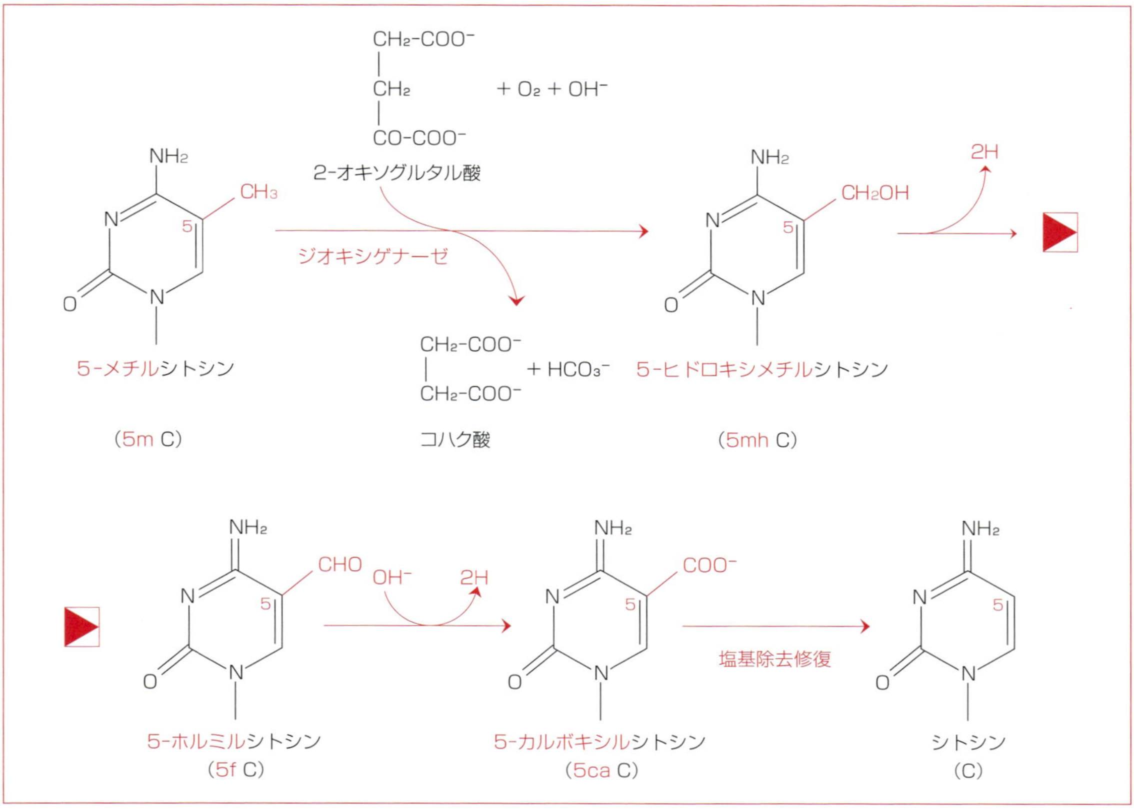

図 5-I-8　メチル化シトシンの除去とシトシンの回復

い。それらは強制的に眠らされているわけである。父親と母親由来の対立遺伝子が識別され，どちらか一方が優勢に発現する**ゲノムインプリンティング** genomic imprinting（**ゲノム刷り込み**）でも，メチル化によって片方の遺伝子の発現が抑制されている（以下 2 に述べる）。

以上の他に，DNA メチル化酵素はメチル化 CpG 結合因子 MeCP2 と結合してヒストン脱アセチル化酵素を誘引する結果，メチル化による遺伝子の不活性化にさらに転写の抑制が加わることになる。

5-メチル化シトシン（5mC）を正常のシトシンに戻す機構が見出された（**図 5-I-8**）。まず酵素メチルシトシンジオキシゲナーゼ TET methylcytosine dioxygenase TET〔遺伝子 *TET1*（筋，胎児，心，肺，脳），*TET2*（造血細胞），*TET3*（大腸，筋，胎児脳）〕が働くことによって 5-メチル 5-CH3-がヒドロキシメチル 5-CH2OH-を経て 5-ホルミル 5-CHO-さらに 5-カルボキシ 5-COOH-シトシン（5caC）になる。5-カルボキシ-シトシンは酵素チミン-DNA グリコシラーゼ thymine-DNA glycosylase（正式名 G/T ミスマッチ特異的チミン DNA グリコラーゼ G/T mismatch-specific DNA glysosylase, 遺伝子 *TDG*）によって異常塩基として除去され，後は塩基除去修復（本章 II. 2. A，図 5-II-9）によって正常な塩基（シトシン）が回復されるという経路である。

2　X 染色体不活性化

雌性では 2 本の X 染色体のうち 1 本が不活性化されている。これを **X 染色体不活性化** X-inactivation という（両方の対立遺伝子が発現すると遺伝子産物が雄性の 2 倍になってしまう）。その際母性 X 染色体と父性 X 染色体のどちらが不

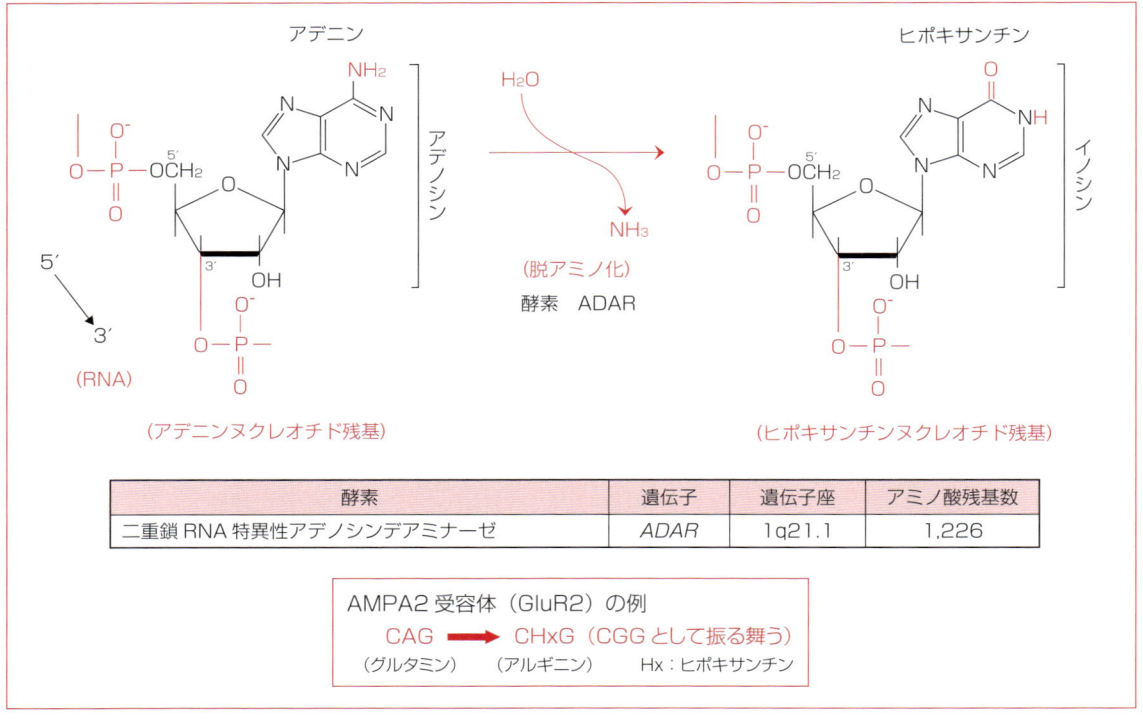

図 5-Ⅰ-9 RNA エディティング
グルタミン酸受容体(AMPA2)における例。

活性化されるかは決まっていない(**ランダム不活性化** random inactivation)。この不活性化は個体発生早期に起こる。その機構は **Xist**(X-inactivation specific transcript)という**非コード RNA** non-coding RNA(アミノ酸配列を暗号化していない RNA)の働きによる。この RNA の遺伝子が活性化されたほうの X 染色体が不活性化される。Xist RNA は不活性化される染色体の表面を覆い，**ポリコームグループ** polycomb group(PcG)に属するタンパク質のいくつかを引き寄せる。最終的には，ヒストン H2A の特定のリシン残基(リシン-120)のユビキチン化に続くヒストン H3 の特定のリシン残基(リシン-10, -28)のメチル化によって，クロマチンリモデリングが起こると考えられている。

B RNA エディティング

1 2種類の RNA エディティング

遺伝子が RNA に転写されてからその RNA の塩基配列を変化させる生体の機構を **RNA エディティング** RNA editing(RNA 編集)という。

現在 2 種類の RNA エディティングが知られている。1つは**アデノシン**(塩基はアデニン)を**イノシン**(ヒポキサンチン)にし，もう1つは**シチジン**(シトシン)を**ウリジン**(ウラシル)にする。どちらの反応も**脱アミノ化**である(図5-Ⅰ-9)。アデノシンを脱アミノ化する酵素には大きく分けて2種あって，1つはプレ mRNA に働く **ADAR**(adenosine deaminase acting on mRNA の頭文字)とトランスファー RNA に働く **ADAT**(adenosine deaminase acting on tRNA)である。生理的に重要なのは ADAR で，これは中枢神経系のイオンチャネルなどの生理的に重要なタンパク質のプレ mRNA に働いて遺伝子が本来暗号化しているアミノ酸を別のアミノ酸に変える。中でもよく知られているのは AMPA2 選択性グルタミン酸受容体2(遺伝子 GRIA2/GluR2)のイオン透過性を制御する部位(N 末端から 607 番目)のアミノ酸を遺伝子が指定するグルタミン(1 文字記号 Q)からアルギニン(1 文字記号 R)にするもので，したがってこ

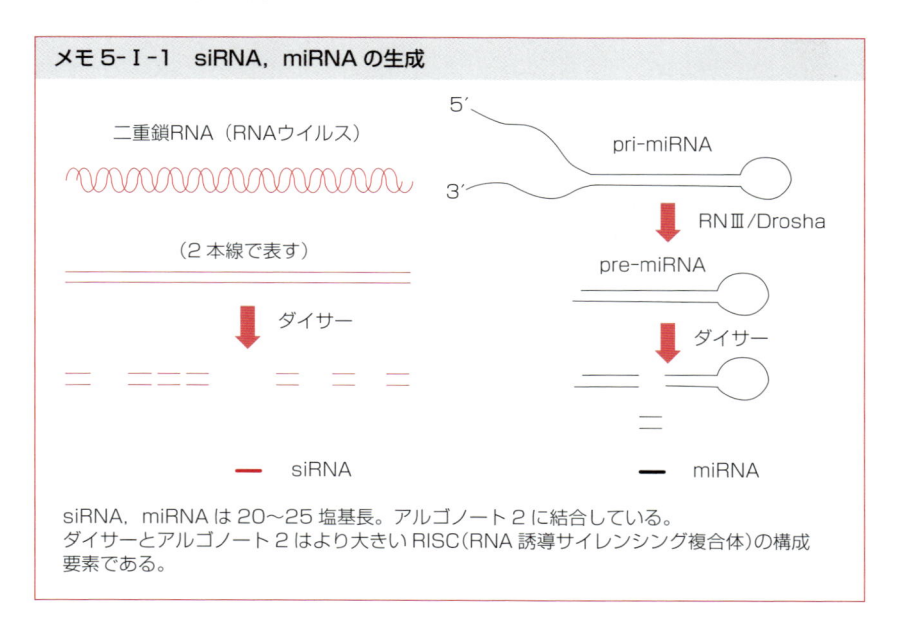

> **メモ 5-Ⅰ-1　siRNA, miRNA の生成**
>
> 二重鎖RNA（RNAウイルス）
>
> （2本線で表す）
>
> ↓ ダイサー
>
> ― siRNA
>
> pri-miRNA
> 5′
> 3′
> ↓ RNⅢ/Drosha
> pre-miRNA
> ↓ ダイサー
> ― miRNA
>
> siRNA, miRNA は 20〜25 塩基長。アルゴノート 2 に結合している。
> ダイサーとアルゴノート 2 はより大きい RISC（RNA 誘導サイレンシング複合体）の構成要素である。

の部位は **Q/R 部位** Q/R site と呼ばれている。

2　RNA エディティングの機構

上のグルタミン酸受容体の場合を例にとってRNA エディティングがどのようにして起こったのかを説明しよう。まず，3 塩基からなるアミノ酸暗号の **CAG**（グルタミン）から **CHxG**（Hx はヒポキサンチン，ヌクレオシドとしては**イノシン**）への変化が起こる。このあと tRNA がアミノ酸を導入するのであるが，CHxG は **CGG**（アルギニン）に等価な暗号として tRNA^{Arg} に読み取られるということが起こる。

もう 1 点注意しなければならないのは，この酵素 ADAR の基質は 1 本鎖ではなく 2 本鎖の RNA だということである。プレ mRNA が部分的な塩基対合によって**ヘアピン構造** hairpin structure をとるところがあり，そこに生じる二重鎖部分にこの酵素が働くのである。

C　RNA 干渉

1　非コード RNA

非コード RNA（ノンコーディング RNA, 非翻訳性 RNA などいろいろな言い方がある，略 ncRNA）はその名のとおりメッセンジャー RNA のようにアミノ酸をコード（暗号化）していない RNA のことであって，それにはトランスファー RNA，リボソーム RNA などの他にメッセンジャー RNA 型非コード RNA，核内低分子 RNA，核小体低分子 RNA などがあるが，ここで取り上げるのは**低分子干渉性 RNA** small interfering RNA（siRNA）と**マイクロ RNA**（miRNA）である。siRNA と miRNA は **RNA 干渉** RNA interference（RNAi）と呼ばれる現象に関係する。これは低分子量の RNA が塩基相補性のある RNA（mRNA）に結合して多くの場合負の作用を示すものである。siRNA はウイルスなどの外来性の 2 本鎖（ds）RNA に由来する。miRNA のほうは 1 本の RNA の作るヘアピンを母体とする（**メモ 5-Ⅰ-1**）。

2　RNA 干渉の機構

これらの低分子 RNA の示す機能は転写や翻訳の阻害であったり，mRNA の分解の促進であったりする。これらの作用は **RNA 誘導サイレンシング複合体** RNA-induced silencing complex（RISC）を介して行われる。RISC は複数のタンパク質からなるが，中核的成分は**ダイサー** Dicer と**アルゴノート 2**（Ago2, 遺伝子名 *EIF2C2*）である。RISC の中でウイルス RNA やプレ miRNA の 2 本鎖が切断される。複合体はこの 1 本鎖 RNA（ガイド

RNAという）に相補性をもつmRNAに接近して結合し，このmRNAの翻訳をブロックしたり，破壊したりする。ただしmiRNAの場合，標的mRNAとの相補性はsiRNAの場合ほど厳密ではない。

　このような非コードRNAは数量ともにきわめて多く（全RNAの90％以上に及ぶ），全体として時空的に複雑な遺伝子発現の制御系を形成しているに違いない。それはとても大きい問題で今後の解明が期待される。最近，miRNAの発現の異常が腫瘍化した細胞で見られている。同じく非コードRNAである上記の**XistRNA**はsiRNAやmiRNAと比べるとより大きい非コードRNAである（mRNA型という）。その抑制の機構については上で述べた。

4　翻訳

A　翻訳までの準備段階

1　mRNAの移行

　翻訳 translationは細胞質で行われるので，mRNAは核から細胞質へ移行しなければならない。**ヌクレオポリン** nucleoporinと呼ばれる多数の核膜孔複合体固有のタンパク質がmRNAが通過する核膜孔の構造維持と機能に関与している。このうち，RNAの輸送に関係するものとしては，例えば**NUP85**，**NUP98/96**，**NUP107**，**NUP133**，**NUP160**などがある。ここで**NUP**とはnucleoporinを，数字は分子量を**kDa**で表したものである。NUP98とNUP96は共通の前駆体から生じた2つのタンパク質である。核膜孔複合体の微細構造については細胞生物学の教科書にゆだねたい。

2　コドン

　5′キャップと3′ポリA鎖を含むmRNAの化学構造についてはすでに見た。ここではmRNAの情報的構造について学ぼう。mRNAが運ぶ情報といえばアミノ酸を暗号化した情報である。1つのアミノ酸に対応する暗号情報を**コドン** codon（暗号子）という。コドンは連なった3個の塩基である（**表5-Ⅰ-3**）。これらのコドンが一列に並んだもので**スタートコドン**に始まり**ストップコドン**に終わるのが**開かれた読み枠**〔**オープンリーディングフレーム** open reading frame（ORF）〕である（図5-Ⅰ-10）。この2つの特別なコドン（スタートコドンとストップコドン）とも複数が存在する場合がある。1つのORFのみをもつmRNAを**モノシストロン性** monocistronic，複数のORFをもつそれを**ポリシストロン性** polycistronicという。

3　トランスファーRNA

　コドンと個々のアミノ酸を結ぶのが**トランスファーRNA** transfer RNA（tRNA）である（図5-Ⅰ-11）。個々のアミノ酸に特異的なtRNAはmRNAのコドンに対応する相補性をもった領域を分子内にもつ。その領域を**アンチコドン** anticodonと呼ぶ。また，すべてのtRNAは広げると**クローバーの葉状**の構造をもつ（図5-Ⅰ-11）。

　アミノ酸をtRNAに結びつける反応は**アミノアシルtRNAシンテターゼ** aminoacyl-tRNA synthetaseと総称される酵素がATPのエネルギーを用いて行う（図5-Ⅰ-12）。すべてのアミノ酸に対して少なくとも1つの酵素，1種のtRNAが対応する。グルタミン酸とプロリンに対する酵素は1本のポリペプチド鎖の中にあるが，酵素としては別々である（ポリシストロン性mRNAの例）。中間体として**アミノアシルAMP**が生じ，次いでアミノ酸はtRNAの2′または3′-OHに付加される（図5-Ⅰ-12）。2′-OHに結合させる酵素を**クラスⅠ**，3′-OHに結合させるそれを**クラスⅡ**と呼ぶ。例を挙げれば，上のグルタミン酸・プロリンに対する酵素タンパク質の場合，グルタミン酸に対する活性はクラスⅠであり，プロリンに対するそれはクラスⅡである。

B　翻訳開始複合体

1　リボソーム

　1つのコドンに対応するアミノ酸を負荷された

表5-I-3 アミノ酸暗号(コドン)

第1塩基	第2塩基 U		第2塩基 C		第2塩基 A		第2塩基 G	
U	UUU UUC	Phe	UCU UCC UCA UCG	Ser	UAU UAC	Tyr	UGU UGC	Cys
U	UUA UUG	Leu			UAA UAG	ストップ	UGA	ストップ
U							UGG	Trp
C	CUU CUC CUA CUG	Leu	CCU CCC CCA CCG	Pro	CAU CAC	His	CGU CGC CGA CGG	Arg
C					CAA CAG	Gln		
A	AUU AUC AUA	Ile	ACU ACC ACA ACG	Thr	AAU AAC	Asn	AGU AGC	Ser
A	AUG	Met			AAA AAG	Lys	AGA AGG	Arg
G	GUU GUC GUA GUG	Val	GCU GCC GCA GCG	Ala	GAU GAC	Asp	GGU GGC GGA GGG	Gly
G					GAA GAG	Glu		

ストップコドンについては別の呼び方もある。アンバー(UAG),オーカー(UAA),オパール(UGA)である。

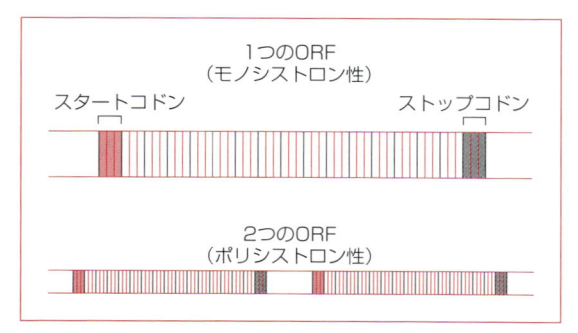

図5-I-10 オープンリーディングフレーム(ORF)
3個1組の塩基からなるアミノ酸暗号(コドン)のかたまりで,スタートコドンで始まりストップコドンで終わるものをオープンリーディングフレーム(ORF)と呼ぶ。1個のmRNAに1つのORFがある場合をモノシストロン性,2つ以上ある場合をポリシストロン性という。

tRNAが順次結合しアミノ酸をペプチド結合(第2章Ⅳ.2参照)でつないでいく操作が翻訳である

注)リボソームの構築はふつう核小体で行われるとされる。実際は,その生合成には核質,細胞質も関与している。リボソーム本体のタンパク質とRNAの熟成 maturation(化学的修飾,プロセシングなどによる)に関与するタンパク質因子だけでも最低200を超える。さらに,リボソームの素材や完成品の核内外の輸送に関するタンパク質因子もある。このように,リボソームの合成・構築は複雑に組織化されている。

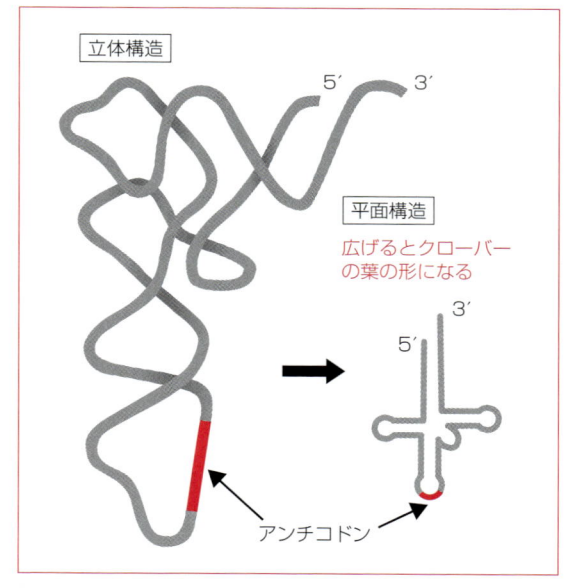

図5-I-11 トランスファーRNA
コドン(アミノ鎖暗号)に相補的な3塩基配列をアンチコドンという。

が,その翻訳装置は転写装置に比べさらに巨大で複雑である注)。その主な舞台はリボソーム ribosome と呼ばれる大きいタンパク質複合体である(図5-I-13)。アミノ酸を負荷されたtRNAを

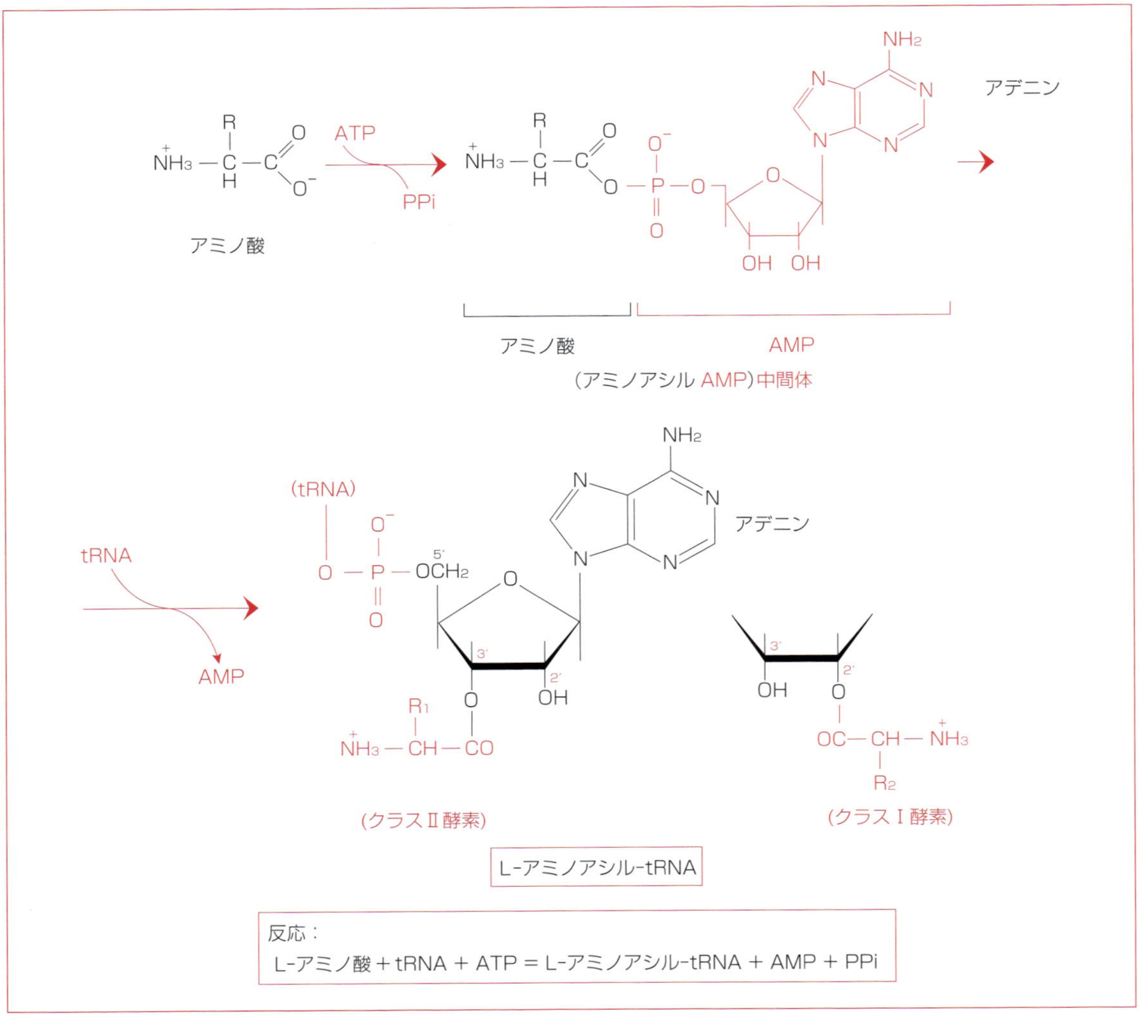

図5-I-12 アミノアシル tRNA の生成

役者とすると，劇の進行係を務めるのは**ペプチド合成酵素**（ペプチジルトランスフェラーゼ peptidyltransferase）である。

リボソームは4本の**リボソーム RNA** ribosomal RNA（**rRNA**）と約80のタンパク質からできた巨大な**リボ核タンパク質複合体** ribonucleoprotein complex である。リボソームは **40S** と **60S** のサブユニットに分かれていて，40S サブユニットには1本の rRNA が，60S サブユニットには3本の rRNA がある。RNA の数に比べ小型のタンパク質が多数あるという点がリボソームの特徴である。

2 翻訳開始複合体の形成

転写と同じく翻訳の場合にも翻訳のための開始複合体 initiation complex for translation が形成されるが，そこにいたる段階は 40S リボソーム側と，翻訳される mRNA 側に分けて考えることができる。リボソームには eIF1, eIF-2, eIF-3, eIF-5 などの真核生物翻訳開始因子 enkaryotic translation initiation factor（eIF）と開始 Met-tRNAi が結合する。他方，mRNA には eIF-4 グループの翻訳開始因子が結合する（**表 5-I-4，図 5-I-14**）。つまり，40S リボソームを中心とする複合体と mRNA

表5-I-4 翻訳開始因子

開始因子	遺伝子	機能
eIF1	EIF1	開始部位を選択し，開始前複合体の形成を促進
eIF-1AX	EIF1AX/EIF4C	Met-tRNAi の結合と安定化
eIF-2-α	EIF2S1	GTP と Met-tRNAi の結合
eIF-2A	EIF2A	Met-tRNAi の結合
eIF-2B4	EIF2B4	(eF-2B サブユニットδ) 5 個のサブユニットをもつ GTP 交換因子（GEF）
eIF-3 複合体		40S リボソームと結合し，eIF1, eIF-1AX, eIF-2α-GTP, eIF-5, Met-tRNAi を動員。開始前複合体の形成を促進 開始因子 eIF-3a,-3b,-3c,-3d,-3e,-3f,-3g,-3h,-3i,-3j,-3k,-3l,-3m 遺伝子　EIF3A, EIF3B, EIF3C, EIF3D, EIF3E, EIF3F, EIF3G, EIF3H, EIF3I, EIF3J, EIF3K, EIF3L, EIF3M
eIF-4A1	EIF4A1	ATP 依存性 RNA ヘリカーゼ。eIF-4F の成分。キャップ結合を認識。mRNA のリボソーム結合に関与
eIF-4AⅡ	EIF4A2	同上
eIF-4B	EIF4B	キャップ近傍に結合。eIF-4AⅠ/ⅡのRNAヘリカーゼ活性を促進
eIF-4E	EIF4E	キャップ結合を認識。mRNA のリボソーム結合に関与
eIF-4F		4AⅠ/Ⅱ, 4E, 4G1, 4G3 をコアとする複合体
eIF-4γ1/eIF-4G1	EIF4G1	キャップ結合を認識。mRNA のリボソーム結合に関与
eIF-4γ2/eIF-4G2	EIF4G2	キャップ非依存性翻訳に関与？
eIF-4γ3/eIF-4G3	EIF4G3	キャップ結合を認識。mRNA のリボソーム結合に関与
eIF-5	EIF5	GTP アーゼ活性。40S リボソーム，Met-tRNAi, eIF-2-α-GTP に作用

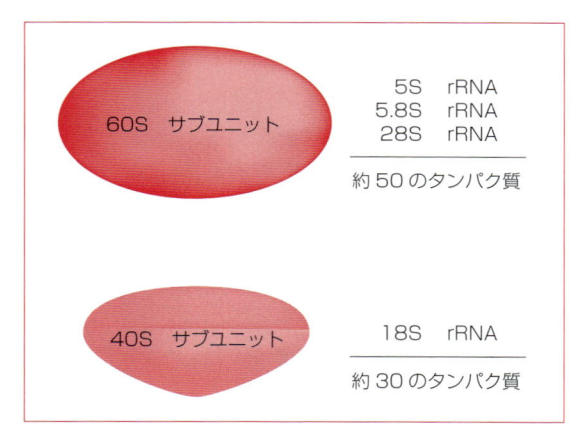

図5-I-13 リボソーム

60S サブユニット　5S rRNA / 5.8S rRNA / 28S rRNA　約50のタンパク質

40S サブユニット　18S rRNA　約30のタンパク質

を核とする複合体が生じたことになる。最後に，両複合体は合体する（**開始前複合体の生成**）。この際，mRNA の AUG とリボソーム側の Met-tRMAi のアンチコドンは相補的に結合する。次に複合体の再編成が起こり，多くの開始因子が遊離し，40S リボソームと 60S リボソームは合体し（**開始複合体の形成**），eIF-2-α に結合していた GTP は加水分解する（図5-I-14）。このようにして，翻訳の始まる準備ができあがる。

C 翻訳の伸長と終了

1 Aサイト・Pサイト—ペプチド結合の形成

以上のようにして形成された**翻訳開始複合体** translation initiation complex に最初に起こるできごとはすでに存在するメチオニンにペプチド結合するべき次のアミノ酸を負荷された tRNA が **A サイト**（A はアミノ酸またはアクセプター）に着座することである。それには **EF1A**（あるいは EF-Tu, 遺伝子 *EEF1A1*）と呼ばれる**伸長因子** elongation factor（EF）が必要である。この EF1A に結合した GTP はアミノ酸を負荷された tRNA が A サイトに着座する際加水分解する。

P サイト（P はペプチド）と A サイトに立った 2 人が向き合って握手をするような形で 2 つのアミノ酸は**ペプチド結合**で結ばれる（図5-I-15）。この反応を触媒するのはタンパク質酵素ではなく

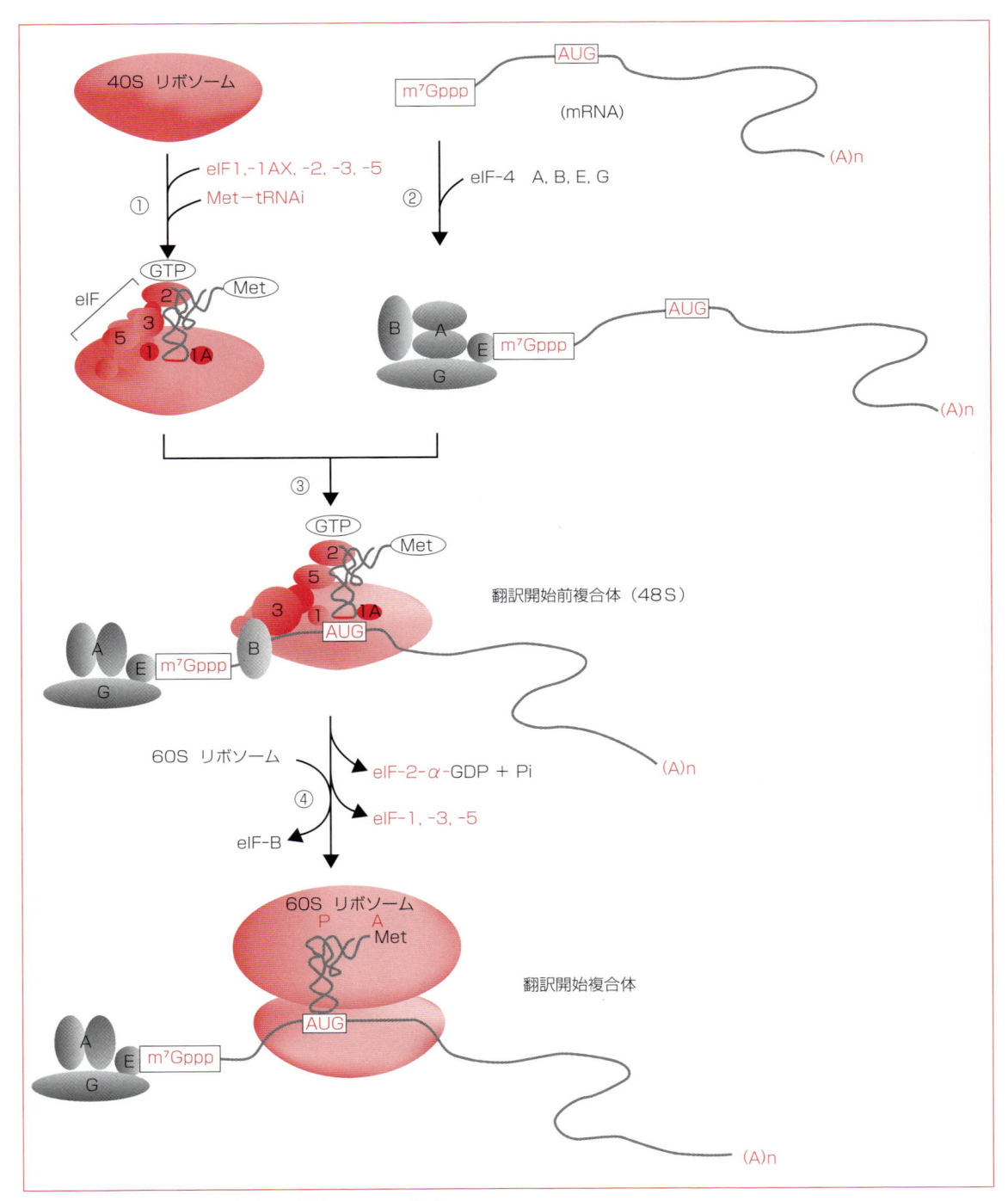

図 5-I-14 翻訳開始複合体の形成（1 つのモデル）
① 40S リボソームに開始因子 eIF1（eIF-1A X を含む），eIF-2（eIF-2-α，eIF-2A），eIF-3（eIF-3 複合体），eIF-5 と Met-tRNAi が結合する。② メッセンジャー RNA（mRNA）のキャップに開始因子 eIF-4 グループが結合する。③ 開始因子を負荷された 40S リボソーム（43S リボソーム）と mRNA が結合する（開始前複合体の形成）。④ 複合体の再編成が起こる。eIF1，eIF-2，eIF-3，eIF-4，eIF-5 が遊離し，60S リボソームが合体する（開始複合体の形成）。EIF-2-α に結合していた GTP は加水分解して再編成に必要なエネルギーを供給する。

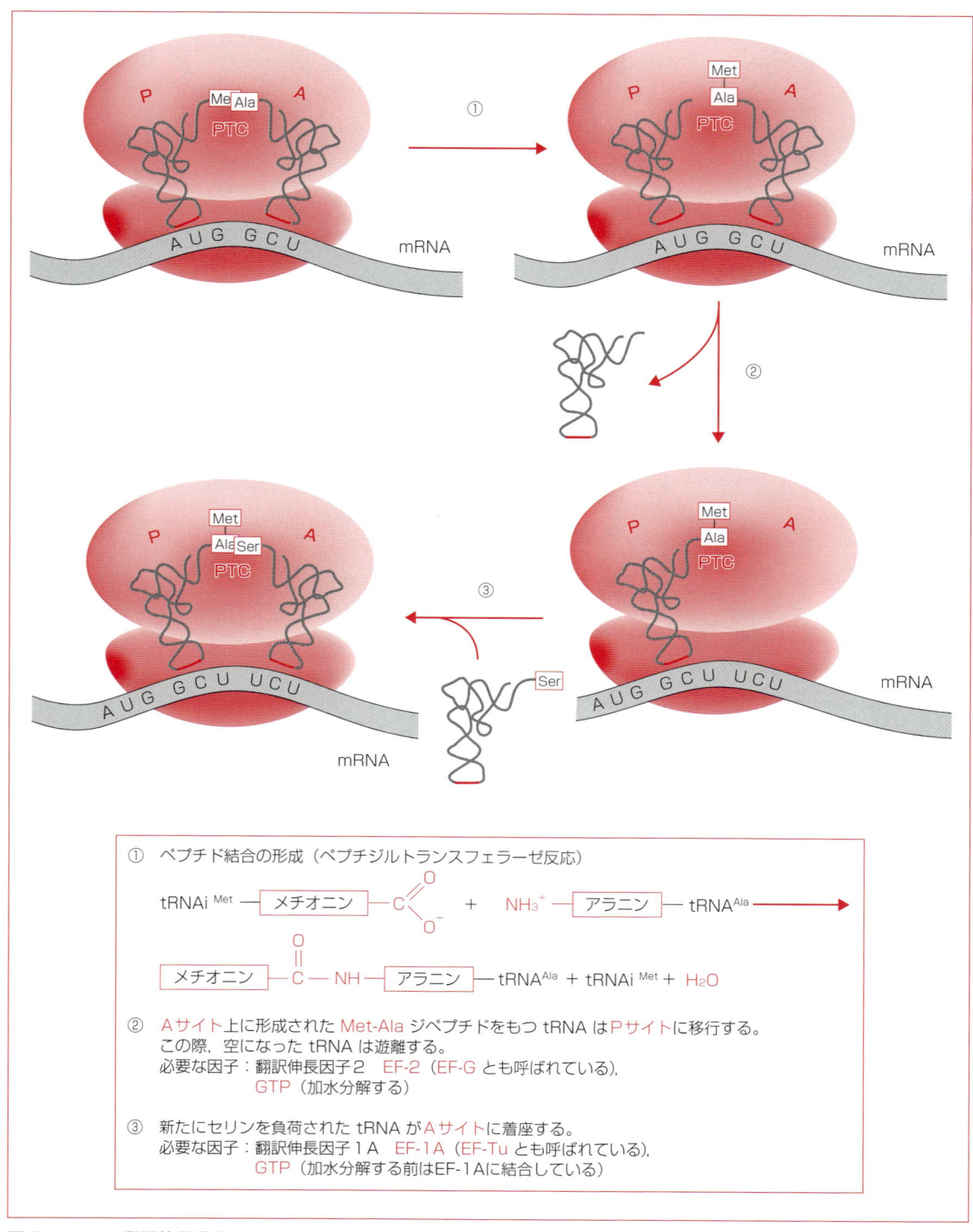

図 5-I-15　翻訳伸長過程
PTC：peptidyltransferase center

① ペプチド結合の形成（ペプチジルトランスフェラーゼ反応）

tRNAi^{Met} ― メチオニン ― C(=O)―O$^-$ ＋ NH$_3^+$ ― アラニン ― tRNA^{Ala} ⟶

メチオニン ― C(=O)―NH ― アラニン ― tRNA^{Ala} ＋ tRNAi^{Met} ＋ H$_2$O

② Aサイト上に形成された Met-Ala ジペプチドをもつ tRNA はPサイトに移行する。この際、空になった tRNA は遊離する。
　必要な因子：翻訳伸長因子2　EF-2（EF-G とも呼ばれている），
　　　　　　 GTP（加水分解する）

③ 新たにセリンを負荷された tRNA がAサイトに着座する。
　必要な因子：翻訳伸長因子1A　EF-1A（EF-Tu とも呼ばれている），
　　　　　　 GTP（加水分解する前はEF-1Aに結合している）

60S リボソームの RNA（28S）そのものである（下等生物からの類推）。酵素を英語で enzyme というが，酵素のように振る舞う RNA を**リボザイム** ribozyme と呼ぶ。なお，この**ペプチジルトランスフェラーゼ活性**の，リボソーム上の局在場所を**ペプチジルトランスフェラーゼ中心** peptidyl transferase center（**PTC**）と呼ぶ。

2　ペプチドの伸長と終了

このようにして生じたペプチドはまだ A サイト側の tRNA に付いている。このペプチドを伸長させるためにはこのペプチジル tRNA を P サイトに移す必要がある。その際に必要な因子が伸長因子 2 **EF-2**（あるいは **EF-G**，遺伝子 *EEF2*）とそれに結合した **GTP** である。P サイトへの移行に必要なエネルギーは GTP の加水分解によって供給される。

翻訳は A サイトに**ストップコドン** stop codon が来た時に終了する。この時 PTC はペプチドと tRNA の間の結合を切る。**翻訳終了因子 1** eukaryotic translation termination factor 1（ETF1）はこの作用を助ける。この因子は**遊離因子 1** eukaryotic release factor 1（ERF1）とも呼ばれている。

D　翻訳の細胞生物学的側面

1　翻訳共役ターゲティング

翻訳過程はサイトゾルのリボソームではじまるが，新生ペプチドの最初の 15〜30 アミノ酸残基は**シグナルペプチド** signal peptide と呼ばれ，疎水性アミノ酸に富む組成をもつ（図 5-Ⅰ-16）。シグナルペプチドは生成するとすぐに**シグナル認識粒子** signal recognition particle（SRP）と呼ばれるタンパク質複合体に結合し，翻訳に従事するリボソーム・mRNA・新生ペプチドの複合体は（翻訳を中断して），小胞体膜上の **SRP 受容体**に運ばれ，結合する（図 5-Ⅰ-16）。この過程を**翻訳共役ターゲティング** co-translational targeting あるいは**翻訳共役輸送** co-translational transport と呼ぶ。シグナル認識粒子は 6 種のタンパク質から構成され，その SRP54 サブユニットは GTP 結合タンパク質である（表 5-Ⅰ-5）。

SRP は正確にはリボ核タンパク質複合体である。原核生物から真核生物に至るまで SRP には**小さい RNA** が 1 分子含まれる。その大きさは原核生物では 4.5S（S は沈降定数），真核生物では 7S（約 300 塩基）である。この RNA の機能は長い間謎であったが，最近になって細菌の系を用いて SRP-RNA はシグナルペプチドを結合した SRP と SRP 受容体の複合体形成を促進する触媒作用をもつことがわかった（注：原核生物では形質膜が真核生物の小胞体の役割をする）。

2　フォールディング

翻訳装置を背負った SRP がいったん SRP 受容体に結合すると，SRP は遊離する。そして，翻訳装置全体がリボソームの大きいサブユニットを介して小胞体膜の**トランスロコン** translocon と呼ばれるタンパク質複合体にいわば横すべりして結合する（図 5-Ⅰ-16）。これらの過程には GTP の結合と分解が深くかかわっている。トランスロコンは 3 種類のタンパク質からなるヘテロ三量体 2 個ないし 4 個から構成され，中央にペプチドを通過させるチャネルがある。シグナルペプチドはおそらくこの**ペプチドチャネル**の内表に結合する。このあと引き続き合成されるペプチドはループを描いて伸長し，大きいリボソームの中からトランスロコンのチャネルを通って小胞体内腔に送り込まれる。送り込まれる先には**分子シャペロン** molecular chaperone（シャペロンはかつての欧米で初めて社交場に出る若い女性の介添え役を意味した）と呼ばれるタンパク質複合体があって，新生ポリペプチドはその鋳型のような働きによって自己に適した折りたたまれ方（フォールディング folding）をする。

シャペロンは 1 種類ではない。そのタンパク質複合体を構成するタンパク質も各生物に共通するものもあれば異なるものもある。しかし，**熱ショックタンパク質 90kDa** heat shock protein 90kDa（HSP90，別名 GRP94，遺伝子 *HSP90B1*）はその中でもとりわけ重要なタンパク質であって，その機能は ATP のエネルギーを使ってまず

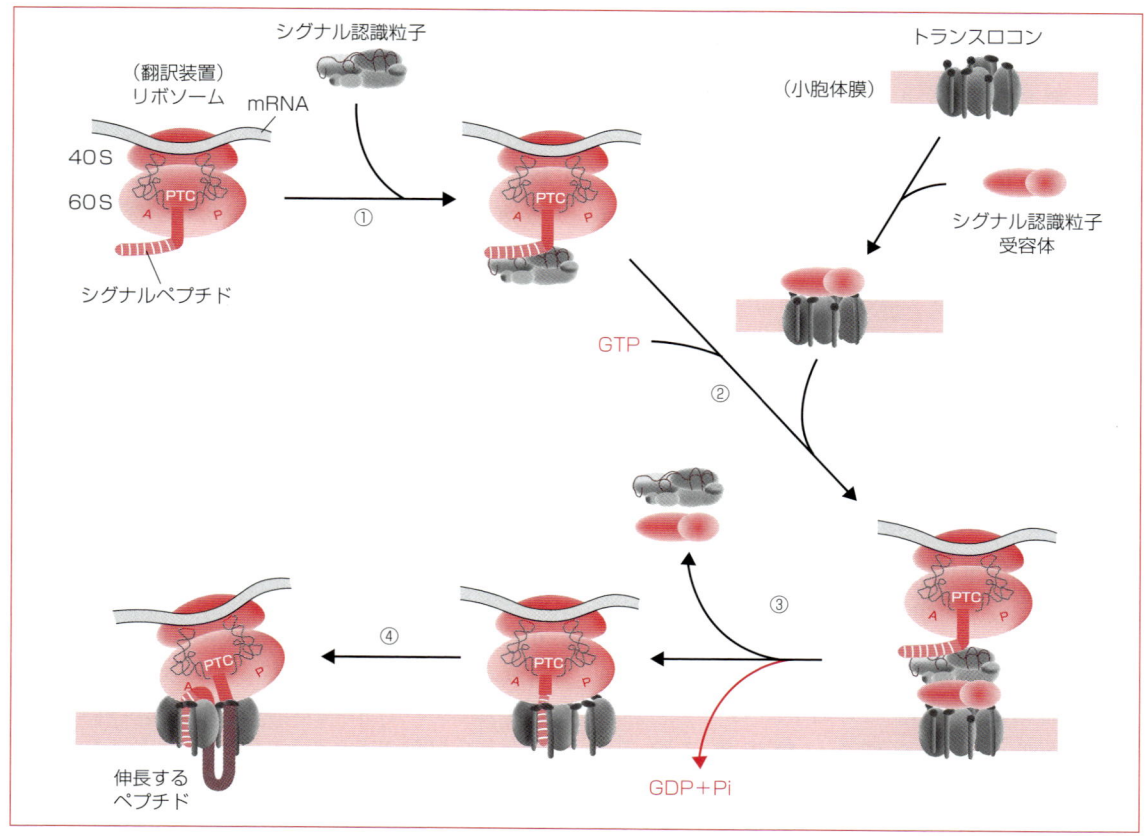

図 5-Ⅰ-16　翻訳共役ターゲティング（1つのモデル）
新生ペプチドのN末端にはシグナルペプチドと呼ばれる部分があり，①リボソームから出たところでシグナル認識粒子と結合する．次に，②翻訳装置全体がシグナル認識粒子受容体を介して小胞体膜のトランスロコンにいったん結合する．すると，③シグナル認識粒子とその受容体が膜から遊離し，翻訳装置はじかにトランスロコンに結合し，シグナルペプチドはトランスロコンの作るペプチドチャネルの内表面に結合・固定される．いったん休止していた翻訳は再開され，④伸長する新生ペプチドはループをつくって小胞体内腔に入り，そこでシャペロンの助けを借りて正しいフォールディングをとる．

表 5-Ⅰ-5　翻訳共役輸送に関与するタンパク質

タンパク質	遺伝子	遺伝子座	アミノ酸数	機能他
シグナル認識粒子（SRP）				
SRP54	SRP54	14q13.2	504	シグナルペプチドに結合．他のSRP成分と結合．N末端にGドメイン，C末端にMドメイン．GTP結合
SRP14	SRP14	15q22	136	SRP9, 7S RNAと相互作用．翻訳停止に関係
SRP19	SRP19	5q21	144	7S RNA結合部位．SRP54結合に関与
SRP9	SRP9	1q42.12	86	SRP14, 7S RNAと相互作用．翻訳休止に関与
SRP72	SRP72	4q11	671	5個のTPR繰り返し配列，高リシン配列（SRP68, 7S RNAと相互作用）
SRP68	SRP68	17q25.1	627	リン酸化部位
シグナル認識粒子受容体（SR）				
SR-α	SRPR	11q24.2	638	SRPと結合．翻訳装置を小胞体に導く．GTP結合．リン酸化部位
SR-β	SRPRB	3q22.1	271	SRαと二量体をつくり，SRαを小胞体膜に結合させる．GTPアーゼ活性をもつ
トランスロコン（SEC61）				
SEC61α1	SEC61A1	3q21.3	476	9回膜貫通タンパク質．ペプチドチャネル
SEC61β	SEC61B	9q	96	SEC61α1と協調．ほぼ小胞体外表（C末端膜貫通）．リン酸化部位
SEC61γ	SEC61G	7q11.2	68	N末端，C末端ともに小胞体外表（2回膜貫通）

注）TPR（tetratrico peptide repeat）はタンパク質-タンパク質相互作用に関与する構造モチーフである．

メモ5-I-2 セレノシステインとその生成

(システイン / セリン / セレノシステイン の構造式、およびtRNA^Sec上でのセレノシステイン生成反応の図)

自分自身が形を変え，それによって介添えするポリペプチドの形を変える。このタンパク質は小胞体 endoplasmic reticulum にあることから**エンドプラスミン** endoplasmin とも呼ばれる。ポリペプチドのフォールディングはアミノ酸残基間の水素結合，疎水結合，イオン結合，ジスルフィド結合などによる（図2-IV-6参照）。2残基のシステイン間のジスルフィド結合（－S－S－）の位置を交換することによってフォールディングは変化するが，その反応を担当する酵素は**タンパク質ジスルフィドイソメラーゼ** protein disulfide isomerase（PDI）である。この酵素もシャペロンの構成員である。

3 ゴルジ装置の関与

シャペロンの中で正しく折りたたまれたポリペプチドはシグナルペプチドがシグナルペプチダーゼで切断・除去され，ゴルジ装置に移行する。翻訳過程ですでに多少の化学修飾を受けているとしても，新生ポリペプチドはまだ完成したタンパク質ではない。純粋のポリペプチドからなるタンパク質は例外である。かつて単純タンパク質の代表のように考えられていた（血清）アルブミンも糖や脂肪酸を結合している。何といっても新生ポリペプチドが最初に受ける大きな修飾は**糖鎖の付加**である（第2章IV.3.A参照）。この付加反応が行われる細胞内部位はゴルジ装置である（第1章I.4参照）。前に（第2章IV.3.A.ii）述べた N 結合型糖鎖の合成とトリミングはゴルジ装置の中を移動しながら進行する。

4 細胞内輸送

ゴルジ装置での糖鎖付加が終わったポリペプチドはほぼ完成したタンパク質といえる。しかし，それらのタンパク質は次に**細胞内輸送** intracellular transport あるいは単に**ターゲティング** targeting（標的輸送）と呼ばれる過程によってそれぞれの目的地に運ばれる。この際にも，標的（細胞内小器官，サイトゾル，細胞外など）を指定するシグナルが分子内にあり，そのシグナルは翻訳時のシグナルと区別して**標的シグナル** targeting signal，（**シグナル配列** signal sequence，**トランジットペプチド** transit peptide，**局在化シグナル** localization signal など）と呼ばれる。分泌タンパク質の場合標的は細胞外であるから，タンパク質はまず形質膜に運ばれ，そこからエキソサイトーシスによって分泌される。タンパク質の細胞内輸送の機構は前にグルコーストランスポーターGLUT4について述べたもの（第4章II.2.A.5）と本質的に変わらない。細胞内輸送の詳しい機構については細胞生物学の教科書に譲る。

E 翻訳のその他の問題

1 セレノシステイン

UGAはストップコドンの1つである(表5-Ⅰ-3).しかし,少数のタンパク質の合成においてはストップコドンではなく,**セレノシステイン** selenocysteine(メモ5-Ⅰ-2)といういわば21番目のアミノ酸に対する暗号として振る舞う.**セレン含有タンパク質** selenoprotein の例としては,ヨードチロニン脱ヨウ素化酵素,グルタチオンペルオキシダーゼ,血漿セレノプロテインP(SEPP1),先天性筋ジストロフィータンパク質の1種セレノプロテインN(SEPN1)などがある.

セレノシステインに特異な tRNA^{Sec} に最初はセリンが付加され,その後セリンは tRNA に結合したまま2段階の酵素反応を経てセレノシステインに転化する.この tRNA^{Sec} が UGA を暗号として認識して結合するには UGA 配列のまわりに特別な塩基配列(**セレノシステイン挿入配列** selenocysteine insertion sequence;SECIS)やヘアピン様のループ構造が必要であり,またセレノシステイン挿入配列に結合するタンパク質因子の関与も必要である.このタンパク質の遺伝子(*SECISBP2*)の欠損は甲状腺ホルモンの代謝異常の原因となる.

2 ナンセンス介在 mRNA 崩壊

ナンセンス介在 mRNA 崩壊 nonsense-mediated mRNA decay(**NMD**)という現象がある.1つの ORF の中で本来のストップコドンよりも手前に(突然変異で生じた)ストップコドン(**ナンセンスコドン** nonsense codon)があると翻訳はそこで終了してしまう(**早すぎる終了** premature termination,図5-Ⅰ-17).この短い奇形の翻訳産物は生体にとって有害であることが多いので,そういう ORF を含む mRNA は翻訳される前に分解されたほうが都合がよい.それが NMD である.であるなら,転写のところ(本章Ⅰ.1)で取り上げたほうがいいのではないかと考えられるが,ここで取り上げることにしたのはそれが翻訳とかかわって

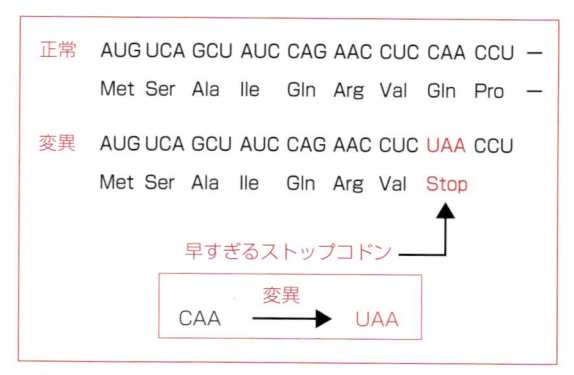

図5-Ⅰ-17 早すぎる翻訳の終了

いるからである.つまり,NMD は翻訳が(一度は?)起こらないと有効にならないのである(**翻訳依存性** translation dependency という).

NMD が起こる仕組みが明らかにされた.まずは**早すぎる終了暗号** premature termination codon の位置に条件がある.早すぎる終了暗号が ORF の中で最後のエキソンとその1つ手前のエキソンとのつなぎ目(**エキソン接合部** exon-exon junction;EJ)より50〜55塩基以上上流(5′側)にそれがある場合に起こり,それより下流の場合には起こらない.EJ より20〜25塩基上流付近に**エキソン接合部複合体** EJ complex(EJC)が形成される.これはここでは触れないが実体のわかっている複数のタンパク質からなる複合体である.

NMD の対象となる mRNA の翻訳にはもう1つの特徴がある.それはキャップに結合するタンパク質が eIF-4 グループ(表5-Ⅰ-4)ではなく **CBP80-CBP20** という二量体タンパク質だということである.このことがわかってから,正常の翻訳でも eIF-4 以前に CBP80-CBP20 が mRNA のキャップに結合することによる翻訳が行われる仕組みがあるのではないかと考える研究者がいる.彼らはこの翻訳を**パイオニアラウンド翻訳** pioneer round of translation と呼んでいる.これは正常の翻訳でも行われるかもしれない短い翻訳産物の試作の可能性を暗示していて,**mRNA サーベイランス**(監視)mRNA surveillance の機構としてとらえることができる.

3 キャップ非依存性翻訳

次に触れなければいけないのは，**キャップ非依存性翻訳** cap-independent translation の話である。これは最初ウイルスで明らかになったことであるが，mRNA とリボソームの結合が正常のキャップ付近ではなくもっと下流で起こりうるという現象である。この部位を**インターナルリボソームエントリーサイト** internal ribosome entry site（IRES）（内部リボソーム参入部位）という。この現象はウイルスだけでなく細胞がストレスを受けた時，細胞死（アポトーシス），細胞周期の調節などの際に必要なタンパク質を合成する仕組みであるらしいことがわかってきた。

II 遺伝情報の保存と変化

1 DNAの複製

ヒトの遺伝情報はゲノムに記録されている。それはA，G，C，Tという4種の塩基を含むヌクレオチド配列（リン酸エステル結合したデオキシリボヌクレオチドの配列）として保存されている。長い時間をかければ変異を起こしうるが，一般には遺伝子はきわめて安定した存在である。その安定性，つまり保存性のよさconservationはDNAの複製replication of DNAがきわめて正確に行われることを意味している。

A 複製前複合体の形成

転写や翻訳にそれらを実行する装置としてのタンパク質複合体があったように，複製にもそれを実行するタンパク質装置がある。また，転写開始前複合体，翻訳開始前複合体があったように，複製にも複製前複合体 pre-replicative complex（pre-RCまたはPRC）が形成される（図5-II-1）。複製前複合体を形成するタンパク質はORC（複製起点認識複合体），CDC6（細胞分裂周期6ホモログ），MCM2〜7（DNA複製ライセンシング因子MCM），CDT1（DNA複製因子Cdt1）である（メモ5-II-1）。DNAの複製は1細胞周期で1回しか起こらない。それを保証するのは主にジェミニン geminin というタンパク質の働きだと考えられている。ジェミニン二量体はCDT1と結合することにより再度の複製前複合体の形成を妨げる。しかし，ジェミニンは次の細胞周期でDNA複製が始まるまでには分解される。

B 複製起点

真核生物では複製は1カ所だけではなく複数箇所で開始され，複製は起点から両方向に進む。いったん複製前複合体が形成されると，それまで結合していた因子の一部が遊離し（図5-II-2），複製の本務を実行するためのタンパク質因子（図5-II-3）がそれぞれの鋳型鎖に結合する（図5-II-4）。転写（RNA）にしても翻訳（ポリペプチド）にしても反応生成物は1本であったが，DNAの複製では**極性が逆の2本の鎖**が（同時に）生成する。

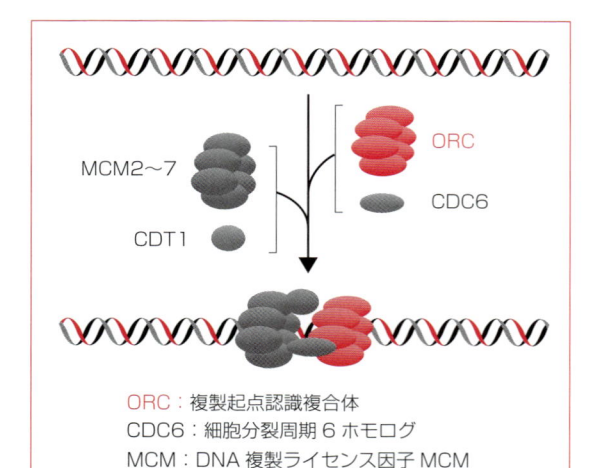

図5-II-1 複製前複合体の形成
ORC：複製起点認識複合体
CDC6：細胞分裂周期6ホモログ
MCM：DNA複製ライセンス因子MCM
CDT1：DNA複製因子Cdt1
（詳しくはメモ5-II-1参照）

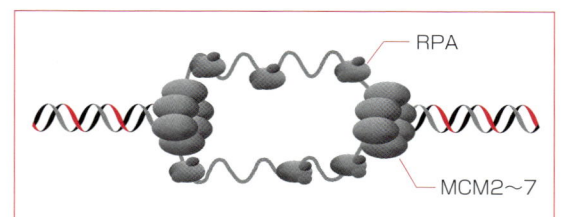

図5-II-2 2つの複製フォークの前段階
複製が始まるに当たって複製前複合体が再編成される。MCM2〜7以外のタンパク質が解離し，新たにRPAタンパク質が加わる。ここに示すのはそのようにしてできた2つの複製フォークの前段階であり，必要なタンパク質成分（図5-II-3，4参照）が加わって複製が始まると，2つの活性複製フォークとなる。

MCM2〜7は2本鎖を開き，RPAは1本鎖を安定化する

RPA：replication protein A 複製タンパク質A。3つのサブユニットからなるヘテロ三量体。単鎖DNAに好んで結合することから単鎖DNA結合タンパク質 single-stranded DNA（ssDNA）-binding protein とも呼ばれている。

このとき守られなければならない基本的な約束は新しいDNA鎖の合成は5′→3′方向（鋳型鎖の3′→5′方向）に進むという点である（基質は**デオキシリボヌクレオシド三リン酸**）（図5-Ⅱ-4）。鋳型のDNA鎖に対して相補的なDNAを合成する酵素を**DNAポリメラーゼ** DNA polymerase（**POL**）と総称する。また，複製が進行する場をその模式的な形から**複製フォーク** replication fork と呼ぶ。1つの複製起点に複製フォークは2つ形成されて，互いに逆方向に複製が進行する。このように，2本ある親鎖のそれぞれが鋳型となって新しい相補的DNA鎖を合成する仕組みを**半保存的複製** semiconservative replication と呼ぶ。

C　リーディング鎖，ラギング鎖

複製フォークで複製起点に向かって鋳型鎖の3′→5′の方向に合成される新DNA鎖を**リーディング鎖** leading strand，起点から遠ざかる方向に合成されるDNA鎖を**ラギング鎖** lagging strand と呼ぶ（図5-Ⅱ-3）。ラギング鎖では最初に短いDNA断片が繰り返し合成される。この短いDNA断片を発見者にちなんで**岡崎フラグメント** Okazaki fragment と呼んでいる。短いDNAは実は同じく短いRNA（**プライマー** primer）を5′端にもっていてRNAプライマーに続いてDNA合成が起こる。RNAプライマーを合成する酵素は**プライマーゼ** primase と呼ばれる。リーディング鎖においても起点にはRNAプライマーが合成され，それに続いてDNAが合成される。ラギング鎖で生じた岡崎フラグメントはその後一定の処理を受けて連続した新DNA鎖になる（図5-Ⅱ-5）。

D　プロセッシビティー

複製の正確さを保証する主な仕組みは，**PCNA**タンパク質の存在によるところが大きい（図5-Ⅱ-3および図5-Ⅱ-4）。このタンパク質三量体は環状の構造をしていて**可動性クランプ** sliding clamp という別名をもつように，その環の中に鋳型鎖（と新生鎖）を通し，同時にDNAポリメラーゼとも結合して，酵素と鋳型の結合の緊密性（**プロセッシビティー** processivity）を保ちながら酵素

メモ 5-Ⅱ-1　複製前複合体の形成にかかわるタンパク質

複製起点認識複合体　origin recognition complex (ORC1〜6)

保存性の高いサブユニット6個からなるタンパク質複合体で，DNAの複製に欠かせない。サブユニット1は最も大きく，細胞周期に応じて量的変化を示す。

サブユニット	遺伝子	遺伝子座	アミノ酸残基数
サブユニット1	ORC1	1p32.3	861
サブユニット2	ORC2	2q33.1	577
サブユニット3	ORC3	6q15	712
サブユニット4	ORC4	2q22.3	436
サブユニット5	ORC5	7q22.1	435
サブユニット6	ORC6	16q11.2	252

細胞分裂周期6ホモログ　cell division cycle 6 homolog (CDC6)

細胞周期S期への進行に必要。Cdt1に協力。AAA型ATPアーゼの仲間。複製前複合体の構築にエネルギーを供給？

遺伝子	遺伝子座	アミノ酸残基数
CDC6	17q21.3	560

DNA複製ライセンシング因子MCM　DNA replication licensing factor MCM（別名：ミニクロモソーム維持複合体　minichromosome maintenance complex）(MCM2〜7)

保存性の高い6個のタンパク質成分（component）からなり，複製前複合体（pre-RC）で中心的役割を果たす（ヘリカーゼ活性をもち，複製フォーク形成に関与）。成分2はヘリカーゼを制御，成分3はアセチル化されると複製開始を阻害，成分4はリン酸化されるとMCMのクロマチンへの結合を阻害。

成分	遺伝子	遺伝子座	アミノ酸残基数
成分2	MCM2	3q21	904
成分3	MCM3	6p12.2	805
成分4	MCM4	8q11.21	863
成分5	MCM5	22q12.3	691
成分6	MCM6	2q21.3	821
成分7	MCM7	7q22.1	719

DNA複製因子Cdt1　DNA replication factor Cdt1 (Cdt1)

CDC6と協同してMCM複合体のクロマチンへの負荷を促進させ，DNAの複製を開始させるのに必要な複製前複合体を形成させる。

遺伝子	遺伝子座	アミノ酸残基数
CDT1	16q24.3	546

ジェミニン　Geminin (GMNN)

S/G2期に発現し，次のS期までに分解される。Cdt1に固く結合して，その機能（MCM2〜7のクロマチンへの取り込み）を阻害し，DNAが1細胞周期に1回以上複製されないようにする。

遺伝子	遺伝子座	アミノ酸残基数
GMNN	6p22.3	209

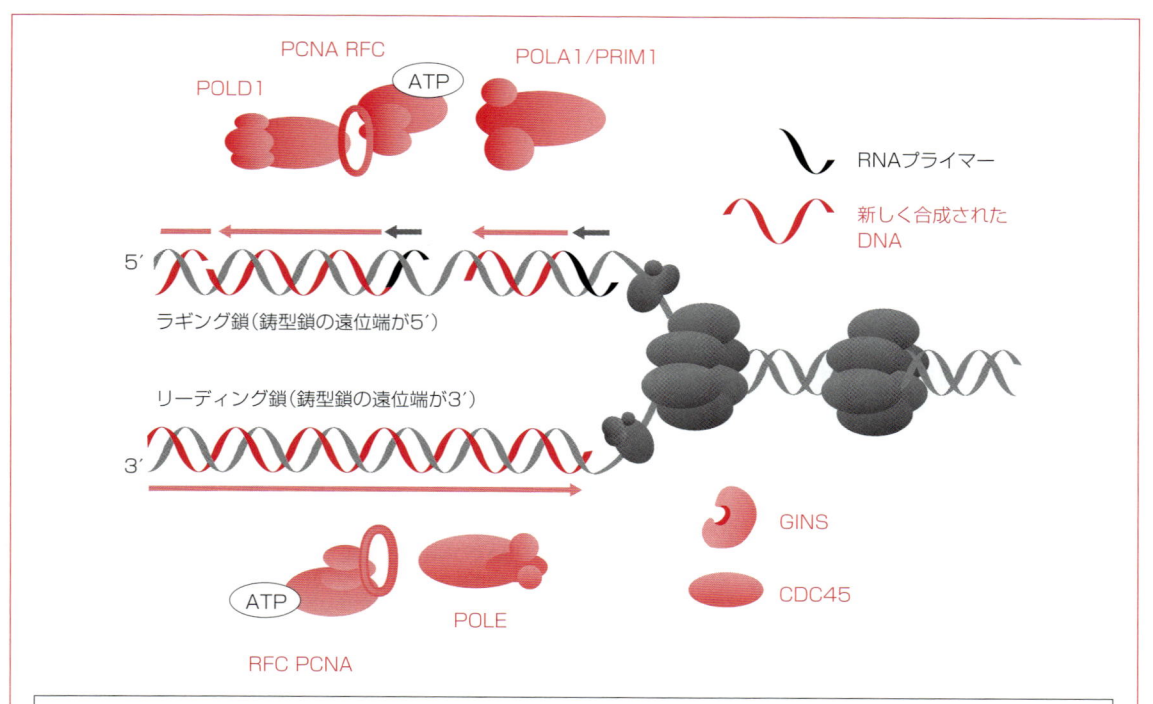

CDC45：DNA 単鎖を GINS タンパクに通すのに必要。MCM7 と相互作用
GINS：4 種のタンパク（PSF1〜3，SLD5）からなり，CDC45 と協同して複製開始部における単鎖 DNA を安定化する。
POLA1/PRIM1：DNA ポリメラーゼαとプライマーゼの複合体。それぞれ 2 種のサブユニットからなる。PRIM1 は短い RNA を合成し，POLA1 はそれに続けて比較的短い DNA（岡崎フラグメント）を合成する。
RFC：replication factor C（複製因子 C）。ATP アーゼ活性をもち，PCNA のリング状構造を開かせる。その作用からクランプローダー clamp loader と呼ばれる。RFC1〜5。
PCNA：proliferating cell nuclear antigen 増殖細胞核抗原。ホモ三量体。リング状構造をとり，RFC と協同して DNA 2 本鎖を輪の中に通す。DNA ポリメラーゼのプロセシッビティー（DNA 連携性）を高める。その作用から可動性クランプ sliding clamp と呼ばれている。
POLD1：DNA ポリメラーゼδ。ラギング鎖における相補的 DNA の合成。ポリメラーゼαを引き継いで岡崎フラグメントを延長する。
POLE：DNA ポリメラーゼε。リーディング鎖における相補的 DNA の合成

図 5-Ⅱ-3　複製の進行（その 1）
複製に関与するタンパク質と複製の方向。図 5-Ⅱ-4 も参照。

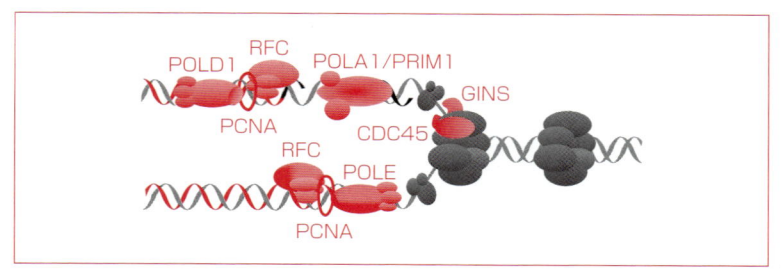

図 5-Ⅱ-4　複製の進行（その 2）
複製に関与するタンパク質が DNA に結合した状態。説明は図 5-Ⅱ-3 参照。

（DNA ポリメラーゼ）が鋳型鎖の上を移動することを可能にしている。

E 末端複製問題

DNA の複製を完了させるにはもう 1 つのハードルをクリアしなければならない。それは**末端複製問題** end replication problem と呼ばれている。親 DNA の 2 本の鎖を端から端まで複製するのは上の方法では困難である。主な理由の 1 つは RNA プライマー部分が新生鎖の末端に残ることである。複製された二重鎖はそのぶん親 DNA より短くなっている。細胞分裂が繰り返されるごとに DNA は短くなる。この現象は細胞の老化と関係づけられる。DNA の擦り切れを防ぐためには必要な DNA 二重鎖の両端に**余分のヌクレオチド配列**を付加しておくことである。この余分の配列は**テロメア** telomere と呼ばれる。実際には，**TTAGGG** という塩基配列が繰り返されていて全長は数千塩基ある（図 5-Ⅱ-6）。この余分の配列が失われると細胞は老化し，死を迎える。

しかし，生殖幹細胞やがん細胞のように長く増殖を続ける細胞にはテロメアを合成する能力が備わっている。それを可能にしているのは**テロメラーゼ** telomerase と呼ばれる酵素である（図 5-Ⅱ-7）。この酵素は 4 種のタンパク質と 1 分子の RNA からなっている。酵素活性をもっているタンパク質は**テロメラーゼ逆転写酵素** telomerase reverse transcriptase（TERT）と呼ばれている。逆転写酵素は RNA を鋳型として DNA を合成する酵素である。他に 3 つの付属タンパク質がある。鋳型 RNA は**テロメラーゼ RNA 成分** telomerase RNA component（TERC または TR）と呼ばれている。この RNA には TTAGGG に対する鋳型である AAUCCC 配列が含まれている。

2 DNA の損傷と修復

細胞の DNA は常に活性酸素，紫外線，電離放射線，有害物質など体内外からの侵襲に曝されている（表 5-Ⅱ-1）。DNA が受ける損傷をそのままにしておくと，**細胞老化**，**細胞死**，**腫瘍化**などの

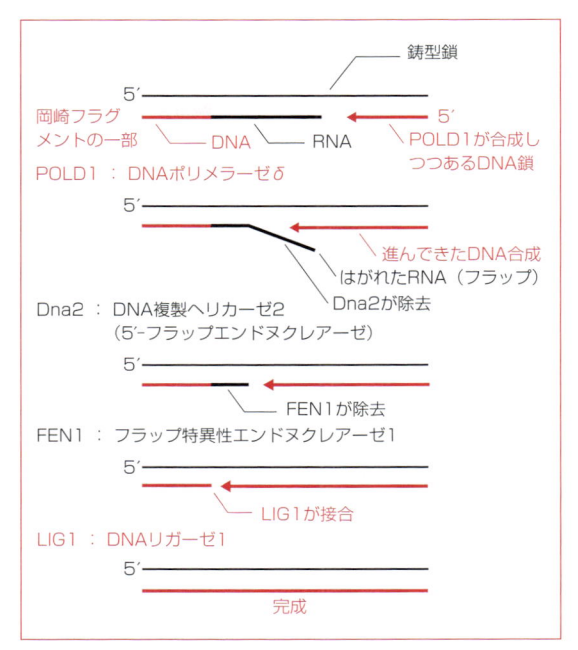

図 5-Ⅱ-5 岡崎フラグメントの処理

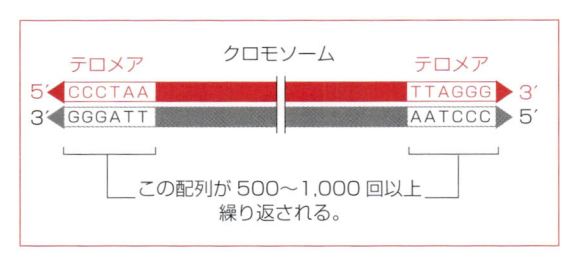

図 5-Ⅱ-6 テロメア

異常が起こる可能性が高い。では，細胞はどのようにして DNA の損傷を修復するのか。それを探るのがここでのテーマである。

DNA に対する損傷は主として塩基に対するものであるが，場合によっては DNA 鎖が切断されることがある（表 5-Ⅱ-1）。それらの変化を引き起こす原因はさまざまであるが，困ったことはそれらの変化の結果，塩基配列に変化が起こることである（図 5-Ⅱ-8）。塩基配列の変化が暗号配列に起きるとアミノ酸が入れ替わったり，早すぎるストップコドンが生じたりする。塩基配列の変化が遺伝子の発現制御領域に起こると，遺伝子が発現しなくなったり，あるいは逆に発現の制御が効かなくなったりする。あるいはスプライシングが

表5-Ⅱ-1　DNAの損傷の原因

内因性	塩基の酸化（ヒドロキシルラジカル） 塩基の脱アミノ化（自発的） 脱塩基化（ヒドロキシルラジカル） DNA鎖の切断（組換えエラー） ミスマッチ（複製エラー） 3塩基リピート拡大 triplet repeat expansion（複製エラー）
外因性	塩基間クロスリンク　鎖内・鎖間（紫外線） DNA鎖切断　単鎖・二重鎖（放射線） 脱リン酸化　単鎖切断（熱） クロスリンク　アルキル化　DNA切断（化学物質）

図5-Ⅱ-7　テロメラーゼの1つのモデル

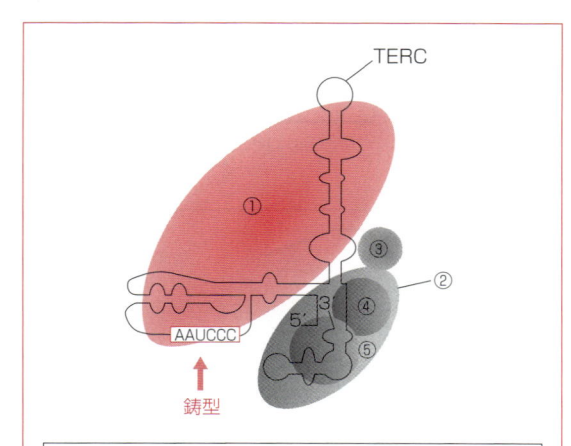

TERC：テロメアRNA成分

遺伝子	遺伝子座	塩基数
TERC	3q26	451

① テロメラーゼ逆転写酵素
　TERCのもつRNA鋳型 -AAUCCC- から相補的DNA配列、-TTAGGG- を合成する

遺伝子	遺伝子座	アミノ酸残基数
TERT	5q15.33	1132

② ジスケリン dyskerin（別名：NOLA4）
　低分子核小体リボ核タンパク質（H/ACA）の仲間

遺伝子	遺伝子座	アミノ酸残基数
DKC1	Xq28	514

③ H/ACAリボ核タンパク質複合体サブユニット3
　（別名：NOP10）
　TERCの核内移動やプロセシングに関与

遺伝子	遺伝子座	アミノ酸残基数
NOLA3	15q14	64

④ H/ACAリボ核タンパク質複合体サブユニット2
　（別名：NHP2）
　5とともにRNA成分に直接結合

遺伝子	遺伝子座	アミノ酸残基数
NOLA2	5q35.3	153

⑤ H/ACAリボ核タンパク質複合体サブユニット1
　（別名：GAR1）

遺伝子	遺伝子座	アミノ酸残基数
NOLA1	4q25	217

異常になり，アミノ酸配列が変わったり，あるいはスプライシングそのものが起こらなくなってエキソンがスキップされたりする。塩基に対する直接の変化ではない変化もある。例えば，1つの塩基がまるごとそのデオキシリボース部分から遊離する（N-グリコシド結合が切れる）場合がある。DNA上のそうした部位（塩基のとれた部位）を**APサイト（無プリン・無ピリミジン部位** apurinic/apyrimidinic site）と呼ぶ。

A　塩基除去修復とヌクレオチド除去修復

　以上のような変化を修復するのに細胞は主に2つの方法をとる。①**塩基除去修復** base excision repair（BER）と②**ヌクレオチド除去修復** nucleotide excision repair（NER）である。①の方法ではその名のとおり望ましくない塩基を糖（デオキシリボース）から切り離す。それは塩基側のN（窒素）と糖側のC（炭素）の間のN-グリコシド結合（＞N-CH＜）を切ること（＞NH＋HOCH＜）を意味する（N-グリコシラーゼ反応）（図5-Ⅱ-9）。

　DNAの修復でより重要なのは②のNERである。**NERは大きく4段階からなる**（図5-Ⅱ-10）。最初の段階は2種あり，第2段階以下は共通である。最初の段階の片方は**グローバルゲノム修復** global genome repair（GGR）と呼ばれ，他方は損傷部位の認識に**RNAポリメラーゼⅡ** RNA polymerase（RNAPⅡ）が関与することから**転写共役修復** transcription-coupled repair（TCR）と呼ばれている。転写でもDNAの複製でもDNA上に複数のタンパク質からなる複合体が形成されたように，修復でもまず損傷部位の認識に関係する複合体が形成される。NERに関与するタンパク質を表にまとめた（表5-Ⅱ-2）。NERに関与するタンパク質の多くについて，その欠損症が知られている。

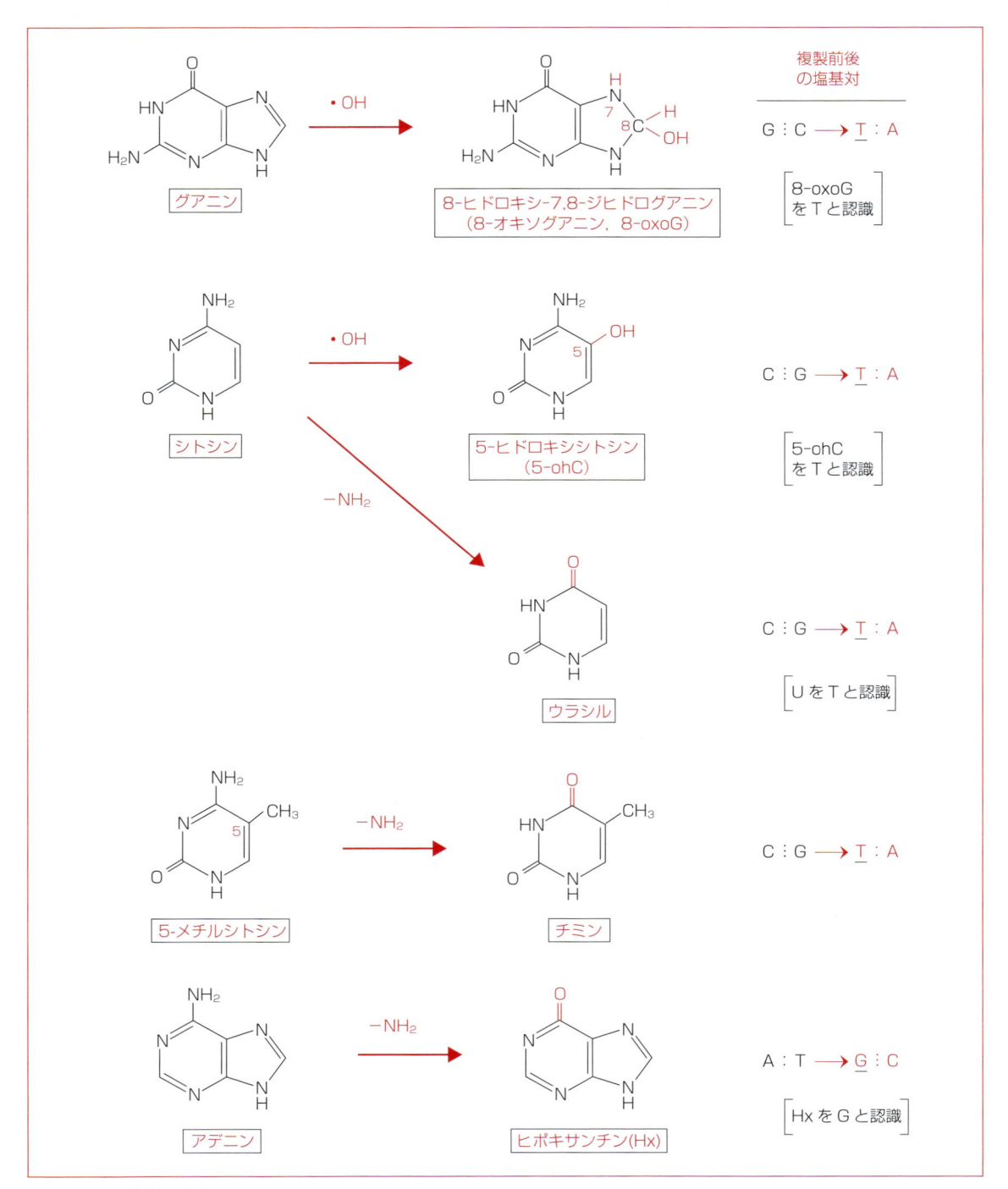

図5-Ⅱ-8 塩基の変化
グアニン→8-oxoGの場合だけトランスバージョン変異（プリン⇔ピリミジン），他の場合はトランジション変異（プリンとピリミジンの入れ替えはない）が起こる。

メモ 5-Ⅱ-2 ピリミジン二量体

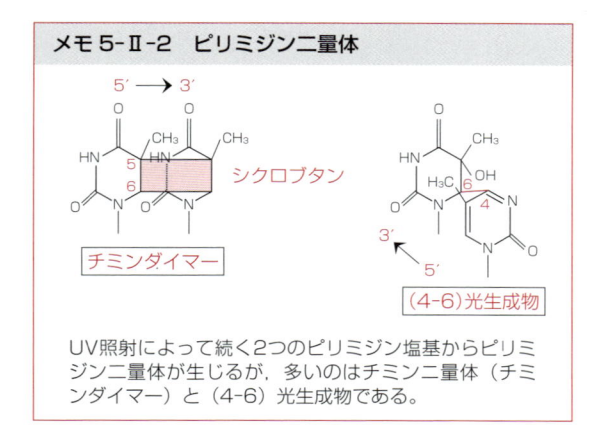

UV照射によって続く2つのピリミジン塩基からピリミジン二量体が生じるが，多いのはチミン二量体（チミンダイマー）と（4-6）光生成物である。

B トランスリージョン合成

損傷 DNA の修復というのではなくて，土壇場でそれを回避する方法もとられる。その方法は**トランスリージョン合成** translesion synthesis あるいは**損傷バイパス**と呼ばれていて，複製の際に未修復の部位があると，ともかくそこを迂回する。その迂回には2つの方法があって，1つは未修復部位に当たる部位に適当な塩基〔多くの場合チミンダイマー（メモ5-Ⅱ-2）を想定してアデニン〕を取り込む**エラー許容バイパス** error-prone bypass と正しい塩基を取り込む**エラーフリーバイパス** error-free bypass である（チミンダイマーに対してAAを取り込んだ場合はエラーフリーバイパスになる）。トランスリージョン合成で働く DNA ポリメラーゼは κ，η または ι であり，これらは DNA ポリメラーゼの Y ファミリーに属する。トランスリージョン合成で訂正されなかった異常塩基配列は後に相同組替えで訂正される。DNA の修復については細胞周期の項（本章Ⅲ．1）で再び取り上げる。

3 組換え

A 相同組換え

組換え recombination とはある DNA 分子から切断された DNA 部分が同一分子または他の DNA 分子に同じ性質の化学結合で再結合することであ

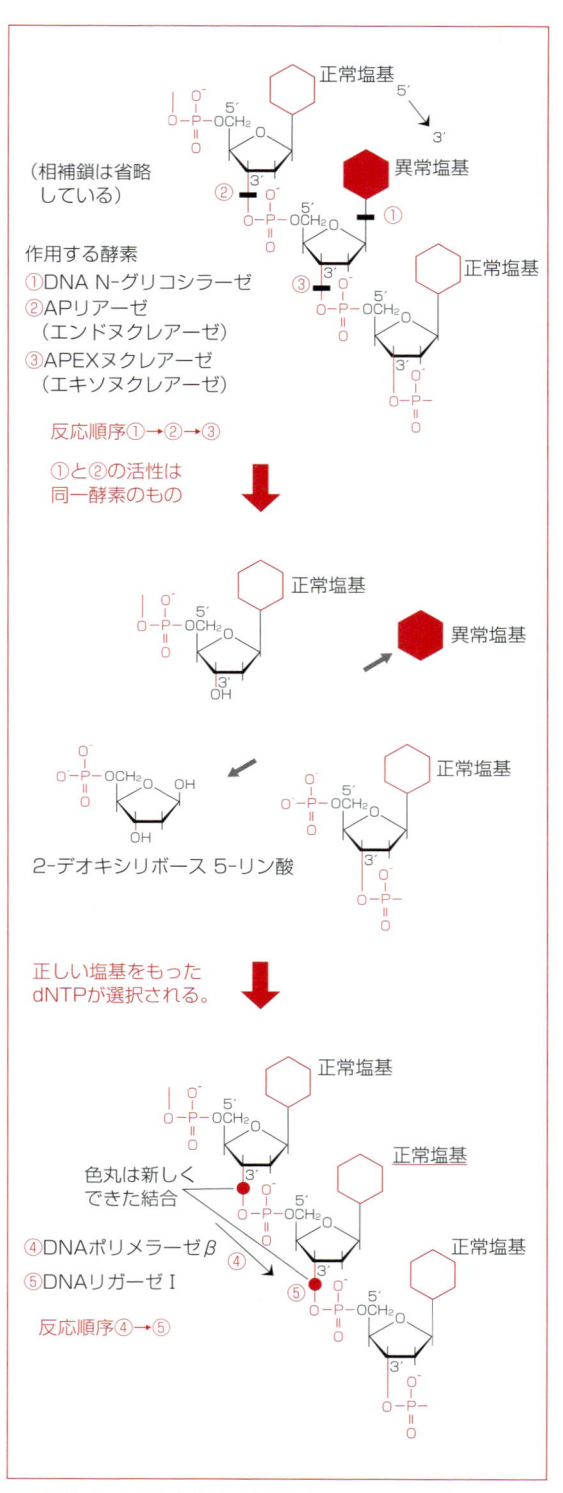

図 5-Ⅱ-9 塩基除去修復（BER）の1つのモデル

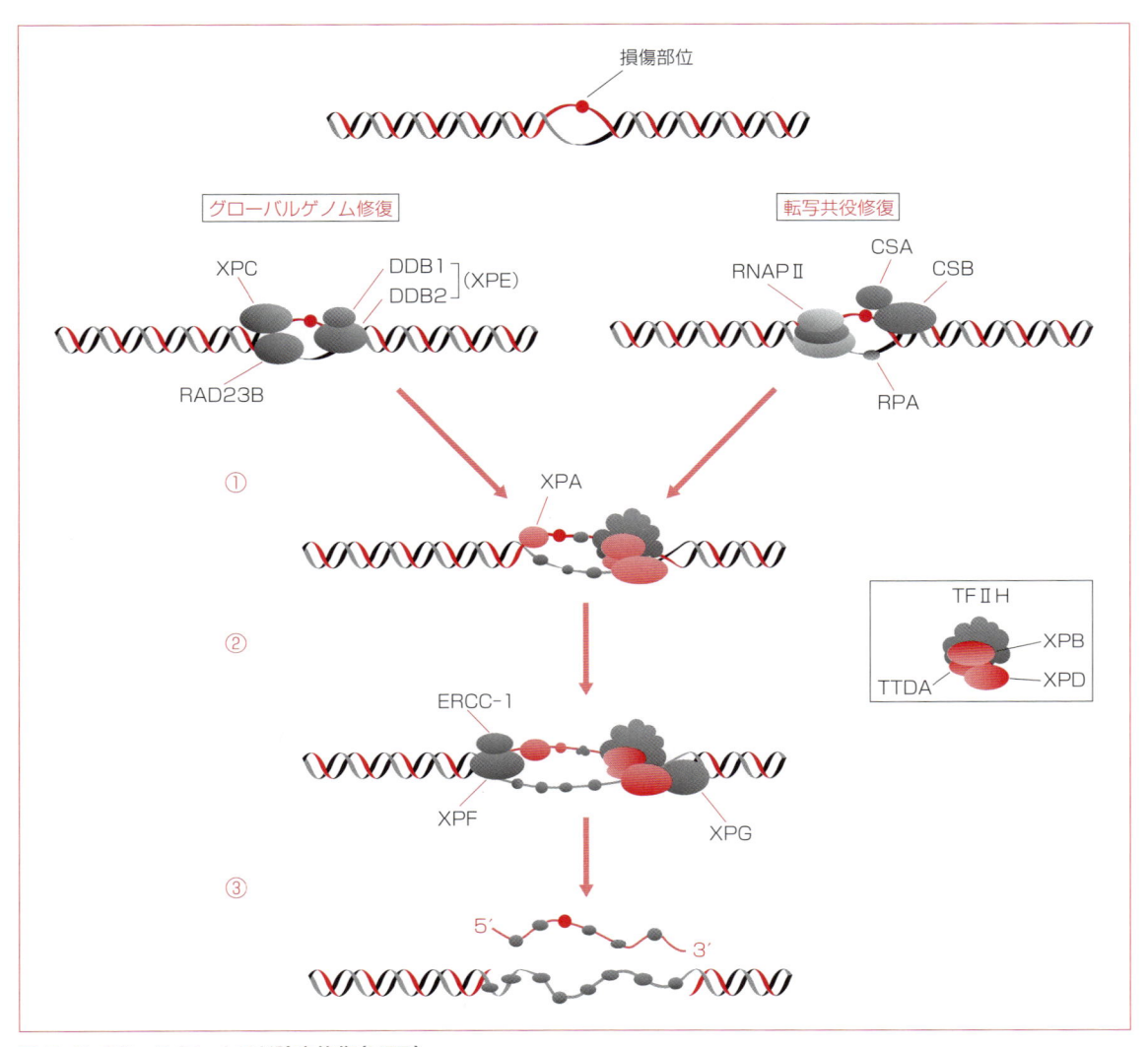

図5-Ⅱ-10　ヌクレオチド除去修復(NER)
最初に，損傷部位の認識の段階がある。これにはグローバルゲノム修復と転写共役修復の2種がある。前者はゲノムのどこにでも起こりうる修復機構である。後者は活性化遺伝子(転写が行われている遺伝子)の損傷部位について行われる。次の段階(図の①)では認識複合体のタンパク質成分が入れ替わり，DNAがアンワインド(巻き戻し)される。この段階(DNA巻き戻し複合体の形成)以後は両者に共通である。次に②一部タンパク質成分の追加と入れ替えがあり，インシジョン(切れ目入れ)複合体が形成される。その結果③損傷部位を含むDNA断片が遊離し，残ったDNAはDNAポリメラーゼδ/εとXRCC1-DNAリガーゼⅢによって正しい配列をもった二重鎖DNAに修復される。個々のタンパク質成分については表5-Ⅱ-2と本文を参照。

る。最も代表的な例は**減数分裂** meiosis の際に相同染色体間で起こる**乗換え**(クロスオーバー crossover)である。このような相同性をもったDNA間の組換えを**相同組換え** homologous recombination と呼ぶ。

相同組換えには細胞生物学的な側面と分子生物学的な側面があり，それらの詳細についてはそれぞれの教科書・参考書にゆずる。ここでは免疫グロブリンやT細胞受容体の遺伝子の構築に関与するV(D)J組換えについてその生化学的側面を学ぼう。V(variable)，D(diversity)，J(joining)は免疫遺伝子の構成要素を表している。

表5-Ⅱ-2　ヌクレオチド除去修復に関与するタンパク質

略号	遺伝子	遺伝子座	欠損症	機能他
RAD23B	RAD23B	9p31.2	発育異常	損傷部位の認識
XPA	XPA	9p22.3	XP	損傷部位に結合
XPB	ERCC3	2q21	XP, CS, TTDP	ヘリカーゼ, TFⅡHの成分
XPC	XPC	3p25	XP	損傷部位の認識とクロマチンリモデリング
XPD	ERCC2	19q13.3	XP, XP/CS, TTDP	ヘリカーゼ, TFⅡHの成分
XPE	DDB1 DDB2	11q12 11p12	XP	損傷部位に結合, ヘテロ二量体
XPF ERCC-1	ERCC4 ERCC1	16p13.12 19q13.32	XP 発育異常	5′側に切れ目を入れる。2者でヘテロ二量体形成
XPG	ERCC5	13q33	XP, XP/CS	3′側に切れ目を入れる。
CSA	ERCC8	5q12.1	CS	CSBとTFⅡHに結合
CSB	ERCC6	10q11.23	CS	DNA二重鎖をほどく。
TTDA	GTF2H5	6q25.3	TTDP	TFⅡHの成分(TFⅡH5)
Aprataxin XRCC1*	APTX XRCC1	9p13.3 19q13.2	AOA	DNAリガーゼⅢと協同してDNAの切れ目を埋める。

CS：コケイン症候群，TTDP：テイ症候群(光感受性)，XP：色素性乾皮症，XP/CS：XPとCS両方を示す。AOA：失調-眼球運動先行症候群。
＊正式名：X-ray repair cross-complementing protein 1

表5-Ⅱ-3　V(D)J組換えに関与するタンパク質

略号	遺伝子	遺伝子座	アミノ酸残基数	特徴・機能
RAG-1 RAG-2	RAG1 RAG2	11p13 11p13	1,043 527	RAG：recombination activating gene(組換え活性化遺伝子)。RAG-1とRAG-2は複合体を作りDNAに結合する。組換え部位で二重鎖を切断する(エンドヌクレアーゼ活性)。触媒活性はRAG-1にある。RAG-2はDNAとの連携を強める。
HMG-1 HMG-2	HMGB1 HMGB2	13q12 4q31	215 209	HMG：high mobility group(分子量が小さいため電気泳動で速く動く)。単鎖DNAに結合し二重鎖を開く。
DNA-PK： 　DNA-PKcs 　Ku70 　Ku80	PRKDC XRCC6 XRCC5	8q11 22q13.2 2q35	4,128 609 732	DNAで活性化されるプロテインキナーゼ：触媒サブユニットDNA-PKcs(cs：catalytic subunit)はKuヘテロ二量体(Ku70/80)と複合体形成。DNAに結合するのはKu。KuだけでATP依存性DNAヘリカーゼ活性をもつ。Kuは組換えの最終段階でもLigase Ⅳ-XRCC4複合体と協働して働く。
Artemis	DOLRE1C	10p13	692	本来エキソヌクレアーゼであるがDNA-PKcsと複合体を作るとリン酸化を受けヘアピン構造に対してエンドヌクレアーゼ活性を示すようになる。
TDT	DNTT	10q23	509	DNAデオキシリボヌクレオチドエキソトランスフェラーゼ。イニシエーターDNAの3′端にランダムにヌクレオチドを付加する。
MRN複合体： 　MRE11A 　RAD50 　Nibrin	MRE11A RAD50 NBN	11q21 5q31 8q21	708 1,312 754	MRE11A(meiotic recombination 11A)はRAD50, NibrinとMRN複合体を形成。単鎖エンドヌクレアーゼ活性と二重鎖エキソヌクレアーゼ活性をもちDNA端に結合。2つのDNA端を近寄せる。
Aprataxin XRCC4 DNA ligase Ⅳ	APTX XRCC4 LIG4	9p13.3 5q14.2 13q33	356 336 911	複合体を形成。ATPに依存して非相同性二重鎖DNA断端を接合する(DNA-PKとDNAリガーゼⅣの協力が必要)。XRCC4：X-ray repair cross-complementing factor 4

1　V(D)J組換え

V(D)J組換えは2つの段階に分けることができる(図5-Ⅱ-11)。第1はDNAの切断で，RAG-1，RAG-2，HMG-1，HMG-2という4つのタンパク質が関与する。これらのタンパク質からなる

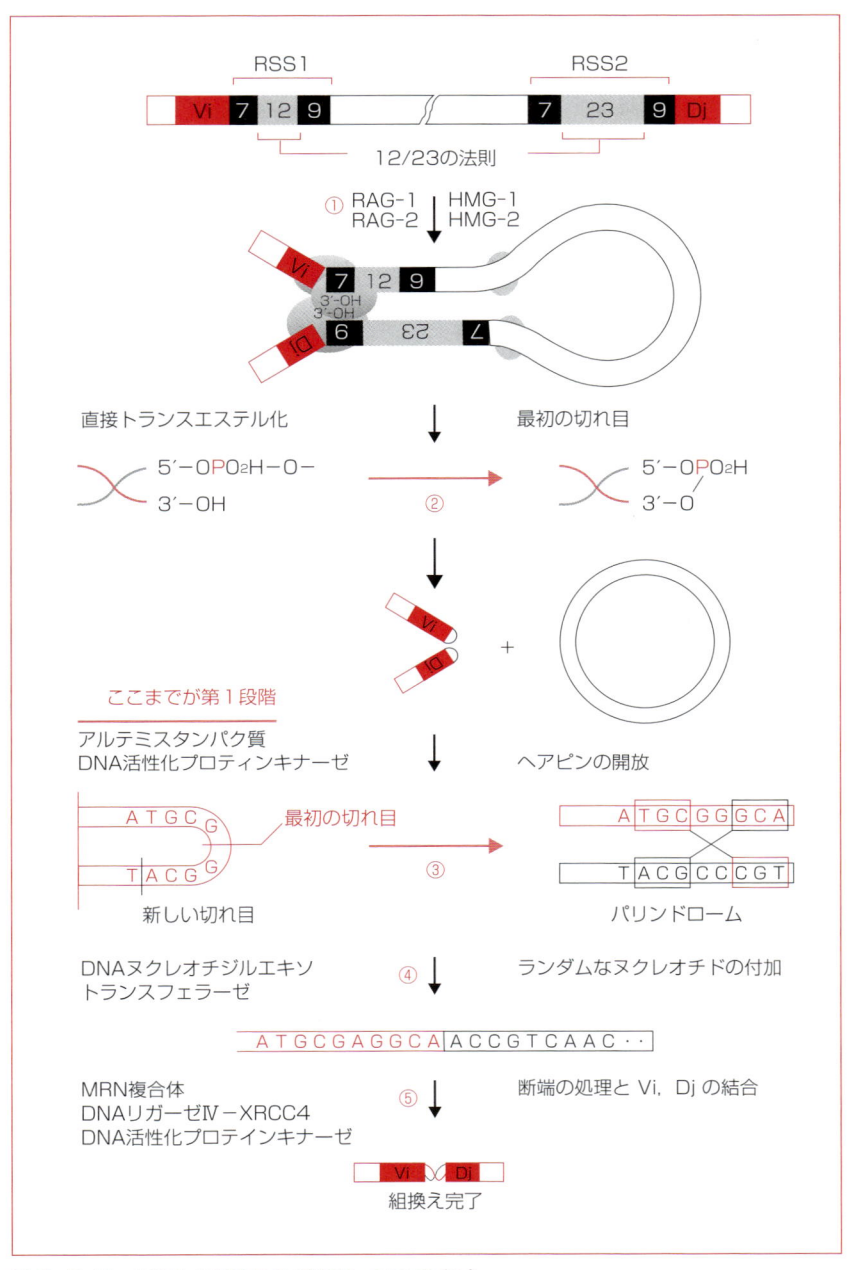

図 5-II-11　V(D)J 組換えの機構（1 つのモデル）
① RAG-1/2 タンパク質と HMG-1/2 タンパク質の作用で組換え部位で DNA 二重鎖の片方の鎖が切断され 3′-OH が遊離し（最初の切れ目），2 つの切断部位が接近する。② Vi と Dj のそれぞれで二重鎖の断端が直接リン酸エステル化（5′-OPO$_2$H-O-3′）で分子内ヘアピンを作る。③ アルテミスタンパク質と DNA 活性化プロティンキナーゼの作用でヘアピンが開くが，新しい切断部位が元の切断部位からずれていると直鎖になったときに余分のヌクレオチド配列が付加されたことになる。元の切れ目のまわりには塩基配列のパリンドローム（回文じつは点対称）が生じる。④ さらに，DNA ヌクレオチジルエキソトランスフェラーゼの作用でランダムなヌクレオチド配列が追加される。⑤ MRN 複合体，DNA リガーゼ IV-XRCC4，DNA 活性プロティンキナーゼの作用で Vi と Dj の断端が接続される。タンパク質因子については表 5-II-3 参照。

複合体がDNAの2つある**組換えシグナル配列** recombination signal sequence (RSS) の1つに結合することによってもう1つのRSSを引き寄せる。RSSはおもしろい性質をもっていて，保存性の高い7個の塩基と9個の塩基配列が12または23塩基のスペーサー（つなぎ配列）をはさんで存在し，それが1つのRSSをなしている。組換えに関与する1対のRSSは片方が12塩基のスペーサーをもてば他方はかならず23塩基のスペーサーをもっている。これを **12/23の法則** と呼ぶ。このように特定の塩基配列が認識されて起こる組換えは，相同組換えに対して，**部位特異的組換え** site-specific recombination と呼ばれる。

このあとに続く行程では，さらに複数のタンパク質因子が参加する（**表5-Ⅱ-3**）。二重鎖を切断されたDNAの修復過程と似て，いったん切断されたVj，Dj配列の断端同士が再び接続される。この過程で注目すべきは，Vj，Dj配列が再び接続される際に2つの異なったやりかたで余分のデオキシリボヌクレオチドが複数追加されることである。1つは，過程の途中で生じたヘアピンを開く際にその切れ目を入れる部位が先端からずれている場合で（パリンドローム palindrome ができる，図5-Ⅱ-11 参照），もう1つは，**DNAヌクレオチジルエキソトランスフェラーゼ** DNA nucleotidyl exotransferase（TdT）（別名：末端追加酵素 terminal addition enzyme）によってランダムにヌクレオチドが追加される場合である。これらによって免疫の多様性がさらに高まるとされる。

III 細胞増殖

1 細胞周期とその制御

A 細胞周期とは

細胞周期 cell cycle は細胞のライフサイクルである。細胞周期はふつう4期に分けられ、それぞれG1期、S期、G2期、M期と呼ばれる（図5-III-1）。G1期の間に細胞はS期に行われるDNAの複製のための準備をする（DNAの複製そのものについてはすでに本章IIで取り扱った）。S期でDNAの複製が完了すると、細胞はG2期に入り、細胞分裂のための準備をする。準備が終わるとM期が始まり、核分裂と細胞質分裂を経て2つの娘細胞が生じる。細胞分裂を終えた細胞の中にはそれ以上細胞周期を進行することなく細胞周期から離脱し、静止状態を続けるものがある。それらはG0期の細胞や分裂後細胞 post-mitotic cell と呼ばれる。分化した細胞（例：ニューロンなど）がその例である。このようなG0期への移行は細胞の分化に関係するだけでなく、その移行機構の異常は細胞の脱分化・腫瘍化あるいは細胞死（アポトーシス）とも関係するので、移行機構の詳細を明らかにすることは重要である。

細胞周期の1巡に要する時間は哺乳類でふつう24時間前後である。その中でM期が最も短い。各時期に起こる生化学的事象は、細胞周期を進めるために必要なタンパク質の発現（合成）と不要になったタンパク質の分解である。分解は主に既述のユビキチン-プロテアソーム系によるものである。細胞周期の各期における特定タンパク質の分解は単なるお掃除ではなく細胞周期を進行させるための重要な事象であることが多い。

細胞周期の制御系はきわめて複雑であって、まだその全貌が明らかになっていない。現在までに集められた個々の知見を統合しても、完全な理解を得るには程遠いのが現状である。この事情は細胞周期の制御がきわめて重要でかつ複雑な系であることを反映しているともいえる。ここでは、制御因子を重点に細胞周期の各期ごとの制御機構について学ぶことにする。

B G1期およびG1/S移行期における細胞周期の制御

G1期は細胞が新しい細胞周期に入る最初のステップである。そこでの主なできごとは次のS期（DNAの複製期）への準備を整えることである。具体的には、S期に必要なタンパク質を合成し、それらが機能する条件を整えることである。

1 サイクリン、サイクリン依存性キナーゼ

細胞周期に特徴的なタンパク質は何といっても**サイクリン** cyclin と**サイクリン依存性キナーゼ** cyclin-dependent kinase（CDK）である。サイクリンという名称はもちろんセル・サイクルの「サイクル」からきている。サイクリンは共通して**サイクリンボックスフォールド** cyclin box fold と呼ばれるタンパク質結合ドメインをもつ。サイクリンの各型は細胞周期の期 phase に応じて特徴的な増減を示すが、それらの発現パターンは細胞、組織によって同じではない。

CDKはセリン・トレオニンプロテインキナー

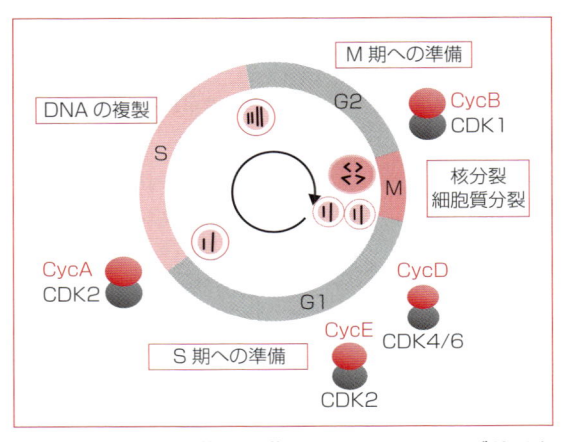

図5-III-1 細胞周期の4期とサイクリンおよびサイクリン依存性キナーゼ
Cyc：cyclin（サイクリン）、CDK：cyclin-dependent kinase（サイクリン依存性キナーゼ）

表 5-Ⅲ-1　サイクリン，サイクリン依存性キナーゼ，サイクリン依存性キナーゼインヒビター

タンパク質	遺伝子	遺伝子座	アミノ酸残基数
サイクリン：			
サイクリン A1	CCNA1	13q12.3-q13	465
サイクリン A2	CCNA2	4q25-q31	432
サイクリン B1	CCNB1	5q12	433
サイクリン B2	CCNB2	15q21.3	398
サイクリン D1	CCND1	11q13	295
サイクリン D2	CCND2	12p13	289
サイクリン D3	CCND3	6p21	292
サイクリン E1	CCNE1	19q12	410
サイクリン E2	CCNE2	8q22.1	404
サイクリン依存性キナーゼ：			
Cell division cycle 2	CDC2/CDK1	10q21.1	297
Cell division protein kinase 2	CDK2	12q13	298
Cell division protein kinase 4	CDK4	12q14	303
Cell division protein kinase 6	CDK6	7q21-22	326
サイクリン依存性キナーゼインヒビター：			
cyclin-dependent kinase inhibitor 1(p21Cip1)	CDKN1A (WAF1)	6p21.1	164
cyclin-dependent kinase inhibitor 1B(p27Kip1)	CDKN1B (KIP1)	12p13-p12	198
cyclin-dependent kinase 4 inhibitor A	CDKN2A	9p21	
	isoform 1 p16Ink4a		156
	isoform 4 p14ARF		173
cyclin-dependent kinase 4 inhibitor B(p15Ink4b)	CDKN2B	9p21	138

表 5-Ⅲ-2　サイクリン-サイクリン依存性キナーゼの作用

細胞周期	Cyclin と CDK の組み合わせ	作用
G1	CycD-CDK4/6　CycE1-CDK2	pRb のリン酸化（細胞周期の進行促進に必要な遺伝子発現）
G1/S	CycA2-CDK2	CDC6 のリン酸化（ユビキチン化→分解）

注）サイクリン D には D1，D2，D3 があり，多くの組織で重複して発現している。サイクリン A2 は G1 期を通じて徐々に蓄積する。CDK4/6 は CDK4 または CDK6 を表す。

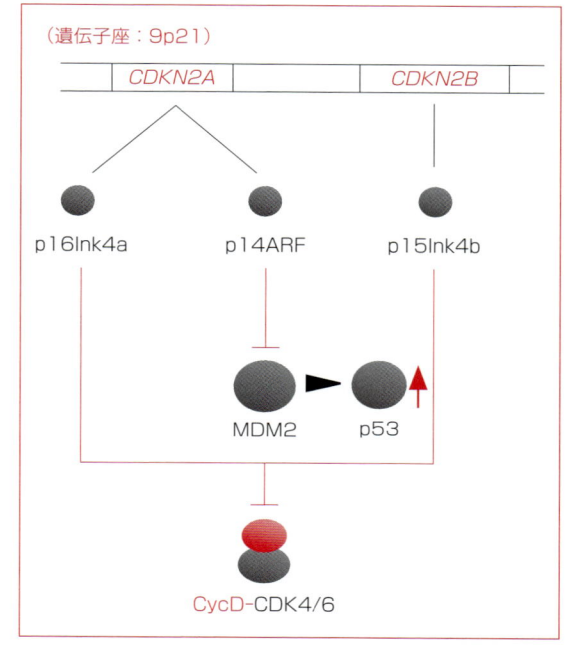

図 5-Ⅲ-2　*CDKN2A* と *CDKN2B* の発現産物と作用
p16Ink4a と p15Ink4b は CycD-CDK4/6 を阻害し，p14p14ARF は Mdm2 に結合して核小体に移行し，Mdm2 を核小体に局在化させる。その結果 Mdm2 は p53 をユビキチン化できなくなり p53 は増加する（後述）。これらの結果は細胞周期の停止を招く。

ゼである。サイクリンと CDK の種類については表 5-Ⅲ-1 に示した。CDK はサイクリンと結合することによって活性化される。したがって，CDK の活性はそれと結合するサイクリンの発現量によって基本的な調節を受けているといえる。サイクリンの型と CDK の型の組み合わせには一定の決まりがある（例えば，図 5-Ⅲ-1 参照）。CDK も細胞周期の各期によって主役となる型が異なる。CDK 自体の役割は細胞周期を進めるのに必要な遺伝子の発現と不要になったタンパク質の分解である（表 5-Ⅲ-2）。

2　サイクリン依存性キナーゼインヒビター

サイクリン依存性キナーゼインヒビター CDK inhibitor（CDKI または CKI）はサイクリンによる CDK の活性化を阻害するタンパク質である。サイクリン D（CycD）によるサイクリン依存性キナーゼ 4 または 6（CDK4/6）の活性化を阻害する

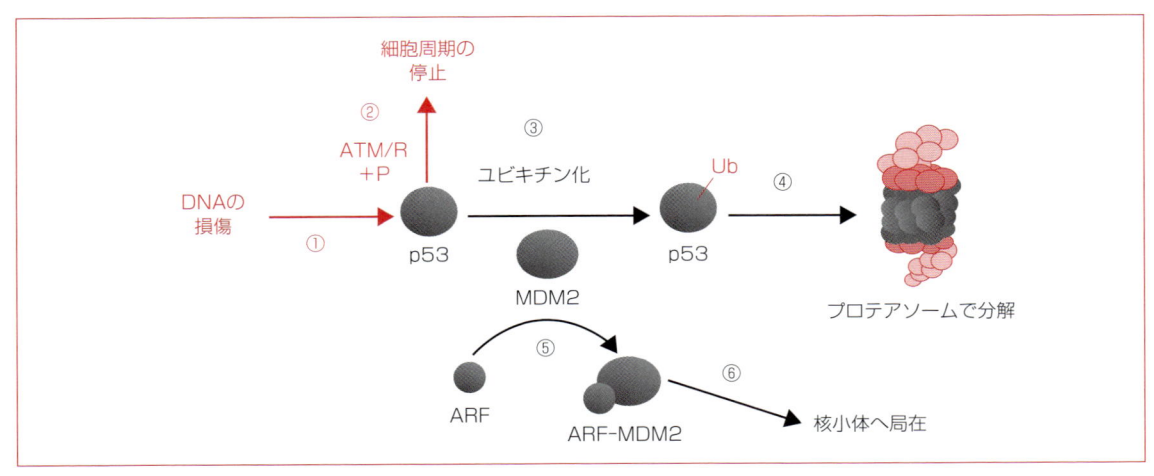

図5-Ⅲ-3　p14ARF(図ではARF)によるMdm2の核小体への局在化
①DNAの損傷によるp53の発現，②チェックポイントキナーゼATM/Rによるp53のリン酸化でユビキチン化を受けにくくなり，その結果p53が増加し，細胞周期の停止に至る。③ユビキチンリガーゼMdm2によってp53はユビキチン化され，④プロテアソームによる分解へ向かう。⑤p14ARFはMdm2と結合して，⑥Mdm2を核小体へ移行させ，局在化させるので，この場合は③過程が進まない。

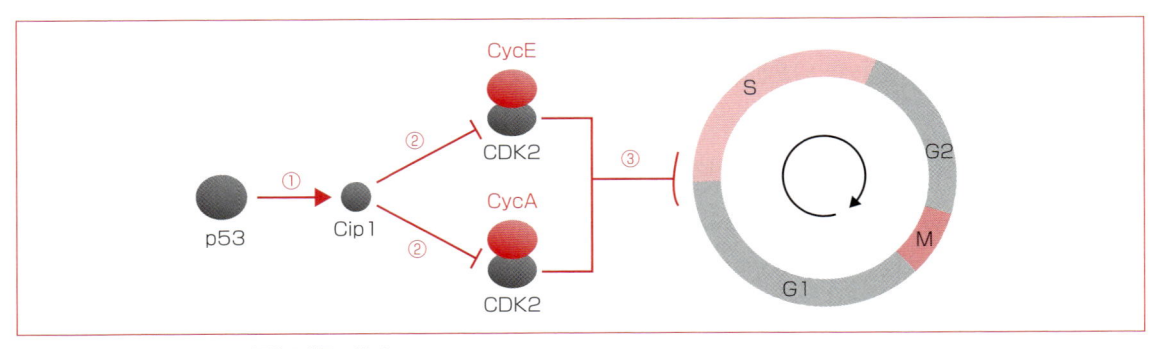

図5-Ⅲ-4　p53による細胞周期の停止
①p53によるp21Cip1の発現，②p21Cip1によるCDK2の阻害，③CDK2の阻害の結果としての細胞周期の進行の停止。

のはp16Ink4aとp15Ink4bである(図5-Ⅲ-2)。興味深いことに，p16Ink4aとp14ARFは同一遺伝子*CDKN2A*から選択的スプライシングによって生じる。p14ARFはユビキチン化酵素Mdm2(E3ユビキチン-タンパク質リガーゼ)を阻害する(図5-Ⅲ-2および図5-Ⅲ-3参照)。この阻害の結果，細胞周期進行阻害因子p53(腫瘍サプレッサー)が分解を逃れて増加する(図5-Ⅲ-7参照)。

この他にもG1期で細胞周期の進行を阻害するCDKIとしてp21Cip1とp27Kip1(表5-Ⅲ-1)があって，これらはCDK2の活性化を阻害する(図5-Ⅲ-4)。この結果，細胞周期の進行はやはりG1期で停止する(図5-Ⅲ-4)。増加したp53は21Cip1を発現させる(表5-Ⅲ-3)。他方，p21Cip1がタンパク質分解を受けたり，発現が抑制されたりすると，p21Cip1の標的であるCDK2の活性は著しく上昇し，細胞周期の進行は促進される。p21Cip1はこのようにG1期で重要な役割をもつCDKインヒビターである。

3　サイクリン依存性キナーゼのアクチベーター

CDC25はホスホチロシンホスファターゼ活性をもち，A～Cの3アイソザイムがあるが，いずれもCDKのリン酸化チロシン残基を脱リン酸化

表 5-Ⅲ-3 転写因子として働く c-Myc または p53 によって発現する遺伝子産物で細胞周期またはアポトーシスに関係するもの

c-Myc	p53
細胞周期の進行に関するもの 進行を促進： 　サイクリン A/D1/E， 　CDC25A, E2F1 進行を抑制： 　p27Kip, GADD45	細胞周期の進行に関するもの 進行を促進： 　サイクリン D1, WIP1, 　MDM2 進行を抑制： 　p21Cip1, GADD45, 　14-3-3σ
アポトーシスに関するもの アポトーシスを促進： 　p14ARF, p53, PIDD アポトーシスを抑制： 　Bcl-2	アポトーシスに関するもの アポトーシスを促進： 　BAX, FAS, FASL, カ 　スパーゼ3

することによって CDK を活性化し，基本的に細胞周期の進行に対して正の因子として働く。アイソザイムの役割の違いはそれらが機能する細胞周期での部位の差として表れている。**CDC25A** は G1/S の移行に必要で，その働きは上述した CycE-CDK2 の活性化である。

4　タンパク質の発現量による細胞周期の調節

　原がん遺伝子 *MYC* proto-oncogene *MYC* の発現産物 **c-Myc** は DNA の E ボックス（エンハンサーボックス enhancer box）に結合する転写因子で，もう1つの転写調節因子 **max**（遺伝子 *MAX*）とヘテロ二量体を作って働き，細胞周期の進行，アポトーシス，腫瘍化に関して多彩な役割を果たすタンパク質を発現させる（表 5-Ⅲ-3）。

　腫瘍サプレッサー p53 tumor suppressor p53（遺伝子 *TP53*）も転写因子であり，DNA の損傷などによって発現量が増加する。p53 は p21Cip1 や GADD45，14-3-3σ など細胞周期の抑制因子として働くタンパク質の発現を活性化する（表 5-Ⅲ-3）。

　しかし，他方で p53 は細胞周期の進行に正に働くサイクリン D1，Mdm2，WIP1（プロテインホスファターゼ 1D，遺伝子 *PPM1D*）の発現をも活性化する（表 5-Ⅲ-3）。いずれにせよ，c-Myc と p53 は細胞周期の進行を G1 期で調節する主要な1対のタンパク質因子である。p53 の核内濃度は細胞の状況変化に応じて調節される。p53 はまた BAX や FAS，タンパク質分解酵素カスパーゼ 3 などの発現を介してアポトーシスを促進する（本項 2. B 参照）。

　細胞内 p53 の濃度を制御する機構にリン酸化-脱リン酸化がある。リン酸化 p53 はユビキチン化酵素 Mdm2 が結合しないのでユビキチン化を介した分解を受けにくくなる。他方，WIP1 はリン酸化 p53 を脱リン酸化して，Mdm2 によるユビキチン化を受けやすくするので，p53 は分解され減少する。その結果，細胞周期の停止は解除され，細胞周期は再び進行する（図 5-Ⅲ-5）。

　細胞周期を制御する p53 量を調節するのはリン酸化-脱リン酸化だけではない。p53 はアセチル化酵素 **p300** と **CBP**（後出）によってその複数のリシン残基がアセチル化され，Mdm2 によるユビキチン化を受けにくくなるが，脱アセチル化酵素 **HDAC1** で脱アセチル化されると，ユビキチン化を受け，分解される。このように，p53 はリン酸化（ATM/ATR）-脱リン酸化（WIP1）とアセチル化（p300/CBP）-脱アセチル化（HDAC1）によってその発現量が調節されていることになる（図 5-Ⅲ-5，未出のタンパク質については後述する）。

　転写因子としての p53 は細胞周期の進行を抑制する p21Cip1 だけでなく，アポトーシスを促進するタンパク質の発現をも活性化するので（表 5-Ⅲ-3），もし p53 が変異（DNA 結合領域のミスセンス変異が多い）や欠失によって正常な機能を失うと，傷のある DNA が修復されないでそのまま複製されてしまうとか，アポトーシスを起こしえなくなるとかによって，腫瘍化の原因になる。前にも述べたように，ヒトのがんの半数に *TP53* の異常（両アレル性の突然変異または欠失）が見られる。*TP53* には多数の1アミノ酸置換のバリアントが散発性発がんに見出されている。*TP53* はまた小児に発症する肉腫を基本とするまれな多臓器がん Li-Fraumeni 症候群（LFS）の原因遺伝子でもある。

　細胞増殖抑制因子の1つである **Rb タンパク質**（retinoblastoma-associated protein；pRb）は転写因子を阻害することで間接的に細胞周期を制御す

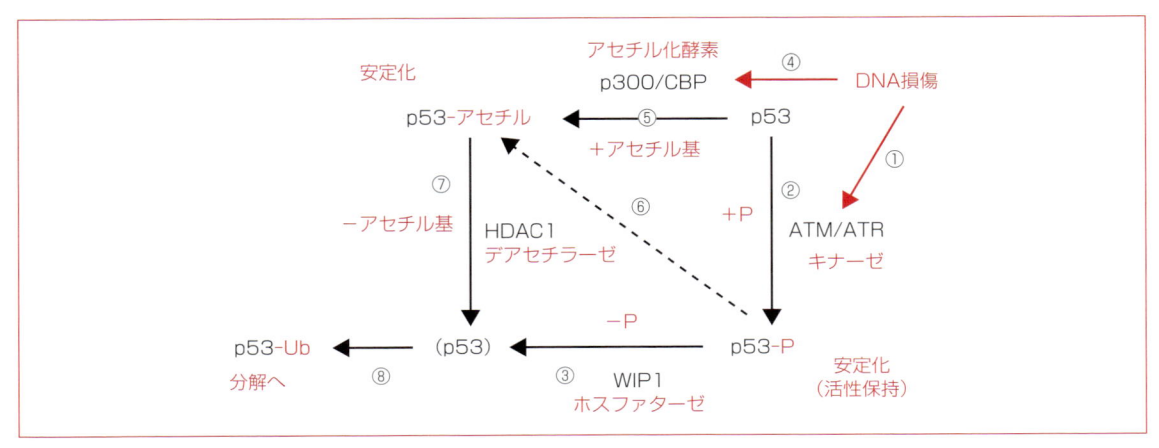

図 5-Ⅲ-5　p53 の量的調節の機構

① DNA の損傷によって ATM ないし ATR の活性化が起こり，②活性化 ATM/ATR によって p53 がリン酸化され，p53 は安定化する(活性保持)，③プロテインホスファターゼ WIP1 によって p53 は脱リン酸化される。④ DNA の損傷などのストレスによって(Mdm2 による)阻害から解放されたアセチル化酵素 p300/CBP は，⑤ p53 をアセチル化する。アセチル化 p53 は安定化し活性増強。⑥リン酸化 p53 を経てアセチル化する経路も考えられる。⑦脱アセチル化酵素 HDAC1 はアセチル化 p53 を脱アセチル化する。⑧遊離の p53 は Mdm2 や SCF 複合体(CUL4A-DDB1-DCX，表 5-Ⅲ-4)によってユビキチン化され，さらにポリユビキチン化されてプロテアソームによって分解される(図 5-Ⅲ-4)。

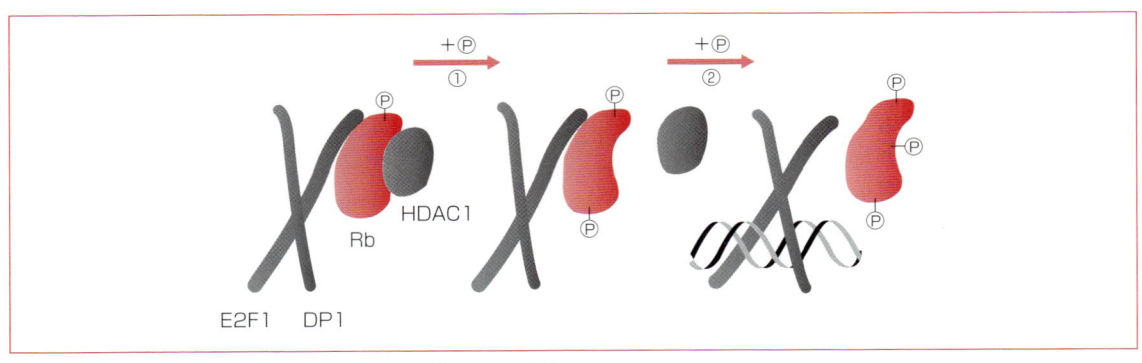

図 5-Ⅲ-6　pRb による転写因子 E2F1 の阻害とその解除

G1 期阻害因子 pRb は一方で転写因子 E2F1 と結合し，他方でデアセチラーゼ HDAC1 と結合する。E2F1 は別の転写因子 DP1 と二量体を作っている。しかし，この転写因子二量体に pRb が結合していると，転写因子は標的遺伝子のプロモーターに結合することができない。さらに，HDAC1 がヒストンを脱アセチル化して転写に不利な状況を作り出す。ところが，① CycD-CDK4/6 が pRb をリン酸化すると HDAC1 が pRb から遊離する。② HDAC1 が遊離したあとのポケットと呼ばれる pRb 部位がさらにリン酸化されると，pRb 自体も E2F1 から遊離し，自由になった E2F1-DP1 は DNA のプロモーター部位に結合し，下流の遺伝子(S 期に必要となるタンパク質の遺伝子)を活性化する。

る。pRb は低リン酸化状態のとき転写因子 E2F1 に結合し，その転写活性を阻害する(図 5-Ⅲ-6)。E2F1 は転写因子によくあるようにもう 1 つの転写因子 DP1 とヘテロ二量体を作って働く。そして，このヘテロ二量体の E2F1 に pRb が結合すると，E2F1/DP1 は転写因子として働くことができない。さらに，pRb はクロマチンリモデリングによって転写に不利な状況を作り出すヒストンデアセチラーゼ HDAC1 を誘引するから転写はさらに抑制される。

しかし，CycD-CDK4/6 が pRb をリン酸化すると，HDAC1 がそれまで結合していた pRb から遊離し，そして CycE-CDK2 による pRb のさらなるリン酸化によって次に pRb 自体が E2F1/DP1

二量体から遊離する(図5-Ⅲ-6)。自由になったE2F1/DP1はプロモーターに結合して，標的遺伝子を活性化する。CDKインヒビターはCycD-CDK4/6によるpRbのリン酸化を阻害するため，pRbによる転写の抑制が解除されない。

E2F1/DP1が結合するプロモーターによって**発現を活性化される遺伝子**は，同じG1期で働くCycAとCycE，さらにDNA複製前複合体の形成に必要なCDC6やS期で行われるDNAの複製に関与する酵素である。上で述べたc-Mycの遺伝子もこのプロモーターの下流で活性化される。細胞周期の制御におけるpRb-E2F経路の重要性が理解される。

もう1つ，pRbが細胞周期を停止させる機構がある。それは，CDKインヒビターp27Kip1をユビキチン化して分解に導く**SCF複合体**(後出)のSKP2タンパク質にpRbが結合することによりp27の分解が阻害され，p27の濃度が増加し，細胞周期を停止させるという機構である。細胞周期の停止にはこの機構による効果のほうがE2F1の阻害を介するそれより早く現れる。

このように，G1期の進行を制御するpRb遺伝子(RB)にその機能が失われるような突然変異が起こるとpRbによるG1期の制御が失われ，その結果正常な増殖にとってpRbによる制御が必要な細胞が腫瘍化することがある。腫瘍化するのはこの遺伝子の命名の基になった網膜芽腫retinoblastomaだけではない。

5 タンパク質の分解による細胞周期の制御

ユビキチン-プロテアソーム系が細胞タンパク質の主要な分解系であることを空腹時血糖維持のための筋肉タンパク質の分解を論じる際に述べた(第4章Ⅱ.2.Eおよび図4-Ⅱ-26参照)。細胞周期に関与するタンパク質に対する分解系の一部で，主としてSKP，CUL(Cullin)，**Fボックスタンパク質**の3種のタンパク質からなる**SCF複合体**(SKIP-Cul-F-box protein complex)はE3ユビキチン-タンパク質リガーゼ活性を示す。ユビキチン化の対象となるタンパク質を選択するのはFボックスタンパク質の役割である。

表5-Ⅲ-4　SCFとその類縁構造体によるタンパク質のユビキチン化

Cullinファミリー	構造因子	Fボックスタンパク質	選択される基質
CUL1	SKP1	SKP2	p27Kip1, CDT1
		FBXW7	cyclin-E, c-Myc
CUL4A	DDB1	DCX*	p53, c-Jun

(DCX* = DET1 + COP1)

SCF複合体は細胞周期を通じてほぼ一定の濃度で存在するが，Fボックスタンパク質が各期にその時必要とされる型が発現することで分解の対象となるタンパク質が選択される。Fボックスタンパク質の1つである**SKP2**はCycA-CDK2によってリン酸化されたp27Kip1やCDT1をユビキチン化の基質として選択し，もう1つのFボックスタンパク質である**FBXW7**はサイクリンEやc-Mycを選択する(表5-Ⅲ-4，図5-Ⅲ-7)。ユビキチン化されたタンパク質は細胞質でプロテアソームにより分解される。最近の研究によると，SKP2が関与するp27Kip1のユビキチン化はS→G2期に起こるもので，G1期にp27Kip1をユビキチン化するのは**KPC複合体**(p27Kip1 ubiquitination-promoting complex)と呼ばれるE3ユビキチン-タンパク質リガーゼ(触媒サブユニットKCP1，補助サブユニットKPC2)である。また，CUL4A-DDB1-DCX複合体はp53とc-Junをユビキチン化することが知られている(表5-Ⅲ-4)。DDB1についてはすでにふれた(本章Ⅱ.2.A，図5-Ⅱ-10，表5-Ⅱ-2参照)。

CycDはG1初期からG1/S移行期にかけて増加し続ける。G1期ではCycD-CDK4/6のpRbリン酸化，E2F1の活性化を経てS期に必要となるタンパク質の合成を行うことを上で見たが，S期になるとCycD1がPCNAやCDK2に結合することはDNA合成に対し不要というより有害になるので，SCF複合体(Fボックスタンパク質**FBX4/FBXW8**)によってユビキチン化され，プロテアソーム系で分解される。CDC25Aはホスホチロシンホスファターゼ活性をもち，CDKのアクチベーターであるが，G2/M移行期やDNA損傷チェックポイント時には分解される。そのプロテ

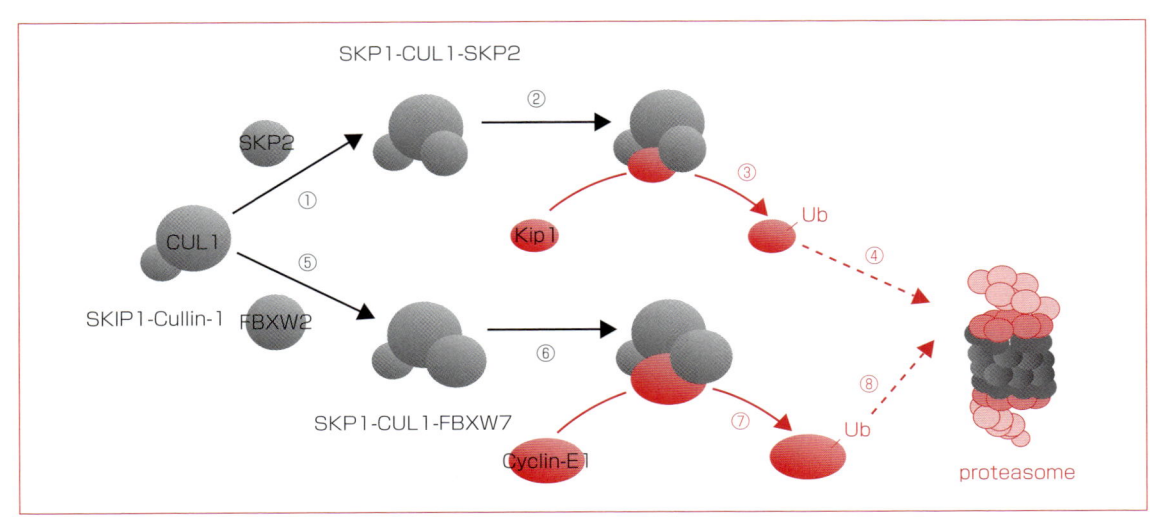

図 5-Ⅲ-7　SCF 複合体による細胞周期制御タンパク質の分解
① SKP1-Cullin-1 複合体に F ボックスタンパク質として SKP2 が加わる．② SKP2 は基質に p27Kip1 を選択し，③ p27Kip1 はユビキチン化され，④さらにポリユビキチン化されてプロテアソームによって分解される．他方，⑤ F ボックスタンパク質として FBXW7 が加わると，⑥ FBXW7 は基質にサイクリン E1（または c-Myc）を選択し，⑦サイクリン E1（または c-Myc）はユビキチン化され，⑧さらにポリユビキチン化されてプロテアソームによって分解される．

アソーム系分解で CDC25A をユビキチン化するのはやはり SCF 複合体（F ボックスタンパク質 **FBXW11**）である．

　Mdm2 タンパク質は SCF 複合体と違って単独で E3 ユビキチン-タンパク質リガーゼ活性をもつ．Mdm2 は **p53** をユビキチン化し，分解に向かわせる．したがって，Mdm2 は基本的に細胞周期の進行の正の因子である．しかし，上で述べたように，Mdm2 は転写因子としての p53 によって発現を活性化される遺伝子でもある．これは負の自己フィードバック系であり，このような系は生成物の量を一定限度以下に抑えるのに向いている．実際，細胞内 p53 の濃度はきわめて低く保たれ，その半減期もきわめて短い．いずれにせよ，Mdm2 は核内 p53 量の重要な制御因子だといえる．Mdm2 はある種の腫瘍で発現量が増加している．

　Ink4a と同じ遺伝子から生じるものの，異なった選択的スプライシングと異なった読み枠によって発現する **p14ARF**（マウスでは p19ARF）は Mdm2 に結合し，Mdm2 を核小体に移行させ，そこに局在化させる機能をもつ（図 5-Ⅲ-3）．おそらく，p14ARF は核小体では核小体タンパク質のヌクレオホスミン nucleophosmin に結合して存在する．Mdm2 も p14ARF も分子内に核小体局在化シグナルと核局在化シグナルの両方をもつので，両者ともに核（核質 nucleoplasm）と核小体を行き来する性質を備えている．Mdm2 の異所的局在化の結果，Mdm2 は p53 をユビキチン化することができなくなるので，p14ARF は間接的に p53 の濃度を増加させる．p14ARF は p53 への間接作用とは別に c-Myc に直接結合してその転写因子としての機能を抑制する．

6　アセチル化による調節

　p300（遺伝子 *EP300*）と **CBP**（遺伝子 *CREBBP*）は遺伝子は異なるが，構造も機能もよく似た大きいタンパク質である．どちらも本来はヒストンアセチル化酵素（ヒストンアセチルトランスフェラーゼ histone acetyltransferase）である．転写因子として細胞周期の進行に対して正の効果をもつ E2F1 および負の効果をもつ p53 に**コアクチベーター**として結合し転写活性を高める．その際 E2F1 と p53 のリシン残基のアセチル化が転写の

活性化に必要である．もう1つのリシンアセチル化酵素のPCAF（P300/CBP-associated factor，遺伝子 KAT2B）も p53 をアセチル化する．

DNA 損傷などのストレスがなければ p300/CBP と p53 は Mdm2 と 3 者複合体を作っている．複合体の中では p53 のアセチル化は起こらないが，先に述べたように，DNA 損傷などのストレスが加わると，それまで核小体に（ヌクレオホスミンと結合して）局在化していた p14ARF の一部が核質に移行し，Mdm2 と結合して，Mdm2 を三者複合体から奪う．その結果，p53 は p300/CBP によってアセチル化される（図 5-Ⅲ-5）．

7　細胞小器官間の移行による細胞周期の調節

サイクリン依存性キナーゼインヒビター p16Ink4a と同じ遺伝子から発現する **p14ARF** の作用は p16Ink4a と違ってサイクリン依存性キナーゼの阻害ではなく，上述のようにユビキチン化因子 Mdm2 に結合して Mdm2 を核小体に局在化させることである．この**異所的局在化**の結果 Mdm2 は p53 をユビキチン化できなくなり p53 は（分解を免れ）増加する．その結果は細胞周期の停止を招く．

CDC6 と **CDT1** は DNA の複製前複合体の形成（G1 期）に関与する重要な因子である（本章Ⅱ. 1 および図 5-Ⅱ-1 参照）．複製前複合体は S 期に複製フォークに移行する．S 期になるとそれまで核内にとどまっていた CDC6 と CDT1 は CycA-CDK2 によってリン酸化される結果，核を出て細胞質に移動し分解される（上記 SCF 複合体参照）．

CDC25A の G2/M 移行期や DNA 損傷チェックポイント時における分解について先に触れたが，ここではその分解と CDC25A の細胞内局在の関係を取り上げる．まず，分解に当たって，セリン/トレオニンプロテインキナーゼ ATR（後述）によってセリン/トレオニンプロテインキナーゼ CHEK1（後述）の特別なセリン（S345）がリン酸化されると，CHEK1 は自己リン酸化（S296p）を起こす．CHEK1（S296p）は CDC25A のセリン（S76）をリン酸化する．さらに，もう1つのセリン/トレオニンプロテインキナーゼ NEK11 が CDC25A の別のセリン（S82）をリン酸化すると，CDC25A（S76p, S82p）は特定の 14-3-3 タンパク質（例えば，14-3-3 タンパク質 σ は核と細胞質の両方に存在する）と結合して核から細胞質に排除され，上述した SCF 複合体によってユビキチン化され，プロテアソーム系で分解される．

8　非タンパク質因子による細胞周期の調節

マイクロ RNA（miRNA）がタンパク質の発現を制御することについてはすでに触れた（本章Ⅰ. 3. C）．miR-17-5p と miR-20a という同じグループ（**miR-17-92 クラスター**）に属する2つの miRNA が**サイクリン D1（CycD1）**の mRNA の 3′ 非翻訳領域（3′UTR）に結合することによって CycD1-mRNA の翻訳を阻害し，逆に CycD1 はこの2つの miRNA を含む遺伝子のプロモーターに結合してその発現を促す．つまり，CycD1 の発現は負の自己フィードバック制御を受ける．これは CycD1 の濃度が限度以上にならないように厳しく制御されていることを示す．乳がんでこれらの miRNA が減少し，CycD1 の発現量が増加していることが報告されている．

miR-17-92 クラスターは機能が明らかでない小さい膜タンパク質遺伝子のイントロン3に含まれる配列である．この遺伝子は CycD1 だけでなく c-Myc によっても活性化される．この場合発現する miR-17-5p と miR-20a は c-Myc のもう1つの標的遺伝子である E2F1 の発現を抑制する．この結果は cMyc → E2F1 → cMyc という自己増大系にブレーキをかけることになる．マイクロ RNA については細胞の腫瘍化の項（本章Ⅲ. 2. A. 4）で再び取り上げる．

C　S 期における細胞周期の制御

1　DNA 複製の制御

S 期の中心となるできごとは DNA の複製である．DNA の複製そのものについてはすでに述べた（本章Ⅱ. 1）．細胞周期との関係で重要なのは DNA の複製がどのように制御されているのかという問題である．それは**損傷 DNA の認識と修復**

を調べることによって明らかになる。

　鋳型DNAに損傷がなく，DNAの複製に必要な因子が揃っていれば，DNAの複製は正常に進行するであろう。しかし，鋳型となるDNAに**電離放射線**，**紫外線**，**有害化学物質**による損傷がある場合，細胞は損傷DNAの修復を優先する。DNAの複製が完了しないままM期に移行しないようにするには，複製をその場で停止したり，M期の細胞分裂に関与するタンパク質の発現を抑制するなど細胞全体として手を打たなければいけない。このような細胞内制御系のオーケストレーションは**DNA損傷チェックポイント** DNA damage checkpoint とか**DNA損傷応答** DNA damage response と呼ばれる概念でとらえられている。

　損傷DNAの修復が一応終わると，細胞周期の進行(M期で必要なタンパク質の発現や活性化)が再開される。もし，修復が不可能であれば，細胞は死(アポトーシス)を選ぶか，場合によっては腫瘍化する。DNAの損傷と修復については前にもふれているが(本章Ⅱ.2)，ここではDNA損傷チェックポイントの中でそれらがどのように位置づけられるのかを学ぶ。

2　DNA損傷チェックポイント

　DNA損傷チェックポイントの内容は大まかに，DNAの損傷が**認識**され(sensing)，シグナルとして**伝達**され(transduction)，**効果**を現す(execution)という一連の過程としてとらえられる。損傷部位の認識には**ポリ[ADP-リボース]ポリメラーゼ**(PARP，ADPRT)がDNAのギャップを探知し，その部位のタンパク質をADPリボシル化 ADP-ribosylation する。ADP-リボシル基は陰電荷をもっているので，それらのタンパク質とDNAの結合がゆるみ，修復タンパク質がそれらに代わってDNAに結合しやすくなる。それは主にタンパク質間の相互作用やリン酸化・脱リン酸化，アセチル化・脱アセチル化，メチル化・脱メチル化，ユビキチン化・脱ユビキチン化などを介して発揮される。その過程は単純なものではなく，互いに交差する複雑な網目を形成している。これまで主として酵母についての研究で多くの事実が明らかにされており，哺乳類についても酵母と共通する知見が多いが，まだ未解明の部分も多い。

　DNAの修復は原則的にG1→G2期を通じて行われるが，S期に複製フォークが未修復の損傷部位に達した時，複製は一時的に停止する(**フォークの立ち往生** fork stalling)。そして，DNA損傷チェックポイントの過程が始まる。それまで複製を進めてきたタンパク質複合体に代わって，複製を一時完全に停止させDNAを保護するための"複製一旦停止複合体"ともいえる複合体がまず形成され，次にそれは修復のための複合体に改変される。例えば，前に一度ふれたトランスリージョン合成はS期における主要な修復過程の第1段階であるが，この場合YグループのDNAポリメラーゼがそれまでの正常な複製を担ってきたポリメラーゼに代わって動員される。多数のタンパク質成分で構築されるこのような複合体の存在部位は細胞生物学で**核フォーカス** nuclear focus と呼ばれている部位にほぼ一致する。これらの**巨大タンパク質複合体**についてはまだ完全には解明されていないが，これまで得られている知見を以下に紹介する。

　ATMは ataxia telangiectasia mutated (毛細血管拡張性失調症突然変異)の頭文字を取ったもので，患者は*ATM*遺伝子の変異をもつ。ただし，*ATM*と表される遺伝子自体はその名にかかわらず正常な遺伝子を指す。ATMはPI3K(第4章Ⅱ.2.A)と同じ仲間のセリン・トレオニンプロテインキナーゼで，細胞周期のチェックポイントで中心的な役割を果たすことから**チェックポイントキナーゼ** checkpoint kinase と呼ばれている。ATMはDNA二重鎖切断に対応して動員され，DNA切断部に結合し，アセチル化されると，二量体または四量体の不活性なATMは解離し，特定のセリンが自己リン酸化される。ATMはDNAの複製の停止，相同組換えによる異常塩基配列の修復，複製の再開のすべてに関係する。*ATM*は毛細血管拡張性失調症だけでなく，T細胞性白血病やB細胞性非ホジキンリンパ腫などの原因遺伝子ともなる。

　DNAに損傷があったとき，**セルサイクルチェックポイントキナーゼ** cell cycle checkpoint

表 5-Ⅲ-5　BRCT ドメインをもつタンパク質

タンパク質（略号）	遺伝子	BRCT ドメインの数と位置	タンパク質の機能
BRCA1	BRCA1	C 末端に 2 個	損傷 DNA に基づく細胞周期の休止
BARD1	BARD1	C 末端に 2 個	BRCA1 とヘテロ二量体をつくる。
DNA リガーゼⅢ	LIG3	C 末端に 1 個	XRCC1 とヘテロ二量体をつくる。
MDC1	MDC1	C 末端に 2 個	DNA 損傷チェックポイントに関与
NBS1	NBN	N 末端に 1 個	損傷 DNA の修復，MRN 複合体の一員
TOPBP1	TOPBP1	全長にわたり 8 個	損傷 DNA に結合，ATR 活性を誘導
XRCC1	XRCC1	C 末端に 2 個	ヌクレオチド除去修復（NER）に関与

kinase（CHEK1 または CHK1）は細胞周期を休止させることに一役買う。その際，CHEK1 は ATR（以下参照）によってリン酸化され，活性化される。活性化された CHEK1 は CDC25A/B/C や RAD51，p53 などをリン酸化する。これらのリン酸化によって CDC25A は 14-3-3 タンパク質に結合し，細胞質に排除，分解される（上述）。**14-3-3 タンパク質**はリン酸化セリンや同トレオニンをもつ多くのタンパク質に結合して活性を制御するアダプタータンパク質で複数のアイソザイムがある。

CHEK2（checkpoint kinase 2）も CHEK1 と同じような役割をもち，細胞周期を休止に導く。リン酸化で活性化された CHEK2 は CDC25C をリン酸化し，阻害する。CHEK2 はまた p53 の分解を妨げ，BRCA1 をリン酸化する。BRCA1 は立ち往生した複製フォークを安定化し，損傷 DNA を修復するのに中核的な役割を担うタンパク質である（以下参照）。

3　DNA 損傷部位の検出と修復のための超複合体

乳がん感受性遺伝子 1 breast cancer susceptibility gene 1（*BRCA1*）の変異は遺伝性の乳がんと卵巣がん（男性では前立腺がん）の大きい原因である。大型のタンパク質（1863 アミノ酸残基）で，C 末端に 2 つの **BRCT ドメイン**をもつ。BRCT ドメインは DNA の修復に関与する他のタンパク質のいくつかにも見られる（例：XRCC1，DNA リガーゼⅢ，Ⅳ：表 5-Ⅲ-5）。BRCA1 がゲノムの安定性を維持するために中心的な役割を果たすことは損傷 DNA の修復に際して BRCA1 が多くのタンパク質と超複合体 supercomplex を形成することからもわかる（以下）。BRCA2 は BRCA1 よりさらに大きく約 2 倍のアミノ酸残基をもつ巨大タンパク質である。*BRCA2* はファンコニ貧血 Fanconi anemia[注] の原因遺伝子であるが，*BRCA1* と同じく遺伝性乳がん感受性の原因遺伝子である（*BRCA1* と *BRCA2* の変異が同時に起こっていることもある）。ただし，BRCA1 と違って BRCA2 は BRCT ドメインをもたず，代わりに BRCA2 リピートと呼ばれる反復配列をもつ。

そのような超複合体の 1 つとして提唱されたのは **BRCA1 連携ゲノム監視複合体** BRCA1-associated genome surveillance complex（**BASC 複合体**）と呼ばれる超複合体で，全部で 10 種以上のタンパク質を含む（**表 5-Ⅲ-6**，個々のタンパク質については表 5-Ⅲ-5，表 5-Ⅲ-10 も参照）。この複合体の機能は S 期を中心に細胞周期を通じて塩基対合の異常（ミスマッチ）を検出し修復過程につなぐことである。

BRCA1 と ATM を除く主な成分について簡単に記すと，**BLM** はブルーム症候群タンパク質 Bloom syndrome protein のことで，DNA ヘリカーゼである。この遺伝子の異常はブルーム症候群の原因である。**MLH1** は DNA ミスマッチ修復タンパク質 Mlh1 と呼ばれ，PMS2（以下）とヘテロ二量体を作る。

MSH2 と **MSH6** はそれぞれ DNA ミスマッチ

[注] 遺伝性の再生不良性貧血で DNA 損傷の修復不全に起因，*BRCA2* の別名 *FANCD1* は Fanconi anemia complementation group D1 による。

表5-Ⅲ-6 BASC複合体，BRCA1-A複合体，BRISC複合体の主な構成タンパク質

3つの複合体の主なタンパク質成分		
BASC複合体	BRCA1-A複合体	BRISC複合体
BRCA1	BRCA1	
ATM	BARD1	
BLM	ABRA1	
MSH2	Rap80	
MSH6	RNF8	
MLH1	MDC1	
PMS2	BRE	BRE
MRE11A	BRCC3	BRCC3
RAD50	MERIT40	MERIT40
NBS1(NBN)		ABRO1

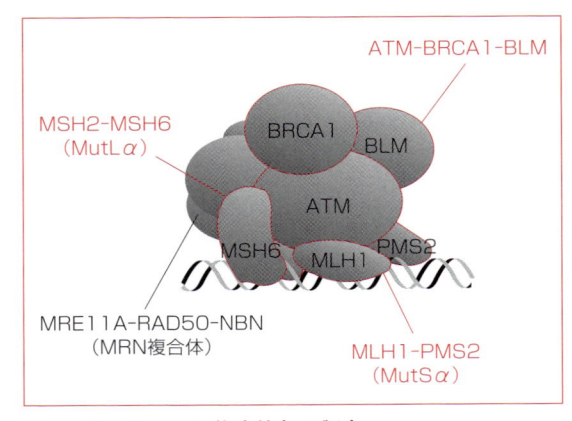

図5-Ⅲ-8 BASC複合体（モデル）
BRCA1連携ゲノム監視複合体の機能はS期を中心に細胞周期を通じて塩基対合の異常（ミスマッチ）を検出し修復過程につなぐことである。

修復タンパク質Msh2，同Msh6と呼ばれ，両者でヘテロ二量体（MutSα）を作り，二重鎖DNAのミスマッチ箇所に結合する（図5-Ⅲ-8）。PMS2はエンドヌクレアーゼで，MLH1とヘテロ二量体（MutLα）を作り，ミスマッチ塩基の近傍に単鎖切断を起こすことでミスマッチをもつDNA鎖にエキソヌクレアーゼhExo1を導入する。MLH1は遺伝性非ポリポーシス大腸がん2型の原因遺伝子である。

MRE11A，RAD50，NBS1（NBN）の3者からなる複合体はその頭文字をとってMRN複合体と呼ばれ，DNAの断端に結合しATMを動員する。NBS1はナイミーヘン切断症候群タンパク質1 Nijmegen breakage syndrome protein 1の頭文字をとったものであるが，正式にはニブリンnibrin（遺伝子名NBN）と呼ばれる。

BASC複合体のようなタンパク質複合体はきわめて複雑でかつ動的な構造体だと考えられているが，BASC以外にも同様な複合体の存在が指摘されている。例えば，BRCA1と結合する代表的タンパク質成分によってBRCA1-A複合体，BRCA1-B複合体，BRCA1-C複合体の存在が提唱されている。BRCA1-A複合体の作用はDNA損傷部位のヒストンH2Aとそのバリアント H2AX（合わせてH2A/Xと表す）にポリユビキチンを結合させることである。H2A/Xに結合したポリユビキチン鎖はおそらく損傷DNAの修復に携わるタンパク質成分に対して足場を与える。

ふつう細胞質でプロテアソームによる分解を受けるタンパク質に付加されるポリユビキチンのユビキチン間の結合は先行するユビキチンのリシン-48に次のユビキチンのC末端グリシンが結合する形をとっているが，ヒストンに結合するポリユビキチンの場合はリシン-48でなくリシン-63がその代わりをしているという特徴がある。BRCC3はH2A/Xに結合したユビキチンのリシン-63を認識して切断するタンパク質分解酵素（メタロプロテアーゼ）である。

H2A/Xのポリユビキチン化に携わるE3リガーゼはRNF8（RING finger protein 8）である。RNF8はクロマチンに結合したMDC1（mediator of DNA damage checkpoint protein 1）と呼ばれる大きいタンパク質によってDNA損傷部位に動員される。

Rad9，HUS1，Rad1（数字部分をとって9-1-1）の3つのタンパク質はDNAの複製機構で述べたPCNAというタンパク質複合体とよく似た環状の構造をとり，PCNAがRFC複合体の働きによってDNAのまわりに負荷されたように，9-1-1複合体もRad17-RFC4の作用でDNAの損傷部位に負荷される（DNAを取り囲むドーナツ状構造をとる）。これは損傷DNAを一時的に凍結してばらばらにならないようにする機構ではないかと想像される。最後に，DNA損傷チェックポイントに関与する遺伝子（タンパク質）を表5-Ⅲ-7にまとめた。

表5-Ⅲ-7　DNA損傷チェックポイントに関与する遺伝子(タンパク質)

遺伝子	タンパク質	遺伝子座	アミノ酸残基数	特徴
ATM	ataxia telangiectasia mutated	11q22-q23	3,056	セリン/トレオニンプロテインキナーゼ．DNA損傷チェックポイントで中心的な役割をはたす．
BACH1	transcription regulator protein BACH1	21q22.11	736	BRCA1-B複合体の主な成分．DNAヘリカーゼ
BARD1	BRCA1-associated RING domain protein 1	2q34-q35	777	BRCA1と同じくBRCTドメインとRINGフィンガーをもち，BRCA1とヘテロ二量体をつくる．
BLM	Bloom syndrome protein	15q26.1	1,417	ブルーム症候群タンパク質．DNAヘリカーゼ．DNAの損傷があるとリン酸化される．
BRCA1	breast cancer type 1 susceptibility protein	17q21	1,863	乳がんⅠ型感受性タンパク質．BRCTドメインをもち，損傷DNAの修復に際して多くのタンパク質と超複合体をつくる．
BRCA2 (FANCD1)	breast cancer type 2 susceptibility protein	13q12.3	3,418	BRCA1と同じく遺伝性乳がん感受性の原因遺伝子であるが，BRCA1と違ってBRCA2はBRCTドメインをもたない．
BRCC3	Lys-63-specific deubiquitinase BRCC36	Xq28	316	H2A/Xに結合したユビキチンのリシン-63を認識して切断するタンパク質分解酵素(メタロプロテアーゼ)
BRE (BRCC4)	BRCA1-A complex subunit BRE	2p23.2	383	BRCA1-A複合体の成員で，MERIT40と他の成分との橋渡しをし，複合体のE3ユビキチンリガーゼ活性を調整
CHEK1 (CHK1)	cell cycle checkpoint kinase	11q22-q23	476	DNAに損傷があったとき，ATRによってリン酸化・活性化され，CDC25A/B/CやRAD51，p53などをリン酸化する．
CHEK2 (CHK2)	checkpoint kinase 2	22q12.1	514	CHK1と同じような役割をもち，細胞周期を休止に導く．ATMによるリン酸化で活性化．CDC25A/Cをリン酸化し阻害．p53の分解を妨げ，BRCA1をリン酸化
FAM175A (ABRA1)	BRCA1-A complex snbunit Abraxas	4q21.23	409	BRCA1-A複合体の特徴的な成員
FAM175B (ABRO1)	BRISC complex subunit Abro1	10q26.13	415	BRISC複合体の特徴的な成員
HUS1	checkpoint protein HUS1	9p13-p12	280	Rad9，RAD1と9-1-1複合体を形成．DNA損傷部位に負荷
MDC1	mediator of DNA damage checkpoint protein 1	3q22.1	1,522	クロマチンに結合し，RNF8をDNA損傷部位に動員
MERIT40	BRCA1-A complex subunit MERIT40	19p13.11	329	BRCA1-A複合体の成員
MLH1	DNA mismatch repair protein Mlh1	3q21.3	756	BASC複合体の成員．PMS2とヘテロ二量体を作る．
MRE11A	double-strand break repair protein MRE11A	11q21	708	MRN複合体の成員としてRAD50とヘテロ二量体を作り，DNAの断端に結合しATMを活性化する．BASC複合体の成員
MSH2	DNA mismatch repair protein Msh2	2p22-p21	934	Msh6とヘテロ二量体(MutSα)を作り，さらにMsh3ともヘテロ二量体(MutSβ)を形成．二重鎖DNAのミスマッチ箇所に結合．BASC複合体の成員
MSH3	DNA mismatch repair protein Msh3	5q11-q12	1,137	Msh2と二量体(MutSβ)を形成．DNAのミスマッチ箇所に結合

表5-Ⅲ-7 DNA損傷チェックポイントに関与する遺伝子（タンパク質）（つづき）

遺伝子	タンパク質	遺伝子座	アミノ酸残基数	特徴
MSH6	DNA mismatch repair protein Msh6	2p16	1,360	Mshとヘテロ量体（MutSα）を作り，二重鎖DNAのミスマッチ箇所に結合。BASC複合体の成員
NBN (NBS1)	nibrin	8q21	754	MRE11A, RAD50とMRN複合体を形成。BASC複合体の成員
PMS2	DNA mismatch repair endonuclease PMS2	7p22.2	862	エンドヌクレアーゼ。Mlh1とヘテロ二量体（MutLα）を作る。BASC複合体の成員
RAD1	cell cycle checkpoint protein RAD1	5p13.2	282	Rad9, HUS1と9-1-1複合体を形成。DNA損傷部位に負荷される。
RAD9A	cell cycle checkpoint control protein RAD9A	11q13.1-q13.2	391	RAD1, HUS1と9-1-1複合体を形成。DNA損傷部位に負荷される。
RAD17	cell cycle checkpoint control protein RAD17	5q13.2	681	RFC4との協同で9-1-1複合体をDNAの損傷部位に負荷する（ドーナツ状構造）。
RAD50	DNA repair protein RAD50	5q23-q31	1,312	MRE11A, NBNとMRN複合体を形成。複合体はDNAの断端に結合しATMを活性化
RFC4	replication factor C subunit 4	3q27	363	RAD17との協同で9-1-1複合体をDNAの損傷部位に負荷する（ドーナツ状構造）。
RNF8	E3 ubiquitin-protein ligase RNF8	6p21.3	485	H2A/Xのポリユビキチン化に携わるE3リガーゼ。クロマチンに結合したMDC1によってDNA損傷部位に動員される。
RNF168	E3 ubiquitin-protein ligase RNF168	3q29	571	RNF8同様の機能をもち，RNF8を補助する。
TOPBP1	DNA topoisomerase 2-binding protein 1	3q22.1	1,522	BRCA1-B複合体の成員。損傷DNAに結合し，ATRを活性化
UIMC1 (RAP80)	BRCA1-A complex subunit RAP80	5q35.2	719	BRCA1-A複合体の成員。UIMドメインをもち，H2A/Xに結合したポリユビキチン鎖に結合。AIRドメインでAbra1と結合

D　G2期およびG2/M移行期における細胞周期の制御

1　G2/Mチェックポイント

　S期を終えると細胞周期はG2期に進行するが，この時点で細胞のDNAは複製が完了している。ゲノムでいうと，2nから4nになっている。しかし，まだ分離した染色体になってはいない。**姉妹染色分体** sister chromatid の分離が起こり，2つの核になり（核分裂），細胞質を分け合って（細胞質分裂）2つの細胞になるのは次のM期を待たなければならない。G2期はそのM期への準備を整える段階だととらえることができる。S期の後期やG2期に生じたDNAの損傷あるいは姉妹染色分体の不完全な分離を残したままM期に移行しないようにG2期において入念に行われる準備と点検の機構は**G2/Mチェックポイント** G2/M checkpoint という概念でとらえられる。

　G2/Mチェックポイントで中心的な役割をもつ**ATR**は ataxia telangiectasia and Rad3 related（毛細血管拡張性失調症&Rad3関連）の頭文字を取ったもので（Rad3はATRやATMに相当する分裂酵母のタンパク質である），ATMと同じ仲間のプロテインキナーゼである。ただし，ATMと違ってATRはATRIP（ATR interacting protein）というタンパク質とヘテロ二量体を作って存在している。ATRはDNAの単鎖切断によって自己リン酸化さ

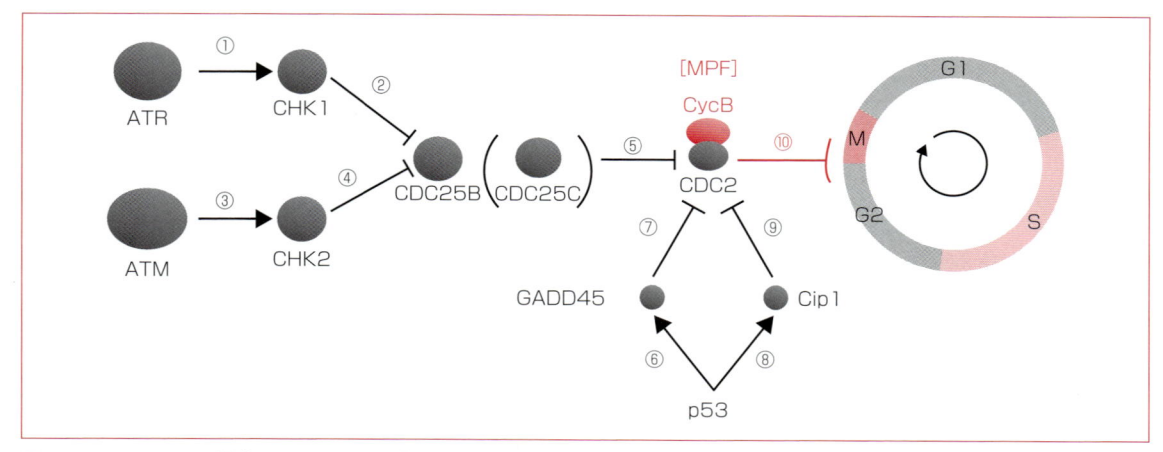

図5-Ⅲ-9 MPFの阻害によるG2/M停止

①活性化ATRによるCHEK1のリン酸化，②④リン酸化CHEK1によるCDC25B/Cのリン酸化（CDC25B/Cは分解される），③活性化ATMによるCHEK2のリン酸化，⑤CDC25B/CによるCDC2の活性化の欠如（MPFの不活性化），⑥p53によるGADD45の発現，⑦GADD45によるCDC2の阻害，⑧p53によるp21Cip1（図ではCip1）の発現，⑨p21Cip1によるCDC2の阻害，⑩CDC2の阻害の結果として細胞周期の停止．

れ，活性化される．

活性化ATRは**CHEK1**をリン酸化し，リン酸化されたCHEK1は**CDC25B/C**をリン酸化する．CHEK1がCDC25Aをリン酸化し，プロテアソーム系による分解に導くことについてはDNA損傷チェックポイントの項で述べたが，同じことがCDC25B/Cについても当てはまるものと解される．その結果は細胞周期の停止である（**G2/M停止**）．

CycB-CDC2複合体は**M期促進因子**M-phase/maturation promoting factor（MPF）と呼ばれていたものに他ならない．MPF（のCDC2）を阻害するのはATM/ATR→CHEK1/CHEK2→CDC25B/Cの経路だけではない．G1期およびG1/S期に特徴的な制御タンパク質として述べたサイクリン依存性キナーゼインヒビターの代表格であるp21Cip1やGADD45などp53で誘導されるタンパク質によっても阻害される（図5-Ⅲ-9）．GADD45（growth arrest and DNA damage-inducible protein GADD45α，遺伝子*GADD45A*）はGADD45ファミリーに属する小さいタンパク質で，細胞のUV曝露によりp53を介して誘導される（表5-Ⅲ-3）．CDC2はp53によって発現する**14-3-3σ**タンパク質と結合することによって細胞質に排除され，核内CDC2は減量する．さらに，p53や

CHEK1/2に依存しない細胞周期阻害因子としてMyt1とWee1がある．Myt1はCDC2のトレオニンをリン酸化してCDC2を阻害し，Wee1はチロシンをリン酸化して阻害する．

G2/M移行の制御因子として従来から最も重要視されてきた（と思われる）MPF（のCDC2）は細胞のどういったタンパク質をリン酸化するのであろうか．現在までにCDC2（**CDK1**）によってリン酸化されることが報告されたタンパク質は（ヒトにも見られるものに限ると），Bcl-2，DAB2，RCC1，Survivin，RAD21，コンデンシン複合体サブユニット1，2，3（コンデンシン複合体の調節サブユニット）などである．これらのタンパク質はいずれも-セリン/トレオニン-プロリン-（これを-S/T-P-と表す）というアミノ酸配列を含んでいて，そのセリン/トレオニンがCDC2によってリン酸化される．Bcl-2はセリン-70がリン酸化されると抗アポトーシス作用を示し，トレオニン-56がリン酸化されるとG2/M移行抑制作用を示す（Bclという名称はB-cell lymphomaに由来する）．

DAB2（disabled homolog 2）はCSF-1（colony stimulating factor-1）刺激で始まるシグナル伝達経路の一員である．ミオシンⅥ（MYO6）によって形質膜から運ばれてきて，CDC2によってリン酸化

される。リン酸化されたDAB2はペプチジループロピルイソメラーゼPin1と連携する。Pin1は結合したタンパク質のプロリンを含むペプチド結合の立体配置のシス⇔トランスの転移を行う。Pin1に結合するタンパク質もその特定の-S/T-P-のS/Tがリン酸化されている。Pin1は多くのリン酸化タンパク質と結合する性質をもっており，それらを介してG2/M移行を正にも負にも調節する。

RCC1 (regulator of chromosome condensation 1)はS期で染色体の凝縮の開始に関与するが，染色体の凝縮が進行するのはG2期である。RCC1は分子内に特徴的な繰り返しアミノ酸配列をもち，Ranと複合体を作って未複製のDNAの検出にかかわる。RanはGTP結合核タンパク質であり，RCC1はそのグアニンヌクレオチド交換因子（GEF）である。Ranもその一員である低分子量GTP結合タンパク質とそのヌクレオチド交換因子についてはすでに述べた（4章Ⅱ.2.B，図4-Ⅱ-13参照）。RCC1-RanはM期には紡錘体や核膜の形成にも関与する。

Survivin（遺伝子 BIRC5）はアポトーシス阻害因子 inhibitor of apoptosis (IAP)の仲間で，G2/Mで起こるアポトーシスを防止する機能をもつ。IAPに属するタンパク質は共通してBIR（Baculovirus IAP repeat）という繰り返しドメインをもつ。IAPは最初Baculovirusに見出されたが（感染を成立させるために宿主の細胞が死ぬのを防ぐ），BIRはその後多くの生物にも見出され，BIR配列にもⅠ型とⅡ型があることがわかり（SurvivinはⅡ型をもつ），BIRをもつタンパク質を大きくBIR含有タンパク質 BIR-containing protein（BIRC）と呼ぶ。Survivinは後述する染色体パッセンジャー複合体（CPC）の成分である。

中心体 centrosome〔微小管形成中心 microtubule organizing center（MTOC）ともいう〕の倍化はS期→G2期後半を経て進行する。つまり，染色体の倍化と中心体の倍化は平行して進む。

中心体がG2/Mチェックポイントにおいて中核的役割を果たすことは，同チェックポイントに欠かせないCycB，p53，BRCA1など既述のタンパク質の他にPlk，Aurora，Nekなどのチェックポイントキナーゼ（後出）が中心体に局在していることから明らかである。

セリン/トレオニンプロテインキナーゼ**Plk1**はG2期に徐々に増加し，G2/M移行期にピークに達する。ポロボックスPOLO boxと呼ばれる2つのドメインをもち，自己リン酸化で活性化する。Plk1はCDC25Cをリン酸化（セリン-198）するが，これによって細胞質のCDC25Cは核内に移行し，核内のCDC25C濃度が増加する。

Aurora-A（遺伝子 AURKA）もセリン・トレオニンキナーゼである。G2/M移行期に急激に増加し，DNAの損傷があるとリン酸化される。Aurora-B（遺伝子 AURKB）もセリン・トレオニンキナーゼで，有糸分裂の重要な調節因子である染色体パッセンジャー複合体（CPC）の成分である。Aurora-BはM期にヒストンH3をリン酸化することによって染色分体の凝縮に寄与する。

最後に，G2/Mチェックポイントに関与する遺伝子（タンパク質）を表5-Ⅲ-8にまとめた。

E　M期における細胞周期の制御

1　核分裂

M期はG1期から進行した細胞周期の総仕上げとして**核分裂 karyokinesis**と**細胞質分裂 cytokinesis**が起こり，2個の娘細胞が生じる段階である。DNAの複製後の姉妹染色分体は勝手に分離しないように束ねられている。これを接着（**コヒージョン cohesion**）と呼ぶ。その接着に必要な装置が**コヒーシン複合体 cohesin complex**である（図5-Ⅲ-10）。

コヒーシン複合体を構成するのはSMC1A（SMC：structural maintenance of chromosome，SMC1Bは減数分裂でSMC1Aの代わりをする），SMC3，RAD21，STAG1あるいはSTAG2，（STAG3は減数分裂の場合）である。SMCとSTAGはアミノ酸残基数が1,200を超す大きいタンパク質である。これらの他に個体発生時にはNIPBL (nipped-B-like protein)というさらに大きいタンパク質も関与する。RAD21はSCC1ホモロ

表5-Ⅲ-8　G2/Mチェックポイントに関与する遺伝子(タンパク質)

遺伝子	タンパク質	遺伝子座	アミノ酸残基数	特徴
ATR	ataxia telangiectasia mutated & Rad3-related	3q22-q24	2,644	ATRIPとヘテロ二量体を作って存在。DNAの損傷によって活性化(自己リン酸化)。CHK1, p53, BRCA1をリン酸化
ATRIP	ATR-interacting protein	3p24.3-p22.1	791	ATRとヘテロ二量体を作って存在。ATRを安定化
AURKA	aurora kinase A(serine/threonine-protein kinase 6)	20q13	403	セリン・トレオニンキナーゼ。G2/M移行期に急激に増加。DNAの損傷があるとリン酸化される。
AURKB	aurora-B (serine/threonine kinase 12)	17q13.1	344	セリン・トレオニンキナーゼ。染色体のパッセンジャー複合体の成分。M期にヒストンH3をリン酸化、染色分体の凝縮に寄与
BIRC5	Baculoviral IAP repeat-containing protein 5(survivin)	17q25	142	アポトーシス阻害因子。G2/Mで起こるアポトーシスを防止(カスパーゼ3の阻害)。繰り返しドメインBIRをもつ。染色体パッセンジャーの一員。チュブリンと相互作用
DAB2	disabled homolog 2	5p13	770	形質膜から動員。CDC2(CDK1)によってリン酸化。Pin1と連携
GADD45A	growth arrest & DNA-damage-inducible protein GADD45α	1p31.2	165	c-Mycとp53(UV曝露)の標的遺伝子。CDC2を阻害。細胞周期の抑制
MYT1	myelin transcription factor 1 (MyT1)	20q13.33	1,121	p53非依存性細胞周期阻害因子(リン酸化によるCDC2の阻害)
PIN1	peptidyl-propyl cis-trans isomerase NIMA-interating 1	19p13	163	ペプチジル-プロピルイソメラーゼ。DAB2と連携(多くのリン酸化タンパク質と結合)。G2/M移行を正負に調整
PLK1	serine/threonine-protein kinase PLK1(polo-like kinase 1)	16p12.1	603	セリン・トレオニンキナーゼ。G2/M移行期にピークに達する。ポロボックスドメインをもち、自己リン酸化で活性化し、CDC25Cをリン酸化。核内CDC25C濃度増加
RCC1	regulator of chromosome condensation 1	1p35.3	421	CDC2(CDK1)によってリン酸化。G2期の染色体の凝縮に関与。Ran-GEFとして：未複製のDNAの検出にかかわる。BRCTドメインと特徴的繰り返し配列をもつ。
Wee1	Wee1-like protein	11p15.3-p15.1	646	p53非依存性細胞周期阻害因子(リン酸化によるCDC2の阻害)

グ、STAG1/2はSCC3ホモログ1〜3、NIPBLはSCC2ホモログとも呼ばれる[注]。

2　紡錘体チェックポイント

前に述べたPCNAや9-1-1複合体はDNA二重鎖を取り巻く構造物(タンパク質複合体)であったのに対し、コヒーシン複合体は複製後の1対の二重鎖DNA(4本のDNA鎖)を束ねるという役割を果たす。複合体の中心的な構造成分は**SMC1**と**3**である。その分子構造はαヘリックスがさらにコイル状になったコイルド・コイル coiled coilで、大きい長い形をとる(図5-Ⅲ-10)。

コヒーシン複合体はすでにG1期から構築され始めG1/S移行期には完成しているが、M期に入ると、前期 prophase から前中期 prometaphase に

[注] 種を越えて同一の祖先遺伝子に由来する遺伝子をオルソログ ortholog、種内に限ればパラログ paralog、両者を合わせてホモログ homolog という。

MAD2 (mitotic spindle assembly checkpoint protein MAD2A) と結合して不活性な複合体となっているからである (図5-Ⅲ-11)。後期に MAD2 が CDC20 から遊離してはじめてこの活性化カスケードが動き出し，セントロメアにおいてもコヒーシン複合体がはずれる。この活性化カスケードは後期を不用意に終期 telophase に進行させないための**紡錘体チェックポイント**（スピンドルチェックポイント spindle checkpoint）として重要な役割を担っている。MAD2 のようなタンパク質は**チェックポイントタンパク質** checkpoint protein と呼ばれる。

上で述べた **APC/C** は**後期促進複合体** anaphase promoting complex/ cyclosome の略号である。サイクロソーム cyclosome の語源はよくわからないが，無理に日本語にすれば"周期体"となるだろうか。いずれにせよ，細胞周期で働く APC を，後述する家族性大腸ポリポーシスの原因遺伝子である APC と区別して APC/C と呼んでいる。

APC/C はきわめて大きいタンパク質からきわめて小さいタンパク質まで含めて少なくとも 11 種のタンパク質からなる複雑な複合体である。しかし，現在わかっている範囲でその役割は上で述べたセパラーゼに対するユビキチン化に見られるような E3 ユビキチンリガーゼとしてのものである。その複合体としての姿は前にふれた SCF に対置させることができる。しかし，なぜか APC/C の成員は SCF のそれに比べてはるかに多い。

後期に APC/C が活性化される機構については上で述べたが，MAD2 が遊離した後の APC/C は CDC20 と結合した活性型である（これを APC^{CDC20} と表す）。また，APC/C は CDC20 と同じタンパク質ファミリーに属する **CDH1** (fizzy-related protein homolog, 遺伝子 *FZR1*) とも結合した活性型（APC^{CDH1}）もあり，こちらは後期に活性化し，次の S 期のはじめまで活性状態を続ける。CDC20 も CDH1 も共通して 7 回繰り返される WD40 配列をもつタンパク質である[注]。WD40 繰

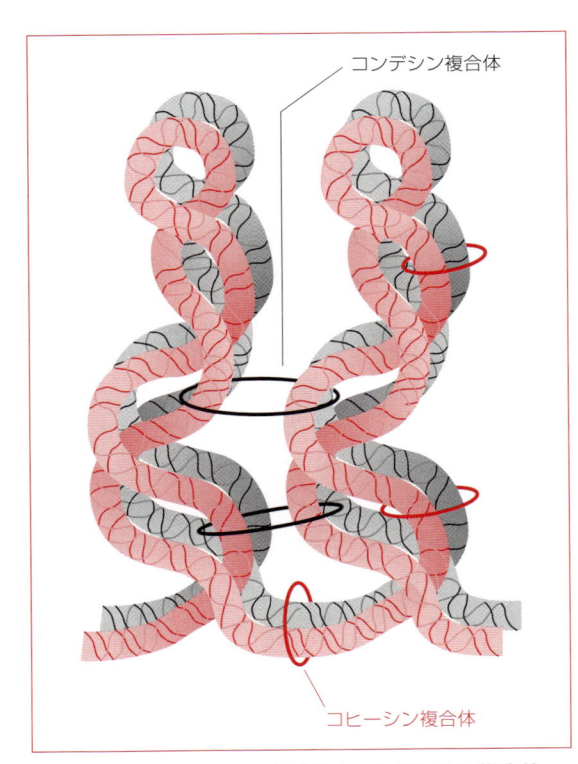

図5-Ⅲ-10　コヒーシン複合体とコンデンシン複合体
コヒーシン複合体は 2 本の染色分体を束ねて染色分体が勝手に分離しないようにし，コンデンシン複合体は 1 本の染色分体の超コイル同士を束ねて凝縮状態を維持させる。

かけて aurora B や Plk1 によるコヒーシン複合体の構成員 **STAG2** のリン酸化の結果，染色分体から分離する。しかし，**セントロメア** centromere 部分のコヒーシン複合体は後期 anaphase まで解離から保護されている。それは，前期においては**シュゴシン** shugoshin (*SGOL1*) がセリン・トレオニンプロテインホスファターゼ 2A (**PP2A**) を動員（結合）することによってコヒーシンのリン酸化を妨げていて，またシュゴシンが消退する中期にはコヒーシン複合体を分解する酵素である**セパラーゼ** separase が**セキュリン** securin というタンパク質と結合していて，不活性な状態になっているからである。これらの機構は，核分裂が不用意に起こらないように慎重を期しているのである。

セパラーゼを活性化するためには，セキュリンを分解に導けばよいが，セキュリンをユビキチン化する活性をもつ **APC/C**（後出）が不活性な状態にある。それは APC/C を活性化する CDC20 が

[注] この CDH1 は E-カドヘリンの遺伝子名 *CDH1* と同一なので混同しやすく，注意が必要である。

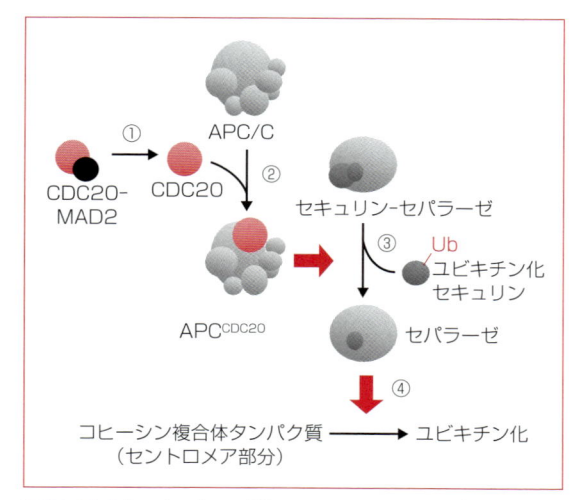

266　第5章　遺伝情報の発現と保存

図5-Ⅲ-11　セパラーゼによるセントロメア部分のコヒーシン複合体タンパク質の分解に至る過程
① MAD2 に結合した CDC20 は細胞分裂後期に解離する。② 遊離した CDC20 は後期促進因子 APC/C に結合して APC/C を活性化する。③ 活性化 APC/C (APC^{CDC20}) はセキュリン-セパラーゼ複合体のセキュリンをユビキチン化し，セパラーゼを解放する。④ 自由になったセパラーゼはコヒーシン複合体タンパク質をユビキチン化し，プロテアソームによる分解へ導く。

り返し配列はアミノ酸残基約 40 個からなる保存性の高い配列で，その C 末端が W（トリプトファン）-D（アスパラギン酸）で終わることからそう名付けられた（実際はそうなっていない場合が多い）。WD40 繰り返し配列はタンパク質間の結合に関与し，CDC20, CDH1 の他に前に述べた F ボックスタンパク質などユビキチン化に関係するタンパク質やアポトーシス，シグナル伝達に関係するタンパク質に多い。

　核分裂に際して染色分体の占める容積をできるだけ小さくするためには**トポイソメラーゼ** topoisomerase が ATP のエネルギーを用いて自然な（リラックスした）DNA 二重鎖をさらに固く巻く必要がある。その結果，二重鎖そのものがさらに超コイル化し，コンパクトになる。1 対の姉妹染色分体が勝手に分離しないように束ねるのがコヒーシン複合体の役割とすれば，染色分体の凝縮を助け，それを維持するのが**コンデンシン複合体** condensin complex の役割である（図5-Ⅲ-10）。

　コンデンシン複合体は 5 つの成分からなる。そのうちの 2 つはコヒーシン複合体の SMC1/3 と同じファミリーの SMC2/4（こちらは偶数番号）である。他の 3 つの**非 SMC タンパク質**（調節サブユニット）はコンデンシン複合体サブユニット 1（遺伝子名 *NCAPD2*），同サブユニット 2（同 *NCAPH*），サブユニット 3（*NCAPG*）である。SMC 成分はコヒーシン複合体のそれと同じく大きいタンパク質である。前期が始まると，非 SMC 成分が CycB-CDC2 によってリン酸化され，コンデンシン複合体が構築されて，同一染色分体の 2 つの超コイルの間にリングがかけられる。

　セントロメアは，**中心体**（セントロソーム）が細胞質に存在するのに対して，染色体の長腕と短腕の境界に局在する。セントロメアはそこに局在する DNA とタンパク質成分の両方を含む概念である。姉妹染色分体が相互に分離するまではそれらはセントロメア部分でコヒーシン複合体によってつなぎ止められている（図5-Ⅲ-10）。

　セントロメアは構造的に 1 個の**内側セントロメア** inner centromere と 2 個の**外側セントロメア** outer centromere に分けられる。さらに，外側セントロメアはそれぞれ 1 個の**キネトコア** kinetochore（狭義の**動原体**）と接している（図5-Ⅲ-12）。

　セントロメア部分の DNA は転写的に不活性な**セントロメア DNA** centromeric DNA と呼ばれる主に 171 塩基対の **α サテライト** α-satellite 配列の繰り返しでできている。繰り返しの回数は個体差があり 2,000 回から 30,000 回に及ぶ。セントロメア DNA は平均すると全ゲノムの 2％に達する。

　セントロメア DNA はヘテロクロマチン状態にある。**ヘテロクロマチン** heterochromatin とは間期にも凝縮した DNA を含む染色体部分である。ヘテロクロマチンには条件的ヘテロクロマチンと構成的 (constitutive) ヘテロクロマチンがあり，前者が細胞によって異なるのに対し，後者はすべての細胞で同一である。セントロメア DNA やテロメア DNA は後者の例であり，他のヘテロクロマチンもこれらの近くに存在する。

　セントロメアのタンパク質成分はセントロメア DNA に結合してその三次元構造を維持するためのタンパク質と染色分体の分離装置であるキネトコアの構築と機能に関与するタンパク質群とから

Ⅲ 細胞増殖

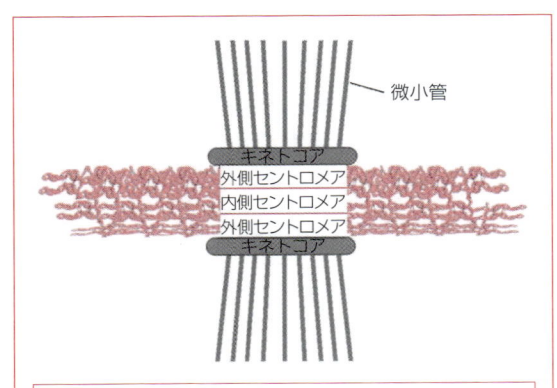

図5-Ⅲ-12 セントロメアの構造とタンパク質

微小管
キネトコア
外側セントロメア
内側セントロメア
外側セントロメア
キネトコア

内側セントロメア
染色体パッセンジャー複合体，CPC
(INCENP, Borealin, Survivin, Aurora-B)

外側セントロメア
CENPA-NAC 複合体 (CENP-A, -C, -H, -M, -N, -T, -U)
CENPA-CAD 複合体 (CENP-I, -K, -L, -O, -P, -Q, -R, -S)

キネトコア
(CENP-E, CENP-F, CENP-J, BUBR1, ZW10)
(ダイニン-ダイナクチン dynactin, MAD1-MAD2)

αサテライトの繰り返しよりなるセントロメアDNAとそれを取り巻くタンパク質層．内部から順に内外セントロメアとキネトコアがあり，それぞれに特徴的なタンパク質がある．くわしくは本文参照．

なる．セントロメアDNAの構造を維持するタンパク質として **CENP-A** と **CENP-B** を挙げることができる．"CENP"とは centromeric protein（セントロメアタンパク質）を縮めた略号である．CENPにはAからV（あるいはW）まで約20があるが，その実体はさまざまである．また，CENPという略号を冠していないセントロメアタンパク質もある．

CENP-A は**ヒストンH3様** histone H3-like と呼ばれ，セントロメア部分のヒストンH3はこの変種で置き換えられている．しかし，実際のアミノ酸配列はC末端の一部を除けば両者間の相同性は低い．ヒストンH3の指紋的なアミノ酸配列KAPRK（リシン-アラニン-プロリン-アルギニン-リシン）はCENP-Aにはない．そもそも真正H3（ヒストンH3.1，遺伝子 *HIST1H3A*）のセリン-10（N末端のメチオニンから数え始めて-11）とセリン-28（同-29）がM期にAurora-Bによりリン酸化されることが染色体の凝縮に必要である．さらに，リシン-9（同10）がヒストンメチル化酵素Suv39hによってメチル化されると，そこがヘテロクロマチンタンパク質1（以下参照）の結合部位になる．

ヘテロクロマチンタンパク質1 heterochromatin protein 1（HP1）はα，β，γの3種があるが，これらは**クロモボックスタンパク質** chromobox protein の仲間である．ヒトではクロモボックスタンパク質ホモログ1～8が知られている．クロモは**クロマチン構造モディファイアー** CHRomatin Organization MOdifier を縮めた言い方である．クロモボックスタンパク質はクロマチンの構造を変化させ，凝縮したヘテロクロマチンにするものである．CENP-AがヒストンH3の代わりをしているヌクレオソームはH3を含むヌクレオソームに比べ，よりコンパクトに，より剛くなる．

CENP-B はそのN末端領域（125アミノ酸残基）がセントロメアDNA（αサテライト）のCENP-Bボックス部位（17塩基対）に直接結合し，そのヘテロクロマチン状態の形成・維持に寄与する．それだけでなく，CENP-Bはセントロメア-キネトコアの形成にも指導的役割を果たす．CENP-BはそのC末端部分で2分子が会合して二量体をつくる．その二量体は1本のDNA鎖に結合してループを作らせたり，あるいは2本のDNA鎖に結合して橋を架けることもできると考えられる．コヒーシン複合体やコンデンシン複合体の効果が"束ね"であるとしたら，CENP-B二量体のそれは"凝縮"であるといえよう．

リシン特異性デメチラーゼ2A lysine-specific demethylase 2A（*KDM2A*）は本来ヒストンH3のリシン-36の脱メチル化酵素であり，ヒストンコードで中心的役割を果たす．セントロメアに局在してHP1αと相互作用し，セントロメアの統合性を維持するのに必要である．脱メチル化活性を担うのはJmjC（Jmjはjumonjiからきた）ドメインである．

CENP-E は**CENP-F** と相互作用し，キネトコアと微小管との結合の形成と安定化に寄与する．

前中期 prometaphase からキネトコアの外表に存在し，キネシン kinesin の仲間で微小管のプラス端指向モータータンパク質として機能する（微小管形成中心から延びる微小管の先端はプラス端であるから，キネトコア表面の微小管端はプラス端である）。CENP-E は巨大なタンパク質であってキネトコア表面から少なくとも 50 nm の距離に達する。分子全体にわたって高ロイシン繰り返し配列 leucine-rich repeat（LRR）がある。この配列をもつタンパク質は他のタンパク質と相互作用する（結合する）性質をもっている。事実，CENP-E は他の多くのタンパク質を結合してキネトコアに局在化させる。CENP-F も CENP-E と同じくモータータンパク質の仲間で，終期にはミッドボディ midbody に集まる。CENP-J は γ-チュブリンと連携し，中心体からの微小管の核化 nucleation を阻害する。ZW10 は CENP-E と同じく紡錘体チェックポイントで機能し，有糸分裂の終了が早すぎることのないように監視する。

すでに上でふれた**染色体パッセンジャー複合体** chromosomal passenger complex（CPC）はセントロメア内部にあって染色体-微小管形成の調節を介して染色体の正しい配置と分離に関与するタンパク質複合体である。パッセンジャー（通過客）というのは CPC の成分である INCENP, Borealin, Survivin, Aurora-B などのタンパク質が元は細胞の別々の場所にあった（INCENP は核，Borealin は核小体，Survivin と Aurora-B は核と細胞質を行き来する）のが中期にセントロメアに集まって複合体を作り，後期には紡錘体中央に移り，終期から細胞質分裂期にはさらにミッドボディに移行するという通過客のような行動を示すからである。CPC の成分は多くはがんで過剰発現している。

内（側）セントロメアタンパク質 inner centromere protein（INCENP）は N 末端で Borealin と Survivin を結合し，C 末端で Aurora-B と結合するという一種の足場的働きをする。Borealin は比較的小さいタンパク質で CPC とセントロメア DNA の接点の役割をすると考えられている。

以上の他にもまだ多くのタンパク質とその複合体が染色体の正しい**会合** congression（紡錘体の中央の平面に分離前の姉妹染色分体が正しく配列すること）と正しい**分離** segregation に欠くことができない。それら紡錘体チェックポイントの遺伝子（タンパク質）については表 5-Ⅲ-9 にまとめた。

F　細胞周期の終了と分裂後の細胞

これまでに述べたさまざまな制御過程を経て機能的なキネトコアが完成し，姉妹染色分体は紡錘体の両極に分離する。次に，分裂溝 cleavage furrow ができ，2 つの娘細胞をつなぐミッドボディの形成を介して細胞質分裂が完成し，2 つの娘細胞ができる。細胞分裂におけるこれらの細胞生物学的事象については該当する専門分野の教科書にゆずる。

分裂後の細胞は文字どおり分裂後細胞と呼ばれるが，この呼び方にはすぐには新しい細胞周期に入ることなく静止している細胞 quiescent cell というニュアンスがある。一般に，いったん M 期を脱して G1 期に入ったもののそのまま G1 期を進行することなく，細胞周期からはずれ細胞周期の進行に必要なサイクリンやサイクリン依存性キナーゼが細胞から消失してしまった細胞は G0 期の細胞である。G0 期にある細胞のいい例は各種臓器・組織の幹細胞である。これらは何らかの増殖刺激があって再び G1 期を開始するまでは静止している細胞である。

他方，特定の遺伝子群の発現と特定の遺伝子群の抑制によって母細胞とは決定的に異なった機能を獲得した娘細胞は分化した細胞 differentiated cell である。分化した細胞は機能を発揮しつつ老化し，自然な死を迎える細胞であるが，その寿命はさまざまで腸上皮細胞の 1 ないし数日（強制的に捨てられるもの）から個体と一生を共にするものまである。これらの正常な細胞と違って細胞周期の進行を促進する因子が過剰に発現している細胞や染色体に異常のある細胞は積極的な死であるアポトーシスを選択するかアポトーシスをすり抜けて腫瘍化の過程に進む。

表 5-Ⅲ-9　紡錘体チェックポイントに関与する遺伝子（タンパク質）

遺伝子	タンパク質	遺伝子座	アミノ酸残基数	特徴
ANAPC1	anaphase promoting complex 1	2q12.1	1,944	APC/C のサブユニット。セキュリンをユビキチン化する活性をもつ。CDC20 によって活性化される。
ANAPC2	anaphase promoting complex 2	9q34.3	822	APC/C のサブユニット。以下 ANAPC1 参照
ANAPC4	anaphase promoting complex 4	4p15.31	808	APC/C のサブユニット。以下 ANAPC1 参照
ANAPC5	anaphase promoting complex 5	12q24	755	APC/C のサブユニット。以下 ANAPC1 参照
ANAPC7	anaphase promoting complex 7	12q13.12	565	APC/C のサブユニット。以下 ANAPC1 参照
ANAPC10	anaphase promoting complex 10	4q31	185	APC/C のサブユニット。以下 ANAPC1 参照
ANAPC11	anaphase promoting complex 11	17q25.3	84	APC/C のサブユニット。以下 ANAPC1 参照
ANAPC13	anaphase promoting complex 13	3q22.1	74	APC/C のサブユニット。以下 ANAPC1 参照
BUB1B (BUBR1)	mitotic checkpoint serine/threonine-protein kinase BUB1B	15q15	1,050	CENP-E と結合して MAD1，MAD2 などのキネトコア局在化に寄与
CENPA	histone H3-like centromeric protein A	2p24-p21	140	セントロメア DNA の構造を維持するタンパク質。セントロメア部分のヒストン H3 はこの変種で置き換えられている。CENPA-NAC 複合体を形成
CENPB	major centromeric autoantigen B	20p13	599	セントロメア DNA の構造を維持するタンパク質。セントロメア-キネトコアの形成にも指導的役割を果たす。
CENPE	centromere-associated protein E	4q24-q25	2,701	CENP-F と相互作用し，キネトコアと微小管との結合の形成と安定化に寄与
CENPF	centromere-associated protein F	1q32-q41	3,210	CENP-E と同じくモータータンパク質の仲間で，ダイニン，LIS1，NDE1，NDEL1 などのキネトコア局在化に寄与
CENPJ	centromere-associated protein J	13q12.12	1,338	γ-チュブリンと連携し，中心体からの微小管の核化を阻害
ESPL1	separin(separase)	12q13.13	2,120	中期コヒーシン複合体を分解する酵素。しかし，セキュリンと結合すると不活性になる。
HJURP	Holliday junction recognition protein	2q37.1	748	セントロメアタンパク質。CENPA-NAC 複合体と結合
KDM2A	lysine-specific demethylase 2A	11q13.1	1,162	ヒストンの脱メチル化酵素。セントロメアに局在してヘテロクロマチンタンパク質 HP1α と相互作用し，セントロメアの統合性を維持する。
MAD2L1 (MAD2)	mitotic spindle assembly checkpoint protein	4q27	205	中期に CDC20 と結合して APC/C を不活性化。後期に複合体から遊離
NCAPD2	condensin complex subunit 1	12p13.31	1,401	コンデンシン複合体の成分
NCAPG	condensin complex subunit 3	4p15.32	1,015	コンデンシン複合体の成分
NCAPH	condensin complex subunit 2	2q11.2	741	コンデンシン複合体の成分
NDC80	coiled-coli domain-containing protein 80	3q13.2	950	CDCA1 とヘテロ二量体を作り，SPC24-SPC25 ヘテロ二量体と四量体で NDC80 複合体を形成。染色体の会合と分離に関与
NUF2 (CDCA1)	kinetochore protein NUF2	1q23.3	464	NDC80 とヘテロ二量体を作る。NDC80 参照
PTTG1	securin	5q35.1	202	セパラーゼに統合し，不活性化する。
RAD21	double strand break repair protein rad21 homolog	8q24	631	コヒーシン複合体の構成成分
SGOL1	shugoshin-like 1	3p24.3	561	前期にセリン・トレオニンプロテインホスファターゼ 2A (PP2A) を動員してコヒーシンのリン酸化を妨げるが，中期に消退

表5-Ⅲ-9 紡錘体チェックポイントに関与する遺伝子（タンパク質）（つづき）

遺伝子	タンパク質	遺伝子座	アミノ酸残基数	特徴
SMC1A	structural maintenance of chromosomes protein 1A	Xp11.22-p11.21	1,233	コヒーシン複合体の構成成分
SMC2	structural maintenance of chromosomes 2	9q31.1	1,197	コンデンシン複合体の成分
SMC3	structural maintenance of chromosomes 3	10q25	1,217	コヒーシン複合体の構成成分
SMC4	structural maintenance of chromosomes 4	3q26.1	1,288	コンデンシン複合体の成分
SPC24 (SPBC24)	kinetochore protein Spc24	19p13.2	197	SPC25とヘテロ二量体を作る。NDC80参照
SPC25 (SPBC25)	kinetochore protein Spc25	2q31.1	224	SPC24とヘテロ二量体を作る。NDC80参照
STAG1	cohesin subunit SA-1	3q22.2-q22.3	1,258	コヒーシン複合体の構成成分
STAG2	cohesin subunit SA-2	Xq25	123	コヒーシン複合体の構成成分。前期から前中期にかけてaurora BやPlk1によるSTAG2のリン酸化の結果，コヒーシン複合体は染色分体から分離
SUV39H1	histone-lysine N-methyltransferase SUV39H1	Xp11.23	412	ヒストンメチル化酵素。ヒストンH3のリシン残基をメチル化し，ヘテロクロマチンタンパク質1の結合部位とする。
ZW10	centromere/kinetochore protein zw10 homolog	11q23	779	紡錘体チェックポイントで機能し，ダイニン-ダイナクチン，MAD1-MAD2などの二量体がキネトコアに局在化することに関与

2　細胞周期制御の異常

A　細胞の腫瘍化

1　細胞の腫瘍化とは何か

細胞の腫瘍化 tumorigenesis（がん化 carcinogenesis, オンコゲネシス oncogenesis）はいろいろな原因で起こるが，要するに腫瘍化した細胞はその増殖が制御されない細胞である。細胞増殖の基本は細胞周期であるから，これまで正常な細胞で細胞周期を制御したり，DNAの損傷に際して動員されるタンパク質やそれらが関与するチェックポイント機構について学んだことは細胞の腫瘍化の機構について理解するのに役立つ。

細胞で損傷DNAが見つかると，細胞周期はいったん停止するが，修復が終わると，細胞周期の進行が再開される。もし，修復が不可能であれば，細胞は死を選ぶ（アポトーシス apoptosis）か，場合によっては腫瘍化する。がん細胞はG0期に入ることなく細胞周期を回り続けている細胞であると考えられる。細胞がしかるべき時期に細胞周期を脱して分化した細胞となる機構や，静止している組織の幹細胞のようにそれまでG0期にあった細胞が何らかの刺激によってG1期を再開する機構について明らかにすることはきわめて重要なことである。現在，成人の分化した細胞を胚性幹細胞 embryonal stem cell（ES細胞）に4つの遺伝子を導入することにより胚性幹細胞に似た人工多能細胞 induced pluripotent cell（iPS細胞）を作る技術が開発されている。日米の研究グループが用いた遺伝子で共通しているOct3/4（Oct3とOct4は同一遺伝子の別名）とSox2は胎発生で広範な遺伝子を活性化する転写因子である。他の2つは両グループで異なっているがいずれも転写効率を上げる因子である。

ふつう，細胞のタンパク質はユビキチン－プロテアソーム系によって分解されることにより濃度

が調節されている。したがって，がん遺伝子発現産物(がんタンパク質)が量的に増加する原因の1つとして第一に考えられるのは何らかの理由によってそれが分解を受けなくなることであろう。例えば，機能を維持したがんタンパク質がタンパク質分解を受けなくなるような特別な変異を起こしているような場合である。

しかし，このようなタンパク質レベルだけでなくDNA，RNAレベルの事象として，当該遺伝子の転写が本来の制御を受けなくなることも起こりえる。その原因の1つは**転座** translocation という現象によって原がん遺伝子が発現頻度の高い別の遺伝子のプロモーターの近くに挿入される場合である。これで有名なのはバーキットリンパ腫 Burkitt lymphoma で *MYC*(遺伝子座 8q24)が免疫グロブリンH鎖遺伝子 IGH@(遺伝子座 14q32.33)のプロモーターの近くに挿入される場合である。これを記号的に t(8;14)(q24;q32)と表す。ここで t は translocation の頭文字と考えていい。また，組換えの異常によって遺伝子のコピーそのものが増える場合もある(**遺伝子増幅** gene amplification)。

2　原がん遺伝子

細胞周期の進行を促進させるタンパク質の遺伝子の産物が過剰発現することによって細胞周期の進行が強力になり，十分なチェックを受けずにチェックポイントを素通りし，その結果異常なDNAをもった細胞が増えるということが大いに考えられる。これは本来，正常な状況で細胞周期の進行を促進するべきタンパク質因子が，その遺伝子が何らかの変異を起こすことによってがん遺伝子となりえることを意味している。そのような制御されない量的あるいは質的な機能促進によって細胞を腫瘍化させる潜在性をもったタンパク質の遺伝子は，**原がん遺伝子**(**プロトオンコジーン** proto-oncogene)と呼ばれる。変異によりがん遺伝子となった対立遺伝子はそうでない対立遺伝子に対し優性であることが多い。**表 5-Ⅲ-10** に代表的な原がん遺伝子(およびがん抑制遺伝子)をアルファベット順に示したが，これらは決してがん遺伝子のすべてを網羅するものではない。そのうちでも重要なもの，あるいはその作用機構が興味あるものについては以下でも取り上げる。

CycD-CDK4/6 が pRb をリン酸化することによって E2F1 支配の細胞周期の進行に正の効果をもつ遺伝子を活性化すること，また G1/S 移行期には CycD1 がユビキン-プロテアソーム系で分解されることについては上述した。しかし，細胞質での分解以前の機構については触れなかった。CycD1 がユビキチン化を受けるために核から細胞質に移行するにはそのトレオニン-286 (T286) が核内でプロテインキナーゼ GSK3 によってリン酸化され，エクスポーティン exportin (核外輸送因子) CRM1 と結合し細胞質に輸送される。CycD はそこで SCF 複合体によってユビキチン化され，プロテアソーム系で分解される。もしこの分解系のどこかに異常があれば，CycD は分解されるべき G1/S 移行期を過ぎても分解されずにいることが予想される。実際そのような変異を起こした CycD (CycD1b) が乳がんで見つかっている。CycD1b はスプライシングの異常のために T286 を欠いている。また，動物実験でトレオニンをアラニンに置換した CycD 変異体 (T286A) を作成し，その遺伝子をもつ細胞を動物に移植すると，CycD1b は核外へ輸送されない。CycD1b の CDK4 活性化能はあまり高くないが，CycD1b をもつ細胞を継代培養していると正常な細胞に見られる接触阻害 contact inhibition を示さなくなることがわかった。

Wnt タンパク質(Wnt リガンド)は Wnt ファミリーに属するタンパク質で，Wnt ファミリーというのは本来胎児の形態形成など発生・分化に関係する分泌タンパク質群である。Wnt リガンドが過剰に発現しているがんがある。Wnt に対する受容体は**フリズルド** Frizzled と呼ばれる7回膜貫通糖タンパク質である(7回膜貫通は第4章Ⅱで述べたグルカゴンやアドレナリン受容体にも見られた)。Wnt リガンドもフリズルドも複数の型が存在し，タンパク質 Wnt-5a(遺伝子 *WNT5A*)(表 5-Ⅲ-10)に対する受容体はフリズルド4 frizzled-4 (遺伝子 *FZD4*)である(図 5-Ⅲ-13)。

表 5-Ⅲ-10　腫瘍化関連遺伝子

分類 a) 細胞周期との関連がわかる原がん遺伝子，b) その他の原がん遺伝子，c) 細胞周期との関連がわかるがん抑制遺伝子，d) その他のがん抑制遺伝子

遺伝子	タンパク質/RNA	遺伝子座	アミノ酸残基数	説明	分類
ABL1	原がん遺伝子チロシンプロテインキナーゼ ABL1	9q34.1	1,130	フィラデルフィア転座 t(9;22)(q34;q11)，融合遺伝子 BCR-ABL	b)
AKT	RAC-αセリン/トレオニンプロテインキナーゼ	14q32.32-q32.33	480	増殖因子刺激伝達経路に関与	a)
ALK	ALK チロシンプロテインキナーゼ受容体	2p23	1,620	チロシンプロテインキナーゼ，NPM（ヌクレオホスミン遺伝子）との再編成	b)
APC	adenomatous polyposis coli	5q21-q22	2,843	APC/C とは別，β-カテニンのリン酸化とユビキチン化を介した分解，家族性大腸ポリポーシス（FAP）の原因遺伝子	c)
ARF	→CDKN2A				
ATM	ataxia telangiectasia mutated	11q22-q23	3,056	DNA の二重鎖切断により活性化，ATM→CHK2—｜CDC25C 経路（CDC25C の阻害）と ATM→CHK2→p53 経路（p53 の増量）で細胞周期の進行を抑制	c)
ATR	ataxia telangiectasia and Rad3 related	3q22-q23	2,644	ATR→CHK1—｜CDC25A/B/C 経路［CDC25A/B/C の阻害］，ATR→CHK1→p53 経路［p53 の増加］で細胞周期の進行を抑制	c)
AURKB	aurora kinase B（セリン/トレオニンキナーゼ 12）	17p13.1	344	染色体パッセンジャー複合体の一員，細胞質分裂の開始に関与	a)
BCL2	アポトーシス調節因子 Bcl-2	18q21.3	239	アポトーシス抑制，IGH@ との再編成で過剰発現，濾胞性リンパ腫（FL）の原因遺伝子	a)
BIRC5	Baculoviral IAP repeat-containing protein 5	17q25	142	別名 survivin，アポトーシスを阻害（カスパーゼ 3 の阻害）	a)
BLM	Bloom 症候群タンパク質	15q26.1	1,417	DNA ヘリカーゼ，細胞周期の停止と損傷 DNA の修復に関与	c)
BRCA1	乳がんⅠ型感受性タンパク質 breast cancer type 1 susceptibility protein	17q21-q24	1,863	損傷 DNA の修復で中心的役割を果たすタンパク質，BRCT ドメインをもち，BASC 複合体，BRCA1 複合体を形成	c)
BRCA2	乳がんⅡ型感受性タンパク質 breast cancer type 2 susceptibility protein	13q12-q13	3,418	別名 FANCD1（Fanconi anemia complementation group D1 に由来），ファンコニ貧血は遺伝性の再生不良性貧血で DNA 損傷の修復不全，BRCT ドメインをもたない。	c)
CCND1/D2/D3	サイクリン D1/D2/D3 遺伝子	表 5-Ⅲ-1 参照			a)
CDC25A	cell division cycle 25A	3p21	524	CDK のリン酸化チロシン残基を脱リン酸化することによって CDK を活性化	a)
CDC25B	cell division cycle 25B	20p13	580	上に同じ	a)
CDC25C	cell division cycle 25C	5q31	473	上に同じ	a)
CDC6	cell division control protein 6 homolog	10q21.2	560	細胞分裂周期 6 タンパク質，複製複合体（pre-RC）の形成因子	a)
CDCA8	Borealin	1p34.3	280	染色体パッセンジャー複合体の一員，染色分体の正しい分離を準備	a)
CDK2/4/6	サイクリン依存性キナーゼ 2/4/6	表 5-Ⅲ-1 参照			a)
CDKN1A	cyclin-dependent kinase inhibitor 1A	6p21.1	164	別名 p21Cip1/Waf1，CDK2 を阻害，G1/S 停止	c)

表5-Ⅲ-10 腫瘍化関連遺伝子（つづき）

遺伝子	タンパク質/RNA	遺伝子座	アミノ酸残基数	説明	分類
CDKN1B	cyclin-dependent kinase inhibitor 1B	12p13.1-p12	198	別名p27Kip1，CDK2を阻害，G1/S停止，多発性内分泌腫瘍症4型（MEN4）の原因遺伝子	c)
CDKN2A	cyclin-dependent kinase inhibitor 2A	9p21-p16	148 132	Ink4A（148アミノ酸残基）とp14ARF（132アミノ酸残基）の2つの発現産物が生じ，前者はCDK4/6を阻害，後者はp53を増加させる。	c)
CENPA	Histone H3-like centromeric protein A	2p24-p21	140	セントロメア部分のヒストンH3を置換，キネトコアの構築に関与	a)
CHEK1	セリン/トレオニンプロテインキナーゼChk1（CHK1）	11q24.2	476	DNAの損傷時ATRによるCHK1のリン酸化とCHK1によるCDC25のリン酸化，ATR→CHK1—｜CDC25A/B/C［CDC25A/B/Cの阻害］，p53のリン酸化，ATR→CHK1→p53［p53の増加］で細胞周期の進行を抑制	c)
CHEK2	セリン/トレオニンプロテインキナーゼChk2（CHK2）	22q12.1	543	DNAの損傷時ATMによるCHK2のリン酸化とCHK2によるCDC25Aのリン酸化（ATM→CHK2—｜CDC25A）により細胞周期進行を抑制	c)
CRK	原がん遺伝子C-crk，p38（Crk-1/-2）	17p13	304	SH3ドメインをもち，EGFR，PDGFRと相互作用，低分子量GTPアーゼに対するGEF（GDP/GTP交換因子）	b)
CSF1R	マクロファージコロニー刺激因子1受容体	5q32	972	チロシンプロテインキナーゼ，ウイルス性がん遺伝子はv-fms	b)
CTNNB1	catenin-β1	3p21	781	アドヘレンス結合でE-カドヘリンと結合またはAPCを含む複合体と結合して存在，WNTシグナリング経路で核内に移行，TCF4/LEF1の転写コアクチベーターとして機能	a)
DCC	deleted in colorectal carcinoma（netrin受容体）	18q21.1	1,447	ネトリン不在でアポトーシスを誘導	d)
DKK3	Dickkopf-related protein 3	11p15.3	350	WNTシグナリングの阻害因子	c)
E1A	early E1A 32 kDa protein	—	289	アデノウイルスがんタンパク質，Rbを結合することによりE2F1を阻害から解放	a)
E6	protein E6	—	158	ヒトパピローマウイルス性がんタンパク質，ユビキチンリガーゼE6APと協調してp53を分解に導く。	a)
E7	protein E7	—	98	ヒトパピローマウイルス性がんタンパク質，Rbを結合し，E2F1を阻害から解放する。	a)
EGFR	上皮増殖因子受容体	7p12	1,210	細胞の増殖と分化に関与，ERBB2と複合体を作る。	a)
EPHB2	ephrin受容体B2	1p36.1-35	1,055	チロシンプロテインキナーゼ　本遺伝子の異常は腫瘍の悪性度を高める。	b)
ERBB2	receptor-tyrosine protein kinase erbB-2（C-erbB-2）	17q11.2-q12	1,255	オーファン受容体，EGFRと共存，別名HER2，NEU	a)

表 5-Ⅲ-10　腫瘍化関連遺伝子（つづき）

遺伝子	タンパク質/RNA	遺伝子座	アミノ酸残基数	説明	分類
FBXW7	F-box-WD repeat-containing 7(FBW7)	4q31.23	707	ユビキチン化酵素複合体 SCF に基質選択性を与える F ボックスタンパク質の遺伝子，サイクリン E や c-Myc を分解	c)
FGF8	線維芽細胞増殖因子 8	10q25-q26	233	受容体チロシンプロテインキナーゼに結合，形態形成に関与	b)
FGFR1	塩基性線維芽細胞増殖因子受容体 1	8p12	822	チロシンプロテインキナーゼ	b)
FGFR3	線維芽細胞増殖因子受容体 3	4p16.3	806	チロシンプロテインキナーゼ，IGH @ との再編成で過剰発現	b)
FOS	原がん遺伝子タンパク質 c-fos	4q24.3	380	転写因子，c-Jun と作るヘテロ二量体は広義の AP-1	b)
FZD1	frizzled homolog 1	7q21	647	FZD ファミリー，WNT リガンドに対する受容体	a)
GLI1	ジンクフィンガータンパク質 GLI1	12q13.2-q13.3	1,106	ヘッジホッグシグナリング経路で活性化される転写因子	a)
HMGA2	high mobility group protein HMGI-C/-AT-hook 2	12q15	109	転座による再編成で脂肪腫，主に胎生期に発現する転写調節因子	a)
H-RAS	GTP アーゼ HRAS (transforming protein p21) (p21ras)	11p15.5	189	ハートル Hurthle 細胞性甲状腺がんの原因遺伝子，対応するウイルス性がん遺伝子は v-H-ras	b)
INCENP	inner centromere protein A	11q12.3	918	内部セントロメアタンパク質 A，染色体パッセンジャー複合体で中心的役割	c)
JUN	jun 原がん遺伝子(c-jun)	1p32-p31	331	狭義の AP-1(activator protein-1)，転写因子	b)
KDM2A	リシン(K)特異性デメチラーゼ 2A	11q13.1	1,162	ヒストン H3 のリシン-36 を脱メチル化，染色分体構造の統合性の保持	c)
KIT	幹細胞因子 stem cell factor (SCF)受容体(c-kit)	4q11-q12	976	チロシンプロテインキナーゼ，MAPK→MIF 経路で Bcl-2 を発現	b)
K-RAS	GTP アーゼ KRAS(Ki-Ras)	12p12.1	189	過剰発現は急性骨髄性白血病，若年性単球性白血病など，対応するウイルス性がん遺伝子は v-K-ras	b)
large T antigen	ラージ T 抗原	―	154	シミアンウイルス 40 がんタンパク質，Rb を結合し，E2F1 を阻害から解放する。	a)
LEF1	lymphoid enhancer-binding factor 1	4q23-q25	399	転写因子として TCF4 と同じく標的遺伝子 CCND1(サイクリン D1)，MYC，BIRC5(Survivin)などを活性化	a)
MAD2L1	mitotic spindle assembly checkpoint protein MAD2A	4q27	205	CDC20 と結合して APC/C を抑制，紡錘体チェックポイントのかなめ，同義語 MAD2	c)
MDM2	E3 ユビキチン-タンパク質リガーゼ Mdm2	12q13-q14	491	p53 のユビキチン化	a)
MET	幹細胞増殖因子受容体	7q31	1,390	チロシンプロテインキナーゼ，核孔複合体タンパク質の仲間，TPR 遺伝子と再編成	b)
MIR15A	miR-15a(マイクロ RNA)	3q14		BCL2，MCL1 (myeloid cell leukemia 1，抗アポトーシスタンパク質)，CCND1，WNT3A(WNT リガンド)の発現を翻訳レベルで抑制	c)
MIR16-1	miR-16-1(マイクロ RNA)	3q14		機能については MIR15A に同じ	c)

表 5-Ⅲ-10 腫瘍化関連遺伝子（つづき）

遺伝子	タンパク質/RNA	遺伝子座	アミノ酸残基数	説明	分類
MIR17	miR-17（マイクロ RNA）	13q31.3		タンパク質遺伝子 C13ORF25 のイントロン 3 に含まれる miR-17-92 クラスターに属し，miR-17-5p を含み，RB 遺伝子の発現を抑制	a）c）
MIR19A	miR-19a（マイクロ RNA）	13q31.3		miR-17-92 クラスターに属し，腫瘍サプレッサー PTEN の発現を抑制	a）
MIR20A	miR-20a（マイクロ RNA）	13q31.3		MIR17 に含まれ，サイクリン D1 の濃度を一定以下に保つフィードバックループ機能	c）
MIR21	miR-21（マイクロ RNA）	17q23.2		PTEN などいくつかの腫瘍サプレッサーの発現を抑制	a）
MIR25	miR-25（マイクロ RNA）			→MIR106B	a）
MIR34A	miR-34a（マイクロ RNA）	1p36		p21 Cip1 の発現を活性化，サイクリン E2，CDK4 など G1 期の進行に必要な分子の発現を抑制	c）
MIR34B	miR-34b（マイクロ RNA）	11-		サイクリン E2，CDK4 など G1 期の進行に必要な分子の発現を抑制	c）
MIR34C	miR-34c（マイクロ RNA）	―		サイクリン E2，CDK4 など G1 期の進行に必要な分子の発現を抑制	c）
MIR93	miR-93（マイクロ RNA）			→MIR106B	
MIR106B	miR-106b（マイクロ RNA）	7q21.3-q22.1		MCM7（DNA 複製ライセンシング因子の 1）のイントロン 13 に MIR93, MIR25 と共に含まれ，p21Cip1 と BLM の発現を抑制	a）
MIRLET7A1	let-7a-1（マイクロ RNA）	9q22.32		H-/K-/N-RAS の発現を抑制，c-Myc を一定の低濃度に保持	c）
MIRLET7B	let-7b（マイクロ RNA）	22q13.31		サイクリン A2 遺伝子を標的とする転写因子 HMGA2 の発現を抑制	c）
MLH1	DNA ミスマッチ修復タンパク質 Mlh1	3p22.3	756	エンドヌクレアーゼ PMS2 とヘテロ二量体（MutLα）を形成，損傷 DNA の修復に関与	c）
MSH2	DNA ミスマッチ修復タンパク質 Msh2	2p21	934	同 Msh6 とヘテロ二量体 MutSα，同 Msh3 と MutSβ を形成，二重鎖 DNA のミスマッチ箇所に結合	c）
MSH6	DNA ミスマッチ修復タンパク質 Msh6	2p16	1,360	同 Msh2 とヘテロ二量体 MutSα を形成，二重鎖 DNA のミスマッチ箇所に結合	c）
MUC1	Mucin-1	1q22	1,255	細胞表面の膜糖タンパク質であるが RAS シグナリングや WNT シグナリングにも関与	a）
MYB	Myb 原がん遺伝子タンパク質（C-myb）	6q33-q23	640	転写アクチベーター，細胞の増殖・分化に関与	b）
MYC	MYC 原がん遺伝子タンパク質（c-Myc）	8q24	439	細胞周期の進行，アポトーシス，腫瘍化に関係する転写因子 MAX とヘテロ量体形成	a）
MYCL1	L-myc-1 原がん遺伝子タンパク質	1p34.3	364	遺伝子増幅（小細胞性肺がん）	a）
MYCN	N-myc 原がん遺伝子タンパク質	2p24.3	464	遺伝子増幅（神経芽腫）	a）
NF1	neurofibromin 1（神経線維腫症関連タンパク質 NF-1）	17q11.2	2,839	RasGTP アーゼの活性化	d）
NTRK1	neurotrophic tyrosine-kinase receptor 1（高親和性神経増殖因子受容体）	1q21-q22	796	チロシンプロテインキナーゼ，TPR 遺伝子との再編成	b）

表 5-Ⅲ-10　腫瘍化関連遺伝子（つづき）

遺伝子	タンパク質/RNA	遺伝子座	アミノ酸残基数	説明	分類
NRAS	GTPアーゼ NRAS	1p13.2	189	突然変異と遺伝子増幅は多くのがんに見られる。	b)
PDGFB	血小板由来増殖因子サブユニット B（c-sis）	22q12.3-q13.1	241	強力なマイトジェン mitogen（分裂促進因子）	b)
PDGFRB	血小板由来増殖因子受容体β	5q31-q32	1,106	チロシンプロテインキナーゼ，急性・慢性白血病	b)
PLK1	Polo-like kinase 1（serine/threonine protein kinase PLK1）	16p12.2	603	M期を通じて中心体の熟成と紡錘体の形成に関与	a)
protein X	プロテイン X	―	708	肝炎BウイルスA2がんタンパク質，多機能タンパク質で，肝硬変と肝がんの発生に直接関与している可能性	a)
PTCH1	protein patched homolog 1（PTC1，PTC）	9q22.1-q31	1,447	受容体チロシンプロテインキナーゼ，ヘッジホッグシグナリング経路を起始部で阻害する。	c)
PTEN	phosphatase and tensin homolog	10q23	403	増殖シグナリング経路を抑制	d)
RB1	retinoblastoma-associated protein（Rb，pRb）	13q14.2	928	網膜芽細胞腫だけでなく膀胱がんなどでも欠損が見られる。	c)
RCC1	regulator of chromosome condensation 1	1q35.3	421	Ran-GEF（RanのGDP/GTP交換因子），染色体凝縮の開始と損傷DNAの修復	c)
RET	ret原がん遺伝子（c-ret）	10q11.2	1,114	1回膜貫通型タンパク質，チロシンプロテインキナーゼ	b)
ROS1	原がん遺伝子チロシンプロテインキナーゼ ROS（c-ros）	6q21-q22	2,347	多くのがんで過剰発現	b)
SFN	stratifin（14-3-3-σタンパク質）	1p36.11	248	DNAの損傷によって誘導され，サイクリンBやCDC2（CDK1）と結合，細胞質に排除，細胞周期のG2/M停止	c)
SFRP1	secreted frizzled-related protein 1	6p11.2	314	WNTシグナリングの制御因子，ヘッジホッグ経路の産物	c)
SKP2	S-phase kinase-associated protein 2	5p13	424	SCF複合体のFボックスタンパク質（リン酸化されたp27Kip1やCDT1をユビキチン化の基質とする）	a)
SMAD2	SMADファミリーメンバー 2（mothers aganist decapentaplegic homolog 2）	18q21	467	SMAD4と結合して核内に移行，E2Fやp53の転写活性を活性化	c)
SMAD4	SMADファミリーメンバー 4（mothers aganist decapentaplegic homolog 4）	18q21.1	552	欠損は他のSMADの核内移行を妨げ，若年性ポリポーシス症候群（JPS）の原因遺伝子	c)
SMO	smoothened homolog	7q32.1	787	ヘッジホッグシグナリング経路の起始部	a)
SUFU	suppressor of fused homolog	10q24-q25	484	ヘッジホッグシグナリング経路のエフェクターである転写因子GLIを阻害	c)
TCF4	T cell factor 4			→TCF7L2	
TCF7L2	transcription factor 7-like 2（TCF4）	10q25.3	619	転写因子としてLEF1と同じく標的遺伝子CCND1（サイクリンD1），MYC，BIRC5（Survivin）などを活性化	a)

表5-Ⅲ-10 腫瘍化関連遺伝子(つづき)

遺伝子	タンパク質/RNA	遺伝子座	アミノ酸残基数	説明	分類
TGFBR1	トランスフォーミング増殖因子βⅠ型受容体	9q22	503	セリン・トレオニンキナーゼ，Ⅰ型とⅡ型はリガンドを結合すると2分子ずつで複合体を作る。	c)
TGFBR2	トランスフォーミング増殖因子βⅡ型受容体	3p22	567	上に同じ	c)
TP53	細胞性腫瘍抗原p53(腫瘍サプレッサーp53)	17p13.1	353	ヒトのがんの半数にTP53の異常(両アレル性の突然変異または欠失)	c)
VHL	von Hippel-Lindau病腫瘍サプレッサー	3p25.3	213	ユビキチン化に関与	d)
WNT1	proto-oncogene protein Wnt 1	12q13	370	WNTリガンド(WNTシグナリング経路を刺激)	a)
WNT5A	protein Wnt-5a	3p21-p14	380	受容体FZD3/6に結合し，カノニカル経路とは異なったシグナリング経路を活性化，細胞の形態分化に関係	d)
WNT5B	protein Wnt-5b	12p13.3	359	WNT5Aに同じ	d)
WNT11	protein Wnt-11	11q13.5	354	WNT5Aに同じ	d)
WT1	ウィルムス腫瘍(Wilms tumor)タンパク質1	11p13	449	転写因子，ウィルムス腫瘍1(WT1)の原因遺伝子	b)

β-カテニン catenin(遺伝子 *CTNNB1*)は細胞接着因子 E-カドヘリン cadherin(遺伝子 *CDH1*)の細胞質部分に結合しているタンパク質である(図5-Ⅲ-13)．しかし，遊離βカテニンはふつうきわめて低い濃度に保たれている．**Wnt受容体**がWntリガンドで刺激されると，**ディシェブルド** disheveled(遺伝子 *DVL*)と総称されるタンパク質を介してプロテインキナーゼ**GSK3β**が不活性化され，リン酸化されなくなったβカテニンが細胞内に蓄積する．ふつう，E-カドヘリンと結合していないサイトソルのβカテニンはGSK3βを含むタンパク質複合体によるリン酸化の後，SCFによってユビキチン化され，プロテアソーム系で分解される．分解されないで濃度が増加したβカテニンは核内に移行してコアクチベーターとして転写因子**T細胞因子4** T cell factor 4 (**TCF4**)または**リンホイドエンハンサー結合因子1** lymphoid enhancer-binding factor 1 (**LEF1**)を活性化する．その結果，標的遺伝子である *CCND1* (サイクリンD1)，*MYC*，*BIRC5* (survivin)など細胞周期の進行を促進するタンパク質の遺伝子が活性化される．この経路は**Wntシグナリングのカノニカル経路** canonical pathway または **Wnt/βカテニンシグナリング経路**と呼ばれる．βカテニン遺伝子にGSK3βによるリン酸化を受けなくなる突然変異の起こる例が大腸がんと黒色腫に見られる．

3 がん抑制遺伝子

本来は細胞周期進行の抑制因子であるのに，異常細胞では正常に機能しないか，発現量が異常に低下しているあるいは完全に欠けているために，細胞周期の進行が制御を受けないような場合そのタンパク質の遺伝子は**がん抑制遺伝子** tumor suppressor gene と呼ばれる．がん抑制遺伝子はふつう対立遺伝子に対して劣性であることが多いので増殖異常が発現するには2段階の異常 two-hits が必要であるとされる．しかし，p53のある種の変異体のように優性として働くものもある．がん抑制遺伝子の代表のように扱われるTP53についてはすでに多くを記述したのでここでは割愛する．

TGF-β (transforming growth factor-β)のⅠ型受容体(遺伝子 *TGFBR1*)とⅡ型受容体(*TGFBR2*)はともに1回膜貫通型糖タンパク質で，どちらもセリン・トレオニンキナーゼ活性をもつ．リガンドを結合すると，両者は2分子ずつで複合体を作る．Ⅱ型受容体がⅠ型受容体をリン酸化し，後者

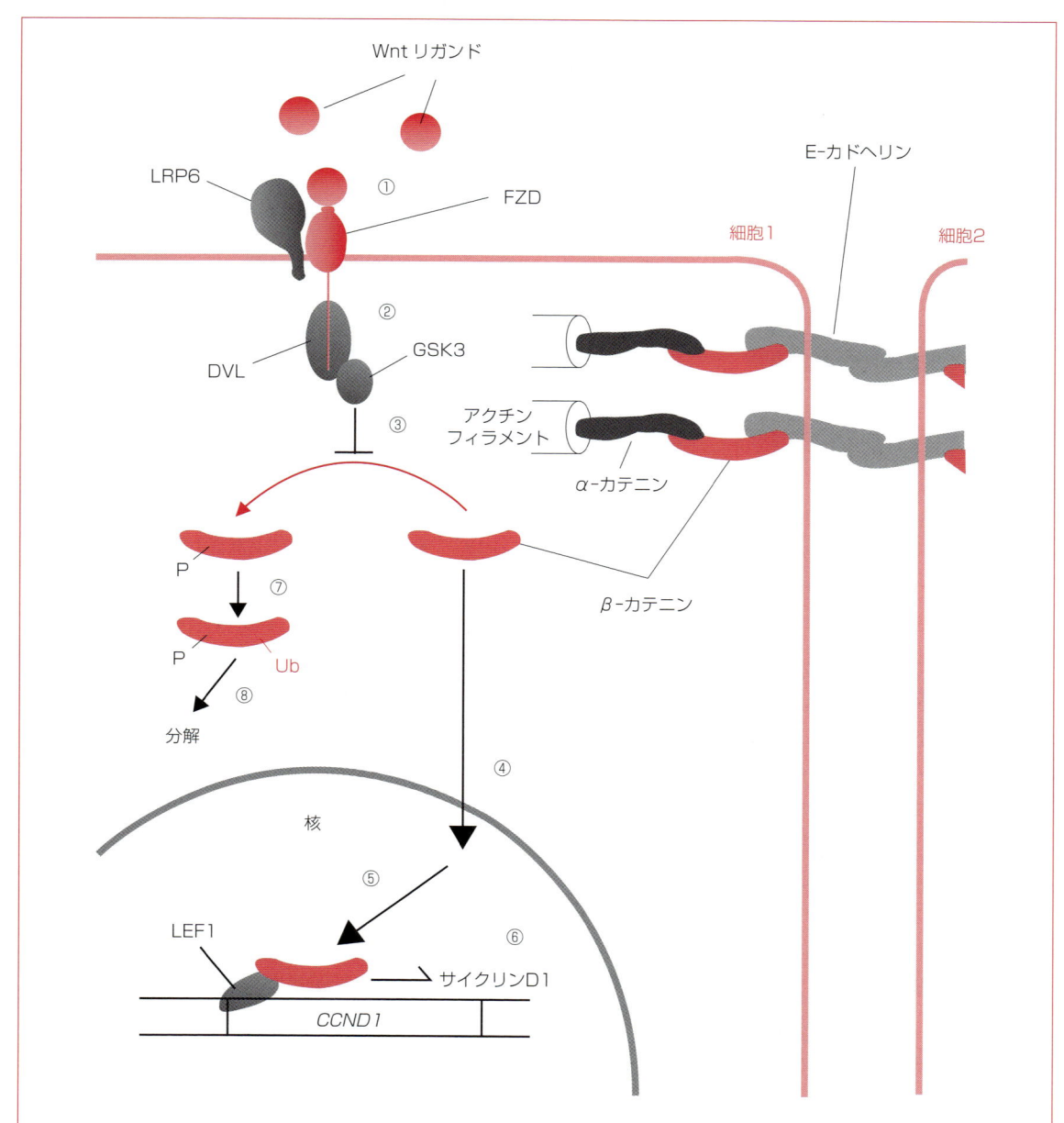

タンパク質	遺伝子	遺伝子座	アミノ酸残基数	機能
E-カドヘリン	CDH1	16q22	882	膜貫通タンパク質。細胞をつなぐために細胞外分子の細胞外に突き出た部分同士が結合する。細胞内部分はβ-カテニンと結合する。
α-カテニン	CTNNA1	5q31	906	β-カテニンとF-アクチン(アクチンフィラメント)の橋渡しをする。
β-カテニン	CTNNB1	3p21	781	E-カドヘリンとα-カテニンの橋渡しをする。

図5-Ⅲ-13 Wntシグナリングのカノニカル経路
①WntリガンドがLRP6 (low density lipoprotein receptor-related protein 6)と結合した受容体FZD(フリズルド)に結合する,その刺激は②タンパク質DVL(ディシェブルド)を介して,③セリン/トレオニンプロテインキナーゼGSK3βの活性を阻害する。④リン酸化を免れたβカテニンは核内に移行して,⑤転写因子LEF1のコアクチベーターとして機能し,⑥サイクリンD1(他にc-Myc, Survivinなど)を発現させる。WntリガンドによるFZDの刺激がないと,β-カテニンはリン酸化され,次に,⑦ユビキチン化されて,⑧プロテアソームによって分解される。

はさらに自己リン酸化し，**SMAD ファミリーメンバー 2（SMAD2）**をリン酸化する．リン酸化された SMAD2 は SMAD4 と結合して，核内に移行し，p300/CBP と結合することにより E2F1 や p53 の転写活性を活性化する．したがって，基本的に腫瘍サプレッサーとして機能する．

TGFBR2 の欠損は遺伝性非ポリポーシス大腸がん 6 型（HNPCC6）や食道がんの原因となる．SMAD4 は欠損すると他の SMAD の核内移行を妨げ，若年性ポリポーシス症候群 juvenile polyposis syndrome（JPS）の原因遺伝子となる．JPS は SMAD4 の突然変異と正常対立遺伝子の欠失により起こり，消化管のポリープとがんを生じやすい．

ソニックヘッジホッグ sonic hedgehog（SHH），インディアンヘッジホッグ indian hedgehog（IHH），デザートヘッジホッグ desert hedgehog（DHH）をリガンドとし，**パッチドホモログ 1 タンパク質** protein patched homolog 1（PTCH1）を受容体とする上皮細胞の**ヘッジホッグシグナリング経路** hedgehog signaling pathway は最終的に転写因子のジンクフィンガータンパク質 **GLI1** を活性化する．GLI1 の標的遺伝子には *CCND1*（CycD1）や *BCL2*（抗アポトーシスタンパク質 Bcl-2）の他に抑制的 Wnt リガンド *SFRP1* が含まれる．したがって，ヘッジホッグシグナリングは細胞周期の進行にとって正の効果をもつが，Wnt シグナリングには抑制的に働く．この経路は EGFR シグナリング経路や Wnt シグナリング経路と関係し合っている（異なったシグナル伝達経路間の相互作用をクロストークと呼ぶ）．本来，胎生期の形態形成にかかわるヘッジホッグシグナリングがいろいろながんで異常に活性化している．

リガンドがないとき，12 回膜貫通型の受容体 **PTCH1**（patched 1）は連携する 7 回膜貫通型 G タンパク質共役受容体 **SMO**（smoothened homolog）を阻害し，GLI1 はヘッジホッグシグナリング経路の負の調節タンパク質 SUFU（suppressor of fused homolog）と結合して細胞質にとどまっている．しかし，ヘッジホッグリガンドが PTCH1 に結合すると，GLI1 は SUFU 結合から解放され，核内に移行し，転写因子として振舞う．

GLI1 と *SMO* は原がん遺伝子に分類される．基底細胞がんではこれらの遺伝子が過剰発現している．他方 *PTCH1* と *SUFU* はがん抑制遺伝子の仲間に入れられる．PTCH1 の機能消失型変異と SMO の活性型変異は基底細胞がんなどに見られる．ちなみに，共通して細胞周期の進行に正の効果をもつ *CDK4*，*Mdm2*，*GLI1* の 3 遺伝子座が 12q13-14 の範囲に集中しているのは注目に値する．

Wnt シグナリングはたいへん複雑な系であって，前述したカノニカル経路（図 5-Ⅲ-13）の他にも経路（非カノニカル経路）がある．その 1 つである**平面内細胞極性シグナリング経路** planar cell polarity signaling pathway（PCP）は特定の Wnt リガンド（Wnt-5a/b，Wnt-11）が受容体（FZD3/6）を刺激し，カノニカル経路とは異なった RhoA シグナリング，JNK シグナリング経路につながる．これらの PCP シグナリング経路は細胞運動・細胞極性に関係し，その経路の構成タンパク質の異常はがん細胞の易転移性などの悪性化を促進する．

4　マイクロ RNA と発がん

マイクロ RNA（miRNA）についてはすでに触れている（第 5 章 I．3．C）．miRNA に関する知識は 1990 年代以後急速に拡大を続けている．miRNA は細胞内のほとんどすべての事象に調節的役割を果たしているもようである．約 1,000 種に及ぶマイクロ RNA があり，それぞれが数百の遺伝子の発現に影響すると考えられている．細胞の腫瘍化にも miRNA は関係している．

遺伝子座 13q31.3 にある小さい膜タンパク質の遺伝子 *MIR17HG*（putative microRNA 17 host gene protein）のイントロン 3 に含まれる 7 つの miRNA を含む **miR-17-92 クラスター**の発現は肺がん中でも小細胞性肺がんで著明に増加している．遺伝子自体の増幅も血液がんにしばしば見られる．この遺伝子のタンパク質としての推定翻訳産物は 70 アミノ酸残基で，細胞外，膜，細胞質に約 3 等分されている．しかし，このタンパク質が実際に発現しているのかどうかについては疑問がもた

れている。イントロンには5種のmiRNA前駆体が含まれ、それから7種の成熟したmiRNA（miR-17-5p, -18, -19a, -19b1, -20a, -91, -92-1）が生じる（miRNAの発現は疑いがない）。

miR-17-5pは*RB*の発現を抑制し、miR-19aは*PTEN*の発現を抑制する。これら2つのmiRNAによって発現が抑制される遺伝子産物は腫瘍サプレッサーであるから、2つのmiRNAの機能は細胞周期の進行の促進である。miR-17-5pとmiR-19は甲状腺未分化がんで増加している。

miR-21は膠芽腫や乳がんをはじめ多くのがんで過剰発現している（遺伝子増幅）。いくつかの腫瘍サプレッサーの発現を抑制し、細胞の増殖を促進することから、このようなmiRNAを**がんマイクロRNA** onco-microRNAと呼ぶことがある。miR-21とmiR-19aの標的の1つは*PTEN*である。肝細胞がん由来培養細胞で過剰発現しているmiR-21を阻害すると、PTENの発現が増え、細胞の増殖と遊走が抑えられる。

DNA複製のライセンス因子の1つである*MCM7*遺伝子のイントロンには18個のmiRNA遺伝子がある。そのうちの3つであるmiR-106b, miR-93, miR-25は胃がんなどで過剰発現しているが、これらのmiRNAは細胞周期の抑制因子であるp21Cip1やBLMの発現を抑制する。*MCM7*遺伝子はE2F1で活性化するが、そのE2F1の発現をmiR-106bとmiR-93はRNAレベルで抑制する。したがって、ふだんは負のフィードバックがE2F1の濃度を低く保っている。

let-7と呼ばれるmiRNAには少なくとも9ないし11種類がある。その1つlet-7aは原がん遺伝子*RAS*（H-, K-, N-）の発現をRNAレベルで抑制する。Let-7aにはa-1, -2, -3の3種があり、それぞれ別々の遺伝子*MIRLET7A1/2/3*であるが、mRNAの3′-非翻訳領域（3′-UTR）に結合する塩基配列は3者に共通している。

c-Mycは細胞周期の進行にとってプラス効果をもつ転写因子であるが、その転写活性を阻害すると、let-7グループのmiRNAが増加する（とくにlet-7a）。ところが、let-7aの増量はc-Mycを減少させる。このような負のフィードバック系は

c-Mycを一定の低濃度に保つ効果がある。もし、let-7が何らかの理由で低濃度に固定されると、c-Mycは増加する。肺がんと大腸がんではlet-7aの減少とc-Mycの過剰発現が見られた。

ハイモビリティーグループタンパク質HMGI-C（遺伝子*HMGA2*）はサイクリンA2遺伝子*CCNA2*を標的とする転写因子であるが、let-7b（あるいはlet-7e）によって発現が抑制される。let-7bは急性リンパ性白血病（ALL）で発現が減少し、HMGI-Cの発現が増加している。本来、let-7bは脂肪腫の原因遺伝子で、その遺伝子*MIRLET7B*は*LPP*（lipoma preferred partner遺伝子）と転座・再編成を示す。

大腸がんの多くでサイクリンD1の増加が見られることを前に述べたが、CycD1-mRNAの翻訳はmiR-17-92クラスターに属するmiR-17-5pとmiR-20aによって抑制される。他方、CycD1はこれらの2つのmiRNAの発現を活性化する。これはCycD1の濃度を一定以下に保つフィードバックループである。これらのmiRNAの発現が減少する事態が起こると、サイクリンD1が増えることが考えられる。乳がんでもこれらのmiRNAが減少し、CycD1の発現量が増加していることが報告されている。この場合これらのmiRNAは腫瘍サプレッサーとして機能している。

また、miR-34（miR-34a/b/c）はサイクリンE2, **CDK4**などG1期の進行に必要な分子の発現を抑制する。さらに、miR-34は細胞の生存を支援するNotch経路タンパク質と抗アポトーシスタンパク質Bcl-2の発現を抑制する。p53を欠く膵臓がん細胞株にmiR-34を導入すると、Notch1/2とBcl-2の発現が抑制される。

この他のmiRNAについては表5-III-10を参照していただきたい。

5　ウイルス性がん遺伝子

ウイルスが細胞の腫瘍化にかかわるのは、それらが宿主細胞と類似の原がん遺伝子や（変異を起こした）がん抑制遺伝子をもっていたり、または宿主のそれらの遺伝子の発現に干渉したりする場合である。

ヒトアデノウイルス5 human adenovirus 5 の感染後早期に発現するタンパク質の1つ**E1A 32kDa タンパク質** early E1A 32 kDa protein は感染細胞の pRb と結合することにより E2F1 を阻害から解放するため，E2F1 の標的遺伝子が活性化される〔pRb の項（本項 1. B. 4）参照〕。その結果細胞周期の進行（G1 → S）が促進される。

シミアンウイルス40 Simian virus 40 の**ラージT抗原** large T antigen は E1A に似て pRb と結合し，E2F1 を阻害から解放するため，細胞周期の進行（G1 → S）が促進される。さらに，p53 を結合してその転写因子としての機能を阻害する（この結果細胞周期進行が促進）。

6　発がんの多段階説

細胞が腫瘍化するには複数の段階を経てそうなるのだという**発がんの多段階説**（ボーゲルシュタイン Voegelstein, 1988）がある。それらは，現在①**イニシエーション** initiation，②**プロモーション** promotion，③**プログレッション** progression と呼ばれている。①では遺伝子に異常は起こっていない。食品添加物などの化学薬品や紫外線，電離放射線などの環境因子による細胞の異常が起きている状態である。②では，種々の原因による原がん遺伝子の塩基配列異常が生じている。③になると，p53 や pRb などのがん抑制遺伝子に変異が生じている。また，がん細胞の転移を許すような変異（例：平面内細胞極性シグナルの異常）が起こる。

7　染色体不安定説

腫瘍化した細胞（がん細胞）は細胞周期を繰り返すたびに細胞周期の制御にかかわる遺伝子に異常が加わる傾向がある。つまり，細胞周期の制御機構が徐々に壊れていく。そのようにして，最後には細胞周期が制御不能に陥る。このような**不安定性** instability は遺伝子の塩基配列の異常や欠損だけでなく，遺伝子の増幅や脱落（つまりコピー数の異常），さらに転座，染色体自体の欠落や断片化など細胞の**遺伝情報保存機構の崩壊**を結果する。

がん細胞は①**染色体不安定性** chromosomal instability（CIN）と②**マイクロサテライト不安定性** microsatellite instability（MIN）を主徴とする2種類の型に分けることができるという。①は染色体分離異常によって生じた染色体数異常を示すがん細胞で，②は DNA のミスマッチ修復の異常によって生じた短い繰り返し塩基配列をゲノム内にもつがん細胞である。マイクロサテライトの短い（1～6塩基）の繰り返し配列は正常人のゲノムにも生じるが，その部位や全長の異常性によっては重篤な影響を与える。

一般に，染色体の不安定性の出現には3つの原因があると考えられている。1つは**DNA修復機構の不全**である。もう1つはがん細胞が経過する細胞分裂の回数が多いためにテロメアが過度に短縮したり，消失することからくる**クロモソーム自体の縮小**である。しかし，前に述べたようにテロメアを合成するテロメラーゼの高い活性をもったために腫瘍細胞は腫瘍細胞たりえるのであるが。さらに第3に，DNA損傷チェックポイント，G2/M チェックポイント，紡錘体チェックポイントなどの**チェックポイントの不全**である。これらによってDNAの異常が蓄積され，上に述べたような遺伝情報維持システムの全面的崩壊が起こるのだと考えられている。

B　アポトーシス

これまでわれわれが学んできたのは細胞の増殖機構としての細胞周期とその正常な制御を逸脱した細胞の腫瘍化についてであった。ここでは細胞の積極的な死である**アポトーシス** apoptosis について考察する。細胞が細胞外の急激な異常事態によって陥った死である**ネクローシス** necrosis とアポトーシスとはまったく異なった細胞死である。

アポトーシスの過程にある細胞はまわりの細胞との接着装置が消失し，細胞膜が波打った形状をとる（ブレビング blebbing）。核とそこに含まれる染色体/DNA も断片化する。細胞骨格は破壊され，やがて細胞全体が断片化し，マクロファージに貪食される。

個体発生の途中ではアポトーシスは重要な働き

をしている。よく引き合いに出されるのが手足の指の形成過程で，将来指になる部分とそうでない部分があり，後者に含まれる細胞はアポトーシスによって消失する現象である。でき上がった組織で新しい細胞が古い細胞にとって代わる細胞回転ではアポトーシスと細胞増殖がバランスを保って組織の恒常性に寄与している。このように，大部分のアポトーシスは病的ではなく，生理的な事象である。

1　細胞周期とアポトーシス

アポトーシスが生理的現象であるとすれば，それを細胞周期制御の異常としてとらえるのは間違っているかもしれない。しかし，アポトーシスに細胞周期の制御因子が関与するのは事実である。この点でもっとも関係が深い細胞周期調節因子は **c-Myc** と **p53** である。細胞周期で c-Myc と p53 は対照的な役割を果たすことを学んだ（本章 Ⅲ.1.B.5）。c-Myc は細胞周期を正に促進し，p53 はそれを抑制する。しかし，両者の関係は単に対照的というよりはもう少し複雑である。それは，転写因子としての両者の標的遺伝子を比較してみるとわかる（表 5-Ⅲ-3）。

c-Myc の標的遺伝子をグループ分けしてみると，細胞周期に関するものとして，CycA/E，CDC25A など細胞周期の進行を促進するものと p27Kip1，GADD45 のように細胞周期の進行に抑制的なものとがある。また，アポトーシスに関するものとしては p53 と p14ARF があり，p14ARF は Mdm2 を阻害して p53 を増加（安定化）させる効果をもつ。他方，p53 の標的遺伝子にはサイクリン D1，Mdm2，WIP1 のように細胞周期の進行にプラスするものもあるが，p21，GADD45，14-3-3σ のように細胞周期の進行を抑制するものが多く，さらに，アポトーシスを誘導するグループとして BAX，FAS，p14ARF，PIDD など主だったアポトーシス促進因子が含まれる。

すでに述べたように，**生命の維持には細胞の増殖とアポトーシスの両方が必要**なのであり，両者がバランスを取りながら生命を維持するのである。ここで，両者の機能分担と相互作用について整理してみよう。まず，細胞が増殖するには細胞周期を1回以上巡らなければならない。そして，細胞周期を巡行する間にはいくつかのチェックポイントがある。DNA の損傷が見つかれば，その場で細胞周期の進行を停止し，修復作業に取りかからなければならない。つまり，進んだり止まったりするのが正常な細胞周期の進行であり，正常な細胞増殖の過程である。それに対して，DNA の損傷やチェックポイントに対応することなく進行を続ける細胞は遺伝情報保存機構の全面的崩壊に直面し，死を選ぶか，がん化するかどちらかの運命に陥ることになる。

2　増殖因子の引き上げによるアポトーシス

増殖因子による刺激で細胞周期を巡回し，増殖を続けてきた細胞からそれまで刺激を与え続けていた増殖因子が引き上げられた時，細胞は細胞周期から逸脱して G0 期に入るか，またはアポトーシスによる細胞死を選ぶ。ここでは後者の場合について考察する。

増殖を続けている細胞ではアポトーシスが抑制されている。その主な機構はこのようなものだと考えられる。**アポトーシスレギュレーター BAX** と呼ばれるタンパク質は遊離の状態で存在するとミトコンドリア膜に破壊的な穴（イオンチャネル）を開けて細胞をアポトーシスに導く（図 5-Ⅲ-14，表 5-Ⅲ-12）。しかし，ふだんは **14-3-3σ タンパク質**と結合することにより不活性な状態にある。しかし，増殖因子の引き上げなどのような環境ストレスがプロテインキナーゼ JNK を活性化すると，14-3-3σ がリン酸化されて，BAX を解放する。しかし，BAX によるミトコンドリア膜の破壊を起こさせないようにする機構がある。それは**抗アポトーシスタンパク質 BCL-XL** の存在である。BCL-XL は BAX と競合して，後者がミトコンドリア膜に破壊的な穴を開けさせないようにする。しかし，BCL-XL はふだんから遊離状態にあるのではなく，**BAD**（Bcl-2 antagonist of cell death）というタンパク質と結合している。細胞周期の進行に促進的な因子である c-Myc によってその発現量が増加したプロテインキナーゼ A（そ

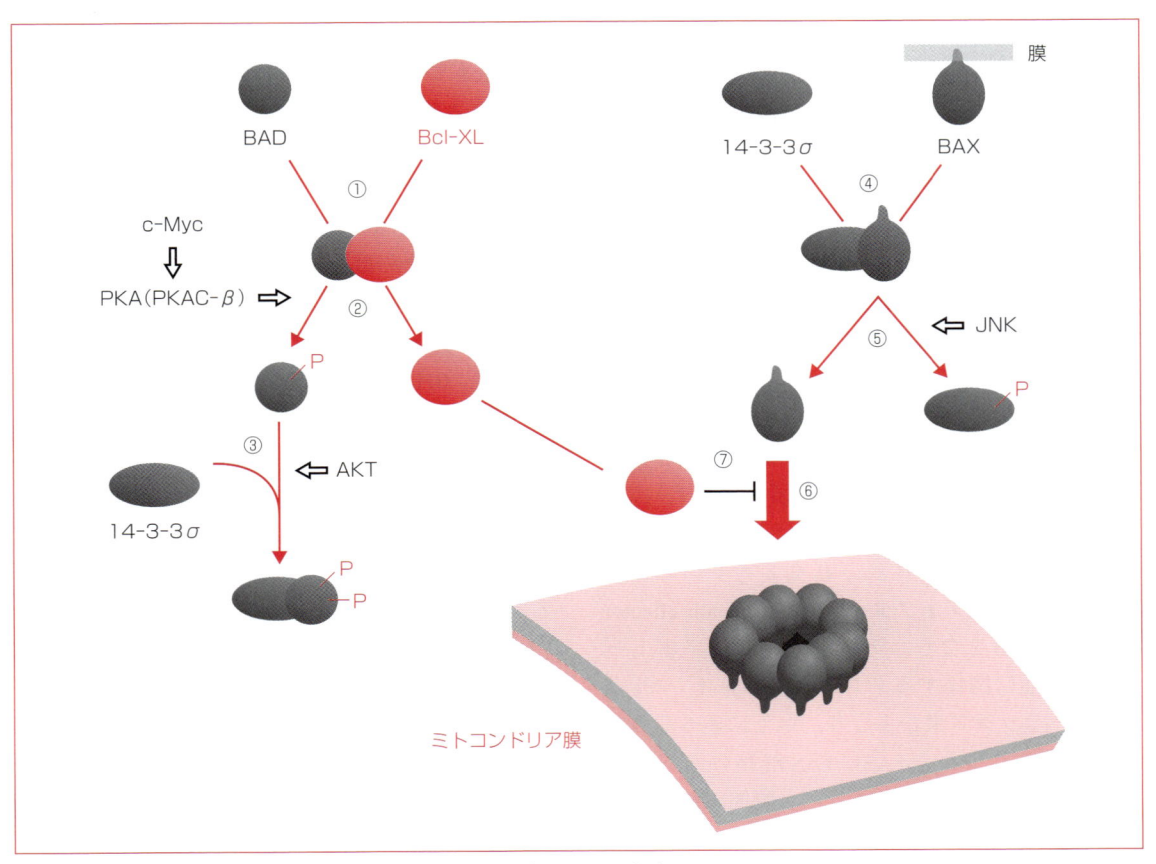

図 5-Ⅲ-14 増殖因子の引き上げによるアポトーシス（1 つのモデル）
①抗アポトーシスタンパク質 BCL-XL と同アンタゴニスト BAD が結合してヘテロ二量体を形成，②細胞周期を前進させる c-Myc によって誘導された cAMP 依存性プロテインキナーゼ触媒サブユニット β（PKA C-β）が BAD の特定のセリン残基（S99）をリン酸化する。③リン酸化 BAD は増殖因子シグナリングで活性化されるプロテインキナーゼ AKT によりさらに別のセリン（S118）がリン酸化され，14-3-3σ タンパク質と結合して安定化する。④アポトーシス促進タンパク質 BAX は 14-3-3σ タンパク質とヘテロ二量体を形成するが，⑤この二量体は，14-3-3σ タンパク質が環境ストレスシグナルで活性化されるプロテインキナーゼ JNK によってリン酸化されることにより解離し，BAX を放出する。⑥C 末端に膜貫通領域をもつ BAX はミトコンドリアに移行し，オリゴマー化してミトコンドリア外膜に破壊的イオンチャネルを形成する（tBID の関与が必要，本文参照）。⑦BCL-XL はこのチャネルの形成を阻害する。

の触媒サブユニット β）が BAD をリン酸化すると，BCL-XL は遊離して BAX との競合が有効になる。さらに tBID（truncated BID）というタンパク質が BAX がミトコンドリア膜に作用するのに必要である（BCL-XL は tBID とも競合する）。つまり，増殖因子のあるかぎり，細胞はアポトーシスを起こさないように二重の保障（14-3-3σ による BAX の結合と BCL-XL による BAX との競合）によって守られている。

細胞外からの増殖刺激がなくなると，これらの保障がなくなる。ミトコンドリアでは，BAX が約 9 個で環状のオリゴマーを作り（図 5-Ⅲ-14），ミトコンドリア膜の透過バリアーを破壊し，ミトコンドリアからは（このチャネルを介して）**シトクロムｃ**をはじめとする比較的低分子量の溶性ミトコンドリアタンパク質やヌクレオチド，クエン酸サイクル中間体などの低分子量有機分子が漏出する。ミトコンドリア膜の電位差もなくなり（電位遷移 potential transition），ミトコンドリアは ATP を合成できなくなり，クエン酸サイクルもストップする。したがって，エネルギーを必要とするミトコンドリアの生化学過程はすべてストップする。

ミトコンドリアから漏出したシトクロム c は**アポトーシス性プロテアーゼ活性化因子 1** apoptotic protease-activating factor 1，**Apaf-1**）と結合する。Apaf-1 は大きいタンパク質（1248 アミノ酸残基）で，おそらく 7 個が集まってオリゴマーを形成する（図 5-Ⅲ-15）。この Apaf-1 とシトクロム c からなる構造体は**アポトソーム** apoptosome と呼ばれる。この構造体の形態はヒトデのそれに似ている。ヒトデの体に当たるところは Apaf-1 タンパク質の **CARD ドメイン**（caspase recruitment domain カスパーゼ動員ドメイン）が集まっている。シトクロム c はヒトデの足の先端に相当するところ（前に述べた WD 繰り返し配列領域に相当）に付着している。CARD ドメインは**デスドメイン** death domain（DD）で代表されるドメインの仲間で，他に**デスエフェクタードメイン** death effector domain（DED）を含む。デスドメインはアポトーシスや炎症に関係するタンパク質ドメインで，6 個の α ヘリックス束からなり，以下に述べるカスパーゼのいくつかや FASL-FAS 経路のタンパク質にも見られ，それらのタンパク質間の相互作用に関与する。

アポトソームの形成には ATP または dATP が必要だといわれるが，シトクロム c が漏出する状態のミトコンドリアで酸化的リン酸化が起こるのは困難だろうと思われる。しかし，もはや ATP を利用して行われる生化学反応もあらかたストップしていて利用されない ATP が残っているとも考えられる。また，サイトソルにおける嫌気的解糖は必要最小限の ATP を合成するであろう。タンパク質の分解もユビキチン-プロテアソーム系によるものは ATP のエネルギーを必要とするが，カスパーゼによる分解にはそれを必要としない。事実，その後の研究により，生理的濃度（数 mM）のヌクレオチド三リン酸（NTP）はむしろアポトソームの形成を阻害することが知られている。

ところで，上で述べた BAD も Bcl-XL も抗アポトーシス因子 Bcl-2 で代表される大きいタンパク質ファミリー（**Bcl-2 ファミリー**）に属する（図 5-Ⅲ-16）。Bcl-2 ファミリーに属するタンパク質の特徴はアミノ酸残基約 20 からなり，**BH1**，BH2，BH3，BH4 と名付けられたモチーフ[注]を 1 つ以上もつということである。このうち抗アポトーシス作用をもつタンパク質（Bcl-2，BCL-XL）をアポトーシス促進作用をもつタンパク質（BAD，BAK2，BAX）から区別するのは前者における BH4 の存在である。それに対して，全メンバーに共通なのは BH3 モチーフである（図 5-Ⅲ-16）。このうち BAD と BID は BH3 のみをもち，"BH3 だけのタンパク質" BH3 only protein と呼ばれるが，BH3 は他の Bcl-2 ファミリーメンバーと二量体を形成するのに用いられるモチーフである。

3　FASL-FAS によるアポトーシス

成熟 T 細胞の抗原刺激による細胞死と関係するアポトーシスは **FAS リガンド**（**FASL**，図 5-Ⅲ-17，表 5-Ⅲ-12）と呼ばれるサイトカインが**受容体 FAS** に結合することによって始まる。FAS リガンドは膜貫通タンパク質である。ということは，それは別の細胞に属するものだということで，ふつうキラー T 細胞のそれである。受容体の FAS もまた分子の中央からやや C 末端側の部分で形質膜を 1 回貫通する膜糖タンパク質である。したがって，FASL と FAS の結合は細胞と細胞の結合である。

FAS は FASL と結合すると，細胞内の**アダプタータンパク質 FADD**（図 5-Ⅲ-17，表 5-Ⅲ-12）とも結合し，さらに**プロカスパーゼ 8**（**CASP8**）を動員し結合する。この FAS-FADD-CASP8 の 3 者複合体は**細胞死誘発シグナリング複合体** death-inducing signaling complex（**DISC**）と呼ばれる。DISC はさらに CFLAR（表 5-Ⅲ-12）と呼ばれるアポトーシス抑制因子を結合する。プロカスパーゼ 8 は DISC の中で自己触媒的にタンパク質分解し，p18/p10 の二量体として活性化する。他方，CFLAR はやはり部分的タンパク質分解で p43 と p12 の 2 部分に分かれ，p43 は DISC に残ってさらなるカスパーゼ 8 の DISC への結合を

[注] モチーフとは共通した機能をもつタンパク質に見られる特徴的なアミノ酸配列。

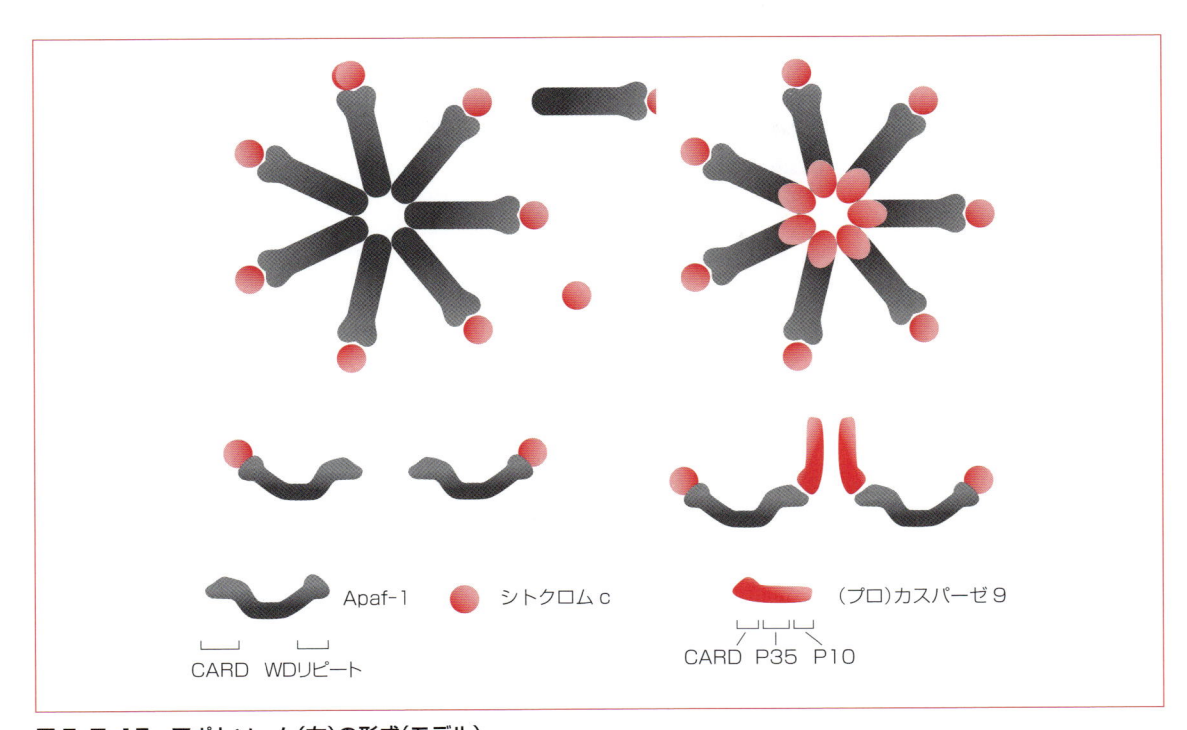

図5-Ⅲ-15　アポトソーム(右)の形成(モデル)
上段は平面観，下段は簡略化した側面観．最下段はタンパク質分子の領域名を表す．くわしくは本文参照．

阻止する．

　カスパーゼ8は**カスパーゼカスケード** caspase cascade の最上流に位置するカスパーゼである．カスパーゼ8は次に**プロカスパーゼ3**（**CASP3**）を分解・活性化する（図5-Ⅲ-18）．カスパーゼ3はそのあと細胞の生存に必要なさまざまなタンパク質を分解する．例えば，**CAD**（caspase-activated DNase）の阻害因子である **ICAD**（inhibitor of CAD）を分解する．CADとICADはヘテロ二量体を作っているが，ICADが分解されると，自由になったCADがDNAをヌクレオソーム単位に断片化する．カスパーゼ3はまたプロカスパーゼ6を分解・活性化し（図5-Ⅲ-18），後者は核内のタンパク質（例：核の構造成分NUMA1，表5-Ⅲ-12）を分解する．カスパーゼ8は また Bcl-2 ファミリーの BH3 だけのタンパク質 BID（p22）を分解し，生じた tBID（p15）はミトコンドリアに移行して，BAXと協働し，イオンチャネルの形成を促進する（上述）．カスパーゼ3の基質はこの他にもシトクロム c，フォドリン fodrin，ゲルソリン gelsolin，ビメンチン vimentin，低分子量リボ核タンパク質などがある．これらのタンパク質は細胞の生存にとって欠かせないものである．

　カスパーゼをその活性化の細胞内過程に応じて**イニシエーターカスパーゼ** initiator caspase と**エフェクターカスパーゼ** effector caspase に分けることができる（表5-Ⅲ-11）．一般に，カスパーゼ3，6，7，9がエフェクターで，エフェクターを活性化するカスパーゼ2，8，10がイニシエーターである．ちなみに，effectorの代わりに executioner という表現もよく用いられる．これは死刑執行人の意味であり，アポトーシスを実行する因子をそのようにたとえたのである．わが国では executioner caspase を実行型カスパーゼと訳す向きが多い．

　このように，アポトーシスは一群のカスパーゼの協調作業で行われる．哺乳類にはこれまで14種のカスパーゼが知られていて，そのうちアポトーシスへの貢献度は3が圧倒的で，6と7はなくても実験上大きい影響はない．カスパーゼカス

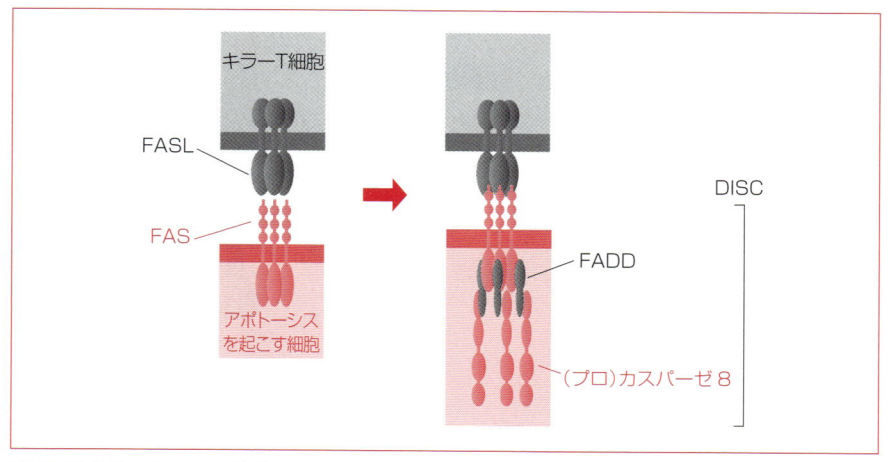

図 5-Ⅲ-17　DISC の形成
FAS リガンド（FASL）が受容体 FAS に結合すると，FAS に FADD と（プロ）カスパーゼ 8 が連携する。FAS-FADD-カスパーゼ 8 の複合体を DISC（細胞死誘発シグナリング複合体）と呼ぶ。

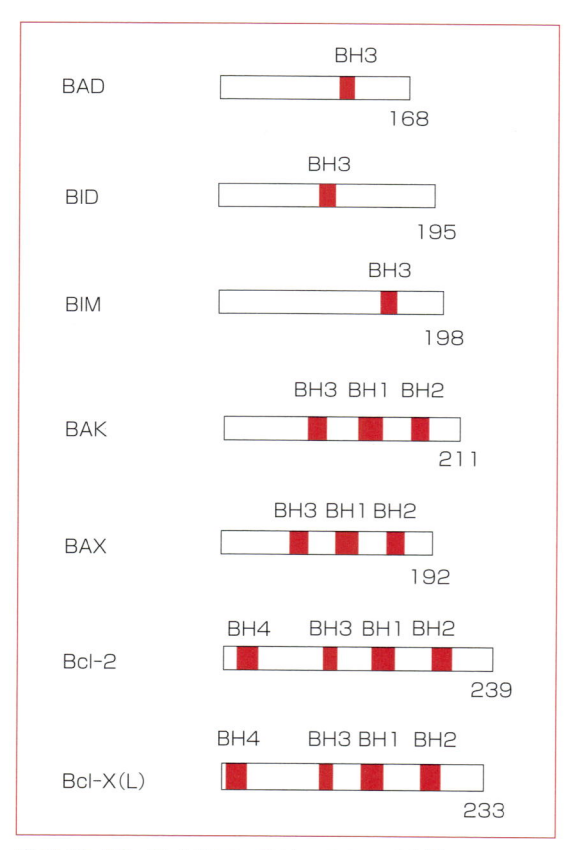

図 5-Ⅲ-16　Bcl-2 ファミリーのタンパク質
BH1〜4 は 4 種類の BH（Bcl-2 homology）モチーフを表す。

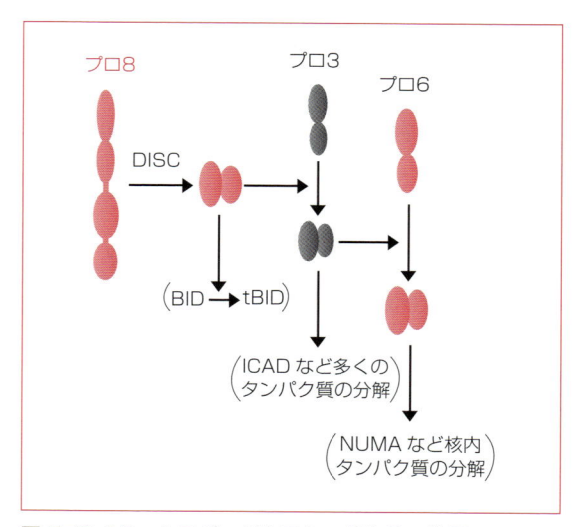

図 5-Ⅲ-18　カスパーゼカスケードとその効果
プロ 8 などはプロカスパーゼ 8 などを意味する。本文参照。

表 5-Ⅲ-11　イニシエーターカスパーゼとエフェクターカスパーゼ

イニシエーターカスパーゼ	カスパーゼ 2, 8, 10
エフェクターカスパーゼ	カスパーゼ 3, 6, 7, 9

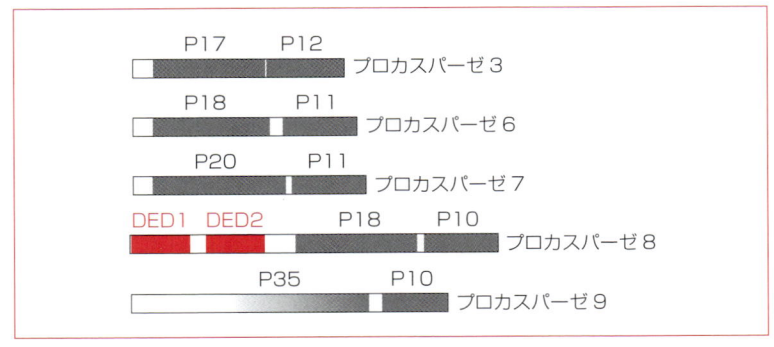

図5-Ⅲ-19 プロカスパーゼの分子構造
プロカスパーゼは活性化されると2つのより小さい分子となるが，それらの分子は二量体を形成する。プロカスパーゼ8のみがDISCを形成するのに必要な2つのDEDドメインをもつ。プロカスパーゼ9のP35についてはN末端側の起始部位が確定していない。

ケードは一方通行ではなく，例えばカスパーゼ6はプロカスパーゼ3を活性化できる。プロカスパーゼの分子構造を図5-Ⅲ-19にまとめた。

4 グランザイムBによるアポトーシス

アポトーシスの外因性経路の1つとして，細胞毒性Tリンパ球によって分泌される**グランザイムB** granzyme B（GZMB）が細胞内に入ってアポトーシスを引き起こす現象がある。グランザイムBというのはカスパーゼと共通した基質特異性（アスパラギン酸残基のC末端側のペプチド結合を切る特異性）をもつプロテアーゼで，グランザイムBと同時にTリンパ球から放出される**パーフォリン** perforinというオリゴマー化して形質膜に孔をあけるタンパク質の助けを得て細胞内に侵入する。グランザイムBはプロカスパーゼ3，7，10を分解・活性化するが，7と10に対する活性は3に対する活性の約10倍である。グランザイムBはさらに直接DNA-PKcs（DNA依存性プロテインキナーゼ触媒サブユニット，本章Ⅱ，表5-Ⅱ-3）とトポイソメラーゼⅠを分解する非常に高い活性を示す。また，カスパーゼ8と同じようにBID（p22）を分解してtBIDを生じさせる。

5 DNAの損傷に始まるアポトーシス

UV曝露でDNAが損傷を受けると，p53の発現を介してその標的遺伝子の1つである**PUMA**（p53-upregulated modulator of apoptosis）と呼ばれるタンパク質が発現する。PUMAはBH3だけのタンパク質で，2つの方法でミトコンドリア経由アポトーシスを促進する。1つは直接BAXと結合してBAXをミトコンドリア膜へ移動させる。もう1つは間接的で，PUMAはBAXと二量体を作っているBCL-XLに結合することによりBAXを遊離させる。それらの結果は上で述べた通りである。

6 小胞体ストレスによるアポトーシス

細胞の動的・静的ホメオスタシスを大幅に変更させるような事態が生じたとき小胞体の活動はそれに対して急速な対応を迫られる。そのような状況を**小胞体ストレス**（ERストレスER stress）と呼ぶ（第6章Ⅱ.2参照）。そのストレスがあまりにも強い場合，細胞がアポトーシスに陥ることがある。

小胞体ストレスによるアポトーシスはUV曝露の場合に似ている。どちらもp53の発現量が増加し，PUMAを介してミトコンドリア経路を活性化する。ただ，小胞体ストレスの場合PUMA以外にPUMAと同じBH3モチーフのみの小さいタンパク質**NOXA**（別名PMAIP1）も関与する。NOXAはその働きもPUMAに似ている。ただし，小胞体ストレスによるアポトーシスには複数の経路があるようで，PUMAとNOXAを介する

経路はその1つにすぎないことが動物実験で示された。

例をあげれば，もう1つの経路は転写因子 **CHOP**（別名 DDIT3）が関与するものである。転写因子といっても CHOP（C/EBP-homologous protein）はそれ自体で遺伝子の発現を活性化することはなく同じ仲間の C/EBP（CCAAT/enhancer-binding protein）ファミリーの転写因子とヘテロ二量体をつくり，相手のエンハンサー結合作用を妨害するか，または他の転写因子グループ AP-1（c-Fos と c-Jun のヘテロ二量体，表 5-Ⅲ-10 参照）と連携してその活性を増強するといった転写調節作用をもつと考えられている。その結果，抗アポトーシス因子の発現を抑制したり，アポトーシス促進因子の発現を活性化したりするのではないかと思われる。いずれにせよ，UV 曝露や有害物質によってアポトーシスに向かう細胞（例：皮膚上皮細胞）で CHOP の発現が高まっていることが観察されている。CHOP の別名 DDIT3 は DNA damage-inducible transcript 3 の頭文字をとったものである。

ミトコンドリア膜で機能を発揮する BAX と BAK1 は小胞体膜にも存在し，小胞体ストレスを引き起こすような原因がある。BAX はミトコンドリア膜と小胞体膜の両方でオリゴマー化し，有害なイオンチャネルを形成する。その結果，小胞体では Ca^{2+} が減少し，カスパーゼ 12 が分解・活性化される。

7　グルタミン酸によるアポトーシス

グルタミン酸は興奮性アミノ酸として生理的神経伝達物質であるが，高濃度ではニューロンのアポトーシスを招く。ニューロンのアポトーシスの経路には少なくとも3種類があって，細胞のタイプによっても異なる。

1つは BAX など Bcl-2 ファミリーの関与する最もオーソドックスな経路である。もう1つは，ここまで触れてこなかったタンパク質因子 **AIF**（**ミトコンドリア性アポトーシス誘導因子1** apoptosis-inducing factor 1, mitochondrial）が関与する経路である。AIF は本来ミトコンドリアの内膜と外膜の間の膜間スペースに存在するタンパク質でその本体は酸化還元酵素である。植物のアスコルビン酸レダクターゼや細菌の NADH オキシダーゼと相同性をもつ一方，分子の中に核局在シグナルのアミノ酸配列をもつ。種々のアポトーシス誘発状況で AIF はミトコンドリアから核とサイトソルへ移行する。核の中では，クロマチンの凝縮や DNA の大規模な断片化を引き起こす。これはイニシエーターカスパーゼに依存しないアポトーシスである。AIF によるアポトーシスは哺乳類の初期発生における形態形成（体腔形成）の際に見られる。

もう1つの経路は，これも**カスパーゼ非依存的**に起こるものである。高濃度のグルタミン酸刺激で細胞内の Ca^{2+} 濃度が急速に上昇すると，カルシウム依存性プロテアーゼである**カルパイン-1** calpain-1 が活性化される。カルパイン-1 は μ-カルパインとも呼ばれるがこれは μM 濃度のカルシウムで活性化されることから付けられた名称である。他に mM 濃度で活性化される m-カルパインがあるが，これは組織特異的であって，広く存在するのは μ-カルパインである。カルパインは内在的阻害因子**カルパスタチン** calpastatin と結合して存在しているが，後者は活性化カルパインによって分解される。カルパイン-1 の基質特異性は低く，細胞内外の多くのタンパク質を分解する。例えば，細胞骨格タンパク質，ヒストン，酵素タンパク質，受容体タンパク質，ミエリンなどである。

8　好中球のアポトーシス

感染反応が終了した場合，好中球はアポトーシスを起こす。このアポトーシスではイニシエーション経路が2種類あるようで，1つはオーソドックスな FASL-FAS 経路と同じくプロカスパーゼ 8 の活性化に始まるそれであるが，もう1つはカルパイン-1 による経路である。ここでは，カルパイン-1 は BAX（21kDa）を BAX（18kDa）に分解する。後者はミトコンドリア外膜でオリゴマー化して有害なイオンチャネルを形成し，シトクロム c を漏出させる。ここから先はアポトソー

ムの形成を経てエフェクターカスパーゼ3の活性化に至る。そして，もう1つの経路でカスパーゼ8によって活性化したカスパーゼ3に合流する。

しかし，好中球の場合ミトコンドリアからシトクロムc以外にSmacタンパク質（別名DIABLO）が漏出する。Smacタンパク質はアポトソームでのカスパーゼの活性化を促進するが，アポトーシス阻害因子IAP（上述）に対抗することによるカスパーゼ3の活性化をも促進する。したがって，カルパイン経路から2つのサブルート（シトクロムcとSmac）がカスパーゼ8→カスパーゼ3経路を促進する結果になる。

最後に，アポトーシスに関与する主な遺伝子（タンパク質）を**表5-Ⅲ-12**にまとめた。

表5-Ⅲ-12 アポトーシスに関与する主な遺伝子（タンパク質）

遺伝子	タンパク質	遺伝子座	アミノ酸残基数	特徴
AIFM1 (AIF)	apoptosis-inducing factor 1, mitochondrial	Xq26.1	613	グルタミン酸によるアポトーシスに関与。アポトーシス誘発状況でミトコンドリアから核とサイトソルへ移行、クロマチンの凝縮やDNAの大規模な断片化を引き起こす。イニシエーターカスパーゼに依存しないアポトーシス
APAF1	apoptotic protease-activating factor 1	12q23	1,248	7個が集まってオリゴマーを形成、ミトコンドリアから漏出したシトクロムcを結合、"アポトソーム"と呼ばれる構造体を形成
BAD	Bcl-2 antagonist of cell death (protein)	11q13.1	351	Bcl-X(L)のアンタゴニスト。"BH3ドメインだけのタンパク質"
BAX	apoptosis regulator BAX	19q13.3-q13.4	192	アポトーシス促進タンパク質。14-3-3σとヘテロ二量体を形成、後者がリン酸化されると遊離しミトコンドリアに移行し、オリゴマー化してミトコンドリア外膜に移行しイオンチャネルを形成
BBC3 (PUMA)	Bcl-2-binding component 3	19q13.3-q13.4	193	"BH3だけのタンパク質"。p53で発現が増加するアポトーシスモデュレーター（アポトーシス促進）。p53に依存しないでアポトーシスを促進する機構もある。
BCL2	apoptosis regulator Bcl-2	18q21.3	239	抗アポトーシス作用をもち、BH3モチーフを共有するタンパク質ファミリー"Bcl-2ファミリー"の代表格。BH1, 2, 3, 4のすべてをもつ。
BCL2L1 (BCLX)	Bcl-2-like protein 1 [Bcl-XL]	20q11.21	233	Bcl-2ファミリーに属する抗アポトーシス因子
BCL2L7 (BAK1)	apoptosis regulator BAK	6p21.3	211	アポトーシス促進遺伝子。モチーフBH1, 2, 3をもつ。
BCL2L11 (BIM)	Bcl-2-like protein 11	2q13	198	アポトーシス促進遺伝子。アミノ酸42-101を欠失したBIMLはより強力
BID	BH3-interacting domain death agonist (p22BID) p15	22q11.1	195 134	アポトーシス促進遺伝子。"BH3だけのタンパク質" ミトコンドリアからシトクロムcを漏出。
CAPN1 (μCANP)	calpain-1-catalytic subunit	11q13	714	カルシウム依存性プロテアーゼ。カスパーゼ非依存的アポトーシス。グルタミン酸によるアポトーシスに関与
CASP2	caspase-2 p18 p13 p12	7q34-q35	452 156 119 105	イニシエーターカスパーゼ
CASP3	caspase-3 p17 p12	4q34	277 147 102	代表的エフェクターカスパーゼ。カスパーゼ8によって分解・活性化
CASP6	caspase-6 p18 p11	4q25	293 156 100	エフェクターカスパーゼ。核の構造タンパク質NuMAを分解する。プロカスパーゼ3を活性化
CASP7	caspase-7 p20 p11	10q25	303 175 97	エフェクターカスパーゼ
CASP8	caspase-8 p18 p10	2q33-q34	479 158 95	イニシエーターカスパーゼ。FAS, FADDと細胞死誘発シグナリング複合体（DISC）を形成
CASP9	caspase-9 p36 p10	1p36.21	416 — 86	アポトソームの形成とプロカスパーゼ9の活性化によってアポトーシスの実行段階が開始（アポトソームのCARDドメインにさらにプロカスパーゼ9のCARDドメインが結合）、プロカスパーゼ3と7を活性化

表5-Ⅲ-12 アポトーシスに関与する主な遺伝子(タンパク質)(つづき)

遺伝子	タンパク質	遺伝子座	アミノ酸残基数	特徴
CASP10	caspase-10 　　　　　　　p23/17 　　　　　　　p12	2q33-q34	521 196 106	イニシエーターカスパーゼ
CFLAR	CASP8 & FADD-like apoptosis regulator　p43 　　　　　　　　　　p12	2q33-q34	480 376 104	アポトーシス制御因子。細胞死誘発シグナリング複合体(DISC)に結合
CRADD (RAIDD)	death domain-containing protein CRADD	12q21.33-q23.1	199	PIDDと複合体ピドソームを作ってプロカスパーゼ2を活性化するという。
DDIT3 (CHOP)	DNA damage-induced transcript 3	10q13.1-q13.2	169	転写因子(アポトーシス促進)。C/EBPファミリーに属しストレスで誘発される。抗アポトーシス因子Bcl-2の発現を抑制。小胞体ストレスによるアポトーシスに関与
DFFA (DFF45)	DNA fragmentation factor subunit α (inhibitor of CAD, ICAD)	1p36.3-p36.2	331	CADとヘテロ二量体を作り，CADの活性を阻害，カスパーゼ3により分解されCADを活性化
DFFB (DFF40)	DNA fragmentation factor subunit β (caspase-activated DNase, CAD)	1p36.3	338	DNAをヌクレオソーム単位に断片化する。ICADと結合して不活性化
DIABLO (SMAC)	Diablo homolog, mitochondrial (Smac protein)	12q24.31	239	好中球のアポトーシスに関与
FADD (MORT1)	protein FADD(FAS-assciated death domian protein)	11q13.3	208	FAS，プロカスパーゼ8と結合し，細胞死誘発ジナリング複合体(DISC)を形成
FAS (TNFRSF6)	tumor necrosis factor receptor superfamily member 6 (FASLG receptor)	10q24.1	335	FASリガンド受容体。FADD，プロカスパーゼ8と結合し，細胞死誘発シグナリング複合体(DISC)を形成
FASLG (FASL)	tumor necrosis factor ligand superfamily member 6 (Fas antigen ligase)			(キラーT細胞の)形成膜のⅡ型膜貫通タンパク質，細胞死を起こす細胞のFASに結合。可溶形もある。
GZMB	granzyme B	14q11.2	247	グランザイムB。細胞毒性Tリンパ球によって分泌，相手細胞内に入ってアポトーシスを引き起こす。カスパーゼと共通した基質特異性をもつプロテアーゼ
LRDD (PIDD)	leucine-rich repeat & death domain-containing protein	11p15.5	910	PIDDと複合体ピドソームを作ってプロカスパーゼ2を活性化するという。
MAPK8 (JNK1)	mitogen-activated protein kinase 8	10q11	427	ストレスシグナルで活性化，14-3-3σをリン酸化，14-3-3σに結合したBAXはミトコンドリア膜に移行。JNKにはJNK1, 2, 3がある。
NUMA1 (NUMA)	nuclear mitotic apparatus protein 1 (NuMa protein)	11q13	2,115	核の構造タンパク質でカスパーゼ6によって分解
PMAIP1 (NOXA)	phorbol-12-myristate-13-acetate-induced protein 1	18q21.32	54	小さい"BH3モチーフだけのタンパク質"。小胞体ストレスによるアポトーシスに関与。PUMAに似る。
PRF1	perforin-1	10q22.1	555	グランザイムBと同時にTリンパ球から放出され，オリゴマー化して形質膜に孔をあける。
PRKACB	cAMP-dependent protein kinase catalytic subunit β (PKAC-β)	1p36.1	351	cAMP依存性プロテインキナーゼβ。c-Mycによって誘導，BADをリン酸化
PRKDC	DNA-dependent protein kinase catalytic subunit(DNA-PKcs)	8q11	4,128	DNA依存性プロテインキナーゼ触媒サブユニット。グランザイムBによって分解
SFN	14-3-3 protein σ (stratifin)	1p36.11	248	DNAの損傷によって誘導，サイクリンBやCDC2(CDK1)と結合して細胞質に排除

第6章

血液と細胞性ストレス

「第6章 血液と細胞性ストレス」の構成マップ

I 血液

1. リポタンパク質 ▶p296
- A. リポタンパク質受容体

2. 凝固と線溶 ▶p299
- A. 凝固
- B. 線溶

3. ヘムの合成と分解（ポルフィリン代謝）▶p302
- A. ヘムの合成
- B. ヘムの分解

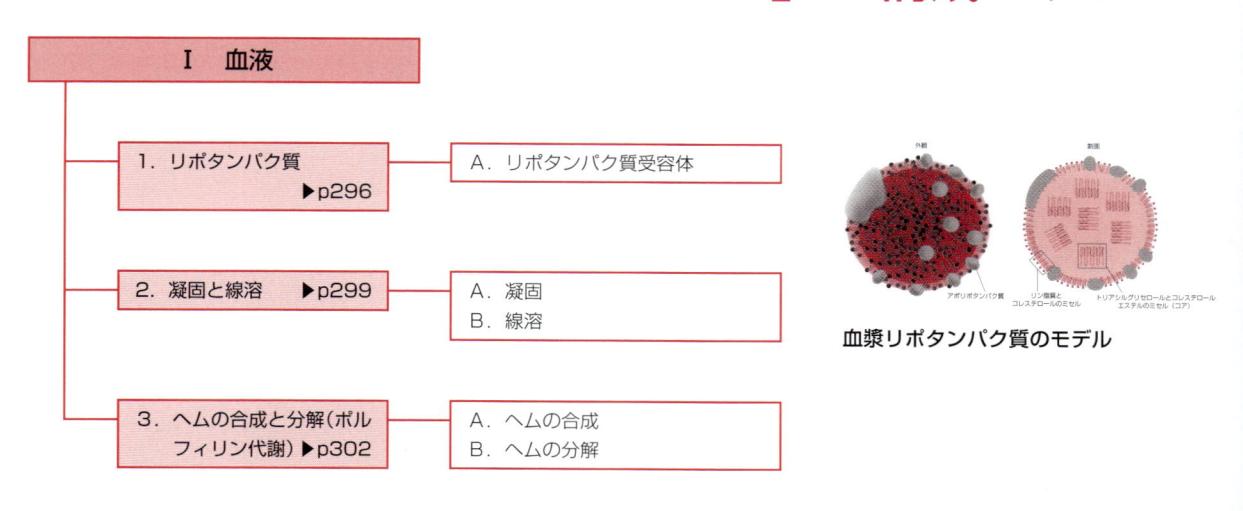

血漿リポタンパク質のモデル

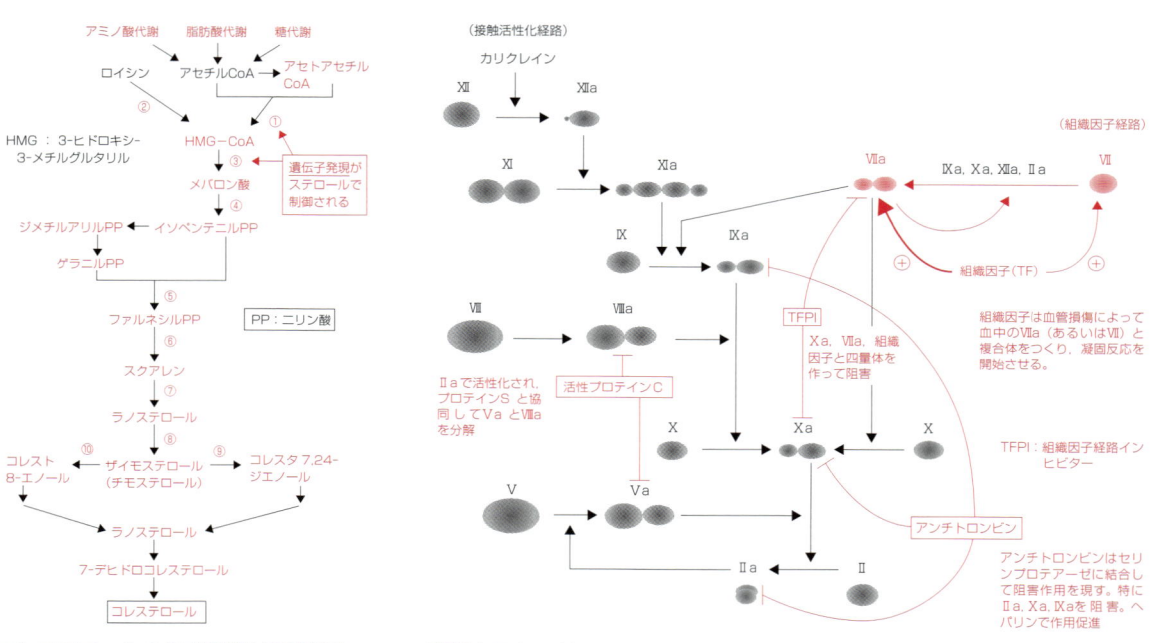

コレステロールの合成経路と調節部位

アミノ酸代謝 → ロイシン
脂肪酸代謝 → アセチルCoA
糖代謝 → アセトアセチルCoA

HMG：3-ヒドロキシ-3-メチルグルタリル

アセチルCoA → HMG-CoA ①
②
HMG-CoA → メバロン酸 ③（遺伝子発現がステロールで制御される）
④
ジメチルアリルPP ← イソペンテニルPP
↓
ゲラニルPP
⑤
ファルネシルPP　　PP：二リン酸
⑥
スクアレン
⑦
ラノステロール
⑧
ザイモステロール（チモステロール）
⑩ ↙　　⑨ ↘
コレスト8-エノール　　コレスタ7,24-ジエノール
↓
ラノステロール
↓
7-デヒドロコレステロール
↓
コレステロール

凝固カスケード

（接触活性化経路）
カリクレイン
XII → XIIa
XI → XIa
IX → IXa
VIII → VIIIa
（IIaで活性化され、プロテインSと協同してVaとVIIIaを分解：活性プロテインC）
X → Xa
V → Va
II → IIa

（組織因子経路）
VII → VIIa
組織因子（TF）

IXa, Xa, XIIa, IIa

TFPI：Xa, VIIa, 組織因子と四量体を作って阻害

組織因子は血管損傷によって血中のVIIa（あるいはVII）と複合体をつくり、凝固反応を開始させる。

TFPI：組織因子経路インヒビター

アンチトロンビン
アンチトロンビンはセリンプロテアーゼに結合して阻害作用を現す。特にIIa, Xa, IXaを阻害。ヘパリンで作用促進

II 細胞性ストレス

1. 酸化ストレス ▶p307
- A. 活性酸素種の生成と作用
- B. 活性酸素種の消去

2. 小胞体ストレス ▶p308
- A. アンフォールデッド・プロテイン・レスポンスとERオーバーロード・レスポンス
- B. 小胞体関連分解

I 血液

1 リポタンパク質

　血清アルブミンに結合している遊離脂肪酸を別にすれば，血液中の中性脂質である**トリグリセリド（トリアシルグリセロール）**や**コレステロール**や**コレステロールエステル**は**リポタンパク質** lipoprotein に含まれている。リポタンパク質は単分子膜（一層の脂質からできた膜）に覆われた球状の顆粒である（図6-I-1）。膜脂質はグリセロリン脂質，スフィンゴリン脂質，コレステロールからなる。表面にタンパク質（**アポリポタンパク質** apolipoprotein），内部（コア）に脂質（トリアシルグリセロール，コレステロール，コレステロールエステル）を含む巨大な分子複合体である。

　リポタンパク質は脂質の組成やタンパク質と脂質の割合によって密度が異なり，密度の低いほうから**超低密度リポタンパク質** very low-density lipoprotein（VLDL），**低密度リポタンパク質** low density lipoprotein（LDL），**高密度リポタンパク質** high density lipoprotein（HDL）に分けられる。トリアシルグリセロールの含量が高いと軽くなる。VLDLもHDLも肝で作られ組織を循環するが，LDLは循環中のVLDLから生じる。その移行過程で生じるVLDLとLDLの間の密度を示すリポタンパク質は**中間密度リポタンパク質** intermediate density lipoprotein（IDL）と呼ばれている。リポタンパク質としてはこの他に**キロミクロン（カイロミクロン）** chylomicron がある。これは消化管で吸収・再合成されたトリアシルグリセロールが主体となった密度がたいへん低く，サイズの大きいリポタンパク質である。消化管上皮からリンパ系で運ばれるキロミクロンは門脈を経ないで胸管から直接体循環に入る。

　主だったアポリポタンパク質にはA, B, C, Eの4種がある。それぞれ**アポA**（ApoA），**アポB**（ApoB），**アポC**（ApoC），**アポE**（ApoE）と略式で呼ばれている。アポA, B, Cはさらに小分類がなされる（表6-I-1）。アポBは巨大なタンパク質で，肝臓と小腸で作られる。小腸のもの（B48）は全長のもの（B100）の約48％の大きさであるが，これは**RNAエディティング**（第5章I.3.B.1参照）によって，早すぎるストップコドンが生じるからである（CAA→UAA）。アポB以外

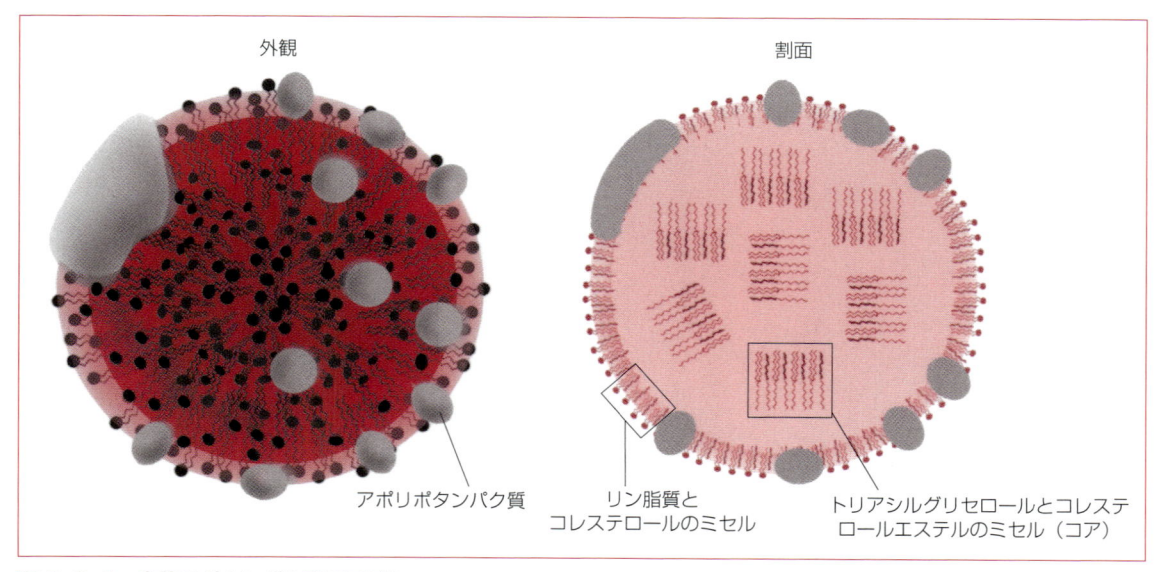

図6-I-1　血漿リポタンパク質のモデル

表6-Ⅰ-1 アポリポタンパク質

タンパク質	遺伝子	遺伝子座	アミノ酸残基数	機能
アポ A				
A-Ⅰ	APOA1	11q23	243	HDL の主なアポタンパク質 LCAT（コレステロールエステル化酵素）の補助因子，組織から肝臓へのコレステロールの還流
A-Ⅱ	APOA2	1q21	77	HDL の安定化，HDL の代謝に影響
A-Ⅳ	APOA4	11q23	376	HDL とキロミクロンの主なアポタンパク質
A-Ⅴ	APOA5	11q23	343	主に HDL に存在し，VLDL にも存在　リポタンパク質リパーゼの活性化
アポ B	APOB	2p24	4,563	B100（全長）] LDL の主なアポタンパク
			2,152	B48　同一遺伝子から RNA エディティング（CAA → UAA）で生じるキロミクロンの主なアポタンパク質。["早すぎる翻訳終了"] の例
アポ C				
C-Ⅰ	APOC1	19q13.2	83	中性脂質（コレステロールエステル，トリアシルグリセロール）のリポタンパク質間の転送を阻害
C-Ⅱ	APOC2	19q13.2	79	VLDL の成分。リポタンパク質リパーゼを活性化
C-Ⅲ	APOC3	11q23.1	79	VLDL の成分。リポタンパク質リパーゼを抑制
C-Ⅳ	APOC4	19q13.2	101	通常ほとんど発現しない。
アポ E	APOE	19q13.2	299	E2，E3，E4 のアイソフォームがある LDL 受容体・レムナント受容体への結合を媒介。肝性トリグリセリドリパーゼの活性化（IDL の LDL への異化）

注：染色体部位 11q23 と 19q13.2 はアポリポタンパク質遺伝子クラスター部位である。

のアポリポタンパク質は比較的小さい（表6-Ⅰ-1）。また，アポリポタンパク質の中には，その遺伝子が染色体上で**クラスター**を作っているものがある（図6-Ⅰ-2）。

リポタンパク質は本来，水に不溶性の脂質を細胞から細胞へ運ぶ主な形である。VLDL が肝臓で合成されたトリアシルグリセロールを組織（脂肪組織など）に運搬することについては第4章でも述べた。HDL のコレステロールエステルは遊離コレステロールが酵素**レシチン-コレステロール アシルトランスフェラーゼ** lecithin-cholesterol acyltransferase（LCAT）（**ホスファチジルコリン-ステロール アシルトランスフェラーゼ** phosphatidylcholine-sterol acyltransferase）によってエステル化されたものである（図6-Ⅰ-3）。LCAT は肝で作られ HDL とともに組織を循環し，組織のコレステロールをエステル化して HDL のコアに取り込み，肝に持ち帰る（**コレステロール逆転送**）。LDL と同じく HDL も血中コレステロールの運搬体であるが，前者が動脈硬化と正の相関を示すのに対し，後者は負の相関を示す。コレステロールをエ

図6-Ⅰ-2 **染色体 11 におけるアポリポタンパク質遺伝子クラスター**
染色体 19 にも C-Ⅰ，C-Ⅱ，C-Ⅳ，E の遺伝子クラスターがある。

ステル化する酵素は HDL の LCAT だけではない。細胞の小胞体腔には，**ACAT-1**（ステロール O-アシルトランスフェラーゼ，遺伝子名 *SOAT1*）がある。マクロファージや平滑筋内のコレステロールエステルの蓄積は動脈硬化の初期病変だとされる。

A　リポタンパク質受容体

LDL は血漿の主な**コレステロール運搬リポタンパク質** cholesterol vehicle lipoprotein であり，全組織の細胞（膜）に存在する LDL 受容体を介して細胞内に取り込まれる。LDL とその受容体の複

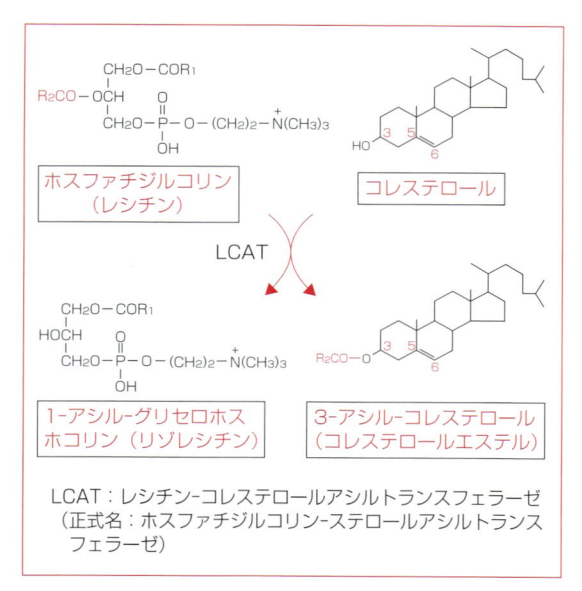

図6-I-3 血中コレステロールエステルの生成

合体は細胞表面の**クラスリン被覆小窩**（ピット）に集まり，エンドサイトーシスで細胞内へ取り込まれる．肝細胞の**LDL受容体**がLDLを取り込むことによってLDL量，ひいては血中コレステロール量が調節されている．細胞内コレステロールが減少するとLDL受容体の発現量が増え細胞内コレステロール濃度が上昇する．コレステロールの合成に関与する調節酵素（**HMG-CoA シンターゼ1** HMG-CoA synthase 1，**HMG-CoA レダクターゼ** HMG-CoA reductase，図6-I-4）の発現を活性化する転写因子**SREBP-2**はまたLDL受容体の発現をも活性化する．最近，SREBP-2以外に細胞のLDL受容体量を調節する因子として注目されている，遺伝子名を*PCSK9*（proprotein convertase subtilisin /kexin type 9）というタンパク質がある．LDLが細胞内小胞で消化されたあとLDL受容体は細胞表面へリサイクルするが，一部のLDL受容体はライソソーム内で分解される．PCSK9はその分解を促進すると考えられている．

細胞内で遊離したLDLのコレステロールは上記のHMG-CoA シンターゼ1とHMG-CoA レダクターゼの発現を抑制することによりコレステロールの合成を低下させる（図6-I-4）．LDL受容体が欠損したり，LDL受容体にLDLが結合するのに必要なLDLのアポBが欠損すると，**家族性高コレステロール血症**（血中LDLコレステロールの増加）の原因になる．PCSK9の発現量が異常に亢進すれば，やはり高コレステロール血症が生じる．

HDLは**SRB1**（スカベンジャー受容体クラスBメンバー1）と呼ばれる膜タンパク質（遺伝子*SCARB1*）に結合する．SRB1はコレステロールの細胞への出入りを遊離形，エステル形を問わず促進する．SRB1は細胞表面の**カベオラ** caveola に

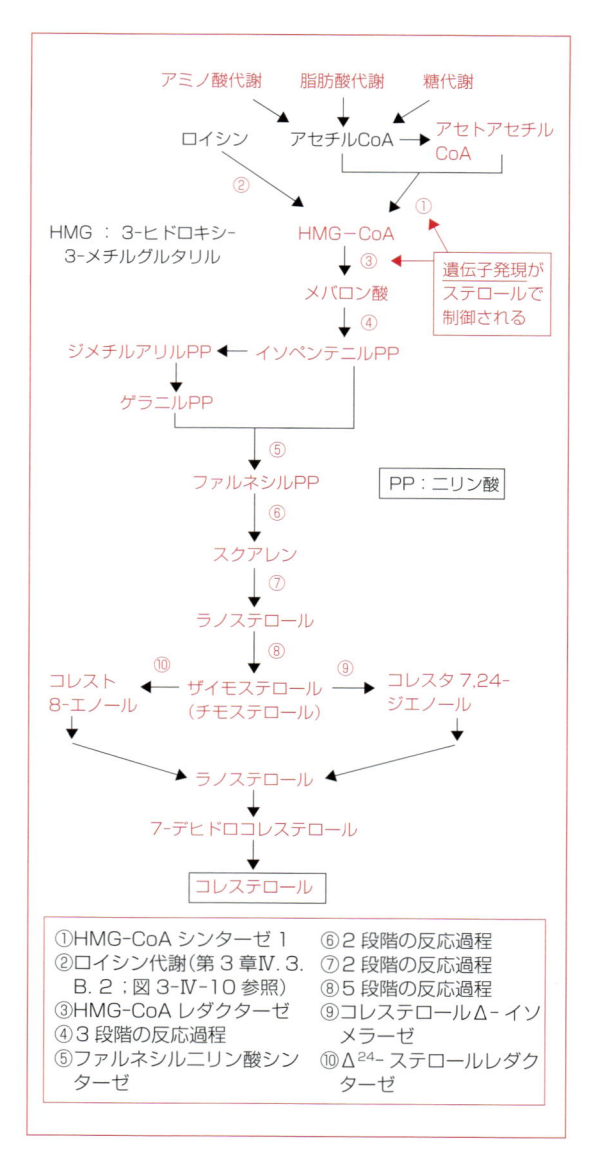

図6-I-4 コレステロールの合成経路と調節部位

①HMG-CoA シンターゼ1
②ロイシン代謝（第3章IV.3.B.2；図3-IV-10参照）
③HMG-CoA レダクターゼ
④3段階の反応過程
⑤ファルネシル二リン酸シンターゼ
⑥2段階の反応過程
⑦2段階の反応過程
⑧5段階の反応過程
⑨コレステロールΔ-イソメラーゼ
⑩Δ24-ステロールレダクターゼ

局在し，リポタンパク質のみならずリン脂質，コレステロールエステル，アポトーシス過程の細胞などに対する受容体でもある。また，SRB1はHCV（C型肝炎ウイルス）のE2タンパク質を結合する。LDL受容体と違ってSRB1はHDLのコレステロールエステルを肝細胞に選択的に取り込むが，HDLのタンパク質成分は取り込まない。

2 凝固と線溶

A 凝固

血液凝固 blood coagulation は大きく見て**止血** hemostasis の第2段階に当たる。第1段階では血管が傷つくと，内皮下のコラーゲンに流血中の**フォン・ウィルブランド因子** von Willebrand factor (**VWF**)が結合する。血中のVWFは多数が重合して巨大なひも状の複合体の形になっている。これがコラーゲンに結合すると，"ねばっこい"網目のようになって血小板を吸着する。**血小板**にはVWFに対する受容体(**GPⅠb/Ⅸ/Ⅴ**：GPは糖タンパク質)がある。血小板はVWFを介して活性化され，**ADP**，**セロトニン**(5-ヒドロキシトリプタミン)，**トロンボキサンA2**あるいは**コラーゲン**などを分泌し，さらに周囲の血小板を活性化する。活性化された血小板は流血中の**フィブリノーゲン** fibrinogen を結合する。

血小板にはフィブリノーゲンを結合する**インテグリン** integrin と呼ばれる膜糖タンパク質がある。インテグリンは一般に細胞と細胞間マトリクス，細胞と細胞の**接着** adhesion に関与する。インテグリンはαサブユニット(インテグリンα)とβサブユニット(インテグリンβ)からなるヘテロ二量体であって，それぞれ複数の種類がある。血小板のものはαが**GPⅡb**(インテグリンα-Ⅱb，遺伝子 *ITGA2B*)，βが**GPⅢa**(インテグリンβ-Ⅲ，遺伝子 *ITGB3*)なので**GPⅡb/Ⅲa**と表される。このインテグリンはVWFとも結合する。このようにして，損傷した血管はそれ自体が収縮するだけでなく損傷部位に**血小板の凝集**が起こり，"やわらかな栓" soft clot を作る。このあと**凝固カスケード** coagulation cascade と呼ばれる連鎖反応が始まって"**強固な栓** hard clot"が形成される。

凝固カスケードではプロテアーゼ〔ことに**セリンプロテアーゼ** serine protease（セリンプロテイナーゼ serine proteinase）〕が主役を演じる。セリンプロテアーゼは活性中心にセリン残基をもつのでその名がある。**凝固セリンプロテアーゼ**は酵素前駆体**チモーゲン** zymogen として血流中に存在する。大きい遺伝子ファミリーに属する酵素で，凝固因子も酵素活性をもつものはこの仲間である。このプロテアーゼの好む作用部位はアルギニンまたはリシン(つまり塩基性アミノ酸)のαカルボニル側である。

プロテアーゼとその補助因子の前駆体タンパク質がプロセシングを受けて活性化する反応とその連鎖が凝固カスケードの本体である(図6-Ⅰ-5)。カスケードの最後の目的はフィブリノーゲンをフィブリンにすることであるが，カスケードの入口は2つあって，1つは**組織因子経路** tissue factor pathway(あるいは**外因性経路** extrinsic pathway)と呼ばれ，他方は**接触活性化経路** contact pathway(あるいは**内因性経路** intrinsic pathway)と呼ばれる。

組織因子経路は**凝固因子Ⅶa** coagulation factor Ⅶa(および**Ⅶ因子**)に**組織因子 TF**(**Ⅲ因子**)が結合することで始まる(図6-Ⅰ-5)。組織因子は形質膜の糖タンパク質であるが，ふだんは血流に露出していない。しかし，血管内皮細胞が何らかの損傷を受けると，Ⅶa因子，膜リン脂質，Ca^{2+}と複合体を作る。この複合体は**凝固因子Ⅸ**と**Ⅹ因子**を活性化する。接触活性化経路は**凝固因子Ⅻ**(**ハーゲマン因子** Hageman factor)の活性化で始まる。前駆体Ⅻ因子は陰性荷電物質と高分子キニノーゲンの存在下に**血漿カリクレイン** kallikrein により活性化され，次に**Ⅺ因子**を活性化する。しかし，Ⅻ因子の欠損者は出血症状をまったく示さないので生理的止血におけるⅫ因子の役割は大きくないと考えられている。

カスケードの締めくくりに**フィブリノーゲンの活性化**(**フィブリンへの転化**)が起こる。フィブリノーゲンには α，β，γ 鎖(遺伝子名 *FGA*，*FGB*，*FGG*)があり，そのヘテロ三量体のペアが

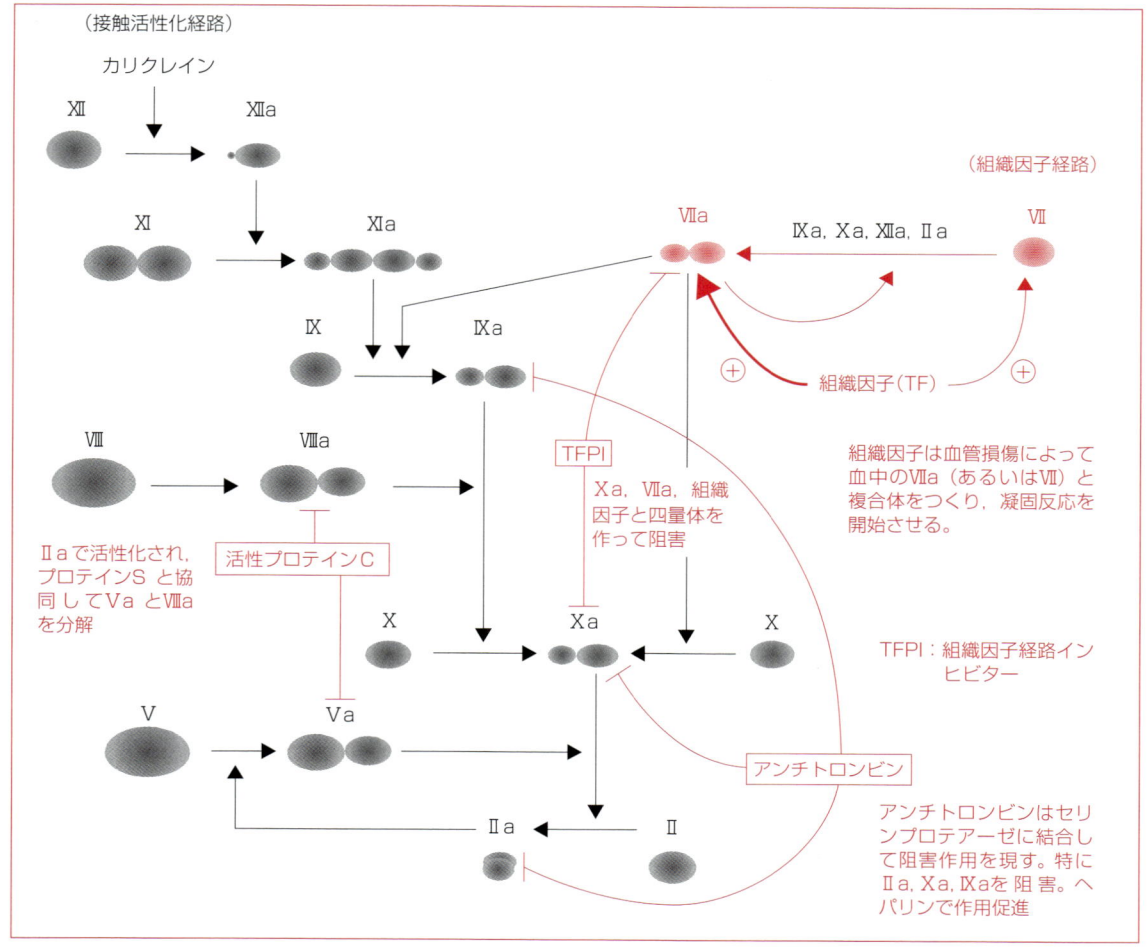

図 6-I-5　凝固カスケード（その 1）
本図における凝固カスケードのゴールはⅡ（プロトロンビン）のⅡa（トロンビン）への転化である。凝固阻害因子は枠で囲んだ。図中のタンパク質因子については表6-I-2参照。

N末端同士で連携して1つの単位として振舞う。αとβのN末端は複合体の中央（**図6-I-6**，のフィブリノーゲンのE）で遊離端を作っていてその先端から**フィブリノペプチドA，B**と呼ばれる部分が**トロンビン（Ⅱa因子）**で切除されると露出した部分はフィブリンのC末端（図6-I-6，フィブリノーゲンのD）の球状の部分と結合しやすくなる。その結果，フィブリンの長い二重糸ができる。その二重糸間の架橋（－CO－NH－）の形成を**ⅩⅢa因子（トランスグルタミナーゼ** transglutaminase）が促進する。反応は片方の**グルタミン酸残基のγ-カルボキシル基**と他方のリシン残基のε-アミノ基の間で起こる。そのようにして，強固な**フィブリン塊** fibrin clot ができあがる。

Ca^{2+} が凝固カスケードに必須であることは組織因子経路の開始点において組織因子，Ⅶa因子，膜リン脂質からなる複合体の形成を Ca^{2+} が媒介することからわかる。Ca^{2+} はⅩⅢ因子（Aサブユニット）の活性化でも必要である。これらのことから，採血などの際に血液の凝固を防ぐ最も簡単な方法は血液試料から Ca^{2+} を除くことである。この目的で**ヘパリン** heparin など Ca^{2+} に対して高親和性をもつ物質が用いられる（**メモ6-I-1**）。

表6-Ⅰ-2 凝固に関係するタンパク質

凝固因子	遺伝子	遺伝子座	アミノ酸残基数	機能，その他
Ⅱ	F2	11p11	579	プロトロンビン。Xa(とVa)によって活性化され，フィブリノーゲンをフィブリンにする（フィブリノペプチドA，Bが遊離する）。
Ⅲ	F3	1p21.3	263	組織因子(TF)。膜糖タンパク質。露出され血中のⅦa(Ⅶの1％)と複合体を作ると，Ⅶaの活性はきわめて大きく増進し，ⅨとXを活性化する。TF：tissue factor
Ⅴ	F5	1q23	2,224	Xaの補助因子
Ⅶ	F7	13q34	444	組織因子経路で組織因子と複合体を形成し，Ⅸ，Xを活性化する。
Ⅷ	F8	Xq28	2,351	Ⅸaの補助因子
Ⅸ	F9	Xq26.3-q27.1	461	XIaまたはⅦaによって活性化され，Ⅷaと協同してXを活性化する。
X	F10	13q34	332	Ⅸa(とⅧa)およびⅦa(と組織因子)によって活性化され，Vaと協同してⅡ(プロトロンビン)を活性化する。
XI	F11	4q35	625	XⅡaあるいはⅡa(トロンビン)で活性化される。組織因子経路のⅦaとともにⅨおよびXを活性化する。
XⅡ	F12	5q33-qter	615	接触活性化経路で最初にカリクレインによって活性化され，XIを活性化する。ハーゲマン因子
XⅢ	F13A1	6p25.3-p24.3	694	Aサブユニット。別名：フィブリン安定化因子。トランスグルタミナーゼ活性
	F13B	1q31-q32.1	641	Bサブユニット
				2つのAサブユニットと2つのBサブユニットからなるヘテロ四量体はⅡaとCa^{2+}によって活性化され，フィブリン分子間に(グルタミン酸)-CO-NH-(リシン)の架橋を作る(トランスグルタミナーゼ活性)。

凝固阻害因子	遺伝子	遺伝子座	アミノ酸残基数	機能，その他
アンチトロンビン(ATⅢ)	SERPINC1	1q29-q25.1	432	正式名：セリン(またはシステイン)ペプチダーゼインヒビター，クレード(clade)C，メンバー1。セリンプロテアーゼ一般(カリクレインを含む)と1：1に結合し活性部位をブロックする。ヘパリンはこの結合を促進する。SERPIN：serine peptidase inhibitor
組織因子経路インヒビター	TFPI	2q32	276	Xa/TFPI/Ⅶa/組織因子の四量体を作ることにより阻害作用を現す。TFPI：tissue factor inhibitor
プロテインC	PROC	2q13-q14	419	ビタミンK-依存性プロテインC(別名：抗凝固プロテインC)。Ⅱa(トロンビン)とトロンボモジュリンによって活性化され，Ca^{2+}とリン脂質存在下にVa，Ⅷaを不活性化(分解)する。PROC：protein C
プロテインS	PROS1	3q11.2	635	ビタミンK-依存性プロテインS。活性化プロテインCの補因子。PROS：(vitamin-dependent)protein S
トロンボモジュリン	THRM/THBD	20p11.2	557	Ⅱaと結合しプロテインCを活性化する。THRM：thrombomodulin

凝固因子Ⅱ，Ⅶ，Ⅸ，X，プロテインC，プロテインSはビタミンK依存性である。ビタミンKについては図6-Ⅱ-3参照。

B 線溶

生体は必ずといっていいほど1つの過程に対して相反する過程を設け，相互のバランスをとる。凝固に対抗する過程は**線溶**（**線維素溶解** fibrinolysis）である。線溶とはフィブリンを溶解することである（図6-Ⅰ-7，表6-Ⅰ-3）。この反応を触媒する酵素は**プラスミン** plasminであるが，これもセリンプロテアーゼの仲間である。そしてやはり，酵素前駆体として血漿中に存在しフィブリン塊の中へ浸透する。そこで2つの酵素によってプラスミンに活性化される。1つは**組織プラスミノーゲンアクチベーター** tissue-type plasminogen activator（**tPA**）で，他は**ウロキナーゼ** urokinase〔urokinase-type plasminogen activator（**uPA**）〕である。この活性化はプラスミノーゲンアクチベー

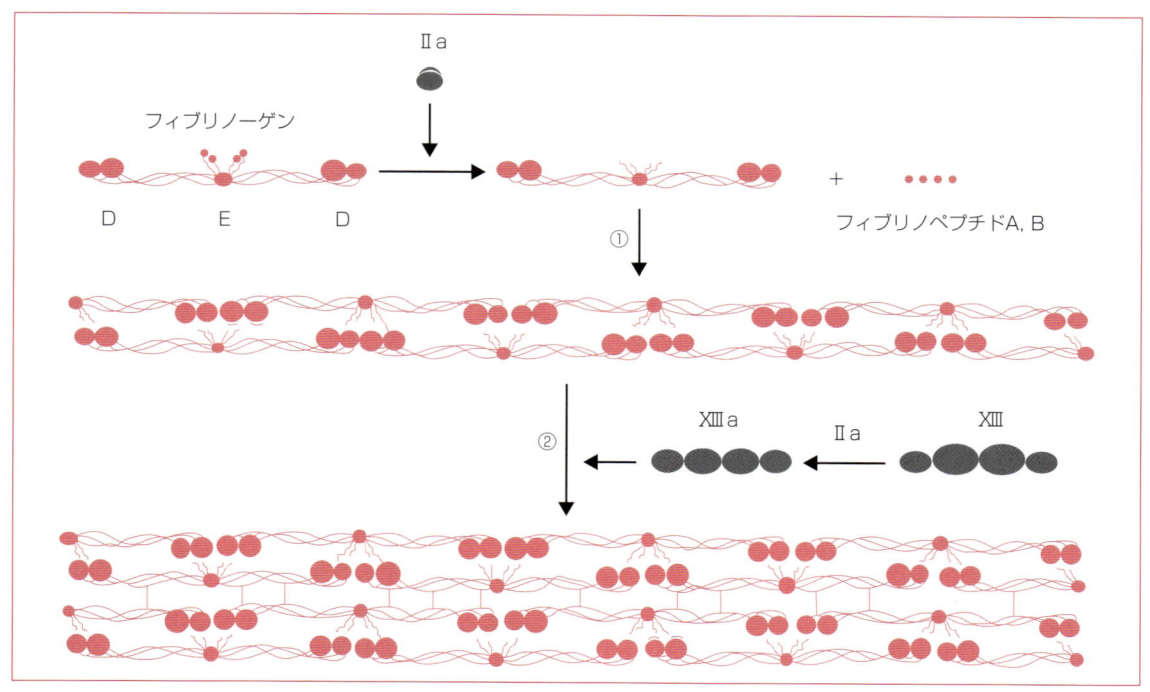

図 6-Ⅰ-6　凝固カスケード（その 2）
凝固カスケードの後半は①トロンビン（Ⅱa）によるフィブリノーゲンのプロセシングと二重糸の生成，さらに②トランスグルタミナーゼ（ⅩⅢa）による二重糸間の架橋，つまりフィブリンクロットの生成である。

ターインヒビター 1, 2 plasminogen activator inhibitor-1, -2（PAI-1, PAI-2）で阻害される。

活性化プラスミンの活性を阻害する因子に**α2-アンチプラスミン** α2-antiplasmin と **α2-マクログロブリン** α2-macroglobulin がある。さらに，プラスミンの基質であるフィブリンに働いてその C 末端からプラスミンの結合に必要なリシン残基を取り除くことにより，分解を妨げるものに**カルボキシペプチダーゼ B2** carboxypeptidase B2 がある。この酵素はトロンビンによって活性化されるので**トロンビン活性化線溶インヒビター** thrombin-activatable fibrinolysis inhibitor（TAFI）とも呼ばれる。

3　ヘムの合成と分解（ポルフィリン代謝）

A　ヘムの合成

これまで本書で**ヘム** heme という物質を取り上げたのは，ミトコンドリアの呼吸鎖について述べた際である（第 3 章Ⅵ.2）。きわめて大ざっぱにいえばヘムは分子の中央に鉄イオンをもつ四角形の平面的な有機化合物である。この鉄イオンが 3 価（Fe^{3+}）⇔ 2 価（Fe^{2+}）の変化（電子のやりとり）を行うことによって呼吸鎖における電子伝達の役割を果たしている。呼吸鎖を電子伝達鎖とも呼ぶ理由である。ヘムを結合したタンパク質を**ヘムタンパク質** hemeprotein と呼ぶが，呼吸鎖のそれはシトクロムと呼ばれる。ヘムタンパク質はこの他に酸素を運ぶ**ヘモグロビン** hemoglobin や**ミオグロビン** myoglobin，ステロイド合成の酸化還元反応に関与する**シトクロム P450** などがある。

ここではヘムの合成と分解を学ぶ。ヘムの分解は臨床化学との接点領域である。鉄を除いたヘム部分は**ポルフィリン** porphyrin と呼ばれる。ポルフィリンの合成は**グリシンとスクシニル CoA の縮合**で始まる（図 6-Ⅰ-8）。グリシンは食物から，タンパク質の分解から，アミノ酸（トレオニン，

メモ 6-I-1　凝固防止におけるヘパリンの作用

ヘパリンはCa²⁺を奪うことによって凝固因子の活性を阻害する。

細胞内Ca²⁺が上昇することにより膜に変化が起こり膜表面に凝固因子の複合体が構築され，高い活性が得られる。

ヘパリンにCa²⁺が奪われる

ヘパリンにCa²⁺が奪われると膜表面に複合体が構築されない。

ヘパリンはアンチトロンビンと凝固因子の結合を促進することによって凝固因子の活性を阻害する。

アンチトロンビンと凝固因子の結合がヘパリンの共存によって何倍促進されるか。

凝固因子	倍
IIa	2,000〜4,000
Xa	1,000,000
IXa	500〜1,000

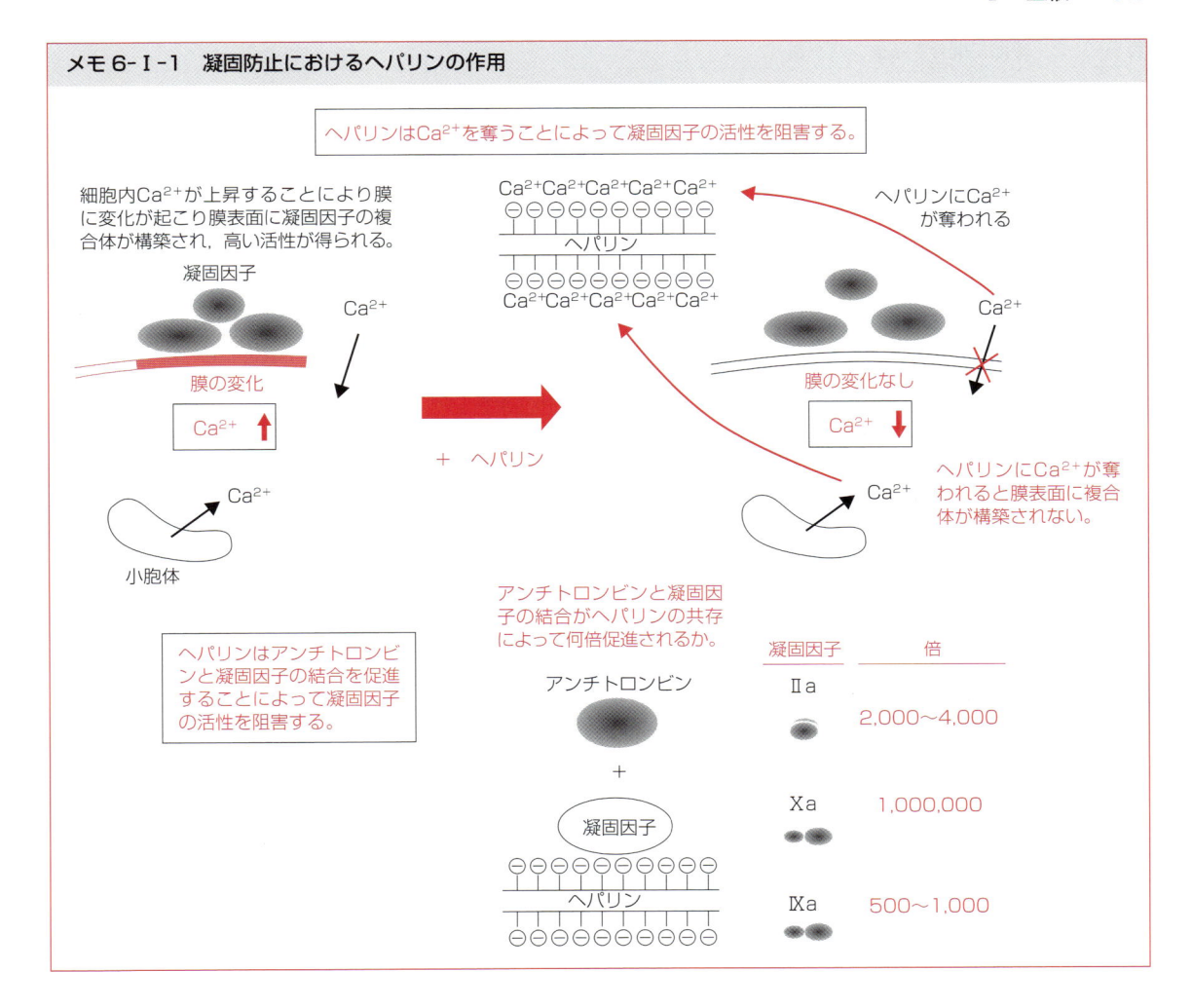

セリン)の分解から得られ(第3章Ⅳ)，スクシニルCoAは共通の酸化経路であるクエン酸回路から得られる(第3章Ⅵ)。生じる化合物は **δ-アミノレブリン酸** δ-aminolevulinate (5-アミノレブリン酸)である。ポルフィリン合成経路の最初の生成物といえる。この反応はミトコンドリアの中で起こる(ポルフィリンの代謝はミトコンドリアとサイトゾルの両方にまたがっている)。

炭素数5のアミノレブリン酸が2分子縮合して**ポルホビリノーゲン** porphobilinogen が生じるがここではじめてヘム(ポルフィリン)に特徴的な，**ピロール核** pyrrole nucleus が作られることに注目したい。ポルホビリノーゲンは次に4分子が縮合して**ヒドロキシメチルビラン** hydroxymethylbilane という物質になる。ここまではまだ鎖状の構造を

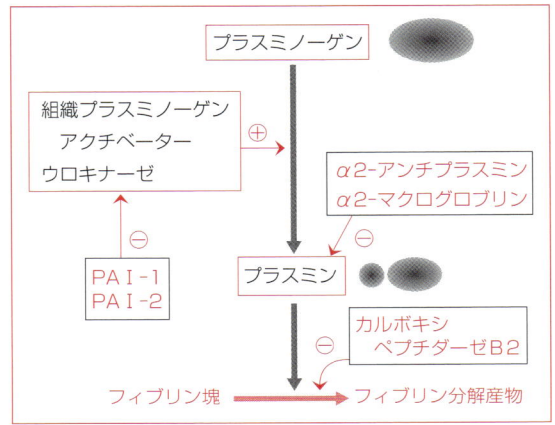

図 6-I-7　線溶の機構
タンパク質については表6-I-3参照。

表6-I-3 線溶に関与するタンパク質

タンパク質	遺伝子	遺伝子座	アミノ酸残基数	機能，その他
プラスミノーゲン	PLG	6q26	810	プラスミノーゲンアクチベーターの作用で活性プラスミンとなる。プラスミンはフィブリンのLys|-およびArg|-を切断する。
組織プラスミノーゲンアクチベーター（tPA）	PLAT	8p12	562	プラスミノーゲンの560Arg|561Valを切断する。アミノ酸残基数は前駆体のものである。
ウロキナーゼ（uPA）	PLAU	10q24	431	作用はtPAに同じ。アミノ酸残基数は前駆体のものである。
プラスミノーゲンアクチベーターインヒビター1	PAI1/SERPINE1	7q21.3	402	uPAとtPAに対する主な阻害因子
プラスミノーゲンアクチベーターインヒビター2	SERPINB2/PAI2	18q21.3	415	uPAを阻害する。
α-2-アンチプラスミン	SERPINF2	17p13	491	α-2-プラスミンインヒビター プラスミン（とトリプシン）を阻害
α-2-マクログロブリン	A2M	12p13.1	353	分子トラッピング（わなかけ）によってプロテアーゼをとらえる。前駆体のアミノ酸残基数1,474
カルボキシペプチダーゼB2	CPB2	13q14.11	360	トロンビン活性化線溶インヒビター，TAFI フィブリンのC末端からプラスミノーゲンの結合に重要なリシン残基を除く。

している。次の反応で環が閉じ，脱炭酸を2回，脱水を1回受けた後，**2価鉄** bivalent iron を分子の中央に取り込むとヘム（**プロトヘムまたはヘムB**と呼ばれる）が生じる。呼吸鎖の**シトクロム** b，赤血球の**ヘモグロビン**のヘムはこのプロトヘムである。

B ヘムの分解

ヘムの分解の第1段階は**ヘムオキシゲナーゼ** heme oxygenase による鉄イオンの取り外しと2個の酸素原子の導入（それによる開環），1分子の**一酸化炭素**の生成である（図6-I-9）。われわれの体内で一酸化炭素が生成する反応はめずらしい。一酸化炭素は猛毒である（ヘモグロビンやシトクロム aa_3 と高い親和性で結合し酸素との反応を阻害する）。しかし，代謝されるヘム1分子に対して1分子のCOであるから，局所的かつ微量である。このCOは毒作用よりむしろ細菌感染による細胞傷害に対して対抗的に働いたり，血管弛緩作用を有するという。

開環したヘムは**ビリベルジン** biliverdin となり，ビリベルジンは還元されて**ビリルビン** bilirubin となる。ビリルビンは酸化ストレスに対する有効な還元剤である。ビリルビンはグルクロン酸とエステル結合し（**グルクロン酸抱合**），総胆管を経て腸管内に排泄される。大腸菌の作用で生じた**ウロビリノーゲン** urobilinogen の一部は再吸収される。血中のビリルビンが増加した場合，**黄疸** jaundice（icterus）を呈する。

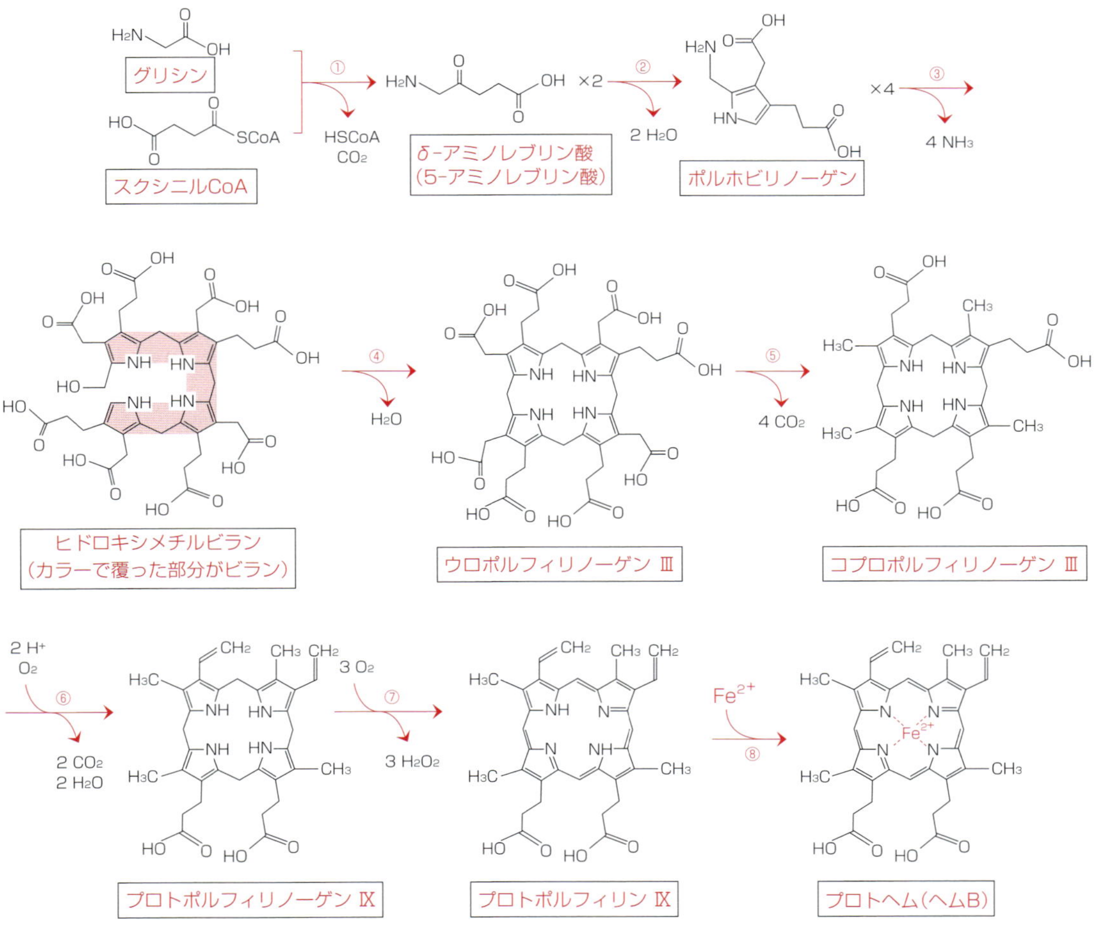

酵素	遺伝子	遺伝子座	細胞内局在	付記
① 5-アミノレブリン酸シンターゼI	ALAS1	3p21.1	M	調節酵素
② 5-アミノレブリン酸デヒドラターゼ	ALAD	9q33.1	C	
③ ヒドロキシメチルビランシンターゼ	HMBS	11q23.3	C	調節酵素
④ ウロポルフィリノーゲンIIIシンターゼ	UROS	10q25.2-q26.3	C	
⑤ ウロポルフィリノーゲンデカルボキシラーゼ	UROD	1p34	C	
⑥ コプロポルフィリノーゲンオキシダーゼ	CPO(X)	3q12	M	
⑦ プロトポルフィリノーゲンオキシダーゼ	PROX	1q22	M	
⑧ フェロケラターゼ	FECH	18q21.3	M	

M ミトコンドリア, C サイトゾル

図6-I-8 ヘムの合成

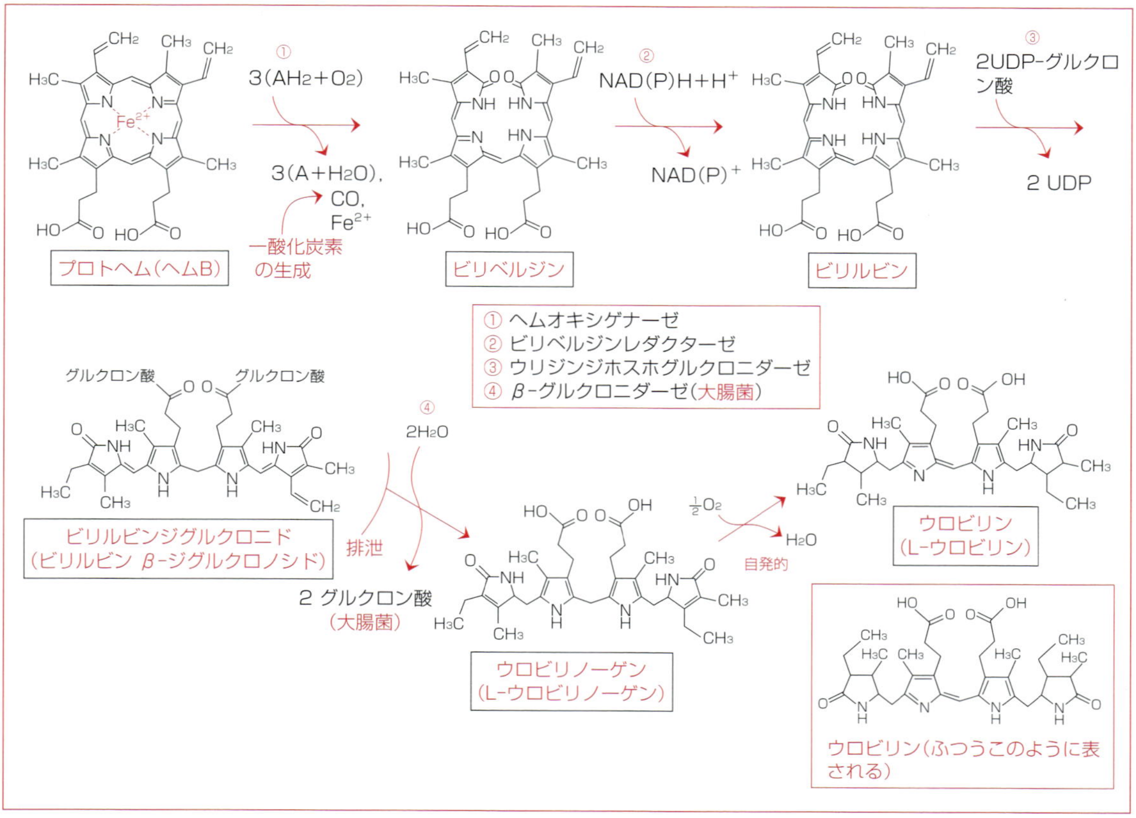

プロトヘム（ヘムB）
①
3(AH2+O2)
3(A+H2O),
CO,
Fe2+
一酸化炭素の生成
ビリベルジン
②
NAD(P)H+H+
NAD(P)+
ビリルビン
③
2UDP-グルクロン酸
2 UDP
① ヘムオキシゲナーゼ
② ビリベルジンレダクターゼ
③ ウリジンジホスホグルクロニダーゼ
④ β-グルクロニダーゼ（大腸菌）
グルクロン酸
ビリルビンジグルクロニド
（ビリルビン β-ジグルクロノシド）
排泄
④
2H2O
2 グルクロン酸
（大腸菌）
ウロビリノーゲン
（L-ウロビリノーゲン）
½O2
H2O
自発的
ウロビリン
（L-ウロビリン）
ウロビリン（ふつうこのように表される）

図 6-Ⅰ-9　ヘムの分解

II 細胞性ストレス

1 酸化ストレス

A 活性酸素種の生成と作用

反応性の高い酸素分子についてこれまでも少しは触れてきたが，ここである程度まとめてみよう。**活性酸素種**は英語では reactive oxygen species (**ROS**) である。われわれに関係のある ROS には**スーパーオキシドアニオン** superoxide anion ($O_2\bullet$)，**過酸化水素** (H_2O_2)，**ヒドロキシルラジカル** hydroxyl radical ($\bullet OH$) などがある（**メモ 6-II-1**）。ラジカルとは**フリーラジカル** free radical（遊離基）のことで，不対電子をもつ分子である。中性分子の外殻に外から電子1個が加わったものを**アニオンラジカル** anion radical といい，電子1個を失ったものを**カチオンラジカル** cation radical という。ラジカルは不安定で反応性に富む。

スーパーオキシドアニオンはミトコンドリアの電子伝達の副産物として生じる（**図 6-II-1**）。とくに呼吸鎖の複合体Ⅲがその発生部位だと考えられている。細胞内では過酸化水素＞スーパーオキシドアニオン≫ヒドロキシルラジカルの順に少ない。中でも，ヒドロキシルラジカルはきわめて低濃度でしか存在しないが，反応性は最も高い。

活性酸素種はミトコンドリア以外に**食細胞**などの形質膜に存在する **NADPH オキシダーゼ**の作用でも生じる。これらの NADPH オキシダーゼの遺伝子は NADPH oxidase の頭文字をとって **NOX** と総称されているが，現在 NOX1 から NOX5 まで知られている（**表 6-II-1**）。遺伝子 NOX2 の発現産物であるのに NADPH オキシダーゼ2とは呼ばれずに**シトクロム b-245 重鎖** cytochrome b-245 heavy chain（このタンパク質にはいくつも別名がある）と呼ばれている NADPH オキシダーゼを代表として取り上げると，このタンパク質は分子の

メモ 6-II-1　活性酸素種（ROS）

$O_2\bullet$	スーパーオキシドアニオン superoxide anion
H_2O_2	過酸化水素 hydrogen peroxide
$\bullet OH$	ヒドロキシルラジカル hydroxyl radical
$ROO\bullet$	ペルオキシラジカル peroxy radical
$ROOH$	有機ヒドロペルオキシド organic hydroperoxide
$RO\bullet$	アルコキシラジカル alkoxy radical

中央から大まかに2つの部分に分けられる。N末端側の半分は8回膜を貫通するタンパク質で，この部分に2個のヘム分子が結合し，C末端側の部分は全体が細胞内にあって，この部分に **FAD** の結合部位がある。反応機構は FAD が基質によって還元されて $FADH_2$ となり，（細胞内）$FADH_2$ → ヘム（膜内）→ 酸素分子（細胞外）と1電子ずつ伝達され，最後にスーパーオキシドアニオン $O_2\bullet$ が生じるものと思われる。この反応には**シトクロム b-245 軽鎖**が協働することが必要とされる。この軽鎖は他のいくつかの NADPH オキシダーゼとも協働する。

活性酸素種は身体のためにいいことだけではなく，有害作用をも示す。例えば，細胞の **DNA** は常に紫外線，電離放射線や有害物質などとともに活性酸素種の侵襲にさらされている。活性酸素種（そのヒドロキシルラジカル）は DNA に作用して塩基を酸化したり，脱塩基化を起こしたりする（第5章Ⅱ.2参照）。

B 活性酸素種の消去

生体は活性酸素種が増えすぎないようにする機構をもっている。それは**抗酸化物質** antioxidant による活性酸素種の補足や酵素反応による消去である。抗酸化物質には**ビタミン A, C, E**（**図 6-II-3**）や**グルタチオン**などの低分子から，**チオレドキシン** thioredoxin のような高分子まである。消去酵素の代表的なものには**スーパーオキシドジスムターゼ1と2** superoxide dismutase 1, 2（**SOD1, 2**）や**カタラーゼ**がある（**図 6-II-2**，**表 6-II-2**）。ジスムターゼ dismutase は**不均化酵素**と訳される。活性酸素種を消去する酵素はこの他にもいくつか存在し，その細胞内局在もさまざまである。

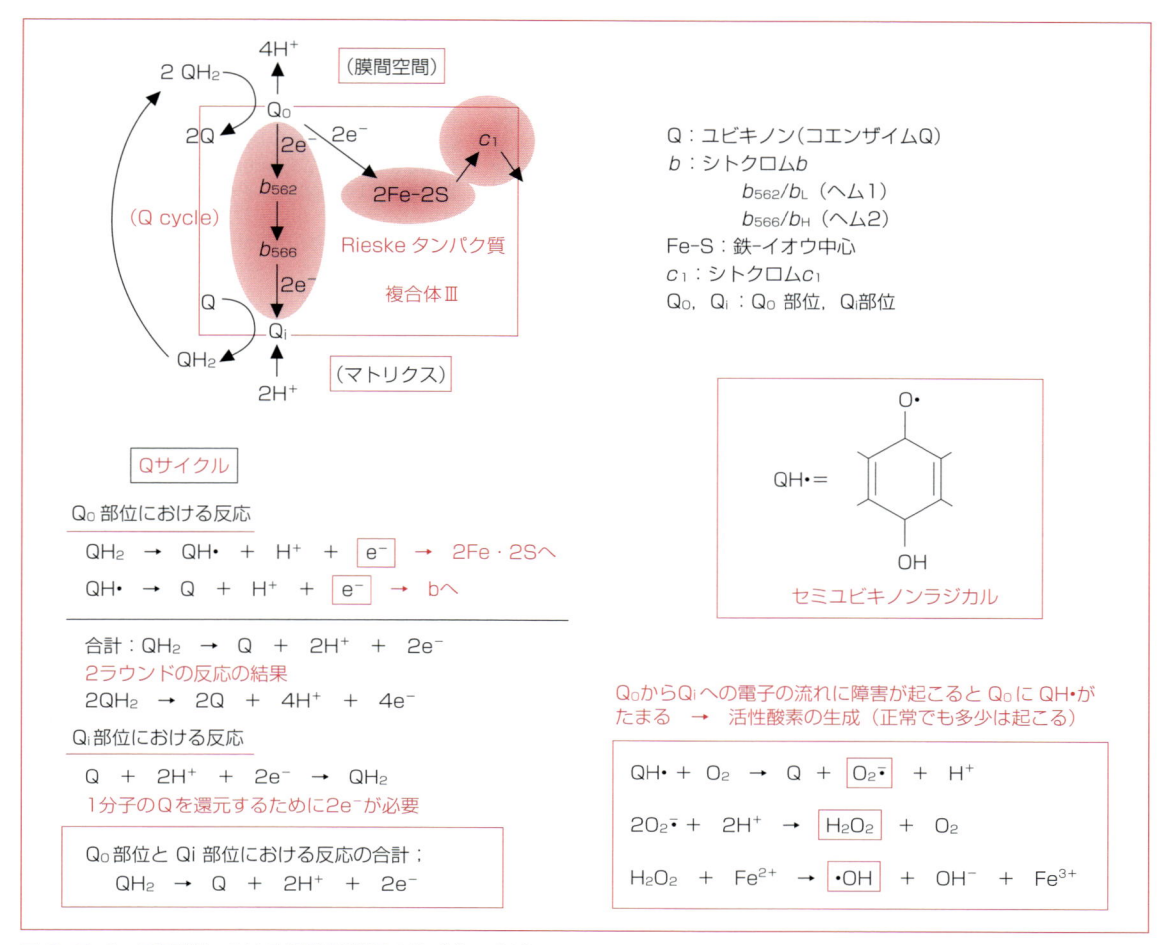

図 6-II-1　呼吸鎖における活性酸素種の生成（モデル）

呼吸鎖複合体IIIは複合体Iあるいは II によって生じたユビキノール ubiquinol (QH_2) を基質として反応：$QH_2 = Q + 2H^+ + 2e^-$ を実行する。中間体としてセミキノン（$QH\cdot$），副産物としてスーパーオキシドアニオン（O_2^-），過酸化水素（H_2O_2），ヒドロキシルラジカル（$\cdot OH$）が生じる。複合体IIIの主な成分はシトクロム b，シトクロム c_1，Rieske タンパク質である。シトクロム b には 2 個のヘム（ヘム 1，ヘム 2）がある。b_{562}，b_{566} はヘム 1，ヘム 2 に対応する吸収光の波長（nm）を示すシトクロム b で，b_L，b_H とも表される（L：low potential，H：high potential）。Rieske タンパク質は正確には Rieske 鉄-イオウタンパク質というように，活性中心に 2Fe-2S をもつ。ユビキノンは膜脂質の中を自由に拡散する集団 pool として存在するという知見に基づいて **Q サイクル**という考え方がある。ミトコンドリア内膜の外側（Q_o 部位）で 2 分子の QH_2 が酸化されて $4H^+$ を膜外に放出し，$2e^-$ を Rieske タンパク質の 2Fe-2S 活性中心に，$2e^-$ をシトクロム b のヘム 1（b_{562}）に送り込む。後者はヘム 2（b_{566}）を経て，内膜の内表（Q_i 部位）に達し，そこでマトリクスの $2H^+$ と合流して 1 分子の Q を還元する。還元された Q（QH_2）は Q pool に再参入する。

2　小胞体ストレス

A　アンフォールデッド・プロテイン・レスポンスとERオーバーロード・レスポンス

細胞内小胞体（第 1 章 I.3 参照）は mRNA の運ぶ遺伝情報の翻訳，翻訳後のプロセシング，糖鎖付加などによるタンパク質分子の熟成，ステロイドを含む各種脂質分子の合成，また RNA とタンパク質その他の分子の積極的な分解への部分的関与など細胞の生命活動の主要な舞台である。細胞の動的・静的ホメオスタシスを大幅に変更させるような事態が生じたとき小胞体活動はそれに対して急速な対応を迫られる。そのような状況を**小胞体ストレス** endoplasmic reticulum stress（**ER ストレ**

表 6-Ⅱ-1 形質膜の NADPH オキシダーゼ

遺伝子/別名	タンパク質/別名	機能（組織）	アミノ酸残基数
MOX1 MOX1 NOH1	NADPH オキシダーゼ 1 NOX-1/MOX-1/NOH-1 mitogenic oxidase-1	単独では H⁺ チャネル NOXO1，NOXA1 の協働でオキシダーゼ活性発現（大腸，子宮）	564
CYBB NOX2	シトクロム b-245 重鎖 シトクロ b558 サブユニット β NADPH オキシダーゼ 2 gp91-phox/gp91-1	シトクロ b-245 軽鎖と協働でオキシダーゼ活性発現（H⁺チャネル活性もある）	570
CYBA	シトクロム b-245 軽鎖 シトクロ b558 サブユニット α p22-phox	NOX1，CYBB，NOX3，NOX4 と結合してオキシダーゼ活性発現補助	195
NOX3 MOX2	NADPH オキシダーゼ 3 mitogenic oxidase-2 MOX-2/GP91-3	シトクロ b-245 軽鎖と結合して構成的オキシダーゼ活性を発揮	568
NOX4 RENOX	NADPH オキシダーゼ 4 腎臓オキシダーゼ-1/KOX-1	シトクロ b-245 軽鎖が協働してオキシダーゼ活性（腎臓遠位尿細管ほか）	578
NOX5	NADPH オキシダーゼ 5	Ca²⁺ 依存性 NADPH オキシダーゼ（精巣，リンパ節）	765
NOXA1 P51NOX	NADPH オキシダーゼアクチベーター 1 NOX アクチベーター 1/P51-nox	NOX1，NOX2，NOX3 の活性化	476
NOXO1 P41NOX	NADPH オキシダーゼオーガナイザー 1 NADPH オキシダーゼ調節タンパク質	NOX1，NOX3 の活性化 （精巣，腸管，肝臓，腎臓）	376

ス ER stress）と呼ぶ。ER ストレスの実体はそのような細胞の異常事態を核に伝える機構であり，事態への対応に必要な遺伝子の活性化を図ることである。

ER ストレスの現れ方には大きく分けて 2 つある。1 つは**アンフォールデッド・プロテイン・レスポンス** unfolded protein response（UPR）（直訳すれば，"折りたたまれざるタンパク質応答"）と呼ばれ，他は **ER オーバーロード・レスポンス** ER overload response（EOR）（直訳すれば，"ER 超過積載応答"）と呼ばれる。両者を完全に区別することはできないが，前者は適切に折りたたまれなかったタンパク質つまり**折りたたみ不全タンパク質**が蓄積したことによって引き起こされ（図6-Ⅱ-4），後者はウイルス感染などが原因で多量のタンパク質の合成が短時間に起こり，細胞のタンパク質輸送機構がパンクした状態であるということができる。

ER ストレスを解消するには，① ER 自体を増やす，②蓄積した折りたたみ不全タンパク質を再生するか分解する，③タンパク質（ポリペプチド）の合成を抑える，の 3 つの方法がある。

スーパーオキシドジスムターゼ：
$$2H^+ + 2O_2^- \rightarrow O_2 + H_2O_2$$

カタラーゼ：
$$2H_2O_2 \rightarrow O_2 + 2H_2O$$

ペルオキシレドキシン：
$$R_1\!\!<\!\!^{SH}_{SH} + R_2OOH \rightarrow R_1\!\!<\!\!^{S}_{S} + H_2O + R_2OH$$

$$R_1\!\!<\!\!^{SH}_{SH} \text{ の例 } = \text{チオレドキシン}$$

チオレドキシン（TXN）は 104 アミノ酸残基のタンパク質で保存性の高い -Cys-Gly-Pro-Cys- という配列の 2 つのシステインが酸化（-S-S-），還元（-SH HS-）を繰り返すことで活性基として機能する。酸化型は NADPH とチオレドキシン還元酵素によって還元される。チオレドキシンは他の活性酸素種をも消去する。

グルタチオンペルオキシダーゼ：
$$2GSH + H_2O_2 \rightarrow GSSG + 2H_2O$$
$$2GSH + ROOH \rightarrow GSSG + H_2O + ROH$$

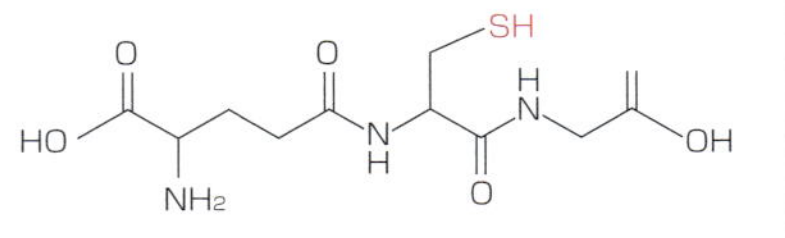

GSH = グルタチオン

図 6-Ⅱ-2 活性酸素種を消去する酵素反応
図中のタンパク質については表 6-Ⅱ-2 参照。

表6-Ⅱ-2　活性酸素種を消去する酵素

酵素		遺伝子	遺伝子座	アミノ酸残基数	細胞内局在	活性部位		その他
スーパーオキシドジスムターゼ	1	SOD1	21q22.11	153	サイトゾル	Cu Zn	二量体	ALS1の原因遺伝子
	2	SOD2	6q25.3	198	ミトコンドリア	Mn	四量体	
	3	SOD3	4p15.3-p15.1	222	細胞外	Cu Zn	四量体	
カタラーゼ		CAT	11p13	526	ペルオキシソーム	ヘム	四量体	
ペルオキシレドキシン	1	PRDX1	1p34.1	199	サイトゾル	Cys-52* Cys-173	二量体	分子内にチオレドキシンを含む。
	2	PRDX2	19p13.2	197	サイトゾル	Cys-51 Cys-172		
	3	PRDX3	10q25-q26	194	ミトコンドリア	Cys-108 Cys-229		
	4	PRDX4	Xp22.11	234	サイトゾル	Cys-124 Cys-245		
	5	PRDX5	11q13	162	ペルオキシソーム	Cys-SOH-100**	単量体	
	6	PRDX6	1q25.1	223	サイトゾル，血漿	Cys-SOH-47	四量体	
グルタチオンペルオキシダーゼ	1	GPX1	3p21.3	203	サイトゾル（赤血球）	Se-Cys-49***	四量体（GSHPx-1）	
	2	GPX2	14q24.1	190	サイトゾル	Se-Cys-40	四量体（GPRP-2）肝臓，消化管	
	3	GPX3	5q23	206	血漿	Se-Cys-73	四量体（細胞外グルタチオンペルオキシダーゼ）	
	4	GPX4	19p13.3	197+	ミトコンドリア，サイトゾル	Se-Cys-73	四量体（MCSP）精巣	

*数字は（プロセシング以前のN末端からの）システイン残基の番号（以下同様）。**システインスルフェン酸 cysteine sulfenic acid（Cys-S[=O]OH）。***セレノシステイン（5章Ⅰ.4.E.1；メモ5-Ⅰ-2参照）。反応については図6-Ⅱ-2を参照。

　ERストレスを時間経過で見ると，まず起こるのが翻訳の抑制ないし停止である。これは小胞体にかかる負担を少しでも軽くしようとする細胞行動である。エネルギー代謝の制御（第4章Ⅱ.2.C.3）で見たように，細胞のエネルギーが枯渇したとき（**代謝ストレス**），**AMPK**がエネルギーを必要とする代謝を一時的に止めてしまうのと似ている。ここで翻訳を停止させるのは翻訳開始因子 eIF2（のαサブユニット）のリン酸化による抑制である。リン酸化 eIF2 は mRNA とリボソームに結合できなくなり，翻訳開始複合体（第5章Ⅰ.4.B.2，図5-Ⅰ-14）の形成不全を起こす。

　ストレス後の初期段階がすぎると，ERストレスは回復期に入り，一部の翻訳・転写が活発化する。中でも活発化するのは**分子シャペロン**（第5章Ⅰ.4.D.2参照）と呼ばれるタンパク質分子の発現である。これは，まだ折りたたまれていないか，正しく折りたたまれていないタンパク質を正しい形態に誘導するために必要な因子である。シャペロンはふだんから発現しており翻訳で生じた（生まれたての）ポリペプチドが正しい形態をとる介添えをしている。

　ストレスに敏感に応答するタンパク質を一般に**ストレスタンパク質** stress protein と呼ぶ。シャペロンや AMPK もその1種である。もともとストレスタンパク質の概念は**熱ショック**に対応するタンパク質の存在から生まれた。したがって，それらはもとは**熱ショックタンパク質**（**HSP**）と呼ばれていた。熱ショックタンパク質は巨大なタンパク質群であって，いくつかのファミリーからな

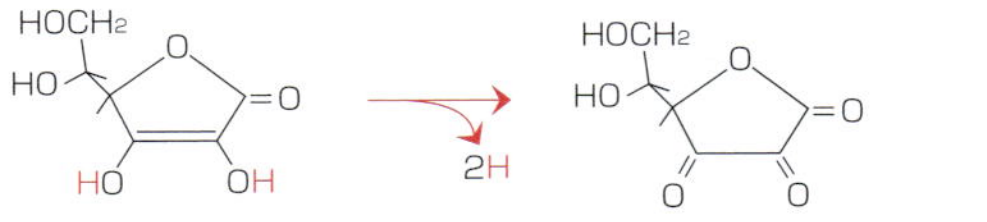

アスコルビン酸(ビタミンC)　デヒドロアスコルビン酸

ビタミンCは6炭素をもつ糖の仲間である。抗壊血病作用 anti-scorbutic activity をもつことからアスコルビン酸 ascorbic acid と呼ばれる。還元作用をもち，酸化形はデヒドロ(脱水素)アスコルビン酸と呼ばれる。

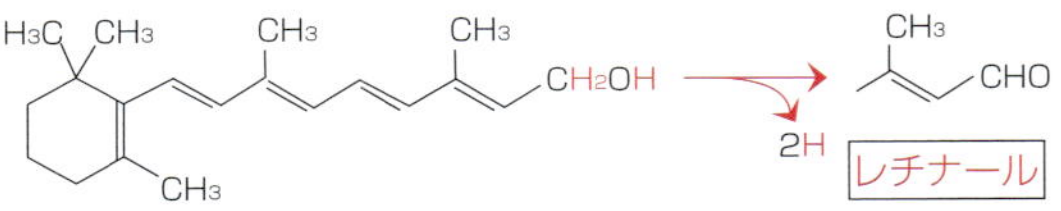

all-trans-レチノール(ビタミンA)

ビタミンAは化学名をレチノールretinolという。欠乏症は夜盲症。側鎖のアルコール基が酸化されてアルデヒドになるとレチナールretinal と呼ばれる。さらに酸化されてカルボン酸になるとレチノイン酸retinoic acidと呼ばれる。ロドプシンに結合したレチナールの側鎖は光刺激により 11-cis から all-trans になって遊離する。

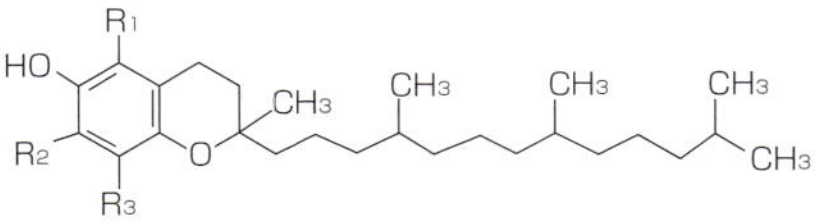

トコフェロール(ビタミンE)

ビタミンEは化学名をトコフェロール tocopherol という。抗不妊作用。主要な作用は抗酸化作用（芳香核の OH 基）。α-トコフェロールでは R1＝R2＝R3＝CH3。

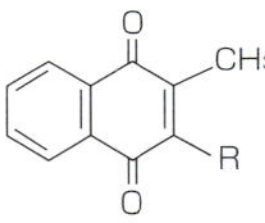

ビタミンK1

ビタミン K_1 はフィロキノン（ビタミンKはキノン quinone である）と呼ばれ，緑葉に多い。欠乏で血液凝固能低下。表6-Ⅰ-2参照。

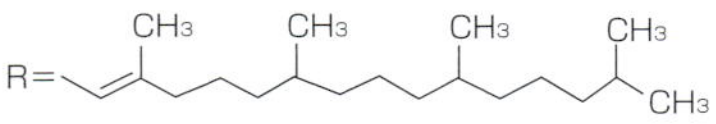

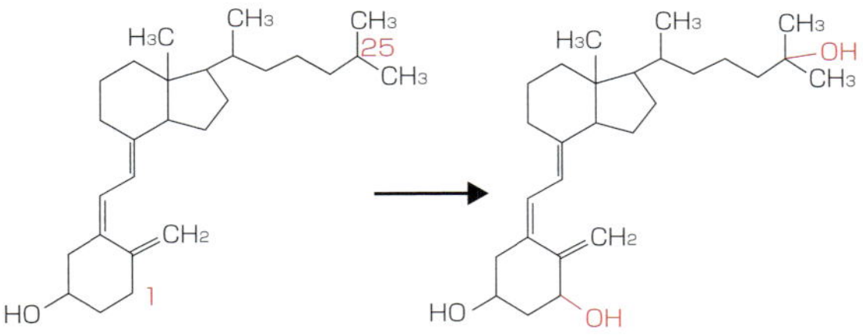

ビタミンD3(コレカルシフェロール)　1,25-ジヒドロキシビタミンD3

肝臓（C-25）と腎臓（C-1）でヒドロキシル化されて活性型となったビタミン D3 は1,25-ジヒドロキシビタミン D3 または 1,25- ジヒドロキシコレカルシフェロールまたはカルシトリオール calcitriol と呼ばれる。カルシウムの呼吸・再吸収のみならずカルシウム代謝一般に影響を与える。

図 6-Ⅱ-3　アスコルビン酸といくつかの脂溶性ビタミン

り，分子の大きさで大別されている。タンパク質分子がとる形態も部分的にはいくつかの特徴的な三次元構造部分に分類できるが，その組み合わせは膨大であり，シャペロンも相当な数の種類が必要とされるであろう。

ER ストレスで問題になる代表的なシャペロンは **GRP78** と呼ばれるタンパク質である。GRP78 はある種の培養細胞でグルコースを枯渇させるとその合成が誘導される**グルコース制御タンパク質** glucose-regulated protein (**GRP**) の1つとして注目された。**GRP78** は熱ショックタンパク質の分類に従えば **HSP70 ファミリー**に属する。GRP78 は小胞体の数多くのタンパク質に対してシャペロンとして働くため，とくに重要な存在とみなされている。シャペロン分子は一般にN末端側にシャペロン作用に必要なエネルギーを供給する ATP アーゼ活性をもち，C末端側にシャペロン活性の対象となるタンパク質(ポリペプチド)を結合する部位をもっている。ちなみに，GRP78 は **BiP** とも呼ばれる。

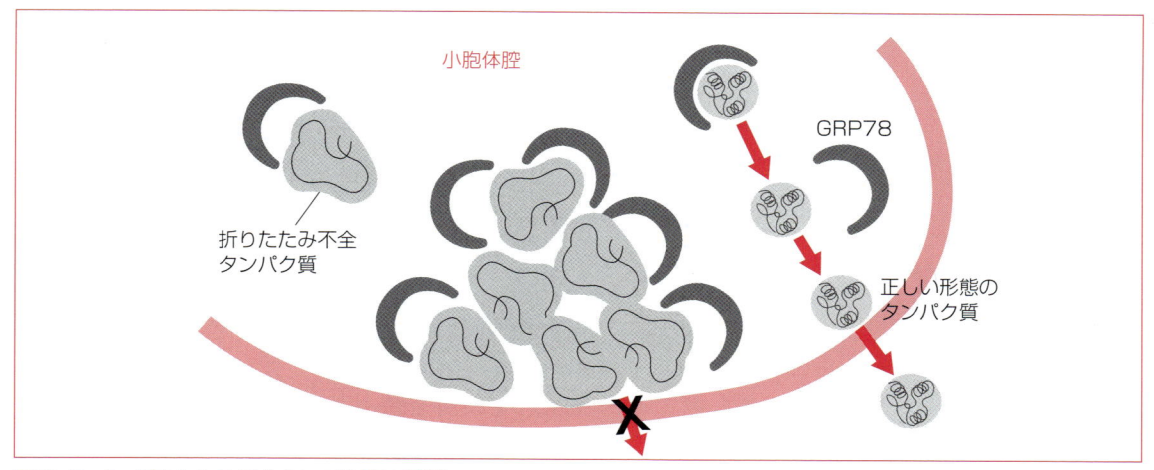

図 6-Ⅱ-4　折りたたみ不全タンパク質の蓄積
正しく折りたたまれなかったタンパク質は小胞体から送り出すことができない。

　小胞体膜には ER ストレスに応答する 3 つの代表的タンパク質がある。それらは PERK, ATF6, IRE1 と呼ばれる（図 6-Ⅱ-5）。PERK は上で述べた eIF2（αサブユニット）のリン酸化を実行する酵素である。ということは，PERK が活性化されることによって翻訳は一部例外を除き（後述）全体として抑制される。ER ストレスがない時の PERK は GRP78 と 1 対 1 の結合をしているが，小胞体に折りたたみ不全タンパク質が増えると GRP78 はそちらに使われてしまうので，自由になった PERK は**オリゴマー化**する。それが活性化酵素である。ちなみに，eIF2αは**アミノ酸枯渇**（栄養ストレス）によってもリン酸化される。

　ATF6 は**転写因子**である。しかし，この転写因子が活性化されるためには，まず小胞体からゴルジ装置に移行し，エンドペプチダーゼによって 2 回のペプチド結合の切断を受けなければならない。2 回目の切断によって生じた N 末端側の部分である pATF（N）はゴルジ装置から遊離して核に入り，転写因子として GRP78 などのシャペロンの遺伝子の上流にあるプロモーター領域の **ER ストレス応答配列** ER stress response element（**ERSE**）に結合し，下流のシャペロン遺伝子を活性化する。ところで，ここに見られるゴルジ装置への移行とそこにおける 2 回の切断という活性化機構はすでに見た脂肪合成に関与する遺伝子の転写因子 SREBP-1c のそれに酷似している（第 4 章Ⅲ. 1. A, 図 4-Ⅲ-3）。

　IRE1 はセリン・トレオニンキナーゼに分類されるが，同時に**エンドヌクレアーゼ** endonuclease でもある。IRE1 も GRP78 と結合して不活性な形として存在しているが，PERK の場合と同じく折りたたみ不全タンパク質が蓄積することによって GRP78 が離れたあと**二量体化し活性化**する。そしてエンドヌクレアーゼとして振舞う。IRE1 は遺伝子 XBP1 の mRNA から一部を切断除去し **XBP1（S）**を生じさせる。元の形〔XBP1（U）〕はむしろ阻害的に働く。**XBP1（S）**発現産物によって活性化される遺伝子は折りたたみ不全の糖タンパク質の小胞体腔からの排出に関係する。

　以上，3 つのタンパク質の作用には細胞の生存にとって有利な結果を生むものと不利な結果に至るものとがある。生体のホメオスタシスは一般に正と負のバランスの上に成り立っているもので，それは細胞においても変わらない。阻害を引き起こす過程があれば，それを回復する過程がある。その観点から UPR をまとめてみた（図 6-Ⅱ-6）。

　EOR も ER の異常事態（タンパク質の過剰な蓄積）を核に伝えるが，その機構は小胞体からの Ca^{2+} の放出，活性酸素種の生成，転写因子 NF-κB の核内移行（第 4 章Ⅲ. 2. B，図 4-Ⅲ-5 参照）によって複数のサイトカイン遺伝子を活性化する

タンパク質	遺伝子	遺伝子座	アミノ酸残基数	特徴
PERK	*EIF2AK3*	2p12	1,087	eIF2キナーゼ
IRE1	*ERN1*	17q24.2	959	XBP1(U)を切断するエンドリボヌクレアーゼ
ATF6	*ATF6*	1q22-q23	670	転写因子
XBP-1	*XBP1*	22q12	261	転写因子
ATF4	*ATF4*	22q13.1	351	転写因子
CHOP	*DDIT3/CHOP*	12q13.1	169	転写因子C/EBPのDNA結合を阻害
GADD34	*PPP1R15A*	19q13.2	674	プロテインホスファターゼ1(PP1)の調節サブユニットPP1c(触媒サブユニット)と連携してeIF2αを脱リン酸化する。
GRP78	*HSPA5*	9q33.3	636	シャペロン
EDEM1	*EDEM1*	3q26.1	657	折りたたみ不全糖タンパク質の抽出
EDEM2	*EDEM2*	20q11.22	557	折りたたみ不全糖タンパク質の抽出

pATF6(N)：ATF6からゴルジ装置で生じた活性部分
ERSE：ER stress-response element　UPRE：UPR-response element

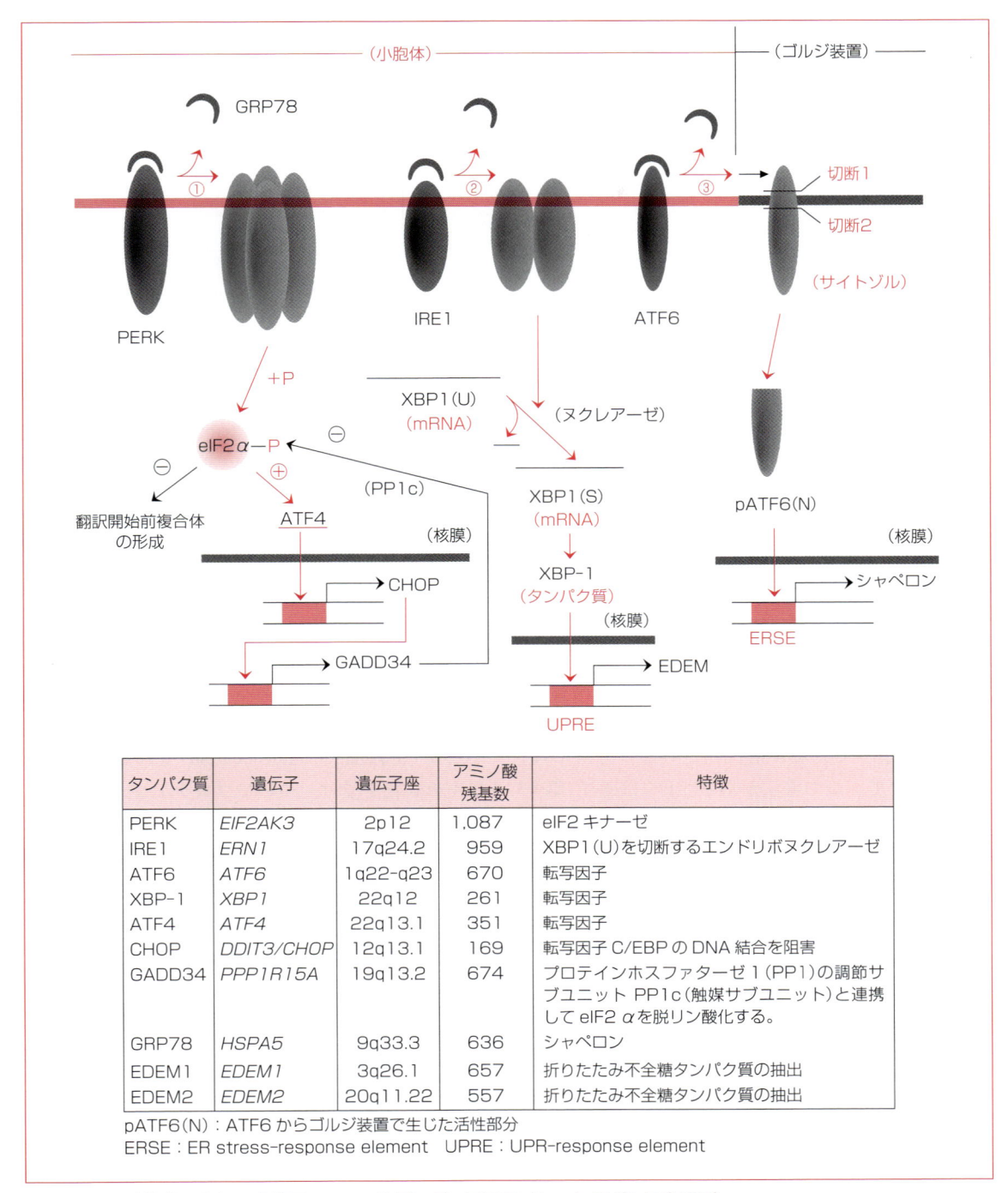

図6-Ⅱ-5　小胞体ストレス応答アンフォールデッド・プロテイン・レスポンス(UPR)
①オリゴマー化，②二量体化，③小胞体からゴルジ装置へ移動。

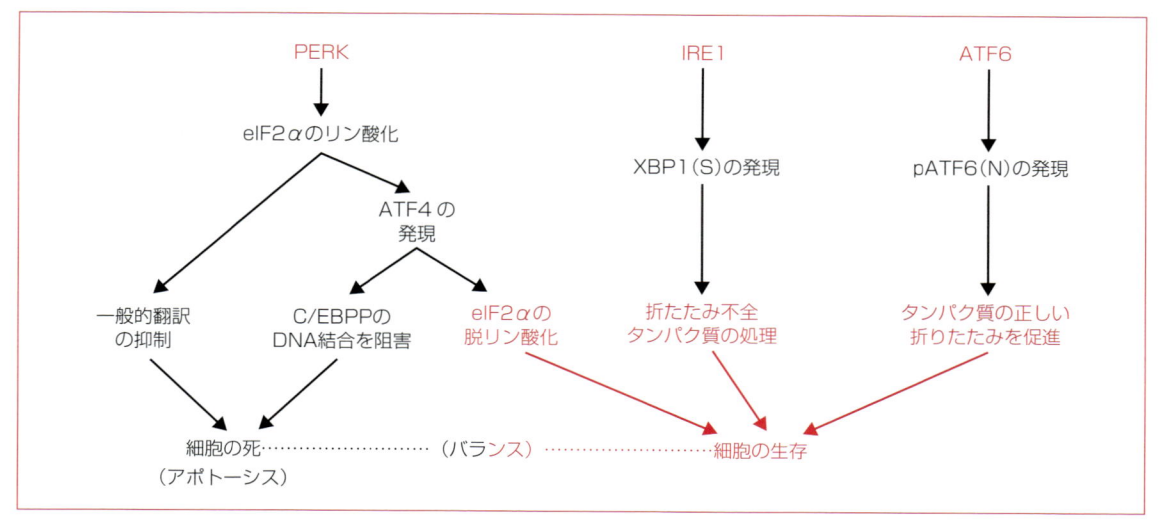

図6-Ⅱ-6　アンフォールデッド・プロテイン・レスポンス(UPR)のまとめ

ことである。

B　小胞体関連分解

　折りたたみ不全タンパク質が正しい形態へ再生されなかった場合，それらは分解される。両者は無関係に起こるのではない。分解系の酵素の一部はUPRによって発現が活性化される。分解には大きく分けて2つの方法がある。1つは既述(第4章Ⅱ.2.E.2, 図4-Ⅱ-26)の**ユビキチン-プロテアソーム経路**によるもので，他は細胞生物学でいう**オートファジー** autophagyによるものである。ここでは前者の**小胞体関連分解経路** ER-associated degradation (**ERAD**) pathwayと呼ばれるタンパク質分解経路を取り上げる。これは折りたたみ不全タンパク質の処理だけでなく使用済みになった小胞体タンパク質一般の処理機構として，またステロイド合成系の酵素HMG-CoAレダクターゼ量の調節的分解機構として注目を浴びている。その機構は前に筋タンパク質の分解について述べたものと基本的には同じである。

　ERの腔 lumenのタンパク質はまずサイトゾルへ排出(**逆転位** retrotranslocation)されてそこでユビキチン化を受け，ついでプロテアソーム経路で分解される。酵母を用いて研究の進んだそれらの過程に関与するタンパク質因子はヒトでも知られるようになった(図6-Ⅱ-7)。それらのタンパク質の作る，折りたたみ不全タンパク質の排出装置はまとめて**ディスロコン** disloconと呼ばれることがある。

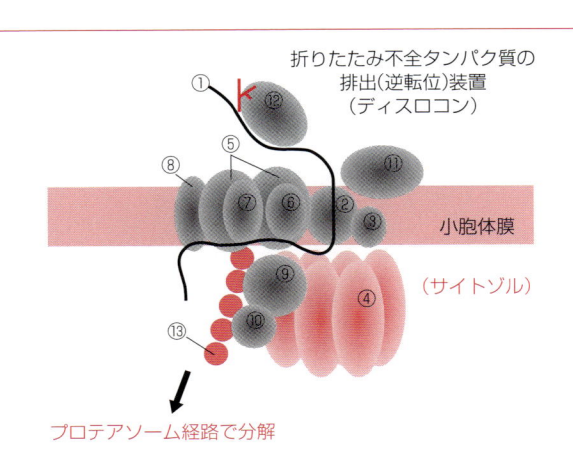

タンパク質	遺伝子	遺伝子座	アミノ酸残基数	特徴・機能
①折りたたみ不全タンパク質	—	—	—	
② Derlin-1	DERL1	8q24.13	251	折りたたみ不全タンパク質を通すチャネル(オリゴマー化)
③ VIMP	SELS	15q26.3	189	DERL1 と VCP のリンカー
④ VCP/p97	VCP	9p13.3	805	AAA ATPアーゼ(*)
⑤ HRD1	SYVN1	11q13	595	E3 ユビキチンタンパク質リガーゼ(synoviolin)
⑥ユビキチン活性化酵素(想定)	—	—	—	
⑦ NCUBE2	UBE2J2	1p36.33	259	ユビキチン結合酵素 E2
⑧ HERP/Mif1	HERPUD1	16q13	391	N 末端にユビキチン様ドメイン プロテアソームとの接点?
⑨ NPL4	NPLOC4	17qter	607	ユビキチン化タンパク質を結合
⑩ UFD1L	UFD1L	22q11.21	307	ユビキチン化タンパク質に作用 NPL4 と VCP に結合
⑪ EDEM1	EDEM1	3p26.1	657	折りたたみ不全糖タンパク質の抽出
⑫ OS-9	OS9	12q13	642	折りたたみ不全糖タンパク質の結合
⑬ユビキチン				第4章 II. 2. E. 2 参照

＊最近，家族性側索硬化症に VCP の変異が見出された．

図6-II-7　ERストレス応答小胞体関連分解経路(ERAD)

和文索引

① 用語の配列は五十音電話帳方式によった。すなわち，片仮名，平仮名，漢字の順とし，漢字は1字目の読みにしたがって配列した。たとえば「視索」と「色素」では，1字目の「視」と「色」の読みにより「視索」が前に出ている。また，同音の場合は字画順とし，濁音，半濁音で始まる用語は清音の後に配列した。
② 数字・ギリシア文字で始まる用語はこの和文索引の冒頭にまとめて掲載した。
③ ――は直前の語句を，/は「または」を意味する。

数字

1-acylcerol 3-phosphate 140
1-AGPAT3 20
1-pyrroline 5-carboxylic acid 110
1-アシル-sn-グリセロール 3-リン酸 141
1-アシルグリセロール 3-リン酸 140
1-アシルグリセロール-3-リン酸 O-アシルトランスフェラーゼ 141, 202
―― 3 203
1 塩基多型 201
1 炭素単位 98
1-ピロリン 5-カルボン酸 109, 110, 117
1,2-diacylglycerol 140
1,2-diacylglycerol 3-phosphate 140
1,2-ジアシル-sn-グリセロール 141
1,2-ジアシル-sn-グリセロール 3-リン酸 141
1,2-ジアシルグリセロール 140
1,2-ジアシルグリセロール 3-リン酸 140
1,3-ビスホスホグリセリン酸 83, 84
1,4-α-glucan-branching enzyme 163
1,4-αグルカン分枝酵素 163
Ⅰ型肺胞細胞 16
2-acylglycerol 140
2-oxo acid 93
2-oxoglutarate 124
2-oxoglutarate dehydrogenase 124
2-oxoglutarate dehydrogenase complex 124
2-アシルグリセロール 140, 141
2-アシルグリセロール O-アシルトランスフェラーゼ 141
2-アミノアジピン酸 106
2-アミノアジピン酸 6-セミアルデヒド 106
2-オキソアジピン酸 103
2-オキソイソカプロン酸 101, 103
2-オキソイソ吉草酸 101, 103
2-オキソグルタル酸 124
―― ：ThPP 酸化還元酵素 125
2-オキソグルタル酸担体 131
2-オキソグルタル酸デヒドロゲナーゼ複合体 124, 125
2-オキソグルタル酸/リンゴ酸担体 160

2-オキソジカルボン酸担体 131
2-オキソ-3-メチル吉草酸 101, 103
2-オキソ酸 93
2-オキソ酸デヒドロゲナーゼ複合体 104
2-オキソ酪酸 111
2 型糖尿病 209
―― の予備段階 201
2-デオキシ D-リボース 1-リン酸 120
2-デオキシ-2-硫酸アミノ-D-グルコース 6-硫酸 39
2-ヒドロキシアシルスフィンゴシン 1-β-ガラクトシルトランスフェラーゼ 143
2-ヒドロキシフェニル酢酸 107
2-ホスホグリセリン酸 83, 84, 156
2-メチルアセトアセチル CoA 101, 103
2-メチル-3-オキソプロパン酸 101, 103
2-メチル-3-ヒドロキシブチリル CoA 101, 103
2-メチルブチリル CoA 101, 103
2,4-ジエノイル CoA レダクターゼ 89, 91
Ⅱa 因子 300
Ⅱ型肺胞細胞 16
3-aminoisobutyric acid 119
3-aminopropionic acid 119
3-hydroxy-butyrate 170
3-phosphoinositide-dependent protein kinase 1 177
3-ureidoisobutyric acid 119
3-sn-ホスファチジン酸 141
3-アシルコレステロール 298
3-アミノイソ酪酸 119, 121
3-アミノプロピオン酸 119
3-ウレイドイソ酪酸 119, 121
3-ウレイドプロピオン酸 121
3 塩基リピート拡大 242
3-オキソアシル-ACP シンターゼ 137
3-オキソアシル-ACP レダクターゼ 137
3-オキソ酸 CoA トランスフェラーゼ 1 103, 174
3 機能酵素 90
3-ケトアシル CoA チオラーゼ 88
3-ケトアシル CoA レダクターゼ 139
3-ケトスフィンガニン 143
3-スルフィノアラニン 100

3-スルホガラクトース 51
3-デヒドロスフィンガニン 143
3-デヒドロスフィンガニンレダクターゼ 143
3-ヒドロキシ酪酸 170, 174
3-ヒドロキシ-3-メチルグルタリル CoA 174
3-ヒドロキシアシル-ACP デヒドラターゼ 137
3-ヒドロキシアシル CoA デヒドラターゼ 2 139
3-ヒドロキシアントラニル酸 103, 104
―― 3,4-ジオキシゲナーゼ 104
3-ヒドロキシイソブチリル CoA 101, 103
3-ヒドロキシイソ酪酸 101, 103
3-ヒドロキシキヌレニン 103
3-ヒドロキシシンターゼ 3-メチルグルタリル CoA 174
3-ヒドロキシブタノイル-ACP 137
3-ヒドロキシ酪酸 174
3-ヒドロキシ酪酸-3-メチルグルタリル CoA 174
3-ヒドロキシ酪酸デヒドロゲナーゼ 174
3-ホスホグリセリン酸 84
3-ホスホイノシチド依存性プロテインキナーゼ 1 177, 178
3-メチルクロトニル CoA 101
3-メチルクロトニルグリシン尿症 117
3,4-dihydroxy-phenylalanine 116
3,4-ジヒドロキシフェニルアラニン 113, 116
3′,5′-サイクリック cyclic AMP 86
Ⅲ因子 299
4-aminobutanoic acid 118
4EBP1 196, 197
4-α-グルカノトランスフェラーゼ 163, 164
4-アミノ酪酸トランスアミナーゼ 116
4-アミノ酪酸（γ-アミノ酪酸）118
4-ヒドロキシフェニルアセトアルデヒド 108
4-ヒドロキシフェニル酢酸（p- ―― ）108
4-ヒドロキシフェニルピルビン酸ジオキシゲナーゼ 117
4′-ホスホパンテテイン 114

和文索引

4′-ホスホパントテノイルシステイン 114
(4-6)光生成物 244
4,7,10,13,16,19-ドコサヘキサエン酸 44
5-phosphoribosyl 1-diphosphate 116
5′-mono nucleotidase 119
5,10-methylenetetrahydrofolate 98
5-ohC 243
5-アミノレブリン酸 303
5-アミノレブリン酸シンターゼ 305
5-アミノレブリン酸デヒドラターゼ 305
5-カルボキシ-シトシン 224
5-カルボキシル-シトシン 224
5′-ヌクレオチダーゼ 119
5-ヒドロキシシトシン 243
5-ヒドロキシトリプタミン(セロトニン) 103
5-ヒドロキシメチルシトシン 224
5′-フラップエンドヌクレアーゼ 241
5-ホスホ-α-D-リボース 1-二リン酸 112, 122
5-ホスホリボシル-1-アミン 145
5-ホスホリボシル 1-ピロリン酸 112, 122
5′-ホスホリボシル-4-(N-スクシノカルボキサミド)-5-アミノイミダゾール (SAICAR) 145
5′-ホスホリボシル-4-カルボキサミド-5-アミノイミダゾール (AICAR) 145
5′-ホスホリボシル-N-ホルミルグリシンアミジン 145
5′-ホスホリボシル-グリシンアミド 145
5-ホルミルシトシン 224
5-メチルシトシン 223, 224, 243
5,6-ヒドロキシインドール 113
5,6,7,8-テトラヒドロ葉酸 100
5,8,11,14-イコサテトラエン酸 43
5,8,11,14,17-イコサペンタエン酸 44
5,10-メチレン-5,6,7,8-テトラヒドロ葉酸 98, 100
6-phosphofructokinase 153
6-phosphofruct-2-kinase/fructose-2,6-bisphosphatase 189
6-ホスホグルコノラクトナーゼ 138
6-ホスホフルクト-2-キナーゼ/フルクトース-2,6-ビスホスファターゼ 3 154, 155, 189, 191
6-ホスホフルクトキナーゼ 153, 155
—— 3つのアイソザイム 153
6,8-dithiooctanoic acid 158
6,8-ジチオオクタノイン酸 158
7回膜貫通受容体 188
8-oxoG 243
8-オキソグアニン 243
8-ヒドロキシ-7,8-ジヒドログアニン 243
9-オクタデセン酸 43
9-ヘキサデセン酸 43, 89
9-1-1 複合体 259, 260, 261
9,12-オクタデカジエン酸 43
9,12,15-オクタデカトリエン酸 43

X因子 299
XII因子 299
12/23 の法則 247, 248
XIIIa因子 300
14-3-3 195
14-3-3 σ 252, 262, 282, 283
14-3-3 protein σ 291
14-3-3 σ タンパク質 282
14-3-3 タンパク質 258
14-3-3 タンパク質 θ 195

ギリシア文字

α-helix(αヘリックス) 59
α_i 190
α-keto acid(α-ケト酸) 93
α-ketoglutarate(α-ケトグルタル酸) 124
α-linolenic acid 44
α-MSH 205
α_o 190
α_{olf} 190
α_q 190
α_s 190
α_t 190
α-tubulin(α-チュブリン) 10
α-アノマー 33, 38
α-アミノ酸 54
—— の立体構造 54
α-アミノアジピン酸 δ-セミアルデヒド 117
α-カテニン 278
α-ケト酸 93
α-ケトグルタル酸 124
α細胞 19
α-サテライト配列 266
α-メラニン細胞刺激ホルモン 205
α-リノレン酸 43, 44
α2-antiplasmin 302
α2-macroglobulin 302
α2-アンチプラスミン 302
α2-マクログロブリン 302
α_{11} 190
α_{12} 190
α_{13} 190
$\alpha_{15/16}$ 190
β-alanine(β-アラニン) 119, 121
β cell compensation(β細胞代償) 210
β-D-フルクトース-2,6-ビスリン酸 155
β-D-フルクトピラノース 33
β-D-フルクトフラノース 33
β oxidation(β酸化) 87
β-sheet(βシート) 59, 60
β strand 59
β-structure(β構造) 59
β-tubulin(β-チュブリン) 10
β turn(βターン) 61
β-アノマー 33, 38
β-アミノ酸 54
β-ウレイドプロピオナーゼ 121
β-カテニン 272, 278
β-グルクロニダーゼ(大腸菌) 306

β構造 59
β鎖 59
β細胞 19
—— の解糖活性 210
—— の数 210
β酸化 87
βシート 59, 60
β2 adrenergic receptor 188
β2-アドレナリン受容体 188, 191
β2-アドレノリセプター 188
γ-aminobutyric acid 118
γ-linolenic acid 44
γ-アミノ酪酸 116
γ-グルタミルシステイン 114
γ-チュブリン 268, 269
γ-リノレン酸 44
δ-aminolevulinate 303
δ-アミノレブリン酸 303, 305
δ細胞 19
Δ^3, Δ^2-エノイル CoA イソメラーゼ 89, 91
$\Delta^{3,5}$, $\Delta^{2,4}$-ジエノイル CoA イソメラーゼ 89, 91
Δ5-desaturase(Δ5-デサチュラーゼ) 139
Δ6-desaturase(Δ6-デサチュラーゼ) 139
Δ9-desaturase(Δ9-デサチュラーゼ) 139
ε-アミノ基 55
μ-カルパイン 288
μCAMP 290
ρ-ヒドロキシフェニル酢酸(ρ-hydroxy phenylacetic acid) 106
ρ-ヒドロキシフェニルピルビン酸(ρ-hydroxyphenylpyruvic acid) 106, 108, 117
ϕ角 59
ψ角 59
ω carbon(ω炭素) 43

あ

アイソザイム 152
——,アロザイム,バリアント,アイソフォームの概念 152
アイソフォーム 152
アグーチ関連タンパク質 205
アクチンフィラメント 5, 10, 278
アグリカン 37
アコニターゼ 125
アコニット酸ヒドラターゼ 125
アシル- 46
アシル CoA 87
アシル CoA 依存性セラミドシンターゼ 143
アシル CoA オキシダーゼ 87
アシル CoA シンターゼ 87
アシル CoA デサチュラーゼ 139
アシル CoA デヒドロゲナーゼ 87, 101
—— L 88
—— M 88

和文索引

—— VL　88
アシルキャリヤータンパク質　137
アシルグリセロール　46
アシルグリセロール-3-リン酸, 1-　140
アシルグリセロール-3-リン酸 O-アシルトランスフェラーゼ, 1-　141, 202
アシル-コレステロール, 3-　298
アストロサイト　22
アスパラギン　57, 58
アスパラギン酸　55, 56, 95
アスパラギン酸アミノトランスフェラーゼ　96
—— 1（GOT1）　131, 132, 133, 160
—— 2（GOT2）　131, 133, 160
アスパラギン酸カルバモイルトランスフェラーゼ　77, 146
アスパラギン酸/グルタミン酸担体　160
アスピリン　209
アセチル-ACP　137
アセチル ADP リボース　186
アセチル CoA　124
—— 1　136, 202, 203
—— α　167
—— β　167
—— の調節　167
—— C-アセチルトランスフェラーゼ　101
—— カルボキシラーゼ　136, 168, 192, 193
—— の生成（サイトゾル）　136
アセチル D-ガラクトサミン, N-　35
アセチル D-ガラクトサミン 4-硫酸, N-　39
アセチル D-グルコサミン, N-　35
アセチル D-グルコサミン 6-硫酸, N-　39
アセチルアミノ糖, N-　35
アセチル化酵素 p300/CBP　252, 253
アセチルコリン　21
アセチルセロトニン O-メチルトランスフェラーゼ　112
アセトアセチル-ACP　137
アセトアセチル CoA チオラーゼ　174
アセトアルデヒドデヒドロゲナーゼ　105
アセト酢酸　170, 174
アダプタータンパク質 FADD　284
アディポサイトカイン　206
アディポネクチン　206
アディポネクチン受容体　206
アデニル酸　69
アデニル酸キナーゼ　146
アデニル酸シクラーゼ　188, 190, 191
アデニロコハク酸シンターゼ　146
アデニロコハク酸リアーゼ　146
アデニン　66
アデニンホスホリボシルトランスフェラーゼ　122, 123
アデニンリボヌクレオチド　66
アデノシルホモシステイナーゼ　111
アデノシルホモシステイン　117

アデノシルメチオニン, S-　111
アデノシルメチオニンアミン, S-　115
アデノシン　66
—— 5′-一リン酸　68
—— 5′-二リン酸　68
—— 5′-三リン酸　68
アデノシンキナーゼ　119
アデノシンデアミナーゼ　119, 120
アドヘレンス結合　5
アドレナリン　19, 113, 116, 170
—— が糖・脂質代謝に及ぼす影響　173
アドレナリン受容体　194
アドレナリン分泌　173
アトロギン 1　200
アニオンラジカル　307
アノマー, α-　33, 38
アポ A　296, 297
アポ B　170, 296, 297
アポ C　296, 297
アポ E　296, 297
アポタンパク質 B　170
アポトーシス　252, 257, 270, 281
—— に関与する遺伝子　290, 291
アポトーシス性プロテアーゼ活性化因子 1　284
アポトーシス阻害因子　263
アポトーシスレギュレーター BAX　282
アポソーム　284
アポリポタンパク質　296
アポリポタンパク質遺伝子クラスター　297
アポリポプロテイン E　203
アミジノトランスフェラーゼ　115
アミノイソ酪酸, 3-　119, 121
アミノ基　28, 54
アミノ基転移　93
アミノ酸　26, 54
—— 暗号（コドン）　228
—— 枯渇　312
—— 残基　58
—— 代謝の先天的異常　117
—— 炭素骨格の異化経路　98
—— の立体構造　54
—— 配列　60
アミノ糖　35
アミノ末端　58
アミノアジピン酸　105
アミノアジピン酸 δ-セミアルデヒド, α-　117
アミノアジピン酸セミアルデヒド　105, 106
アミノアジピン酸セミアルデヒドシンターゼ　105, 106, 117
アミノアシル AMP　229
アミノアシル tRNA シンテターゼ　227
アミノアシル tRNA の生成　229
アミノカルボキシムコン酸セミアルデヒド　103
アミノトランスフェラーゼ　93
アミノプロピオン酸, 3-　119
アミノムコン酸, 2-　103

アミノムコン酸セミアルデヒド, 2-　103
アミノ酪酸, 4-　118
アミノ酪酸, 8-　116
アミノ酪酸トランスアミナーゼ, 4-　116
アミノレブリン酸, 5-　305
アミノレブリン酸, 8-　303, 305
アミノレブリン酸シンターゼ, 5-　305
アミノレブリン酸デヒドラターゼ, 5-　305
アミノ酪酸トランスアミナーゼ, 4-　116
アミラーゼ　15
アミロ-1, 6-グルコシダーゼ　164
アミロ-1, 6-グルコシダーゼ活性　163
アラキジン酸　42
アラキドン酸　43, 44
アラニン　55, 100
—— β-　119, 121
アラニンアミノトランスフェラーゼ　100, 133, 136
アラニン回路　172
アリシン　14
アルカプトン尿症　117
アルカン　41
アルギナーゼ　97
アルギニノコハク酸　97
アルギニノコハク酸シンターゼ　97, 118
アルギニノコハク酸尿症　118
アルギニノコハク酸リアーゼ　97, 118
アルギニノスクシナーゼ　97
アルギニン　57, 97, 110, 118
—— とプロリンの異化　109
アルケン　41
アルコキシラジカル　307
アルゴノート 2　226
アルデヒド基　31
アルテミスタンパク質　247
アルドース　30, 31
アルドラーゼ　85
アルドン酸　34
アルビニズム　117
アロザイム　152
アロステリックアクチベーター　79
アロステリックエフェクター　77
アロステリック効果　79
アロステリック酵素　77
アロステリック阻害　77
アンギオポエチン様タンパク質　207
—— -4　207
アンキリン　60
アンチコドン　227
アンチトロンビン　301
アンバー（UAG）　228
アンフォールデッド・プロテイン・レスポンス（UPR）　309
—— のまとめ　314
アンモニア代謝の先天的異常　118
アンモニア中毒　95
アンモニウムイオン　95
亜鉛　27

足場タンパク質　189
暗号子　227
暗調小体　14

い

イコサテトラエン酸（アラキドン酸），5,8,
　　11,14-　43, 44
イコサトリエン酸　44
イコサノイド　44
イコサペンタエン酸（EPA），5,8,11,14,17-
　　44
イズロン酸　34
───2-硫酸　39
イソクエン酸　124, 125
イソクエン酸デヒドロゲナーゼ
　　124, 125
イソバレリル CoA　101
イソブチリル CoA　101
イソメラーゼ　85
───依存経路（不飽和脂肪酸代謝）
　　89, 91
イソロイシン　56
イニシエーション　281
イニシエーターカスパーゼ　285
イノシトール　49
イノシン 5'-一リン酸　119, 144
イノシン酸　144, 145
イミダゾロンプロピオナーゼ　110
イミダゾロンプロピオン酸　110
イミノ基　28
イミノ酸（プロリン）　57
インクレチン　208
インスリン　19, 173
───感受性グルコース輸送　169
───感受性グルコーストランスポー
　　ター　179
───/グルカゴン比　170
───受容体　176, 178, 187, 209
───によるタンパク質合成の活性化機
　　構　197
───による糖輸送の促進　170
インスリン受容体基質　176, 178
───1　178
───2　178
インスリン受容体結合タンパク質 Grb-
　　IR　186
インスリン受容体シグナリング　173
───-負の調節　185, 187
インスリン前駆体　175
インスリン抵抗性　201, 208
インスリン分泌　171
インスリン分泌刺激作用　207
インスリン誘導遺伝子1　202
インターナルリボソームエントリーサイ
　　ト　237
インターロイキン1β　187
インディアンヘッジホッグ　279
インテグリン　299
───α　299
───β　299
インドール 5,6-キノン　113
インドール核　102
イントロン　221
インポーティンα　193
インポーティンβ　194
いす型立体構造　33
胃　15
胃がん　280
胃酸分泌抑制因子　207
胃腺　15
胃抑制ポリペプチド　207
胃リパーゼ　15
異化　74
異化亢進状態　196
異化代謝を促進するセカンドメッセン
　　ジャー　191
異化ホルモン　173
異性体　30
硫黄　26
遺伝子　216
───とは　216
───の構造　221
遺伝子増幅　271, 280, 281
遺伝子発現によるエネルギー代謝の調節
　　192
遺伝子発現による調節を受ける代謝系酵
　　素　191
遺伝性異常脂質血症　203
遺伝性非ポリポーシス大腸がん2型
　　259
遺伝性非ポリポーシス大腸がん6型
　　279
一次構造（ポリペプチド）　60
一酸化炭素の生成　304
一酸化窒素　28
一酸化窒素シンテーゼ　114, 115, 118

う

ウィリアムズ症候群　14
ウィリアムス-ビューレン症候群　193
ウィリアムス-ビューレン症候群染色体
　　領域 14 タンパク質　193
ウイルス性がん遺伝子　280
ウィルムス腫瘍（Wilms tumor）タンパク
　　質1　277
ウラシル　66
ウリジル酸　69, 144
ウリジン　66
───5'-一リン酸　68, 144
───5'-二リン酸　68
───5'-三リン酸　68
ウリジンキナーゼ　119
ウリジンジホスホグルクロニダーゼ
　　306
ウリジンホスホリラーゼ　121
ウレイドイソ酪酸，3-　119, 121
ウレイドプロピオナーゼ，β-　121
ウレイドプロピオン酸，3-　121
ウロカニン酸　110
ウロカニン酸ヒドラターゼ　110
ウロキナーゼ　301
ウロビリノーゲン　304, 306
ウロビリン　306
ウロポルフィリノーゲンⅢ　305
ウロポルフィリノーゲンⅢシンテーゼ
　　305
ウロポルフィリノーゲンデカルボキシ
　　ラーゼ　305
ウロン酸　34, 37

え

エイコサ-　44
エーテル結合　27
エーテルリン脂質　49, 50
エキソサイトーシス　4, 5
エキソヌクレアーゼ hExo1　259
エキソペプチダーゼ　173
エキソン　221
エキソン接合部　236
───複合体　236
エクスポーティン　271
エクト-5'-ヌクレオチダーゼ　123
エストロゲン　20
エタノールアミン　49
エナンチオマー　30
エネルギー代謝　173
───の調節と統合　201
エノイル-ACP レダクターゼ　137
エノイル CoA イソメラーゼ，Δ^3，Δ^{2-}
　　89, 91
エノイル CoA ヒドラターゼ（3 機能酵
　　素）　88
エノラーゼ　83, 84
エノールピルビン酸　83, 84
エピジェネシス　222
エピマー　30
エフェクターカスパーゼ　285
エポキシド　46
エミリン　14
エラー許容バイパス　244
エラーフリーバイパス　244
エラスターゼ　15
エラスチン　12, 14
エラスチンコア　14
エリトロース，D-　32, 33
エリトロース，D-　32, 33
エロンガーゼ　139
───の種類と至適基質　140
エンドサイトーシス　5
エンドソーム　9
エンドヌクレアーゼ　259
エンドプラスミン　235
エンドペプチダーゼ　173
エンドペルオキシド　46
エンハンサー　219
エンハンサーボックス　252
栄養ストレス　312
炎症誘発性サイトカイン　208
塩基　66, 119
───の回収　122
───の回収機構　123
───の変化　243
塩基除去修復（BER）　242, 244

和文索引　321

塩基性アミノ酸　55, 57
塩基性線維芽細胞増殖因子受容体1　274
塩基性ヘリックス-ループ-ヘリックス/ロイシンジッパー　193
塩基対合　69, 70
塩基配列　60
── の変化ではない変化　223
塩酸　15
塩素イオン　26
塩誘導性キナーゼ2　190
塩誘導性プロテインキナーゼ2　195

お

オーカー（UAA）　228
オータコイド　118
オープンリーディングフレーム　227, 228
オキサロコハク酸　125
オキサロ酢酸　124
オキサン　46
オキシダーゼ　10, 87
オキシトシン　19, 205
オキソアジピン酸, 2-　103
オキソアシル-ACPシンターゼ, 3-　137
オキソアシル-ACPレダクターゼ, 3-　137
オキソイソカプロン酸, 2-　101
オキソグルタル酸　124
オキソ基　27
オキソ酸CoAトランスフェラーゼ　103
オクタデカジエン酸（リノール酸）, 9,12-　43
オクタデカトリエン酸, 6,9,12（γ-リノレン酸）　44
── （α-リノレン酸）　43
オクタデセン酸, 9-（オレイン酸）　43, 44, 89
オクルディン　5
オパール（UGA）　228
オプチヌーリン　182
オリゴデンドロサイト　22
オリゴ糖　36
オリゴペプチド　58
オリゴマー酵素　77
オルニチン　96, 118
── -オキソ酸アミノトランスフェラーゼ　109
── -ケト酸トランスアミナーゼ　109
オルニチン回路　93
オルニチンカルバモイルトランスフェラーゼ　96, 118
オルニチン担体1,2　131
オレイン酸　43, 89
オレオイルACPヒドロラーゼ　138
オレキシン　205
── A　205
── B　205
オレキシンニューロン　206
オロチジン5′-リン酸　146

オロチジン5′-リン酸デカルボキシラーゼ　146
オロト酸　146
オロト酸ホスホリボシルトランスフェラーゼ　146
オンコゲネシス　270
折りたたまれざるタンパク質応答　309
折りたたみ不全タンパク質　309
── の蓄積　312
折れ線表記　41, 42
黄体形成ホルモン　19
黄体形成ホルモン放出ホルモン　18
黄疸　304
岡崎フラグメント　239
── の処理　241

か

カイロミクロン　296
カスパーゼ　284
── 3　197, 198, 252, 287
── 6　287
── 7　287
── 8　284, 287
── 9　287
カスパーゼカスケード　284
カスパーゼ非依存的　288
カタラーゼ　10, 307, 309
カチオンラジカル　307
カテニン, α-　278
カテニン, β-　272, 278
カドヘリン　5
カベオラ　298
カリウム　27
カリクレイン　299
カルシウム　26
カルシウムイオンチャネル（L型）　194
カルシウム依存性プロテアーゼ　288
カルジオリピン　49
カルシトニン　20
カルシトニン/CGRP遺伝子　222
カルシトニン遺伝子関連ペプチド　222
カルシニューリン　195
カルニチン　87
カルニチンO-パルミトイルトランスフェラーゼ　168
── 2［ミトコンドリア］　168
カルニチン/アシルカルニチントランスロカーゼ　131
カルニチンアシルトランスフェラーゼ　87, 167, 168
カルニチンパルミトイルトランスフェラーゼ1A　167
カルニチンパルミトイルトランスフェラーゼ1B　167
カルパイン, μ-　288
カルパイン-1　288
カルパスタチン　288
カルバミン酸　94
カルバモイルアスパラギン酸　146
カルバモイルリン酸　94, 144

カルバモイルリン酸シンターゼ（CPS1）　118
── 反応　94
カルボキシシトシン, 5-　224
カルボキシペプチダーゼ　15
── B2　302
── E　175
カルボキシル基　41
カルボキシル-シトシン, 5-　224
カルボキシル末端　58
カルボニル基　30
カルボン酸　54
カルモデュリン　163, 165
カロテン　16
ガイドRNA　226
ガラクチトール　34
ガラクツロン酸　34
ガラクトース, D-　34, 134
ガラクトース, α-L-　33, 34
ガラクトース1-リン酸　134
ガラクトース1-リン酸ウリジリルトランスフェラーゼ　134, 135
ガラクトキナーゼ　134, 135
ガラクトサミン　35
ガラクトシルセラミド　141, 143
── 硫酸　141, 143
ガラクトシルセラミドスルホトランスフェラーゼ　143
ガラクトセレブロシド　52
ガングリオシド　53
── の例　53
── G_{M3}　52, 53
ガングリオテトラオース　53
ガングリオトリアオース　53
がん化　270
がんマイクロRNA　280
がん抑制遺伝子　277
下垂体　18
── 前葉　19
── 門脈系　18
化学浸透共役説　128
化学的シナプス　21
加リン酸分解　119, 163
可動性クランプ　239, 240
家族性高コレステロール血症　298
家族性側索硬化症　315
家族性複合高脂質血症　203
過酸化水素　307, 308
顆粒膜細胞　20
開始Met-tRNAi　229
開始部位　219
解糖　82
解糖系　82, 83
── のまとめとATP収率　129
外因性経路　299
外側セントロメア　266, 267
外分泌　16
外膜　9
核　6
核外輸送因子　271
核孔　7
核孔複合体　7

核酸　26, 69
　　──の骨格　68
核小体　7
核小体低分子 RNA　226
核内受容体　196
核内受容体転写因子　195
核内低分子 RNA　226
核内低分子リボ核タンパク質　221
核フォーカス　257
核分裂　263
核包　7
核膜　6
核膜孔　7
核膜孔複合体　7
活性化エネルギー　75
活性酸素種　307
　　──の生成と作用　307
　　──を消去する酵素と反応　309
活性中心　26
活性部位　75
活性メチル基　113
滑面小胞体　7, 8
　　──の役割　8
肝 X 受容体α　201
肝グルコキナーゼの活性制御　153
肝細胞　86
肝細胞核因子 4α　195
肝細胞がん　280
肝小葉の機能的区分　96
肝臓　16
慣用名　80
還元単位　85
　　──（NADH＋H⁺）　82
還元糖　30
含硫アミノ酸　57, 58

き

キサンチル酸　144
キサンチン　119, 120
キサンチンデヒドロゲナーゼ／オキシダーゼ　120
キサンツレン酸尿症　117
キサントシン　120
キサントシン 5′-一リン酸　119, 144
キトビオース　64
キニノーゲン　299
キヌレニナーゼ　117
キヌレニン　102, 103
キネシン　268
キネトコア　266, 267
キノイドジヒドロビオプテリン　107
キノリン酸　103, 104, 112
キノリン酸ホスホリボシルトランスフェラーゼ　112
キモトリプシノーゲン　15
キモトリプシン　15
キャッピング　220
キャッピング酵素　220
キャップ　220
キャップ非依存性翻訳　237
キラー T 細胞　286

キロミクロン　86, 296
ギャップ結合　5, 6
起炎症性サイトカインインターロイキン 1β　187
幾何異性　43, 44
基質　76
基質特異性　76
基質レベルのリン酸化　85, 128
基底細胞がん　279
基底層　13
基底膜　13
基本転写因子　216
吸収上皮細胞　15
急性リンパ性白血病（ALL）　280
共役二重結合　44
共輸送　15
協同性　79
鏡像異性体　30
競合阻害　77
凝固因子 II～XIII（IV を除く）　301
凝固因子 VIIa/IX/XII　299
凝固カスケード　299
　　──3　300
凝固セリンプロテアーゼ　299
局在化シグナル　235
近位尿細管　17
金属元素　26
金属タンパク質　62
筋原線維　13
筋小胞体　8
筋タンパク質の合成　170
筋タンパク質の分解と調節　198

く

クエン酸回路　87, 124, 125
クエン酸シンターゼ　124, 125, 136
クラス I 酵素　229
クラス II 酵素　229
クラス B タイプ 1 スカベンジャー受容体　298
クラスリン被覆小窩　181, 298
クリステ　10
クリステ内空間　126
クレアチニン　115, 118
クレアチン　115, 118
クレブス回路　124
クロスオーバー　245
クロストーク　279
クロマチン構造モディファイアー　267
クロマチンの凝縮　288
クロマチンリモデリング　218, 219
クロモボックスタンパク質　267
　　──ホモログ 1～8　267
グアニジノ基　55
グアニジノ酢酸　115
グアニル酸　69
グアニル酸キナーゼ　146
グアニン　66
グアニンデアミナーゼ　120
グアニンヌクレオチド結合タンパク質　189

グアニンヌクレオチド交換因子　182, 263
グアノシン　66
　　──5′-一リン酸　68
　　──5′-二リン酸　68
　　──5′-三リン酸　68
グランザイム B　287
グリア細胞　22
グリアフィラメント　11
グリコーゲン　36, 82
　　──のコア　162
　　──の分解（と調節）　165
　　──の分枝化と脱分枝化　164
グリコーゲン合成　169, 171
グリコーゲンシンターゼ　163
グリコーゲンシンターゼキナーゼ-3β　178
グリコーゲン脱分枝酵素　163
グリコーゲン分枝酵素　163
グリコーゲンホスホリラーゼ　163
グリコゲニン　162
　　──二量体　163
グリコゲノリシス　82
グリコサミノグリカン　37
グリコシド　36
グリコシド結合（N-，O-）　34, 38
グリコシルセラミド　51
グリコシルホスファチジルイノシトール　51
グリシン　98
グリシン C-アセチルトランスフェラーゼ　104
グリシン N-メチルトランスフェラーゼ　117
グリシン開裂酵素系　98, 99
グリシンヒドロキシメチルトランスフェラーゼ　99
グリセリン　46
グリセルアルデヒド　30, 31
　　──（D-, L-）の立体異性　31
グリセルアルデヒド 3-リン酸　82, 83
グリセロ脂質　139
グリセロ糖脂質　50
グリセロール　46
グリセロール 3-リン酸　140
グリセロール 3-リン酸 O-アシルトランスフェラーゼ　141
グリセロール 3-リン酸デヒドロゲナーゼ　133, 141
　　──1　161
　　──2　161
グリセロールキナーゼ　133
グリセロールリン酸シャトル　161
グリセロリン脂質　48, 140, 296
グリセロン　30, 31
グリセロンリン酸　139
グルカゴン　19, 156, 170, 188
　　──受容体　188, 191, 194
　　──受容体シグナリング　189
　　──分泌　172
グルカノトランスフェラーゼ，4-α-　163, 164

和文索引

グルカン分枝酵素, 1,4-α- 163, 164
グルクロニダーゼ, β- 306
グルクロン酸, D- 34
グルクロン酸抱合 304
グルコース
　——　D- 34, 35
　——, リサイクリング 181
　——　の鎖状と環状の形 32
　——　の新生 130
　——　の促進輸送 169
グルコース 1-リン酸 34, 161
グルコース 6-ホスファターゼ 130, 133, 135
グルコース 6-リン酸 34, 37
グルコース 6-リン酸イソメラーゼ 135, 138
グルコース 6-リン酸／グルコース 1-リン酸比 161
グルコース 6-リン酸デヒドロゲナーゼ 138
グルコース依存性インスリン分泌刺激性ポリペプチド 208
グルコース感知性ニューロン 206
グルコース刺激性インスリン分泌 152
グルコース制御タンパク質 311
グルコースセンサー 152
グルコース代謝の主な調節点 159
グルコーストランスポーター 2 210
グルコーストランスポーター 4 169, 170
グルコキナーゼ 152
　——　アイソフォーム 1 152
　——　制御タンパク質 152, 153
グルココルチコイド 170
グルコサミン 35
グルコシルセラミド 141, 143
グルコセレブロシド 52
グルコネオゲネシス 130, 172
グルコピラノース, α-D- 33
グルコン酸 34
グルシトール 34
グルタチオン 44, 114, 116, 307, 309
　——　の誘導 114
グルタチオンシンテターゼ 114
グルタチオンペルオキシダーゼ 309
　——　1～4 310
グルタミナーゼ 95, 133
グルタミルシステイン 114
グルタミン 57, 58, 95, 110
グルタミン依存性カルバモイルリン酸シンテターゼ 144
グルタミン合成反応 95
グルタミン酸 55, 56, 288
　——　5-セミアルデヒド 109
　——　γ-セミアルデヒド 106
　——　-アンモニアリガーゼ 95
　——　-オキサロ酢酸トランスアミナーゼ 96
　——　-オキサロ酢酸トランスアミナーゼ 1 131
　——　-ピルビン酸トランスアミナーゼ (GPT) 100

グルタミン酸システインリガーゼ 114
グルタミン酸担体 1,2 131
グルタミン酸デカルボキシラーゼ 116
グルタミン酸デヒドロゲナーゼ 96, 133
グルタミンシンテターゼ 95
グレリン 207
グレリン-28 207
グローバルゲノム修復 242
区画化(代謝の) 75
空腸 15
空腹時高血糖 201
組換え 244
組換え活性化遺伝子 246
組換えシグナル配列 248

け

ケクレ Kekule の式 41, 42
ケト(ン)基 30, 31
ケトアシドーシス 117
ケトアシル CoA チオラーゼ, 3- 88
ケトアシル CoA レダクターゼ, 3- 137, 139
ケトグルタル酸, α- 124
ケトース 30, 31
ケト酸, α- 93
ケトスフィンガニン, 3- 141, 143
ケトヘキソキナーゼ 134, 135
ケトン体 170
　——　の生成・分解 172, 174
ケラタン硫酸 37, 39
ケラチンフィラメント 11
ゲノム 216
ゲノムインプリンティング 224
ゲノム刷り込み 224
ゲルソリン 285
解毒 16
形質膜 4
系統名 80
血液がん 279
血液凝固 299
血漿カリクレイン 299
血漿タンパク質 16
血小板 299
　——　の凝集 299
血小板活性化因子 49
血漿リポタンパク質のモデル 296
血清アルブミン 61
　——　の構造 62
血中コレステロールエステルの生成 298
血中遊離脂肪酸 208
血糖上昇が糖代謝に及ぼす影響 171
血糖値の低下が糖・脂質代謝に及ぼす影響 172
倹約遺伝子 205
嫌気的解糖 82
　——　経路 85
限定分解 60
原がん遺伝子 271
　——　C-crk, p38(Crk-1/-2) 273
　——　MYC 252

　——　チロシンプロテインキナーゼ ABL1 272
　——　チロシンプロテインキナーゼ ROS 276
減数分裂 245

こ

コアクチベーター 196, 216, 255, 277
コアタンパク質 37
コアプロモーター 219
コイルド・コイル 264
コエンザイム Q 308
コール酸 47
　——　の誘導 48
コシュランドモデル 80
コドン 227
コネキシン 5
コネクソン 6
コハク酸セミアルデヒド 116
コハク酸セミアルデヒドデヒドロゲナーゼ 116
コハク酸デヒドロゲナーゼ複合体 125
コバルト 28
コピー数の異常 281
コヒージョン 263
コヒーシン複合体 263～266, 269
コプロポルフィリノーゲン III 305
コプロポルフィリノーゲンオキシダーゼ 305
コラーゲン 12, 60, 299
コリ回路 171
コリン 49
コリンホスホトランスフェラーゼ 142
コリンリン酸 50
コレシストキニン 16
コレステ-5-エン-3β-オール 47
コレステロール 47, 296
　——　運搬リポタンパク質 297
　——　の合成経路と調節部位 298
　——　の構造 47
コレステロールエステル 296
コレステロールエステル化酵素 297
コレステロール逆転送 297
コンデンシン複合体 265, 266, 269
コンデンシン複合体サブユニット 1/2/3 262, 266
コンドロイチン硫酸 37
コンドロイチン 4-硫酸 39
コンドロイチン 6-硫酸 39
コンフォメーション 59, 80
ゴルジ装置 8
呼吸酵素 28
呼吸鎖 87, 124, 127
　——　における活性酸素種の生成 308
呼吸鎖複合体 127
　——　I (NADH デヒドロゲナーゼ) 126
　——　II (コハク酸デヒドロゲナーゼ) 126

324　和文索引

呼吸鎖複合体（つづき）
　——Ⅲ（ユビキノール-シトクロム c レダクターゼ，シトクロム bc₁ 複合体）　126, 308
　——Ⅳ（シトクロム c オキシダーゼ，シトクロム aa₃ 複合体）　126
五員環構造　33
五炭糖　30
甲状腺　19
甲状腺刺激ホルモン　19
　——放出ホルモン　18
甲状腺未分化がん　280
甲状腺濾胞　19
好気的解糖　85
好中球のアポトーシス　288
抗アポトーシスタンパク質 Bcl-2　279, 280
抗アポトーシスタンパク質 BCL-XL　282
抗凝固プロテイン C　301
抗酸化物質　307
後期　265
後期促進複合体　265
後葉　19
高 CG 配列　223
高 U（高 GU）配列　221
高アルギニノコハク酸血症　118
高アルギニン血症　118
高アンモニア血症　118
高エネルギーリン酸基　85
高グリシン血症　98
高血圧　201
高脂血症　208
高シトルリン血症　118
高親和性神経増殖因子受容体　275
高チロシン血症Ⅰ/Ⅱ/Ⅲ型　117
高トリグリセリド血症　207
高尿酸血症　119
高ヒスチジン血症　117
高フェニルアラニン血症　106
高プロピオン酸血症　117
高プロリン血症　117
高密度リポタンパク質　296
高メチオニン血症　111, 117
高リシン血症　117
高ロイシン繰り返し配列　268
鉱質コルチコイド　19
構成的（constitutive）ヘテロクロマチン　266
構造異性体　30
酵素　26, 75
　——の複合体化　75
　——キネティックス　76
　——反応速度論　76
　——反応のエネルギー学　76
膠芽腫　280
興奮性毒素　104
国際酵素委員会　80
　——による酵素の分類　81
黒色腫　277

さ

サーチュイン 1　186, 209
サーチュイン 2〜7　186
サーチュインファミリー　186
サイクリック AMP（cAMP）　86, 188
サイクリック AMP（cAMP）依存性プロテインキナーゼ　154
サイクリックアデノシン 3′,5′-一リン酸　188
サイクリン　249, 250
　—— A2　280
　—— D　250
　—— D1　252, 256, 277, 280, 282
　—— E　254
　—— E1　255
　—— E2　280
　—— T1　218
サイクリン依存性キナーゼ　249, 250
　—— 2/4/6　272
　—— 4/6　250
　——インヒビター　250
　——のアクチベーター　251
　——の作用　250
サイクリンボックスフォールド　249
サイトカイン受容体ファミリー　206
サイトゾル　11
サイレンサー　222
サッカロピン　105, 106, 117
サッカロピン尿症　117
サッカロピンデヒドロゲナーゼ　105, 106
サブユニット　61
サルベージ反応　123
細胞（モデル）　4
細胞外液　27
細胞間基質　12
細胞間結合装置　5, 6
細胞間マトリックス　12, 13
細胞極性　11, 12
細胞骨格　10, 11
細胞質分裂　263
細胞死誘発シグナリング複合体　284
細胞周期　249
細胞周期進行阻害因子 p53　251
細胞小器官　4
細胞性腫瘍抗原 p53　277
細胞性ストレス　307
細胞突起　6
細胞毒性 T リンパ球　287
細胞内 AMP/ATP 比　194
細胞内 Ca^{2+} の上昇　207
細胞内液　27
細胞内輸送，タンパク分子の　235
細胞分裂周期 6（CDC6）ホモログ　238, 239
細胞膜　4
細胞モデル　4
最適 pH　76
最適温度　76
三級アミン　28

三次構造　61
三炭糖　30, 32
三糖　36
三量体 G タンパク質　188
酸アミド基（——を持つアミノ酸）　58
酸化還元対　127
酸化ストレス　307
酸化的リン酸化　128
　——の自由エネルギー変化　127
酸性アミノ酸　55, 56
酸性グリセロ糖脂質　50
酸性ムコ多糖　37
酸素　26, 44

し

シアノコバラミン　29
シアル酸　53
シクロブタン　244
ジエノイル CoA イソメラーゼ，$\Delta^{3,5}$-, $\Delta^{2,4}$-　89, 91
シグナル認識粒子　233, 234
シグナル認識粒子受容体　234
シグナル配列　235
シグナルペプチド　175, 233, 234
シス-アコニット酸　125
シスタチオニン　111, 113
シスタチオニン β-シンターゼ　111, 117
シスタチオニン γ-リアーゼ　111, 117
システイン　57, 100, 113
システインジオキシゲナーゼ　100
システインジオキシゲナーゼ反応　100
システインスルフィン酸　100
システインスルフェン酸　310
シチジル酸　69
シチジル酸キナーゼ　147
シチジン　66
　—— 5′-一リン酸　68
　—— 5′-二リン酸　68
　—— 5′-三リン酸　68
シチジンデアミナーゼ　121
シトクロ b-245 軽鎖　307
シトクロム　127
シトクロム aa₃ 複合体　126
シトクロム b　304
シトクロム b-245 軽鎖　309
シトクロム b-245 重鎖　307, 309
シトクロム b558 サブユニット α/β　309
シトクロム bc₁ 複合体　126
シトクロム c　283, 284, 285
シトクロム c オキシダーゼ　126
シトクロム P450　302
シトシン　66
シトルリン　96, 115
シナプス　21
シナプス後膜　21
シナプス小胞　21
シナプス前膜　22
シナプトソーム付属タンパク質 23　183
シナプトブレビン　183
シミアンウイルス 40　281

和文索引

シュゴシン 265
シュワン細胞 22
シンタキシン4 183, 184
　――-SNAP23複合体 183
　――-Unc-18C複合体 183
シンタキシン結合タンパク質3 183
ジアシルグリセロール 46, 47
　――, 1,2- 140
ジアシルグリセロールO-アシルトランスフェラーゼ 141
ジアシル-Sn-グリセロール3-リン酸, 1,2- 141
ジアステレオマー 30
ジエノイルCoAレダクターゼ, 2,4- 89
ジェミニン 238, 239
ジエン酸 43
ジガラクトシルセラミド 142
ジガラクトシルセラミド硫酸 142
ジカルボン酸担体 131
ジサッカリド 36
ジスケリン 242
ジスムターゼ 307
ジスルフィド結合 28, 60
ジチオオクタノイン酸, 6,8- 158
ジヒドロウラシル 121
ジヒドロオロターゼ 146
ジヒドロオロト酸 146
ジヒドロオロト酸デヒドロゲナーゼ 146
ジヒドロキシアセトン 30, 31
ジヒドロキシアセトンリン酸 82, 83, 139
ジヒドロキシフェニルアラニン, 3,4- 113, 116
ジヒドロスフィンゴシン 141, 143
ジヒドロセラミド 141, 143
ジヒドロチミン 121
ジヒドロビオプテリン 107
ジヒドロピリミジナーゼ 121
ジヒドロピリミジンデヒドロゲナーゼ 121
ジヒドロプテリジンレダクターゼ 106, 107
ジヒドロリポアミドスクシニルトランスフェラーゼ 125
ジヒドロリポアミドデヒドロゲナーゼ 125
ジヒドロリポイルデヒドロゲナーゼ 99
ジホスファチジルグリセロール 49
　――の構成成分 49
ジリン酸(二リン酸)基 29
ジンクフィンガータンパク質GLI1 274, 279

止血 299
四炭糖 30, 32
四糖 36
四面体構造 26
四面体配置 31
糸球体 17
糸球体傍細胞 17
糸球体濾液 17
姉妹染色分体 261, 266

脂質異常症 208
脂質ラフト 181
脂肪合成に関与する遺伝子 193
脂肪細胞トリアシルグリセロールリパーゼ 166, 167
脂肪酸 26, 41
　――のβ酸化 88
　――の供給 86
　――の合成サイクル 138
　――の酸化経路(まとめ) 92
　――の伸長 139
　――の不飽和化 139
　――の命名法 43
　――の融点 41
脂肪酸合成酵素 137
脂肪酸酸化 86, 172
脂肪酸シンターゼ 137, 193, 202, 203
脂肪酸デサチュラーゼ1/2 139
脂肪酸デサチュラーゼ3 203
脂肪腫 280
脂肪族アミノ酸 56
脂肪組織 86
脂肪の形成機構 201
脂溶性ビタミン 16
紫外線 257
視床下部 18, 19
視床下部-下垂体前葉-副腎皮質軸 19
自己リン酸化 176
自動ペプチドシーケンサー 60
軸索 20, 21
実行型カスパーゼ 285
若年性肥満症 206
若年性ポリポーシス症候群 279
若年発症成人型糖尿病2 153
主細胞 15
腫瘍壊死因子α 207
腫瘍化 257, 270
　――関連遺伝子 272〜277
腫瘍サプレッサー 251
　――p53 252, 277
受容体シグナリング 175
樹状突起 20
樹状突起棘 20
十二指腸 15
終期 265
循環系 13
小膠細胞 22
小細胞性肺がん 279
小胞体 7
小胞体関連分解経路 314
小胞体ストレス 287, 308
小胞体ストレス応答アンフォールデッド・プロテイン・レスポンス(UPR) 313
小胞体付属膜タンパク質2 183
小胞輸送(系) 4
消化器 14
　――とその機能 15
消化酵素 15
上皮小体 20
上皮小体ホルモン 20
上皮性カドヘリン 5

上皮増殖因子受容体 273
上流刺激因子1, 2 203
上流転写因子1/2 203
条件的ヘテロクロマチン 266
食欲減退ペプチド 206
触媒サブユニット 77
伸長因子 230
　――2 233
神経回路 22
神経下垂体 19
神経系 20
神経膠細胞 22
神経細胞 20
神経細胞集団 18
神経線維腫症関連タンパク質NF-1 275
神経伝達物質 21
真核生物翻訳開始因子 229
新生RNA 220
　――のキャップ構造 220
人工多能細胞 270
腎臓 17
腎臓オキシダーゼ-1/KOX-1 309

す

スーパーオキシドアニオン 27, 307
スーパーオキシドジスムターゼ 309
　――1/2 307, 310
　――3 310
スカベンジャー受容体クラスBメンバー1 298
スクシニルCoA 124, 125
スクシニルCoAシンテターゼ 124
スクシニルCoAリガーゼ 124
スタートコドン 227
ステアリン酸 42
ステロイド 47
ステロイドホルモンの誘導 48
ステロールO-アシルトランスフェラーゼ 297
ステロール調節性配列 202
ステロール調節要素結合タンパク質1 201
　――アイソフォームC 203
ストップコドン 227, 233
ストレスタンパク質 310
スナップ23タンパク質 183
スパーオキシドアニオン 308
スピンドルチェックポイント 265
スフィンガニン 50, 141, 143
スフィンガニン1-リン酸 142
スフィンガニンキナーゼ 142
スフィンゲニン 49
スフィンゴイド塩基 49
スフィンゴ脂質 49, 141
スフィンゴ糖脂質 50, 51, 141
スフィンゴシン 49, 50, 143
スフィンゴシン1-リン酸 142
スフィンゴシンN-アシルトランスフェラーゼ 143
スフィンゴミエリン 50, 141, 143

スフィンゴミエリンシンターゼ　143
スフィンゴリピド C-4 ヒドロキシラーゼ/Δ4 デサチュラーゼ　143
スフィンゴリン脂質　48, 49, 141, 296
スプライシング　221
ーーの機構　222
スプライシングエンハンサー　222
スプライソソーム　221
スペルミジン　115, 118
スペルミジンアミノプロピルトランスフェラーゼ　115
スペルミジンシンターゼ　115
スペルミン　115, 118
スペルミンシンターゼ　115
スルファチド　52, 141, 143
スルフィド結合　28
スルフィノアラニン, 3-　100
スルフヒドリル基　28
スルホガラクトース, 3-　51
スルホグリコシルスフィンゴ脂質　52
水素　26
膵β細胞のインスリン分泌　156
膵液　15
膵臓　16
膵臓がん細胞株　280
膵島　19
髄鞘　22

せ

セカンダリーリソソーム　9
セキュリン　265
セキュリン-セパラーゼ　266
セクレチン　16
ーー受容体ファミリー　188
セパラーゼ　265, 266
セミノリピド　51
セラミド　50, 141, 143
セラミド 1-リン酸　142
セラミドキナーゼ　142
セラミド グルコシルトランスフェラーゼ　143
セラミドシンターゼ 1　143
セリン　49, 56, 99
セリンデヒドラターゼ　104
セリン/トレオニンキナーゼ　177
セリン/トレオニンプロテインキナーゼ 11　195
セリン/トレオニンプロテインキナーゼ Chk1/2　273
セリン/トレオニンプロテインキナーゼ Plk1　263
セリン/トレオニンプロテインキナーゼ SIK2　190
セリン・トレオニンプロテインホスファターゼ 2A　265
セリン/トレオニンプロテインホスファターゼ 2B　195
セリン パルミトイルトランスフェラーゼ　143

セリン（またはシステイン）ペプチダーゼインヒビター, クレード(clade)C, メンバー 1　301
セリンヒドロキシメチルトランスフェラーゼ　99
セリンプロテアーゼ　299
セルサイクルチェックポイントキナーゼ　257
セルロプラスミン　28
セレノシステイン　29, 236, 310
ーーとその生成　235
セレノシステイン挿入配列　236
セレブロシド　51
セレン含有タンパク質　62, 236
セロトニン　103, 104
セロトニンアセチルトランスフェラーゼ　112
セントロメア　265, 266
ーーDNA　266, 269
ーー-キネトコア　267
ーー-キネトコアの形成　269
生活習慣病　201
生体の恒常性　74
生理的脱共役タンパク質　202
成長因子受容体タンパク質 10　186
成長ホルモン　19
成長ホルモン放出因子　18
性腺　20
性腺刺激ホルモン放出ホルモン　20
星状膠細胞　22
精巣　20
静止している細胞　268
切断促進因子　221
切断ポリアデニル化特異因子　221
石けんの主成分　41
接触活性化経路　299
接触阻害　271
接着結合　5
接着帯　5
摂食亢進　205
摂食行動に関与する中枢ペプチド　205
摂食行動の亢進　205
摂食行動の支配　205
摂食行動の低下　206
染色体パッセンジャー複合体(CPC)　263, 267, 268
染色体不安定性　281
腺下垂体　19
線維芽細胞増殖因子 8　274
ーー受容体 3　274
線維素溶解　301
線溶　301
ーーに関与するタンパク質　304
ーーの機構　303
選択的スプライシング　222
全遺伝子数　216
前期　264
前中期　264, 268
前葉　19
前立腺がん　258

そ

ソニックヘッジホッグ　279
ソマトスタチン　19
ソルビトール　34
ソルボース, D-　32
阻害剤　76
粗面小胞体　7, 8
組織因子　299
組織因子経路　299
組織因子経路インヒビター　301
組織特異的選択的スプライシング　222
組織プラスミノーゲンアクチベーター　301
疎水性　41
疎性結合組織　13
双極イオン　54
双性イオン　54
相同組換え　244, 245
相補的 DNA　60
増殖細胞核抗原　240
足細胞　17
促進輸送　169
損傷 DNA の認識　256
損傷バイパス　244

た

ターゲティング　235
ターン　61
タイト結合　5
タウリン　100
タンパク質 4（血漿）　206
タンパク質合成　171
タンパク質ジスルフィドイソメラーゼ　235
タンパク質チロシンホスファターゼ　210
タンパク質の細胞内輸送　8
タンパク質分解　172
ーー酵素　15
ダイサー　226
ダイニン-ダイナクチン　267
ダブル C2-ライクドメイン含有タンパク質 β　183
ダブルヘリックス　69
多機能酵素　137
多酵素複合体　75
多不飽和脂肪酸　43, 202
代謝の統合　169
代謝経路　75
ーーのバランス　75
ーーの区画化　75
代謝と免疫の関連性　208
代謝の経済　74
対イオン　26
大腸　16
大腸がん　277, 280
大脳皮質　22
脱アセチル化酵素 HDAC1　252
脱共役（除共役）　129

和文索引　327

脱共役タンパク質　129
── 1,2,3（UCP1,2,3）　131
── 3　201, 202
単鎖 DNA 結合タンパク質　238
単純脂質　46
単純多糖　36
単糖　30
── の立体異性　30
炭化水素　41
炭酸水素イオン　15
── の分泌　16
炭水化物　26, 30
炭水化物応答要素　193
炭水化物応答要素結合タンパク質
　　　　　　　　　193, 203
炭素　26
胆汁　15
胆汁酸　16, 47
胆嚢　16
短鎖飽和脂肪酸　41
弾性線維　13
弾性層　14

ち

チアミン二リン酸　102
チアミン（ビタミン B 群）　101
チアミンピロリン酸　102
チェックポイントの不全　281
チェックポイントキナーゼ　257
── ATM/R　251
チェックポイントタンパク質　265
チオエーテル結合　28
チオール基　28
チオレドキシン　307, 309
チミジル酸　69
チミジル酸キナーゼ　147
チミジル酸シンテーゼ　147
チミジン　66
── 5′-一リン酸　68
── 5′-二リン酸　68
── 5′-三リン酸　68
チミジンキナーゼ　122
チミジンホスホリラーゼ　121
チミン　66
── -DNA グリコシラーゼ　224
チミン二量体　244
チミンダイマー　244
チモーゲン　299
チャネル輸送系　4
チューベリン　178, 195
チュブリン，α-/-β　10
チュブリン，γ-　269
チラミン　106, 108, 113
チロキシン　20
チログロブリン　20
チロシナーゼ　113, 116, 117
チロシン　56, 105
── の異化　108
── -プロテインホスファターゼ非受
　容体型 1　184

チロシンアミノトランスフェラーゼ
　　　　　　　　　117
チロシンキナーゼ　176, 177
窒素　26
中間径フィラメント　10
中間密度リポタンパク質　296
中期染色体　7
中鎖　138
中鎖飽和脂肪酸　42
中心体　10, 263
中性グリセロ糖脂質　50
貯蔵脂肪（貯留脂肪）　47, 86
── に含まれる脂肪酸　91
── の分解と調節　166
長鎖アミノアルコール　49
長鎖飽和脂肪酸　42
超長鎖脂肪酸伸長タンパク質　139, 140
超低密度リポタンパク質　86, 170, 296
超複合体　258
腸肝循環　47
調節サブユニット　77
── 3A　180
── 3B　180
── 3C　180
── 3D　180

つ

つなぎとめ，GLUT4 小胞の　181
痛風　119

て

テトラサッカリド　36
テトラヒドロ葉酸　98
テトラヒドロビオプテリン　106, 107
テトロース　30, 32
テロメア　241, 281
── DNA　266
── RNA 成分　242
テロメラーゼ　241, 242, 281
── RNA 成分　241
テロメラーゼ逆転写酵素　241, 242
デアミノ NAD$^+$　112, 116
ディシェブルド　277
ディスロコン　314, 315
デオキシ糖　34
デオキシアデノシン　66, 120
── 5′-一リン酸　68
── 5′-二リン酸　68
── 5′-三リン酸　68
デオキシイノシン　120
デオキシウリジン　119
デオキシグアノシン　66
── 5′-一リン酸　68
── 5′-二リン酸　68
── 5′-三リン酸　68
デオキシグアノシンキナーゼ　119
デオキシシチジン　66, 119
デオキシシチジンキナーゼ　122
デオキシシチジン酸キナーゼ　147
デオキシヌクレオチド担体　131

デオキシピリミジンヌクレオシド　67
デオキシプリンヌクレオシド　67
デオキシプリンヌクレオチド　144
デオキシリボース　33, 34
デオキシリボヌクレオシド　66, 67
── 5′-一リン酸　119
デオキシリボヌクレオチド　68
デザートヘッジホッグ　279
デサチュラーゼ　139
── , Δ4-　143
── , Δ5-/Δ6-/Δ9-　139
デスエフェクタードメイン　284
デスドメイン　284
デスミンフィラメント　11
デスモグレイン　5
デスモコリン　5
デスモソーム　5
デヒドロスフィンガニン　141, 143
デヒドロスフィンガニンレダクターゼ，
　3-　143
デホスホ CoA　114
デルマタン硫酸　39
低分子干渉性 RNA　226
低分子量 GTP アーゼ　182
低分子量 GTP 結合タンパク質　182
低分子量リボ核タンパク質　285
低密度リポタンパク質　296
鉄　27
鉄-イオウ中心　126, 308
転移　281
転座　271, 280
転写　216
── に関わるタンパク質　218
── の休止　220
── の進行　220
転写因子 p65　209
転写因子 TFE3　187
転写開始前複合体　216
転写共役修復　242, 245
転写コアクチベーター　196
転写伸長因子　220
転写伸長複合体　220
転写調節因子　216
電位遷移　283
電気的シナプス　21
電子伝達鎖　87, 127
電離放射線　257

と

トコフェロール（ビタミン E）　307
トポイソメラーゼ　266
トランジション変異　243
トランジットペプチド　235
トランス-2,3-エノイエル CoA レダク
　ターゼ　139
トランスアミナーゼ　93
トランスグルタミナーゼ　300
トランスゴルジネットワーク　181
トランスバージョン　210
トランスバージョン変異　243
トランスファー RNA　227, 228

328　和文索引

トランスフォーミング増殖因子 β I / II 型受容体　277
トランスリージョン合成　244, 257
トランスロケーター　182
トランスロコン　233, 234
トリアシルグリセロール　46, 47, 86, 140, 296
── 合成　141, 169, 171
── 分解　172
── の抑制　171
トリアシルグリセロールリパーゼ　15, 86
トリオース　30, 32
トリオースリン酸イソメラーゼ　135
トリカルボン酸回路　124
トリカルボン酸担体　131
トリグリセリド　47, 140, 296
トリサッカリド　36
トリプシン　15
トリプトファン　56, 102, 105
── の異化　103
トリプトファン 2,3-ジオキシゲナーゼ　102, 103
トリプトファン 5-モノオキシゲナーゼ　102, 103
トリプトファン水酸化酵素　102
トリヨードチロニン　20
トレオース, D-　32
トレオニン　56
トレオニンアルドラーゼ　104
トレオニンデヒドラターゼ　104, 105
トレオニンデヒドロゲナーゼ　104
トロポエラスチン　14
トロンビン　300
トロンビン活性化線溶インヒビター　302
トロンボキサン　45
── A₂　46, 299
── の誘導　46
トロンボモジュリン　301
ドーパ　116
ドーパキノン　113, 116
ドーパクローム　113
ドーパミン　20, 21, 113, 116
ドーパミン β-モノオキシゲナーゼ　113
ドコサヘキサエン酸 (DHA)　4, 7, 10, 13, 16, 19-　44
ドッキング複合体　181
── の再編成　183
ドメイン　61
ドリコール　63
糖アルコール　34
糖原性アミノ酸　82
糖原病 III型/IV型　163, 164
糖原病 V型/VI型　163, 165
糖鎖　62
── の合成　63, 64
糖脂質　50
糖質コルチコイド　19
糖脂肪毒性　211
糖新生　82, 130, 172
── の 3 つの不可逆過程　130

── のオキサロ酢酸供給経路　133
── のまとめ　134
糖タンパク質　61, 62
糖尿病, 2 型　209
糖(糖質)の基本構造　30, 31
糖リン酸　26, 35, 37
同化　74
同化ホルモン　170
動原体　266
銅　27, 28
銅中心　126

な

ナイアシン　112
ナイミーヘン切断症候群タンパク質 1　259
ナトリウム　27
ナンセンス介在 mRNA 崩壊　236
ナンセンスコドン　236
投げ縄状イントロン　222
内因性経路　299
内臓脂肪型肥満　201
内臓脂肪蓄積　201
内側セントロメア　266
内側セントロメアタンパク質　268
内皮由来弛緩因子　28
内部リボソーム参入部位　237
内分泌腺　18
内膜　9
波板構造　60

に

ニコチン酸　112
ニコチン酸 D-リボヌクレオチド　112
ニコチン酸アデニンジヌクレオチド　112, 116
ニコチン酸ヌクレオチド (NMN)　112
ニコチン酸-ヌクレオチドジホスホリラーゼ　112
ニコチン酸リボヌクレオチド　112, 116
ニコチンアミド　112, 116
── -ヌクレオチドアデニリルトランスフェラーゼ 2　112
── (ビタミン B 群)　91, 112
ニコチンアミドアデニンジヌクレオチド　91, 112, 114
ニコチンアミドアデニンジヌクレオチドリン酸　91
ニコチンアミドホスホリボシルトランスフェラーゼ　112
ニコチンアミドリボヌクレオチド　116
ニトロシル化, タンパク質の　187
ニブリン　259
ニューロエンドクラインコンベルターゼ 1, 2　173
ニューロフィラメント　11
ニューロペプチド Y　205
ニューロン　20, 21
二酸化炭素　26
二次構造　61

二重鎖 RNA 特異性アデノシンデアミナーゼ　225
二糖　36
乳がん　256, 258, 280
乳がん I 型感受性タンパク質　260, 272
乳がん感受性遺伝子 1　258
乳がん II 型感受性タンパク質　272
乳酸　82
乳酸デヒドロゲナーゼ　84, 133
乳糖　36
尿細管　17
尿酸　119, 120
尿素　17, 93, 94
尿素回路　93
── の反応　97

ぬ

ヌクレオシド　67, 119
── 5′-一リン酸　66, 67
── 5′-二リン酸　66, 67
── 5′-三リン酸　66, 67
ヌクレオシド二リン酸キナーゼ　146, 147
ヌクレオシドキナーゼ　122
ヌクレオソーム　216
ヌクレオチダーゼ, 5′-　119
ヌクレオチド　26, 68
──, 24 種の　68
── の 3 形　66
ヌクレオチド除去修復 (NER)　242, 245, 258
── に関与するタンパク質　245, 246
ヌクレオビンディン 2　205
ヌクレオホスミン　255
ヌクレオポリン　227

ね

ネガティブスーパーコイル　218
ネクローシス　281
ネスファチン 1　205
ネフア　205
ネフロン　17
熱ショックタンパク質　310
── 90kDa　233
熱ショックに対応するタンパク質　310

の

ノイラミン酸　53
ノルアドレナリン　19, 113, 116
ノンコーディング RNA　226
乗換え　245

は

ハーゲマン因子　299
ハイマンノース型糖鎖　63
ハイモビリティーグループタンパク質　280
ハマルチン　195

ハロゲン　26
ハンチンチン　182
ハンチントン病　104, 182
バーキットリンパ腫　271
バソプレッシン　19
バリアント　152
バリン　56
パーフォリン　287
パイオニアラウンド翻訳　236
パタチンライクホスホリパーゼドメイン含有タンパク質 2　167
パッチドホモログ 1 タンパク質　279
パラトルモン　20
パリンドローム　247, 248
パルミチン酸　42
パルミトイル ACP ヒドロラーゼ　138
パルミトレイン酸　43, 89, 91
パンクレオザイミン
パントテノイルシステイン　116
パントテン酸（ビタミン B 群）　87, 114
　　── 4′-リン酸　114, 116
破線-くさび形表記　31, 41, 42
歯　26
肺　16
　　── とその微細構造　17
肺サーファクタント　16
配糖体　36
肺胞　16
肺胞細胞，I 型　16
胚性幹細胞　270
発がんの多段階説　281
早すぎる終了とその暗号　236
半保存的複製　239

ひ

ヒアルロナン　40
ヒアルロン酸　37
ヒスタミン　115, 118
ヒスチジン　57, 118
　　── の異化　110
ヒスチジンアンモニアリアーゼ　110, 117
ヒスチダーゼ　110
ヒストン　216
　　── H2A/H2B/3/4　218
　　── H2A とバリアント H2AX　259
　　── H3　263
　　── H3 様　267
　　── H3.1　267
　　── の化学修飾　219
　　── の脱メチル化酵素　269
ヒストンアセチル化酵素　255
ヒストンアセチルトランスフェラーゼ　219, 255
　　── P300/CBP　256
　　── PCAF　203
ヒストンコア　216
ヒストンコード　219, 267
ヒストンメチル化酵素　270
　　── Suv39h　267
ヒト軟骨のプロテオグリカン　40

ヒトアデノウイルス 5　281
ヒドロキシアシル CoA デヒドロゲナーゼ　88
ヒドロキシアパタイト　26, 29
ヒドロキシアミノ酸　55, 56
ヒドロキシアルギニン　115
ヒドロキシアントラニル酸, 3-　103
ヒドロキシイソ酪酸　101, 103
ヒドロキシインドール, 5,6-　113
ヒドロキシ基　27
ヒドロキシキヌレニン, 3-　103
ヒドロキシキヌレニン尿症　117
ヒドロキシシトシン, 5-　243
ヒドロキシ脂肪酸　41
ヒドロキシステロイド [17β] デヒドロゲナーゼ 12　139
ヒドロキシトリプタミン, 5-　103
ヒドロキシトリプトファン, 5-　103
ヒドロキシフェニルアセトアルデヒド, 4-　108
ヒドロキシフェニル酢酸, ρ-　106
ヒドロキシフェニルピルビン酸, ρ-　106, 108, 117
ヒドロキシフェニルピルビン酸ジオキシゲナーゼ, 4-　117
ヒドロキシブタノイル-ACP　137
ヒドロキシブチリル CoA, 3-　101, 103
ヒドロキシメチル基　30, 31
ヒドロキシメチルグルタリル CoA リアーゼ　101, 103
ヒドロキシメチルシトシン, 5-　224
ヒドロキシメチルビラン　303, 305
ヒドロキシメチルビランシンターゼ　305
ヒドロキシルラジカル　27, 307, 308
ヒポキサンチン-グアニンホスホリボシルトランスフェラーゼ　122, 123
ヒポクレチン　205
ヒューリン　173
ヒル係数　80
ビオシチン　102, 137
ビオチニダーゼ　117
ビオチニルタンパク質リガーゼ　117
ビオチン（ビタミン B 群）　102
　　── とビオシチン　102
ビオチンカルボキシラーゼ　102
ビオチン酵素　102
ビタミン A/C/D₃/E/K₁　307
ビタミン B 複合体　100
ビタミン B₁₂（シアノコバラミン）　29
ビタミン K 依存性　301
ビタミン K-依存性プロテイン C/S　301
ビタミン（水溶性）　29
ビメンチン　285
ビメンチンフィラメント　11
ビリベルジン　304, 306
ビリベルジンレダクターゼ　306
ビリルビン　304, 306
　　── β-ジグルクロノシド　306
ビリルビンジグルクロニド　306
ピラノース型　33
ピラン　33

ピリジニウムイオン　91
ピリジン-2,3-ジカルボン酸　103, 104, 112
ピリドキサール（ビタミン B₆）　93
ピリドキサールリン酸　93
ピリドキシン（ビタミン B 群）　117
ピリドキシン（ビタミン B₆）　117
ピリミジン 5′-ヌクレオチダーゼ　121
ピリミジン塩基　26, 66
　　── 合成　145, 146
ピリミジン二量体　244
ピリミジンヌクレオシド　67
ピリミジンヌクレオシド一（モノ）リン酸　119
ピリミジンヌクレオチドの異化　121
ピリミジンヌクレオチドの合成　146, 147
ピルビン酸　82
ピルビン酸カルボキシラーゼ　133, 136, 156
ピルビン酸キナーゼ　83, 84, 154, 156, 193, 203
ピルビン酸デヒドロゲナーゼ　124, 136
ピルビン酸デヒドロゲナーゼ複合体　157
　　── 反応の調節　158
ピルビン酸デヒドロゲナーゼキナーゼ 4　157, 158
ピルビン酸デヒドロゲナーゼホスファターゼ 2　157, 158
ピルビン酸のカルボキシル化　124
ピロール　127
ピロール核　303
ピロリジン環　58
ピロリン 5-カルボン酸, 1-　109, 110, 117
ピロリン 5-カルボン酸レダクターゼ　117
ひだ折りシーツ構造　59, 60
肥満　201
　　── の分子病理（モデル）　209
非 SMC タンパク質　266
非カノニカル経路　279
非還元糖　30
非競合阻害　77
非ケトーシス型高グリシン血症　117
非コード RNA　225, 226
非定型プロテインキナーゼ C　177, 178
非必須（可欠）アミノ酸　58
非翻訳性 RNA　226
微絨毛　5, 15
微小管　10
微小管形成中心　10, 263, 268
微量重金属　28
必須（不可欠）アミノ酸　58
標的シグナル　235
標的輸送　235
標準自由エネルギー変化　76
開かれた読み枠　227

ふ

ファンコニ貧血　258
フィードバック阻害　74
フィッシャー投影式　31
フィブリノーゲン　299
フィブリノペプチド A/B　300
フィブリリン　14
フィブリン　14
フィブリン塊　300
フィブロネクチン　12
フェニルアラニン　56, 105
　―― の異化　107
フェニルアラニン 4-ヒドロキシラーゼ　107
フェニルアラニン 4-モノオキシゲナーゼ　106, 107
フェニルアラニンヒドロキシラーゼ　106, 117
　―― 反応　107
フェニルケトン　107
フェニルケトン尿症　106, 117
フェニルピルビン酸　106, 107
フェロキシダーゼ　28
フェロケラターゼ　305
フォークの立ち往生　257
フォークヘッドボックス O1　195
フォールディング　233
フォドリン　285
フォン・ウィルブランド因子　299
フコース, α-L-　30, 34
フマラーゼ　125
フマリルアセト酢酸　108
フマリルアセトアセターゼ　108, 117
フマル酸　97
フマル酸ヒドラターゼ　125
　――（サイトゾル）　133
フラップエンドヌクレアーゼ, 5′-　241
フラップ特異性エンドヌクレアーゼ 1　241
フラノース型　33
フラビンアデニンジヌクレオチド　87
フラン　33
フリーラジカル　307
フリズルド　271
フルクトース, D-　33, 134
フルクトース-1,6-ビスホスファターゼ　130, 133, 135
フルクトース-1,6-ビスホスファターゼ 1　153, 155
フルクトース 1-リン酸　134
フルクトース-1,6-ビスリン酸　36, 37
フルクトース-2,6-ビスリン酸, β-D-　153, 154, 155
　―― による解糖と糖新生の調節　155
フルクトース 6-リン酸　36, 37
フルクトースとリボースの環状構造　33
フルクトースビスリン酸アルドラーゼ　135
フルクトース輸送体　169
フルクトピラノース, β-D-　33

フルクトフラノース, β-D-　33
ブタノイル-ACP（ブチリル-ACP）　137
　―― の合成　137
ブチリル-ACP　137
ブテノイル-ACP　137
ブルーム症候群タンパク質　258, 260
ブレビング　281
プテロイルグルタミン酸　100
プトレッシン　115, 118
プトレッシンアミノプロピルトランスフェラーゼ　115
プライマー　239
プライマーゼ　239
プラス端指向モータータンパク質　268
プラズマローゲン　49
プラスミノーゲンアクチベーターインヒビター 1　207, 301
プラスミノーゲンアクチベーターインヒビター 1,2　301
プラスミン　301
　―― の活性を阻害する因子　302
プリン 5′-ヌクレオチダーゼ　119, 120
プリン塩基　26, 66
プリンヌクレオシド　67
プリンヌクレオシドホスホリラーゼ　119, 120
プリンヌクレオチドの異化　120
プリンヌクレオチドの合成　145, 146
プルーフリーディング　221
プレ mRNA　221
　―― のスプライシング　221
プレグネノロン　47, 48
プレプロオレキシン　205
プレプログルカゴン　208
プレメッセンジャー RNA　221
プロインスリン　173
　―― / インスリン比　210
プロエステラーゼ　15
プロオピオメラノコルチン　205
プロカスパーゼ 3　285, 286, 287
プロカスパーゼ 6　285, 286, 287
プロカスパーゼ 7/10　287
プロカスパーゼ 8　284, 286, 287
プロカスパーゼ 9　285, 287
プロカルボキシペプチダーゼ　15
プログレッション　281
プロゲステロン　47, 48
プロスタグランジン　44
　―― H_2　45
　―― の種類と構造　45
プロセシング　173
　―― 酵素 PC1/2　173
プロセッシビティー　239
プロテアソーム経路　200
プロテイン C　301
プロテイン S　301
プロテインキナーゼ A　165, 188
プロテインキナーゼ B　177
プロテインキナーゼ C, ι　178
プロテインキナーゼ JNK　282
プロテインキナーゼ SIK2　190

プロテインコンベルターゼ 1/2　173
プロテインチロシンホスファターゼ 1B（非受容体型）　184, 185
プロテインホスファターゼ 1　179, 203
プロテインホスファターゼ 1 触媒サブユニット　180
プロテインホスファターゼ 1D　252
プロテインホスファターゼ 2A　193
プロテインホスファターゼ 3　192, 195
プロテインホスファターゼ 3 触媒サブユニット　195
プロテインホスファターゼ調節サブユニット　180
プロテオグリカン　12, 37, 62
プロトオンコジーン　271
プロトフィラメント　10
プロトヘム　304, 305, 306
プロトポルフィリノーゲン IX　305
プロトポルフィリノーゲンオキシダーゼ　305
プロトポルフィリン IX　305
プロトン駆動力　128
プロトン勾配　127
プロトンチャネル　126, 128
プロトンポンプ　127
プロトン輸送　126
プロピオニル CoA　103, 104
プロピオニル CoA カルボキシラーゼ　104, 117
プロピルアミン　118
プロモーション　281
プロモーター　218
プロラクチン　19
プロリン　57, 58, 110
不競合阻害　77
不均化酵素　307
不斉炭素　30
不対電子をもつ分子　307
不飽和脂肪酸　41, 42, 43
　―― の構造　43
　―― の酸化　89
　―― の略記法　44
部位特異的組換え　248
副甲状腺　20
副腎　19
副腎皮質　19
副腎皮質刺激ホルモン　19
副腎皮質刺激ホルモン放出因子　18
副腎皮質ホルモン　19
複合型糖鎖　63
複合脂質　47
複合タンパク質　61, 62
複製　238
　―― の進行　238
複製一旦停止複合体　257
複製起点　238
複製起点認識複合体　238, 239
複製前複合体　238
　―― の形成　238
　―― の形成にかかわるタンパク質　239
複製タンパク質 A　238

複製フォーク　239, 256
　　—— の前段階　238
　　—— 形成　239
分化した細胞　268
分子シャペロン　233
分枝 α-ケト酸デヒドロゲナーゼ複合体
　　　101, 103
分枝アミノ酸　55, 100
分枝アミノ酸トランスアミナーゼ
　　　101, 103
分枝脂肪酸　41
分泌小胞　181
分裂溝　268
分裂後細胞　249

へ

ヘアピン構造　226
ヘアピンループ　60
ヘキサデセン酸, 9-　43
ヘキスロン酸　34
ヘキソース　30, 32
ヘキソキナーゼ　152
　　—— 1　135
　　—— 1〜4 型　152
ヘッジホッグシグナリング経路　279
ヘテロ三量体タンパク質の α サブユニット　190
ヘテロ多糖　26, 37
　　—— の二糖単位　39
ヘテロクロマチン　266
ヘテロクロマチンタンパク質 1　267
ヘテロトロピックアロステリックエフェクター　77
ヘパラン硫酸　39
ヘパリン　300
　　—— の作用　303
ヘム　127, 302
　　—— 1　308
　　—— 2　308
　　—— B　304, 305, 306
　　—— の基本構造　127
　　—— の合成　305
　　—— の合成と分解　302
　　—— の分解　304, 306
ヘムオキシゲナーゼ　304, 306
ヘムタンパク質　62, 127, 302
ヘム鉄　28
ヘモグロビン　302, 304
　　—— の四次構造　62
ヘリカーゼ　218, 239
ヘンダーソン-ハッセルバルヒの式　54
ベヘン酸　42
ペトロセリン酸　90
ペプシノーゲン　15
ペプシン　15
ペプチジル-プロピルイソメラーゼ Pin1
　　　263
ペプチジルトランスフェラーゼ　228
　　—— 活性　233
ペプチジルトランスフェラーゼ中心
　　（PTC）　233
ペプチジルプロピルシス-トランスイソメラーゼ FKBP8　196
ペプチド　58
　　—— の構造　59
　　—— の伸長と終了　233
ペプチド結合　58
　　—— の形成　233
ペプチド合成酵素　228
ペプチド性神経伝達物質　20, 21
ペプチドチャネル　233
ペリリピン　165, 166, 191
ペルオキシソーム　10
ペルオキシソーム増殖因子活性化受容体 γ　195
　　——, コアクチベーター 1α（PGC1α）　195
ペルオキシラジカル　307
ペルオキシレドキシン　309
　　—— 1〜6　310
ペルヒドロシクロペンタノフェナントレン　47
ペルヒドロフェナントレン　47
ペントース　30, 32
ペントースリン酸回路　138
平滑筋細胞　13
平衡定数　76
平面内細胞極性シグナリング経路　279
閉鎖帯　5
壁細胞　15

ほ

ホスファアチジルイノシトール-4,5-ビスリン酸 3-キナーゼ　178
ホスファチジル-　49
ホスファチジルイノシトール　49, 142
ホスファチジルイノシトール-3,4,5-トリスリン酸　177, 178
ホスファチジルイノシトール-3,4,5-トリスリン酸 3-ホスファターゼ & 二重特異性プロテインホスファターゼ PTEN　185
ホスファチジルイノシトール-3,4,5-トリスリン酸 5-ホスファターゼ 1　185
ホスファチジルイノシトール-4,5-ビスリン酸　177, 178
ホスファチジルイノシトール-4,5-ビスリン酸 3-キナーゼ　176
ホスファチジルイノシトールシンターゼ　142
ホスファチジルエタノールアミン
　　　49, 141, 142
ホスファチジルコリン（レシチン）
　　　49, 140, 142
ホスファチジルコリン-ステロールアシルトランスフェラーゼ　297, 298
ホスファチジルセリン　49, 140, 142
ホスファチジルセリンシンターゼ　142
ホスファチジルセリンデカルボキシラーゼ　142
ホスファチジン酸　49, 140, 141
　　—— の構成成分　48
ホスファチジン酸シチジルトランスフェラーゼ　142
ホスファチジン酸ホスファターゼ　141
ホスホ-α-D-リボース 1-二リン酸, 5-
　　　112, 122
ホスホエノールピルビン酸　84
　　—— 合成と分解の調節　156
ホスホエノールピルビン酸カルボキシキナーゼ　130, 133, 156
ホスホグリセリド　48
ホスホグリセリン酸キナーゼ　84
ホスホグルコノラクトナーゼ, 6-　138
ホスホグルコムターゼ　135, 161
ホスホグルコン酸デヒドロゲナーゼ
　　　138
ホスホコリン　50
ホスホジエステラーゼ 3B　178
ホスホジエステラーゼ 6　190
ホスホチロシンホスファターゼ活性
　　　251
ホスホパンテテイン, 4′-　114
ホスホパントテノイルシステイン, 4′-
　　　114
ホスホフルクト-2-キナーゼ/フルクトース-2,6-ビスホスファターゼ, 6′-
　　　154, 155, 189, 191
ホスホフルクトキナーゼ, 6′-　153, 155
ホスホリパーゼ A₂　15
ホスホリパーゼ Cβ1　190
ホスホリボシル-（N-スクシノカルボキサミド）-アミノイミダゾール　145
ホスホリボシル-1-アミン, 5-　145
ホスホリボシル-1-ピロリン酸, 5-
　　　112, 122
ホスホリボシル二リン酸　116
ホスホリボシル-4-（N-スクシノカルボキサミド）-5-アミノイミダゾール
　　（SAICAR）, 5′-　145
ホスホリボシル-グリシンアミド　145
ホスホリボシル-カルボキサミド-5-アミノイミダゾール, 5′-　145
ホスホリボシルピロリン酸　144
ホスホリボシルピロリン酸シンテラーゼ
　　　122
ホスホリボシル-N-ホルミルグリシンアミジン, 5-　145
ホスホリラーゼ　163
　　——, グリコーゲン　165
　　—— 活性　163
ホスホリラーゼキナーゼ
　　　163, 179, 189, 191
ホメオスタシス　74
ホモゲンチジン酸　106, 108, 117
ホモゲンチジン酸ジオキシゲナーゼ
　　　117
ホモシスチン尿症　111
ホモシステイン　111, 113, 117
ホモ多糖　36
ホモトロピックアロステリックエフェクター　79
ホルミル基　98
ホルミルキヌレニン　103

ホルミルシトシン, 5-　224
ホルミル-テトラヒドロ葉酸　144
ホルムイミノグルタミン酸　110, 112
ホルムイミノトランスフェラーゼ　110
ホルモン感受性リパーゼ
　　86, 165, 189, 191
ポリA鎖　221
ポリAポリメラーゼ　221
ポリ［ADP-リボース］ポリメラーゼ
　　257
ポリアデニル化　221
ポリコームグループ　225
ポリシストロン性　227, 228
ポリヌクレオチド　69
ポリヒドロキシアルカン　34
ポリペプチド　58
　――構造安定化　60
ポリユビキチン鎖　200, 259
ポルフィリン　302
ポルフィリン代謝　302
ポルホビリノーゲン　303, 305
ポロボックス　263
補酵素　76, 82
　――A　87
　――Aの構造　87, 90
　――Aの誘導　114
芳香族L-アミノ酸デカルボキシラーゼ
　　108, 113, 116
芳香族アミノ酸　55, 56
飽和脂肪酸　41, 42
　――の合成　136
乏突起膠細胞　22
紡錘体チェックポイント　264
　――に関与する遺伝子　269
傍濾胞細胞　20
骨　26
翻訳　227
　――の開始複合体　229
　――の細胞生物学　233
翻訳依存性, NMDの　236
翻訳開始複合体　230, 231
　――の形成　229, 231
翻訳開始前複合体　231
翻訳共役ターゲティング　233, 234
翻訳共役輸送　233
　――に関与するタンパク質　234
翻訳後プロセシング　202
翻訳終了因子1　233
翻訳伸長因子1A/2　232
翻訳伸長過程　232

ま

マイクロRNA　226, 256, 279
マイクロサテライト不安定性　281
マイクロフィブリル　14
マイトゲン活性化プロテインキナーゼ
　　186
マクロファージコロニー刺激因子1受容
　　体　273
マトリックス（ミトコンドリア）
　　9, 87, 126

マトリックス外空間　126
マルチプルリスクファクター症候群
　　201
マルトース　36, 38
マレイルアセト酢酸　108, 117
マロニル-ACP　137
マロニルCoA　136
　――の生成　136
マロニル基　136
マンガン　28
マンニトール　35
マンヌロン酸　34
マンノース, D-　30, 31
膜間腔　126, 127
末端追加酵素　248
末端複製問題　241
窓あき型毛細血管　17
慢性の起炎症性応答　208

み

3つのF　170
3つの型の阻害　78
ミエリン　52
ミエリン鞘　22
ミオグロビン　302
ミオシンⅠc/Vb　182
ミオシンⅥ　182, 262
ミオパチーを伴う中性脂肪貯留症　167
ミオフィブリル　13
ミカエリス定数　76
ミカエリス-メンテンの式　76
ミクログリア　22
ミクロフィラメント　5, 10
ミスマッチ　258
ミセル　41
ミッドボディ　268
ミトコンドリア　9
　――の微細構造　10
　――膜の破壊　283
ミトコンドリア性アポトーシス誘導因子
　　1　288
ミトコンドリア内膜　126
　――の輸送体　131
ミニクロモソーム維持複合体　239
ミリスチン酸　42
水　26
密着結合　5

む

ムコ多糖　12, 37
ムターゼ　85
ムチン　62
無プリン・無ピリミジン部位　242

め

メタクリリルCoA　101, 103
メタボリックシンドローム　201
メチオニン　57, 112
　――の異化　111

メチオニンアデノシルトランスフェラー
　　ゼ　111
メチルアセトアセチルCoA　101
メチルグルタコニルCoA ヒドラターゼ
　　101, 103
メチル化シトシンの除去と回復　224
メチル基転移　113
メチルグルタコニルCoA　174
メチルクロトニルCoA　103, 117
メチルクロトニルCoA カルボキシラー
　　ゼ　103
メチルシトシン, 5-　223, 224, 243
メチルシトシンジオキシゲナーゼTET
　　224
メチルマロニルCoA　101, 103
メチルマロニルCoA エピメラーゼ
　　101, 103
メチルマロニルCoA ムターゼ　101, 103
メチルマロン酸セミアルデヒド
　　101, 103
メチルマロン酸セミアルデヒドデヒドロ
　　ゲナーゼ　101, 103
メチレン基　98
メチレン-5,6,7,8-テトラヒドロ葉酸, 5,
　　10-　100
メッセンジャーRNA型非コードRNA
　　226
メディエーター　219
メディエーター複合体　219
メテニル基　98
メトホルミン　194
メラトニン　112, 114
　――の誘導　112
メラニン　116
メラニン凝集ホルモン　205
メラニン細胞刺激ホルモン　205
メラノコルチン4受容体　205
　――遺伝子の変異　206
メラノトロピンα　205
免疫グロブリンH鎖遺伝子　271

も

モータータンパク質　182, 269
モチーフ　61, 284
モノアシルグリセロール　46, 47
モノアミンオキシダーゼ　108
モノー-ワイマン-シャンジューモデル
　　77
モノカルボン酸トランスポーター　171
モノシストロン性　227, 228
モノフェノールモノオキシゲナーゼ
　　113, 116
毛細血管　13
毛細血管拡張性失調症＆Rad3関連
　　261
毛細血管拡張性失調症突然変異　257
網膜芽腫　254

ゆ

ユビキチン　198

——経路 200
——-プロテアソーム系 254
——-プロテアソーム経路 198
ユビキチン活性化酵素 E1 198
ユビキチンカルボキシルターミナルヒドロラーゼ 198
ユビキチン結合酵素 E2 198
ユビキチン-タンパク質リガーゼ E3C 198
ユビキノール 127, 308
ユビキノール-シトクロム c レダクターゼ 126
ユビキノン 126, 127, 308
——（ビタミン様作用因子） 127
有害化学物質 257
有核生物翻訳開始因子 4B 197
有核生物翻訳開始因子 4E 197
——結合タンパク質 197
有機ヒドロペルオキシド 307
遊離アンモニア 94
遊離因子 1 233
遊離脂肪酸 86
誘導脂質 46
誘導適合仮説 80
融合複合体 181, 183

よ

ヨウ素 27
四次構造 61
葉酸担体 131
葉酸(ビタミン B 群)とその誘導体 100
溶質担体ファミリー 2（1〜13） 170
——（促進グルコーストランスポーター），メンバー 4 169
溶質担体ファミリー 25A（1〜36） 131
四炭糖 30, 32
四糖 36

ら

ラージ T 抗原 281
ライソソーム 9
ライディッヒ細胞 20
ラインウィーバー-バーク式 76
——のグラフ表示 77
ラウリン酸 42
ラギング鎖 239
ラクトース 36, 38
ラクトシルセラミド 52, 142
ラクトシルセラミド II³-硫酸 52, 53
ラジカル 307
ラパマイシン哺乳類標的 197
ラプター 196, 197
ラマチャンドラン・プロット 59
ラミナ 7
ラミニン 12
ラミン 11
ラメラ 8
ラリアット 222
ランゲルハンス島 19

ランダム不活性化 225
卵巣 20
卵巣がん 258
卵胞刺激ホルモン 19

り

リーディング鎖 239
リグノセリン酸 42
リシルオキシダーゼ 14
リシン 57, 105
——の異化 106
リシン 2-オキソグルタル酸レダクターゼ 106
リシン-63 259, 260
リシンアセチル化酵素 256
リシンオキソグルタル酸レダクターゼ 105
リシン特異性デメチラーゼ 2A 267
リスケタンパク質 126
リソソーム 9
リゾホスファチジン酸 49, 141
リゾホスファチジン酸受容体 1/4 190
リノール酸 43, 91
——の酸化 92
リノレン酸 43, 44
——, α-/γ- 44
リパーゼ 15
リブロース 5-リン酸-3-エピメラーゼ 138
リボース, D- 30, 32, 33, 34
リボース 5-リン酸 36, 37
リボ核タンパク質複合体 229
リボ核酸 69
リボ酸(ビタミン様作用因子) 99
リポイルリシル 102
リボース 5-リン酸イソメラーゼ 138
リボース-リン酸ジホスホキナーゼ 122
リボザイム 231
リボソーム 7, 227, 230
—— RNA 229
—— サブユニット 230
リボソームタンパク質 S6 197
—— キナーゼ 196, 197
リポタンパク質 170, 296
—— 受容体 297
リポタンパク質リパーゼ 86
リボヌクレオシド 66, 67
—— 5′-一リン酸 119
リボヌクレオシド二リン酸キナーゼ 147
リボヌクレオシド二リン酸レダクターゼ 146, 147
リボヌクレオチド 68
リボヌクレオチドレダクターゼ 147
リボピラノース 33
リボフラノース 33
リポプロテインリパーゼ 207
リポリシス 86
リン 26
リンカーヒストン H1 218

リンクタンパク質 40, 62
リンゴ酸 131
——-アスパラギン酸シャトル 132, 160
リンゴ酸酵素 131
—— 1 131, 136
—— 2 131
—— 3 131, 133
リンゴ酸デヒドロゲナーゼ 125, 131, 132, 136
—— 1 131, 132, 133, 160
—— 2 131, 133, 160
—— とリンゴ酸酵素 131
リン酸化カスケード 177
リン酸基 26, 28, 37
リン酸ジエステル結合 69
リン酸担体 131
リン脂質 48
リンホイドエンハンサー結合因子 1 277
立体異性体 30
硫酸基 26, 28, 37
両親媒性 41
両性イオン 54
両性電解質 54

る

ルイス血液型糖脂質 53

れ

レジスチン 206, 207
レシチン 140
レシチン-コレステロールアシルトランスフェラーゼ 297, 298
レスベラトロール 186, 209
レダクターゼ依存経路 89, 91
レチナール 311
レチノイン酸受容体 RXR-α 195
レチノール結合 206
レチノール結合タンパク質 4 207
レッシュ-ナイハン症候群 123
レニン 17
レプチン 206
レプチン受容体 206
—— 欠損マウス 206
レプチン抵抗性 206

ろ

ロイコトリエン 44
—— の種類と構造 45
ロイシン 56, 100, 105
ロウ 46
ロドプシン感受性 cGMP ホスホジエステラーゼ 190
六員環構造 33
六炭糖 30

欧文索引

A

A キナーゼ　165, 188
A キナーゼアンカータンパク質　189
A サイト　230
A 細胞　19
A-Ⅰ/Ⅱ/Ⅳ/V　297
A1/A2 細胞　19
A2M　304
AAA 型 ATP アーゼの仲間　239
AASS　106
AAUAAA 配列　221
ABL1　272
ABRA1　259, 260
ABRO1　259, 260
absorptive epithelial cell　15
AC　188
AC4　189
ACACA/B　167, 168
ACADL/M/VL　88
ACAT1　174
ACAT-1　297
ACC　192
ACC1/2　168, 203
acetoacetate　170
acetoacetyl-ACP　137
acetyl-ACP　137
acetyl-CoA carboxylase　136, 168
acid mucopolysaccharide　37
acidic amino acid　55
acidic glyceroglycolipid　50
ACOX1　88
ACP　137
ACP S-アセチルトランスフェラーゼ　137
ACP S-マロニルトランスフェラーゼ　137
ACTH　19
actin filament　10
activation energy　75
active center　26
active methyl　113
active site　75
acyl carrier protein　137
acyl-CoA　87
acyl-CoA dehydrogenase　87
acyl-CoA dependent ceremide synthase　143

acyl-CoA desaturase　139
acyl-CoA oxidase　87
acyl-CoA synthetase　87
acylglycerol　46
ADAR　225
ADAT　225
ADCY　188
──4　189, 190
adenine　66
adenine phosphoribosyltransferase　123
adenohypophysis　19
adenomatous polyposis coli　272
adenosine　66
adenosine deaminase　119
adenosine deaminase acting on mRNA　225
adenosine deaminase acting on tRNA　225
adenosine kinase　119
adenylic acid　69
adenylyl cyclase　188
adherens junction　5
adipocyte triacylglycerol lipase　167
adipocytokine　206
adiponectin　206
adiponectin receptor　206
ADIPOQ　206
ADIPOR1　206
ADIPOR2　207
adipose tissue　86
adipose triglyceride lipase　86, 167
ADP　299
ADP-ribosylation　257
ADP/ATP トランスロカーゼ 1,2,3　131
ADP リボシル化（活性）　186, 257
ADPRT　257
ADRB2　188
adrenal gland　19
adrenalin　19, 170
adrenocortical hormone　19
aerobic glycolysis　85
aggrecan　37
AGL/GDE　164
Ago2　226
agouti related protein　205
AgRP（*AGRP*）　205
AICAR　145
AIF　288, 290
AIFM1　290
AKAP　189

A kinase　165, 188
A-kinase anchor protein　189
AKT　272, 283
Akt（PKB）　177, 178, 179
AKT1/2　178
Akt-1/2/3　177
Akt2　192
ALAD　305
alanine　55
──β　119, 121
alanine aminotransferase　100
alanine cycle　172
ALAS1　305
aldolase　85
aldonic acid　34
aldose　30
ALK　272
alkane　41
alkene　41
alkoxy radical　307
ALK チロシンプロテインキナーゼ受容体　272
all-trans レチノール　307, 311
allosteric activator　79
allosteric effector　77
allosteric enzyme　77
allosteric inhibition　77
allozyme　152
allysine　14
ALT　100
alternative splicing　222
alveolus　16
amino acid　26, 54
amino acid residue　58
amino acid sequence　60
aminoacyl-tRNA synthetase　227
aminoadipic acid semialdehyde　105
aminoadipic acid semialdehyde synthase　105
aminolevulinate, δ-　303
aminosugar　35
aminotransferase　93
AMP　68, 69, 119
AMP デアミナーゼ　120
AMPA2 受容体（GluR2）　225
AMPA2 選択性グルタミン酸受容体 2　225
AMP-activated protein kinase（AMP 活性化プロテインキナーゼ）　194, 195

AMP/ATP 比　194
amphipathy　41
amphoion　54
amphoteric electrolyte　54
AMPK　192, 195
amylase　15
anabolic hormone　170
anabolism　74
anaerobic glycolysis　82
anaerobic glycolytic pathway　85
ANAPC1/2/4/5/7/10/11/13　269
anaphase　265
anaphase promoting complex
　1/2/4/5/7/10/11/13　269
anaphase promoting complex/cyclosome
　（APC/C）　265
angiopoetin-like protein　207
ANGPTL　207
ANGPTL1～*7*　207
anion radical　307
ankyrin　60
anomer（アノマー）　33, 38
anterior lobe　19
anticodon　227
antioxidant　307
antiscorbutic activity　311
AP サイト　242
AP リアーゼ　244
APAF1　284, 288, 290
Apaf-1　284, 285
APC　272
APC/C　265, 266
　──のサブユニット　269
APC^{CDC20}　265, 266
APC^{CDH1}　265
APEX ヌクレアーゼ　244
aPKC　177, 178
ApoA/B/C/E　296
APOA1/2/4/5　297
APOB　297
APOC1/2/3/4　297
APOE　203, 297
apolipoprotein　296
apoptosis　270, 281
apoptosis regulator BAX　290
apoptosis regulator Bcl-2　290
apoptosis-inducing factor 1, mitochondrial
　288, 290
apoptosome　284
apoptotic protease-activating factor 1
　284, 290
Aprataxin　246
APRT　122, 123
APS　179
APTX　246
apurinic/apyrimidinic site　242
arachidate　42
arachidonate　43
arachidonic acid　44
ARF → *CDKN2A*
ARF　251
　── -MDM2　251

arginase　97
arginine　55, 97
argininosuccinate　96
argininosuccinate lyase　97
argininosuccinate synthase　97
aromatic amino acid　55
aromatic L-amino acid decarboxylase　116
Artemis　246
AS160　182
asparagine　58
aspartate aminotransferase　96
aspartate aminotransferase-1/2　131
aspartate carbamoyltransferase　77
aspartic acid　55
AST　96
astrocyte　22
asymmetric carbon　30
AT Ⅲ　301
ataxia telangiectasia mutated
　257, 260, 272
ataxia telangiectasia mutated & Rad3-
　related　261, 264, 272
ATF4　313
ATF6　312, 313
ATGL　86, 166, 192
ATM　257, 259, 260, 262, 272
ATM/ATR　251, 253
ATM-BRCA1-BLM　259
ATP　124
ATP 依存性 RNA ヘリカーゼ　230
ATP 依存性カリウムチャネル　210
ATP 依存性ヘリカーゼ　218
ATP クエン酸リアーゼ　136
ATP 合成酵素複合体　9, 128
ATP シンターゼ　126, 128
ATP シンターゼの構造　128
ATP citrate-lyase　136
ATP-dependent potassium channel　210
ATR　256, 261, 262, 264, 272
ATR interacting protein　261, 264
ATRIP　261, 264
atrogin-1　198, 200
atypical protein kinase C　177
AURKA/B（*AURKB*）　263, 264, 272
Aurora　263
aurora kinase A　264
Aurora-A（遺伝子 *AURKA*）　263
Aurora-B　264, 265, 267, 268
Aurora-B（遺伝子 *AURKB*）　263
autacoid　118
automated peptide sequencer　60
autophosphorylation　176
axon　20

B

B 細胞　19
　──性非ホジキンリンパ腫　257
B48　296, 297
B100　296, 297
b_{562}/b_L　308
b_{566}/b_H　308

BACH1　260
Baculovirus IAP repeat　263
Baculoviral IAP repeat-containing protein 5
　264, 272
BAD　282, 283, 286, 290
BAIB　119, 121
BARD1　258, 260
BASC 複合体　258, 259
base　66
base excision repair　242
base pairing　70
basement membrane　13
basic amino acid　55
basic helix-loop-helix/leucine zipper　193
BAX　252, 282, 283, 286, 287, 290
BAX（18kDa）/（21kDa）　288
BBC3　290
BCL2　272, 279, 290
Bcl-2　262
Bcl-2 antagonist of cell death　282
Bcl-2-binding component 3　290
BCL2L1/7P1/H　290
Bcl-2-like protein 1/11　290
Bcl-2 ファミリー　284
BCLX　290
Bcl-XL　290
BDH1　174
behenate　42
BER　242
BH1　284
　──モチーフ　286
BH2　284
　──モチーフ　286
BH3　284
　──モチーフ　286
BH3-interacting domain death agonist　290
BH3 only protein（BH3 だけのタンパク
　質）　284, 287
BH4　284
　──モチーフ　286
bHLH/LZ　193
BID（*BID*）　285, 286, 290
　──（p22）　287
bile　15
bile acid　16, 47
bilirubin　304
biliverdin　304
BIM　286, 290
biocytin　102, 137
biotin　102
biotin enzyme　102
BiP　311
bipolar ion　54
BIR　263
BIRC　263
BIRC5　263, 264, 272, 277
BIR-containing protein（BIRC）（BIR 含有
　タンパク質）　263
blebbing　281
BLM　258, 259, 260, 272, 280
blood coagulation　299
Bloom syndrome protein　258, 260

BMCP1　129
borealin　267, 268, 272
branched chain amino acid　55
branched chain fatty acid　41
BRCA1　258, 259, 260, 263, 272
BRCA1 連携ゲノム監視複合体　258
BRCA1-A 複合体　259, 260, 261
BRCA1-A complex snbunit Abraxas　260
BRCA1-A complex subunit BRE　260
BRCA1-A complex subunit MERIT40　260
BRCA1-A complex subunit RAP80　261
BRCA1-associated genome surveillance complex　258
BRCA1-associated RING domain protein 1　260
BRCA1-B 複合体　259, 260, 261
BRCA1-C 複合体　259
BRCA2　258, 260, 272
BRCA2 リピート　258
BRCC3　259, 260
BRCC4　260
BRCT ドメイン　258
　　── をもつタンパク質　258
BRE　259, 260
breast cancer susceptibility gene 1　258
breast cancer type 1/2 susceptibility protein　260, 272
BRG1　218, 219
BRISC complex subunit Abro1　260
BRISC 複合体　259, 260
BUB1B　269
BUBR1　267, 269
Burkitt lymphoma　271
butanoyl-ACP　137
butenoyl-ACP　137
butyryl-ACP　137

C

C 型肝炎ウイルス E2 タンパク質　299
C ペプチド　175
C 末端　58
C-Ⅰ〜Ⅳ　297
Ca^{2+}　300
Ca^{2+} 活性化アスパラギン酸 / グルタミン酸担体　131
CAD　144, 285
cadherin　5, 277
　　── 遺伝子 *CDH1*　277
calcineurin　195
calcitonin　20
　　── /CGRP 遺伝子（*CALCA*）　222
calcitonin gene-related peptide　222
CALM1/2/3　163
calmodulin　165
CALNA3　192, 195
calpain-1　288, 290
calpastatin　288
CaM　165
cAMP　86, 188
　　── を介する酵素活性の調節　191

cAMP 依存性プロテインキナーゼ　86, 165, 188, 191
cAMP 依存性プロテインキナーゼ触媒サブユニット α　195
cAMP 応答配列結合タンパク質 1　195
cAMP 応答要素 / 配列　195
cAMP 応答要素 / 配列結合タンパク質　190, 195
cAMP-dependent protein kinase　86, 154, 188
cAMP-dependent protein kinase catalytic subunit β　291
cAMP-responsive element　195
cAMP-responsive element-binding protein　190, 195
canonical pathway　277
cap-independent translation　237
CAPN1　290
capping　220
carbamic acid　94
carbamoyl phosphate　94
carbohydrate　30
carbohydrate response element　193
carbohydrate-responsive element-binding protein　203
carbon　26
carbonic acid　54
carboxypeptidase　15
　　── B2　302
　　── E　173
carcinogenesis　270
CARD　285
　　── ドメイン　284
cardiolipin　49
carnitine　87
carnitine acyltransferase 1/2　87, 168
carnitine O-palmitoyl transferase 1　168
carnitine O-palmitoyl transferase, brain-isoform　168
carnitine O-palmitoyl transferase, liver-isoform　168
carnitine O-palmitoyl transferase, muscle-isoform　168
carnitine O-palmitoyl transferase 2, mitochondrial　168
carnitine-acyl transferase　168
carotene　16
CASP2/6/7/9　290
CASP3　197, 198, 285, 290
CASP8　284, 290
CASP8 & FADD-like apoptosis regulator　291
CASP10　291
caspase-2/3/6/7/8　290
caspase-activated DNase　285, 291
caspase cascade　284
caspase recruitment domain　284
CAT　310
catabolic hormone　173
catabolism　74
catalase　10
catenin　277

catenin-β1　273
cation radical　307
caveola　298
CBL　179
CBP　192, 195, 196
CBP80-CBP20　236
CCNA2　280
CCND1　272, 277, 278, 279
CCND2/3　272
CDC2/CDK1　250, 262
CDC6　238, 239, 250, 254, 256, 272
　　── のリン酸化　250
CDC20　269
　　── -MAD2　266
CDC25　251
CDC25A　252, 255, 256, 272, 282
CDC25A/B/C　258
CDC25B/C　262, 272
CDC25C　263
CDC45　238, 240
CDCA1　269
CDCA8　272
CDH1　265, 277, 278
CDK　249
　　── inhibitor　250
CDK1　249, 262
CDK2　249, 250, 251, 254, 272
CDK4　250, 271, 272, 280
CDK6　249, 250, 272
CDK9　218
CDKI/CDC2　250
CDKN1A/B　250, 272（*CDKN1A*）, 273
CDKN2A　250, 251, 273
CDKN2B　250
cDNA　60
CDP-コリン　140
CDP-ジアシルグリセロール　142
CDT1　238, 254, 256
Cdt1　239
C/EBP　288
cell cycle　249
cell cycle checkpoint control protein RAD1/9A/17　261
cell cycle checkpoint kinase　257, 260
cell division control protein 6 homolog（CDC6）　239, 272
cell division cycle（CDC）2　250
cell division cycle（CDC）6 homolog　239, 272
cell division cycle（CDC）25A/B/C　272
cell membrane　4
cell organelle　4
cell polarity　11
CENP　267
CENPA　269, 273
CENP-A/B/C/E/F/H/I/K/L/M/N/O/P/Q/R/S/T/U　272
CENPA-CAD 複合体　267
CENPA-NAC 複合体　267
CENPB/E/F/J　269
CENP-B 二量体　267
CENP-B ボックス　267

CENP-J 267, 268
centromere 265
centromere-associated protein E/F/J 269
centromere/kinetochore protein zw10 homolog 270
centromeric DNA 266
centromeric protein 267
centrosome 10, 263
ceramide 50, 141
ceramide 1-phosphate 142
ceramide kinase 142
ceramide synthase 1 143
cerebral cortex 22
cerebroside 51
CERS1 143
ceruloplasmin 28
CFLAR 291
CG 島 223
CGRP 222
checkpoint kinase 257
checkpoint kinase 2 258
checkpoint protein 265
checkpoint protein HUS1 260
CHEK1 256, 258, 260, 262, 273
CHEK2 258, 260, 262, 273
chemical synapse 21
chemiosmotic coupling theory 128
CHK1 258, 260, 262
CHK2 260, 262
cholecalciferol 307
cholecystokinin 16
cholesterol 47
cholesterol vehicle lipoprotein 297
cholic acid 47
choline 49
choline phosphate 50
chondroitin sulfate 37
CHOP(*DDIT3*) 288, 291, 313
ChoRE 193
ChoRE-binding protein 193
ChREBP 193, 203
chromatin remodeling 219
chromobox protein 267
chromosomal instability 281
chromosomal passenger complex 268
CHUK 209
chylomicron 86, 296
chymotrypsin 15
chymotrypsinogen 15
CIN 281
circular system 13
citrate 124
citrate synthase 124
citric acid cycle 124
citrulline 96
c-Jun 254, 274
c-Jun N-terminal kinase 1 (c-Jun N 末端キナーゼ 1) 186
CKI 250
clamp loader 240
clathrin-coated pit 181
clathrin-coated vesicle 184

cleavage 221
cleavage furrow 268
cleavage polyadenylation specific factor 221
cleavage stimulation factor 221
CMP 119
c-Myc 194, 252, 254, 255, 256, 280, 282
Co^+ 29
CoA 87
coactivator 216
coagulation cascade 299
cobalt 28
codon 227
coenzyme 76, 82
coenzyme A 87
cohesin complex 263
cohesin subunit SA-1/2 270
cohesion 263
coiled coil 264
coiled-coil domain-containing protein 80 269
collagen 12, 13, 60
colony stimulating factor-1 262
compartment 75
compartmentalization 75
competitive inhibition 77
complementary DNA 60
complex Ⅰ/Ⅱ/Ⅲ/Ⅳ 127
complex type sugar chain 63
compound lipid 47
condensin complex 266
condensin complex subunit 1/2/3 269
conformation 59, 80
congression 268
conjugate double bond 44
conjugated protein 61
connexin 5
connexon 6
constitutional/structural isomer 30
contact inhibition 271
contact pathway 299
cooperativity 79
COP1 254
copper 27
core promoter 219
core protein 37
Cori cycle 171
co-translational targeting 233
co-translational transport 233
cotransport 15
counter ion 26
CPB2 304
CPC 263, 267, 268
CPE 173
CpG cluster(CpG クラスター) 223
CpG island(CpG 島) 223
CpG 配列 223
CPO(*X*) 305
CPS1 144
CPSF 221
CPT1 87
CPT1A/B/C 167, 168

CPT1-C 168
CPT1-L/M(CPT1A/B) 168
CPT2 87
CPT2 168
CPT Ⅱ 168
CRADD 291
CRE 195
creatine 118
creatinine 118
CREB 190, 195
CREB1 195
CREBBP(*CBP*) 195, 255
CREB-regulated transcription coactivator 2 (CREB 調節性コアクチベーター 2) 190
CREB 結合タンパク質 195
CREB 調節性転写コアクチベーター 2 195
c-ret 276
CRF 18
cristae 10
CRK 273
CRM1 194, 271
c-ros 276
crossover 245
crotonyl-CoA 106
CRTC2/TORC2 190, 192
CS(コケイン症候群) 246
CSA/B(遺伝子 *ERCC8/6*) 246
CSF-1 262
CSF1R 194, 273
c-sis 276
CSTF1-3 221
CTD 219
──(RNAPⅡ尾部)のリン酸化 218, 219
CTNNA1 278
CTNNB1 277, 278
CTP synthase(CTP シンターゼ) 147
CUL(Cullin) 254
CUL1/4A 254
CUL4A-DDB1-DCX 複合体 254
cyanocobalamin 29
CYBA/B 309
Cyc 249
CycA 249, 254
CycA/E 282
CycA-CDK2 250, 254, 256
CycB 249, 262, 263
CycB-CDC2 262
CycD 249, 250
CycD1 254, 256, 271, 279
CycD1b 271
CycD1-mRNA 280
CycD-CDK4/6 249, 250, 253, 254, 271
CycE 249, 254
CycE-CDK2 249, 251, 252, 253
CycE1-CDK2 250
cyclic adenosine-3′,5′-monophosphate 188
cyclic AMP 188
cyclic AMP-dependent protein kinase 165

cyclin 249
　── A1/A2/B1/B2 250
　── box fold 249
　── D1/2/3 250
　── E 251, 254
　── E1 250, 255
　── E2 250
cyclin-dependent kinase 249
cyclin-dependent kinase 4 inhibitor 1A/2A 273
cyclin-dependent kinase 4 inhibitor A/B 250
cyclin-dependent kinase inhibitor 1 250
cyclin-dependent kinase inhibitor 1B 250, 273
cystathionine 113
cysteine 55
cysteine dioxygenase 100
cysteine sulfenic acid 310
cysteine sulfinic acid 100
cytidine 66
cytidylate kinase 147
cytidylic acid 69
cytochrome 126, 127
cytochrome b-245 heavy chain 307
cytokine receptor family 206
cytokinesis 263
cytosine 66
cytoskeleton 10
cytosol 11

D

D-アミノ酸 54
D-エリトルロース 32
D-エリトロース 32
D-ガラクトース 32
D-キシルロース 32
D-キシロース 32
D-グルコース 32
D-グルコース 1-リン酸 37
D-グルコース 6-リン酸 37
D-系列の単糖 32
D 細胞 19
D-ソルボース 32
D-トレオース 32
D-フルクトース 32, 33
D-フルクトース 1,6-ビスリン酸 37
D-フルクトース 6-リン酸 37
D-マンノース 32
D-リブロース 32
D-リボース 32, 33
D-リボース 5-リン酸 37
D, L 立体異性 30
DAB2 262, 264
dAMP 119
db/db 肥満マウス 206
DCC 273
dCDP 144
DCLRE1C 246
dCMP 119
dCTP 144

DCX 254
DD 284
DDB1 246, 254
DDB2 246
DDIT3（CHOP） 287, 288, 291, 313
deamino-NAD$^+$ 116
death domain 284
death effector domain 284
death-inducing signaling complex 284
DED 284
DED1/2 287
dihydroceramide 141
dehydrosphinganine 141
deleted in colorectal carcinoma 273
dendrite 20
dendritic spine 20
Dennd4c 182
dense body 14
deoxy sugar 34
deoxyadenosine 66
deoxycytidine 66, 119
deoxycytidine kinase 122
deoxycytidylate kinase 147
deoxyguanosine 66
deoxyguanosine kinase 122
deoxyribonucleoside 68
deoxyribonucleoside 5′-mono phosphate 119
deoxyribonucleotide 68
deoxyribose 34, 66, 68
deoxyuridine 119
depot fat 47, 86
derived lipid 46
DERL1 315
Derlin-1 315
desaturase 139
　──, Δ5-/Δ6-/Δ9- 139
desaturation 139
desert hedgehog 279
desmin filament 11
desmocollin 5
desmoglein 5
desmosome 5
DET1 254
detoxification 16
DFF40/45 291
DFFA/B 291
dGMP 119
DHA 44
DHH 279
DIABLO 289, 291
Diablo homolog, mitochondrial 291
diacylglycerol 47
diastereomer 30
Dicer 226
Dickkopf-related protein 3 273
dienoate 43
dienoyl CoA isomerase（遺伝子 ECH1） 91
differentiated cell 268
digalactosylceramide 142
digalactosylceramide sulfate 142

digestive enzyme 15
digestive organ 14
dihydroceramide 141
dihydrolipoamide 158
dihydropteridine reductase 106
dihydrosphingosine 141
dihydroxyacetone 30
dipeptidyl peptidase 4 208
diphosphatidylglycerol 49
disabled homolog 2 262, 264
disaccharide 36
DISC 284, 286
disheveled（遺伝子 DVL） 277
dislocon 314
dismutase 307
disulphide bond 60
DKC1 242
DKK3 273
DLD 158
DLAT 158
Dna2 241
DNA 69
　── のメチル化 222
　── の損傷と修復 241
　── の損傷の原因 242
　── の単鎖切断 261
　── の断片化 288
　── の複製 238
DNA 依存性プロテインキナーゼ 203
DNA 依存性プロテインキナーゼ触媒サブユニット 287
DNA 活性化プロテインキナーゼ 247
DNA（シトシン-5)-メチルトランスフェラーゼ 1/3A/3B 223
DNA 損傷 253
DNA 損傷チェックポイントに関与する遺伝子（タンパク質） 260
DNA ヌクレオチジルエキソトランスフェラーゼ 247, 248
DNA 複製ヘリカーゼ 2 241
DNA 複製ライセンシング因子 MCM 238, 239
DNA 複製因子 Cdt1 238, 239
DNA ヘリカーゼ 246, 260
DNA ポリメラーゼ Y ファミリー 244
DNA ポリメラーゼ β 244
DNA ポリメラーゼ δ 241
DNA ポリメラーゼ δ/ε 245
DNA ポリメラーゼ κ, η, ι 244
DNA ミスマッチ修復タンパク質 Mlh1 258, 275
DNA ミスマッチ修復タンパク質 Msh2/Msh6 258, 275
DNA メチル化酵素 223
DNA リガーゼ 1/I 241, 244
DNA リガーゼ 3/III 258
DNA リガーゼ 4/IV 246
DNA リガーゼ IV-XRCC4 247
DNA cytosine-5 methyltransferase 223
DNA damage checkpoint（DNA 損傷チェックポイント） 257

DNA damage response（DNA 損傷応答）
　　257
DNA-dependent protein kinase　203
DNA-dependent protein kinase catalytic
　　subunit　291
DNA fragmentation factor subunit α/β
　　291
DNA methylation　222
DNA mismatch repair protein Mlh1/2/3
　　260
DNA nucleotidyl exotransferase　248
DNA N-グリコシラーゼ　244
DNA-PK　246
　── DNA-PKcs（*PRKDC*）　246
　── Ku70（*XRCC6*）　246
　── Ku80（*XRCC5*）　246
DNA polymerase（DNA ポリメラーゼ）
　　239
DNA repair protein RAD50　261
DNA replication factor Cdt1　239
DNA replication licensing factor MCM
　　239
DNA topoisomerase 2-binding protein 1
　　261
DNA-PK　203, 246
DNA-PKcs　246, 287, 291
DNMT1/3A/3B　223
DNTT　246
Doc2β（*DOC2B*）　183
docking complex　181
dolichol　63
DOLREIC　246
domain　61
DOPA　113, 116
dopamine　116
double helix　69
double strand break repair protein rad21
　　homolog　269
double-strand break repair protein MRE11A
　　260
DP1　253
Drosha　226
DSIF　218, 219
duodenum　15
DVL　277, 278
dynactin　267
dyskerin　242
dyslipidemia　208

E

E-カドヘリン　5, 277, 278
E ボックス　252
E1A　273
E1A 32kDa タンパク質　281
E2F1　252, 253, 254, 256, 271, 279, 280
E2F1-DP1　253
E3 ユビキチン-タンパク質リガーゼ
　　251
E3 ユビキチン-プロテインリガーゼ
　　TRIM63　200
E3 ユビキチンリガーゼ　265

E3 ubiquitin-protein ligase RNF8/168　261
E6/7　273
early E1A 32 kDa protein　273, 281
E-box　193
EC 番号　80
ECM　12
ecto-5′-nucleotidase　123
EDEM1　313, 315
EDEM2　313
EEF1A1　230
EEF2　233
EF1A　230, 232
EF-2　232, 233
effector caspase　285
EF-G　232, 233
EF-Tu　230, 232
EGFR　273
eicosa-　44
eIF　229
eIF1（*EIF1*）　230
eIF 1/-2/-3/-5　229
eIF-1A X（*EIF1AX*）　230
eIF2（α サブユニット）のリン酸化
　　310, 312
EIF2A/B4/C2/S1　230
eIF-2A　230
EIF2AK3　313
eIF-2B4　230
eIF-2-α　230, 313
eIF2 キナーゼ　313
EIF 3（A〜M）　230
eIF 3（a〜m）　230
eIF-3 複合体　230
EIF4A1/A2/B/C/E/G1〜3　230
eIF-4A1　230
eIF-4AⅡ/B/E/F/G1〜3　230
eIF4B　196, 197
EIF4B/E　197, 230
eIF4E　196, 197
EIF4EBP1　197
eIF-4γ 1/2/3　230
EIF5　230
eIF-5　230
EJ　236
EJ complex　236
EJC　236
elastase　15
elastic fiber　13, 14
elastic lamina　14
elastin　12, 14
electric synapse　21
electron transport chain　87, 124, 127
ELL（2）　218
elongase　139
elongation　139
elongation complex　220
elongation factor（EF）　220, 230
elongin　218
ELOVL1〜7　139, 140
ELOVL fatty acid elongase（ELOVL 脂肪酸
　　エロンガーゼ）　139
embryonal stem cell　270

emilin　14
enantiomer　30
end replication problem　241
endocrine gland　18
endocytosis　5
endopeptidase　173
endoperoxide　45, 46
endoplasmic reticulum　7
endoplasmic reticulum stress　308
endoplasmin　233
endosome　9
energy metabolism　173
enhancer　219
enhancer box　252
enkaryotic translation initiation factor　229
enoyl CoA isomerase（遺伝子 *ECI2*）　91
enterohepatic circulation　16
enzyme　26, 75
Enzyme Commission number　80
EOR　309
EP300　255
EPA　44
EPHB2　273
ephrin 受容体 B2　273
epigenetic な変化　223
epimer　30
epithelial cadherin　5
epoxide　45, 46
equilibrium constant　76
ER　7
ER ストレス応答小胞体関連分解経路
　　315
ER 超過積載応答　309
ER-associated degradation pathway　314
ER overload response（ER オーバーロー
　　ド・レスポンス）　309
ER stress（ER ストレス）　287, 308, 309
ER stress-response element　313
ERAD　314, 315
ERBB2　273
ERCC1〜8　246
ERF1　233
ERN1　313
error-free bypass　244
error-prone bypass　244
ERSE　313
ES 細胞　270
ESPL1　269
essential amino acid　58
estrogen　20
ETF1　233
ethanolamine　49
ether phospholipid　49
eukaryotic release factor 1　233
eukaryotic translation initiation factor　229
eukaryotic translation termination factor 1
　　233
excitotoxin　104
executioner caspase　285
exocyst　181
exocytosis　4
exon　221

exon-exon junction　236
exopeptidase　173
exportin-1　271
extracellular fluid　27
extracellular matrix　12
extrinsic pathway　299

F

F ボックスタンパク質　254
F-box only protein 32（F ボックスオンリープロテイン 32）　200
F_1 粒子　128
F_1-ATPase　9, 128
F_1-ATP アーゼ　9, 126, 128
F_1 particle　128
F2/3/5/7/8/9/10/11/12/13A1/13B　301
facilitated/facilitative diffusion　169
facilitates chromatin transcription　219
FACT　218, 219
FAD　87
FADD　286, 291
$FADH_2/FMNH_2$　127
FADS2　139
FADS3　203
FAM175A/B　260
familial combined hyperlipidemia　203
FANCD1　258, 260
Fanconi anemia　258
Fanconi anemia complementation group D1　258
FAS　137, 203, 252, 282, 286, 290, 291
FAS リガンド　284, 286
Fas antigen ligase　291
FAS-asscieted death domian protein　291
FAS-FADD-CASP8　284
FASL　252, 284, 286
FASL-FAS 経路　288
FASL（G）　291
FASLG receptor　291
FAS/FASN　137
fat-soluble vitamin　16, 307
fatty acid　41
fatty acid desaturase 1/2　139
fatty acid desaturase 3　203
fatty acid oxidation　86
fatty acid synthase　137
FBP1　153, 155
FBPase 1（FBP アーゼ 1）　153
FBXO32　198, 200
FBXW7　254, 255, 274
FBXW11　255
FCHL　203
FECH　305
feedback inhibition　74
FEN1　241
ferroxidase　28
FFA　208
FGA/B　299
FGF8　274
FGFR1/3　274
FGG　299

fibrillin　14
fibrin　14
fibrin clot　300
fibrinogen　299
fibrinolysis　301
fibronectin　12
fizzy-related protein homolog　265
FK506 結合タンパク質 8　197
FKBP8/FKBP38　196, 197
flavin adenine dinucleotide　87
Fo　128
fodrin　285
folding　233
fork stalling　257
formiminoglutamic acid　110, 112
formyl group　98
FOS　274
FOXO1　195
FOXO1・HNF4 ヘテロ二量体　192
FRAP1　178, 197
free ammonia　95
free fatty acid　86, 208
free radical　307
Frizzled　271
Fru-2,6-P2　154
fructofuranose　33
fructopyranose　33
fructose 1-phosphate　134
fructose-1,6-bisphosphatase　130
fructose-1,6-bisphosphatase 1　153
fructose-2,6-bisphosphate　153
fructose-bisphosphatase　134
FSH　19, 20
fucose　34
fumarate　97
furanose type　33
furin　173
fusion complex　181, 183
futile cycle　153
FZD　278
FZD1　274
FZD3/6　279
FZR1　265

G

G0 期の細胞　249
G1 期　249
G2/M 停止　262
G2/M checkpoint（G2/M チェックポイント）　261, 263
―― に関与する遺伝子（タンパク質）　264
G3K3B　178
G6P アーゼ　192
$G_{12/13}$　190
$G_{15/16}$　190
G_β　189
$G\beta L$　196, 197
G_γ　189
G タンパク質共役オレキシン受容体 2 型　205

G protein（G タンパク質）　182, 189
G protein-coupled receptor（G タンパク質共役型受容体）　188, 206
GABA　116, 118
GADD34　313
GADD45　252, 262, 282
GADD45 ファミリー　262
GADD45A　262, 264
galactitol　35
galactocerebroside　52
galactokinase　134
galactosamine　35
galactose-1-phosphate　134
galactose-1-phosphate uridylyltransferase　134
galactosylceramide　141
　―― sulfate　141
galacturonic acid　34
gall bladder　16
Gal NAc　63
ganglioside　53
gangliotetraose　53
gangliotriaose　53
GAP（GTP アーゼ活性化タンパク質）　182
gap junction　5
GAR1　242
gastric inhibitory polypeptide　207
gastric lipase　15
GBE1　163, 164
GBL　197
GBL/MLST8　197
GCG　188, 207
GCGR　188
GCK　152
GCKR　152
GEF　182, 263
　――, グアニンヌクレオチド交換因子　182
gelsolin　285
geminin　238, 239
gene amplification　271
general transcription factor　216
genome　216
genomic imprinting　224
GGR　242
GH　19
ghrelin　207
GHRL　207
Gi　190
Gi/o　190
GINS　240
GIP　207
GKRP　152
GLI1　274
GlcNAc　63
glial cell　22
glial filament　11
global genome repair　242
glomeruler filtrate　17
glomerulus　17
GLP-1　207, 208

欧文索引 341

GLP-2　208
GL-R　188
glucagon　19, 188
glucagon receptor　188
glucagon-like peptide　208
glucitol　34
glucocerebroside　52
glucocorticoid　19, 170
glucokinase　152
glucokinase regulatory protein　152
glucolipotoxicity　211
gluconeogenesis　82, 130
gluconic acid　34
glucosamine　35
glucose-1-phosphate　134, 161
glucose sensor　152
glucose transporter 4　169
glucose-6-phosphatase　130
glucose-dependent insulinotropic polypeptide　208
glucose-regulated protein　311
glucose-sensitive neuron　206
glucose-stimulated insulin secretion　152
glucosylceramide　141
glucuronic acid　34
GLUT*1/3/5～12*　169
GLUT2　169, 210
GLUT4　169, 170
　―― のリサイクリング　181
　―― 小胞　169, 179, 181
　―― 小胞と形質膜の融合　181, 183
　―― 小胞の形質膜への移行　180, 181
　―― vesicle　179, 181
glutamate dehydrogenase　96
glutamic acid　55
glutamic acid γ-semialdehyde　110
glutaminase　95, 110
glutamine　58, 95
glutamine synthesis　95
glutamine synthetase reaction　95
glutathione　44, 116
glyceraldehyde　30
glycerin　46
glyceroglycolipid　50
glycerol　46
glycerol phosphate shuttle　161
glycerolipid　139
glyceron　30
glycerophospholipid　48, 140
glycine　55
glycine cleavage system　98
glycogen　36, 82
glycogen-branching enzyme　163
glycogen debranching enzyme　163
glycogen granule　36
glycogen phosphorylase　163
glycogen storage disease type 3/5/6　163
glycogen synthase　163
glycogen synthesis　169
glycogenic amino acid　82
glycogenin-1　162
glycogenolysis　82

glycolipid　50
glycolysis　82
glycolytic pathway　82
glycoprotein　62
glycosaminoglycan　37
glycoside　36
glycosidic linkage, N-/O-　36
glycosphingolipid　51
glycosylceramide　51
glycosylphosphatidylinositol　51
$G_{D1a}/G_{D1b}/G_{D3}/G_{M1}/G_{M3}$　53
GMNN　239
GMP　119
GMP シンテターゼ　146
GNA11/12/13/15/16/L/O1/Q/S/T1/T2　190
GNB 1/5　189, 190
GnRH　20
Go　190
Golf　190
Golgi apparatus　8
GOT1　131, 160
GOT2　131, 160
gout　119
GPⅠb/Ⅱb/Ⅲa　299
GPⅤ　299
GPⅨ　299
gp91-phox/gp91-1　309
GPCR　188, 206
GPD1/1L/2　161
GPI anchor　51
GPI アンカー　51
GPX1/2/3/4　310
$G_q/G_{q/11}$　190
granulosa cell　20
granzyme B　287, 291
GRB10　186, 187
Grb-IR　187
GRF　18
GRIA2/GluR2　225
growth arrest and DNA damage-inducible protein GADD45α　262, 264
growth factor receptor-bound protein 10　186
GRP　311
GRP78　311, 313
GRP94　233
GS　163
$Gs_α$　190
GS kinase 3（GS キナーゼ 3）　179
GSD3～6　163
GSH　309
GSI　153
GSK3　179, 271, 278
GSK3β　277, 278
GSK-3β　178
Gt　190
G/T mismatch-specific DNA glysosylase（G/T ミスマッチ特異的 DNA グリコシラーゼ）　224
GTF　216
GTF2H5　246
GTP　124

GTP アーゼ活性化タンパク質　182
GTP アーゼ NRas　276
GTP 結合タンパク質　182
GTP 結合タンパク質 Rheb　197
GTPase activating protein（GTP アーゼ活性化タンパク質）　182
guanidino group　55
guanine　66
guanine nucleotide exchange factor　182
guanosine　66
guanylic acid　69
GYG1/2　162
GYS1/2　162, 163
GZMB　287, 291

H

H/ACA リボ核タンパク質複合体サブユニット 1/2/3　242
H^+/ミオイノシトール共輸送　169
H2A/X　259, 260, 261
HAAO　104
HACD2　139
HADHA/B　88
Hageman factor　299
hairpin loop　60
hairpin structure　226
halogen　26
hamartin　195, 197
hard clot　299
HAT　218, 219
HCRT　205
HCV　298
HD（*HTT*）　182
HDAC　219
HDAC1　253
HDAC1～11　218
HDAC1 デアセチラーゼ　253
HDL　296
　―― とキロミクロンの主なアポタンパク質　297
heat shock protein 90kDa　233, 310
hedgehog signaling pathway　279
heme　127, 302
heme iron　28
heme oxygenase　304
hemeprotein　62, 302
hemostasis　299
Henderson-Hasselbalch equation　54
heparin　300
hereditary dyslipidemia　203
HERP/Mif1　315
HERPUD1　315
heterochromatin　266
heterochromatin protein 1 α/β/γ　267
heteropolysaccharide　26, 37
heterotropic allosteric effector　77
hexokinase　152
hexose　30
hexuronic acid　34
HGPRT　122, 123
HHR23B　246

high density lipoprotein　296
high mobility group　246
high-energy phosphate group　85
high-mannose type　63
Hill coeficient　79
HIST1H3A　267
histamine　118
histidase　110
histidine　58
histidine ammonia-lyase　110
histone　216
histone acetyltransferase　219, 255
histone code　219
histone core　216
histone deacetylase　219
histone H3-like　267
histone H3-like centromeric protein A
　　　　　　　　　　　　269, 273
histone-lysine N-methyltransferase
　　SUV39H1　270
histone octamet　216
HJURP　269
HK1/2/3　152
HLTF　218, 219
HMBS　305
HMG-1/2　246
HMGA2　274, 280
HMGB1/2　246
HMGCL　174
HMG-CoA シンターゼ 1　298
HMG-CoA リアーゼ　174
HMG-CoA reductase（HMG-CoA レダク
　　ターゼ）　298
HMG-CoA synthase　298
HMGCS2　174
HMGI-C　280
HMIT　169
HNF4/A　195
HNPCC6　279
hnRNPA1　222
Holliday junction recognition protein　269
homeostasis　74
homocysteine　113
homogentisic acid　106
homologous recombination　245
homopolysaccharide　36
homotropic allosteric effector　79
hormone-sensitive lipase　86, 165, 189
HP1/α　267
HPA axis　19
HPRT　123
H-RAS　274
HRD1　315
HSD17B4　139
HSD17B12　139
HSL　86, 165, 189, 191
　──の調節　166
HSP　310
HSP70 ファミリー　311
HSP90　233
HSP90B1　233
HSPA5　313

human adenovirus 5　281
Hungtingtin　182
HUS1　259, 260
hyaluronan　40
hyaluronic acid　40
hydrocarbon　41
hydrogen　26
── bond　60
hydrogen peroxide　307
hydrophobic bond　60
hydrophobicity　41
hydroxy fatty acid　41
hydroxyamino acid　55
hydroxyanthranilic acid　104
hydroxyapatite　26
hydroxybutanoyl-ACP　137
hydroxyl radical　307
hydroxymethylbilane　303
hydroxyphenylacetic acid, *P-*　106
hydroxyphenylpyruvic acid, *P-*
　　　　　　　　　　　106, 108, 117
hyperglycinemia　98
hyperlipidemia　208
hyperphenylalaninemia　106
hypertriglyceridemia　207
hyperuricemia　119
hypocretin　205
hypophyseal portal system　18
hypophysis　18
hypothalamic-pituitary-adrenal axis　19
hypothalamus　18
hypoxanthine-guanine
　　phosphoribosyltransferase　123

I

IκB-α　209
I 細胞　16
IAP　263
ICAD　285, 291
I-cell　16
icosanoid　44
icosapentaenoic acid　44
icosatetraenoic acid　44
icosatrienoic acid　44
icterus　304
IDL　296
iduronic acid　34
IGH@　271
IHH　279
IKBKB　186, 187, 209
IKBKG　209
IKKα　209
IKKβ　186, 187, 208, 209
IL-1β（*IL1B*）　187
IMP　119, 144, 145
　── デヒドロゲナーゼ　146
importin-α　193
INCENP　267, 268, 274
incretin　208
indian hedgehog　279
indole nucleus　102

induced-fit　76
　── hypothesis　80
induced pluripotent cell　270
inducible NOS（iNOS）　187
inhibitor　76
inhibitor of apoptosis（IAP）　263
inhibitor of CAD　285, 291
inhibitor of nuclear factor κB subunit β
　　　　　　　　　　　　　　186
inhibitor-2　180
initiation　281
initiation complex for translation　229
initiation site　219
initiator caspase　285
Ink4a　255
inner centromere　266
inner centromere protein　268
inner membrane　9
iNOS（*NOS2*）　187
inosine 5′-mono phosphate　119
inosinic acid　144
inositol　49
INPP5D/SHIP1　185
INS　173, 175
INSIG-1　202, 204
INSR　175
insulin　19
insulin receptor　175
insulin receptor substrate（IRS）　176
insulin receptor-binding protein Grb-IR
　　　　　　　　　　　　　　186
insulin-induced gene-1　202
insulin-induced gene 1 protein　204
integrin　299
interleukin 1β　187
intermediate density lipoprotein　296
intermediate filament　10
internal ribosome entry site　237
intracellular fluid　27
intracellular transport　235
intrinsic pathway　299
intron　221
iodine　27
IPA　44
iPS 細胞　270
IR　176
IRE1　312, 313
IRES　237
iron　27
IRS　176
IRS1/2　178
IRS-1　178, 208
IRS-2　178
islet of Langerhans　19
isocitrate　124
isocitrate dehydrogenase　124
isoform　152
isoleucine　55
isomer　30
isomerase　85
isomerase-dependent pathway　91
isozyme　152

J

ITGA2B　299
ITGB3　299

jaundice　304
jejunum　15
JmjC　267
JNK　186, 208, 283
──── シグナリング経路　279
JNK1　187, 291
JPS　279
JUN　274
juvenile polyposis syndrome　279
juxtaglomerular cell　17

K

kallikrein　299
karyokinesis　263
KAT2B　256
K$_{ATP}$　210
KCNQ1　211
KCP1/2　254
KDM2A　267, 269, 274
KEGG　104
Kekule の式　41
keratan sulfate　37
keratin filament　11
keto acid, d-　93
ketoglutarate, α-　124
ketohexokinase　134
ketone body　170
ketose　30
ketosphinganine　141
kidney　17
kinesin　268
kinetochore　266
kinetochore protein NUF2　269
KIP1　250
Kip1　273
KIT　274
K_m　76
Koshland model　80
KOX-1　309
KPC 複合体　254
K-RAS　274
Krebs cycle　124
Ku70/80　246
Ku ヘテロ二量体 (Ku70/80)　246
kynurenine　102
Kyoto Encyclopedia of Genes and Genoms　104

L

L-イズロン酸　39
L-イズロン酸 2-硫酸　39
L 型カルシウムチャネル　210
L-グリセルアルデヒド　30
L-グルタミン酸 1-カルボキシリアーゼ　116

lactate　82
lactose　36
lactosylceramide　142
──── sulfate　52
LAG1　143
lagging strand　239
lamella　8
lamin　11
lamina　7
laminin　12
large intestine　16
large T antigen　274
large T antigen　281
lariat　222
laurate　42
LCAT　297, 298
LDL　296
──── のアポ B　298
──── の主なアポタンパク　297
──── 受容体　298
leading strand　239
lecithin　15, 140
lecithin-cholesterol acyltransferase　297
LEF1　274, 277, 278
LEP　206
leptin　206
leptin receptor　206
leptin resistance　206
Lesch-Nyhan syndrome　123
let-7　280
let-7a-1　275, 280
let-7a-2/a-3/b/e　280
leucine　55
leucine-rich repeat　268
leucine-rich repeat & death domain-containing protein　291
leukotriene　44
Lewis blood group glycolipid　53
Leydig cell　20
LH　19
LHRH　18
Li-Fraumeni 症候群 (LFS)　252
LIG1　241
LIG3　258
LIG4　246
LigaseⅣ-XRCC4 複合体　246
lignocerate　42
limited degradation　60
Lineweaver-Burke equation　76
linoleate　43
linoleic acid　42
linolenate　43
linolenic acid, α-/γ-　44
lipase　15
LIPE　165, 189
lipid raft　181, 184
lipoamide　102
lipoic acid　99
lipolysis　86
lipoma preferred partner　280
lipoprotein　62, 86, 170, 296
lipoprotein lipase　86

lipoyllysyl　102
liver　16
liver X receptor α　201
LKB1　192, 195
L-myc-1 原がん遺伝子タンパク質　275
localization signal　235
long-chain saturated fatty acid　42
loose connective tissue　13
low density lipoprotein　296
low density lipoprotein receptor-related protein 6　278
LPL　86
LPP　280
LRDD　291
LRP6　278
LRR　268
LST8　196
LT　44
LTA$_4$/B$_4$/D$_4$/E$_4$/F$_4$　45
LTC$_4$　44, 45
lung　16
LXRα　201
lymphoid enhancer-binding factor 1　277
Lys-63-specific deubiquitinase BRCC36　260
lysine　55
lysine oxoglutaric acid reductase reaction　105
lysine-specific demethylase 2A　267, 269
lysophosphatidic acid　49
lysosome　9
lysyl oxidase　14

M

M 期促進因子　262
MAD1-MAD2　267
MAD2　265, 269
MAD2L1　269, 274
major centromeric autoantigen B　269
malate dehydrogenase-1/2　131
malate-aspartate shuttle　132, 161
malic acid　131
malonyl 基　136
malonyl-ACP　137
malonyl group　136
maltose　36
mammalian target of rapamycin　177
manganese　28
mannitol　35
mannuronic acid　34
MAPK8　186, 187, 291
master regulator of lipogenic gene　201
matrix　9
maturity onset diabetes mellitus 2　153
max (遺伝子 *MAX*)　252
MAX-like protein X (MAX 様タンパク質 X)　193
MC4-R　205
MCH　205
──── ニューロン　206
MCHR-1　205

MCM2〜7　238, 239, 280（*MCM7*）
m⁵CpG　223
MCT1　171
MDC1　258, 259, 260
MDH1/2　160
Mdm2（*MDM2*）　250, 251, 252, 255, 274, 282
ME1/2/3　131
MED1〜31　219
mediator　219
mediator complex　219
mediator of DNA damage checkpoint protein 1　259, 260
medium-chain saturated fatty acid　42
meiosis　245
meiotic recombination 11A　246
melanin　113
melanin-concentrating hormone　205
melanin-concentrating hormone receptor 1　205
melanocortin 4 receptor/melanocortin receptor 4　205
melanotropin α　205
melatonin　114
MERIT40　259, 260
MET　274
Met-tRNAi　231
metabolic economy　74
metabolic pathway　75
metabolic syndrome　201
metallophrotein　62
Metformin　194
methenyl group　98
methionine　58
methylcytosine dioxygenase TET　224
methylene group　98
m⁷GpppN　220
micelle　41
Michaelis-Menten equation　76
microfibril　14
microfilament　10
microglia　22
microsatellite instability　281
microtubule　10
microtubule organizing center（MTOC）　10, 263
microvillus　5, 15
midbody　268
MIN　281
mineral corticoid　19
minichromosome maintenance complex　239
MIR15A/16-1　274
MIR17　275
miR-17-5p　256
miR-17-5p/-18/-19a/-19b1/-20a/-91/-92-1　280
miR-17-92 クラスター　256, 279
MIR17HG　279
MIR19A/20A/21/25/34A/34B/34C/93/106B　275
miR-19a　275

miR-20a　256, 275
miR-21　275, 280
miR-25　275, 280
miR-34a　275
miR-34a/b/c　280
miR-34b　275
miR-34c　275
miR-93　280
MIR106b　275
miR-106b　275, 280
MIRLET7A1　275
MIRLET7B　275, 280
miRNA　226, 256, 279
── の生成　226
mitochondria　9
mitogen-activated protein kinase 8　186, 291
mitogenic oxidase-1/2　309
mitotic checkpoint serine/threonine-protin kinase BUB1B　269
mitotic spindle assembly checkpoint protein MAD2A　265
MLH1　258, 259, 260, 275
MLH1-PMS2　259
MLX/TCFL4　193
MLX-interacting protein　193
MLXIPL　193, 203
MLXIPL/WBSCR 14　193
MLX 相互作用タンパク質　193
MODY2　153
molecular chaperone　232
MondoA　193, 194
MondoA-MLX　194
monoacylglycerol　47
monocarboxylate transporter　171
monocistronic　227
Monod-Wyman-Changeux model　79
monophenol monooxygenase　116
monosaccharide　30
MORT1　291
mothers aganist decapentaplegic homolog 2/4　276
motif　61
MOX1/2　309
MOX-2/GP91-3　309
MPF　262
M-phase/maturation promoting factor　262
MRE11A　246, 259, 260
MRE11A-RAD50-NBN　259
MRN 複合体　246, 247, 258, 259, 261
mRNA7　226, 231
mRNA の移行　227
mRNA surveillance（mRNA サーベイランス）　236
MSH, α-　205
MSH2　258, 259, 260, 275
MSH2-MSH6　259
MSH3　260
MSH6　258, 259, 261, 275
MTOC　10, 263
mTOR　177, 197

── 結合タンパク質，LST8 ホモログ　197
MUC1　275
mucin　62
Mucin-1　275
mucopolysaccharide　37
multienzyme complex　75
multifunctional enzyme　137
multiple-risk factor syndrome　201
MURF1　198, 200
MURF2　198
mutase　85
MutL α　259
MutS α　259
MWC モデル　79
MYB　275
Myb 原がん遺伝子タンパク質（C-myb）　275
Myc　252
MYC　271, 277
MYCL1　275
MYCN　275
myelin sheath　22
myelin transcription factor 1　264
myo-イノシトール　49
MYO1c　182
MYO5B　182
MYO6　262
myofibril　13
myoglobin　302
myosin　182
MyRip　182
myristate　42
Myt1　262
MyT1　264
MYT1　264

N

N-アシルスフィンゴシンアミドヒドロラーゼ　143
N-アセチル-D-ガラクトサミン　36
── 4-硫酸　39
── 6-硫酸　39
N-アセチル-D-グルコサミン　36
── 6-硫酸　39
N-アセチルガラクトサミン　35, 63
N-アセチルグルコサミン　35
N-アセチルセロトニン　112
N-アセチルノイラミン酸　52, 63
N-カルバモイル-β-アミノイソ酪酸　121
N-カルバモイル-β-アラニン　121
N-グリコシド結合　36, 62
N 結合型糖鎖　63
── の合成　64
N 末端　58
N-acetylgalactosamine　63
N-acetylglucosamine　63
N-acetylneuraminic acid　63
NAD　91
NAD⁺　114

―― シンターゼ　112
―― の誘導　112
NAD⁺/NADH　127
$NADH+H^+$　82
NADP　91
NADPH オキシダーゼ　307
　―― 1　309
　―― 2　309
　―― 3　309
　―― 4　309
　―― 5　309
NADPH オキシダーゼアクチベーター 1
　　309
NADPH オキシダーゼオーガナイザー 1
　　309
NADPH オキシダーゼ調節タンパク質
　　309
NADSYN1　112
NAMPT　112
nascent RNA　220
NBN　246, 258, 259, 261
NBS1　258, 261
　――（NBN）　259
NCAPD2　266, 269
NCAPG/H　266, 269
ncRNA　226
NCUBE2　315
NDC80　269
NDC80 複合体　269
NDP kinase（NDP キナーゼ）　132
NEC1/2　173
necrosis　281
NEFA　205
negative supercoil　218
Nek　263
NEK11　256
NELF（-E）　219
NEMO　209
nephron　17
NER　242
nervous system　20
nesfatin-1　205
neuraminic acid　53
neuroendocrine convertase 1/2　173
neurofibromin 1　275
neurofilament　11
neuroglia　22
neurohypophysis　19
neuron　20
neuropeptide Y　205
neuropeptide Y receptor type 1　205
neurotrophic tyrosine-kinase receptor 1
　　275
neutral glyceroglycolipid　50
neutral lipid storage disease with myopathy
　　168
NF1　275
NFKB1　209
NFKBIA　209
NF-κB p50 サブユニット　209
NF-κB p65 サブユニット　209
NF-κB インヒビターα　209

NF-κB インヒビターサブユニットα
　　209
NF-κB インヒビターサブユニットβ
　　186, 209
NF-κB 必須モデュレーター　209
NF-κB 複合体　209
N-glycosidic linkage　36, 62
NHP2　242
niacin　112
nibrin　246, 259, 261
nicotinamid　112
nicotinamide　116
nicotinamide adenine dinucleotide　91
nicotinamide adenine dinucleotide phosphate
　　91
nicotinamide ribonucleotide　116
nicotinic acid　112
nicotinic acid adenine dinucleotide　116
nicotinic acid ribonucleotide　116
Nijmegen breakage syndrome protein 1
　　259
NIPBL　263
nipped-B-like protein　263
nitrogen　26
NLSDM　168
NMD　236
NMN　112
NMNAT2　112
N-myc 原がん遺伝子タンパク質　275
NO synthase（NO シンターゼ）
　　115, 118, 187
NOH1　309
NOLA1/2/3　242
noncoding RNA　225
noncompetitive inhibition　77
nonketotic hyperglycinemia　117
nonreducing sugar　30
nonsense codon　236
nonsense-mediated mRNA decay（NMD）
　　236
NOP10　242
noradrenalin　1v
NOS　187
NOS2（*NOS2A*）　187
non-polar bond　60
Notch 経路タンパク質　280
NOX　307
NOX-1/MOX-1/NOH-1　309
NOX2/3/4/5　309
NOXA　287, 291
NOXA1　309
NOXO1　309
NOX アクチベーター 1/P51-nox　309
NPL4　315
NPLOC4　315
NPY　205
NPY1-R　205
NRAS　276
NTRK1　275
NUCB1/2　205
nuclear envelope　6
nuclear focus　257

nuclear mitotic apparatus protein 1　291
nuclear pore　7
nuclear pore complex　7
nuclear receptor　196
nucleic acid　69
nucleobindin 1/2　205
nucleolus　7
nucleophosmin　255
nucleoporin　227
nucleoside-diphosphate kinase　147
nucleosome　216
nucleotide　26, 68
nucleotide excision repair　242
nucleotide sequence　60
nucleus　6
NUF2　269
NUMA　286
NuMa protein　291
NUMA1（*NUMA*）　285, 291
NUP85　227
NUP98/96　227
NUP107/133/160　227

O

O-グリコシド結合　36, 62
O 結合型糖鎖　62
　―― の合成　63
ob/ob 肥満マウス　206
obesity　201
occludin　5
Oct3/4　270
O-glycosidic linkage　36, 62
Okazaki fragment　239
oleate　43
oligodendrocyte　22
oligomeric enzyme　77
oligopeptide　58
oligosaccharide　36
O-linked sugar chain　62
oncogenesis　270
onco-microRNA　280
open reading frame　227
optimum pH　76
optimum temperature　76
optineurin　182
OPTN　182
ORC　238
ORC1L～6L　239
orexin　205
orexin receptor type 2　205
ORF　227, 228
organic hydroperoxide　307
origin recognition complex　239
ornithine　96
ornithine carbamoyltransferase　96
ornithine cycle　93
ORX　205
OS-9（*OS9*）　315
OT-NP1　205
OT-R　205
outer centromere　266

ovary 20
Ox2-R 205
oxaloacetate 124
oxane 46
OXCT1 174
oxidase 10
oxidative phosphorylation 128
OXT 205, 206
oxygen 26
oxytocin 206
—— receptor 205

P

Pサイト 230
p-ヒドロキシフェニル酢酸 106
P10 285, 287
P11 287
p12 198, 284
P12 287
p14ARF 250, 251, 252, 255, 256, 273, 282
p15 285
p15Ink4b 250, 251
p16Ink4a 250, 251, 256
p17 198
P17/18 287
p18/p10 284
P20 287
p21Cip1 250, 251, 252, 262, 280
p22 285
p22BID 290
p22-phox 309
p27Kip1 250, 251, 254, 255, 282
p27Kip1 ubiquitination -promoting complex 254
P35 285, 287
P41NOX 309
p43 284
p50 209
P51NOX 309
p53 250, 251, 252, 253, 254, 255, 262, 263, 279, 280, 282, 287
p53-アセチル 253
p53-upregulated modulator of apoptosis 287
p65 209
p85 178
p110-γ 178
P300 218, 255
p300/CBP 253, 279
P300/CBP-associated factor 256
PAF 49
PAI-1 206, 207, 302
PAI-2 302
palindrome 248
palmitate 42
palmitoleate 43
pancreas 16
pancreas/duodenum homeobox protein 1 210
pancreatic islet 19
pancreatic juice 15

pancreozymin 16
pantothenoyl cysteine 116
parafollicular cell 20
parathormone 20
parathyroid gland 20
parietal cell 15
PARP 257
patatin-like phospholipase domain-containing protein 2 86, 167
pATF6(N) 313
PC1/2 175
PCAF 196, 256
P/CAF 203
PcG 225
PCK1/2 156
PCNA 239, 240, 254
PCP 279
PCSK1/2 173
PCSK9 298
PDC 157
PDE-3B 178
PDGFB 276
PDGFRB 276
PDHA1/PDHE1A 157, 158
PDHB 158
PDH複合体 157
PDI 235
PDK1 177
PDK3 157
PDK4 157, 158
PDP1/2 158
PDPK1 177, 178, 179
PDX-1 210
pentose 30
PEPCK 130, 131, 156, 192
—— 1(遺伝子 *PCK1*) 133, 156
—— 2(遺伝子 *PCK2*) 156
pepsin 15
pepsinogen 15
peptide 58
peptide bond 58
peptidyl-propyl cis-trans isomerase NIMA-interating 1 264
peptidyltransferase 229
peptidyltransferase center 232, 233
perforin 287
perforin-1 291
perhydrocyclopentanophenanthrene 47
perilipin 165
PERK 312, 313
peroxisome 10
peroxy radical 307
PFK1 154
PFK2 154, 189, 191
PFKFB3 155, 189
PFKL/M/P 154
PG 44
PGA$_2$/B$_2$/C$_2$/D$_2$/E$_2$/F$_2$/G$_2$/H$_2$/I$_2$/J$_2$ 45
PGC1α 192, 195
PGM1 161, 162
PGM2/M3 162
PH(pleckstrin homology) 179

PH domain(PHドメイン) 177, 179
phenylalanise 55
phenylalanine 4-monooxygenase 106
phenylalanine hydroxylase 106
phenylketonuria 106
phenylpyruvic acid 106
PHK 189, 191
PHKA1/2 163, 189
PHKB/G1/G2 163
phlogogenetic response 208
phorbol-12-myristate-13-acetate-induced protein 1 291
phosphatase and tensin homolog 276
phosphate group 26
phosphatidic acid 49
phosphatidyl 49
phosphatidylcholine 140
phosphatidylcholine-sterol acyltransferase 297
phosphatidylethanolamine 141
phosphatidylinositol-3,4,5-trisphosphate 177
phosphatidylinositol-3,4,5-trisphosphate 3-phosphatase and dual-specificity protein phosphatase(PTEN) 185
phosphatidylinositol-3,4,5-trisphosphate 5-phosphatase 1(SHIP) 185
phosphatidylinositol-4,5- bisphosphate 177
phosphatidylinositol-4, 5-bisphosphate 3-kinase 176
phosphatidylserine 141
phosphocholine 50
phosphodiester bond 69
phosphoenolpyruvate carboxykinase 130, 156
phosphoglucomutase 135, 161
phosphoglyceride 48
phospholipase A2 15
phospholipid 48
phosphoprotein 62
phosphorolysis 119, 163
phosphorus 26
phosphorylase 163
phosphorylase kinase 163, 179, 189
phosphorylcholine 50
physiological uncoupler 201
PI3K 176, 178
—— 調節サブユニット 179
PI3 kinase(PI3キナーゼ) 176
PI(3,4,5)P$_3$ 178
PI(4,5)P$_2$ 178
PIDD 252, 282, 291
PIK3CG 178
PIK3R1 178
PIN1 264
pioneer round of translation 236
pituitary gland 18
PKA 86, 154, 165, 188, 191, 195
—— の活性化 191
PKA C-β 283, 291
PKB 177

PKC ζ　177
PKC λ/ι　177, 178
PKLR　154
PKM2　154
PKU　106, 117
planar cell polarity signaling pathway　279
plasma membrane　4
plasma protein　16
plasmalogen　49
plasmin　301
plasminogen activator inhibitor-1　207, 302
plasminogen activator inhibitor-2　302
PLAT　304
platelet-activating factor　49
PLAU　304
pleated-sheet conformation　60
pleckstrisa homology domain　179
PLG　304
PLIN　191
PLIN1　165, 166
Plk　263
PLK1　264, 276
Plk1　265
PMAIP1　287, 291
PMCH　205
PMS2　259
PNPLA2　86, 166
PNPLA2/ATGL　167
podocyte　17
POL　239
POL Ⅰ/Ⅱ/Ⅲ　218
POLA1/PRIM1　240
polarity of the cell　11
POLD1　241
POLE　240
POLO box　263
polo-like kinase 1　264, 276
polyadenylation　221
polycistronic　227
polycomb group　225
polyenoic fatty acid　202
polyhydroxyalkane　34
polynucleotide　69
polypeptide　58
polyubiquitin chain　200
POMC　205
P/O ratio（P/O 比）　128
porphobilinogen　303
porphyrin　302
posterior lobe　19
post-mitotic cell　249
potassium　26
potential transition　283
PP1　179
　――の活性制御　180
PP-1A　180, 203
PP-1B/G　180
PP1c　313
PP1R4/G$_L$　180
PP1R5/PTG　180
PP2A　193, 265

PPARG　195
PPARGC1A　195
PPAR α/δ　201
PPAR γ 遺伝子　209
PPAR γ・RXR α ヘテロ二量体　192
PPM1D/WIP1　252
PPO（X）　305
PPP1CA　180, 203
PPP1CB/C　180
PPP1R2/3A/3B/3C/3D　180
PPP1R15A　313
PPP3CC/CALNA3　195
pRb　252, 271, 276, 281
pRb-E2F 経路　254
pRb リン酸化　250, 253
PRC　238
PRDX1～6　310
pregnenolone　47
premature termination　236
premature termination codon　236
pre-messenger RNA　221
preproorexin　205
pre-replicative complex（pre-RC）　238
PRF1　291
primary lysosome　9
primary structure　60
primase　239
primer　239
PRKAA1/B1/G1　195
PRKACA/B/G　195
PRKACB　291
PRKCI　178
PRKDC　246, 291
PRL　19
PROC　301
PROC：protein C　301
processing　173
processivity　239
progesterone　47
progression　281
proinflammatory cytokine　208
proinsulin　173
proliferating cell nuclear antigen　240
proline　58
prometaphase　264, 268
promoter　219
promotion　281
proofreading　221
proopiomelanocortin　205
prophase　264
proprotein convertase subtilisin/kexin type 9　173
proprotein convertase1/2　175
PROS：protein S　301
PROS1　301
prostaglandin　44
proteasome pathway　200
protein disulfide isomerase　235
protein E6/E7　273
protein FADD　291
protein kinase A　165, 188
protein kinase B　177

protein patched homolog 1　276, 279
protein phosphatase1　179
protein phosphatase3　195
protein tyrosine phosphatase 1B　184
protein Wnt-5a/5b/11　277
protein X　276
proteoglycan　12, 37, 62
proteolytic enzyme　15
proton channel　128
proton gradient　127
proton motive force　128
proto-oncogene　271
proto-oncogene MYC　252
proto-oncogene protein Wnt 1　277
PROX　305
proximal tubule　17
PRPP　112, 116, 123, 144
PTC　232, 233
PTC1　276
PTCH1　276, 279
P-TEFb　218, 220
PTEN　185, 276, 280
PTP-1B　184, 185
PTPN1　184, 185
PTTG1　269
PUFA　202
pulmonary surfactant　16
PUMA　287, 290
purine 5′-mono nucleotidase　119
purine base　26, 66
purine nucleoside phosphorylase　119
putative microRNA 17 host gene protein　279
putrescine　118
PYGB　165
PYGL/M　163, 165
pyranose type　33
pyridoxal phosphate　93
pyrimidine base　26, 66
pyrimidine nucleoside monophosphate　119
pyrrole nucleus　303
pyrrolidine ring　58
pyruvate　82
pyruvate carboxylation　124
pyruvate dehydrogenase　124
pyruvate dehydrogenase complex　157
pyruvate dehydrogenase kinase　157
pyruvate dehydrogenase kinase isozyme 4　157
pyruvate dehydrogenase phosphatase catalytic subunit 2　157
pyruvate kinase　154

Q

Q サイクル　308
Q$_i$ 部位　308
Q$_o$ 部位　308
QPRT　112
Q/R 部位　226
quaternary structure　61
quiescent cell　268

quinolinic acid 104

R

Rab 3A/3C/27A 182(27A), 184
Rab-4B 182
Rab 8A/13/14 182, 184
Rab-10 182
RAC（Related to PKA/PKC） 177
RAC-αセリン/トレオニンプロテインキナーゼ 177, 178, 272
RAC-β/γセリン/トレオニンプロテインキナーゼ 178
Rad1 259
RAD1 261
Rad9 259
RAD9A 261
RAD17 261
Rad17-RFC4 259
RAD21 262, 263, 269
RAD23B 246
RAD50 246, 259, 261
RAD51 258
RAG-1/2 246
RAIDD 291
Ramachandran plot 59
Ran 194
random inactivation 225
Rap80 259
RAP80 261
raptor 197
RAS（*H-/K-/N-*） 280
RB 254, 280
Rb タンパク質 252
RB1 276
RBP4 206, 207
RCC1 262, 263, 264, 276
RCC1-Ran 263
RDBP 218, 219
reactive oxygen species 307
receptor signaling 176
receptor-tyrosine protein kinase erbB-2（C-erbB-2） 273
recombination 244
recombination activating gene 246
recombination signal sequence 248
reducing sugar 30
reductase-dependent pathway 91
regulator of chromosome condensation 1 263, 264, 276
regulatory subunit 77
RELA 209
renal tubule 17
renin 17
RENOX 309
replication 238
replication of DNA 238
replication factor C 240
replication factor C subunit 4 261
replication fork 239
replication protein A 238
resistin 207

respiratory chain 87, 124
respiratory chain complex 124, 127
resveratrol 186
RET 276
ret 原がん遺伝子 276
retinoblastoma 254
retinoblastoma-associated protein 252, 276
retinol, *all-trans-*（vitamin A） 307
retinoic acid 307
retinol-binding protein 4 207
RETN 206, 207
RF1 232
retranslocation 314
RFC 240
RFC4 261
Rheb 196, 197
RhoA シグナリング経路 279
ribofuranose 33
ribonucleoprotein complex 229
ribonucleoside 66
ribonucleoside 5'-mono phosphate 119
ribonucleoside-diphosphate reductase 147
ribonucleotide 68
ribonucleotide reductase 147
ribosomal RNA 229
ribosome 7, 228
ribozyme 233
Rieske（鉄-イオウ）タンパク質 308
RING finger protein 8 259
RISC 226
RNA editing（RNA エディティング） 225
RNA interference（RNA 干渉） 226
RNA5'トリホスファターゼ 220
RNAi 226
RNA-induced silencing complex（RNA 誘導サイレンシング複合体） 226
RNAP Ⅱ/POL Ⅱ 216, 218
RNA グアニリルトランスフェラーゼ 220
RNA グアニン-N7 メチルトランスフェラーゼ 220
RNA 編集 225
RNA ポリメラーゼⅡ 216, 218
RNA ポリメラーゼのリン酸化 219
RNF8 259, 261
RNF168 261
ROS 307
ROS1 276
rough endoplasmic reticulum 7
RP1R6 180
RPA 238
Rpn 199
RPS27A 198
RPS6 197
RPS6KB1 197
Rpt 199
RPTOR 197
rRNA 229
RSS 248
RXR 195
RXR-α 195

S

S-アシル脂肪酸シンターゼチオエステラーゼ 138
S-アデノシルホモシステイン 111, 113, 117
S-アデノシルホモシステインヒドロラーゼ 117
S-アデノシルメチオニン 111, 113
S-アデノシルメチオニンアミン 115, 118
S 細胞 16
S-ニトロシル化 187
（S）-メチルマロニル CoA 117
S Ⅱ 218, 221
S6 196, 197
S6K 196, 197
saccharide 30
saccharopine 105
saccharopine dehydrogenase 105
S-adenosylhomocysteine 113
S-adenosylmethionine 113
S-adenosyl-methionine amine 118
S-cell 16
SAICAR 145
salt-inducible kinase 2 190
salvage mechanism 123
sarcoplasmic reticulum 8
saturated fatty acid 41
SB（P）2 236
SCAP 202, 204
SCD 139
SCF 複合体 254, 255
Schwann cell 22
SCOT 174
SEC61A1/B/G 234
SEC61α1/β/γ 234
SECIS 236
SECISBP2（*SBP2*） 236
secondary lysosome 9
secondary structure 61
secreted frizzled-related protein 1 276
secretin 16
securin 265, 269
selenocysteine 236
selenocysteine insertion sequence 236
selenoprotein 62, 236
SELS 315
semiconservative replication 239
seminolipid 51
separase 265, 269
separin 269
SEPP1 236
serine 55
serine hydroxymethyltransferase 99
serine protease 299
serine/threonine kinase 12 264
serine/threonine-protein kinase 6/PLK1 264
serine/threonine-protein kinase SIK2 190

serine/threonine-protein phosphatase 2B   195
serotonin   102
SERPIN：serine peptidase inhibitor   301
SERP1NB2   304
SERPINC1   301
SERPINE1   206
SERP1NF2   304
serum albumin   61
sexual gland   20
SFN   276, 291
SFRP1   276, 279
SGOL1   265, 269
SH2 domain   176
SH2（Src homology 2 domain）/SH2B2   179
SH2 含有イノシトールホスファターゼ   185
SH2 ドメイン   176, 179
sheet   59
SHH   279
SHIP1   185
short-chain saturated fatty acid   42
shugoshin   265
shugoshin-like 1   269
sialic acid   53
signal peptidase   175
signal peptide   233
signal recognition particle   233
signal sequence   235
SIK2   187, 190, 192, 195
silencer   222
Simian virus 40   281
simple lipid   46
simple polysaccharide   36
single nucleotide polymorphism   201
single-stranded DNA-binding protein   238
siRNA   226
——の生成   226
SIRT1〜7   186
sirtuin 1   186
sirtuin family   186
sister chromatid   261
site-specific recombination   248
SK 型カリウムチャネル   210, 211
SK potassium channel   210
SKP/SKP1   254
SKP1-CUL1-FBXW7   255
SKP1-CUL1-SKP2   255
SKP1-Cullin-1 複合体   255
SKP2   254, 255, 276
SLC2A1/2/3   169
SLC2A4   169, 170
SLC2A5/6/7/8/9/10/11/12/13   169
SLC25A18/19/20/21/22/36   131
SLC25A（1〜36）   131
SLC25A11/12   160
sliding clamp   239, 240
SMAC   291
Smac タンパク質   289
SMAD ファミリーメンバー 2   276, 279
SMAD ファミリーメンバー 4   276

SMAD2/4   276, 279
small G   182
small GTPase   182
small GTP-binding protein   182
small interfering RNA   226
small nuclear ribonucleoprotein   221
SMARCA3   218
SMC（structural maintenance of chromosome）   263
SMC1A   263, 270
SMC1B   263
SMC2/4   266, 270
SMC3   263, 270
SMO   276, 279
smooth endoplasmic reticulum   7
smooth muscle cell   13
smoothened homolog   276, 279
sn（systemic numbering）   141
SNAP23   183, 184
SNAP25   184
SNARE   183
——タンパク質   183
SNF1LK2   195
SNF2   218, 219
SNP   201
snRNP   221
SOAT1   297
SOCS タンパク質   186
SOCS1   186
SOCS-1   187
SOD1/2/3   310
SOD1/2   307
SOD2/3   310
sodium   26
soft clot   299
solute carrier family 25   131
somatostatin   19
sonic hedgehog   279
sorbitol   34
Sox2   270
SP(B)C24/25   270
spermidine   118
spermine   118
S-phase kinase-associated protein 2   276
sphinganine   50, 141
sphinganine 1-phosphate   142
sphinganine kinase   142
sphingenine   49
sphingoglycolipid   51, 141
sphingoid base   49
sphingolipid   49, 141
sphingomyelin   50, 141
sphingophospholipid   48, 49, 141
sphingosine   49
sphingosine 1-phosphate   142
sphingosine N-acyltransferase   143
spinal cord   22
spindle checkpoint   265
spine   20
spliceosome   221
splicing   221
splicing enhancer   222

SPT16（FACT140）   218, 219
SPTLC1/2   142
SR タンパク質   222
SR-α/β 234
SRB1   298
Src Homology   176
SRE   202
SREBF1   203
SREBP   187, 201
SREBP cleavage-activating protein（SREBP 切断活性化タンパク質）   202
SREBP1   201
SREBP-1   201
SREBP-1c   187, 201, 202, 203
——の翻訳後プロセシング   204
SREBP-2   202, 204, 298
SRP   233
SRP9/14/19/54/68/72   234
SRPR   234
SRPRB   234
SRP 受容体   233
ssDNA-binding protein   238
SSRP1（FACT80）   218, 219
STAG1/2   263, 270
stearate   42
stereoisomer   30
steroid   47
steroid hormone   47
sterol regulatory element   202, 204
sterol regulatory element binding protein 1   201
sterol regulatory element-binding protein 1 isoform C   203
sterol regulatory element-binding protein cleavage-activating protein   204
STK11   192, 195
stomach   15
stop codon   233
strand   59
stratifin   276, 291
stress protein   310
structural isomer   30
structural maintenance of chromosome 1A/2/3/4   270
STX4   183
STXBP3   183
substrate   76
substrate specificity   76
substrate-level phosphorylation   85
subunit   61
succinyl-CoA ligase   124
succinyl-CoA synthetase   124
SUFU   276, 279
sugar   30
sugar alcohol   34
sugar phosphate   26, 35
sulfate group   26
sulfatide   52, 141
sulfur   26
sulfur-containing amino acid   58
supercomplex   258
superoxide anion   307

superoxide dismutase 1/2　307
suppressor of cytokine signaling 1　186
suppressor of fused homolog　276, 279
Survivin（遺伝子 *BIRC5*）
　　　　　262, 263, 264, 267, 268, 277
SUV39H1　270
SWI/SNF ファミリー　218, 219
synapse　21
synaptic vesicle　21
Syntaxin 1A/2/3　184
syntaxin-4　183
syntaxin-binding protein 3　183
systematic name　80
SYVN1　315

T

T 細胞性白血病　257
T cell factor 4（T 細胞因子 4）　276, 277
t-SNARE 複合体　183
T2DM　209
TAF　216, 218
TAFI（遺伝子 *CPB2*）　302
targeting　235
targeting signal　235
TATA ボックス　218
TATA-binding protein（TATA 結合タンパク質）　216, 218
TATA sequence（TATA 配列）　218
taurine　100
tBID　283, 285, 286, 287
TBP　216, 218
──結合タンパク質　218
──-associated factor（TBP 結合因子）　216
TCA サイクル　124, 125
TCF4/TCF7L2　276, 277
TCR　242
TDT　246
TECR　139
telomerase　241
telomerase reverse transcriptase　241
telomerase RNA component　241
telomere　241
telophase　265
TERC　241, 242
terminal addition enzyme　248
TERT　241
tertiary structure　61
testicle　20
TET 1〜3　224
tethering　181
tetrahedral structure　26
tetrahydrobiopterin　106
tetrahydrofolate　98
tetrasaccharide　36
tetrose　30
TF Ⅱ/A/B/D/E/F/H　218
TF ⅡS, S Ⅱ　221
TFPI　301
TFPI：tissue factor inhibitor　301
TGFBR1　277

TGFBR2　277, 279
TGF-*β*　277
TGN　181
thiamine diphosphate　102
thiamine pyrophosphate　102
thioredoxin　307
ThPP（TPP）　102
threonine　55
threonine aldolase　104
threonine 3-dehydrogense　105
threonine-protein kinase BUB1B　269
thrifty gene　205
THRM/THBD（thrombomodulin）　301
thrombin activatable fibrinolysis inhibitor　302
thromboxane　45
thromboxane A_2　46
thymidine　66
thymidine kinase　122
thymidylate kinase　147
thymidylate synthase　147
thymidylic acid　69
thymine　66
thymine-DNA glycosylase　224
thyroglobulin　20
thyroid follicle　19
thyroid gland　19
thyroxine　20
tight junction　5
tissue factor pathway　299
tissue specific alternative splicing　222
tissue-type plasminogen activator　301
TMP　119, 144
TNF　206
TNF-*α*　206, 207, 208
──受容体　209
TNFRSF6　291
tocopherol（vitamin E）　311
TOPBP1　258, 261
topoisomerase　266
TORC2　190, 192, 195
TP53　277
tPA　301
transaminase　93
transamination　93
transcription　216
transcription factor E3　187
transcription preinitiation complex　216
transcription regulator protein BACH1　260
transcriptional coacrivator　196
transcriptional regulatory factor　216
transcription-coupled repair　242
transfer RNA　227
transforming growth factor-*β* 受容体　277
transglutaminase　300
trans-Golgi network　181
transit peptide　235
translation　227
translation dependency　236
translation initiation complex　230
translation termination factor　232
translesion synthesis　244

translocation　271
translocon　233
transversion　210
TRH　18
triacylglycerol　47, 86, 140
triacylglycerol lipase　15
triacylglycerol synthesis　169
tricarboxylic acid cycle　124
trifunctional enzyme　90
triglyceride　47, 140
triiodothyronine　20
TRIM55/63　198
TRIM63/MURF1　200
trimeric G protein　188
triose　30
triplet repeat expansion　242
trisaccharide　36
trivial name　80
tRNA　227
tRNASEC　236
tropoelastin　14
truncated BID　283
trypsin　15
tryptophan　55
tryptophan 2,3-dioxygenase　102
tryptophan 5-monooxygenase　102
tryptophan hydroxylase　102
TSC1　195, 197
TSC1/2 経路　195
TSC2　178, 195, 197
TSH　19
TTDA（遺伝子 *GTF2H5*）　246
TTDP（テイ症候群）　246
TTP　144
tuberin　178, 195, 197
tuberous sclerosis 1/2　195, 197
tublin, α-　10
tublin, β-　10
tumor necrosis factor-*α*　207, 208
tumor necrosis factor ligand superfamily member 6　291
tumor suppressor gene　277
tumor suppressor p53（遺伝子 *TP53*）　252
tumorigenesis　270
two-hits　277
TX　45
TXA_2/B_2　46
type Ⅰ pneumocyte　16
type 2 diabetes mellitus　209
type Ⅱ pneumocyte　16
tyramine　106
tyrosinase　116
tyrosine　55
tyrosine kinase　176
tyrosine-protein phosphatase non-receptor type 1　184

U

U1/2/4/5/6　221
UBA52　198
UBB　198

UBC 198
UBE2J2 315
UBF 186
ubiquinol 127, 308
ubiquinone 127
ubiquitin 198
ubiquitin pathway 200
ubiquitin-activating enzyme E1 198
ubiquitin-conjugating enzyme E2 198
ubiquitin-proteasome pathway 198
ubiquitin-protein ligase E3C 198
UCP 129, 202
UCP1〜5 129
UCP2 201
UCP3 201, 202
UDP-ガラクトース 4-エピメラーゼ 135
UDP-グルコースピロホスホリラーゼ 161
UDP-glucose 4-epimerase 134
UDP-glucose（UDP-グルコース） 134, 161
UFD1L 315
UGP1/2 162
UIMC1 261
UMP 119, 144
UMP/CMP キナーゼ 147
Unc-18C 183
uncompetitive inhibition 77
unconventional myosin 182
uncoupling 129
uncoupling protein 129
unfolded protein response 309
unsaturated fatty acid 41, 42
UOG1 143
uPA 301
UPR 309
UPRE 313
UPR-response element 313
upstream stimulatory factor 1/2 203
upstream transcription factor 1/2 203
uracil 66
urate 119
urea 17, 93
urea cycle 93
uridine 66
uridine kinase 119
uridylic acid 69, 144
uridylyltransferase 134
urobilinogen 304
urocanate 110
UROD 305
urokinase 301

urokinase-type plasminogen activator 301
uronic acid 34
UROS 305
USF1/2 203
USF-1/2 203
UTP-グルコース 1-リン酸ウリジリルトランスフェラーゼ 161
UTP-ammonia ligase（UTP-アンモニアリガーゼ） 147
UTP-glucose pyrophosphorylase 161
UV20（遺伝子 *ERCC1*） 246
UV 曝露 262, 287

V

V(D)J 組換え 245, 246
v-SNARE 複合体 183
valine 55
VAMP2 183, 184
variant 152
VCP 315
very low-density lipoprotein 86, 170, 296
vesicle transport 4
vesicle-associated membrane protein 2 183
VHL 277
vimentin filament 11
VIMP 315
vitamin A/C/D$_3$/E 307
vitamin B$_{12}$ 29
VLDL 86, 170, 296
von Hippel-Lindau 病腫瘍サプレッサー 277
VWF（von Willebrand factor） 299
VWF 受容体 299

W

WAF1 250
Waf1 272
wax 46
WD リピート 285
WD40 265
Wee1 262, 264
Wee1-like protein 264
Williams syndrome 14
Williams-Beuren syndrome chomosomal region 14 protein 193
WIP1/PPM1D 252, 253, 282
── （プロテインホスファターゼ 1D） 252
Wnt/β カテニンシグナリング経路 277
WNT1 277

WNT5A 271, 277
Wnt-5a 271
Wnt-5a/b 279
WNT5B 277
WNT11 277
Wnt-11 279
Wnt 受容体 277
Wnt シグナリングカノニカル経路 277, 278
Wnt タンパク質 271
Wnt ファミリー 271
Wnt リガンド 271, 278
WT1 277
──（Wilms tumor） 277

X

X 染色体不活性化 224
xanthine 119
xanthosine 5′-mono phosphate 119, 144
xanthylic acid 144
XBP-1 313
XBP1(S) 313
XCI（X-chromosome inactivation） 225
X-inactivation 224
X-inactivation-specific transcript 225
Xist 225
XistRNA 225
XMP 119, 144
XP（色素性乾皮症） 246
XPA/B/C/D/E/F/G 246
XPO1 193
── exportin-1 271
X-ray repair cross-complementing factor 4 246
X-ray repair cross-complementing protein 1 246
XRCC1 246, 258
XRCC1-DNA リガーゼⅢ 245
XRCC4〜6 246

Y

Y グループの DNA ポリメラーゼ 257
YWHAQ 195

Z

zinc 27
zonula occludens 5
ZW10 267, 268, 270
zwitterion 54
zymogen 299

今日の医学教育に即応した STANDARD TEXTBOOK 標準教科書シリーズ

標準組織学 総論 第4版
藤田尚男・藤田恒夫
● B5 頁352 2002年

標準組織学 各論 第4版
藤田尚男・藤田恒夫
改訂協力／岩永敏彦・石村和敬
● B5 頁616 2010年

標準生理学 第7版
総編集／小澤瀞司・福田康一郎
編集／本間研一・大森治紀・大橋俊夫
● B5 頁1200 2009年

標準薬理学 第6版
監修／鹿取 信
編集／今井 正・宮本英七
● B5 頁536 2001年

標準病理学 第4版
編集／坂本穆彦・北川昌伸・仁木利郎
● B5 頁880 2010年

標準微生物学 第11版
監修／平松啓一
編集／中込 治・神谷 茂
● B5 頁688 2012年

標準医動物学 第2版
編集／石井 明・鎮西康雄・太田伸生
● B5 頁336 1998年

標準免疫学 第2版
編集／谷口 克・宮坂昌之
● B5 頁544 2002年

標準公衆衛生・社会医学 第2版
編集／岡﨑 勲・豊嶋英明・小林廉毅
● B5 頁440 2009年

標準法医学・医事法 第6版
編集／石津日出雄・高津光洋
編集協力／池田典昭
● B5 頁468 2006年

標準細胞生物学 第2版
監修／石川春律
編集／近藤尚武・柴田洋三郎・藤本豊士・溝口 明
● B5 頁376 2009年

標準臨床検査医学 第3版
編集／猪狩 淳・中原一彦
編集協力／高木 康・山田俊幸
● B5 頁496 2006年

標準救急医学 第4版
監修／日本救急医学会
● B5 頁728 2009年

標準放射線医学 第7版
編集／西谷 弘・遠藤啓吾・松井 修・伊東久夫
● B5 頁832 2011年

標準感染症学 第2版
編集／齋藤 厚・那須 勝・江崎孝行
● B5 頁400 2004年

標準腎臓病学
編集／菱田 明・槇野博史
● B5 頁376 2002年

標準血液病学
編集／池田康夫・押味和夫
● B5 頁332 2000年

標準神経病学 第2版
監修／水野美邦
編集／栗原照幸・中野今治
● B5 頁640 2012年

標準精神医学 第5版
編集／野村総一郎・樋口輝彦・尾崎紀夫・朝田 隆
● B5 頁560 2012年

標準呼吸器病学
編集／泉 孝英
● B5 頁480 2000年

標準循環器病学
編集／小川 聡・井上 博
● B5 頁440 2001年

標準消化器病学
編集／林 紀夫・日比紀文・坪内博仁
● B5 頁592 2003年

標準小児科学 第7版
監修／森川昭廣
編集／内山 聖・原 寿郎・高橋孝雄
● B5 頁792 2009年

標準皮膚科学 第9版
監修／瀧川雅浩
編集／富田 靖・橋本 隆・岩月啓氏
● B5 頁760 2010年

標準外科学 第12版
監修／北島政樹
編集／加藤治文・畠山勝義・北野正剛
● B5 頁784 2010年

標準脳神経外科学 第12版
監修／児玉南海雄
編集／佐々木富男・峯浦一喜・新井 一・冨永悌二
● B5 頁496 2011年

標準小児外科学 第6版
監修／伊藤泰雄
編集／髙松英夫・福澤正洋・上野 滋
● B5 頁420 2012年

標準形成外科学 第6版
編集／平林慎一・鈴木茂彦
● B5 頁280 2011年

標準整形外科学 第11版
監修／内田淳正
編集／中村利孝・松野丈夫・井樋栄二・馬場久敏
● B5 頁1008 2011年

標準リハビリテーション医学 第3版
監修／上田 敏
編集／伊藤利之・大橋正洋・千田富義・永田雅章
● B5 頁544 2012年

標準産科婦人科学 第4版
編集／岡井 崇・綾部琢哉
● B5 頁648 2011年

標準眼科学 第11版
監修／大野重昭
編集／木下 茂・中澤 満
● B5 頁392 2010年

標準耳鼻咽喉科・頭頸部外科学 第3版
鈴木淳一・中井義明・平野 実
● B5 頁504 1997年

標準泌尿器科学 第8版
監修／香川 征
編集／赤座英之・並木幹夫
● B5 頁408 2010年

標準麻酔科学 第6版
監修／弓削孟文
編集／古家 仁・稲田英一・後藤隆久
● B5 頁376 2011年

最新情報につきましては、医学書院ホームページをご覧ください。http://www.igaku-shoin.co.jp

医学書院　〒113-8719　東京都文京区本郷1-28-23
[販売部] TEL：03-3817-5657　FAX：03-3815-7804
E-mail：sd@igaku-shoin.co.jp　http://www.igaku-shoin.co.jp　振替：00170-9-96693

携帯サイトはこちら

(2012年4月作成)